医学考试应试指南系列丛书

本科生复习考试用书 / 研究生入学考试用书 / 执业医师资格考试用书

生物化学与分子生物学
应试指南

U0802992

主　　编　易　霞

副 主 编　王卫平　贾竹青

编　　委　（按姓氏笔画排序）

马利伟　王卫平　王海英　司文喆
孙露洋　杨　洋　杨笑菡　李淑艳
李　慧　张　宇　陈　军　陈　颢
易　霞　赵文会　赵　颖　俞文华
贾竹青　倪菊华　韩丽敏　薛丽香

北京大学医学出版社

SHENGWUHUAXUE YU FENZISHENGWUXUE YINGSHI ZHINAN

图书在版编目（CIP）数据

生物化学与分子生物学应试指南 / 易霞主编.
—北京：北京大学医学出版社，2020. 9
ISBN 978-7-5659-2253-4

Ⅰ. ①生… Ⅱ. ①易… Ⅲ. ①生物化学 - 医学院校 - 教学参考资料②分子生物学 - 医学院校 - 教学参考资料
Ⅳ. ① Q5 ② Q7

中国版本图书馆 CIP 数据核字（2020）第 156644 号

生物化学与分子生物学应试指南

主　　编： 易　霞
出版发行： 北京大学医学出版社
地　　址：（100083）北京市海淀区学院路 38 号　北京大学医学部院内
电　　话： 发行部 010-82802230；图书邮购 010-82802495
网　　址： http：//www.pumpress.com.cn
E-mail： booksale@bjmu.edu.cn
印　　刷： 北京瑞达方舟印务有限公司
经　　销： 新华书店
责任编辑： 冯智勇　　**责任校对：** 金彤文　　**责任印制：** 李　啸
开　　本： 850 mm × 1168 mm　1/16　　**印张：** 27　　**字数：** 894 千字
版　　次： 2020 年 9 月第 1 版　2020 年 9 月第 1 次印刷
书　　号： ISBN 978-7-5659-2253-4
定　　价： 78.00 元

前 言

生物化学与分子生物学是生命科学领域重要的基础学科之一，也是医学院校一门重要的基础课程。学生普遍对该门课程具有畏难情绪，反映该门课程复杂难学，较难理解。为了帮助学生有效地学习和复习这门课程，掌握各章的要点内容，并进行自我测试，我们编写了《生物化学与分子生物学应试指南》。

本书篇章设置与第9版生物化学与分子生物学教材基本一致，共有二十七章。每章由学习要求、内容精要、应试习题和参考答案及解析四个部分组成。学习要求依据教学大纲列出了需要掌握、熟悉和了解的内容。内容精要介绍各章节的重点、难点内容，以表格总结为突出特点。应试习题包括选择题、名词解释和问答题，以便帮助学生在复习时检测自己对本章节知识的掌握程度。选择题中设置了A1型、A2型、B型和X型题四种类型题目，其中A1型题和B型题除了教师自己编写和选用的习题外，更引用了近10多年的研究生入学考试西医综合真题（试题中以*标注，为尊重原题，这里仍然保留了原题4个备选答案或者5个备选答案）和国家临床执业医师资格考试真题（试题中以#标注），并在题目后注明了考试年份，以便于帮助学生更好地掌握基础知识，为后期研究生入学考试和执业医师资格考试做好准备。A2型题的设置旨在引导学生在掌握相关专业知识的同时，能够融会贯通，运用专业知识解决实际问题。参考答案及解析便于学生自我检测时作为参考。

本应试指南编写者多为北京大学医学部生物化学与分子生物学系的资深骨干教师，有着多年的一线教学经历和扎实的科学研究基础。他们积累了丰富的教学经验、时刻关注着科学技术发展，由他们编写的辅导用书更贴近学生的需求。本书的主要读者对象是医学院校的本科生，包括5年制或8年制学生。同时，本书也可供研究生入学考试、执业医师资格考试、自学考试以及青年教师、医师和其他院校有关专业的师生自学、复习或作为教学参考用书。

本书的编写得到了北京大学医学部周爱儒教授和倪菊华教授的大力支持和指导，也得到了北京大学医学部贾竹青和王卫平副教授的大力协助和支持。北京大学医学部骨干教师马利伟、王海英、李淑艳、李慧、陈军、陈颢、杨洋、杨笑菡、孙露洋、俞文华、赵文会、赵颖、倪菊华、韩丽敏、张宇和北京大学第三临床医学院基础医学研究中心主任薛丽香副教授和检验科医生司文哲参加了编写。在出版过程中，北京大学医学出版社也给予了大力帮助和支持。在此，一并致以最衷心的感谢！

全体编者努力以严肃的科学作风、严谨的治学态度进行编写，但由于时间紧，加之学术水平有限，书中难免有疏漏和不当之处，期盼同行专家和读者批评、指正（如有问题和建议可发送 email 至 yixia@hsc.pku.edu.cn）。

易 霞

目　　录

第一篇　生物大分子结构与功能

第二篇　物质代谢及其调节

第三篇 遗传信息的传递

第四篇 医学生化专题

第五篇 医学分子生物学专题

第一篇　生物大分子结构与功能

第一章　蛋白质的结构与功能

第一节　学习要求

掌握： 蛋白质的元素组成特点、基本结构单位；组成蛋白质常见氨基酸的化学结构和分类；氨基酸的理化性质；肽键与肽；蛋白质各级结构的概念、特点及维持其稳定的化学键；蛋白质一级结构与功能的关系、空间结构与功能的关系；模体和结构域的概念；蛋白质的理化性质（胶体性质、两性解离、等电点、紫外吸收和变性、复性等）的定义和特点。

熟悉： 组成蛋白质常见氨基酸的中英文名称、主链骨架、亚基的概念；蛋白质分类；蛋白质沉淀、呈色反应、蛋白质分离纯化的主要方法（电泳和层析）。

了解： 肽单元；血红蛋白的协同效应；分子病；蛋白质构象病；透析与超滤；蛋白质序列测定的基本方法和原理；蛋白质空间结构测定的方法。

第二节　内容精要

蛋白质（protein）是生物体的基本组成成分之一，也是生物体中含量最丰富的生物大分子，如酶、抗体、大部分凝血因子、多肽激素、收缩蛋白、转运蛋白、基因调控蛋白等。蛋白质结构复杂，功能繁多，在细胞信息传递、物质代谢、机体防御、血液凝固、肌肉收缩、组织修复和个体生长发育等方面发挥着不可替代的重要作用。

一、蛋白质的分子组成

（一）蛋白质元素组成、基本结构及特点

蛋白质主要由碳、氢、氧、氮和硫元素组成，某些蛋白质还含有少量磷和金属元素。其中氮含量很接近，平均为16%。由于蛋白质是体内的主要含氮物质，因此测定生物样品的含氮量就可按下式推算出蛋白质大致含量，即：

每克样品含氮克数 $\times 6.25 \times 100$ = 100 g 样品中蛋白质含量（g/100 g）

蛋白质基本结构单位是氨基酸（amino acid），存在于自然界中的氨基酸有300余种，参与蛋白质合成的氨基酸一般有20种，其氨基酸结构通式为RCH（NH_2）COOH，其中R为侧链基团。除脯氨酸（属于亚氨基酸）和甘氨酸（没有不对称碳原子）没有旋光异构外，其余氨基酸均为L-α 氨基酸。除20种基本的氨基酸外，目前发现硒代半胱氨酸（selenocysteine，Sec）在某些情况下也可用于合成蛋白质，其存在于少数天然蛋白质中，如过氧化物酶和电子传递链中的还原酶等。在古细菌中也发现了第22种基本氨基酸——吡咯赖氨酸（pyrrolysine，Pyl）。

（二）氨基酸分类

根据氨基酸侧链的结构和理化性质不同，组成蛋白质的 20 种氨基酸可分成 5 类（表 1-1）：

表1-1　氨基酸分类

分类	氨基酸	特点
非极性脂肪族氨基酸	甘氨酸（Gly）、丙氨酸（Ala）、缬氨酸（Val）、亮氨酸（Leu）、异亮氨酸（Ile）、脯氨酸（Pro）、甲硫氨酸（Met）	侧链含烃链，难溶于水
极性中性氨基酸	丝氨酸（Ser）、半胱氨酸（Cys）、天冬酰胺（Asn）、谷氨酰胺（Gln）、苏氨酸（Thr）	侧链基团具有一定的极性，易溶于水
芳香族氨基酸	苯丙氨酸（Phe）、酪氨酸（Tyr）、色氨酸（Trp）	侧链带芳香环
酸性氨基酸	天冬氨酸（Glu）、谷氨酸（Asp）	含有两个羧基，可解离带负电荷
碱性氨基酸	精氨酸（Arg）、赖氨酸（His）、组氨酸（Lys）	分别含有氨基、胍基或咪唑基，可解离带正电荷

此外，存在几种特殊氨基酸，如支链氨基酸（Val、Leu 和 Ile）和含硫氨基酸（Met、Cys）。

（三）氨基酸的理化性质

1．两性解离　氨基酸在酸性溶液中氨基可结合氢离子呈带正电荷的阳离子（$—NH_3^+$），也可在碱性溶液中与 OH^- 结合，羧基可解离氢离子而呈带负电荷的阴离子（$—COO^-$）。在某一 pH 溶液中，氨基酸解离成阳离子和阴离子的趋势及程度相等，呈电中性，即净电荷为零，此时溶液的 pH 值称为氨基酸的等电点（isoelectric point，pI）。

2．紫外线吸收　含共轭双键的氨基酸如色氨酸、酪氨酸在 280 nm 波长附近具有最大吸收峰，这是蛋白质紫外吸收特性的基础。由于大多数蛋白质含有酪氨酸和色氨酸残基，所以可以通过测定蛋白质溶液 280 nm 的光吸收值快速简便地分析溶液中蛋白质含量。

3．呈色反应　氨基酸与茚三酮水合物在弱酸性溶液中共加热时，茚三酮水合物被还原，其还原物可与氨基酸加热分解产生的氨结合，再与另一分子茚三酮缩合成为蓝紫色的化合物，该化合物在 570 nm 波长有最大吸收峰，其吸收峰值的大小与氨基酸释放出的氨量成正比，因此，可作为氨基酸定量分析方法。

二、蛋白质的分子结构

（一）氨基酸通过肽键连接而形成蛋白质或肽

基本概念见表 1-2。

表1-2　基本概念

名称	英文	定义
肽键	peptide bond	一个氨基酸的氨基与另一个氨基酸的羧基缩水而成的酰胺键，肽键不能自由旋转，具有部分双键的特性
肽	peptide	氨基酸之间通过肽键连接串联排列形成的链式结构
寡肽	oligopeptide	少于 10 个氨基酸组成的肽链
多肽	polypeptide	大于 10 个氨基酸的肽链
氨基酸残基	residue	肽链中的氨基酸分子因脱水缩合而基团不全
氨基末端	amino terminal	多肽链游离的 α-氨基端，也叫 N-端
羧基末端	carboxyl terminal	多肽链游离的 α-羧基端，也叫 C-端

（二）蛋白质的分子结构

1．蛋白质是由多个氨基酸通过肽键相连形成的生物大分子，具有一级、二级、三级、四级结构，后三者统称为高级结构或空间构象（conformation），详见表 1-3 和表 1-4。

表1-3　蛋白质的分子结构

	一级结构（primary structure）	二级结构（secondary structure）	三级结构（tertiary structure）	四级结构（quaternary structure）
定义	多肽链中的氨基酸的排列顺序及连接方式	某一段肽链的局部空间结构，该段多肽链骨架原子的相对空间位置，并不涉及氨基酸残基侧链的构象	整条多肽链中所有原子在三维空间的整体排布，包括主链和侧链	含有两条或两条以上多肽链的蛋白质分子中各个亚基的空间排布和相互作用
表现形式	多肽链	α-螺旋、β-折叠、β-转角和 Ω 环	结构域是三级结构层次上的独立功能区	亚基、寡聚蛋白
维持结构的化学键	主要是肽键，其次是二硫键	氢键	疏水作用、离子键、氢键、范德华力，也可涉及二硫键	主要是氢键和离子键

表1-4　蛋白质二级结构种类和特点

种类	α-螺旋（α-helix）	β-折叠（β-pleated sheet）	β-转角（β-turn）	Ω 环（Ω loop）
结构要点	1．是常见的蛋白质二级结构 2．多为右手螺旋 3．每 3.6 个氨基酸残基上升一圈，螺距为 0.54 nm 3．氨基酸侧链伸向螺旋外侧 4．维持力是链内氢键	1．多肽链充分伸展，肽平面折叠成锯齿状 2．侧链交错位于锯齿状结构的上下方，影响二级结构的形成 3．稳定性依赖氢键维系 4．使多肽链形成片层结构，可有顺平行片层和反平行片层结构	1．肽链回折 180° 2．第 1 和第 4 个残基之间形成氢键 3．常含有脯氨酸	1．以亲水残基为主 2．在分子识别中可能起作用 3．常出现在蛋白质表面
举例	角蛋白、肌球蛋白、纤维蛋白	蚕丝蛋白	球状蛋白质	

肽单元（peptide unit）：肽链主链骨架原子指的是 N（氨基氮原子）、Cα（α-碳原子）和 C（羰基碳原子）3 个原子依次重复排列。参与肽键的 6 个原子 $C_{\alpha1}$、C、O、N、H、$C_{\alpha2}$ 位于同一平面，$C_{\alpha1}$ 和 $C_{\alpha2}$ 在平面上所处的位置为反式构型，此同一平面上的 6 个原子构成了所谓的肽单元。

超二级结构（supersecondary structure）：是多肽链中相邻的 2 个或 2 个以上二级结构在空间上相互接近，形成的有规则的二级结构组合。超二级结构可直接作为三级结构的“建筑块”或域结构的组成单位，包括 αα、βαβ、ββ 等。

结构模体（structural motif）：是指蛋白质分子中具有特定空间构象和特定功能的结构成分，由 2 个或 2 个以上二级结构肽段组成，具有其特征性的氨基酸序列，是蛋白质发挥特定功能的基础。常见有 α-螺旋-β-转角（或环）-α-螺旋模体、链-β-转角 - 链；链-β-转角-α-螺旋-β-转角 - 链模体等。亮氨酸拉链（leucine zipper）是常出现在真核生物 DNA 结合蛋白的 C-端的一种结构模体，往往与癌基因表达调控功能有关。当来自同一个或不同多肽链的两个两用性的 α-螺旋的疏水面（常含有亮氨酸残基）相互作用形成一个圈对圈的二聚体结构，亮氨酸有规律地每隔 6 个氨基酸就出现一次。

另外一个常见的模体是锌指（zinc finger）结构，由 1 个 α-螺旋和 2 个反平行的 β-折叠共三个肽段组成，具有结合锌离子的功能。该模体的 N-端有 1 对半胱氨酸残基，C-端有 1 对组氨酸残基，此 4 个残基在空间上形成一个洞穴，恰好容纳 1 个 Zn^{2+}。Zn^{2+} 可稳固模体中的 α-螺旋结构，使 α-螺旋嵌入 DNA 分子的大沟中，使含锌指结构的蛋白质能与 DNA 或 RNA 结合。

结构域（domain）是指一些较大的蛋白质分子的三级结构中具有两个或多个较为紧密且稳定的局部区域，有相对独立的空间构象和生物学功能。一般含有序列上连续的 100 ~ 200 个氨基酸残基，若用限制性蛋白酶水解，可分解出独立的结构域，且构象可以基本不改变，并保持其功能。但有些蛋白质各结构域之间接触较紧密，从结构上很难划分。

2．蛋白质的分类　见表 1-5。

表1-5　蛋白质的分类

分类标准	内容
组成	单纯蛋白质和结合蛋白质
结构	单体蛋白质和寡聚蛋白质
形状	纤维状蛋白质和球状蛋白质

（1）单纯蛋白质是指只含氨基酸的蛋白质。结合蛋白质是除蛋白质部分外，还含有非蛋白质部分，为蛋白质的生物学活性或代谢所依赖，被称为辅基。绝大部分辅基是通过共价键方式与蛋白质部分相连。

（2）蛋白质家族（protein family）是指体内氨基酸序列相似且空间结构与功能也十分相近的蛋白质。由同一基因进化而来的相关基因所表达的一类蛋白质属于同一蛋白质家族的成员，称为同源蛋白质（homologous protein）。超家族（superfamily）是指由共同祖先进化而来的一大类蛋白质，其氨基酸序列的相似性并不高，但含有发挥相似作用的同一模体结构。

三、蛋白质结构与功能的关系

蛋白质一级结构是空间结构和生物功能的基础，一级结构决定空间结构。空间结构是生物学活性的直接体现。蛋白质的生物学活性依赖其表面功能区的正确形成。

（一）蛋白质的主要功能

蛋白质功能繁多：构成细胞和生物体结构、物质转运、催化功能、信息交流、免疫功能、氧化供能、维持机体的酸碱平衡和维持正常的血浆渗透压等。

（二）蛋白质执行功能的主要方式

1．蛋白质与小分子相互作用　蛋白质通过与小分子代谢物（如酶催化底物、抑制剂、代谢中间物和产物、副产物等）的相互作用，参与众多的生命活动过程，如酶的催化作用、物质转运、信息传递等。

2．蛋白质与核酸的相互作用　蛋白质有几种模体，如锌指模体、亮氨酸拉链、螺旋 - 转角 - 螺旋等专门结合 DNA 并发挥生物学效应。目前发现的 RNA 除了少部分能以“核酶”形式单独发挥功能以外，绝大部分 RNA 都是与蛋白质形成 RNA- 蛋白质复合物。

3．蛋白质 - 蛋白质相互作用（protein-protein interaction，PPI）是指两个或两个以上的蛋白质分子通过非共价键相互作用并发挥功能的过程，是蛋白质执行功能的主要方式。

（三）蛋白质结构与功能的关系

1．蛋白质一级结构是高级结构与功能的基础，一级结构决定空间结构。

2．一级结构相似的蛋白质具有相似的高级结构与功能，蛋白质一级结构的变化，可导致其功能的改变。同源性较高的蛋白质可能具有类似的功能。

3．不同生物学功能的蛋白质，含有不同的一级结构。物种间越接近，则一级结构越相似，其空间构象和功能也相似。

4．蛋白质分子中起关键作用的氨基酸残基缺失或被替代，都会严重影响空间构象乃至生理功能，甚至导致疾病产生，这种蛋白质分子发生变异所导致的疾病，称为分子病（molecular disease）。

（四）蛋白质的功能依赖特定空间结构

1．空间结构是生物活性的直接体现　并非所有蛋白质都有四级结构，含有四级结构的蛋白质，单独的亚基（subunit）一般没有生物学功能，完整的四级结构是其发挥生物学功能的保证。如成人血红蛋白是由 2 个 α 亚基和 2 个 β 亚基通过 8 个离子键相连，形成四聚体，且每个亚基都可结合 1 个血红素辅基，具有运输 O_2 和 CO_2 的功能。每一个亚基单独存在时，虽可结合 O_2，但在体内组织中难于释放 O_2，所以不能运输 O_2 和 CO_2。血红蛋白亚基与 O_2 结合可引起另一亚基构象的变化，使之更易与 O_2 结合，所以血红蛋白的氧解离曲线呈 S 形。这种小分子化合物（效应物）通过影响蛋白质的空间构象达到改变生物学活性的方式称为别构效应（allosteric effect，也称别位效应、变构效应），包括正协同、负协同效应，它是生物体内普遍存在的功能调节方式之一。

肌红蛋白与血红蛋白亚基结构相似，二者都是以血红素为辅基的蛋白质，其血红素与 O_2 可逆地结合。肌红蛋白（myoglubin，Mb）是只有三级结构的单链蛋白质。

2．蛋白质构象改变可引起疾病　蛋白质构象疾病：蛋白质一级结构不变，而构象发生改变，导致蛋白质功能改变，严重时可导致疾病发生。有些蛋白质错误折叠后相互聚集，常形成抗蛋白水解酶的淀粉样纤维沉淀，产生毒性而致病，表现为蛋白质淀粉样纤维沉淀的病理改变，包括人纹状体脊髓变性病、阿尔茨海默（Alzheimer）病、牛海绵状脑病（疯牛病）等。

四、蛋白质的理化性质

蛋白质由氨基酸组成，故其理化性质与氨基酸相同或相似。具体见表 1-6。

表1-6　蛋白质的理化性质

	两性电离性质	胶体性质	蛋白质变性和复性	紫外吸收特性	呈色反应
定义	在一定的溶液 pH 条件下蛋白质可解离成带负电荷或正电荷的基团	蛋白质颗粒表面大多为亲水基团，吸引水分子形成水化膜，防止蛋白质沉淀析出	某些理化因素引起蛋白质的空间结构破坏、理化性质改变、生物活性丧失的现象	蛋白质中含有共轭双键的色氨酸和酪氨酸，在 280 nm 波长具有特征性紫外吸收峰	蛋白质的某些氨基酸或者肽键可与一些化学试剂反应生成蓝紫色或红色化合物
特点	兼性离子，具有等电点。pH 大于 pI 时，蛋白质颗粒带负电荷，反之则带正电荷	水化膜和电荷是蛋白质胶体稳定的重要因素	变性不涉及一级结构中氨基酸序列的改变，主要发生二硫键和非共价键的破坏；部分可发生蛋白质复性	蛋白质的 A_{280} 值与其浓度成正比	双缩脲反应是肽和蛋白质所特有的，游离的氨基酸不能进行双缩脲反应
应用	利用荷电性质可电泳分离蛋白质	如丙酮、乙醇等有机溶剂沉淀蛋白质、盐析	利用变性（如酒精消毒）；防止变性（如低温保存生物制品）；取代变性（如乳品解毒，用于急救重金属中毒患者）	通过紫外吸收法可以对蛋白质进行定量测定	定性或定量蛋白质，利用双缩脲反应检测蛋白质的水解程度

五、蛋白质的分离、纯化与结构分析

分离纯化蛋白质是研究单个蛋白质结构和功能的先决条件。通常利用蛋白质的理化性质和生物学性质来纯化蛋白质（表 1-7）。应用化学或反向遗传学方法可分析多肽链的氨基酸序列，蛋白质的一级结构测定常用的方法是 Edman 降解法和重组 DNA 测序法。后者首先是利用核酸序列按照遗传密码编码原则推演相对应的氨基酸序列。利用圆二色谱可进行二级结构测定，利用 X 射线衍射法、核磁共振可进行三级结构测定。另外，根据蛋白质的氨基酸序列可进行同源建模、折叠识别等预测蛋白质的三维空间结构。

表1-7　蛋白质的分离和纯化

方法	特点
透析法	利用透析袋把大分子蛋白质与小分子化合物分开的方法
超滤法	应用正压或离心力使蛋白质溶液透过有一定截留分子量的超滤膜，达到浓缩蛋白质溶液的目的，简便，回收率高
超速离心	可以用来分离纯化蛋白质，也可以用来测定蛋白质的分子量。蛋白质在离心力场中的沉降行为用沉降系数（*S*）表示，*S* 与蛋白质的密度和形状相关，大体上与分子量成正比
凝胶过滤	蛋白质混合物通过由凝胶颗粒填充的柱子，大分子蛋白质不能进入颗粒而先流出，小分子蛋白质进入颗粒而流出滞后。可用于分离纯化蛋白质，还可用于测定蛋白质的分子量、蛋白质溶液脱盐等
有机溶剂沉淀	丙酮、乙醇等有机溶剂，可破坏蛋白质的水化层，在 0～4℃低温下，使蛋白质沉淀。环境温度高等不良因素影响下，有机溶剂可促使蛋白质变性
盐析法	指将硫酸铵、硫酸钠或氯化钠等中性盐加入蛋白质溶液，以中和蛋白质的表面电荷并破坏其水化膜，使蛋白质从溶液中沉淀析出的实验方法
电泳	各种蛋白质的等电点不同、分子量不同，在同一 pH 缓冲液中带电荷多少不同，在电场中的泳动方向和速度也不相同，从而可将蛋白质混合液中各种蛋白质彼此分开。根据支撑物的不同，有薄膜电泳、凝胶电泳（如 SDS-聚丙烯酰胺凝胶电泳、等电聚焦电泳等）
层析	待分离蛋白质溶液（流动相）经过一个固态物质（固定相）时，根据待分离蛋白质的颗粒大小、电荷多少及亲和力等，使蛋白质组分在两相中反复分配，并以不同速度流经固定相而分离蛋白质。如凝胶过滤层析、离子交换层析和亲和层析等
免疫沉淀	利用特异抗体识别相应的抗原蛋白，并形成抗原 - 抗体复合物的性质，可从蛋白质混合溶液中分离获得抗原蛋白

第三节　应试习题

一、选择题（题目前 * 表示西医综合题目，题目前 # 表示执业医师题目）

【A1 型题】

1．在多数蛋白质中含量十分接近的元素是
　A．氧
　B．磷
　C．碳
　D．氢
　E．氮

2．测定某一蛋白质样品，该样品氮含量为 0.20g，则该样品约含蛋白质多少克
　A．1.25g
　B．2.00g
　C．5.50g
　D．6.60g
　E．4.80g

3．# 组成人体蛋白质多肽链的基本单位是（2003,2005）
　A．L-α- 氨基酸
　B．D-α- 氨基酸
　C．L-β- 氨基酸
　D．D-β- 氨基酸
　E．以上都不是

4．# 下列氨基酸中，无 L 型或 D 型之分的是（2003）
　A．谷氨酸
　B．甘氨酸
　C．半胱氨酸
　D．赖氨酸
　E．组氨酸

5．* 在天然蛋白质的组成中，不含有的氨基酸是（2009）
　A．精氨酸
　B．瓜氨酸
　C．半胱氨酸
　D．脯氨酸

E．谷氨酸

6．* 含有两个氨基的氨基酸是（2004）

A．Lys

B．Trp

C．Val

D．Glu

E．Leu

7．* 下列属于酸性氨基酸的是（2008）

A．精氨酸

B．甘氨酸

C．亮氨酸

D．天冬氨酸

8．# 下列属于酸性氨基酸的是（2006）

A．半胱氨酸

B．苏氨酸

C．苯丙氧酸

D．谷氨酸

E．组氨酸

9．# 下列属于疏水性氨基酸的是（2004）

A．苯丙氨酸

B．半胱氨酸

C．苏氨酸

D．谷氨酸

E．组氨酸

10．* 下列哪一种氨基酸是亚氨基酸（2000）

A．赖氨酸

B．脯氨酸

C．组氨酸

D．色氨酸

E．异亮氨酸

11．下列哪一种氨基酸不含极性侧链

A．亮氨酸

B．苏氨酸

C．丝氨酸

D．半胱氨酸

E．天冬酰胺

12．# 下列关于肽键性质和组成的叙述正确的是（2003）

A．由 C_1 和 C—COOH 组成

B．由 $C_{\alpha1}$ 和 $C_{\alpha2}$ 组成

C．由 C_α 和 N 组成

D．肽键有一定程度双键性质

E．肽键可以自由旋转

13．蛋白质的一级结构主要指多肽链中

A．肽键的数目

B．氨基酸的数目

C．氨基酸的种类

D．氨基酸的比例

E．氨基酸的排列顺序

14．蛋白质多肽链具有的方向性是

A．3′ 端→ 5′ 端

B．5′ 端→ 3′ 端

C．N 端→ C 端

D．C 端→ N 端

E．还原末端→非还原末端

15．* 蛋白质的空间构象主要取决于肽链中的（2014）

A．氨基酸序列

B．α- 螺旋

C．β- 折叠

D．二硫键位置

16．# 关于蛋白质二级结构的叙述，正确的是（2002, 2004, 2005）

A．氨基酸的排列顺序

B．每一氨基酸侧链的空间构象

C．局部主链的空间构象

D．亚基间相对的空间位置

E．每一原子的相对空间位置

17．# 以下不属于蛋白质二级结构的是（2014）

A．β- 折叠

B．右手双螺旋

C．β- 转角

D．β- 螺旋

E．无规卷曲（第九版教材为 Ω 环）

18．# 维系蛋白质分子中 α- 螺旋的化学键是（2001）

A．离子键

B．疏水作用

C．氢键

D．肽键

E．二硫键

19．# 蛋白质分子中 α- 螺旋的特点是（2002）

A．α- 螺旋为左手螺旋

B．每一螺旋含 3 个氨基酸残基

C．靠氢键维持其紧密结构

D．氨基酸的侧链伸向螺旋内部

E．结构中含有脯氨酸

20．蛋白质 β- 折叠构象的特点是

A．肽链充分伸展
B．氢键平行长轴
C．侧链平行长轴
D．靠离子键维持稳定
E．反平行式不稳定

21．*维系蛋白质分子中α-螺旋和β-折叠的化学键是（2003, 2010）
A．肽键
B．离子键
C．二硫键
D．氢键
E．疏水作用

22．*下列结构中，属于蛋白质模体结构的是（2012）
A．α-螺旋
B．β-折叠
C．锌指结构
D．结构域

23．*下列选项中，属于蛋白质三级结构的是（2010）
A．α-螺旋
B．无规则卷曲
C．结构域
D．锌指结构

24．关于蛋白质分子三级结构的描述错误的是
A．天然蛋白质分子均有这种结构
B．三级结构的稳定性主要由次级键维系
C．亲水基团多聚集在三级结构的表面
D．具有三级结构的多肽链都具有生物学活性
E．决定三级结构盘曲折叠的因素是氨基酸残基

25．具有四级结构的蛋白质特征是
A．分子中必定含有辅基
B．由两条或两条以上的多肽链组成
C．依赖肽键维系四级结构的稳定性
D．每条多肽链都具有独立的生物学活性
E．是所有蛋白质保持生物学活性必需的

26．对稳定蛋白质构象通常不起作用的化学键是（2001）
A．氢键
B．离子键
C．酯键
D．疏水作用
E．范德华力

27．#下列不属于维系蛋白质三级结构的化学键是（2013）
A．离子键
B．氢键
C．范德华力
D．肽键
E．疏水作用

28．*“不同蛋白质有不同的空间构象”所指的含义是（2013）
A．蛋白质的变性与复性
B．多肽链的折叠机制
C．一级结构决定高级结构
D．结合蛋白质有多种辅基

29．#下列蛋白质中属于单纯蛋白质的是（2004）
A．肌红蛋白
B．细胞色素C
C．血红蛋白
D．单加氧酶
E．清（白）蛋白

30．下列有关血红蛋白的描述正确的是
A．不属于变构蛋白
B．氧解离曲线为S形
C．与肌红蛋白功能相同
D．为含铁卟啉的单体球蛋白
E．一分子血红蛋白与一个氧分子可逆结合

31．#大多数成人血红蛋白中珠蛋白的组成是（2012）
A．$\alpha_2\varepsilon_2$
B．$\alpha_2\Psi_2$
C．$\alpha_2\gamma_2$
D．$\alpha_2\beta_2$
E．$\alpha_2\delta_2$

32．血红蛋白（Hb）具有运输O_2的功能，当O_2与Hb结合后可引起Hb构象变化，这种现象称为
A．变构激活
B．变构抑制
C．协同激活
D．协同抑制
E．变构效应

33．#镰状细胞贫血患者，其血红蛋白β链N端第6个氨基酸残基谷氨酸被下列哪种氨基酸代替（2000）

A．缬氨酸
B．丙氨酸
C．丝氨酸
D．酪氨酸
E．色氨酸

34．#疯牛病发病的生化机制是（2013）
A．α-螺旋变成β-螺旋
B．α-螺旋变成β-转角
C．α-螺旋变成β-折叠
D．β-折叠变成α-螺旋
E．β-转角变成β-折叠

35．*分子伴侣可以协助蛋白质形成正确的空间构象。下列分子中，属于分子伴侣的是（2007）
A．胰岛素原
B．热休克蛋白
C．组蛋白
D．DNA结合蛋白

36．*当溶液的pH与某种氨基酸的pI一致时，该氨基酸在此溶液中的存在形式是（2005）
A．兼性离子
B．非兼性离子
C．带单价正电荷
D．疏水分子
E．带单价负电荷

37．*使血清白蛋白（pI为4.7）带正电荷的溶液pH是（2015）
A．4.0
B．5.0
C．6.0
D．7.0

38．甘氨酸的pK_{-COOH}为2.34，pK_{-NH2}为9.60，其pI是
A．9.74
B．8.35
C．6.34
D．5.97
E．4.80

39．使蛋白质溶液保持稳定的主要因素是
A．蛋白质分子带有电荷
B．蛋白质溶液的黏度大
C．蛋白质在溶液中有“布朗运动”
D．蛋白质溶液有分子扩散现象
E．蛋白质分子表面带有水化膜和同种电荷

40．在280 nm波长附近具有最大光吸收峰的氨基酸是（2002）
A．天冬氨酸
B．丝氨酸
C．苯丙氨酸
D．色氨酸
E．赖氨酸

41．*蛋白质变性是由于（2007）
A．蛋白质的空间构象破坏
B．氨基酸组成的改变
C．肽键的断裂
D．蛋白质的水解

42．*蛋白质变性后的主要表现是（2009）
A．分子量变小
B．黏度降低
C．溶解度降低
D．不易被蛋白酶水解

43．#变性蛋白质的主要特点是（2000）
A．不易被蛋白酶水解
B．分子质量降低
C．溶解性增加
D．生物学活性丧失
E．共价键被破坏

44．#下列对蛋白质变性的描述中，正确的是（2001, 2005）
A．变性蛋白质的溶液黏度下降
B．变性的蛋白质不易被消化
C．蛋白质沉淀不一定就是变性
D．蛋白质变性后容易形成结晶
E．蛋白质变性不涉及二硫键破坏

45．#下列有关蛋白质变性的叙述，错误的是（2006）
A．蛋白质变性时其一级结构不受影响
B．蛋白质变性时其理化性质发生变化
C．蛋白质变性时其生物学活性降低或丧失
D．去除变性因素后变性蛋白质都可以复原
E．球蛋白变性后其水溶性降低

46．70%酒精消毒是使细菌蛋白质
A．沉淀
B．变性
C．溶解
D．变构
E．凝固

47．*盐析法沉淀蛋白质的原理是（2011）

A．改变蛋白质的一级结构
B．使蛋白质变性，破坏空间结构
C．使蛋白质的等电点发生变化
D．中和蛋白质表面电荷并破坏水化膜

48．[*]下列蛋白质通过凝胶过滤层析柱（排阻范围 3 ~ 70 kD）时最先被洗脱的是（2000）
A．马肝过氧化物酶（分子量 247 500）
B．肌红蛋白（分子量 16 900）
C．人血清清蛋白（分子量 68 500）
D．牛 β- 乳球蛋白（分子量 35 000）
E．牛胰岛素（分子量 5 700）

49．[#]以醋酸纤维素薄膜作支持物进行血清蛋白质电泳的缓冲液常用的 pH 为（2000, 2005）
A．3.5
B．5.5
C．6.5
D．7.5
E．8.6

50．在血浆蛋白电泳中，泳动最慢的蛋白质是（2001）
A．清蛋白
B．α_1- 球蛋白
C．α_2- 球蛋白
D．β- 球蛋白
E．γ- 球蛋白

51．常用于测定多肽 N 末端氨基酸的试剂是（2001）
A．溴化氢
B．丹磺酰氯
C．β- 巯基乙醇
D．羟胺
E．过甲酸

【A2 型题】

1．一混合蛋白质溶液，各种蛋白质的等电点 4.6、5.0、5.3、6.7 和 7.3，电泳时欲使其中四种泳向正极，缓冲溶液的 pH 应为多少
A．pH 7.0
B．pH 6.0
C．pH 5.0
D．pH 4.0
E．pH 8.0

2．取一滴血浆，在 pH 8.6 条件下进行醋酸纤维膜电泳。若样品点在负极，电泳后可将血浆至少分成 5 种成分，跑在最前面的成分是
A．纤维蛋白原
B．γ- 球蛋白
C．β- 球蛋白
D．α- 球蛋白
E．清蛋白

3．某种蛋白质溶液中加入尿素后，发现其黏度增加，呈色性增强，蛋白质结构松散且活性丧失，这种蛋白质发生了
A．蛋白质的沉淀
B．蛋白质的变性
C．蛋白质的盐析
D．蛋白质的凝固
E．蛋白质的二性解离

4．两种蛋白质 X 和 Y，已知 X 的等电点比 Y 高，选项中有一种氨基酸在 X 的含量可能比 Y 多，它是
A．苯丙氨酸
B．赖氨酸
C．谷氨酸
D．半胱氨酸
E．天冬氨酸

5．男性，18 岁，自觉头晕、发热和呼吸困难。检查发现皮肤、巩膜黄染，红细胞 3.5×10^{12}/L，取血镜检，发现患者的红细胞呈半月形（形状像镰刀），经基因检查确诊为镰状细胞贫血，其发病机制正确的解释是
A．正常血红蛋白 β 亚基的第 6 位氨基酸是缬氨酸
B．患者血红蛋白中谷氨酸变异成精氨酸
C．β 亚基表面的黏性位点导致血红蛋白变构
D．血红蛋白的溶解度下降，在氧张力低的毛细血管区，形成管状凝胶结构，导致红细胞扭曲成镰刀状，引起溶血和继发症状
E．该病症是分子构象病

【B 型题】

A．亮氨酸
B．脯氨酸
C．谷氨酸

D．半胱氨酸
E．天冬酰胺
1．属于支链氨基酸的是
2．含硫的氨基酸是

A．肽键
B．氢键
C．二硫键
D．疏水作用
E．范德华力
3．维持蛋白质一级结构的化学键主要是
4．维持蛋白质二级结构的化学键主要是

A．模体结构
B．二级结构
C．三级结构
D．四级结构
5．*亮氨酸拉链属于蛋白质的
6．*整条肽链中全部氨基酸残基的相对位置属于蛋白质的（2005）

A．蛋白质一级结构
B．蛋白质二级结构
C．蛋白质三级结构
D．蛋白质四级结构
7．#不属于空间结构的是
8．#蛋白质变性时，不受影响的结构是（2000，2005）

A．蛋白质构象改变
B．蛋白质表达水平改变
C．DNA 点突变
D．DNA 缺失突变
9．*与疯牛病发病相关的机制是
10．*与镰状细胞贫血发病相关的机制是（2014）

A．$\alpha_2\varepsilon_2$
B．α_2S_2
C．$\alpha_2\gamma_2$
D．$\alpha_2\beta_2$
11．胚胎期的血红蛋白主要为
12．胎儿期的血红蛋白主要为

A．蛋白质大分子不能通过半透膜
B．蛋白质分子大小的差异
C．蛋白质的两性解离性质
D．蛋白质所带电荷数多少
E．中性盐破坏蛋白质胶粒的水化膜，并中和蛋白质分子表面所带电荷
13．用透析法纯化蛋白质的原理是
14．用盐析法沉淀蛋白质的依据是
15．用分子筛分离纯化蛋白质的依据是

【X 型题】
1．关于蛋白质中肽键的叙述正确的有
A．比一般 C—N 单键短
B．具有部分双键性质
C．肽键可自由旋转
D．与肽键相连的氢原子和氧原子呈反式结构
2．含硫氨基酸包括
A．甲硫氨酸
B．苏氨酸
C．组氨酸
D．半胱氨酸
3．芳香族氨基酸包括
A．苯丙氨酸
B．酪氨酸
C．色氨酸
D．脯氨酸
4．*下列氨基酸中，属于疏水性的有（2011）
A．缬氨酸
B．精氨酸
C．亮氨酸
D．脯氨酸
5．下列关于“分子伴侣”的说法，正确的有
A．分子伴侣是蛋白质合成过程中形成空间结构的控制因子
B．分子伴侣是多肽链结合蛋白
C．热休克蛋白就是其中一个家族
D．分子伴侣在蛋白质合成后的折叠、加工、转位等过程中起关键作用
6．下列描述 Met-Phe-Leu-Thr-Val-Ile-Lys 肽链的叙述中，正确的有
A．是七肽，由七个肽键连接
B．能与双缩脲试剂反应
C．可被蛋白酶水解
D．含—SH 基

7．关于蛋白质的α-螺旋结构，以下叙述正确的有
A．多肽链主链骨架CO基氧原子与N—H基氢原子形成氢键
B．脯氨酸和甘氨酸对α-螺旋的形成无影响
C．每个氨基酸残基沿螺旋中心轴旋转100°，向上平移0.15 nm
D．每隔3.6个氨基酸残基上升一圈

8．亚基解聚时
A．一级结构被破坏
B．二级结构被破坏
C．三级结构被破坏
D．四级结构被破坏
E．空间结构被破坏

9．以下属于模体（motif）的是
A．结构域（domain）
B．锌指结构（zinc finger）
C．螺旋-环-螺旋（helix-loop-helix）
D．β-转角（β-turn）

10．聚丙烯酰胺凝胶电泳时，蛋白质的泳动速度取决于
A．蛋白质的分子量
B．蛋白质的分子形状
C．蛋白质所在溶液的pH
D．蛋白质所在溶液的离子强度

二、名词解释

1．肽键（peptide bond）
2．肽单元（peptide unit）
3．模体（motif）
4．结构域（domain）
5．蛋白质的三级结构（protein tertiary structure）
6．蛋白质的四级结构（protein quaternary structure）
7．分子伴侣（chaperon）
8．分子病（molecular disease）
9．蛋白质等电点（isoelectric point，pI）
10．蛋白质变性（protein denaturation）
11．蛋白质复性（protein renaturation）
12．蛋白质沉淀（precipitation）

三、问答题

1．何为氨基酸的等电点？已知精氨酸的α-羧基、α-氨基和胍基的pK值分别为2.17、9.04和12.48，如何计算精氨酸的等电点？
2．举例说明蛋白质一级结构、空间结构与功能之间的关系。
3．什么是蛋白质变性？变性后蛋白质发生哪些改变？变性与沉淀的关系如何？
4．举例说明蛋白质的变构效应。
5．常用的蛋白质分离纯化方法有哪几种？各自的作用原理是什么？
6．已知核糖核酸酶分子中有4个二硫键，用尿素和β-巯基乙醇使该酶变性后，其4个二硫键全部断裂。在复性时，该酶4个二硫键由半胱氨酸随机配对产生，理论预期的正确配对率为1%，而实验结果观察到正确配对率为95%～100%，为什么？

第四节　参考答案及解析

一、选择题

【A1型题】

1．**答案：**E　　**考点：**蛋白质的组成
解析：蛋白质主要由碳、氢、氧、氮和硫元素组成，其中各种蛋白质的含氮量接近，平均为16%。

2．**答案：**A　　**考点：**蛋白质的组成及定量
解析：测定某一样品中蛋白质的含氮量可推算出该样品中蛋白质的含量。常用的公式为：蛋白质含

量（g/100 g）＝每克样品含氮克数 ×6.25×100。

3．**答案**：A　　**考点**：氨基酸的基本结构

解析：组成天然蛋白质的氨基酸多属于 L-α- 氨基酸。

4．**答案**：B　　**考点**：氨基酸的结构

解析：甘氨酸的中心碳原子连接一个氨基，一个羧基，以及两个相同的 H，当一束偏振光穿过它时不会产生不同的偏振方向，也就没有左旋、右旋之分，所以无 L 型和 D 型甘氨酸之分。

5．**答案**：B　　**考点**：人体蛋白质的氨基酸组成

解析：瓜氨酸是鸟氨酸循环中间产物，参与合成尿素，不参与天然蛋白质的合成。

6．**答案**：A　　**考点**：氨基酸的结构

解析：含有两个氨基的氨基酸有赖氨酸（Lys）、天冬酰胺、谷氨酰胺和精氨酸。

7．**答案**：D　　**考点**：氨基酸的结构

解析：谷氨酸和天冬氨酸为酸性氨基酸，除 α 羧基外，其侧链中也含有羧基。

8．**答案**：D　　**考点**：氨基酸的结构

解析：同上题。

9．**答案**：A　　**考点**：氨基酸的结构和特点

解析：见表 1-1，疏水性氨基酸的特征是在水中溶解度小于极性中性氨基酸，包括 4 种带有脂肪烃侧链的氨基酸（丙氨酸、缬氨酸、亮氨酸和异亮氨酸），2 种含芳香环的氨基酸（苯丙氨酸和色氨酸），1 种含硫氨基酸（甲硫氨酸，也称蛋氨酸）和 1 种亚氨基酸（脯氨酸）。

10．**答案**：B　　**考点**：氨基酸的结构和特点

解析：20 种基本氨基酸中仅脯氨酸是亚氨基酸，它所含有的 α-氨基是亚氨基（—NH）而非氨基（$—NH_2$）。另一种亚氨基酸是羟脯氨酸，它由脯氨酸修饰而来。

11．**答案**：A　　**考点**：氨基酸的结构

解析：极性中性氨基酸的侧链基团具有一定的极性，包括丝氨酸、半胱氨酸、天冬酰胺、谷氨酰胺、苏氨酸。非极性脂肪族氨基酸（如亮氨酸和脯氨酸）和芳香族氨基酸中的苯丙氨酸的侧链是非极性的，侧链之间可形成疏水作用。

12．**答案**：D　　**考点**：肽键的概念及特点

解析：肽键是维系蛋白质一级结构的化学键，是指一个氨基酸的氨基与另一个氨基酸的羧基缩水而成的酰胺键，肽键不能自由旋转，具有部分双键的特性；组成肽键的 4 个原子（C、O、N、H）与其相邻的 2 个 α 碳原子位于同一平面，该 6 个原子构成了所谓的肽单元。肽单元中肽键（C—N）的键长为 0.132 nm，该键长介于 C—N 的单键长（0.149 nm）和双键长（0.127 nm）之间。

13．**答案**：E　　**考点**：蛋白质的一级结构

解析：蛋白质一级结构是指多肽链中的氨基酸的排列顺序及连接方式。

14．**答案**：C　　**考点**：蛋白质的一级结构

解析：多肽链有两端，其游离 α-氨基的一端称氨基末端或 N 端，游离 α-羧基的一端称为羧基末端或 C 端，所以多肽链的方向是 N 端→ C 端。

15．**答案**：A　　**考点**：蛋白质的空间结构与一级结构关系

解析：蛋白质的一级结构是氨基酸在多肽链中的排列顺序及其共价连接，是空间构象及生物活性的基础。

16．**答案**：C　　**考点**：蛋白质的二级结构

解析：蛋白质的二级结构是某一段肽链的局部空间结构，是该段多肽链主链骨架原子的相对空间位置，并不涉及氨基酸残基侧链的构象。

17．**答案**：B　　**考点**：蛋白质的二级结构

解析：蛋白质的二级结构主要包括 α-螺旋、β-折叠、β-转角和 Ω 环。

18．**答案**：C　　**考点**：蛋白质的二级结构

解析：α-螺旋的维持力主要是链内氢键。

19．**答案**：C　　**考点**：α-螺旋的结构特点

解析：α-螺旋多为右手螺旋，每圈 3.6 个氨基酸残基，螺距为 0.54 nm。α-螺旋的每个肽键的 N—H 和第 4 个肽键的羰基氧形成氢键，氢键的方向与螺旋长轴基本平行，氨基酸侧链伸向螺旋外侧。

20．**答案**：A　　**考点**：β-折叠的结构特点

解析：β-折叠多肽链充分伸展，肽平面折叠成锯齿状，侧链交错位于锯齿状结构的上下方；靠氢键维系其稳定性，氢键的方向基本垂直长轴；可有顺平行片层和反平行片层结构。

21．**答案**：D　　**考点**：α-螺旋和 β-折叠的结构特点

解析：参见第 19 题和第 20 题解析。

22．**答案**：C　　**考点**：结构模体

解析：结构模体是指蛋白质分子中具有特定空间构象和特定功能的结构成分，由两个或两个以上二级结构肽段组成，具有其特征性的氨基酸序列，是蛋白质发挥特定功能的基础。常见的有亮氨酸拉链、锌指结构等。

23．**答案**：C　　**考点**：结构域

解析：结构域是指一些较大的蛋白质分子的三级结构中具有两个或多个较为紧密且稳定的局部区域，有相对独立的空间构象和生物学功能。结构域属于三级结构。

24．**答案**：D　　**考点**：蛋白质的三级结构

解析：只有三级结构的蛋白质，其三级结构具有生物学活性，而含有四级结构的蛋白质，单独的亚基（subunit）也就是其三级结构一般没有生物学功能。

25．**答案**：B　　**考点**：蛋白质四级结构的概念及特点

解析：蛋白质的四级结构是指含有两条或两条以上多肽链的蛋白质分子中各个亚基的空间排布和相互作用，亚基与亚基之间以非共价键（主要是氢键和离子键）相互连接。并非所有蛋白质都有四级结构。含有四级结构的蛋白质，单独的亚基一般没有生物学功能，完整的四级结构才能发挥生物学功能。

26．**答案**：C　　**考点**：蛋白质的结构特点

解析：通常稳定蛋白质构象的化学键有疏水作用、离子键、氢键和范德华力，不起作用的化学键是酯键。

27．**答案**：D　　**考点**：蛋白质的结构特点

解析：维系蛋白质三级结构的化学键是疏水作用、离子键、氢键、范德华力，也可涉及二硫键。

28．**答案**：C　　**考点**：蛋白质结构与功能的关系

解析：蛋白质的一级结构是空间构象及生物活性的基础。

29．**答案**：E　　**考点**：蛋白质的分类

解析：根据蛋白质组成成分可分成单纯蛋白质和结合蛋白质，前者只含氨基酸，而后者除蛋白质部分外，还含有非蛋白质部分，为蛋白质的生物学活性或代谢所依赖。血红蛋白与肌红蛋白都是

以血红素为辅基的蛋白质，细胞色素 C 是以铁卟啉（或血红素）作为辅基的电子传递蛋白，单加氧酶有两类，细胞色素 P450 类单加氧酶以卟啉为辅基，黄素类单加氧酶以核黄素为辅基。

30．**答案：**B　　**考点：**蛋白质结构与功能的关系

解析：血红蛋白是以血红素为辅基，由 4 个亚基组成的四级结构蛋白质。其血红素可与 O_2 可逆地结合。血红蛋白亚基与 O_2 结合可引起另一亚基构象的变化，使之更易与 O_2 结合，所以血红蛋白的氧解离曲线呈 S 形。

31．**答案：**D　　**考点：**血红蛋白

解析：成人血红蛋白有 $\alpha_2\gamma_2$、$\alpha_2\beta_2$ 两种类型，但 $\alpha_2\gamma_2$ 占少数，多数人是 $\alpha_2\beta_2$。

32．**答案：**E　　**考点：**变构效应

解析：变构效应又称为别构效应，是寡聚蛋白与配基结合改变蛋白质的构象，导致蛋白质生物活性改变的现象。

33．**答案：**A　　**考点：**镰状细胞贫血

解析：镰状细胞贫血患者，其血红蛋白 β 链 N 端第 6 个氨基酸残基谷氨酸为缬氨酸代替。

34．**答案：**C　　**考点：**疯牛病

解析：疯牛病是蛋白质二级结构中的 α-螺旋变为 β-折叠所致。

35．**答案：**B　　**考点：**分子伴侣的概念

解析：蛋白质空间构象的形成除一级结构为决定因素外，还需要在一类称为分子伴侣的蛋白质辅助下，才能折叠成正确的空间构象，如热休克蛋白和伴侣蛋白。

36．**答案：**A　　**考点：**蛋白质的等电点

解析：当蛋白质溶液处于某一 pH 时，蛋白质解离成正、负离子的趋势相等，静电荷为零，此时溶液的 pH 称为蛋白质的等电点。当溶液的 pH 与某种氨基酸的 pI 一致时，氨基酸解离成阳性离子及阴性离子的程度及趋势相等，为兼性离子。

37．**答案：**A　　**考点：**蛋白质的等电点

解析：蛋白质溶液的 pH 大于 pI 时，蛋白质颗粒带负电荷，反之则带正电荷。

38．**答案：**D　　**考点：**等电点的计算方法

解析：通常氨基酸的等电点（pI）是由 α-羧基和 α-氨基的解离常数的负对数 pK_1 和 pK_2 决定的。pI 计算公式为：$pI=\frac{1}{2}(pK_1+pK_2)$

39．**答案：**E　　**考点：**蛋白质的理化性质

解析：蛋白质具有胶体性质，蛋白质表面电荷和水化膜是维持蛋白质胶体稳定的重要因素，若去除蛋白质胶体颗粒表面电荷和水化膜两个稳定因素，蛋白质极易从溶液中析出。

40．**答案：**D　　**考点：**氨基酸的紫外吸收性质

解析：根据氨基酸的吸收光谱，含有共轭双键的色氨酸、酪氨酸的最大吸收峰在 280 nm 波长附近。

41．**答案：**A　　**考点：**蛋白质变性

解析：蛋白质变性是指蛋白质空间结构破坏，一级结构不变。

42．**答案：**C　　**考点：**蛋白质变性的特点

解析：变性后的蛋白质紫外吸收增加、黏度增加，且容易被蛋白酶水解；但溶解度下降，结晶能力和生物活性丧失。

43．**答案：**D　　**考点：**蛋白质变性的特点

解析：参见第 41 题和第 42 题解析。

44．**答案**：C　　**考点**：蛋白质变性和沉淀

解析：蛋白质变性后，疏水侧链暴露在外，肽链融汇相互缠绕继而聚集，从溶液中析出，称为蛋白质沉淀。变性的蛋白质易于沉淀，有时蛋白质发生沉淀，但并不变性。

45．**答案**：D　　**考点**：蛋白质变性和复性

解析：蛋白质的变性主要发生二硫键和非共价键的破坏，不涉及一级结构中氨基酸序列的改变。若蛋白质变性程度较轻，去除变性因素后，有些蛋白质仍可恢复或部分恢复其原有的构象和功能，称为复性。

46．**答案**：B　　**考点**：蛋白质变性的应用

解析：造成蛋白质变性的因素有多种，常见的有加热、乙醇等有机溶剂、强酸、强碱、重金属离子及生物碱试剂等。在临床医学领域，变性因素常被应用来消毒及灭菌。

47．**答案**：D　　**考点**：蛋白质的理化性质

解析：蛋白质在水溶液中的溶解度取决于蛋白质分子表面离子周围的水分子数目，主要是由蛋白质分子外周亲水基团与水形成水化膜的程度以及蛋白质分子带有电荷的情况决定的。蛋白质溶液中加入中性盐后，由于中性盐与水分子的亲和力大于蛋白质，致使蛋白质分子周围的水化膜减弱乃至消失。中性盐加入蛋白质溶液后由于离子强度发生改变，蛋白质表面的电荷大量被中和，导致蛋白质溶解度降低，蛋白质分子之间聚集而沉淀。

48．**答案**：A　　**考点**：蛋白质分离

解析：凝胶过滤层析，是一种根据蛋白质分子大小不同对蛋白质进行分离的方法。它的层析柱中充满了不同大小孔径的凝胶颗粒，小分子的蛋白质可以通过小孔暂时进入颗粒中，而大分子蛋白质不能进入颗粒直接流出，因此最先被洗脱。

49．**答案**：E　　**考点**：蛋白质分离

解析：以醋酸纤维素薄膜作支持物进行血清蛋白质电泳的缓冲液常用的 pH 为 8.6。

50．**答案**：E　　**考点**：血清蛋白电泳

解析：以醋酸纤维素薄膜为支持物，正常人血清在 pH 8.6 的缓冲体系中电泳，染色后可显示 5 条主要区带。其中清蛋白的泳动速度最快，之后依次为 α_1-、α_2-、β-及 γ-球蛋白。γ-球蛋白的分子量最大，泳动最慢。

51．**答案**：B　　**考点**：测定氨基酸的试剂

解析：N 末端氨基酸分析常用的方法有：① 2,4-二硝基氟苯（DNP）法，其主要的试剂是二硝基氟苯；②丹磺酰氯法，其主要的试剂是丹磺酰氯（二甲基氨基萘磺酰氯）；③ Edman 降解法，该法标记 N 末端残基的试剂是苯异硫氰酸。β-巯基乙醇（巯基化合物）和过甲酸在多肽序列分析中多用于拆开二硫键；羟胺则为特异的肽链裂解剂；而溴化氢只断裂肽链中 Met 的羧基端肽键。多肽 N 末端即氨基端，丹磺酰氯可与氨基作用形成带有荧光的丹酰衍生物，从而对多肽 N 末端氨基酸进行分析鉴别。

【A2 型题】

1．**答案**：A　　**考点**：蛋白电泳

解析：在 pH 为 7.0 时，等电点为 4.6、5.0、5.3、6.7 的四种蛋白质净电荷为负，泳向正极，等电点为 7.3 的蛋白质净电荷为正，泳向负极。

2．**答案**：E　　**考点**：蛋白电泳

解析： 醋酸纤维膜电泳是按照蛋白质分子大小及其电荷含量，电泳速率由快到慢依次为清蛋白、α-球蛋白、β-球蛋白和 γ-球蛋白。

3．**答案：** B　　**考点：** 蛋白质的变性及特点

解析： 在某些理化因素作用下，蛋白质的空间结构被破坏，从而导致其理化性质改变、生物活性丧失的现象称为变性。变性不涉及一级结构的变化。蛋白质变性后紫外吸收、化学活性及黏度增加，且容易被蛋白酶水解；但溶解度下降，结晶能力和生物活性丧失。

4．**答案：** B　　**考点：** 蛋白质的等电点

解析： 等电点 PI 是指在 pH=PI 时，蛋白呈电中性。X 的等电点高，就是 pH 要高时呈电中性，pH 是质子的负对数，就是 X 不需要太多质子化就呈电中性了，而 Y 需要更低 pH 更多质子化，所以 X 肯定有更多带正电的残基。pI 值：苯丙氨酸为 5.48，赖氨酸为 9.47，组氨酸为 7.59，半胱氨酸为 5.07，天冬氨酸为 2.97，这其中赖氨酸的等电点最高，即赖氨酸残基带正电最多。赖氨酸在 X 的含量比多 Y 多，符合题意。

5．**答案：** D　　**考点：** 蛋白质的理化性质

解析： 镰状细胞贫血是基因突变产生的血红蛋白质分子结构改变的一种分子病。病人的大部分红细胞呈镰刀状。其特点是血红蛋白 β 亚基的第 6 位氨基酸由谷氨酸突变成缬氨酸，血红蛋白溶解度下降，在氧张力低的毛细血管区，形成管状凝胶结构，导致红细胞扭曲成镰刀状，引起溶血和继发症状。

【B 型题】

1．**答案：** A　2．**答案：** D　　**考点：** 氨基酸的分类和特点

解析： 支链氨基酸包括缬氨酸、亮氨酸和异亮氨酸，都是营养必需氨基酸；含硫氨基酸有蛋氨酸、半胱氨酸等。

3．**答案：** A　4．**答案：** B　　**考点：** 蛋白质的结构特点

解析： 氨基酸通过肽键连接而形成蛋白质或肽，所以蛋白质一级结构的形成和稳定主要靠肽键维系；蛋白质二级结构的形成和稳定主要靠氢键维系。

5．**答案：** A　6．**答案：** C　　**考点：** 蛋白质的结构特点

解析： 亮氨酸拉链是出现在 DNA 结合蛋白和其他蛋白质中的一种结构模体；蛋白质三级结构是指整条肽链中全部氨基酸残基的相对空间位置，也就是整条肽链所有原子在三维空间的排布位置。

7．**答案：** A　8．**答案：** A　　**考点：** 蛋白质的一级结构及高级结构

解析： 蛋白质的一级结构是空间结构的基础，不属于空间结构；蛋白质变性主要发生二硫键和非共价键的破坏，不涉及一级结构中氨基酸序列的改变。

9．**答案：** A　10．**答案：** C　　**考点：** 蛋白质结构与功能的关系

解析： 疯牛病的 PrP 蛋白质分子中的 α-螺旋变为 β-折叠，该蛋白相互聚集形成淀粉样纤维沉淀而致病，这种由于蛋白质构象改变，影响其功能，严重时导致的疾病称为蛋白质构象病。镰状细胞贫血是由于体内合成血红蛋白的基因点突变（由 T 突变为 A）所导致的疾病。

11．**答案：** B　12．**答案：** A　　**考点：** 血红蛋白的组成

解析： 胚胎期的血红蛋白主要为 α_2S_2，胎儿期的血红蛋白主要为 $\alpha_2\varepsilon_2$。

13．**答案：** A　14．**答案：** E　15．**答案：** B　　**考点：** 蛋白质的分离和纯化

解析： 参见表 1-7。透析的原理为：半透膜具有只允许小分子通过，而大分子物质不能通过的特点，所以利用半透膜可以使小分子杂质从袋中透出，而大分子蛋白质留于袋内，使蛋白质得以纯化；

盐析的原理为：在蛋白质溶液中若加大量中性盐，蛋白质胶粒的水化膜即被破坏，其所带电荷也被中和，蛋白质胶粒因失去这两种稳定因素而沉淀；分子筛的原理为：凝胶过滤树脂颗粒呈多孔状结构，在层析过程中，蛋白质小分子能进入树脂颗粒的孔，因而路径长，后洗脱出来；较大的蛋白质分子不能进入孔，路径短，先洗脱出来，分离所依据的即是蛋白质分子大小的差异。

【X 型题】

1．**答案**：ABD　　**考点**：肽键的定义及特点

解析：一个氨基酸的羧基与另一氨基酸的氨基缩水而成的酰胺键称为肽键。肽键有部分双键的特性，比一般 C—N 单键短且不能自由旋转。肽键—NH—上的氢原子与 C═O 上的氧原子方向几乎总是相反，呈反式结构。

2．**答案**：AD　　**考点**：氨基酸的分类和特点

解析：参见 B 型题第 2 题解析。

3．**答案**：ABC　　**考点**：氨基酸分类

解析：参见表 1-1，芳香族氨基酸侧链带芳香环，包括苯丙氨酸、酪氨酸和色氨酸。

4．**答案**：ACD　　**考点**：氨基酸分类

解析：参见 A1 型题第 9 题解析。

5．**答案**：ACD　　**考点**：分子伴侣的定义和功能

解析：分子伴侣是蛋白质合成过程中形成空间结构的控制因子，广泛存在于从细菌到人的细胞中。分子伴侣在新生肽链的折叠和穿膜进入细胞器的转位过程中起关键作用。它们有些结合在多肽链上，防止肽链降解或侧链非特异聚集；有些则可引导某些肽链正确折叠并集合多条肽链成为较大的结构。分子伴侣结合、稳定靶蛋白的能力具有特异性，并依赖 ATP。热休克蛋白就是分子伴侣的一个家族，因加热时可在许多细胞中被诱导表达而得名。分子伴侣还可以是一些核酸、磷脂、核糖体及一些小分子物质。

6．**答案**：BC　　**考点**：多肽的定义

解析：该七肽有六个肽键，无半胱氨酸（Cys），无—SH 基。

7．**答案**：AD　　**考点**：α-螺旋定义

解析：参见 A1 型题第 19 题解析。

8．**答案**：DE　　**考点**：蛋白质的空间结构

解析：蛋白质的四级结构是含有两条或两条以上多肽链的蛋白质分子中各个亚基的空间排布和相互作用。亚基解聚说明蛋白质的四级结构被破坏会引起蛋白质空间结构的改变。

9．**答案**：BC　　**考点**：模体定义

解析：结构模体是指蛋白质分子中具有特定空间构象和特定功能的结构成分，有 α-螺旋-β-转角（或环）-α-螺旋模体，链-β-转角 - 链；链-β-转角-α-螺旋-β-转角 - 链模体，亮氨酸拉链和锌指结构等。

10．**答案**：ABCD　　**考点**：聚丙烯酰胺凝胶电泳

解析：蛋白质在电场中的泳动速度决定于蛋白质分子的大小及其荷电情况，蛋白质分子的解离状况（即荷电为正或负，及解离程度）则取决于蛋白质所在溶液的 pH，蛋白质分子在电场中的泳动又受溶液中离子强度的影响。

二、名词解释（答案要点）

1. 肽键：一个氨基酸的氨基与另一个氨基酸的羧基脱去 1 分子 H_2O，所形成的酰胺键称为肽键。肽键的键长为 0.132 nm，具有一定程度的双键性质。

2. 肽单元：在多肽分子中肽键的 6 个原子（$C_{\alpha1}$、C、O、N、H、$C_{\alpha2}$）位于同一平面，被称为肽单元。

3. 模体：在蛋白质分子中 2 个或 3 个具有二级结构的肽段，在空间上相互接近，形成一个特殊的空间构象，有特征性的氨基酸序列，是蛋白质发挥特定功能的基础。

4. 结构域：蛋白质的三级结构常可分割成 1 个和数个球状区域，折叠得较为紧密，各行其功能，称为结构域。

5. 蛋白质的三级结构：是指整条多肽链中全部氨基酸残基的相对空间位置，也即整条多肽链所有原子在三维空间的排布位置。

6. 蛋白质的四级结构：数个具有三级结构的多肽链，在三维空间作特定排布，并以非共价键维系其空间结构稳定，每一条多肽链称为亚基。这种蛋白质分子中各个亚基的空间排布及亚基间的相互作用，称为蛋白质的四级结构。

7. 分子伴侣：在蛋白质加工、折叠形成特定空间构象及穿膜进入细胞器的转位过程中起关键作用的一类特殊蛋白质分子。它可以与未折叠的肽段（疏水部分）进行可逆的结合，辅助二硫键的正确形成；引导肽链的正确折叠并集合多条肽链成为较大的结构；分子伴侣可以解聚错误聚合的肽段，防止错误发生。

8. 分子病：由于基因结构改变，引起蛋白质一级结构中的关键氨基酸发生改变，从而导致蛋白质功能障碍，出现相应的临床症状，这类遗传性疾病称为分子病。例如镰状细胞贫血。

9. 蛋白质等电点：当蛋白质溶液处于某一 pH 时，蛋白质解离成正、负离子的趋势相等，即成为兼性离子，净电荷为零，此时溶液的 pH 称为该蛋白质的等电点（pI）。

10. 蛋白质变性：是指在某些理化因素作用下，蛋白质的空间构象受到破坏，使其理化性质改变和生物活性丧失。

11. 蛋白质复性：若蛋白质变性程度较轻，去除变性因素后，有些蛋白质仍可恢复或部分恢复其原有的构象和功能，称为蛋白质复性。

12. 蛋白质沉淀：蛋白质分子凝聚从溶液中析出的现象称为蛋白质沉淀。变性蛋白质一般易于沉淀，但也可不变性而使蛋白质沉淀。在一定条件下，变性的蛋白质也可不发生沉淀。

三、问答题（答案要点）

1. 氨基酸具有氨基和羧基，均可游离成带正电荷或负电荷的离子，此外有些氨基酸的侧链也能解离成带电荷的基团，当氨基酸解离成阳离子和阴离子的趋势及程度相等时，成为兼性离子，呈电中性，此时溶液的 pH 为该氨基酸的等电点。精氨酸有 3 个可解离的基团，根据精氨酸电离时产生的兼性离子，其两边的 pK 值分别为 12.48 和 9.04，所以 $pI=(12.48+9.04)/2=10.76$。

2. 蛋白质一级结构是高级结构的基础。有相似一级结构的蛋白质，其空间构象和功能也有相似之处。如垂体前叶分泌的肾上腺皮质激素的第 4 至第 10 个氨基酸残基与促黑激素（α-MSH、β-MSH）有相同序列，因此 ACTH 有较弱的促黑激素作用。又如广泛存在于生物学界的细胞色素 C，在相近的物种间，其一级结构越相似，空间构象和功能也越相似。在物种上，猕猴和人类很接近，二者的细胞色素 C 只相差 1 个氨基酸残基，所以空间结构和功能也极相似。

　　蛋白质空间结构决定其功能：空间结构是生物活性的直接体现。并非所有蛋白质都有四级结构，含有四级结构的蛋白质，单独的亚基（subunit）一般没有生物学功能，完整的四级结构是其发挥生物学功能的保证。如成人血红蛋白是由 2 个 α 亚基和 2 个 β 亚基通过 8 个离子键相连，形成四聚体，且每个亚基都可结合 1 个血红素辅基，具有运输 O_2 和 CO_2 的功能。每一个亚基单独存在时，虽可结合 O_2，但在体内组织中难于释放 O_2，所以不能运输 O_2 和 CO_2。

3．在某些理化因素作用下，蛋白质的空间构象受到破坏，使其理化性质改变和生物活性丧失，这就是蛋白质变性。蛋白质变性后特点：蛋白质变性后疏水侧链暴露，肽链可相互缠绕而聚集，分子量变大，易从溶液中析出，这就是蛋白质沉淀。可见变性的蛋白易于沉淀，有时蛋白质发生沉淀但并没有变性现象。

4．当配体与蛋白质亚基结合，引起亚基构象变化，从而改变蛋白质的生物活性，此种现象称为变构效应。变构效应也可发生于亚基之间，即当一个亚基构象的改变引起相邻的另一亚基的构象和功能的变化。例如，一个氧分子与 Hb 分子中一个亚基结合，导致其构象变化，进一步影响第二个亚基的构象变化，使之更易与氧分子结合，依次使四个亚基均发生构象改变而与氧分子结合，起到运输氧的作用。

5．蛋白质分离纯化的方法主要有：盐析、透析、超离心、电泳、离子交换层析、分子筛层析等方法。盐析是应用中性盐加入蛋白质溶液，破坏蛋白质的水化膜，使蛋白质聚集而沉淀。透析是利用能通透小分子化合物的半透膜，使大分子蛋白质和小分子化合物分离，达到浓缩蛋白质或去除盐类小分子的目的。蛋白质为胶体颗粒，在离心力作用下，可沉降。由于蛋白质其密度与形态各不相同，可以应用超离心法将各种不同密度的蛋白质加以分离。蛋白质在一定的 pH 溶液中可带有电荷，成为带电颗粒，在电场中向相反的电极方向泳动。由于蛋白质的质量和电荷量不同，其在电场中的泳动速率也不同，从而将蛋白质分离成泳动速率快慢不等的条带。蛋白质是两性电解质，在一定的 pH 溶液中，可解离成带电荷的胶体颗粒，可与层析柱内离子交换树脂颗粒表面的相反电荷相吸引，然后用盐溶液洗脱，带电量小的蛋白质先被洗脱，随着盐浓度增加，带电量多的也被洗脱，收集不同时段洗脱蛋白质溶液，达到分离蛋白质的目的。分子筛是根据蛋白质颗粒大小而进行分离的一种方法。层析柱内填充着带有小孔的颗粒，小分子蛋白质进入颗粒，而大分子蛋白则不能，因此不同分子量蛋白质在层析柱内的滞留时间不同，流出层析柱的先后不同，可将蛋白质按分子量大小而分离。

6．核糖核酸酶 A 中的 4 对二硫键被 β-巯基乙醇还原成—SH 后，若要再形成 4 对二硫键，从理论上推算有 105 种不同配对方式，唯有与天然核糖核酸酶 A 完全相同的配对方式，才能呈现酶活性，所以空间构象遭破坏的核糖核酸酶 A 只要其一级结构（氨基酸序列）未被破坏，就有可能回复到原来的三级结构，功能依然存在。当用透析方法去除尿素和 β-巯基乙醇后，松散的多肽链，循其特定的氨基酸序列，卷曲折叠成天然酶的空间构象，4 对二硫键也正确配对，这时酶活性又逐渐恢复至原来水平。

（易　霞）

第二章　核酸的结构与功能

第一节　学习要求

掌握： 核酸（DNA、RNA）的概念、分类、碱基组成规律；核酸的基本组成单位；核酸的一级结构；DNA 的二级结构——双螺旋结构的模型要点；mRNA、tRNA、rRNA 的结构及功能；核酸的紫外吸收；DNA 变性与复性。

熟悉： DNA 的高级结构——超螺旋结构的特点；DNA 的功能；核酸杂交。

了解： 其他非编码 RNA 的结构与功能。

第二节　内容精要

一、核酸的化学组成以及一级结构

核酸（nucleic acid）是生物体内最重要的生物大分子之一，可分为核糖核酸（ribonucleic acid，RNA）和脱氧核糖核酸（deoxyribonucleic acid，DNA）两大类。DNA 存在于细胞核和线粒体内，其功能是储存生命活动的全部遗传信息。RNA 在遗传信息的传递与表达中发挥重要作用，主要存在于细胞质。

（一）核苷酸和脱氧核苷酸是构成核酸的基本组成单位

核酸的基本构成单位是核苷酸（nucleotide）。组成 DNA 的核苷酸称脱氧核糖核苷酸（dNMP），组成 RNA 的核苷酸称核糖核苷酸（NMP）。DNA 与 RNA 比较，其戊糖不同，部分碱基不同，DNA 中含有胸腺嘧啶（T）而没有尿嘧啶（U），RNA 中只有尿嘧啶（U）而没有胸腺嘧啶（T），见表 2-1。

表2-1　DNA与RNA的组成比较

	戊糖	碱基		核苷酸
		嘌呤	嘧啶	
RNA	核糖	腺嘌呤（A） 鸟嘌呤（G）	胞嘧啶（C） 尿嘧啶（U）	腺苷酸（AMP）、鸟苷酸（GMP）、胞苷酸（CMP）、尿苷酸（UMP）
DNA	脱氧核糖	腺嘌呤（A） 鸟嘌呤（G）	胞嘧啶（C） 胸腺嘧啶（T）	脱氧腺苷酸（dAMP）、脱氧鸟苷酸（dGMP）、脱氧胞苷酸（dCMP）、脱氧胸苷酸（dTMP）

生物体内，核苷酸还包括其他形式。如多磷酸核苷：包括 NDP 和 NTP，参与能量代谢。其中 ATP 是细胞主要的直接供能物质。环化核苷酸：cAMP 和 cGMP 可作为第二信使参与信号转导途径。辅酶或辅基：AMP 是 NAD、NADP、FAD、CoA 等的重要组分。活性代谢物：UDPG 是葡萄糖的活性形式、CDP-胆碱是胆碱的活性形式等。

（二）DNA 是脱氧核苷酸通过 3′,5′-磷酸二酯键连接形成的大分子

（三）RNA 也是具有 3′,5′-磷酸二酯键的线性大分子

DNA 与 RNA 基本结构（一级结构）形式类似，见表 2-2。

表2-2　DNA与RNA的基本结构形式

	DNA	RNA
基本结构形式	多聚脱氧核糖核苷酸链	多聚核糖核苷酸链
连接键	3′,5′-磷酸二酯键	3′,5′-磷酸二酯键
链的方向	5′ 端→ 3′ 端（由左至右）	5′ 端→ 3′ 端（由左至右）

（四）核酸的一级结构是核苷酸的排列顺序

核酸的一级结构是指核酸分子中核苷酸的排列顺序及连接方式，通常也指其碱基序列。核苷酸的排列顺序代表了遗传信息。

二、DNA 的空间结构与功能

（一）DNA 的二级结构是双螺旋结构（double helix）

1．碱基组成规则（Chargaff 规则）

（1）[A] = [T]，[G] = [C]；[A] + [G] = [T] + [C]。

（2）有种属特异性。

（3）无组织、器官特异性。

（4）不受年龄、营养、性别及其他环境等影响。

2．Watson-Crick 双螺旋结构模型（B-DNA）　1953 年，由 Watson 和 Crick 首次提出 DNA 的双螺旋结构模型，其结构要点见表 2-3。

表2-3　DNA的双螺旋结构模型要点

特点	备注
反平行双链	外侧为脱氧核糖 - 磷酸骨架，内侧为碱基平面
碱基互补配对	A-T 配对（两个氢键）；G-C 配对（三个氢键）
右手双螺旋	10.5 个碱基对 / 圈，螺距为 3.54 nm。戊糖平面几乎平行螺旋轴，而碱基对平面几乎垂直螺旋轴
表面功能区	小沟较浅；大沟较深。大沟是蛋白质识别 DNA 碱基序列的基础
维持双螺旋结构稳定的力量	碱基对之间的氢键维持双螺旋结构横向稳定，碱基平面间的堆积力维持纵向稳定

3．DNA 双螺旋结构的多样性　溶液的离子强度或相对湿度的变化可以改变 DNA 双螺旋结构的沟槽、螺距、旋转角度等。DNA 的右手双螺旋结构是自然界 DNA 存在的最普遍方式。生理条件下绝大多数 DNA 以 B 构象存在，即 Watson 和 Crick 所提出的模型结构。除了 B-DNA，还存在 Z-DNA 和 A-DNA，三者的螺旋直径、螺距或螺旋方向各有不同。

4．DNA 的多链结构

（1）在酸性溶液中，DNA 可以通过 Watson-Crick 氢键和 Hoogsteen 氢键形成 $C^{+}GC$ 的三链结构（triplex）。

（2）真核生物染色体 DNA 的 3′-端膨大的粒状结构称为端粒（telomere），由染色体末端 DNA（即端粒 DNA）与 DNA 结合蛋白构成。端粒 DNA 的末端是单链结构，可以通过 Hoogsteen 氢键自身回折形成 G-四链结构（quadruplex）。

（3）端粒功能：维持染色体结构的稳定和维持复制过程中 DNA 的完整性，与衰老及肿瘤的发生发展有关。

（二）DNA 双链经过盘绕折叠形成致密的高级结构（superhelix 或 supercoil）

DNA 的高级结构在原核生物是环状超螺旋而在真核生物则表现为染色体的核小体形式。超螺旋结构及核小体的结构见表 2-4。

表2-4 DNA高级结构形式

分类	高级结构名称	特点
原核生物	环状超螺旋	DNA 双螺旋基础上的进一步螺旋化
真核生物	核小体	超螺旋盘绕在核心组蛋白八聚体的表面，形成核小体（nucleosome）。核小体是染色质的基本组成单位，由 DNA 与 H1、H2A、H2B、H3 和 H4 5 种组蛋白共同构成

（三）DNA 是主要的遗传物质

1．储存遗传信息；

2．复制遗传信息；

3．表达遗传信息。

三、RNA 的空间结构与功能

RNA 含 AMP、GMP、CMP、UMP 四种核苷酸，由磷酸二酯键相连成单链。RNA 和蛋白质共同参与基因的表达及其调控过程。细胞内 RNA 的主要种类及功能见表 2-5，其结构特点有：单链、局部双螺旋结构：G-C 配对（三个氢键）；A-U 配对（两个氢键）、茎环（stem loop）结构或发夹结构：局部双螺旋 + 突环。

表2-5 细胞内RNA的主要种类及功能

名称	英文缩写	特点	功能
核糖体 RNA	rRNA	含量多	核糖体组成成分
信使 RNA	mRNA	少量、短寿、多样	蛋白质合成模板
转运 RNA	tRNA	分子小、稀有碱基多	转运氨基酸
不均一核 RNA	hnRNA	含内含子、外显子的对应序列	成熟 mRNA 的前体
核酶（酶 RNA）			具有生物催化剂活性
小核 RNA	snRNA		hnRNA 的剪接、转运
核仁小 RNA	snoRNA		rRNA 的加工和修饰
小片段干扰 RNA	siRNA		基因表达调控
微 RNA	microRNA		翻译调控
胞质小 RNA	scRNA/7SL-RNA		信号肽识别体的组成成分

（一）mRNA 是蛋白质生物合成的模板

mRNA 在细胞内的特点是半衰期短，含量少，种类多样；其功能是作为蛋白质生物合成的模板；具有 5′-端“帽子”和 3′-端“尾巴”的特殊结构，其结构特点见表 2-6。

表2-6 mRNA的结构

结构名称	特点
5′- 端“帽子”	m^7Gppp
3′- 端“尾巴”	poly A
中部	其前体包含外显子和内含子。外显子以“密码子”形式体现遗传信息

（二）tRNA 是蛋白质合成中氨基酸的载体

tRNA 由 70 ~ 90 个核苷酸构成，在三类 RNA 中分子量最小。作为各种氨基酸的转运载体，在蛋白质合成中起活化与转运氨基酸的作用。其结构特点如表 2-7 所示。

表2-7　tRNA的结构

结构分类	特点
一级结构	含有较多的稀有碱基（rare bases）和非标准碱基配对；5′-端一般为鸟嘌呤核苷酸，3′-端为 CCA-OH 3′
二级结构	“三叶草”型（cloverleaf pattern）：氨基酸臂：3′-末端的 CCA-OH 3′- 单链用于连接氨基酸；二氢尿嘧啶环（DHU）：含有稀有碱基 DHU，识别氨酰 -tRNA 合成酶；反密码环：识别 mRNA 的三联体密码。次黄嘌呤（I）常出现于其 5′-端（第 1 位）；TΨC 环：含有稀有碱基假尿嘧啶（Ψ），识别核糖体；额外环：在 L 形三维结构中负责连接反密码子环和 TΨC 环
三级结构	“倒 L”形：反密码子环和氨基酸臂分别位于倒 L 形的两端

（三）以 rRNA 为主要成分的核糖体是蛋白质合成的场所

1．rRNA 是细胞中含量最多的 RNA。

2．“花束”形空间结构　半数以上碱基配对，形成链内局部双螺旋和多个“茎环”或“发夹”。

3．非标准碱基配对　G-U 配对和 G-A 配对。

4．功能　与特殊蛋白质一起组成核糖体，为蛋白质生物合成提供场所。真核生物的核糖体大小为 80S，其中大亚基为 60S，小亚基为 40S；原核生物的核糖体大小为 70S，其中大亚基为 50S，小亚基为 30S。

5．类型　真核生物中的 rRNA 包括 28S、5.8S、5S 和 18S rRNA。原核生物中的 rRNA 有 23S、5S 和 16S rRNA。

（四）组成性非编码 RNA 是保障遗传信息传递的关键因子

组成性非编码 RNA 包括催化小 RNA、核仁小 RNA（small nucleolar RNA，snoRNA）、胞质小 RNA（small cytoplasmic RNA，scRNA）、核小 RNA（small nuclear RNA，snRNA）等。

（五）调控性非编码 RNA 参与基因表达调控

调控性非编码 RNA 按其大小分为短链非编码 RNA（small non-coding RNA，sncRNA）、长非编码 RNA（long non-coding RNA，lncRNA）和环状 RNA（circular RNA，circRNA）。参与许多重要的生物学功能，如转录调控、RNA 剪切和修饰、mRNA 的翻译、蛋白质的稳定和转运、染色体的形成和结构稳定等。上述非编码 RNA 其结构与功能特点如表 2-8 所示。

表2-8　非编码RNA的结构与功能

分类		结构、功能特点
lncRNA		序列没有开放读框，多由 RNA 聚合酶Ⅱ转录而来，生物学作用多样
短链（小）非编码 RNA	小片段干扰 RNA（small interfering RNAs，siRNA）	一类短片段双链 RNA 分子，能够以序列互补的 mRNA 为靶目标，降解特定的 mRNA
	微小 RNA（microRNAs，miRNAs）	长度大约 22 个核苷酸的小 RNA 分子，通过与 mRNA 结合而抑制基因的表达

四、核酸的理化性质

（一）核酸分子具有强烈的紫外吸收

最大光吸收波长：260 nm。根据 260 nm 处的吸光度（absorbance，A_{260}），可以确定溶液中的 DNA 或 RNA 的含量。

（二）DNA 变性是一条 DNA 双链解离为两条 DNA 单链的过程

DNA 变性（DNA denaturation）：在理化因素作用下，DNA 分子中的氢键断裂，碱基堆积力破坏，双螺旋结构解体，双链分开形成单链的过程。变性后的 DNA 一级结构不变。

1．DNA 变性后理化性质的改变

（1）黏度降低；

（2）浮力密度增加；

（3）旋光偏振光改变；

（4）高色效应（hyperochromic effect）：DNA 变性后，在 260 nm 处的紫外吸收增高，称为高色效应或增色效应。

2．熔解温度（melting temperature，Tm）　DNA 热变性过程中，紫外吸收达到最大值的一半时溶液的温度。也称解链温度或变性温度。特点包括：

（1）GC 含量越高，Tm 越大。

（2）DNA 越长，Tm 越大。

（3）溶液离子强度增高，Tm 值增加。

（三）变性的核酸可以复性或形成杂交双链

1．核酸复性（renaturation）　变性条件缓慢去除后，变性分开的单链分子按照碱基互补配对原则重新形成双链并恢复双螺旋结构的过程称为复性或退火（annealing）。

2．核酸分子杂交（nucleic acid hybridization）　不同来源的核酸变性以后，合并在一起，只要这些核酸分子含有可以形成碱基互补配对的序列就可以形成部分双链。由不同来源的核酸单链形成杂化双链的过程称为核酸分子杂交。

3．核酸分子杂交技术的应用　基因克隆筛选、酶切图谱制作、特定基因序列的定量和定性、突变分析、疾病诊断等。

蛋白质、DNA 和 tRNA 的结构比较总结于表 2-9。

表2-9　蛋白质、DNA 和tRNA的结构比较

	蛋白质	DNA	tRNA
结构单位	20 种 L-α 氨基酸	4 种脱氧核苷酸 碱基：A、G、C、T 戊糖：脱氧核糖	4 种核糖核苷酸 碱基：A、G、C、U 戊糖：核糖
一级结构	连接键：肽键	3′,5′- 磷酸二酯键	
	结构形式：多肽链	多核苷酸链	
	方向：N 端→C 端	5′- 端→3′-端	
	信息：氨基酸顺序	核苷酸顺序	
二级结构	α-螺旋、β-折叠、β-转角、无规卷曲	双螺旋结构	三叶草结构
三级结构	外形：球、椭球、杆状（长度缩短），疏水基团在内，亲水基团在外	超螺旋，核小体	倒 L 形结构
	稳定力：次级键	拓扑及其他	氢键
	功能区：表面或其他部分	螺旋表面大、小沟	氨基酸臂、DHU 环、反密码环、TψC 环
紫外吸收	$\lambda_{最大}$=280 nm	$\lambda_{最大}$=260 nm	
变性	空间结构改变	双螺旋结构解链	
	紫外吸收增加	紫外吸收增加	
	化学活性增加		
	生物活性下降	生物活性改变	
	黏度增加	黏度下降	
两性解离	pI-pH	酸性解离	酸性解离
生理功能	代谢酶、激素蛋白、运输蛋白、运动蛋白、防御蛋白、营养蛋白、结构蛋白、调控蛋白、毒蛋白	遗传信息贮存、传递（复制和表达），决定种属特异性	转运氨基酸

第三节 应试习题

一、选择题（题目前*表示西医综合题目，题目前#表示执业医师题目）

【A1 型题】

1. 在核酸中含量最为恒定的元素是
   A. 碳（C）
   B. 氢（H）
   C. 氧（O）
   D. 磷（P）
   E. 硫（S）

2. *通常既不见于 DNA 又不见于 RNA 的碱基是（2001）
   A. 腺嘌呤
   B. 黄嘌呤
   C. 鸟嘌呤
   D. 胸腺嘧啶
   E. 尿嘧啶

3. RNA 和 DNA 彻底水解后的产物
   A. 戊糖相同，部分碱基不同
   B. 碱基不同，戊糖不同
   C. 碱基相同，戊糖不同
   D. 碱基相同，部分戊糖不同
   E. 戊糖不同，部分碱基不同

4. 假尿嘧啶核苷的糖苷键是
   A. C-C 键
   B. C-N 键
   C. N-N 键
   D. C-H 键
   E. N-H 键

5. 下列关于核苷酸及其衍生物生理功能叙述都是正确的，除了
   A. 三磷酸腺苷是生物界中最主要的直接供能物质
   B. 核苷酸可作为辅酶的成分
   C. 核苷酸可作为质膜的基本结构成分
   D. 某些核苷酸衍生物具有生理调节活性
   E. 多种核苷酸衍生物是生物合成过程中的活性中间物

6. 多核苷酸链中核苷酸之间的连接方式是
   A. 二硫键
   B. 糖苷键
   C. 磷酸二酯键
   D. 肽键
   E. 氢键

7. *如果某 DNA 分子中 G 的含量为 10%，则此 DNA 分子中 T 的含量为（2011）
   A. 10%
   B. 20%
   C. 40%
   D. 80%

8. *下列关于 DNA 碱基组成的叙述正确的是（2007）
   A. 腺嘌呤（A）与胞嘧啶（C）的含量相等
   B. A+T=G+C
   C. 生物体 DNA 的碱基组成随着年龄的变化而改变
   D. 不同生物来源的 DNA 碱基组成不同

9. 脱氧核糖核酸的一级结构指的是脱氧核糖核酸分子的
   A. 双螺旋结构
   B. 碱基配对关系
   C. 碱基种类
   D. 碱基排列顺序
   E. 各碱基所占的比例

10. Watson-Crick 螺旋结构中每周螺旋中包含的碱基对数目是
   A. 2.0 对
   B. 3.6 对
   C. 5.4 对
   D. 10.5 对
   E. 3.4 对

11. *下列关于 DNA 双螺旋结构的叙述，正确的是（2004）
   A. 磷酸核糖在双螺旋内侧，碱基位于外侧
   B. 碱基对平面与螺旋轴近似平行
   C. 遵循碱基配对原则，但有摆动现象
   D. 碱基平面与螺旋轴近似垂直
   E. 核糖平面与螺旋轴近似垂直

12. Watson-Crick 螺旋结构中螺距是

A．2.0 nm
B．3.6 nm
C．5.4 nm
D．10 nm
E．3.54 nm

13．蛋白质识别 DNA 碱基序列的结构基础是
A．磷酸 - 戊糖骨架
B．左手螺旋
C．大沟、小沟
D．双螺旋
E．右手螺旋

14．维系 DNA 双链之间的主要作用力是
A．离子键
B．氢键
C．磷酸二酯键
D．碱基堆积力
E．疏水作用

15．DNA 三级结构在原核生物中主要表现为
A．双螺旋结构
B．α- 螺旋
C．超螺旋
D．无规则卷曲
E．开环型结构

16．RNA 的局部双链结构中碱基配对原则是
A．A-T；G-C
B．A-U；C-G
C．A-U；G-T
D．C-T；G-A
E．C-U；A-G

17．关于 rRNA 组成描述正确的是
A．原核生物的核糖体中有四种 rRNA，即 23S、16S、5S、5.8S
B．原核生物的核糖体中有三种 rRNA，即 23S、18S、5S
C．真核生物的核糖体中有三种 rRNA，即 28S、18S、5S
D．真核生物的核糖体中有四种 rRNA，即 28S、18S、5S、5.8S
E．真核与原核生物的核糖体具有完全相同的 rRNA

18．含有稀有碱基较多的核酸是
A．rRNA
B．tRNA
C．mRNA
D．hnRNA
E．DNA

19．tRNA 的 3′-末端通常含有
A．GGA-OH
B．CCA-OH
C．AAA-OH
D．UUA-OH
E．TTA-OH

20．* 下列关于 tRNA 的叙述错误的是（2011）
A．二级结构通常呈三叶草形
B．三级结构呈倒“L”形
C．具有反密码子环
D．5′-末端为 CCA

21．内含子和外显子组分均存在的 RNA 是
A．rRNA
B．mRNA
C．tRNA
D．hnRNA
E．snRNA

22．* 核酸的最大紫外吸收值是（2007）
A．200 nm
B．220 nm
C．240 nm
D．260 nm

23．DNA 热变性时发生的理化性质改变包括
A．溶液黏度增加
B．碱基对可形成氢键
C．在 260 nm 波长处的吸光度下降
D．多核苷酸链断裂成寡核苷酸链
E．加入互补 RNA 链，再冷却，可形成 DNA/RNA 杂交分子

24．DNA 变性的实质是
A．多核苷酸链解聚
B．互补碱基间氢键断裂
C．分子中磷酸二酯键断裂
D．碱基与脱氧核糖间糖苷键断裂
E．DNA 分子由超螺旋转变为双螺旋

25．可与单链 DNA 5′-CGGTA-3′ 发生杂交的 RNA 序列是
A．5′-GCCAU-3′
B．5′-GCCUU-3′
C．5′-UACCG-3′
D．5′-UAGGC-3′
E．5′-AUCCG-3′

26．以下关于核酸分子杂交的叙述，错误的是
A．不同来源的两条单链 DNA，只要存在大致相同的互补碱基序列，就可结合，形成局部双螺旋
B．DNA 也可与 RNA 杂交形成双螺旋
C．RNA 也可与其编码的多肽链结合形成杂交分子
D．杂交技术可用于核酸结构与功能的研究
E．杂交技术可用于基因工程的研究

27．多聚核苷酸的骨架组成是
A．碱基与戊糖
B．碱基与磷酸
C．碱基与碱基
D．戊糖与磷酸
E．戊糖与戊糖

28．按照 Chargaff 原则，DNA 碱基组成的规律是
A．[A] = [C]；[T] = [G]
B．[A] + [T] = [C] + [G]
C．[A] = [T]；[C] = [G]
D．([A] + [T])/([C] +[G]) =1
E．[A] = [G] = [T] = [C]

29．染色质的基本结构单位在真核生物表现为
A．组蛋白
B．核心颗粒
C．核小体
D．超螺旋
E．α- 螺旋

【A2 型题】

1．某类核苷酸仅参与 DNA 的构成，通常不出现在 RNA 中，合成该类核苷酸时需要一碳单位的参与，该类核苷酸为
A．AMP
B．GMP
C．CMP
D．TMP
E．UMP

2．J. Watson 和 F. Crick 于 1953 年在《Nature》杂志上提出并发表了 DNA 二级结构的模型，据此，我们知道 DNA 二级结构以及稳定该结构的力量分别是
A．右手双螺旋；氢键
B．右手双螺旋；碱基堆积力
C．左手双螺旋；氢键
D．左手双螺旋；氢键和碱基堆积力
E．右手双螺旋；氢键和碱基堆积力

3．反向平行的 DNA 双链之间形成互补碱基对，互补碱基间形成氢键维持 DNA 双链横向稳定，这种碱基配对关系为
A．A=T；G≡C
B．A=C；G=T
C．A=U；G≡C
D．A=I；G=C
E．A=T；G=C

4．某种 RNA 分子，分子量比较小，含稀有碱基较多，其二级结构为三叶草结构，三级结构为倒“L”形，这种核酸分子是
A．tRNA
B．rRNA
C．mRNA
D．hnRNA
E．snRNA

5．变性过程中，DNA 的两条链解离，如果将不同种类的 DNA 单链或者 RNA 链放在同一溶液中，两种核酸单链之间存在一定的碱基配对关系，它们就可能形成杂化双链，该过程的名称以及其中的碱基配对关系可能有
A．杂交，A=T；G≡C
B．杂交，A=U；G≡C
C．复性，A=U；G≡C
D．杂交，A=T；G≡C；A=U
E．复性，A=T；G≡C；A=U

【B 型题】

A．氢键
B．磷酸二酯键
C．范德华力
D．碱基中的共轭双键
E．静电斥力

1．碱基互补配对时形成的键是
2．核苷酸之间的连接键是

A．ATP
B．ADP
C．cAMP

D．dATP

E．NMP

3．体内最主要的直接供能物质是

4．可作为第二信使的是

A．双螺旋

B．超螺旋

C．三叶草形

D．倒L形

E．碱基排列顺序

5．核酸的一级结构是指

6．DNA的二级结构是

7．tRNA的三级结构是

A．rRNA

B．mRNA

C．tRNA

D．hnRNA

E．snRNA

8．* 含稀有碱基最多的RNA是

9．* 既含内含子又含外显子的RNA是（2003）

【X型题】

1．DNA和RNA分子中都含有

A．鸟嘌呤

B．腺嘌呤

C．胞嘧啶

D．尿嘧啶

2．含有腺嘌呤组分的辅酶有

A．FMN

B．FAD

C．NADH

D．CoA

3．B-DNA双螺旋结构模型的特点有

A．反平行双链

B．右手螺旋

C．碱基互补配对

D．碱基平面与螺旋轴平行

4．* 下列关于tRNA的叙述，正确的有（2001）

A．含有密码子环

B．通常由70～80个核苷酸组成

C．参与蛋白质生物合成

D．三级结构呈倒“L”形

5．直接参与蛋白质合成的核酸有

A．mRNA

B．tRNA

C．rRNA

D．snRNA

6．有关DNA Tm值的叙述，正确的是

A．与DNA的碱基排列顺序有直接关系

B．与DNA链的长度有关

C．在所有的真核生物中都一样

D．与G-C对含量成正比

7．能够与单链DNA 5′-TGGCAG-3′进行核酸杂交的序列有

A．5′-CUGCCA-3′

B．5′-ACCGTC-3′

C．5′-ACCGUC-3′

D．5′-CTGCCA-3′

8．小分子非编码RNA（small non-coding RNA，sncRNA）包括

A．核小RNA

B．核仁小RNA

C．小片段干扰RNA

D．催化性小RNA

9．原核生物中rRNA的主要类型有

A．16S rRNA

B．5.8S rRNA

C．28S rRNA

D．23S rRNA

10．构成核小体核心颗粒的组蛋白有

A．H1

B．H2A

C．H2B

D．H3

二、名词解释

1．反密码子（anticodon）

2．DNA变性（DNA denaturation）

3．高色效应（hyperchromic effect）

4．熔解温度（melting temperature，Tm）

5．核酸分子杂交（hybridization）

三、问答题

1．试从以下几点比较蛋白质与 DNA 的异同：

（1）元素组成；（2）结构单位；（3）主要连接键；（4）方向；（5）二级结构主要类型。

2．简述 B-DNA 双螺旋结构的特点。

3．简述核苷酸的主要生物学功能。

4．比较 DNA 和 RNA 组成的异同点。

5．RNA 在细胞内有哪些主要类型？其主要功能是什么？

第四节　参考答案及解析

一、选择题

【A1 型题】

1．**答案：**D　　**考点：**核酸的元素组成

解析：组成核酸的主要元素有 C、H、O、N、P 等。其中 RNA 分子中 P 含量为 8.5% ~ 9%，DNA 分子中 P 含量为 9% ~ 10%。由于各种核酸分子中 P 的含量比较接近和恒定，故在测定组织中的核酸含量时常通过测 P 的含量来计算生物组织中核酸的含量。

2．**答案：**B　　**考点：**DNA 与 RNA 核苷酸的碱基组成异同

解析：腺嘌呤、鸟嘌呤和胞嘧啶既存在于 DNA 也存在于 RNA 分子中；尿嘧啶仅存在于 RNA 分子中，而胸腺嘧啶也只存在于 DNA 分子中。换言之，DNA 分子中的碱基成分为 A、G、C 和 T 四种，而 RNA 分子则主要由 A、G、C 和 U 四种碱基组成。

3．**答案：**E　　**考点：**DNA 与 RNA 核苷酸组成的异同

解析：DNA 中的戊糖是 β-D-2-脱氧核糖，RNA 中的戊糖为 β-D-核糖，碱基组成参见第 2 题解析。

4．**答案：**A　　**考点：**假尿嘧啶核苷的结构特点

解析：常见的核苷中戊糖的 C-1′ 位的羟基与嘌呤的 N-9 或嘧啶的 N-1 位的氢脱水缩合形成核苷；但是假尿嘧啶的核苷则是嘧啶杂环上的 C-5 与戊糖的 C-1′ 相连。

5．**答案：**C　　**考点：**核苷酸的主要生物学功能

解析：核苷酸可以作为核酸的基本组成单位；参加各种代谢及其调节（如 ATP 属于高能磷酸化合物，起贮存及提供生物能的作用）；环化核苷酸（cAMP，cGMP）可作为第二信使，在细胞信号转导过程中起重要的调控作用；参与某些生物活性物质的组成（NAD^+，FAD），但不是组成质膜的基本结构成分。

6．**答案：**C　　**考点：**核苷酸之间的连接键

解析：核苷酸通过 3′,5′- 磷酸二酯键连接成多聚核苷酸的大分子（核酸）。

7．**答案：**C　　**考点：**DNA 分子中碱基组成规律

解析：根据 Chargaff 规则，A=T，G=C；即嘌呤碱总数和嘧啶碱总数相等，即 A+G=T+C。

8．**答案：**D　　**考点：**Chargaff 规则

解析：DNA 分子的碱基组成有一个共同的规律：①不同生物种属的 DNA 碱基组成不同；但同一个体不同器官、组织的 DNA 的碱基组成相同；②某一特定生物其 DNA 碱基组成不随年龄、营养状况或环境因素而改变；③胸腺嘧啶（T）和腺嘌呤（A）的摩尔数相等，胞嘧啶（C）和鸟嘌呤（G）的摩尔数相等，即 A=T，G=C；④嘌呤碱总数和嘧啶碱总数也相等，即 A+G=T+C。

9．**答案**：D　　**考点**：DNA 的一级结构定义

解析：DNA 的一级结构是指 DNA 中脱氧核苷酸自 5′-端到 3′-端的排列顺序。由于分子中每个脱氧核苷酸的磷酸和脱氧核糖都相同，故也可以理解为碱基排列顺序。

10．**答案**：D　　**考点**：Watson-Crick 螺旋（DNA 双螺旋）的结构

解析：DNA 双螺旋结构模型的要点是：(1) DNA 是一反向平行的双链结构，一条链的走向是 $5' \rightarrow 3'$，另一条链的走向是 $3' \rightarrow 5'$。脱氧核糖基和磷酸基骨架位于双链的外侧，碱基位于内侧，两条链的碱基之间以氢键相连。腺嘌呤与胸腺嘧啶配对，形成两个氢键（A=T），鸟嘌呤与胞嘧啶配对，形成三个氢键（G≡C）。碱基平面与双螺旋结构的长轴相垂直。(2) DNA 是一右手螺旋结构。螺旋每旋转一周包含了 10.5 对碱基，每个碱基的旋转角度为 36°。螺距为 3.54nm，碱基平面之间的距离为 0.34 nm。DNA 双螺旋表面存在一个大沟和一个小沟。(3) DNA 双螺旋结构的稳定靠两条链间互补碱基的氢键及碱基平面间的疏水性堆积力维持，而后者更重要。(4) 双螺旋表面形成大沟和小沟，是蛋白质识别 DNA 的碱基序列并发生相互作用的结构基础。

11．**答案**：D　12．**答案**：E　13．**答案**：C　14．**答案**：D

考点：Watson-Crick 螺旋结构（DNA 双螺旋）的结构

解析：参见第 10 题解析。

15．**答案**：C　　**考点**：DNA 的三级结构

解析：超螺旋结构是 DNA 的高级结构。原核生物 DNA 的三级结构是超螺旋；真核生物 DNA 的三级结构是与蛋白质形成复合体，以非常致密的形式存在于细胞核内，基本结构单位是核小体。

16．**答案**：B　　**考点**：RNA 的碱基互补配对关系

解析：DNA 分子中的碱基成分为 A、G、C 和 T 四种，而 RNA 分子则主要由 A、G、C 和 U 四种碱基组成。故 RNA 的碱基互补配对关系是 A-U、C-G。

17．**答案**：D　　**考点**：rRNA 的组成

解析：原核生物共有 5S、16S、23S 三种 rRNA；真核生物有 28S、5.8S、5S 和 18S 四种 rRNA。

18．**答案**：B　　**考点**：tRNA 的组成

解析：tRNA 的一级结构具有下述特点：分子中富含稀有碱基，在 tRNA 合成后由酶促化学修饰产生，包括双氢尿嘧啶（DHU）、假尿嘧啶（Ψ，pseudouridine）和甲基化的嘌呤（m^7G，m^7A）等，占其所有碱基的 10% ~ 20%。

19．**答案**：B　　**考点**：tRNA 的组成

解析：tRNA 的 5′- 端大多数为 pG，而 3′-端都是 CCA，CCA-OH 是 tRNA 与相应氨基酸的结合部位。

20．**答案**：D　　**考点**：tRNA 的组成

解析：tRNA 的一级结构参见第 18 题、19 题解析；tRNA 二级结构为三叶草形结构；三级结构是倒 L 形。

21．**答案**：D　　**考点**：mRNA 的组成

解析：真核细胞内成熟 mRNA，是由其前体核不均一 RNA（heterogeneous nuclear RNA，hnRNA）加工修饰而成。hnRNA 既含内含子又含外显子。而成熟 mRNA 则只含有外显子。

22．**答案**：D　　**考点**：核酸的紫外吸收

解析：核酸分子中的嘌呤、嘧啶结构中含有共轭双键，因此在 250 ~ 280 nm 紫外波段有光吸收，其最大吸收峰在 260 nm 处，该性质可用于核酸纯度的鉴定及定量分析。

23．**答案**：E　　**考点**：DNA 变性、复性和杂交

解析：DNA 变性是分子中互补碱基对之间的氢键断裂，双螺旋结构松散变成单链的过程。变性过

程不涉及共价键的破坏。DNA 的溶液在 260nm 处的吸光度随之增加（增色效应）。变性 DNA 表现正旋光性下降、黏度降低等。变性 DNA 在适当的条件下，两条互补链又可重新缔合而形成双螺旋结构，此过程称为复性或退火。在核酸变性后的复性过程中，具有一定互补序列的不同 DNA 单链，或 DNA 单链与同源 RNA 序列，在一定条件下按碱基互补原则结合在一起，形成异源双链的过程称为分子杂交。分子杂交以核酸的变性与复性为基础，可发生在 DNA-DNA、RNA-RNA 和 DNA-RNA 之间。

24. **答案：**B　　**考点：**DNA 变性的特点

解析：DNA 变性是分子中互补碱基对之间的氢键断裂，双螺旋结构松散变成单链的过程。变性过程不涉及共价键的破坏。

25. **答案：**C　　**考点：**DNA-RNA 杂交的碱基互补配对特点

解析：分子杂交以可发生在 DNA-DNA、RNA-RNA 和 DNA-RNA 之间。RNA 的碱基互补配对关系是 A-U、C-G。

26. **答案：**C　　**考点：**核酸杂交

解析：核酸杂交技术在分析基因组织的结构、定位和基因表达及临床诊断等方面都有着十分广泛的应用。余参见第 23 题解析。

27. **答案：**D　　**考点：**多聚核苷酸（核酸）结构组成特点

解析：核酸分子中相同的戊糖及磷酸交替连接成分子骨架，而四种不同碱基则伸展于骨架一侧。

28. **答案：**C　　**考点：**DNA 分子中碱基组成规律

解析：参见第 7 题解析。

29. **答案：**C　　**考点：**真核细胞染色质的基本结构单位

解析：真核生物 DNA 的三级结构是与蛋白质形成复合体，以非常致密的形式存在于细胞核内，基本结构单位是核小体。

【A2 型题】

1. **答案：**D　　**考点：**DNA 与 RNA 核苷酸的碱基组成异同

解析：参见 A1 型题第 2 题解析。TMP 合成时需要一碳单位提供甲基。

2. **答案：**E　　**考点：**DNA 双螺旋结构特点

解析：参见 A1 型题第 10 题解析。

3. **答案：**A　　**考点：**DNA 双螺旋结构中的互补碱基配对关系

解析：腺嘌呤与胸腺嘧啶配对，形成两个氢键（A=T），鸟嘌呤与胞嘧啶配对，形成三个氢键（G≡C）。

4. **答案：**A　　**考点：**tRNA 结构特点

解析：tRNA 的一级结构分子中富含稀有碱基，二级结构为三叶草形，三级结构是倒 L 形。

5. **答案：**D　　**考点：**核酸杂交的定义和碱基互补配对特点

解析：分子杂交以可发生在 DNA-DNA、RNA-RNA 和 DNA-RNA 之间。故碱基互补配对关系是 A-U、C-G、A-T 都可能存在。

【B 型题】

1. **答案：**A　2. **答案：**B　　**考点：**DNA 的结构特点

解析：在 DNA 双链结构中，亲水的脱氧核糖基和磷酸基骨架位于双链的外侧，而碱基位于内侧，两条链的碱基之间以氢键相结合。核苷酸通过 3′, 5′-磷酸二酯键连接成核酸大分子。

3．**答案**：A 4．**答案**：C **考点**：核苷酸的功能

解析：核苷酸除作为核酸的基本组成单位外，体内游离的一些核苷酸还可参与各种代谢及其调节，如 ATP 属于高能磷酸化合物，起贮存及提供生物能的作用。环化核苷酸（cAMP，cGMP）可作为第二信使，在细胞信号转导过程中起重要的调控作用。

5．**答案**：E 6．**答案**：A 7．**答案**：D **考点**：核酸的结构特点

解析：核酸的一级结构是指核苷酸自 5′-端到 3′-端的排列顺序。由于分子中每个核苷酸的磷酸和核糖都相同，故也可以理解为碱基排列顺序。DNA 的二级结构为双螺旋结构。tRNA 的二级结构为三叶草形，三级结构是倒 L 形。

8．**答案**：C 9．**答案**：D **考点**：tRNA 结构和 hnRNA 的结构特点

解析：tRNA 的一级结构分子中富含稀有碱基。真核细胞内成熟 mRNA，是由其前体核不均一 RNA（heterogeneous nuclear RNA，hnRNA）加工修饰而成。hnRNA 既含内含子又含外显子。而成熟 mRNA 则只含有外显子。

【X 型题】

1．**答案**：ABC **考点**：DNA 与 RNA 核苷酸的碱基组成异同

解析：腺嘌呤、鸟嘌呤和胞嘧啶既存在于 DNA 分子也存在于 RNA 分子中；尿嘧啶仅存在于 RNA 分子中，而胸腺嘧啶也只存在于 DNA 分子中。换言之，DNA 分子中的碱基成分为 A、G、C 和 T 四种，而 RNA 分子则主要由 A、G、C 和 U 四种碱基组成。

2．**答案**：BCD **考点**：核苷酸的主要生物学功能

解析：核苷酸还参与某些生物活性物质的组成，如尼克胺腺嘌呤二核苷酸（NAD^+/NADH）和黄素腺嘌呤二核苷酸（FAD）、CoA 等分子中都含有腺苷酸。

3．**答案**：ABC **考点**：Watson-Crick 螺旋（B 型 DNA 双螺旋）的结构

解析：参见 A1 型题第 10 题解析。

4．**答案**：CD **考点**：tRNA 结构特点

解析：tRNA 在蛋白质合成中起活化与转运氨基酸的作用，已知的 tRNA 由 70 ~ 90 个核苷酸构成，在三类 RNA 中分子量最小。结构特点参见 B1 型题第 7 解析。

5．**答案**：ABC **考点**：RNA 的功能

解析：mRNA 是蛋白质生物合成的直接模板；tRNA 在蛋白质合成中转运氨基酸；rRNA 与蛋白质构成的核糖体是蛋白质合成的场所。

6．**答案**：BD **考点**：熔解温度（melting temperature，Tm）的特点。

解析：由于 G-C 配对氢键连接能量高于 A-T 配对，因此 GC 比例越高，Tm 值越高。Tm 值还与 DNA 分子的长度有关，DNA 分子越长，Tm 值越高。此外，溶液的离子浓度增高也可以使 Tm 值增高。Tm 值可以根据 DNA 分子的长度、GC 含量及离子浓度来计算。

7．**答案**：AD **考点**：核酸杂交的定义和碱基互补配对特点

解析：分子杂交以可发生在 DNA-DNA、RNA-RNA 和 DNA-RNA 之间。故碱基互补配对关系是 A-U、C-G、A-T 都可能存在。同时注意互补链方向相反。

8．**答案**：ABCD **考点**：sncRNA 的种类

解析：sncRNA 包括核小 RNA（small nuclear RNA，snRNA）、核仁小 RNA（small nucleolarRNA，snoRNA）、胞质小 RNA（small cytoplasmic RNA，scRNA）、催化性小 RNA（small catalytic RNA）

即核酶（ribozyme）、小片段干扰 RNA（small interfering RNA，siRNA）和微小 RNA（microRNA，miRNA）。

9．**答案：**AD　　**考点：**原核生物核糖体的组成

解析：原核生物共有 5S、16S、23S 三种 rRNA。其中核糖体的小亚基（30S）由 16S rRNA 与 21 种蛋白质构成，大亚基（50S）则由 5S 和 23S rRNA 与 34 种蛋白质共同构成。

10．**答案：**BCD　　**考点：**真核生物核小体的结构组成

解析：核小体中的组蛋白共有 H1、H2A、H2B、H3 和 H4 五种。各两分子的 H2A、H2B、H3 和 H4 构成扁平圆柱状八聚体的核心组蛋白，DNA 双螺旋链缠绕在这一核心上形成核小体的核心颗粒。核心颗粒之间再由一段 DNA（约 60bp）和组蛋白 H1 构成的连接区连接起来形成串珠样结构。

二、名词解释

1．反密码子（anticodon）：tRNA 分子反密码环中间的 3 个碱基，可与 mRNA 上相应的三联体密码子碱基互补，使携带特异氨基酸的 tRNA，依据其特异的反密码子来识别结合 mRNA 上相应的密码子，引导氨基酸正确定位。

2．DNA 变性（DNA denaturation）：是指在某些理化因素作用下，双螺旋 DNA 分子中互补碱基对之间的氢键断裂，双螺旋结构松散变成单链的过程。变性过程不涉及共价键的破坏。

3．高色效应（hyperchromic effect）：核酸变性时，由于原堆积于双螺旋内部的碱基暴露，对 260nm 紫外吸收增加，这一现象称为增色效应。这是判断 DNA 变性的一个指标。

4．熔解温度（melting temperature，Tm）：DNA 变性过程中，260 nm 处光吸收值达到最大值的 50% 时的温度称为 DNA 的解链温度（Tm）。此时核酸分子内 50% 的双链结构被解开。

5．核酸分子杂交（hybridization）：如果把不同的 DNA 链放在同一溶液中作变性处理，或把单链 DNA 与 RNA 混合，只要某些区域有形成碱基配对的可能，它们之间就可形成局部的双链。这一过程称为核酸分子杂交。

三、问答题（答案要点）

1．（1）元素组成：组成蛋白质的主要元素有碳、氢、氧、氮。各种蛋白质的含氮量很接近且恒定，平均约为 16%；组成核酸的主要元素有 C、H、O、N、P 等。其中 P 含量较为恒定，为 9% ~ 10%。（2）结构单位：蛋白质的结构单位为氨基酸；DNA 的结构单位为脱氧核苷酸。（3）主要连接键：蛋白质一级结构以肽键相连；DNA 的一级结构以 3′, 5′- 磷酸二酯键相连。（4）方向：蛋白质 N 端 → C 端；DNA 5′- 端 → 3′- 端。（5）二级结构主要类型：蛋白质二级结构主要有 α- 螺旋和 β- 片层结构；DNA 的二级结构为双螺旋结构。

2．B-DNA 双螺旋结构模型的要点是：（1）DNA 是反向平行的双链结构，一条链的走向是 5′ → 3′，另一条链的走向是 3′ → 5′。脱氧核糖基和磷酸基骨架位于双链的外侧，碱基位于内侧，两条链的碱基之间以氢键相连。腺嘌呤与胸腺嘧啶配对，形成两个氢键（A=T），鸟嘌呤与胞嘧啶配对，形成三个氢键（G≡C）。碱基平面与双螺旋结构的长轴相垂直。（2）DNA 是右手螺旋结构。螺旋每旋转一周包含 10.5 对碱基，每个碱基的旋转角度为 36°。螺距为 3.54 nm，碱基平面之间的距离为 0.34 nm。DNA 双螺旋表面存在一个大沟和一个小沟。（3）DNA 双螺旋结构的稳定靠两条链间互补碱基的氢键及碱基平面间的疏水性堆积力维持。

3．作为核酸的基本组成单位；参加各种代谢及其调节（如 ATP 属于高能磷酸化合物，起贮存及提供生物能的作用）；环化核苷酸（cAMP，cGMP）可作为第二信使，在细胞信号转导过程中起重要的调控作用；参与某些生物活性物质的组成（NAD^+，FAD）。

4．DNA 和 RNA 组成的异同点如下：

核酸种类	组成成分				基本组成单位
	碱基		戊糖	磷酸	
DNA	A、G	C、T	脱氧核糖	Pi	dNMP
RNA	A、G	C、U	核糖	Pi	NMP

5．RNA 在细胞内主要可分 3 类：①信使 RNA（mRNA）：以 DNA 为模板合成后转位至细胞质，在细胞质中作为蛋白质合成的模板。②转运 RNA（tRNA）：在细胞蛋白质合成过程中，作为各种氨基酸的运载体并将其转呈给 mRNA。③核蛋白体 RNA(rRNA)：rRNA 与核糖体蛋白共同构成核糖体，核糖体是细胞合成蛋白质的场所。总之 RNA 的功能是参与遗传信息的传递与表达。

（薛丽香）

第三章　酶与酶促反应

第一节　学习要求

掌握：酶的基本概念；酶的分子组成；辅酶与辅基的区别；酶的分子结构及功能；酶促反应动力学的特点和意义（底物浓度、酶浓度、温度、pH、激活剂和抑制剂对酶促反应速度的影响）；K_m 与 V_m 值的意义；同工酶的概念；几种 LDH 同工酶的分布；几种常见辅酶或辅基所含维生素；酶原的概念及酶原激活的化学本质。

熟悉：酶的作用机制与作用方式；酶活性的调节（别构调节、别构激活剂、别构抑制剂、化学修饰的概念）；酶含量的调节（酶蛋白合成及降解）。

了解：酶的命名与分类；酶的活性测定；酶在医学中的应用（疾病诊断、治疗）、酶在临床检验及科学研究中的作用。

第二节　内容精要

一、酶的分子结构与功能

酶（enzyme）是由活细胞产生的、对其底物具有高度特异性和催化效能的蛋白质，是生物体内存在的一种重要的生物催化剂（表 3-1）。

表3-1　酶的分子组成

酶的形式	特点	举例
单体酶	单一亚基构成	溶菌酶、羧肽酶 A
寡聚酶	多个相同或不同亚基以非共价键相连	蛋白激酶 A、磷酸果糖激酶-1
多酶复合物 / 多酶体系	几种不同功能的酶聚合	丙酮酸脱氢酶复合物
多功能酶	一条肽链具有多种催化功能	氨基甲酰磷酸合成酶 II

（一）酶的分子组成中常含有辅因子

酶按其分子组成可分为单纯酶（simple enzyme）和结合酶（conjugated enzyme）。

1．单纯酶　仅由氨基酸残基构成的酶。

2．结合酶（亦称缀合酶）　酶蛋白加辅助因子，称全酶，见表 3-2。

表3-2　全酶的分子组成

<table>
<tr><td rowspan="3">全酶</td><td>酶蛋白：酶分子中的多肽链
（决定反应的特异性）</td><td></td></tr>
<tr><td rowspan="2">辅因子
（决定反应的种类与性质）</td><td>辅基（prosthetic group）：与酶蛋白结合牢固，不能用透析、超滤等简单的物理化学方法使之分开。大多为金属离子</td></tr>
<tr><td>辅酶（coenzyme）：与酶蛋白以非共价键结合，可用上述方法使之与酶蛋白分离。绝大多数辅酶成分中含有不同的 B 族维生素</td></tr>
</table>

辅酶（辅基）在酶促反应中的作用见表 3-3。

表3-3　辅酶（辅基）在酶促反应中的作用

辅酶	缩写名	转移基团	所含维生素成分
焦磷酸硫胺素	TPP	醛基	B_1
黄素腺嘌呤二核苷酸	FAD	H^+、电子	B_2
黄素单核苷酸	FMN	H^+、电子	B_2
辅酶Ⅰ / 辅酶Ⅱ	NAD^+/$NADP^+$	H^+、电子	尼克酰胺
辅酶 A	CoA	酰基	泛酸
磷酸吡哆醛		氨基	B_6
辅酶 B_{12}		氢原子及烷基	B_{12}
生物素		CO_2	生物素
四氢叶酸	FH_4	一碳基团	叶酸
硫辛酸		酰基	硫辛酸

金属离子是最常见的辅助因子，主要作用有：组成酶的活性中心参加催化反应；作为连接酶与底物的桥梁；中和电荷，有利于底物与酶的结合；稳定酶的空间构象，约 2/3 的酶含有金属离子。若金属离子与酶结合紧密，提取过程中不易丢失则称为金属酶；若与酶的结合可逆则称为金属激活酶（表 3-4）。

表3-4　某些金属酶和金属激活酶

金属酶	金属离子	金属激活酶	金属离子
过氧化氢酶	Fe^{2+}	丙酮酸激酶	K^+、Mg^{2+}
过氧化物酶	Fe^{2+}	丙酮酸羧化酶	Mn^{2+}、Zn^{2+}
谷胱甘肽过氧化物酶	Se^{2+}	蛋白激酶	Mg^{2+}、Mn^{2+}
固氮酶	Mo^{2+}	己糖激酶	Mg^{2+}
核糖核苷酸还原酶	Mn^{2+}	磷脂酶 C	Ca^{2+}
羧基肽酶	Zn^{2+}	细胞色素氧化酶	Cu^{2+}
碳酸酐酶	Zn^{2+}	脲酶	Ni^{2+}
碱性磷酸酶	Mg^{2+}	柠檬酸合酶	K^+

（二）酶的活性中心是酶分子执行其催化功能的部位

1．酶的必需基团（essential group）　酶分子中与酶活性密切相关、不可缺少的化学基团称必需基团。包括活性中心内的必需基团和活性中心外的必需基团。

常见的必需基团有组氨酸的咪唑基、丝氨酸的羟基、半胱氨酸的巯基和谷氨酸的 γ-羧基。

2．活性中心（active center）　酶分子中能与底物特异结合并催化底物转变为产物的具有特定三维结构的区域，称活性中心。酶的活性中心组成见表 3-5。

表3-5　酶的活性中心组成

活性中心组成	英文	特点
结合基团	binding group	结合底物与辅酶，与酶形成复合物
催化基团	catalytic group	催化底物发生化学反应并将其转化为产物

（三）同工酶催化相同的化学反应

同工酶（isoenzyme，isozyme）：具有相同催化作用，但分子结构、理化性质和免疫学性质不同的一类酶。

来源：由不同基因编码的多肽链或由同一基因转录生成的多种不同 mRNA 的翻译产物。

特点：存在于同一个体或同一种属的不同组织中；存在于同一细胞的不同亚细胞结构中，并用于诊断不同器官的疾病。

例如：乳酸脱氢酶（LDH）是一种含锌的四聚体酶，由 4 个亚基组成，亚基分为心肌型（H 型）和骨骼肌型（M 型）两种。具体见表 3-6。

表3-6　LDH同工酶组成

LDH 同工酶	亚基组成	主要存在部位	作用
LDH1	H_4	心肌、红细胞、肾	催化乳酸、丙酮酸间氧化还原反应：LDH_1 对乳酸的亲和力较大，催化乳酸生成丙酮酸，LDH_5 对丙酮酸亲和力大，肌肉可以在无氧条件下还原丙酮酸生成乳酸
LDH2	H_3M_1	红细胞、白细胞、肾	
LDH3	H_2M_2	肺、脾	
LDH4	H_1M_3	肝、肾	
LDH5	M_4	骨骼肌、肝	

当组织细胞存在病变时，该组织细胞特异的同工酶可释放入血，因此临床上检测血清同工酶活性有助于疾病的诊断和预后判定。如当急性心肌梗死或心肌细胞损伤时，血中 LDH_1（H_4）活性增高，肌酸激酶 MB 型（CK_2）活性升高，而升高最早、恢复最快的 CK_2。

二、酶的工作原理

（一）酶具有不同于一般催化剂的显著特点

遵循一般催化剂规律，催化热力学上能进行的反应，但不能产生新反应，可加速达到平衡点，但不能改变一个反应的平衡点。主要特点如下：

1．酶对底物具有极高的催化效率　比非催化反应高 10^8 ~ 10^{20} 倍，比一般催化剂高 10^7 ~ 10^{13} 倍。

2．酶对底物具有高度的特异性　一种酶只能催化一种或一类化合物或化学键，进行一定的化学反应，产生一定的产物（表 3-7）。

表3-7　酶的特异性分类

酶特异性分类	作用	举例
绝对特异性	只能作用于一种化合物，催化一种反应	脲酶，只能催化尿素分解
相对特异性	催化一类化合物或化学键	磷酸酶，催化磷酸基团水解
立体异构特异性	只能催化一种立体异构体进行反应	L-乳酸脱氢酶只能催化 L-乳酸脱氢，不能催化 D-乳酸脱氢

3．酶具有可调节性　酶促反应受多种因素的调控，以适应机体对不断变化的内外环境和生命活动的需要。酶的可调节性主要表现在：区域化分布；同工酶；酶的激活与抑制；关键酶；变构酶与酶的共价修饰；酶合成的诱导与阻遏。

4．酶具有不稳定性　在某些理化因素如高温、强酸等条件作用下，因其本质为蛋白质，酶会发生变性从而失去催化活性。

（二）酶通过促进底物形成过渡态而提高反应速率

1．酶比一般催化剂更有效地降低反应的活化能（activation energy）

活化能是指在一定温度下，1 摩尔反应物从基态转变成过渡态所需要的自由能。酶与底物结合释放的结合能是降低活化能的主要能量来源，使底物只需要很少能量就可进入过渡态。

2．酶与底物结合形成中间产物（表 3-8）

表3-8　酶与底物结合学说

作用机制	主要内容
诱导契合作用使酶与底物密切结合	酶与底物相互接近时，其结构相互诱导、相互变形和相互适应，进而相互结合
邻近效应与定向排列使诸底物正确定位于酶的活性中心	酶在反应中将诸底物结合到酶的活性中心，使各底物相互接近并正确排列
表面效应使底物分子去溶剂化	酶反应时，活性中心形成“疏水口袋”，排除水分子的干扰，有利于酶与底物密切接触和结合

3．酶的催化机制呈现多元催化作用（表 3-9）

表3-9　酶的催化机制

作用方式	定义
酸碱催化作用	酶是两性解离的蛋白质，其分子中含有多种不同功能基团，可作为质子供体（酸）及质子受体（碱），故同一酶分子常存在酸或碱的催化作用
亲核及亲电子催化作用	酶活性中心的亲电子基团 / 亲核基团与富含电子的底物形成共价键
共价催化作用	酶可与底物形成瞬间共价键而将底物激活，易水解形成产物和游离的酶

三、酶促反应动力学

酶促反应动力学研究各种因素对酶促反应速率的影响，包括底物浓度、酶浓度、温度、pH、抑制剂和激活剂等。

（一）底物浓度对酶促反应速率的影响呈矩形双曲线

1．米 - 曼方程式揭示单底物反应的动力学特性　当其他条件在最适、不变情况下，底物浓度（[S]）的变化对反应速率（*V*）影响的作图呈矩形双曲线（图 3-1）。

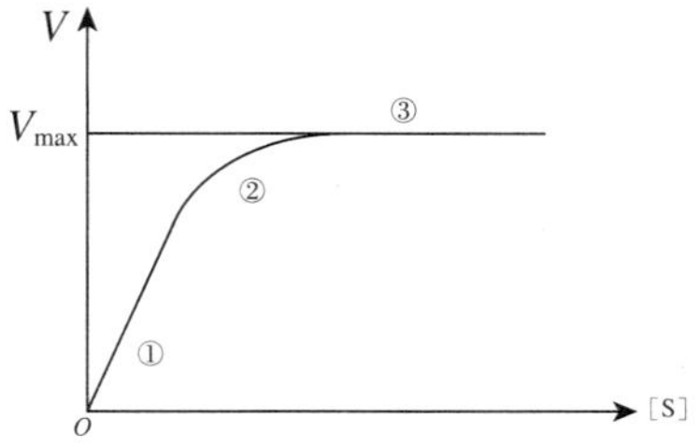

图 3-1　底物浓度对酶促反应速率的影响

① [S] 较低时，*V* 与 [S] 成正比，即呈直线关系，此时的反应为一级反应。

② 当 [S] 增加至一定程度时，*V* 随 [S] 增加而提高，但不呈直线关系，此时为混合级反应。

③ [S] 再增加，*V* 不再随 [S] 增加而提高，达到最大速度（V_{max}），此时的反应可视为零级反应。

经推导得出米 - 曼方程式：

$$V = \frac{V_{max}[S]}{K_m + [S]}$$

V_{max}：最大反应速度；[S]：底物浓度；K_m：米氏常数；V：反应速度

2．K_m 与 V_{max} 是重要的酶促反应动力学参数（表 3-10）

表3-10　K_m与V_{max}的意义

K_m 意义	K_m 为反应速度为最大速度一半时的底物浓度，单位为 mol/L 或 mmol/L
	K_m 为酶的特征性常数，只与酶的结构、底物和反应环境（如温度、pH、离子强度）有关，与酶的浓度无关
	不同酶有不同的 K_m 值，同一酶催化不同底物则有不同的 K_m 值
	K_m 值大小反映酶与作用物亲和力的大小。K_m 小，反映酶对作用物亲和力大；反之亦然
V_{max} 意义	V_{max} 是酶完全被底物饱和时的反应速度，与酶浓度成正比
酶的转换数	当酶被底物完全饱和时，单位时间内每个酶分子催化底物转变成产物的分子数，单位是 s^{-1}

3．常通过林 - 贝作图法求取 K_m 和 V_{max}

双倒数作图法又称林 - 贝（Lineweaver-Burk）作图法，是求 K_m 和 V_{max} 最常用的作图法。它将米氏方程作倒数处理，得到下面方程式：

$$\frac{1}{V}=\frac{K_m}{V_{max}}\ \frac{1}{[S]}+\frac{1}{V_{max}}$$

以 $1/V$ 对 $1/[S]$ 作图（林 - 贝作图法），可得一直线如图 3-2。从纵轴处的截距 $1/V_{max}$ 及横轴上的截距 $-1/K_m$，可准确求得 K_m 值和 V_{max}。

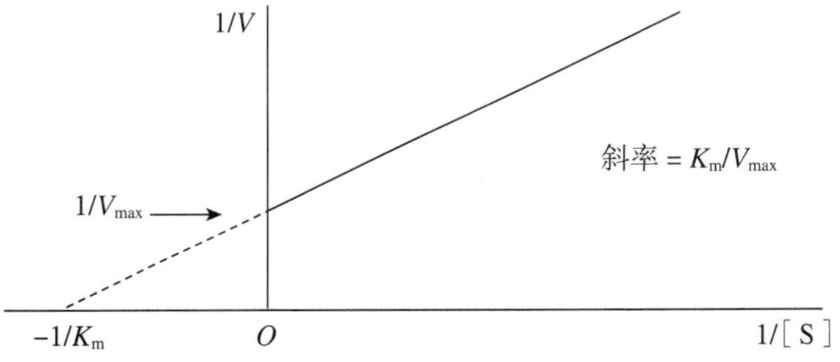

图 3-2　米氏方程的双倒数作图（林 - 贝作图法）

（二）底物足够时酶浓度对酶促反应速率的影响呈直线关系

当作用物浓度足够大时，V 与酶浓度成正比。

（三）温度对酶促反应速率的影响具有双重性

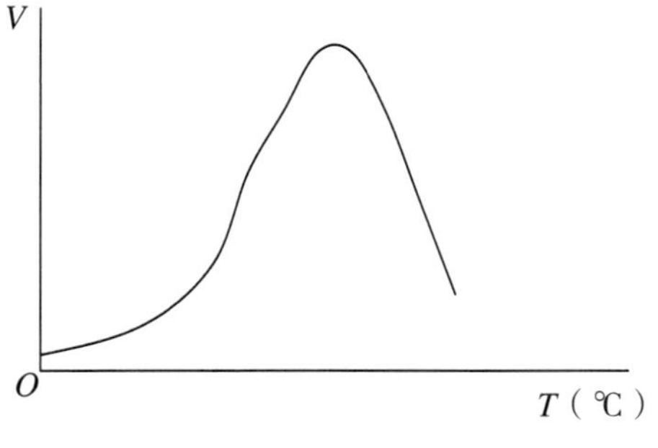

图 3-3　温度对酶促反应速度的影响

最适温度（optimum temperature）：酶促反应速度最快时的环境温度。它不是酶的特征性常数。

温度对酶促反应的影响如图 3-3 所示，由图可以得出以下特点：

从低温开始，随温度增加，反应速度加大。达到一定温度后，反应速度达到最大，此温度为酶的最适温度。人体大多数酶的最适温度一般在 37 ~ 40℃。当温度继续升高，酶蛋白变性增加，反应速度开始下降。酶活性随温度降低而降低，但低温一般不使酶破坏。

（四）pH 通过改变酶分子及底物分子的解离状态影响酶促反应速率

酶处于某一 pH 时活性最大，此 pH 称为酶的最适 pH（optimum pH）。最适 pH 不是酶的特征性常数。大多数酶的最适 pH 近中性，少数例外。如胃蛋白酶的最适 pH 为 1.5，精氨酸酶的最适 pH 为 9.8。

（五）抑制剂可降低酶促反应速率

概念：凡能使酶的催化活性下降而不引起酶蛋白变性的物质称抑制剂（inhibitor）。酶的抑制作用分为不可逆性抑制和可逆性抑制两种（表 3-11）。

表3-11　抑制剂分类

抑制剂种类	英文	要点
不可逆性抑制剂	irreversible inhibitor	抑制剂以共价键与酶的活性中心上的必需基团结合，使酶失活，抑制作用不能用简单的透析或稀释等方法除去
可逆性抑制剂	reversible inhibitor	抑制剂通过非共价键与酶和（或）酶 - 底物复合物可逆性结合，使酶活性降低或消失，可用透析或超滤等方法将抑制剂除去

可逆性抑制剂又分为竞争性抑制剂、非竞争性抑制剂、反竞争性抑制剂（表 3-12）。

表3-12　可逆性抑制剂分类

可逆性抑制剂	英文	要点	特点
竞争性抑制剂	competitive inhibitor	抑制剂与作用物结构相似，能和作用物竞争酶的活性中心，阻碍酶与底物的结合	抑制程度取决于作用物及抑制剂的相对浓度
非竞争性抑制剂	non-competitive inhibitor	抑制剂与酶活性中心外的结合位点结合，不影响作用物与酶的结合，两者在酶分子上结合位点不同。底物和抑制剂之间无竞争关系，但抑制剂 - 酶 - 底物复合物不能进一步释放产物	抑制作用不能用增加作用物浓度来消除
反竞争性抑制剂	uncompetitive inhibitor	抑制剂与酶活性中心外的调节位点结合，只能与酶 - 作用物复合物结合，而不能与游离酶结合，也不能释放产物	抑制作用不能用增加作用物浓度来消除

在以上三类可逆性抑制剂存在时，作用物与酶促反应速度的关系见表 3-13。

表3-13　各种可逆性抑制作用的比较

作用特征	表观 K_m	最大速度	与抑制剂结合的组分
无抑制剂	K_m	V_{max}	
竞争性抑制剂	增大	不变	E（酶）
非竞争性抑制剂	不变	降低	E、ES（酶、底物中间复合物）
反竞争性抑制剂	减小	降低	ES

（六）激活剂可提高酶促反应速率

使酶由无活性变成有活性或使酶活性增加的物质称为酶的激活剂。如：金属离子 Mg^{2+}、K^{+}、Mn^{2+}、Cl^{-}、胆汁酸盐等。对酶活性不可缺少的激活剂称必需激活剂，如大多数金属离子；对酶活性不是必需但可增强酶活性的激活剂称非必需激活剂，如氯离子是唾液淀粉酶的非必需激活剂。

四、酶的调节

酶的调节主要包括酶活性的调节（快速调节）及酶含量的调节（缓慢调节）。

（一）酶活性的调节是对酶促反应速率的快速调节

1．别构效应剂通过改变酶的构象而调节酶活性（表 3-14）

表3-14　别构调节

基本概念	英文	定义
别构调节	allosteric regulation	有些小分子物质能与酶分子的调节部位或调节亚基结合，引起酶构象的改变，从而影响酶的活性
别构酶	allosteric enzyme	受别构调节的酶称为别构酶或变构酶。特点：别构酶往往位于代谢途径的上游或几条代谢途径的交汇处，受后续产物或终产物的反馈调节
别构部位	regulatory site	酶分子中与别构效应剂结合的部位
别构效应剂	allosteric effector	引起别构效应的物质
别构激活剂	allosteric activator	使酶对底物亲和力增加，以加快反应速率的效应剂
别构抑制剂	allosteric inhibitor	使酶对底物的亲和力减小，降低反应速率的效应剂
协同效应	synergistic effect	效应物结合在酶的别构部位，引起该亚基构象的改变，变化的信息通过亚基间的相互作用，使另外的亚基构象也发生改变，导致酶催化活性改变的作用，正效应物增加酶活性称正协同效应，而负效应物降低酶活性，称负协同效应

2．酶的化学修饰调节是通过某些化学基团与酶的共价结合与分离实现的

概念：酶蛋白肽链上的某些基团在另一些酶的催化下与某些化学基团发生可逆的共价结合，从而引起酶活性改变的现象。在化学修饰过程中，酶有无活性（或低活性）与有活性（或高活性）两种形式，二者在不同酶的作用下发生互变，并受激素调控。

酶化学修饰的种类：磷酸化与去磷酸化、乙酰化与去乙酰化、甲基化与去甲基化、腺苷化与去腺苷化及-SH 与-S-S-的互变等，其中以磷酸化修饰最为常见。

3．酶原需要通过激活过程才能产生有活性的酶

细胞内合成和初分泌的无活性的酶的前体称酶原（zymogen，proenzyme）。由无活性酶原转变为有活性酶的过程称酶原激活。

酶原激活的本质：酶活性中心形成和暴露的过程。

酶原激活的意义：保护消化器官本身不受酶的破坏，保证酶在特定部位和环境中发挥催化作用。此外，酶原可以视为酶的储存形式。

（二）酶含量的调节是对酶促反应速率的缓慢调节

1．酶蛋白合成可被诱导或阻遏　某些底物、产物、激素、药物等可影响酶的合成（表 3-15）。

表3-15　酶蛋白合成调节方式

作用方式	英文	定义
诱导作用	induction	在转录水平上能促进酶合成的物质称之为诱导物，诱导物诱发酶蛋白合成的作用称为诱导作用
阻遏作用	repression	转录水平上能减少酶蛋白合成的物质称为辅阻遏物，辅阻遏物与无活性的阻遏蛋白结合而影响基因的转录，这种作用称为阻遏作用

2．酶降解与一般蛋白质降解途径相同（表 3-16）

表3-16　酶蛋白降解方式

分类	作用
溶酶体蛋白酶降解途径 （不依赖 ATP 的降解途径）	主要水解细胞外来的蛋白质和长半衰期的蛋白质
非溶酶体蛋白酶降解途径 （又称依赖 ATP 和泛素的降解途径）	主要针对细胞内的异常蛋白和短半衰期的蛋白质

五、酶的分类与命名

（一）酶可根据其催化的反应类型予以分类

国际生化学会（IUB）制定的统一系统命名原则，将酶分为六大类。根据所催化的化学键的特点和反应基团不同，又可将每一大类酶进一步分类。每种酶的分类编号均由四个数字组成，数字前冠以 EC（enzyme commission）。编号中第一个数字表示该酶属于六大类的哪一类；第二个数字表示该酶属于哪一亚类；第三个数字表示亚 - 亚类；第四个数字是该酶在亚 - 亚类中的排序（表 3-17）。

表3-17　酶的分类与命名

分类	英文	举例	编号	作用
氧化还原酶类	oxidoreductases	谷氨酸脱氢酶	EC 1.4.1.3	催化氧化还原反应
转移酶类	transferases	天冬氨酸氨基转移酶	EC 2.6.1.1	催化底物之间基团转移或交换
水解酶类	hydrolases	精氨酸酶	EC 3.5.3.1	催化底物发生水解反应
裂合酶类	lyases	果糖二磷酸醛缩酶	EC 4.1.2.13	催化从底物移去一个基团并形成双键的反应或其逆反应
异构酶类	isomerases	磷酸葡萄糖异构酶	EC 5.3.1.9	催化分子内部基团的位置互变，几何或化学异构体互变，以及醛酮互变
连接酶类	ligases synthetases	谷胺酰胺合成酶	EC 6.3.1.2	催化两种底物形成一种产物并同时偶联有高能键水解和释能

（二）每一种酶均有其系统名称和推荐名称

1．系统名称（systematic name）　标明酶的所有底物与反应性质。

2．推荐名称（recommended name）　为应用方便，从每种酶数个习惯名称中选定一个简便适用的名称。

六、酶在医学中的应用

（一）酶与疾病的发生、诊断及治疗密切相关

1．许多疾病与酶的质和量的异常相关　酶的先天性缺陷是先天性疾病的重要病因之一，现已发现 140 多种先天性代谢缺陷中，多数由酶的先天性或遗传性缺损所致，见表 3-18。

表3-18　酶与疾病的关系

酶（缺乏或异常）	疾病
苯丙氨酸羟化酶	苯丙酮酸尿症
葡糖 -6- 磷酸脱氢酶	蚕豆病
酪氨酸酶	白化病
细胞色素氧化酶	氰化物中毒
胆碱酯酶	有机磷中毒

许多疾病引起酶的异常，这种异常又使病情加重。例如急性胰腺炎时，胰蛋白酶原在胰腺中被激活，造成胰腺组织被水解破坏。

2．体液中酶活性的改变可作为疾病的诊断指标　组织受损造成细胞破坏或通透性增高，导致细胞内酶溢入血液；细胞增殖加快使某些特异标志的酶释放入血；酶的合成增加，酶清除受阻引起血清酶活性增加；以及酶合成减少等。因此，血清中酶的增多或减少可用于辅助诊断和预后判断。如：急性肝炎时血清丙氨酸转氨酶活性升高；急性胰腺炎时血、尿淀粉酶活性升高等。

3．某些酶可作为药物用于疾病的治疗

（1）有些酶作为助消化的药物；

（2）有些酶用于清洁伤口和抗炎；

（3）有些酶具有溶解血栓的疗效；

药物可通过抑制体内的某些酶来达到治疗目的（表 3-19）。

表3-19　酶与疾病的关系

治疗方式	药物	作用方式
替代治疗	胃蛋白酶、胰蛋白酶、淀粉酶	促进蛋白质、淀粉分解
抗菌治疗	磺胺类药物	竞争抑制二氢叶酸合成酶
抗癌治疗	甲氨蝶呤	竞争抑制二氢叶酸还原酶
对症治疗	链激酶、尿激酶	促血栓溶解
调整代谢，纠正紊乱	单胺氧化酶抑制剂	增加兴奋性神经递质

（二）酶可作为试剂用于临床检验和科学研究

1．有些酶可作为酶偶联测定法中的指示酶或辅助酶 。

2．有些酶可作为酶标记测定法中的标记酶，如酶联免疫测定法。

3．多种酶成为基因工程常用的工具酶，如基因工程中应用各种限制性核酸内切酶；用于 PCR 的 Taq DNA 聚合酶。

第三节　应试习题

一、选择题（题目前 * 表示西医综合题目，题目前 # 表示执业医师题目）

【A1 型题】

1．下列对酶的叙述正确的是

A．所有的蛋白质都是酶

B．所有的酶均以有机化合物作为底物

C．所有的酶均需特异的辅助因子

D．所有的酶对其底物都有绝对特异性

E．少数 RNA 具有酶一样的催化活性

2．乳酸脱氢酶经透析后，催化能力显著降低，其原因是

A．酶蛋白变性

B．失去辅酶

C．酶含量减少

D．环境 pH 值增高

E．失去辅基

3．结合酶具有活性需具备的条件是

A．酶蛋白单独存在

B．辅酶单独存在

C．亚基单独存在

D．全酶形式存在

E．有激动剂存在

4．# 下列含有核黄素的辅酶是（2000）

A．FMN

B．HS-CoA

C．NAD^+

D．$NADP^+$

E．CoQ

5．辅酶的作用机制主要在于
A．维持酶蛋白的空间构象
B．构成酶的活性中心
C．在酶与底物的结合中起桥梁作用
D．在酶促反应中起运载体的作用
E．辅酶为小分子物质，有利于酶在介质中发挥酶促作用

6．*下列关于辅酶或辅基的叙述，错误的是（2009）
A．属于结合酶类的酶分子组成中才含有辅酶或辅基
B．维生素 B 族多参与辅酶或辅基的组成
C．辅酶或辅基直接参加酶促反应
D．一种辅酶或辅基只能与一种酶蛋白结合成一种全酶

7．# 大多数脱氢酶的辅酶是（2014）
A．$FADH_2$
B．NAD^+
C．Cyt c
D．CoA
E．$NADP^+$

8．酶催化作用所必需的基团是指
A．维持酶一级结构所必需的基团
B．位于活性中心以内或以外的，维持酶活性所必需的基团
C．酶的亚基结合所必需的基团
D．维持分子构象所必需的基团
E．构成全酶分子所必需的基团

9．# 酶促反应中决定酶专一性的部分是（2005, 2009）
A．底物
B．辅酶或辅基
C．金属离子
D．酶蛋白
E．催化基团

10．*酶活性中心的某些基团可以参与质子的转移，这种作用称为（2010）
A．亲核催化作用
B．共价催化作用
C．多元催化作用
D．一般酸碱催化作用

11．有关同工酶的叙述正确的是
A．不同组织中同工酶谱不同
B．同工酶对同种底物亲和力相同
C．同工酶的一级结构一定相同
D．组成同工酶的亚基一定相同
E．组成同工酶的亚基一定不同

12．*心肌中富含的 LDH 同工酶是（2001）
A．LDH_1
B．LDH_2
C．LDH_3
D．LDH_4
E．LDH_5

13．*肝中富含的 LDH 同工酶是（2006）
A．LDH_1
B．LDH_2
C．LDH_3
D．LDH_4
E．LDH_5

14．关于酶促反应特点的叙述错误的是酶
A．能加速化学反应
B．在生物体内催化的反应都是不可逆的
C．在反应前后无质和量的变化
D．对所催化的反应有选择性
E．能缩短化学反应到达反应平衡的时间

15．酶促反应的作用是
A．保证产物比底物更稳定
B．获得更多的自由能
C．加速反应平衡到达的速率
D．保证底物全部转变成产物
E．改变反应的平衡常数

16．底物浓度达到饱和后，再增加底物浓度酶促反应发生的变化是
A．反应速率随底物增加而加快
B．随着底物浓度的增加酶逐渐失活
C．酶的结合部位全部被底物占据，反应速率不再增加
D．增加抑制剂反应速率反而加快
E．酶 - 底物复合物增多

17．K_m 的含义是
A．饱和底物浓度时的反应速度
B．是最大反应速度时的底物浓度
C．饱和底物浓度 50% 时的反应速度
D．达到最大反应速度 50% 时的底物浓度
E．降低反应速度一半时的底物浓度

18．*关于酶的 K_m 值的叙述，正确的是（2008）
A．是反应达到最大速度时的底物浓度
B．不能反映酶对底物的亲和力

C．对有多个底物的酶，其 K_m 值相同
D．对同一底物，不同的酶有不同的 K_m 值

19．与酶的 K_m 值大小无关的因素是酶的
A．结构
B．浓度
C．底物浓度
D．作用时间
E．最适 pH

20．己糖激酶以葡萄糖为底物时，K_m= 1/2 [S]，其反应速度 V 与 V_{max} 的百分比是
A．67%
B．50%
C．33%
D．15%
E．9%

21．*一个简单的酶促反应，当［S］≪ K_m 时，出现的现象是（2005）
A．反应速度最大
B．反应速度太慢难以测出
C．反应速度与底物浓度成正比
D．增加底物浓度反应速度不变
E．增加底物浓度反应速度降低

22．*已知某种酶的 K_m 值为 25 mmol/L，欲使酶促反应达到最大反应速率的 50%，该底物浓度应为（2003）
A．12. 5 mmol/L
B．25 mmol/L
C．37.5 mmol/L
D．50 mmol/L
E．75 mmol/L

23．#酶的最适 pH 是（2004）
A．酶的特征性常数
B．酶促反应速度最大时的 pH
C．酶最稳定时的 pH
D．与底物种类无关的参数
E．酶的等电点

24．下列属于不可逆性抑制作用的是
A．丙二酸对琥珀酸脱氢酶的抑制作用
B．EDTA 对金属活化酶类的抑制作用
C．磺胺药类对细菌二氢叶酸还原酶的抑制作用
D．麦芽糖对淀粉酶水解淀粉的抑制作用
E．反应产物对酶的反馈抑制

25．对可逆性抑制剂的描述正确的是
A．使酶变性失活的抑制剂
B．抑制剂即是变构剂
C．抑制剂与酶是非共价键结合
D．抑制剂与酶结合后用透析等物理方法不能解除抑制
E．可逆性抑制剂即指竞争性抑制

26．*丙二酸对琥珀酸脱氢酶的抑制作用类型是（2014）
A．竞争性抑制
B．非竞争性抑制
C．反竞争性抑制
D．不可逆抑制

27．*竞争性抑制时，酶促反应表现 K_m 值的变化是（2012）
A．增大
B．不变
C．减小
D．无规律

28．酶促反应 V_{max} 和 K_m 值都降低的情况是
A．无抑制剂存在
B．有竞争性抑制剂存在
C．有反竞争性抑制剂存在
D．有非竞争性抑制剂存在
E．有不可逆抑制剂存在

29．*非竞争性抑制剂存在时，酶促反应的动力学特点是（2011）
A．K_m 值不变，V_{max} 降低
B．K_m 值不变，V_{max} 增加
C．K_m 值增高，V_{max} 不变
D．K_m 值降低，V_{max} 不变

30．#有机磷农药中毒的发病机制主要是有机磷抑制了（2013）
A．胆碱酯酶
B．6-磷酸葡萄糖脱氢酶
C．细胞色素氧化酶
D．糜蛋白酶
E．乳酸脱氢酶

31．#对酶促化学修饰调节特点的叙述，错误的是（2009）
A．这类酶大都具有无活性和有活性形式
B．这种调节是由酶催化引起的共价键变化
C．这种调节是酶促反应，故有放大效应
D．酶促化学修饰调节速度较慢，难以应急
E．磷酸化与去磷酸化是常见的化学修饰

方式

32. *下列关于变构酶的叙述，错误的是（2004）
 A. 变构酶催化非平衡反应
 B. 多为代谢途径的关键酶
 C. 与变构效应剂呈可逆结合
 D. 都具有催化亚基和调节亚基
 E. 酶构象变化后活性可升高或降低
33. 关于别构酶结构特点的叙述错误的是
 A. 常由多个亚基组成
 B. 有与底物结合的部位
 C. 有与变构剂结合的部位
 D. 磷酸化是其主要活性形式
 E. 催化部位与别构部位既可处于同一亚基，也可处于不同亚基上
34. *下列关于 ribozyme 的叙述正确的是（2007）
 A. 即核酸酶
 B. 本质是蛋白质
 C. 本质是核糖核酸
 D. 最早发现的一种酶
 E. 其辅酶是辅酶 A
35. 琥珀酸脱氢酶仅能催化琥珀酸与延胡索酸之间的氧化还原反应，说明酶具有
 A. 立体异构特异性
 B. 相对特异性
 C. 绝对特异性
 D. 可调节性
 E. 不稳定性

【A2 型题】

1. 王先生患了高胆固醇血症，医嘱服用一种他汀类血脂调整药物。该药物与 HMG 结构相似，通过何种方式影响胆固醇合成途径中限速酶的活性
 A. 非竞争性抑制
 B. 竞争性抑制
 C. 反竞争性抑制
 D. 不可逆抑制
 E. 激活剂
2. 人情绪激动时，肾上腺素水平上升，血糖水平也随之升高，肾上腺素对体内与血糖有关的酶有何影响
 A. 使其丝氨酸 / 苏氨酸残基磷酸化
 B. 使其酪氨酸残基乙酰化
 C. 使其磷酸化氨基酸残基去磷酸
 D. 使其谷氨酸残基酰胺化
 E. 使其天冬氨酸残基酰胺化
3. 某个维生素，作为辅酶，参与糖有氧氧化过程，其接受的 1 分子 H_2 在进入呼吸链后，生成 2.5 分子 ATP，这个成员是
 A. 维生素 B_1
 B. 维生素 B_2
 C. 维生素 PP
 D. 维生素 C
 E. 维生素 B_6
4. 在一酶促反应中，当底物浓度足够大时，增加底物浓度反应速度不再增加，即达到最大反应速度，对这一现象的解释正确的是
 A. 酶的活性中心全部被底物饱和
 B. 反应体系中有抑制剂
 C. 变构调节的抑制效应
 D. 底物对酶的抑制作用
 E. 共价修饰调节的抑制效应

【B 型题】

 A. 维生素 B_1
 B. 维生素 B_2
 C. 维生素 B_{12}
 D. 泛酸
 E. 维生素 PP
1. #FAD 中所含的维生素是
2. #NAD^+ 中所含的维生素是
3. #TPP 中所含的维生素是
4. # 辅酶 A 中所含的维生素是（2001）

 A. 递氢作用
 B. 转氨作用
 C. 转酮醇作用
 D. 转酰基作用
 E. 转 CO_2 作用
5. CoASH 作为辅酶参与的反应是
6. FMN 作为辅酶参与的反应是

 A. 单体酶
 B. 寡聚酶
 C. 结合酶
 D. 多功能酶
 E. 单纯酶
7. *由于基因融合，形成一条多肽链组成却具

有多种不同催化功能的酶

8．*由酶蛋白和辅助因子两部分组成的酶是（2002）

A．组织受损或细胞通透性增加
B．酶活性受抑制
C．酶合成增加
D．酶合成减少
E．酶排泄受阻

9．急性传染性肝炎时血中转氨酶升高的原因是
10．严重肝病时血清凝血酶原降低的原因是

A．磷酸化与去磷酸化
B．腺苷化与脱腺苷化
C．甲基化与去甲基化
D．协同效应
E．乙酰化与去乙酰化

11．不属于酶化学修饰的是
12．酶的化学修饰最常见的是

【X 型题】

1．关于酶的叙述正确的有
A．大多数酶的化学本质是蛋白质
B．酶是生物催化剂
C．酶可以降低反应活化能
D．酶能改变反应的平衡点

2．*酶与一般催化剂相比不同点有（2007）
A．反应条件温和，可在常温、常压下进行
B．加快化学反应速度，可改变反应平衡点
C．专一性强，一种酶只作用于一种或一类物质，产生一定的产物
D．在反应前后酶含量发生改变

3．酶蛋白与辅酶的关系有
A．所有酶都是由酶蛋白和辅酶组成
B．不同的酶可有相同的辅酶
C．全酶中的酶蛋白与辅酶结合才有活性
D．酶蛋白决定特异性，辅酶参与反应

4．*下列辅酶或辅基中含腺嘌呤的有（2011）
A．FMN
B．FAD
C．$NADP^+$
D．CoA

5．酶分子上必需基团的作用有
A．与底物结合
B．参与底物转化的化学反应
C．维持酶分子空间构象
D．决定酶反应的特异性

6．常见的可提供酶必需基团的氨基酸有
A．Ser
B．Cys
C．His
D．Gly

7．测定酶活性的必要条件是
A．最适 pH
B．适宜温度
C．足够的底物浓度
D．足够的激动物

8．酶别构调节的特点有
A．无共价键变化
B．构象变化
C．作用物或代谢产物常是别构剂
D．酶动力学遵守米氏方程

9．关于别构酶的叙述正确的有
A．V 对［S］作图呈 S 形
B．别构剂与酶的催化部位结合
C．别构酶常由多个亚基组成
D．别构剂与酶以共价键结合

10．影响酶促反应的因素有
A．底物浓度和酶浓度
B．温度和 pH
C．作用时间
D．激活剂与抑制剂

11．关于可逆性抑制的叙述正确的有
A．可逆性抑制使酶变性失活
B．抑制剂能用透析等方法除去
C．抑制剂与酶的调节部位结合
D．抑制剂与酶分子以非共价键结合

12．*属于酶化学修饰调节的反应有（2012）
A．乙酰化
B．磷酸化
C．腺苷化
D．泛素化

13．非竞争性抑制作用中，抑制剂对酶的作用方式有（I：抑制剂；E：酶；S：底物）
A．$E+I \rightarrow EI$
B．$I+S \rightarrow SI$
C．$EI+S \rightarrow EIS$
D．$ES+I \rightarrow ESI$

二、名词解释

1．酶（enzyme）
2．酶原（proenzyme）
3．必需基团（essential group）
4．活性中心（active group）
5．米氏常数（Michaelis constant）
6．同工酶（isozyme）
7．别构酶（allosteric enzyme）
8．酶的化学修饰（chemical modification of enzyme）
9．辅酶和辅基（coenzyme and prosthetic group）

三、问答题

1．竞争性抑制、非竞争性抑制和反竞争性抑制作用的动力学特点各是什么？
2．酶的特征性常数是什么？有何意义？
3．试述 LDH 同工酶的组成和临床意义。
4．辅酶与辅基的区别是什么？
5．简述别构酶的反应速度 V 与底物浓度［S］间的关系曲线通常呈 S 形的原因。
6．试述并举例酶在临床及科研中的用途。
7．反应体系的温度可影响酶促反应速率。请画图示意温度与酶促反应速率的关系；请从蛋白质结构与功能的关系角度，解释温度与酶促反应速率存在这种关系的原因。

第四节　参考答案及解析

一、选择题

【A1 型题】

1．**答案**：E　　**考点**：酶的基本概念
解析：核酶和脱氧核酶是核糖核酸与脱氧核糖核酸。

2．**答案**：B　　**考点**：酶的分子组成
解析：辅酶与酶蛋白结合疏松，可以用透析或超滤的方法除去。

3．**答案**：D　　**考点**：结合酶的分子组成
解析：只有全酶才有催化作用。

4．**答案**：A　　**考点**：辅基所含维生素
解析：FMN、FAD 含有维生素 B_2 即核黄素。

5．**答案**：D　　**考点**：辅酶的作用机制
解析：辅酶可作为底物接受质子或基团并将携带的质子或基团转移出去。

6．**答案**：D　　**考点**：辅酶、辅基的概念
解析：一种辅酶或辅基可与多种酶蛋白结合为全酶。

7．**答案**：B　　**考点**：辅酶或辅基在催化中的作用
解析：大多数脱氢酶的辅酶均为 NAD^+。

8．**答案**：B　　**考点**：酶的活性中心
解析：必需基团既包括活性中心以内的、也包括活性中心以外的基团。

9．**答案**：D　　**考点**：酶的分子组成

解析：酶蛋白决定反应特异性，辅助因子决定反应的种类与性质。

10．**答案：**D　　**考点：**酶的催化机制

解析：酶是两性解离的蛋白质，其分子中含有多种不同功能基团，可作为质子供体（酸）及质子受体（碱），故同一酶分子常存在酸或碱的催化作用。

11．**答案：**A　　**考点：**同工酶的概念

解析：同工酶是具有相同催化作用，但分子结构、理化性质和免疫学性质不同的一类酶。存在于同一个体或同一种属的不同组织中；存在于同一细胞的不同亚细胞结构中。

12．**答案：**A　　**考点：**乳酸脱氢酶（LDH）同工酶的分布

解析：LDH_1 67% 分布于心肌中。

13．**答案：**E　　**考点：**乳酸脱氢酶（LDH）同工酶的分布

解析：LDH_5 主要分布于肝、骨骼肌中。

14．**答案：**B　　**考点：**酶促反应特点

解析：很多酶在生物体内催化的反应都是可逆的。

15．**答案：**C　　**考点：**酶促反应机制

解析：酶只能加速可逆反应的进程，而不改变反应的平衡点。

16．**答案：**C　　**考点：**酶促反应动力学

解析：底物浓度对反应速度的影响，底物浓度达到饱和后，再增加底物浓度，反应速度将不再增加，表现出零级反应。

17．**答案：**D　　**考点：**K_m 值的含义

解析：通过米 - 曼方程，可推导出 K_m 值等于酶促反应速度为最大速度一半时的底物浓度。

18．**答案：**D　　**考点：**K_m 值的意义

解析：K_m 值是酶的特征性常数之一，表示酶与底物的亲和力，K_m 值越大，亲和力越小，反之则越大，对于同一底物，不同的酶有不同的 K_m 值。

19．**答案：**B　　**考点：**K_m 值的意义

解析：K_m 值是酶的特征性常数之一，只与酶的结构、底物和反应环境（如温度、pH、离子强度）有关，与酶的浓度无关。

20．**答案：**A　　**考点：**米 - 曼方程

解析：将 K_m=1/2［S］代入米 - 曼方程，即可得出答案 67%。

21．**答案：**C　　**考点：**底物浓度对反应速度的影响

解析：在底物浓度较低时，反应速度随底物浓度的增加而急骤上升，两者呈正比。

22．**答案：**B　　**考点：**K_m 值与 V_{max} 之间的关系

解析：K_m 值等于酶促反应速度为最大速度一半时的底物浓度。

23．**答案：**B　　**考点：**酶最适 pH 的定义

解析：酶促反应最快时的环境 pH 称为酶促反应的最适 pH。最适 pH 不是酶的特征性常数。

24．**答案：**B　　**考点：**不可逆性抑制的概念

解析：不可逆性抑制剂通常与酶活性中心上的必需基团以共价键结合，使酶失活。

25．**答案：**C　　**考点：**可逆性抑制剂的定义

解析：可逆性抑制剂通过非共价键与酶和（或）酶 - 底物复合物可逆性结合，采用透析或超滤的

方法可将抑制剂除去。

26．**答案：**A　　**考点：**竞争性抑制特点
解析：丙二酸与琥珀酸脱氢酶底物琥珀酸结构相似，属于竞争性抑制。

27．**答案：**A　　**考点：**竞争性抑制 K_m 值的变化
解析：酶促反应的 V_{max} 不因有竞争性抑制剂的存在而改变，而酶的表观 K_m 值则增大。

28．**答案：**C　　**考点：**反竞争性抑制剂的特点
解析：反竞争性抑制剂既减少从中间产物转化为产物的量，也同时减少从中间产物解离出游离酶和底物的量，同时降低反应的 K_m 与 V_{max} 值，可记为“反正都变小”。

29．**答案：**A　　**考点：**非竞争性抑制剂的特点
解析：非竞争性抑制剂与底物之间无竞争关系，因此不改变酶的表观 K_m 值，但酶促反应的 V_{max} 值会因抑制剂存在而降低。

30．**答案：**A　　**考点：**不可逆性抑制剂的例子
解析：敌百虫、敌敌畏等有机磷化合物能特异性地与胆碱酯酶活性中心丝氨酸残基的羟基结合，使酶失活。6-磷酸脱氢酶现规范名称为葡糖-6-磷酸脱氢酶。

31．**答案：**D　　**考点：**酶活性的调节
解析：酶的共价修饰是体内快速调节的一种重要方式。

32．**答案：**D　　**考点：**变构酶的结构与特点
解析：变构酶分子中常含有多个亚基，酶分子的催化部位和调节部位可在同一亚基内，也可在不同亚基内。

33．**答案：**D　　**考点：**别构酶的结构特点
解析：磷酸化属于酶的共价修饰调节。

34．**答案：**C　　**考点：**核酶的概念
解析：ribozyme 即为核酶，本质是核糖核酸。

35．**答案：**C　　**考点：**酶的特性
解析：有的酶只能作用于特定结构的底物，进行一种专一的反应，称为绝对特异性。

【A2 型题】

1．**答案：**B　　**考点：**可逆性抑制剂的分类
解析：他汀类药物与 HMG 结构相似，竞争性抑制 HMG 还原酶的活性。

2．**答案：**A　　**考点：**酶的化学修饰调节
解析：肾上腺素上升，肾上腺素与肾上腺素受体结合，激活 PKA 通路，PKA 可使磷酸化酶 b 激酶磷酸化，活性升高，糖原合酶磷酸化，活性降低，导致血糖升高。

3．**答案：**C　　**考点：**常见辅酶所含维生素
解析：$NADH+H^+$ 进入呼吸链传递给氧时可生成 2.5 个 ATP，转移氢原子的 NAD^+ 所含维生素为尼克酰胺，维生素 PP 之一。

4．**答案：**A　　**考点：**底物浓度对酶促反应速度的影响
解析：在底物浓度很低时，反应速度随底物浓度的增加而加快，两者呈正比关系，当底物浓度增加至一定程度后，反应速度不再增加，说明此时酶的活性中心已经全部被底物所占据，酶达到饱和状态。

【B 型题】

1．**答案：**B　2．**答案：**E　3．**答案：**A　4．**答案：**D　**考点：**常见辅酶或辅基的分子组成

解析：含维生素 B_2 的辅酶有 FAD、FMN；含维生素 B_1 的辅酶有 TPP；含尼克酰胺（维生素 PP 之一）的辅酶有 NAD^+，$NADP^+$；含泛酸的辅酶有辅酶 A。

5．**答案：**D　6．**答案：**A　**考点：**常见辅酶或辅基参与的反应

解析：辅酶 A 转移的基团为酰基，参与转酰基作用；FMN 转移氢原子，参与递氢作用。

7．**答案：**D　8．**答案：**C　**考点：**酶的分子结构与功能

解析：由于基因融合，多种不同催化功能存在于一条多肽链中的酶为多功能酶或串联酶；由几种不同功能的酶彼此聚合形成多酶复合物；由多个相同或不同亚基以非共价键连接组成寡聚酶；仅具有三级结构的酶为单体酶；单纯酶仅由酶蛋白构成；结合酶由酶蛋白与辅助因子组成。

9．**答案：**A　10．**答案：**D　**考点：**酶与医学的关系

解析：急性传染性肝炎时，肝组织细胞受损，导致细胞中的转氨酶进入血中，血中转氨酶升高；严重肝病时，蛋白质合成减少，血清凝血酶原降低。

11．**答案：**D　12．**答案：**A　**考点：**酶的化学修饰

解析：酶的化学修饰包括磷酸化与去磷酸化、乙酰化与去乙酰化、甲基化与去甲基化、腺苷化与去腺苷化以及巯基与二硫键的互变等，其中磷酸化修饰最为常见。

【X 型题】

1．**答案：**ABC　**考点：**酶的概念

解析：大部分酶为蛋白质，酶与一般催化剂一样，在化学反应前后质和量都没有改变。催化热力学允许的反应，降低反应活化能，只能加速反应的进程，而不改变反应的平衡点。

2．**答案：**AC　**考点：**酶促反应特点

解析：酶促反应遵循一般催化剂规律，催化热力学上能进行的反应，但不能产生新反应，可加速达到平衡点，但不能改变一个反应的平衡点。主要特点有：催化效率高、专一性强、酶量和活性可调节、酶具有不稳定性。

3．**答案：**BCD　**考点：**酶的结构与功能

解析：酶按其分子组成可分为单纯酶和结合酶。单纯酶：仅由蛋白质（酶蛋白）构成的酶。结合酶：酶蛋白加辅助因子，称全酶。酶蛋白为酶分子中的多肽链，决定反应的特异性；辅助因子，决定反应的种类与性质；全酶才有催化活性，不同的全酶可有相同辅基或辅酶。

4．**答案：**BCD　**考点：**几种常见辅酶或辅基所含维生素

解析：含有腺嘌呤的辅酶或辅基有三种：NAD^+（尼克酰胺腺嘌呤二核苷酸，辅酶Ⅰ）、$NADP^+$（尼克酰胺腺嘌呤二核苷酸磷酸，辅酶Ⅱ）、辅酶 A（CoA），FAD 为黄素腺嘌呤二核苷酸。

5．**答案：**ABC　**考点：**酶的活性中心

解析：酶分子中与酶活性密切相关、不可缺少的化学基团称必需基团。酶分子中必需基团相对集中，构成一定空间结构区域，与催化作用直接相关，称活性中心。活性中心内的必需基团包括结合基团（结合底物和辅酶）与催化基团（催化底物发生化学反应并将其转化为产物），除此之外还包括活性中心外但为维持酶活性中心应有的空间构象所必需的必需基团。

6．**答案：**ABC　**考点：**必需基团

解析：常见的必需基团有组氨酸（His）的咪唑基、丝氨酸（Ser）的羟基、半胱氨酸（Cys）的巯基和谷氨酸（Glu）的 γ- 羧基。

7．**答案**：ABC　　**考点**：酶的活性测定

解析：测定酶活性时，底物的量要足够，应保持酶的足够浓度，选择反应的最适温度，根据不同底物和缓冲液选择反应最适 pH，为获取反应速度，反应体系中应含有适宜的辅助因子、激活剂等。

8．**答案**：ABC　　**考点**：酶活性的调节

解析：酶的调节主要包括酶活性的调节及酶含量的调节。有些小分子物质能与酶分子的调节部位或调节亚基结合，引起酶构象的改变，从而影响酶的活性，称为别构调节。引起别构效应的物质称为别构效应剂，作用物或代谢产物常是别构剂。

9．**答案**：AC　　**考点**：变构酶

解析：受别构调节的酶称为别构酶或变构酶，酶动力学不遵守米氏方程，V 对［S］作图呈 S 形，别构效应剂主要与酶的调节部位或调节亚基呈非共价键结合。

10．**答案**：ABD　　**考点**：酶促反应动力学

解析：酶促反应动力学研究的是酶促反应速度及其影响因素，这些因素包括酶浓度、底物浓度、pH、温度、抑制剂、激活剂等。

11．**答案**：BD　　**考点**：可逆性抑制剂

解析：凡能使酶的催化活性下降而不引起酶蛋白变性的物质称抑制剂。抑制剂分为可逆性抑制剂与不可逆性抑制剂。可逆性抑制剂通过非共价键与酶和（或）酶 - 底物复合物可逆性结合，使酶活性降低或消失，可用透析或超滤等方法将抑制剂除去。

12．**答案**：ABCD　　**考点**：酶的快速调节

解析：酶的化学修饰包括磷酸化与去磷酸化、乙酰化与去乙酰化、甲基化与去甲基化、腺苷化与去腺苷化、泛素化以及巯基与二硫键的互变等。

13．**答案**：ACD　　**考点**：非竞争性抑制特点

解析：非竞争性抑制剂与酶活性中心外的结合位点结合，不影响作用物与酶的结合，两者在酶分子上结合位点不同。也就是 I 既可与 E 结合，也可与 ES 结合，底物和抑制剂之间无竞争关系，但抑制剂 - 酶 - 底物复合物不能释放产物。

二、名词解释（答案要点）

1．酶：酶是由活细胞产生的、对其底物具有高度特异性和催化效能的蛋白质，是生物体内存在的一种重要的生物催化剂。

2．酶原：细胞内合成和初分泌的无活性的酶的前体称酶原。

3．必需基团：酶分子中与酶活性密切相关、不可缺少的化学基团称必需基团。包括活性中心内的必需基团和活性中心外的必需基团。

4．活性中心：酶分子中必需基团相对集中，构成一定空间结构区域，与催化作用直接相关，称活性中心。

5．米氏常数：米 - 曼式方程式中的 K_m 值为米氏常数，K_m 为反应速度为最大速度一半时的底物浓度，单位为 mol/L 或 mmol/L，为酶的特征性常数，反映酶与底物的亲和力。

6．同工酶：具有相同催化作用，但分子结构、理化性质和免疫学性质不同的一类酶。

7．别构酶：受别构调节的酶称为别构酶或变构酶。特点：别构酶往往位于代谢途径的上游或几条代谢途径的交汇处，受后续产物或终产物的反馈调节。

8. 酶的化学修饰：酶蛋白肽链上的某些基团在另一些酶的催化下与某些化学基团发生可逆的共价结合，从而引起酶活性改变的现象。

9. 辅酶和辅基：结合酶中的非蛋白质部分，称为酶的辅助因子，辅助因子分为辅酶和辅基。辅酶与酶蛋白结合疏松，可用透析或超滤方法除去，辅基则与酶蛋白紧密结合，不能通过透析或超滤将其去除，反应中辅基不能离开酶蛋白。

三、问答题（答案要点）

1.

作用特征	表观 K_m	最大速度	与抑制剂结合的组分
竞争性抑制剂	增大	不变	E
非竞争性抑制剂	不变	降低	E、ES
反竞争性抑制剂	减小	降低	ES

2. 米 - 曼方程式中的 K_m 值为米氏常数，K_m 为反应速度为最大速度一半时的底物浓度，单位为 mol/L 或 mmol/L，为酶的特征性常数，反映酶与底物的亲和力。不同酶有不同的 K_m 值，同一酶催化不同底物则有不同的 K_m 值，K_m 值大小反映酶与作用物亲和力的大小。K_m 值小，表示酶对作用物亲和力大；K_m 值大，表示酶对作用物亲和力小。

3. 乳酸脱氢酶（LDH）是一种含锌的四聚体酶，由 4 个亚基组成，亚基分为心肌型（H 型）和骨骼肌型（M 型）两种，这两种亚基以不同比例组成 5 种同工酶：LDH_1（H4），LDH_2（H3M1），LDH_3（H2M2），LDH_4（H1M3），LDH_5（M4）。LDH 同工酶在不同组织器官中的含量与分布比例不同，因此，同工酶谱的改变有助于对疾病的诊断，如心肌梗死时可见血浆 LDH_1 升高，肝病时 LDH_5 升高。

4. 辅基（prosthetic group）：与酶蛋白结合牢固，不能用透析、超滤等简单的物理化学方法使之分开。大多为金属离子。辅酶（coenzyme）：与酶蛋白以非共价键结合，可用上述方法使之与酶蛋白分离。绝大多数辅酶成分中含有不同的 B 族维生素。

5. 别构酶除活性中心外，存在着能与效应剂作用的亚基或部位，称调节亚基（或部位），效应剂与调节亚基以非共价键可逆结合，改变调节亚基的构象，进而改变催化亚基构象，从而改变酶的活性，使其底物浓度曲线呈 S 形。别构激活剂可将 S 形曲线左移，别构抑制剂可使 S 形曲线右移。

6. 临床中酶的用途：(1) 体液中酶活性的改变可作为疾病的诊断指标：如急性肝炎时血清丙氨酸转氨酶活性升高；急性胰腺炎时血、尿淀粉酶活性升高等。(2) 某些酶可作为药物用于疾病的治疗：有些酶作为助消化的药物；有些酶用于清洁伤口和抗炎；有些酶具有溶解血栓的疗效；

科研中酶的用途：(1) 有些酶可作为酶偶联测定法中的指示酶或辅助酶；(2) 有些酶可作为酶标记测定法中的标记酶，如酶联免疫测定法；(3) 多种酶成为基因工程常用的工具酶，如基因工程中应用的各种限制性核酸内切酶；Taq DNA 聚合酶用于 PCR。

7.

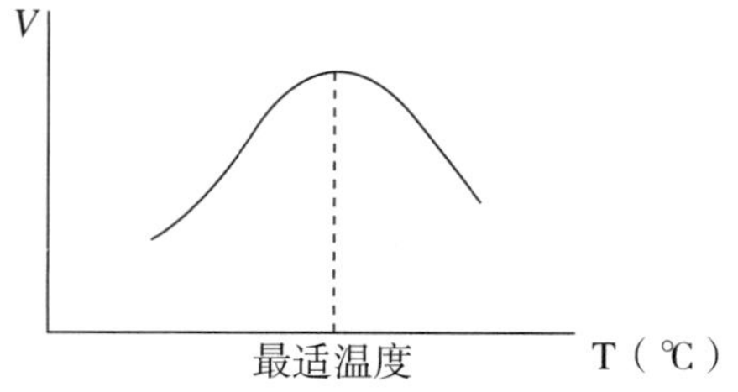

酶促反应时，随反应体系温度升高，底物分子的热运动加快，增加分子碰撞机会，酶促反应速率提高。当温度升高到一定临界值时，温度的升高可使酶变性，使酶促反应速率下降。蛋白质的空间结构是其发挥功能的基础。酶的活性中心是酶分子中能与特异底物结合并催化底物变为产物的具有特定三维结构的区域。酶的催化活性依赖于酶活性中心的存在，酶（蛋白质）因高温发生变性后，空间结构破坏，将导致酶活性下降甚至丧失。

（李　慧）

第四章　聚糖的结构与功能

第一节　学习要求

掌握： 聚糖；糖蛋白；蛋白聚糖的组成、结构、分类、分布、合成、功能。
熟悉： 常见聚糖、糖蛋白、蛋白聚糖的中英文名称。
了解： 糖脂；糖组（glycome）；糖组学（glycomics）。

第二节　内容精要

一、基本概念

糖类包括单糖、多糖和糖复合体。

聚糖（glycan）是组成复合糖类中的糖组分（除单个糖基外）。

糖复合体（glycoconjugate）是体内一类含共价偶联的糖的生物大分子，主要包括糖蛋白、蛋白聚糖和糖脂等（表 4-1）。糖蛋白和蛋白聚糖的异同比较见表 4-2。

表4-1　糖复合体分类及概念

分类	英文名称	概念
糖蛋白	glycoprotein	聚糖和蛋白质构成的共价复合物，聚糖部分占 5% ~ 20%
蛋白聚糖	proteoglycan	糖胺聚糖和蛋白的复杂共价复合物，聚糖部分占主要
糖脂	glycolipid	聚糖和脂质构成的共价复合物

表4-2　糖蛋白和蛋白聚糖的异同

共性	1．蛋白质和聚糖共价偶联
	2．在内质网和高尔基体合成
不同点	1．糖蛋白中的蛋白质重量百分比大于聚糖，而蛋白聚糖主要成分是聚糖，聚糖占比大于蛋白质，甚至高达 95%
	2．二者的聚糖结构不同

糖组（glycome）：是指一种细胞或一个生物体中全部聚糖的种类。

糖组学（glycomics）：研究包括聚糖种类、结构鉴定、糖基化位点分析、蛋白质糖基化机制和功能等，也是全面分析蛋白质与聚糖间的相互作用和功能的学科。

二、糖蛋白

（一）糖蛋白组成和分布

1．糖蛋白（glycoprotein）　蛋白质和糖类的共价复合物。多个糖基或聚糖可以共价偶联在蛋白质氨基酸残基上。糖蛋白含糖量可低至 2%，高至 50%。

2．糖蛋白分类　分子中的常见的单糖有 7 种：葡萄糖（Glc）、*N*-乙酰半乳糖胺（GalNAc）、半乳糖（Gal）、*N*-乙酰葡糖胺（GlcNAc）、甘露糖（Man）、*N*-乙酰神经氨酸（NeuAc）和岩藻糖（Fuc）。

人体内的蛋白质至少有 1/3 是糖蛋白，存在于各种组织和不同细胞中，特别在细胞表面含量丰富。绝大多数血浆蛋白质也是糖蛋白。

（二）糖蛋白的结构

糖蛋白由单糖以 *N*-连接聚糖和 *O*-连接聚糖的方式与蛋白连接，故根据聚糖与蛋白部分的连接方式不同，可将糖蛋白分为 *N*-连接糖蛋白和 *O*-连接糖蛋白。

1．*N*-连接糖蛋白　糖蛋白中的糖链通过 *N*-乙酰葡糖胺与天冬酰胺残基的氨基基团以共价键连接，称 *N*-连接糖蛋白。

根据糖链的不同，分为高甘露糖型、复杂型和杂合型等三型。这三种类型的连接聚糖都含有一个初始的五糖核心，即：

Man ↘
　　　Man → GlcNAc → GlcNAc → Asn
Man ↗

N-连接糖蛋白合成方式：

① *N*-连接聚糖的合成是一个共翻译过程，即在粗面内质网上合成肽链时，一旦出现 Asn-X-Ser/Thr 序列时，就有可能开始糖基化。

② 在特异的糖基转移酶催化下，长萜醇作为载体，活化后的糖基（UDP-或 GDP-糖基）为底物，逐步形成含 14 个糖基的长萜醇焦磷酸聚糖结构，然后聚糖转移至蛋白的糖基化位点上，在内质网和高尔基体中进一步加工形成各型 *N*-连接聚糖。

2．*O*-连接糖蛋白　糖蛋白中的糖链通过 *N*-乙酰半乳糖胺与特定的丝氨酸或苏氨酸残基的羟基共价结合，形成 *O*-连接糖蛋白。

O-连接糖蛋白合成方式：*O*-连接聚糖的合成是在多肽链合成后进行的。在 *N*-乙酰半乳糖胺转移酶作用下，活化后的 *N*-乙酰半乳糖胺基转移至多肽链的丝氨酸或苏氨酸的羟基上形成 *O*-连接，再逐个加上糖基直至 *O*-连接寡糖链形成。连接型糖蛋白分类及比较见表 4-3。

表4-3　连接型糖蛋白分类及比较

分类	*N*-连接型糖蛋白	*O*-连接型糖蛋白
概念	糖链与天冬酰氨残基的氨基偶联	*N*-乙酰半乳糖胺和丝氨酸或苏氨酸的羟基偶联
糖基化位点	Asn-X-Ser/Thr（X 是脯氨酸以外的任何氨基酸）	序列不清楚
结构特点	都有一个五糖核心，聚糖链有分支	*N*-乙酰半乳糖胺和半乳糖为核心二糖，二糖重复延长及分支，再加其他单糖
合成供体	UDP-或 GDP-糖	UDP-或 GDP-糖
合成载体	长萜醇	没有载体
合成场所	在内质网和高尔基体中合成	从内质网开始，到高尔基体完成
合成时间	与蛋白质翻译同时进行	翻译后进行
合成特点	14 糖基聚糖 - 长萜醇，14 聚糖整体转移到糖基化位点	每一种糖基都有相应的特异糖基转移酶

3．蛋白质 β-*N*-乙酰葡萄糖胺的糖基化（表 4-4）。

表4-4　蛋白质β-*N*-乙酰葡萄糖胺糖基化

酶	O-GlcNAc 糖基转移酶
糖基化位点	Ser/Thr
反应部位	细胞质或核
蛋白质	主要是膜蛋白和分泌蛋白

（三）糖蛋白分子中聚糖的功能

糖蛋白中的蛋白质是其生理功能的主要承担者，而糖链则对蛋白质的功能有修饰调节作用。糖蛋白中的聚糖主要具有以下生物学功能：

1．参与糖蛋白新生肽链的折叠，稳固多肽链的结构，和参与蛋白亚基的聚合。

2．延长蛋白质的半衰期，影响糖蛋白的周转和胞内水平。

3．影响糖蛋白在细胞内的靶向运输。

4．在细胞内蛋白质的分拣、投送和分泌中起作用。

5．影响糖蛋白的生物活性。

6．参与分子间的相互识别：参与受体与配体的结合、抗原与抗体的结合等。

三、蛋白聚糖

（一）蛋白聚糖（proteoglycan）的定义、特点、分类

蛋白聚糖是一条或多条糖胺聚糖链以共价键和核心蛋白相连形成的大分子糖复合物。与糖蛋白的主要区别是核心蛋白上具有共价连接的糖胺聚糖链。糖占比大，约一半以上，具有多糖性质。

按核心蛋白与糖链成分的差别，蛋白聚糖可以分为：① 大分子聚集型胞外基质蛋白聚糖；② 小分子富含亮氨酸胞外基质蛋白聚糖；③ 跨膜胞内蛋白聚糖。

（二）糖胺聚糖链的结构、分布、种类

糖胺聚糖（glycosaminoglycan，GAG）是含己糖醛酸和己糖胺的重复二糖单位，没有分支。

糖胺聚糖分布在软骨、结缔组织、角膜基质、关节滑液、黏液和眼玻璃体等组织。

糖胺聚糖分为硫酸软骨素、硫酸皮肤素、硫酸角质素、透明质酸、肝素和硫酸类肝素。除透明质酸外，其他的糖胺聚糖都含有硫酸。

表4-5　糖胺聚糖的组成和分布

名字	二糖单位	体内分布
硫酸软骨素	*N*-乙酰半乳糖胺、葡糖醛酸	软骨、结缔组织
硫酸角质素	*N*-乙酰葡糖胺、半乳糖	角膜、软骨、结缔组织
硫酸皮肤素	*N*-乙酰半乳糖胺、葡糖醛酸或艾杜糖醛酸	
透明质酸	*N*-乙酰葡糖胺、葡糖醛酸	关节滑液、眼玻璃体、疏松结缔组织
肝素和硫酸类肝素	葡糖胺、艾杜糖醛酸	肥大细胞内，硫酸肝素是细胞膜成分

（三）核心蛋白

核心蛋白（core protein）是与糖胺聚糖链共价结合的蛋白质。

丝甘蛋白聚糖是一种典型的细胞内蛋白聚糖，存在于肥大细胞和造血细胞的贮存颗粒中。其核心蛋白几乎仅由丝氨酸和甘氨酸组成，是最小的核心蛋白。

核心蛋白含有相应的糖胺聚糖取代结构域。一些蛋白聚糖通过核心蛋白上的特殊结构域锚定在细胞表面或细胞外基质的大分子中。有些核心蛋白含相互作用的特异结构域。

（四）蛋白聚糖生物合成

合成场所：内质网和高尔基体。

合成方式：先合成核心蛋白的多肽链部分，多肽链合成的同时以 *O*-连接或 *N*-连接的方式在丝氨酸或天冬酰胺残基上进行聚糖延长，加工修饰。

聚糖的延长和加工修饰主要是在高尔基体内进行。不是先合成糖胺聚糖单位，而是在多肽链上逐个加上单糖，形成不分支的聚糖链。

（五）蛋白聚糖的功能

最主要功能是以特异的方式与弹性蛋白、胶原蛋白相连构成细胞间基质特殊的结构。基质中的透明质酸可与细胞表面的透明质酸受体结合，影响细胞与细胞的黏附、细胞迁移、增殖和分化等细胞行为。

位于细胞表面的蛋白聚糖在神经发育、细胞识别结合和分化等方面起重要的调节作用。

细胞内的蛋白聚糖如丝甘蛋白聚糖的主要功能是与带正电荷的蛋白酶、羧肽酶和组胺等相互作用，参与这些生物活性分子的贮存和释放。

其他特殊功能：如肝素是重要的抗凝剂，硫酸软骨素可维持软骨的机械性能。角膜中的硫酸角质素和硫酸皮肤素可使角膜透明。

现已证实：蛋白聚糖在糖尿病、风湿性关节炎等疾病患者体内均发生病理变化；参与蛋白聚糖代谢的糖苷酶的先天缺损，会引起遗传性糖贮积症，表现为多种类型的精神失常。

四、糖脂由鞘糖脂、甘油糖脂和类固醇衍生糖脂组成

糖脂（glycolipid）是糖通过半缩醛羟基以糖苷键与脂质连接的化合物。

由于脂质部分不同，糖脂分为鞘糖脂、甘油糖脂和类固醇衍生糖脂。鞘糖脂、甘油糖脂是细胞膜脂的主要成分，具有重要功能。

（一）鞘糖脂是神经酰胺被糖基化的糖苷化合物

鞘糖脂是神经酰胺被糖基化的糖苷化合物，包括脑苷脂、硫苷脂和神经节苷脂等。

根据分子中是否含有唾液酸或硫酸基成分，鞘糖脂分为中性鞘糖脂和酸性鞘糖脂两类。

鞘糖脂功能（表 4-6）：

脑苷脂是不含唾液酸的中性鞘糖脂，发挥血型抗原、组织或器官特异性抗原、分子与分子相互识别的作用。

硫苷脂是指糖基部分被硫酸化的酸性鞘糖脂，分布于人体的各器官中，脑中含量最多。可能参与血液凝固和细胞黏着等过程。

神经节苷脂是含唾液酸的酸性鞘糖脂，分布于神经系统，神经末梢中含量丰富，在神经冲动传递中起重要作用；参与细胞相互识别，在细胞生长、分化、癌变时起作用；神经节苷脂分解紊乱时，引起多种遗传性鞘糖脂过剩疾病。

表4-6　鞘糖脂

分类	名称	结构	功能
中性鞘糖脂	脑苷脂	不含唾液酸	疏水区插入膜磷脂双层。极性糖基部分露出细胞表面，作为血型抗原、组织或器官特异性抗原；还参与分子与分子相互识别的作用
酸性鞘糖脂	硫苷脂	糖基部分被硫酸化	广泛分布于人体器官中，脑中分布最多。可能参与血液凝固和细胞黏着等过程
	神经节苷脂	含唾液酸	位于细胞膜表面，特异结合糖蛋白激素，发挥很多重要生理功能 参与细胞相互识别。在细胞生长、分化、癌变时有重要作用。也是一些病毒毒素的受体 广泛分布于神经系统中，可占大脑总脂的 6%。在神经系统中起重要作用

（二）髓磷脂中含有甘油糖脂

髓磷脂（myelin）是包绕在神经元轴突外侧的脂质，起到保护和绝缘的作用，其重要成分是甘油糖脂。

五、聚糖结构中蕴含大量生物信息

糖生物学是一门研究糖复合物结构与功能的新兴学科。聚糖是继蛋白质和核酸后被关注的又一生物体内大分子。作为信息分子，聚糖参与细胞识别、细胞黏附、细胞分化、免疫识别、细胞信号转导、微生物致病过程和肿瘤转移过程等。

每一聚糖都有一个独特的能被蛋白质阅读并与蛋白质相结合的三维空间构象，称为糖密码（sugar code）。聚糖空间结构多样性受到多种因素的调控。

（一）聚糖组分是糖蛋白执行功能所必需

聚糖中的糖基序列或不同糖苷键的形成，主要取决于糖基转移酶的特异性识别糖底物和催化作用。

（二）结构多样性的聚糖蕴含生物信息

1．聚糖空间结构多样性是其携带信息的基础。

2．聚糖空间结构多样性受基因编码的糖基转移酶和糖苷酶调控。

第三节　应试习题

一、选择题（题目前 * 表示西医综合题目，题目前 # 表示执业医师题目）

【A1 型题】

1．N-连接寡糖合成时所需糖基供体，必须先活化形成

A．UDP 或 GDP 衍生物

B．UDP 或 CDP 衍生物

C．ADP 或 GDP 衍生物

D．TDP 或 GDP 衍生物

E．ADP 或 TDP 衍生物

2．在糖蛋白中，聚糖与蛋白的连接方式是

A．N-乙酰半乳糖胺与赖氨酸共价连接

B．N-乙酰葡糖胺与谷氨酰胺共价连接

C．N-乙酰葡糖胺与天冬酰胺共价连接

D．N-乙酰半乳糖胺与酪氨酸共价连接

E．非共价连接

3．糖基化位点的正确序列为

A．Ser-X-Asn/Thr（X 是脯氨酸以外的任何氨基酸）

B．Asn-X-Ser/Thr（X 是脯氨酸以外的任何氨基酸）

C．Ser-X-Asn/Thr（X 是亮氨酸以外的任何氨基酸）

D．Thr-X-Ser/Asn（X 是脯氨酸以外的任何氨基酸）

E．Asn-X-Ser/Thr（X 是亮氨酸以外的任何氨基酸）

4．下列关于 *N*-乙酰葡糖胺的糖基化描述，错误的是

A．蛋白质糖基化修饰的一种

B．主要发生于膜蛋白和分泌蛋白

C．发生于内质网或高尔基体

D．发生于细胞质或细胞核中

E．是个动态可逆过程

5．不参与构成糖蛋白寡糖链的单糖是

A．葡萄糖

B．甘露糖

C．半乳糖

D．果糖

E．岩藻糖

6．与 *N*-连接寡糖连接的氨基酸残基是

A．天冬酰胺

B．半胱氨酸

C．谷氨酰胺

D．谷氨酸

E．天冬氨酸

7．关于 *N*-连接寡糖合成的描述错误的是

A．合成部位是内质网和高尔基体

B．糖基以 UDP 或 GDP 衍生物作为糖基供体
C．合成过程以长萜醇为糖链载体
D．*N*-连接聚糖的合成是一个共翻译过程
E．合成过程不需糖链载体

8．与 *O*-连接寡糖连接的氨基酸残基是
A．谷胺酰胺残基
B．天冬酰胺残基
C．丝氨酸或苏氨酸残基
D．半胱氨酸残基
E．脯氨酸残基

9．*O*- 连接寡糖与多肽链连接的糖基通常为
A．*N*-乙酰神经氨酸
B．半乳糖
C．甘露糖
D．*N*-乙酰半乳糖胺
E．*N*-乙酰葡萄糖胺

10．关于糖胺聚糖的叙述，错误的是
A．是蛋白聚糖的糖部分
B．都含有硫酸
C．是多聚阴离子化合物
D．体内重要的糖胺聚糖有 6 种
E．是由重复二糖单位构成的无分支多糖

11．关于蛋白聚糖与糖蛋白的区别的描述，错误的是
A．都是由蛋白部分和聚糖部分组成
B．糖蛋白中的蛋白质重量百分比大于聚糖
C．两者的聚糖结构迥然不同
D．糖蛋白中糖占比大，约一半以上
E．蛋白聚糖的核心蛋白上具有共价连接的糖胺聚糖链

12．下列不属于糖胺聚糖的是
A．*N*-乙酰葡糖胺
B．硫酸软骨素
C．硫酸皮肤素
D．透明质酸
E．肝素

13．不含有硫酸的糖胺聚糖是
A．硫酸角质素
B．硫酸软骨素
C．硫酸皮肤素
D．肝素
E．透明质酸

14．下列有关蛋白聚糖的叙述，错误的是
A．蛋白聚糖由糖胺聚糖与核心蛋白共价连接
B．蛋白聚糖分子中蛋白比例小于聚糖
C．蛋白聚糖分子也可含有 *N*-或 *O*-连接寡糖链
D．蛋白聚糖中的糖胺聚糖是二糖单位重复连接
E．先合成二糖单位，逐个加上二糖单位而延长糖链

15．蛋白质的糖基化是翻译后的调控之一，肽链中糖基化的氨基酸残基是
A．谷氨酸
B．丝氨酸
C．色氨酸
D．赖氨酸
E．缬氨酸

16．神经节苷脂属于
A．糖脂
B．磷脂
C．脂蛋白
D．糖蛋白
E．蛋白聚糖

17．糖脂是糖与脂质连接的化合物，其连接方式是
A．肽键
B．氢键
C．磷酸二酯键
D．糖苷键
E．二硫键

18．重要成分是甘油糖脂的是
A．髓磷脂
B．鞘糖脂
C．甘油三酯
D．丝甘蛋白聚糖
E．透明质酸

【B 型题】

A．糖蛋白组分
B．蛋白聚糖组分
C．寡糖
D．专一蛋白
E．多糖

1．*N*-乙酰半乳糖胺属于
2．*N*-乙酰神经氨酸属于

3．硫酸软骨素属于
4．纤维素属于
5．肝素属于

A．构成细胞间基质
B．起支架作用
C．影响细胞的黏附和细胞迁移
D．在神经冲动传递中起作用
E．抗凝剂
6．肝素的主要生物学功能是
7．透明质酸的主要生物学功能是
8．神经节苷脂的主要生物学功能是

【X 型题】
1．合成糖蛋白糖链的酶主要存在于
A．细胞液
B．细胞核
C．内质网
D．高尔基体
2．关于糖蛋白分子中聚糖的功能描述正确的有
A．构成细胞外基质
B．参与新生肽链的折叠并维持蛋白质正确的空间构象
C．参与受体与配体的结合、抗原与抗体的结合
D．分子识别作用
3．下列属于糖胺聚糖的有
A．硫酸软骨素
B．硫酸皮肤素
C．透明质酸
D．肝素
4．关于蛋白聚糖的功能描述正确的有
A．构成细胞间基质
B．在神经发育、细胞识别结合和分化等方面起重要的调节作用
C．参与某些生物活性分子的贮存和释放
D．影响细胞与细胞的黏附、细胞迁移、增殖和分化等细胞生物学行为
5．透明质酸的二糖单位包括
A．*N*-乙酰半乳糖胺
B．半乳糖
C．*N*-乙酰葡萄糖胺
D．葡糖醛酸
6．关于鞘糖脂的说法正确的是
A．鞘糖脂是神经酰胺被糖基化的糖苷化合物
B．鞘糖脂分为中性鞘糖脂和酸性鞘糖脂
C．鞘糖脂均含有唾液酸
D．硫苷脂是指糖基部分被硫酸化的酸性鞘糖脂
7．下列属于生物大分子的是
A．蛋白质
B．核酸
C．聚糖
D．寡糖
8．调控聚糖空间结构多样性的酶是
A．半乳糖胺转移酶
B．糖原合成酶
C．糖苷酶
D．糖基转移酶
9．糖脂包括
A．脑苷脂
B．甘油糖脂
C．类固醇衍生糖脂
D．硫苷脂

二、名词解释

1．糖基化位点（glycosylation site）
2．糖蛋白（glycoprotein）
3．蛋白聚糖（proteoglycan）
4．糖胺聚糖（glycosaminoglycan，GAG）
5．糖密码（sugar code）

三、问答题

1．简述糖蛋白的 N-连接寡糖链的结构及合成过程。
2．常见的糖胺聚糖有哪几种？各有何结构特征？

3．简要说明糖蛋白寡糖链的主要功能。

4．试比较糖蛋白及蛋白聚糖的异同点。

5．简述聚糖的功能。

第四节　参考答案及解析

一、选择题

【A 型题】

1．**答案**：A　　**考点**：*N*-连接寡糖合成

解析：在特异的糖基转移酶催化下，长萜醇作为载体，活化后的糖基（UDP-或 GDP-糖基）为底物，逐步形成含 14 个糖基的长萜醇焦磷酸聚糖结构，然后聚糖转移至蛋白的糖基化位点上，在内质网和高尔基体中进一步加工形成各型 *N*-连接聚糖。

2．**答案**：C　　**考点**：糖蛋白的结构

解析：*N*-连接糖蛋白中的糖链通过 *N*-乙酰葡糖胺与天冬酰胺残基的氨基基团以共价键连接。*O*-连接糖蛋白中的糖链通过 *N*-乙酰半乳糖胺与特定的丝氨酸或苏氨酸残基的羟基共价结合。

3．**答案**：B　　**考点**：糖蛋白的结构

解析：*N*-连接糖蛋白糖基化位点是 Asn-X-Ser/Thr（X 是脯氨酸以外的任何氨基酸）。*O*-连接糖蛋白糖基化位点的确切序列还不清楚。

4．**答案**：D　　**考点**：*N*-连接糖蛋白

解析：*N*-乙酰葡糖胺的糖基化是从内质网开始，到高尔基体完成。

5．**答案**：D　　**考点**：糖蛋白的结构

解析：糖蛋白分子中常见的单糖有 7 种：葡萄糖、*N*-乙酰半乳糖胺、半乳糖、*N*-乙酰葡糖胺、甘露糖、*N*-乙酰神经氨酸、岩藻糖。

6．**答案**：A　　**考点**：糖蛋白的结构

解析：*N*-连接糖蛋白糖基化位点是 Asn-X-Ser/Thr（X 是脯氨酸以外的任何氨基酸）。

7．**答案**：E　　**考点**：*N*-连接寡糖合成

解析：*N*-连接聚糖的合成是一个共翻译过程，即在粗面内质网上合成肽链时，一旦出现 Asn-X-Ser/Thr 序列时，就有可能开始糖基化。

在特异的糖基转移酶催化下，长萜醇作为载体，活化后的糖基（UDP-或 GDP-糖基）为底物，逐步形成含 14 个糖基的长萜醇焦磷酸聚糖结构，然后聚糖转移至蛋白的糖基化位点上，在内质网和高尔基体中进一步加工形成各型 *N*-连接聚糖。

8．**答案**：C　　**考点**：糖蛋白的结构

解析：*O*-连接糖蛋白中的糖链通过 *N*-乙酰半乳糖胺与特定的丝氨酸或苏氨酸残基的羟基共价结合。

9．**答案**：D　　**考点**：糖蛋白的结构

解析：*O*-连接糖蛋白中的糖链通过 *N*-乙酰半乳糖胺与特定的丝氨酸或苏氨酸残基的羟基共价结合。*N*-乙酰半乳糖胺和半乳糖为核心二糖，二糖重复延长及分支，再加其他单糖。

10．**答案**：B　　**考点**：糖胺聚糖的组成

解析：蛋白聚糖是一条或多条糖胺聚糖链以共价键和核心蛋白相连形成的大分子糖复合物。糖胺聚糖是含己糖醛酸和己糖胺的重复二糖单位，没有分支。一条或多条糖胺聚糖链以共价键和核心

蛋白相连形成大分子的蛋白聚糖。蛋白聚糖除透明质酸外，其他的糖胺聚糖都含有硫酸。

11．**答案：** D　　**考点：** 蛋白聚糖与糖蛋白的区别

解析： 糖蛋白由单糖以 *N*-连接聚糖和 *O*-连接聚糖的方式与蛋白连接。蛋白聚糖是一条或多条糖胺聚糖链以共价键和核心蛋白相连形成的大分子糖复合物。与糖蛋白的主要区别是核心蛋白上具有共价连接的糖胺聚糖链，糖占比大，约一半以上，具有多糖性质。

12．**答案：** A　　**考点：** 糖胺聚糖的种类

解析： 糖胺聚糖分为硫酸软骨素、硫酸皮肤素、硫酸角质素、透明质酸、肝素和硫酸类肝素。除透明质酸外，其他的糖胺聚糖都含有硫酸。

13．**答案：** E　　**考点：** 糖胺聚糖的种类

解析： 参见第 12 题解析。

14．**答案：** E　　**考点：** 蛋白聚糖的结构及合成

解析： 蛋白聚糖是一条或多条糖胺聚糖链以共价键和核心蛋白相连形成的大分子糖复合物，其中糖占比大，糖胺聚糖是含己糖醛酸和己糖胺的重复二糖单位。先合成核心蛋白的多肽链部分，多肽链合成的同时以 *O*-连接或 *N*-连接的方式进行聚糖延长，不是先合成糖胺聚糖单位，而是在多肽链上逐个加上单糖，形成不分支的聚糖链。

15．**答案：** B　　**考点：** 蛋白的糖基化

解析： 蛋白质的糖基化是翻译后的调控之一，肽链中糖基化的氨基酸残基是 Ser/Thr。

16．**答案：** A　　**考点：** 鞘糖脂分类

解析： 神经节苷脂是含唾液酸的酸性鞘糖脂，分布于神经系统。

17．**答案：** D　　**考点：** 糖脂的组成

解析： 糖脂是糖通过半缩醛羟基以糖苷键与脂质连接的化合物。

18．**答案：** A　　**考点：** 糖脂的组成和分类

解析： 髓磷脂是包绕在神经元轴突外侧的脂质，起到保护和绝缘的作用，其重要成分是甘油糖脂。

【B 型题】

1．**答案：** A　2．**答案：** A　3．**答案：** B　4．**答案：** E　5．**答案：** B

考点： 聚糖、糖蛋白、蛋白聚糖、糖脂等的组成

解析： 糖蛋白是蛋白质和糖类的共价复合物，分子中常见的单糖有 7 种：葡萄糖、*N*-乙酰半乳糖胺、半乳糖、*N*-乙酰葡糖胺、甘露糖、*N*-乙酰神经氨酸和岩藻糖。蛋白聚糖是由糖胺聚糖组成。糖胺聚糖分为硫酸软骨素、硫酸皮肤素、硫酸角质素、透明质酸、肝素和硫酸类肝素。纤维素是由葡萄糖组成的大分子多糖，是自然界中分布最广、含量最多的一种多糖。

6．**答案：** E　7．**答案：** C　8．**答案：** D　　**考点：** 蛋白聚糖和糖脂的功能

解析： 蛋白聚糖最主要功能是以特异的方式与弹性蛋白、胶原蛋白相连构成细胞间基质特殊的结构。基质中的透明质酸，可与细胞表面的透明质酸受体结合，影响细胞与细胞的黏附、细胞迁移、增殖和分化等细胞行为。蛋白聚糖其他特殊功能：肝素是重要的抗凝剂，硫酸软骨素可维持软骨的机械性能。

神经节苷脂位于细胞膜表面，特异结合糖蛋白激素，发挥很多重要生理功能：参与细胞相互识别，在细胞生长、分化、癌变时有重要作用，也是一些病毒毒素的受体。广泛分布于神经系统中，可占大脑总脂的 6%，在神经系统中起重要作用。

【X 型题】

1．**答案：**CD　　**考点：**糖蛋白的合成

解析：糖蛋白在内质网和高尔基体中合成。

2．**答案：**BCD　　**考点：**糖蛋白分子中聚糖的功能

解析：糖蛋白中的聚糖主要具有以下生物学功能：参与糖蛋白新生肽链的折叠，稳固多肽链的结构，参与蛋白亚基的聚合；延长蛋白质的半衰期，影响糖蛋白的周转和胞内水平；影响糖蛋白在细胞内的靶向运输；在细胞内蛋白质的分拣、投送和分泌中起作用；影响糖蛋白的生物活性；参与分子间的相互识别，参与受体与配体的结合、抗原与抗体的结合等。

3．**答案：**ABCD　　**考点：**糖胺聚糖的分类

解析：糖胺聚糖包括硫酸软骨素、硫酸皮肤素、硫酸角质素、透明质酸、肝素和硫酸类肝素。除透明质酸外，其他的糖胺聚糖都含有硫酸。

4．**答案：**ABCD　　**考点：**蛋白聚糖的功能

解析：蛋白聚糖最主要功能是以特异的方式与弹性蛋白、胶原蛋白相连构成细胞间基质特殊的结构。基质中的透明质酸，可与细胞表面的透明质酸受体结合，影响细胞与细胞的黏附、细胞迁移、增殖和分化等细胞行为。位于细胞表面的蛋白聚糖在神经发育、细胞识别结合和分化等方面起重要的调节作用。细胞内的蛋白聚糖如丝甘蛋白聚糖的主要功能是与带正电荷的蛋白酶、羧肽酶和组胺等相互作用，参与这些生物活性分子的贮存和释放。

5．**答案：**CD　　**考点：**糖胺聚糖的组成

解析：糖胺聚糖是含己糖醛酸和己糖胺的重复二糖单位，其组成透明质酸的二糖单位包括 *N*- 乙酰葡糖胺、葡糖醛酸。

6．**答案：**ABD　　**考点：**鞘糖脂的组成

解析：鞘糖脂是神经酰胺被糖基化的糖苷化合物。根据分子中是否含有唾液酸或硫酸基成分，鞘糖脂分为中性鞘糖脂和酸性鞘糖脂两类。硫苷脂是指糖基部分被硫酸化的酸性鞘糖脂。

7．**答案：**ABC　　**考点：**生物大分子的概念

解析：糖复合体是体内一类含共价偶联的糖的生物大分子，主要包括糖蛋白、蛋白聚糖和糖脂等，聚糖是继蛋白质和核酸后被关注的又一生物体内大分子。

8．**答案：**CD　　**考点：**聚糖合成

解析：聚糖空间结构多样性受基因编码的糖基转移酶和糖苷酶调控。

9．**答案：**ABCD　　**考点：**糖脂

解析：糖脂分为鞘糖脂、甘油糖脂和类固醇衍生糖脂。鞘糖脂是神经酰胺被糖基化的糖苷化合物，包括脑苷脂、硫苷脂、神经节苷脂等。

二、名词解释（答案要点）

1．糖基化位点：糖蛋白分子中 *N*-连接寡糖链的特定氨基酸序列，称为糖基化位点。*N*-连接寡糖链的糖基化位点为 Asn-X-Ser/Thr。

2．糖蛋白：糖蛋白是蛋白质和糖类的共价复合物。蛋白质可以在氨基酸残基上共价偶联多个糖基或聚糖。

3．蛋白聚糖：蛋白聚糖是一条或多条糖胺聚糖链以共价键和核心蛋白相连形成的大分子糖复合物。是一类糖链含量多于蛋白质的糖复合物，主要由糖胺聚糖和共价连接的核心蛋白所组成。它是细胞间基质的主要成分之一。

4．糖胺聚糖：糖胺聚糖是含已糖醛酸和己糖胺的重复二糖单位，没有分支。

5．糖密码：每一聚糖都有一个独特的能被蛋白质阅读并与蛋白质相结合的三维空间构象，称为糖密码。

三、问答题（答案要点）

1．N- 连接寡糖链主要有高甘露糖型、复杂型和杂合型。三型糖链含有一个相同的五糖核心。在核心五糖上高甘露糖型连接了 2 ~ 9 个甘露糖，复杂型可分别连接二、三、四或五个分支糖链，分支末端常连有 *N*-乙酰神经氨酸。杂合型则兼有高甘露糖型和复杂型二者的结构。

在内质网上以长萜醇作为糖链载体，合成 14 个糖基的长萜醇焦磷酸寡糖链。14 个糖基的寡糖链作为一个整体被转移至蛋白质的糖化位点中的天冬酰胺的酰胺氮上，然后依次在内质网和高尔基体进行加工，先由糖苷水解酶除去葡萄糖和甘露糖，然后加上不同的单糖，成熟为各型 *N*-连接寡糖链。

2．常有的糖胺聚糖有硫酸软骨素、硫酸皮肤素、硫酸角质素、透明质酸、肝素和硫酸类肝素。它们的基本结构特征为二糖单位重复连接。二糖单位中一个是糖胺，另一个是糖醛酸，硫酸软骨素为 *N*-乙酰半乳糖胺和葡萄糖醛酸，硫酸皮肤素为 *N*-乙酰半乳糖胺和艾杜糖醛酸，硫酸角质素为 *N*-乙酰葡萄糖胺和半乳糖，透明质酸为 *N*-乙酰葡萄糖胺和葡萄糖醛酸，肝素和硫酸类肝素为葡萄糖胺和艾杜糖醛酸。

3．糖蛋白的种类繁多，功能也十分广泛。一般来说，糖蛋白的寡糖链可保护其蛋白部分免遭蛋白酶水解，而延长其生物半衰期。此外寡糖链还影响蛋白质构象、聚合和溶解性等。在某些糖蛋白中，寡糖链参与蛋白质在细胞内的分拣和运输。一些属于糖蛋白的酶，其寡糖链结构可影响酶的活性。许多激素为糖蛋白，其寡糖链的结构与激素生物活性密切相关。存在于细胞表面的糖蛋白，其寡糖链还参与蛋白质分子之间的相互识别和结合作用。随着糖蛋白的寡糖链的功能研究的深入，将会出现更多的新见解。

4．

糖蛋白和蛋白聚糖的异同

共性	1．蛋白质和聚糖共价偶联
	2．在内质网和高尔基体合成
不同点	1．糖蛋白是蛋白质和糖类的共价复合物，蛋白质可以在氨基酸残基上共价偶联多个糖基或聚糖，糖蛋白中的蛋白质重量百分比大于聚糖。蛋白聚糖是一条或多条糖胺聚糖链以共价键和核心蛋白相连形成的大分子糖复合物，蛋白聚糖主要成分是聚糖。与糖蛋白的主要区别是核心蛋白上具有共价连接的糖胺聚糖链，糖占比大，约一半以上，甚至高达 95%，有多糖性质 2．二者的聚糖结构不同：糖蛋白 *N*-连接型聚糖都含有一个初始的五糖核心，聚糖链有分支；*O*-连接型的是以 *N*-乙酰半乳糖胺和半乳糖为核心二糖，二糖重复延长及分支。聚糖不是先合成糖胺聚糖单位，而是在多肽链上逐个加上单糖，形成不分支的聚糖链

5．聚糖是继蛋白质和核酸后被关注的又一生物体内大分子。每一聚糖都有一个独特的能被蛋白质阅读并与蛋白质相结合的三维空间构象。聚糖空间结构多样性受糖基转移酶和糖苷酶调控。空间结构多样性的聚糖蕴含大量的生物信息。作为信息分子，聚糖参与细胞识别、细胞黏附、细胞分化、免疫识别、细胞信号转导、微生物致病过程和肿瘤转移过程等。

（赵文会）

第二篇　物质代谢及其调节

第五章　糖 代 谢

第一节　学习要求

掌握：糖无氧氧化、有氧氧化、磷酸戊糖途径；三羧酸循环；糖原合成与分解；糖异生的概念、定位和基本过程、特点、生理意义；掌握血糖的概念、来源与去路。

熟悉：糖的生理功能；糖代谢的调节及血糖的调节。

了解：糖的消化吸收及代谢概况；葡萄糖以外的其他单糖的代谢和糖代谢失常的疾病。

第二节　内容精要

糖的主要生理功能：

1．能源　氧化供能（4 千卡 /g）。

2．细胞结构成分

糖脂——构成神经组织和生物膜的成分；

氨基多糖——结缔组织的基本成分；

核糖 / 脱氧核糖——RNA/DNA 的结构成分；

糖蛋白——细胞膜成分，血浆球蛋白（包括抗体）几乎都是糖蛋白，某些激素、酶和凝血因子也是糖蛋白。

3．碳源　提供合成某些氨基酸、脂肪、胆固醇、核苷等物质的原料。

一、糖的摄取与利用

（一）糖消化后以单体形式吸收

人类食物中可被机体分解利用的糖类主要有植物淀粉、动物糖原、麦芽糖、蔗糖、乳糖和葡萄糖等。由于人体内无 β-糖苷酶，故不能对食物中的纤维素（cellulose）进行分解利用，但纤维素具有刺激肠蠕动等作用，所以纤维素也是维持健康所必需的糖类。糖的消化主要在小肠中进行，食物中的淀粉在 α-淀粉酶的作用下水解为麦芽糖、麦芽三糖、异麦芽糖及 α-临界糊精，然后在 α-葡萄糖苷酶和 α-临界糊精酶的作用下水解成葡萄糖。糖类被消化成单糖后才能在小肠被吸收，葡萄糖的吸收是依赖特定载体转运的、主动耗能的过程；经门静脉进入肝。

（二）细胞摄取葡萄糖需要转运蛋白

葡萄糖吸收入血后，在体内代谢首先需进入细胞。这是依赖葡糖转运蛋白（glucose transporter，GLUT）实现的（表 5-1）。

表5-1　葡糖转运蛋白比较

名称	分布	特点
GLUT1	广泛分布于全身各组织	负责低血糖时摄取葡萄糖维持细胞呼吸
GLUT2	主要分布于肝、肾、肠道、胰腺细胞	对葡萄糖亲和力低，双向转运葡萄糖
GLUT3	神经元中最主要的转运蛋白	对葡萄糖亲和力高，转运效率高
GLUT4	主要存在于脂肪和肌肉组织中	以胰岛素依赖方式摄取葡萄糖
GLUT5	小肠	转运果糖进入细胞

葡萄糖摄取障碍可能诱发高血糖。血糖升高引起胰岛素分泌，胰岛素可以使位于脂肪细胞和肌细胞内囊泡中的 GLUT4 重新分布于细胞膜，从而促进这些细胞摄取并利用血糖。1 型糖尿病患者由于胰岛素分泌不足，无法使 GLUT4 转位到细胞膜，阻碍了血中葡萄糖转运进入这些细胞。

（三）体内糖代谢涉及分解、储存和合成三方面

在多种激素作用下，体内糖的分解、储存、合成相互协调和制约，血中葡萄糖的来源与去路相对平衡，血糖水平趋于稳定。葡萄糖的分解代谢在餐后尤其活跃，主要包括糖的无氧氧化、有氧氧化和磷酸戊糖途径，葡萄糖的储存仅在餐后活跃进行，以糖原形式储存于肝和肌组织中，以便在短期饥饿时补充血糖或不利用氧快速供能。葡萄糖的合成代谢在长期饥饿时尤其活跃，某些非糖物质如甘油、氨基酸等经糖异生转变成葡萄糖，以补充血糖。

二、糖的无氧氧化

（一）糖的无氧氧化分为糖酵解和乳酸生成两个阶段（表 5-2）

葡萄糖无氧氧化的总反应为：葡萄糖 + 2Pi + 2ADP → 2 乳酸 + 2ATP + $2H_2O$

表5-2　糖无氧氧化的过程

阶段	步骤	反应	催化酶（反应类型）
糖酵解	1	葡萄糖 + ATP → 葡糖 -6- 磷酸 + ADP	己糖激酶 *（磷酸化反应）
	2	葡糖 -6- 磷酸 ←→ 果糖 -6- 磷酸	磷酸己糖异构酶（异构反应）
	3	果糖 -6- 磷酸 + ATP → 果糖 -1,6- 二磷酸 +ADP	磷酸果糖激酶 -1*（磷酸化反应）
	4	果糖 -1,6- 二磷酸 ←→ 磷酸二羟丙酮 + 3- 磷酸甘油醛	醛缩酶（裂解反应）
	5	磷酸二羟丙酮 ←→ 3- 磷酸甘油醛	磷酸丙糖异构酶（异构反应）
	6	3- 磷酸甘油醛 + NAD^+ + Pi ←→ 1,3- 二磷酸甘油酸 + NADH + H^+	3- 磷酸甘油醛脱氢酶（氧化反应）
	7	1,3- 二磷酸甘油酸 + ATP ←→ 3- 磷酸甘油酸 + ATP	磷酸甘油酸激酶（底物水平磷酸化）
	8	3- 磷酸甘油酸 ←→ 2- 磷酸甘油酸	磷酸甘油酸变位酶（异构反应）
	9	2- 磷酸甘油酸 ←→ 磷酸烯醇式丙酮酸 +H_2O	烯醇化酶（脱水反应）
	10	磷酸烯醇式丙酮酸 +ADP ←→丙酮酸 +ATP	丙酮酸激酶 *（底物水平磷酸化）
乳酸生成	11	丙酮酸 +NADH+H^+ ←→乳酸 +NAD^+	乳酸脱氢酶（还原反应）

* 为糖酵解的关键酶

在糖无氧氧化过程中，1 分子葡萄糖可分解为 2 分子乳酸，发生 4 次底物水平磷酸化，可产生 4 分子 ATP。但由于葡萄糖磷酸化和磷酸果糖磷酸化时共消耗 2 分子 ATP，因此，1 分子葡萄糖无氧氧化净生成 2 分子 ATP。

（二）糖酵解的调控主要是对三个关键酶活性的调节（表 5-3）

表5-3 糖酵解三个关键酶的活性调控

关键酶	变构激活剂	变构抑制剂	共价修饰及其他调节
磷酸果糖激酶 -1	AMP、ADP、果糖 -1,6- 二磷酸和果糖 -2,6- 二磷酸	ATP、柠檬酸	磷酸化抑制（PKA）和去磷酸化激活（果糖二磷酸酶 -2）果糖 -2,6- 二磷酸代谢的关键酶
丙酮酸激酶	果糖 -1,6- 二磷酸	ATP、丙氨酸（肝）	磷酸化抑制（PKA，依赖 Ca^{2+}、钙调蛋白的蛋白激酶）
己糖激酶		葡糖 -6- 磷酸	
葡糖激酶（肝）		长链脂酰 CoA	胰岛素诱导该酶转录，促进合成

（三）糖的无氧氧化为机体快速提供能量

糖无氧氧化最主要的生理意义在于迅速提供能量。当机体缺氧或剧烈运动肌肉局部血流不足时，能量主要通过糖无氧氧化获得。成熟红细胞没有线粒体，只能依赖糖的无氧氧化提供能量。神经细胞、白细胞、骨髓细胞等代谢极为活跃，即使不缺氧也常由糖无氧氧化提供部分能量。

（四）其他单糖可转变成糖酵解的中间产物

除葡萄糖外，其他己糖也可以经消化进入血流，被带到各组织中去，经代谢转变成磷酸己糖而进入酵解途径。

三、糖的有氧氧化

糖的有氧氧化（aerobic oxidation）是机体利用氧将葡萄糖彻底氧化成 CO_2 和 H_2O 并释放出大量能量的反应过程。有氧氧化是体内糖分解供能的主要方式，绝大多数细胞都通过它获得能量。

（一）糖的有氧氧化分为三个阶段（图 5-1）

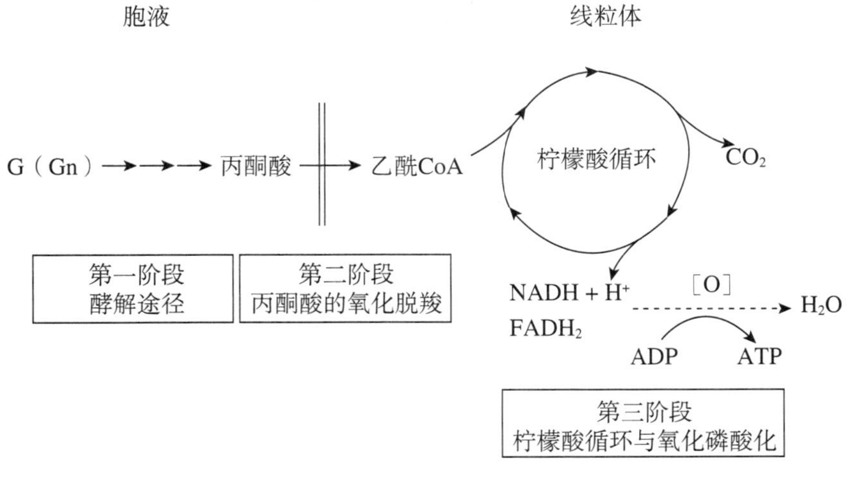

图 5-1 糖有氧氧化概况

第一阶段：葡萄糖氧化经糖酵解生成丙酮酸：同糖无氧氧化第一阶段。

第二阶段：丙酮酸进入线粒体氧化脱羧生成乙酰 CoA。

（1）部位：线粒体内膜

（2）催化酶：丙酮酸脱氢酶复合体（由 3 种酶、5 种辅酶构成）

A．丙酮酸脱氢酶（E_1）：辅酶是 TPP

B．二氢硫辛酰胺转乙酰酶（E_2）：辅酶是硫辛酸、辅酶 A

C．二氢硫辛酰胺脱氢酶（E_3）：辅酶是 FAD、NAD^+

（3）脱氢、脱羧同时进行，净生成 1 分子 NADH

（4）中间物不脱离酶复合体，反应单向进行

（5）丙酮酸脱氢酶复合体调节

A．变构调节：

激活剂：AMP、ADP、NAD^+、CoA-SH、Ca^{2+}

抑制剂：ATP、NADH、乙酰 CoA、脂肪酸

B．共价调节：蛋白激酶使其磷酸化失活，磷酸酶使其去磷酸化激活

第三阶段：乙酰 CoA 进入柠檬酸循环以及氧化磷酸化生成 ATP

（二）柠檬酸循环过程及其调节

柠檬酸循环也称三羧酸循环，指乙酰 CoA 和草酰乙酸缩合生成含 3 个羧基的柠檬酸，再经过 4 次脱氢、2 次脱羧，生成 4 分子还原当量和 2 分子 CO_2 并重新生成草酰乙酸，再重复循环反应的过程。因为循环反应中的第一个中间产物是柠檬酸，因此被称为柠檬酸循环（图 5-2）。由于 Krebs 提出了三羧酸循环的学说，故此循环又称为 Krebs 循环。

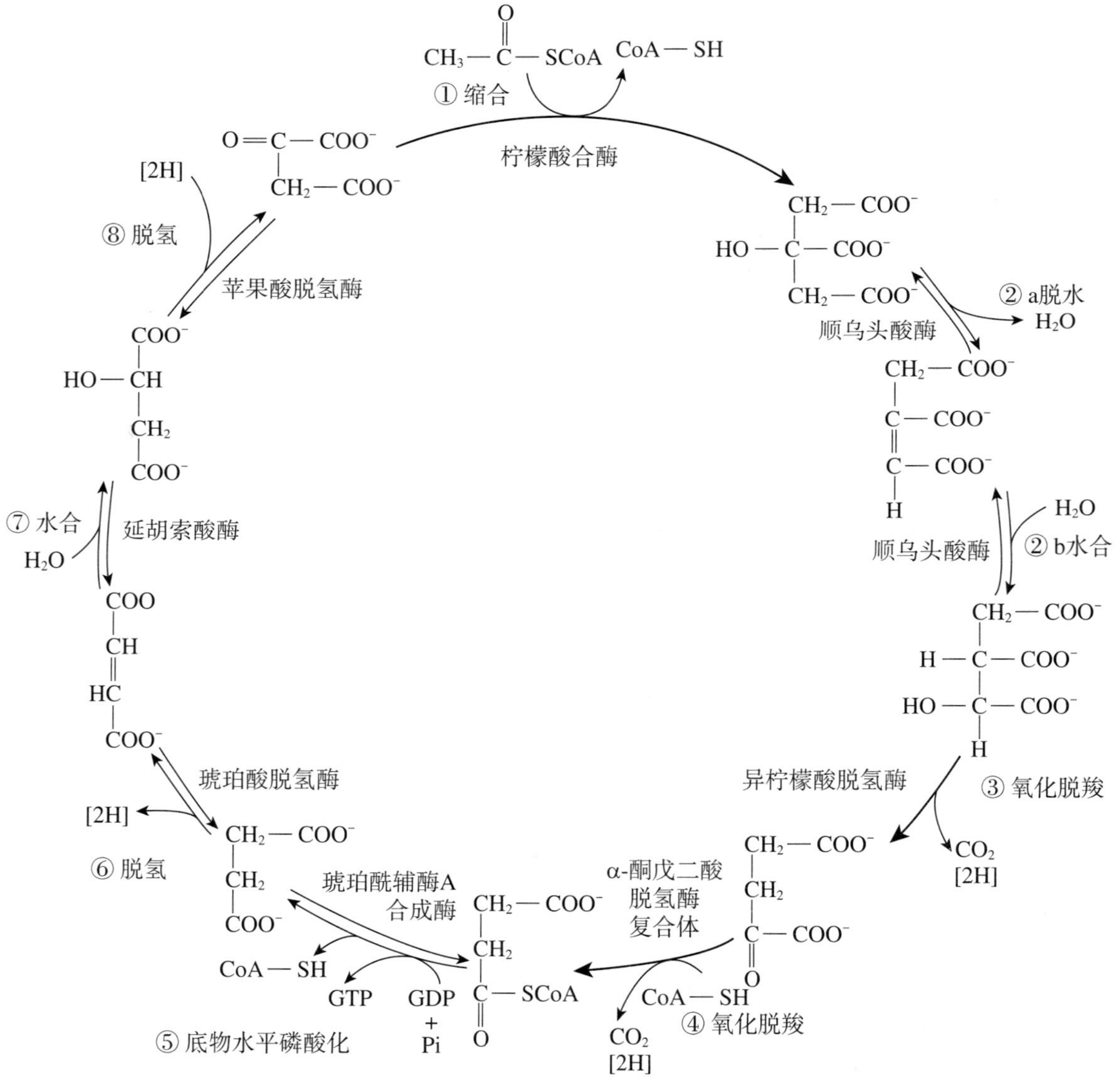

图 5-2　柠檬酸循环反应过程

1．柠檬酸循环由八步反应组成

（1）发生部位：线粒体（基质、内膜）。

（2）4 步脱氢（3 个 NADH+1 个 $FADH_2$）、1 步底物水平磷酸化（GTP）：

1 个乙酰辅酶 A 经过柠檬酸循环生成 10 个 ATP

1 个丙酮酸彻底氧化生成 CO_2 和水时生成 12.5 个 ATP

1 个葡萄糖彻底氧化生成 CO_2 和水时生成 30 或 32 个 ATP

（3）投入 1 个乙酰基，产出 2 个 CO_2；中间物净含量不变。

（4）含有 1 种酶复合体（α- 酮戊二酸脱氢酶系），1 种呼吸链组成成分（琥珀酸脱氢酶）。

（5）有 3 种关键酶：柠檬酸合酶、异柠檬酸脱氢酶（限速酶）、α- 酮戊二酸脱氢酶复合体（由 3 种酶、5 种辅酶组成），后 2 种酶为主要调节酶。

（6）主要生理意义：三大营养素的最终代谢通路；也是三大营养素相互转变的联系枢纽；还为其他合成代谢提供前体物质；也为氧化磷酸化（详见后续章节）提供还原当量。

2．柠檬酸循环的调控（图 5-3）

（1）底物（乙酰 CoA、草酰乙酸）推动，产物（NADH、ATP）抑制。

（2）柠檬酸合酶（限速酶）：受 ATP、NADH、柠檬酸、琥珀酰 CoA 等的抑制。琥珀酰 CoA 是柠檬酸合酶的竞争性抑制剂。ADP 能够变构激活此酶。

（3）异柠檬酸脱氢酶：是一个变构酶。NADH、ATP、丙二酸可抑制此酶，ADP 可变构激活此酶。

（4）α- 酮戊二酸脱氢酶：与丙酮酸脱氢酶的调节相似。受 NADH 和琥珀酰 CoA 和亚砷酸盐抑制。

（5）Ca^{2+} 刺激糖原的分解、启动肌肉收缩，对异柠檬酸脱氢酶和 α-酮戊二酸脱氢酶有激活作用。

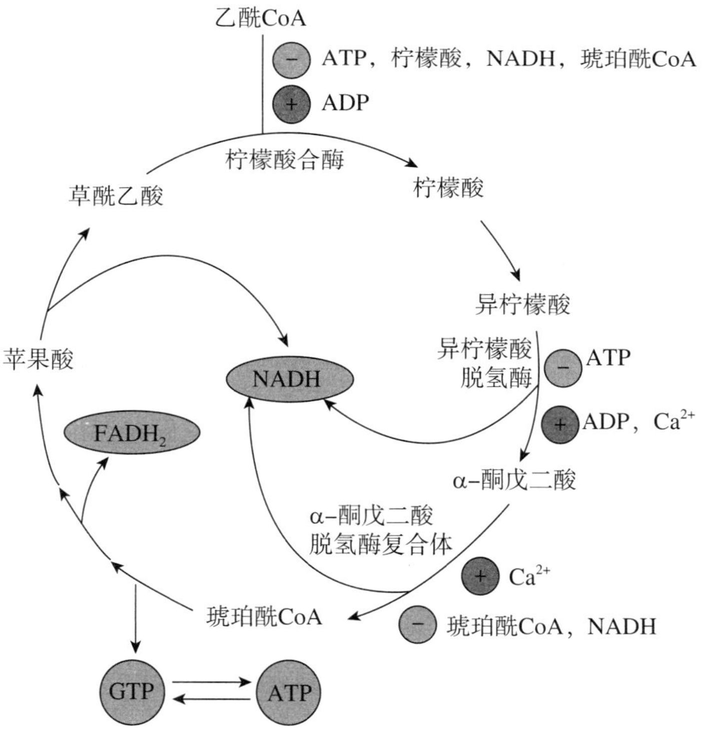

图 5-3 柠檬酸循环的调控

四、磷酸戊糖途径

磷酸戊糖途径（pentose phosphate pathway）是指从糖酵解的中间产物葡糖-6-磷酸开始形成旁路，通过氧化生成磷酸戊糖及 $NADPH+H^+$，前者再进一步经基团转移生成果糖-6-磷酸和 3-磷酸甘油醛的反应过程。

（一）磷酸戊糖途径分为两个阶段（图 5-4）

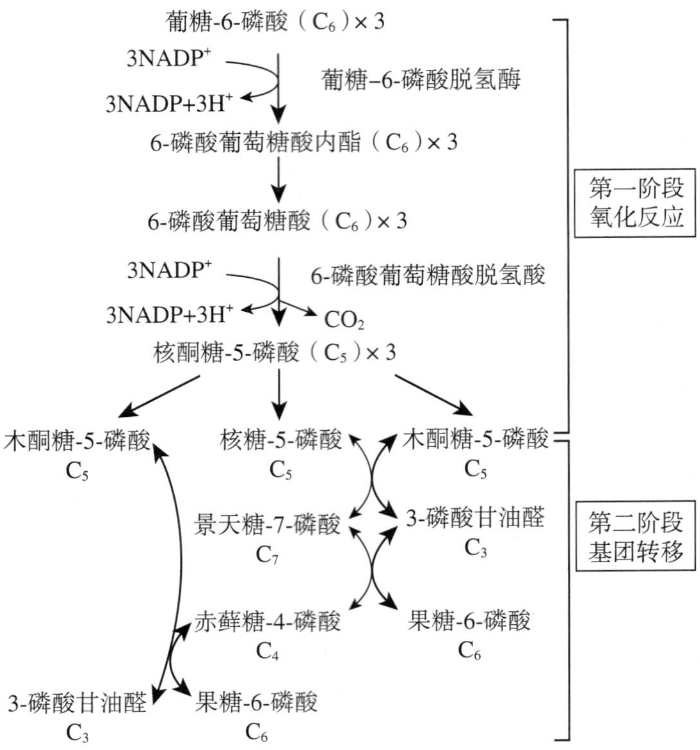

图 5-4　磷酸戊糖途径

（二）磷酸戊糖途径的特点及意义

1．部位：细胞液。

2．两步脱氢，产出 2 个 NADPH。

3．六碳糖酸直接脱羧生成 CO_2。

4．关键酶：葡糖 -6- 磷酸脱氢酶，活性受 NADPH 需求的调节。

5．意义

（1）生成磷酸核糖：提供核酸合成原料。

（2）生成 NADPH：①供代谢合成所需还原当量；②维持红细胞功能；③供生物转化所需还原当量。

（3）连接 3 碳、4 碳、5 碳、6 碳、7 碳糖的代谢。

五、糖原的合成与分解

摄入的糖类除分解供能外，大部分转变成脂肪储存于脂肪组织内，还有一小部分合成糖原。糖原（glycogen）是葡萄糖的多聚体，是动物体内糖的储存形式之一，是机体能迅速动用的能量储备。肝和骨骼肌是储存糖原的主要组织器官，但其生理意义不同。肝糖原主要用于维持血糖水平，而肌糖原主要供肌肉收缩所需。

（一）糖原合成是由葡萄糖连接成多聚体

糖原的合成（glycogenesis）是由葡萄糖合成糖原的过程，主要发生在肝和骨骼肌。糖原合成是从葡萄糖活化成 UDPG 开始的，接着再与糖原引物连接形成直链和支链（图 5-5、图 5-6）。

糖原合成的部位在细胞液，关键酶包括葡萄糖激酶 / 己糖激酶和糖原合酶，糖原合酶磷酸化后失活。UDPG 是糖原合成过程中活性葡萄糖的供体。糖原合成的意义在于：①储存能量；②维持血糖浓度。

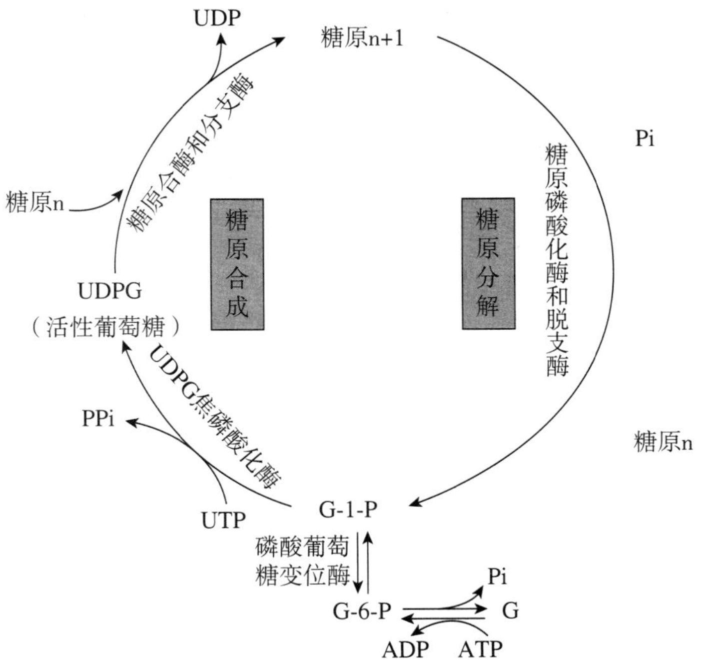

图 5-5 糖原合成与分解

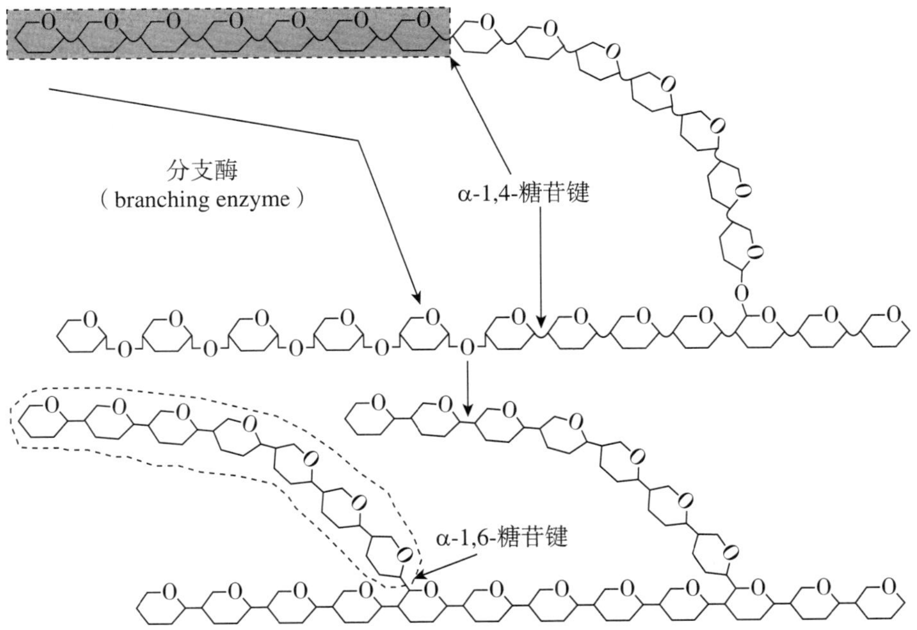

图 5-6 分支酶的作用

（二）糖原分解从非还原末端进行磷酸解

糖原分解（glycogenolysis）是指糖原分解为葡糖-6-磷酸或葡萄糖的过程，它不是糖原合成的逆反应（图 5-7）。

糖原分解可以发生在细胞液或微粒体中，关键酶为糖原磷酸化酶，与糖原合酶不同，糖原磷酸化酶在磷酸化后被激活。由于肌肉组织缺少葡萄糖-6-磷酸酶，故肌糖原不能补充血糖。糖原分解的意义在于：①肌糖原供能；②肝糖原维持血糖浓度。

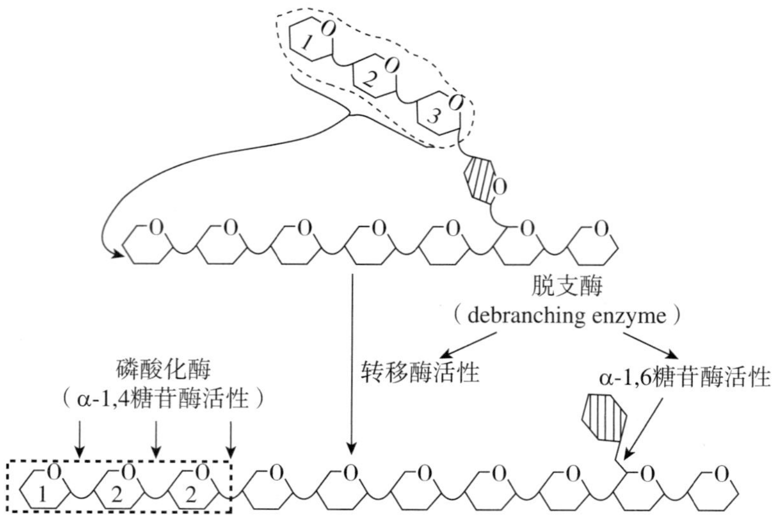

图 5-7　脱支酶的作用

（三）糖原合成与分解的调控

糖原合成与分解的关键酶均受到共价修饰和别构调节，其活性大小决定不同代谢途径的代谢速率，从而影响糖原代谢的方向（图 5-8）。当血糖浓度升高时，葡萄糖结合磷酸化酶 a 使其发生结构改变，从而易于被磷蛋白磷酸酶催化发生去磷酸化转变成磷酸化酶 b 而失活，导致肝糖原分解减弱。

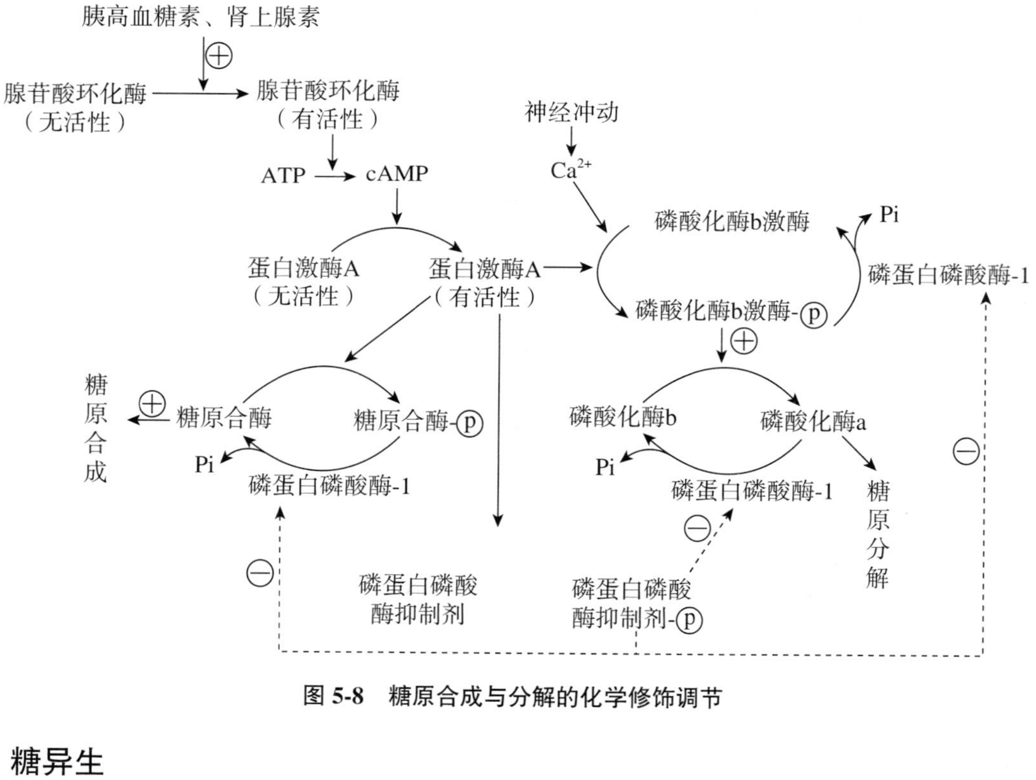

图 5-8　糖原合成与分解的化学修饰调节

六、糖异生

糖异生（glyconeogenesis）是指由非糖化合物（乳酸、甘油、生糖氨基酸）转变为葡萄糖或糖原的过程。进行糖异生的主要器官是肝，其次是肾，在长期饥饿时肾的糖异生能力大为增强。

（一）糖异生不完全是糖酵解的逆反应

糖异生途径与酵解途径的多数反应是共有的可逆反应，但酵解途径中 3 个关键酶所催化的反应是不可逆的，在糖异生途径中必须由另外的反应和酶代替（图 5-9）。

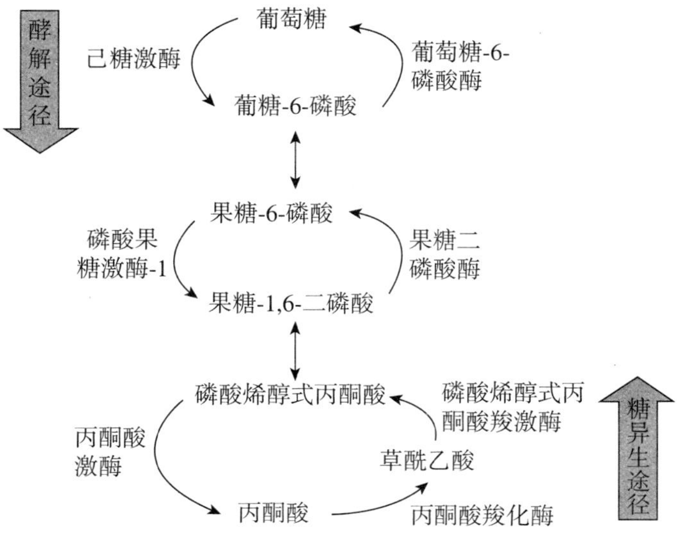

图 5-9　糖酵解和糖异生过程的关键酶

（二）糖异生的调控及生理意义

酵解途径与糖异生途径是方向相反的两条代谢途径，通过两个底物循环进行有效的协调（图 5-10、图 5-11）。

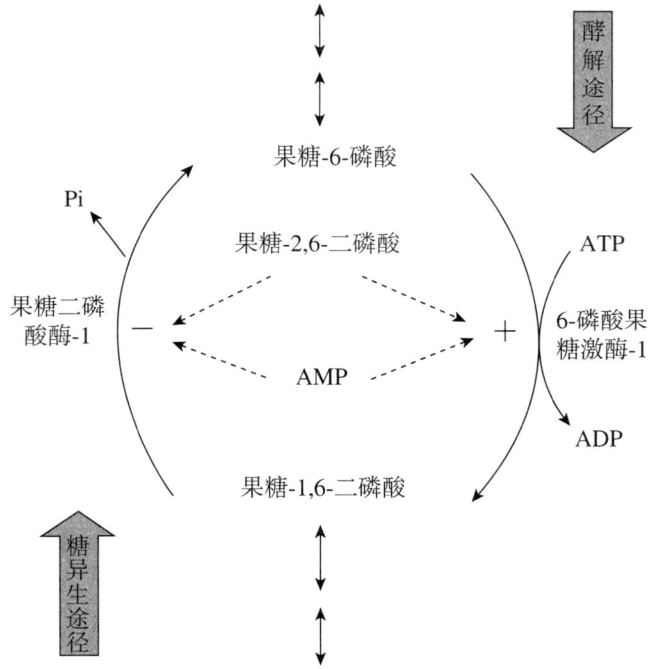

图 5-10　果糖 -6- 磷酸与果糖 -1,6- 二磷酸底物循环的调节

糖异生的生理意义在于饥饿或运动时维持血糖水平的恒定；也是肝补充或恢复糖原储备的重要途径；长期饥饿时，肾糖异生增强有利于维持酸碱平衡。

（三）骨骼肌中的乳酸在肝中糖异生形成乳酸循环

肌肉内糖异生活性低，剧烈运动时肌肉产生的大量乳酸会迅速扩散到血液，随血流流至肝，先氧化成丙酮酸，再经过糖异生作用转变为葡萄糖，进而补充血糖，也可重新合成肌糖原被贮存起来。这一乳酸 - 葡萄糖的循环过程称为 Cori 循环。

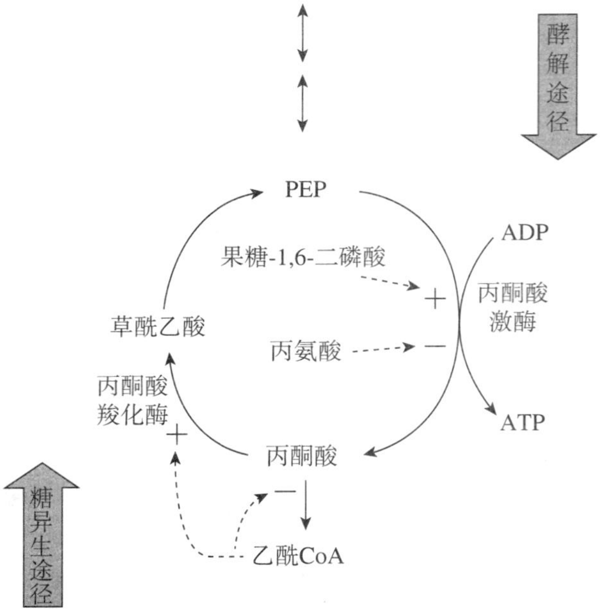

图 5-11 磷酸烯醇式丙酮酸与丙酮酸底物循环的调节

七、血糖及其调节

血糖（blood sugar）指血中的葡萄糖。正常血糖水平始终维持在 3.9 ~ 6.0 mmol/L，这是血糖的来源与去路保持动态平衡的结果（图 5-12）。

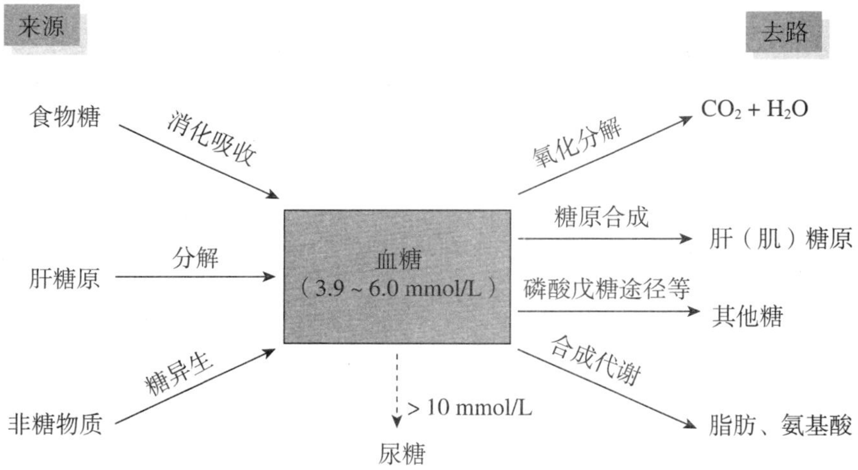

图 5-12 血糖的来源和去路

（一）血糖水平的平衡主要受激素调节（表 5-4）

表5-4 激素对血糖浓度的调节

激素	作用效果	调节机制
胰岛素	降血糖	① 促进葡萄糖转运进入肝外细胞；② 加速糖原合成，抑制糖原分解；③ 加快糖的有氧氧化；④ 抑制肝内糖异生；⑤ 减少脂肪动员
胰高血糖素	升血糖	① 促进肝糖原分解，抑制糖原合成；② 抑制酵解途径，促进糖异生；③ 促进脂肪动员

续表

激素	作用效果	调节机制
糖皮质激素	升血糖	① 促进肌肉蛋白质分解，分解产生的氨基酸转移到肝进行糖异生；② 抑制肝外组织摄取和利用葡萄糖，抑制点为丙酮酸的氧化脱羧
肾上腺素	升血糖	通过肝和肌肉的细胞膜受体、cAMP、蛋白激酶级联激活磷酸化酶，加速糖原分解。主要在应激状态下发挥调节作用

（二）血糖水平异常（表 5-5）

表5-5　血糖水平异常及病因

种类	血糖水平	病因
高血糖	> 7.1 mmol/L	① 遗传性胰岛素受体缺陷；② 某些慢性肾炎、肾病综合征等使肾重吸收糖发生障碍，但血糖及糖耐量正常；③ 情绪激动引起交感神经兴奋，肾上腺素分泌增加，使肝糖原大量分解；④ 临床上静脉滴注葡萄糖速度过快，使血糖迅速升高；⑤ 糖尿病
低血糖	< 2.8 mmol/L	① 胰性（胰岛细胞功能亢进、胰岛细胞功能低下）；② 肝性（肝癌、糖原累积症等）；③ 内分泌异常（垂体功能低下、肾上腺皮质功能低下等）；④ 肿瘤（胃癌等）；⑤ 饥饿或不能进食者

第三节　应试习题

一、选择题（题目前 * 表示西医综合题目，题目前 # 表示执业医师题目）

【A1 型题】

1．下列物质中，哪种是人体不能消化的
　A．果糖
　B．蔗糖
　C．乳糖
　D．纤维素
　E．淀粉

2．进食后被吸收入血的单糖，最主要的去路是
　A．在组织器官中氧化供能
　B．在肝、肌肉等组织中合成糖原
　C．在体内转变为脂肪
　D．在体内转变为部分氨基酸
　E．经肾随尿排出

3．糖酵解时下列哪一对代谢物提供~ P 使 ADP 生成 ATP
　A．3-磷酸甘油醛及果糖-6-磷酸
　B．1,3-二磷酸甘油酸及磷酸烯醇式丙酮酸
　C．3- 磷酸甘油酸及葡糖-6-磷酸
　D．葡糖-1-磷酸及磷酸烯醇式丙酮酸
　E．果糖-1,6-二磷酸及 1,3-二磷酸甘油酸

4．下列有关葡萄糖磷酸化的叙述中，错误的是
　A．己糖激酶有 4 种同工酶
　B．己糖激酶催化葡萄糖转变成葡糖-6-磷酸
　C．磷酸化反应受到激素的调节
　D．磷酸化后的葡萄糖能自由通过细胞膜
　E．葡萄糖激酶只存在于肝和胰腺 β 细胞

5．下列哪个酶直接参与底物水平磷酸化
　A．3-磷酸甘油醛脱氢酶
　B．α-酮戊二酸脱氢酶
　C．琥珀酸脱氢酶
　D．磷酸甘油酸激酶
　E．葡糖-6-磷酸脱氢酶

6．1 分子葡萄糖酵解时可净生成几分子 ATP
　A．1
　B．2
　C．3
　D．4
　E．5

7．糖原的 1 个葡萄糖基经糖酵解可净生成几

个 ATP
A．1
B．2
C．3
D．4
E．5

8．肝内糖酵解途径的主要功能是
A．缺氧条件下提供能量
B．进行糖有氧氧化供能
C．提供磷酸戊糖
D．对抗糖异生
E．为其他代谢提供合成原料

9．* 供氧不足时，3-磷酸甘油醛脱氢所产生的 $NADH+H^+$ 的主要去路是（2004）
A．参加脂肪酸的合成
B．丙酮酸还原为乳酸
C．维持 GSH 处于还原状态
D．经 α-磷酸甘油穿梭进入线粒体氧化
E．经苹果酸 - 天冬氨酸穿梭进入线粒体氧化

10．果糖-6-磷酸激酶-1 的最强别构激活剂是
A．AMP
B．ADP
C．果糖-2,6-二磷酸
D．ATP
E．果糖-1,6-二磷酸

11．与糖酵解途径无关的酶是
A．己糖激酶
B．烯醇化酶
C．醛缩酶
D．丙酮酸激酶
E．磷酸烯醇式丙酮酸羧激酶

12．* 丙酮酸脱氢酶复合体中不包括（2005,2014）
A．FAD
B．NAD^+
C．生物素
D．辅酶 A
E．硫辛酸

13．1 分子乙酰 CoA 经三羧酸循环氧化后的产物是
A．草酰乙酸
B．草酰乙酸和 CO_2
C．CO_2+H_2O
D．草酰乙酸 $+CO_2+H_2O$
E．2 CO_2+4 分子还原当量 +GTP

14．在下列反应中，经三羧酸循环及氧化磷酸化中能产生 ATP 最多的步骤是
A．苹果酸→草酰乙酸
B．琥珀酸→苹果酸
C．柠檬酸→异柠檬酸
D．异柠檬酸→ α-酮戊二酸
E．α-酮戊二酸→琥珀酸

15．#1 mol 丙酮酸在线粒体内彻底氧化生成 ATP 的 mol 数是（2000,2009）
A．8
B．10
C．12.5
D．15
E．17.5

16．#1mol 下列物质在有氧时彻底氧化，净生成 ATP 数量最多的是（2001）
A．葡萄糖
B．果糖-1,6-二磷酸
C．1,3-二磷酸甘油酸
D．乳酸
E．丙酮酸

17．# 正常细胞糖酵解途径中，利于丙酮酸生成乳酸的条件是（2013）
A．缺氧状态
B．酮体产生过多
C．缺少辅酶
D．糖原分解过快
E．酶活性降低

18．合成糖原时，葡萄糖基的直接供体是
A．CDPG
B．UDPG
C．葡糖-1-磷酸
D．GDPG
E．葡糖-6-磷酸

19．从葡萄糖合成糖原时，每加上 1 个葡萄糖残基需消耗几个高能磷酸键
A．1
B．2
C．3
D．4
E．5

20．关于糖原合成的叙述中，错误的是
A．糖原合成过程中有焦磷酸生成
B．α-1,6-葡萄糖苷酶催化形成分支

C．从葡糖-1-磷酸合成糖原要消耗~ P
D．葡萄糖的直接供体是 UDPG
E．葡萄糖基加在糖链末端葡萄糖的 C_4 上

21．糖原分解所得到的初产物是
A．葡萄糖
B．UDPG
C．葡糖-1-磷酸
D．葡糖-6-磷酸
E．葡糖-1-磷酸及葡萄糖

22．关于糖原的错误叙述是
A．进食后 2 小时内，肝糖原增加
B．饥饿 12 小时，肝糖原是血糖的主要来源
C．饥饿 12 小时，肌糖原是血糖的主要来源
D．进食后，胰岛素分泌增加促进糖原合成
E．饥饿时胰高血糖素分泌增加促进肝糖原分解

23．下列哪种糖代谢途径既不生成 ATP 或 UTP 也不消耗 ATP 或 UTP
A．糖酵解
B．糖有氧氧化
C．糖异生
D．糖原分解
E．糖原合成

24．# 磷酸戊糖途径的主要生理意义是（2000, 2005）
A．生成 ATP
B．防止酸中毒
C．维持血糖浓度
D．抑制脂肪合成
E．将 $NADP^+$ 还原成 NADPH

25．在成熟红细胞中只保存两条对其生存和功能发挥重要作用的代谢途径，其一是糖无氧酵解，其二是
A．DNA 合成
B．RNA 合成
C．蛋白质合成
D．三羧酸循环
E．磷酸戊糖途径

26．饥饿可以使肝内哪种代谢途径增强
A．脂肪合成
B．糖原合成
C．糖酵解
D．糖异生
E．磷酸戊糖途径

27．* 在糖酵解和糖异生中均起作用的酶是（2007）
A．丙酮酸羧化酶
B．磷酸甘油酸激酶
C．果糖二磷酸酶
D．丙酮酸激酶

28．2 分子丙氨酸异生为葡萄糖需消耗几个~ P
A．2
B．3
C．4
D．5
E．6

29．在下列酶促反应中，与 CO_2 无关的反应是
A．柠檬酸合酶反应
B．丙酮酸羧化酶反应
C．异柠檬酸脱氢酶反应
D．α-酮戊二酸脱氢酶反应
E．6-磷酸葡糖酸脱氢酶反应

30．下列有关丙酮酸激酶的叙述，错误的是
A．果糖-1,6-二磷酸是该酶的别构激活剂
B．丙氨酸也是该酶的别构激活剂
C．蛋白激酶 A 可使此酶磷酸化而失活
D．蛋白激酶 C 可使此酶磷酸化而失活
E．胰高血糖素可抑制该酶的活性

31．# 在酵解过程中催化产生 NADH 和消耗无机磷酸的酶是（2003）
A．乳酸脱氢酶
B．磷酸甘油醛脱氢酶
C．醛缩酶
D．丙酮酸激酶
E．烯醇化酶

32．Cori 循环是指
A．肌肉内葡萄糖酵解成乳酸，有氧时乳酸重新合成糖原
B．肌肉从丙酮酸生成丙氨酸，肝内丙氨酸重新变成丙酮酸
C．肌肉内蛋白质降解生成丙氨酸，经血液循环至肝内异生为糖原
D．肌肉内葡萄糖酵解成乳酸，经血液循环至肝内异生为葡萄糖供外周组织利用
E．肌肉内蛋白质降解生成氨基酸，经转氨酶与腺苷酸脱氨酶偶联脱氨基的循环

33．下列化合物异生成葡萄糖时消耗 ATP 最多的是

A．2 分子甘油

B．2 分子乳酸

C．2 分子草酰乙酸

D．2 分子琥珀酸

E．2 分子谷氨酸

34．# 进行底物水平磷酸化的反应是（2004）

A．葡萄糖-6-磷酸→葡萄糖

B．果糖-6-磷酸→果糖-1,6-二磷酸

C．3-磷酸甘油酸→ 1,3-二磷酸甘油酸

D．琥珀酰 CoA →琥珀酸

E．丙酮酸→乙酰 CoA

35．在糖酵解过程中，下列哪个酶催化的反应是不可逆的

A．醛缩酶

B．烯醇化酶

C．丙酮酸激酶

D．磷酸甘油酸激酶

E．3- 磷酸甘油醛脱氢酶

36．1 分子葡萄糖经磷酸戊糖途径代谢时可生成

A．1 分子 $NADH+H^+$

B．2 分子 $NADH+H^+$

C．1 分子 $NDPH+H^+$

D．2 分子 $NADPH+H^+$

E．2 分子 CO_2

37．在血糖偏低时，大脑仍可摄取葡萄糖而肝则不能，其原因是

A．胰岛素的作用

B．己糖激酶的 K_m 低

C．葡萄糖激酶的 K_m 低

D．血脑屏障在血糖低时不起作用

E．血糖低时，肝糖原自发分解为葡萄糖

38．* 下列化合物中，不能直接由草酰乙酸转变生成的是（2009,2011）

A．柠檬酸

B．苹果酸

C．天冬氨酸

D．乙酰乙酸

39．# 乳酸循环所需的 NADH 主要来自（2014）

A．三羧酸循环过程中产生的 NADH

B．脂肪酸 β-氧化过程中产生的 NADH

C．糖酵解过程中 3-磷酸甘油醛产生的 NADH

D．磷酸戊糖途径产生的 NADPH 经转氢产生的 NADH

E．谷氨酸脱氢产生的 NADH

40．下列哪种物质缺乏可引起血液丙酮酸含量升高

A．硫胺素

B．叶酸

C．吡哆醛

D．维生素 B_{12}

E．NAD^+

41．丙酮酸不参与下列哪种代谢过程

A．转变为丙氨酸

B．异生成葡萄糖

C．进入线粒体氧化供能

D．还原成乳酸

E．经异构酶催化生成丙酮

42．下列哪种酶缺乏可引起蚕豆病

A．内酯酶

B．磷酸戊糖异构酶

C．磷酸戊糖差向酶

D．转酮基酶

E．葡糖-6-磷酸脱氢酶

43．位于糖酵解、糖异生、磷酸戊糖途径、糖原合成和糖原分解各条代谢途径交汇点上的化合物是

A．葡糖-1-磷酸

B．葡糖-6-磷酸

C．果糖-1,6-二磷酸

D．3-磷酸甘油醛

E．果糖-6-磷酸

【A2 型题】

1．一个术后依赖静脉输液的患者表现出口角炎。尿检发现核黄素排泄显著下降，仅 15 μg/g 肌酐。下列 TCA 循环的酶中最可能受到影响的是

A．柠檬酸合酶

B．异柠檬酸脱氢酶

C．延胡索酸酶

D．苹果酸脱氢酶

E．琥珀酸脱氢酶

2．一个足月女婴在新生儿阶段体重不增且表现出代谢性酸中毒。6 个月时体检显示发育停滞、张力减退、肌肉量少、严重的头颅发育迟滞以及持续性的酸中毒（pH 7.0 ~ 7.2）。血乳酸、丙酮酸和丙氨酸显著

升高。给予维生素 B_1 无法缓解乳酸酸中毒。在这个患者体内最有可能缺乏以下哪种酶

A．丙氨酸氨基转移酶

B．磷酸烯醇式丙酮酸羧激酶

C．丙酮酸羧化酶

D．丙酮酸脱氢酶

E．丙酮酸激酶

3．许多马拉松运动员在赛前都会尝试通过大量摄入意大利面这类高淀粉类食物以提高他们体内的糖原储备。胰腺分泌的 α- 淀粉酶可以将这类食物中的淀粉主要分解为以下哪组产物

A．直链淀粉、支链淀粉、麦芽糖

B．葡萄糖、半乳糖、果糖

C．葡萄糖、蔗糖、麦芽三糖

D．极限糊精、麦芽糖、麦芽三糖

E．极限糊精、乳糖、蔗糖

4．一个 17 岁的男孩主诉因为肌肉痉挛和肌无力无法进行剧烈运动，而轻、中度运动不受影响。对其进行缺血性运动试验检查发现他的血清乳酸浓度并未显著升高。以下哪种酶缺乏最有可能是该患者肌肉痉挛的原因

A．肉毒碱棕榈酰转移酶Ⅱ

B．葡糖 -6- 磷酸酶

C．糖原磷酸化酶

D．糖原合酶

E．长链脂酰辅酶 A 脱氢酶

5．64 岁男性至门诊，主诉经常发作眩晕和腿麻。经常规病史询问和物理检查医生发现该患者习惯于久坐不动的生活方式，同时有肥胖（BMI 32 kg/m^2）、高血压（200/120 mmHg）。医生让该患者于 1 周后再来留空腹血样和进行糖耐量试验。血液分析显示空腹高血糖，高胰岛素血症，血脂障碍，以及葡萄糖不耐受。被诊断为 2 型糖尿病。以上血液检查的结果可能是哪种器官物质代谢的改变导致的

A．脑

B．肾

C．肝

D．心

E．脾

6．一位年轻男性出现正常细胞性贫血、黄疸、脾大，外周血涂片检查显示存在棘细胞，后诊断为红细胞丙酮酸激酶缺乏。这种丙酮酸激酶异常不仅会使丙酮酸的产生减少，而且会造成糖酵解途径中丙酮酸以上的代谢中间产物堆积，酵解速度减慢。丙酮酸缺乏会使得红细胞中以下哪种产物的生成量不足

A．葡萄糖

B．草酰乙酸

C．乙酰辅酶 A

D．乳酸

E．2,3-BPG

7．你接诊了一位 7 个月大的女婴，其父母无血缘关系，她是第二个孩子。由于母乳喂养效果不佳，从 4 周起就完全靠配方牛奶喂养。在其 7 ~ 12 周时两次因进食后尖叫而就医，但经观察并未发现异常。禁食配方牛奶不能缓解症状；患儿母亲提及在她喝果汁后尖叫发作更严重，并且会出现排气及腹胀。肝穿刺活检并未发现肝酶的缺乏。总的来说，该女婴发育正常，体检未见异常。如果对你的这位患者进行肠道活检，很可能会发现以下哪种酶的缺乏或缺陷

A．GLUT2

B．GLUT5

C．异麦芽糖酶

D．乳糖酶

E．SGLT1

8．一名 27 岁青年男性冲入急诊室后倒地昏迷。检查其个人物品发现其为胰岛素依赖的糖尿病患者。以下哪种体液因子的急剧下降最有可能是触发该患者衰竭的原因

A．胰岛素

B．胰高血糖素

C．脂肪酸

D．葡萄糖

E．甘油三酯

9．中年男性在静息状态突发胸骨后压榨感，放射至颈部，并伴有恶心、大汗，急诊诊断为不稳定性心绞痛并疑似心肌梗死。随后的实验室检查发现血清肌钙蛋白及心肌酶水平升高，支持上述诊断。如果上述患者确有心绞痛，受累区域会出现以下哪种代谢变化

A．氧化磷酸化增强
B．脂肪酸氧化增强
C．丙酮酸转变为乙酰辅酶 A 增多
D．乳酸合成增加
E．酮体利用增加

10．作为临床实习生，你目前轮转至血液科，被指派负责一名发作过溶血的患者。根据他最近进食过蚕豆且其本人有中东遗传背景，你怀疑是蚕豆诱发活性氧自由基引起的溶血。你知道蚕豆中含有蚕豆嘧啶、异尿咪、糖苷配基等具有强氧化还原活性的物质，允许电子从一个化合物转移到另一个。当氧自由基在 G6PDH 活性缺陷的个体内生成时，细胞膜内的脂质会被氧化。针对你负责的这个病人的红细胞，以下哪种说法最不准确

A．红细胞膜弹性下降
B．红细胞很容易被破坏
C．红细胞的通透性增加
D．红细胞容易通过毛细血管床
E．红细胞将脂酰过氧化物还原成羟基化合物的能力下降

【B 型题】

A．丙酮酸激酶
B．乳酸脱氢酶
C．琥珀酸脱氢酶
D．异柠檬酸脱氢酶

1．* 无氧酵解涉及的关键酶是
2．* 三羧酸循环的关键酶是（2012）

A．葡萄糖
B．1-磷酸果糖
C．果糖-6-磷酸
D．葡糖-1-磷酸
E．葡糖-6-磷酸

3．# 糖原分解首先生成的物质是
4．# 糖原合成过程中，直接生成时需要消耗能量的物质是（2008）

A．葡糖-6-磷酸脱氢酶
B．苹果酸脱氢酶
C．丙酮酸脱氢酶
D．NADH 脱氢酶
E．葡萄糖-6-磷酸酶

5．# 属于磷酸戊糖通路的酶是
6．# 属于糖异生的酶是（2004）

A．FMN
B．FAD
C．NAD^+
D．$NADH+H^+$
E．$NADP^+$

7．乳酸→丙酮酸，需要参与的物质是
8．琥珀酸→延胡索酸，需要参与的物质是
9．丙酮酸 +CO_2 →苹果酸，需要参与的物质是
10．葡糖-6-磷酸→ 6-磷酸葡糖酸，需要参与的物质是

A．异柠檬酸→ α-酮戊二酸
B．α-酮戊二酸→琥珀酰 CoA
C．琥珀酸→延胡索酸
D．琥珀酰 CoA →琥珀酸
E．苹果酸→草酰乙酸

11．上述哪个反应不是氧化还原反应
12．上述哪个反应中以 FAD 为受氢体
13．催化上述哪个反应的酶是多酶复合体

【X 型题】

1．* 葡糖 -6- 磷酸直接参与的代谢途径有（2013）
A．糖酵解
B．糖异生
C．三羧酸循环
D．糖原分解

2．* 磷酸戊糖途径的重要生理功能有（2007）
A．是糖、脂、氨基酸的代谢枢纽
B．为脂肪酸合成提供 NADPH
C．为核酸合成提供原料
D．为胆固醇合成提供 NADPH

3．* 天冬氨酸、乳酸和甘油异生为糖时，所经历的共同反应是（2001）
A．磷酸烯醇式丙酮酸→ 2-磷酸甘油酸
B．3-磷酸甘油酸→ 1,3-二磷酸甘油酸
C．3-磷酸甘油醛→磷酸二羟丙酮
D．果糖-1,6-二磷酸→果糖-6-磷酸

4．醛缩酶催化的底物有
A．磷酸二羟丙酮
B．3-磷酸甘油醛

C．果糖-1,6-二磷酸
D．3-磷酸甘油
5．肌糖原酵解的关键酶有哪些
A．己糖激酶
B．磷酸化酶
C．丙酮酸激酶
D．磷酸果糖激酶-1
6．糖异生的原料有
A．油酸
B．甘油
C．丙氨酸
D．亮氨酸
7．能进行糖异生的器官有
A．大脑
B．肾
C．肝
D．肌肉
8．糖异生途径的关键酶有
A．己糖激酶
B．丙酮酸羧化酶
C．果糖二磷酸酶-1
D．磷酸烯醇式丙酮酸羧激酶
9．三羧酸循环中不可逆的反应有
A．异柠檬酸→ α-酮戊二酸
B．乙酰 CoA+ 草酰乙酸→柠檬酸
C．琥珀酰 CoA →琥珀酸
D．α-酮戊二酸→琥珀酰 CoA
10．糖有氧氧化中进行氧化反应的步骤是
A．异柠檬酸→ α-酮戊二酸
B．α-酮戊二酸→琥珀酰 CoA
C．琥珀酸→延胡索酸
D．丙酮酸→乙酰 CoA
11．在下列物质中哪些既是糖分解的产物又是糖异生的原料
A．丙酮酸
B．谷氨酸
C．乳酸
D．乙酰 CoA
12．在下列哪些酶催化的反应中，CO_2 是反应的产物或底物
A．丙酮酸羧化酶
B．异柠檬酸脱氢酶
C．丙酮酸脱氢酶系
D．磷酸烯醇式丙酮酸羧激酶
13．参与葡萄糖合成糖原的核苷酸有
A．GTP
B．CTP
C．ATP
D．UTP
14．下列哪些反应过程伴有 NAD^+ 的还原或 NADH 的氧化
A．磷酸二羟丙酮转变成 3-磷酸甘油醛
B．葡糖-6-磷酸转变成 6-磷酸葡糖酸
C．丙酮酸转变成乙酰 CoA
D．3-磷酸甘油醛转变成 1,3-二磷酸甘油酸

二、名词解释

1．糖酵解（glycolysis）
2．糖酵解途径（glycolytic pathway）
3．三羧酸循环（ tricarboxylic acid cycle，TAC）
4．柠檬酸循环（citric acid cycle）
5．巴斯德效应（Pasteur effect）
6．磷酸戊糖途径（pentose phosphate pathway，PPP）
7．糖原（glycogen）
8．糖原合成（glycogenesis）
9．糖异生（gluconeogenesis ）
10．底物循环（substrate cycle）
11．乳酸循环（lactic acid cycle）
12．血糖（blood sugar）
13．糖原累积症（glycogen storage disease）

三、问答题

1．简述糖酵解的生理意义。
2．糖的有氧氧化包括哪几个阶段？
3．试述乳酸氧化供能的主要反应及其酶。
4．简述三羧酸循环的要点及生理意义。

5．试列表比较糖酵解与有氧氧化进行的部位、反应条件、关键酶、产物、能量生成及生理意义。
6．试述磷酸戊糖途径的生理意义。
7．机体通过哪些因素调节糖的氧化途径与糖异生途径？
8．试述丙氨酸异生为葡萄糖的主要反应过程及其酶。
9．试述乳酸异生为葡萄糖的主要反应过程及其酶。
10．简述糖异生的生理意义。
11．糖异生过程是否为糖酵解的逆过程？为什么？
12．简述乳酸循环形成的原因及其生理意义。
13．简述肝糖原合成代谢的直接途径与间接途径。
14．机体如何调节糖原的合成与分解使其有条不紊地进行？
15．神经冲动如何加速肌糖原的分解？
16．简述血糖的来源和去路。
17．概述肾上腺素对血糖水平调节的分子机制。
18．简述葡糖-6-磷酸的代谢途径及其在糖代谢中的重要作用。
19．简述草酰乙酸在糖代谢中的重要作用。
20．在糖代谢过程中生成的丙酮酸可进入哪些代谢途径？
21．概述B族维生素在糖代谢中的重要作用。
22．在百米短跑时，肌肉收缩产生大量的乳酸，试述该乳酸的主要代谢去向。
23．试从营养物质代谢的角度，解释为什么减肥者要减少糖类物质的摄入量？（写出有关的代谢途径及其细胞定位、主要反应、关键酶）

第四节　参考答案及解析

一、选择题

【A1 型题】

1．**答案：**D　　**考点：**糖的消化

解析：纤维素是由D-葡萄糖以β-1,4糖苷键组成的大分子多糖，由于人体内无β-糖苷酶，故不能对食物中的纤维素进行分解利用。

2．**答案：**A　　**考点：**血糖的去路

解析：血糖的去路有4个：有氧氧化分解供能；合成肝糖原和肌糖原储备；转变成其他糖；转变成脂肪或氨基酸。糖的主要生理功能是为生命活动提供能源和碳源，人体所需能量的50%～70%来源于糖，所以血糖最主要的去路是氧化分解。

3．**答案：**B　　**考点：**糖酵解中底物水平磷酸化步骤

解析：糖酵解一共包括10步反应，前5步为耗能阶段，后5步为产能阶段。磷酸甘油酸激酶催化的1,3-二磷酸甘油酸上的高能磷酸基直接转移给ADP，生成ATP和3-磷酸甘油酸。这是糖酵解产能过程中第一次产生ATP的反应。糖酵解的最后一步反应由丙酮酸激酶催化磷酸烯醇式丙酮酸将高能磷酸键转移给ADP生成ATP和丙酮酸，这是糖酵解过程中的第二次底物水平磷酸化。在糖酵解产能阶段的5步反应中，2分子磷酸丙糖经两次底物水平磷酸化转变成2分子丙酮酸，总共生成4分子ATP。

4．**答案：**D　　**考点：**己糖激酶的特点

解析：葡萄糖进入细胞后在己糖激酶的催化下发生磷酸化反应，生成葡糖-6-磷酸，该反应不可逆，

是糖酵解的第一个限速步骤。磷酸化后的葡萄糖不能自由通过细胞膜而逸出细胞。哺乳动物体内已发现有 4 种己糖激酶同工酶（Ⅰ~Ⅳ型），肝细胞和胰腺 β 细胞中存在的是Ⅳ型（又称葡萄糖激酶），它有两个特点：一是对葡萄糖的亲和力很低，其 K_m 值为 10 mmol/L 左右，而其他己糖激酶的 K_m 值在 0.1 mmol/L 左右；二是受激素调控，它对葡糖-6-磷酸的反馈抑制并不敏感。

5．**答案：**D　　**考点：**糖酵解及三羧酸循环过程中催化底物水平磷酸化反应的酶

解析：糖酵解及三羧酸循环过程中底物水平磷酸化反应一共有三步。糖酵解中的第一个底物水平磷酸化为磷酸甘油酸激酶催化的 1,3-二磷酸甘油酸上的高能磷酸基直接转移给 ADP，生成 ATP 和 3-磷酸甘油酸。第二次底物水平磷酸化是最后一步反应，由丙酮酸激酶催化磷酸烯醇式丙酮酸将高能磷酸键转移给 ADP 生成 ATP 和丙酮酸。三羧酸循环过程中有一个底物水平磷酸化反应：琥珀酰 CoA 合成酶催化琥珀酰 CoA 的高能硫酯键水解生成琥珀酸，它可与 GDP 的磷酸化偶联，生成高能磷酸键，这是三羧酸循环中唯一直接生成高能磷酸键的反应。

6．**答案：**B　　**考点：**糖酵解的 ATP 消耗和生成

解析：在糖酵解产能反应阶段，2 分子磷酸丙糖经两次底物水平磷酸化转变成 2 分子丙酮酸，总共生成 4 分子 ATP。扣除耗能阶段在葡萄糖和果糖-6-磷酸磷酸化时消耗的 2 分子 ATP，最终 1 分子葡萄糖酵解时可净生成 2 分子 ATP。

7．**答案：**C　　**考点：**糖原分解和糖酵解过程中 ATP 的消耗和生成

解析：糖原分解的第一步是从糖链的非还原端开始，由糖原磷酸化酶催化分解 1 个葡萄糖分子，生成葡糖-1-磷酸，这个反应是磷酸解，自由能变动较小，无需消耗 ATP 提供磷酸基。葡糖-1-磷酸可继续转变为葡糖-6-磷酸进入糖酵解过程，因此比葡萄糖直接进入糖酵解节约了用于葡萄糖磷酸化的 1 个 ATP 分子，只在果糖-6-磷酸磷酸化时消耗 1 分子 ATP。而糖酵解的产能阶段不变，仍为 2 分子磷酸丙糖经两次底物水平磷酸化转变成 2 分子丙酮酸，总共生成 4 分子 ATP。扣除果糖-6-磷酸磷酸化时消耗的 1 分子 ATP，最终糖原的 1 分子葡萄糖基酵解时可净生成 3 分子 ATP。

8．**答案：**E　　**考点：**糖酵解途径在不同组织中的功能不同

解析：糖酵解的主要生理意义在于迅速提供能量，这对肌肉收缩更为重要。而对于肝来说则不同，正常进食时，肝仅氧化少量葡萄糖，主要靠氧化脂肪酸获得能量，因而糖酵解途径后的无氧酵解及有氧氧化并非其主要的功能。肝内的糖酵解途径主要是为其他代谢途径提供中间产物（提供碳骨架），如葡糖-6-磷酸是磷酸戊糖途径的底物；磷酸二羟丙酮、3-磷酸甘油是脂肪合成的底物。

9．**答案：**B　　**考点：**$NADH+H^+$ 的氧化去路决定有氧氧化还是无氧酵解

解析：糖酵解产生的丙酮酸，面临着有氧氧化和无氧酵解两种选择，其决定因素是 3-磷酸甘油醛的脱氢反应产生的 $NADH+H^+$ 的去路。缺氧时，$NADH+H^+$ 留在胞质，丙酮酸接受氢还原为乳酸，使得 $NADH+H^+$ 重新转变成 NAD^+，糖酵解才能重复进行。

10．**答案：**C　　**考点：**磷酸果糖激酶-1 的变构激活剂

解析：磷酸果糖激酶-1 的变构激活剂包括 AMP、ADP、果糖-1,6-二磷酸和果糖-2,6-二磷酸，其中果糖-2,6-二磷酸是该关键酶最强的变构激活剂，在生理浓度范围（μmol 水平）内即可发挥效应。其作用是与 AMP 一起取消 ATP、柠檬酸对磷酸果糖激酶-1 的别构抑制作用。

11．**答案：**E　　**考点：**糖酵解和糖异生过程不同的酶

解析：糖酵解与糖异生的多数反应是可逆的，仅糖酵解中 3 个限速步骤对应的逆反应需要有糖异生特有的关键酶来催化。糖酵解中，由丙酮酸激酶催化磷酸烯醇式丙酮酸转变成丙酮酸，而在糖异生中丙酮酸经丙酮酸羧化支路生成磷酸烯醇式丙酮酸，丙酮酸在丙酮酸羧化酶的催化下转变成草酰乙酸，接着在磷酸烯醇式丙酮酸羧激酶催化下草酰乙酸脱羧转变成磷酸烯醇式丙酮酸。因此 E 项与糖酵解无关。

12．**答案**：C　　**考点**：丙酮酸脱氢酶复合体组成

解析：丙酮酸进入线粒体氧化脱羧生成乙酰 CoA，此反应由丙酮酸脱氢酶复合体催化。在真核细胞中，该复合体存在于线粒体中，是由丙酮酸脱氢酶（E_1）、二氢硫辛酰胺转乙酸酶（E_2）和二氢硫辛酰胺脱氢酶（E_3）三种酶按一定比例组合成多酶复合体，其组合比例随生物体不同而异。参与该反应的辅酶有：焦磷酸硫胺素（TPP）、硫辛酸、FAD、NAD^+ 和 CoA。因此丙酮酸脱氢酶复合体的辅助因子中不包括生物素。

13．**答案**：E　　**考点**：三羧酸循环的产物

解析：三羧酸循环的第一步是由乙酰 CoA 与草酰乙酸缩合生成 6 个碳的柠檬酸，然后柠檬酸经过一系列反应重新生成草酰乙酸，完成一轮循环。经过一轮循环，乙酰 CoA 的 2 个碳原子被氧化成 CO_2；发生一次底物水平的磷酸化，生成 1 分子 GTP；有 4 次脱氢反应，氢的受体分别为 NAD^+ 或 FAD，生成 3 分子 $NADH+H^+$ 和 1 分子 FAD。

14．**答案**：E　　**考点**：三羧酸循环的反应步骤及能量产生

解析：A. 苹果酸脱氢生成草酰乙酸，脱下来的氢交给 NAD^+，生成的 $NADH+H^+$ 经电子传递链被氧化生成 2.5 个 ATP。B. 琥珀酸经脱氢、加水生成苹果酸，反应脱下来的氢由 FAD 接受，生成 1 分子 $FADH_2$，经电子传递链被氧化，生成 1.5 个 ATP。C. 柠檬酸到异柠檬酸是同分异构，没有 ATP 的消耗和生成。D. 异柠檬酸氧化脱羧转变为 α-酮戊二酸，脱下的氢和电子仍由 NAD^+ 接受，最终生成 2.5 个 ATP。E. α-酮戊二酸脱氢生成琥珀酰 CoA 时，生成 1 分子 $NADH+H^+$，可生成 2.5 个 ATP；接下来琥珀酰 CoA 转变为琥珀酸时又有一次底物水平磷酸化反应，相当于生成 1 个 ATP，所以该步骤共生成 3.5 个 ATP。

15．**答案**：C　　**考点**：丙酮酸氧化及柠檬酸循环的能量产生

解析：丙酮酸氧化分解在线粒体内共生成 4 分子 $NADH+H^+$、一分子 $FADH_2$ 和一分子 GTP，经氧化磷酸化，共生成 12.5 个 ATP。

16．**答案**：B　　**考点**：糖有氧氧化的步骤及产能

解析：糖有氧氧化分为三个阶段：第一阶段葡萄糖在胞质中经糖酵解生成丙酮酸；第二阶段丙酮酸进入线粒体氧化脱羧生成乙酰 CoA；第三阶段为乙酰 CoA 进入柠檬酸循环，并偶联进行氧化磷酸化。答案中给出的五种物质都是糖酵解过程的中间产物或无氧酵解的终产物，其中六碳化合物有两个：葡萄糖和果糖-1,6-二磷酸，三碳化合物三个。糖酵解过程可分为耗能和产能两个阶段：葡萄糖需在耗能阶段经历两次磷酸化消耗 2 分子 ATP 生成果糖-1,6-二磷酸，然后其断裂为两个磷酸丙糖进入产能阶段，因此六碳化合物的产能要比三碳化合物多，而且果糖-1,6-二磷酸跳过了耗能阶段，因此是这些物质中在有氧时彻底氧化净生成 ATP 数量最多的。

17．**答案**：A　　**考点**：糖有氧氧化抑制无氧氧化

解析：糖酵解产生的丙酮酸面临着有氧氧化和无氧氧化两种代谢选择，其决定因素是 3- 磷酸甘油醛的脱氢反应产生的 $NADH+H^+$ 的去路。缺氧时，$NADH+H^+$ 留在胞质，丙酮酸接受氢还原为乳酸，使得 $NADH+H^+$ 重新转变成 NAD^+，糖酵解才能重复进行。有氧时，$NADH+H^+$ 进入线粒体内氧化，丙酮酸就彻底分解成 CO_2 和 H_2O，此时胞质中的糖无氧氧化途径受到抑制。

18．**答案**：B　　**考点**：糖原合成中葡萄糖的活性供体

解析：糖原合成起始于糖酵解的中间产物葡糖-6-磷酸。葡糖-6-磷酸先变构生成葡糖-1-磷酸，后者再与尿苷三磷酸（UTP）反应生成尿苷二磷酸葡萄糖（UDPG）和焦磷酸。在糖原合酶的作用下，UDPG 的葡萄糖可以转移到糖原引物的非还原末端，形成 α-1,4-糖苷键，使糖链延长。

19．**答案**：B　　**考点**：糖原合成中 ATP 的消耗

解析：从葡萄糖合成糖原需首先经葡萄糖磷酸化消耗 1 个 ATP 生成葡糖-6-磷酸，接着在活化生成

UDPG的过程中伴有焦磷酸水解又损失一个高能磷酸键，共消耗2个ATP。

20. **答案**：B　　**考点**：糖原合成

解析：在糖原合酶可催化生成α-1,4糖苷键，只能使糖链不断延长，但不能形成分支。当糖链长度达到12~18个葡萄糖基时，分支酶将一段糖链（6~7个葡萄糖基）转移到邻近的糖链上，催化生成α-1,6糖苷键相连，从而形成分支。目前认为葡聚糖转移酶和α-1,6糖苷酶是糖原分解过程中脱支酶的两种活性形式，其作用是催化糖链分支的水解。

21. **答案**：E　　**考点**：糖原分解的产物

解析：糖原磷酸化酶从糖链的非还原端开始催化分解1个葡萄糖基，生成葡糖-1-磷酸。而当α-1,4糖苷键裂解至距分支点约4个葡萄糖基时，葡聚糖转移酶可催化3个葡萄糖基转移到临近糖链的末端，仍以α-1,4糖苷键相连。分支处剩下1个葡萄糖基的α-1,6糖苷键在α-1,6糖苷酶催化下水解生成游离葡萄糖。在糖原磷酸化酶和脱支酶的共同作用下，糖原分解产物中约85%为葡糖-1-磷酸，15%为游离葡萄糖。

22. **答案**：C　　**考点**：短期饥饿时血糖的来源

解析：肝内存在葡糖-6-磷酸酶，可以将葡糖-6-磷酸水解成葡萄糖释放入血，因此短期饥饿时肝糖原能够补充血糖。而肌肉组织中缺乏葡糖-6-磷酸酶，葡糖-6-磷酸只能进行糖酵解，故肌糖原不能分解成葡萄糖，只能给肌肉收缩提供能量。

23. **答案**：D　　**考点**：糖代谢途径的能量消耗和生成

解析：糖酵解、糖有氧氧化、糖原合成和糖异生都会消耗或生成高能磷酸键。只有糖原分解过程无需消耗能量也不会生成高能磷酸键。

24. **答案**：E　　**考点**：磷酸戊糖途径的主要生理意义

解析：磷酸戊糖途径经第一阶段的氧化反应后生成了核糖-5-磷酸和NADPH，生成的磷酸核糖可用于合成核苷酸，NADPH并不通过电子传递链氧化释放能量，而是作为供氢体参与许多代谢反应。

25. **答案**：E　　**考点**：红细胞代谢特点

解析：成熟红细胞除质膜和胞质外，无其他细胞器（如线粒体、内质网、细胞核等），因此DNA合成、RNA合成、蛋白质合成及三羧酸循环等反应都无法在红细胞内完成。糖酵解和磷酸戊糖旁路是在胞液中进行的，且红细胞内存在催化糖酵解及磷酸戊糖途径所需要的所有酶和中间代谢物，因此这两种反应途径在红细胞内依然存在。

26. **答案**：D　　**考点**：糖异生的主要功能

解析：体内糖原储备有限，10多个小时肝糖原即被耗竭，继续饥饿主要依赖肝将氨基酸、乳酸等非糖物质经糖异生转变成葡萄糖，不断补充血糖。

27. **答案**：B　　**考点**：催化糖酵解和糖异生过程中相同的酶

解析：糖酵解与糖异生的多数反应是可逆的，仅糖酵解中3个限速步骤所对应的逆反应需要由糖异生特有的关键酶来催化。催化糖酵解这3步限速反应的三个关键酶为：丙酮酸激酶、磷酸果糖激酶1和葡糖激酶；在糖异生中对应有四个关键酶负责催化上述这3个限速步骤的逆反应：丙酮酸羧化酶、磷酸烯醇式丙酮酸羧激酶、果糖二磷酸酶-1和葡糖-6-磷酸酶。除这7个酶外，催化这两条通路其他反应的酶都是相同的。磷酸甘油酸激酶催化1,3-二磷酸甘油酸转变成为3-磷酸甘油酸，伴有底物水平的磷酸化生成1分子ATP。磷酸甘油酸激酶催化的此反应是一可逆反应，逆反应需要消耗1分子ATP。

28. **答案**：E　　**考点**：糖异生过程的能量消耗

解析： 2分子丙氨酸经转氨基反应生成2分子丙酮酸，可逆，不消耗ATP分子；2分子丙酮酸加CO_2生成草酰乙酸，不可逆，消耗2分子ATP；2分子草酰乙酸转化为磷酸烯醇式丙酮酸，不可逆，消耗2分子GTP；2分子磷酸烯醇式丙酮酸转变为2-磷酸甘油酸再转变为3-磷酸甘油酸的过程可逆，且不涉及ATP生成和消耗；2分子3-磷酸甘油酸生成1,3-二磷酸甘油酸的过程虽然可逆，但每个分子生成了一个高能磷酸键，消耗2分子ATP；2分子1,3-二磷酸甘油酸转化为2分子3-磷酸甘油醛，其中一分子再异构为磷酸二羟基丙酮，磷酸二羟基丙酮和另一分子3-磷酸甘油醛生成一分子果糖-1,6-二磷酸的过程可逆，且不涉及ATP生成和消耗；果糖-1,6-二磷酸水解生成果糖-6-磷酸的过程不可逆，但不消耗ATP；果糖-6-磷酸异构成葡糖-6-磷酸的过程可逆，不消耗ATP；葡糖-6-磷酸水解成葡萄糖的过程不可逆，但不消耗ATP。因此，2分子丙氨酸异生成葡萄糖消耗4分子ATP和2分子GTP。

29．**答案：** A　　**考点：** 氧化脱羧反应与羧化反应均涉及CO_2

解析： 异柠檬酸脱氢酶反应、α-酮戊二酸脱氢酶反应、6-磷酸葡糖酸脱氢酶反应都属于氧化脱羧反应，其中的羧基都是以CO_2的形式脱下来的。丙酮酸羧化酶反应需要消耗ATP使CO_2与生物素结合，然后活化的CO_2再转移给丙酮酸生成草酰乙酸。而柠檬酸合酶反应是1分子乙酰CoA与1分子草酰乙酸缩合成柠檬酸，是柠檬酸循环的第一个限速步骤，反应与CO_2无关。

30．**答案：** B　　**考点：** 丙酮酸激酶活性调节

解析： 丙酮酸激酶是糖酵解的第二个关键酶。果糖-1,6-二磷酸是丙酮酸激酶的别构激活剂，而ATP则有抑制作用。此外，在肝内丙氨酸也对该酶有抑制作用。丙酮酸激酶还受共价修饰方式调节。PKA和依赖Ca^{2+}、钙调蛋白的蛋白激酶均可以使其磷酸化而失活。胰高血糖素可通过激活PKA抑制丙酮酸激酶活性。

31．**答案：** B　　**考点：** 糖酵解产能阶段产生NADH及高能磷酯键的反应

解析： 磷酸甘油醛脱氢酶可以催化3-磷酸甘油醛的醛基氧化成羧基及羧基的磷酸化，以NAD^+作为辅酶接受氢及电子。其羧基磷酸化的磷酸基团来源于无机磷酸。

32．**答案：** D　　**考点：** Cori循环的概念

解析： 肌肉收缩通过糖无氧氧化生成乳酸，乳酸透过细胞膜弥散进入血液后，再入肝经糖异生转变为葡萄糖，葡糖糖释放入血液后又可被肌肉等外周组织摄取，这个循环被称为乳酸循环，或Cori循环。

33．**答案：** B　　**考点：** 不同非糖化合物进入糖异生的途径

解析： A. 2个甘油分子首先在甘油激酶的催化下消耗2分子ATP转变为3-磷酸甘油，3-磷酸甘油经过氧化脱氢（氢及电子交给NAD^+）生成磷酸二羟丙酮进入糖异生途径生成葡萄糖，共需消耗2ATP，生成2NADH。B. 2分子乳酸脱氢生成丙酮酸进入糖异生途径生成葡萄糖，共需消耗4ATP，2GTP。C.2分子草酰乙酸异生成葡萄糖需消耗2GTP和2ATP。D. 琥珀酸经脱氢、加水、再脱氢（柠檬酸循环）转变成草酰乙酸，经草酰乙酸进入糖异生途径，消耗2GTP和2ATP，生成2$FADH_2$和2NADH。E. 谷氨酸转氨基生成α-酮戊二酸，循柠檬酸循环转变成草酰乙酸进入糖异生，最终生成葡萄糖需消耗2ATP，生成2$FADH_2$和4NADH。

34．**答案：** D　　**考点：** 底物水平的磷酸化反应

解析： A．葡萄糖-6-磷酸→葡萄糖是葡萄糖-6-磷酸酶催化的去磷酸化反应，出现于糖异生和肝糖原分解的最后一步。B．果糖-6-磷酸→果糖-1,6-二磷酸是糖酵解过程中由磷酸果糖激酶-1催化的磷酸化反应，需要消耗ATP。C．3-磷酸甘油酸→1,3-二磷酸甘油酸是糖异生过程中由磷酸甘油激酶催化的磷酸化反应，需要消耗ATP。D．琥珀酰CoA→琥珀酸是柠檬酸循环中的唯一一步底物水平的磷酸化反应，由琥珀酰CoA合成酶催化，琥珀酰CoA的高能硫酯键水解可与GDP的磷酸化偶联，生成高能磷酸键。E．丙酮酸→乙酰CoA是糖有氧氧化第二阶段氧化脱羧反应，由丙

酮酸脱氢酶复合体催化。

35. **答案**：C　　**考点**：糖酵解中关键酶催化的不可逆反应

解析：糖酵解中的大部分反应是可逆的，只有 3 步非平衡反应，分别由己糖激酶、磷酸果糖激酶 -1 和丙酮酸激酶催化，它们反应速率最慢，催化的反应不可逆，是控制糖酵解流量的 3 个关键酶。

36. **答案**：D　　**考点**：磷酸戊糖途径的产物

解析：磷酸戊糖途径在胞质中进行，分为两个阶段：第一阶段是氧化反应，生成磷酸核糖、2 分子 NADPH 和 1 分子 CO_2；第二阶段是基团转移反应，最终生成果糖-6-磷酸和 3-磷酸甘油醛。

37. **答案**：B　　**考点**：己糖激酶同工酶的特点

解析：己糖激酶是糖酵解的第一个关键酶，催化葡萄糖进入细胞后发生的第一步磷酸化反应，生成葡糖-6-磷酸。磷酸化后的葡萄糖不能自由通过细胞膜而逸出细胞。哺乳动物体内已经发现的有 4 种己糖激酶同工酶（Ⅰ~Ⅳ型）。肝细胞中存在的是Ⅳ型，即葡萄糖激酶，它有两个特点：一是对葡萄糖亲和力很低，其 K_m 值为 10 mmol/L 左右，而其他的己糖激酶的 K_m 值在 0.1 mmol/L 左右；二是受激素调控，它对葡糖-6-磷酸的反馈抑制并不敏感。这些特性使葡糖激酶对于肝维持血糖稳定至关重要，只有当血糖显著升高时，肝才会加快对葡萄糖的利用，起到缓冲血糖水平的调节作用。

38. **答案**：D　　**考点**：草酰乙酸的直接代谢去路

解析：A. 草酰乙酸与乙酰 CoA 缩合生成柠檬酸；B. 草酰乙酸经还原可生成苹果酸；C. 草酰乙酸经转氨基反应可生成天冬氨酸；D. 要转变成乙酰乙酸则需先转变为磷酸烯醇式丙酮酸，再经丙酮酸转变成乙酰 CoA，然后后者再沿酮体合成过程生成乙酰乙酸。

39. **答案**：C　　**考点**：乳酸循环和糖酶解的关系

解析：乳酸循环中产生和利用 NADH 的步骤是：肌肉收缩时（尤其是氧供应不足时）通过糖酵解由丙酮酸接受 3-磷酸甘油醛脱氢产生的 NADH 生成乳酸，这步反应意义在于可以再生出 NAD^+ 以继续进行酵解。

40. **答案**：A　　**考点**：丙酮酸的主要代谢去路中关键酶的辅酶

解析：丙酮酸是糖酵解途径产物，在正常情况下主要通过三羧酸循环氧化成 CO_2 和水。胞质中经糖酵解生成的丙酮酸需进入线粒体氧化脱羧成乙酰 CoA 才能够进入三羧酸循环。催化丙酮酸氧化脱羧的关键酶是丙酮酸脱氢酶复合体，参与该反应的辅酶有：焦磷酸硫胺素、硫辛酸、FAD、NAD^+ 和 CoA，其中硫胺素（又称维生素 B_1）在体内的活性型即为焦磷酸硫胺素（TPP），硫胺素的缺乏会导致体内丙酮酸的氧化发生障碍，使血液中丙酮酸的含量增加。尽管 NAD^+ 也是丙酮酸脱氢酶复合体的辅酶之一，但由于 NAD^+ 是体内多种脱氢酶的辅酶，其缺乏影响较广，若饮食中 NAD^+ 的前体物质色氨酸缺乏时则会导致糙皮病。

41. **答案**：E　　**考点**：丙酮酸的代谢来源和去路

解析：A．丙酮酸可以经转氨基作用转变为丙氨酸；B．可经糖异生生成葡萄糖；C. 可进入线粒体氧化脱羧转变成乙酰 CoA 进入三羧酸循环氧化供能；D．在缺氧条件下接受 NADH 的氢还原成乳酸；E．不能经异构酶催化生成丙酮。

42. **答案**：E　　**考点**：蚕豆病的病因

解析：葡糖-6-磷酸脱氢酶缺陷的患者，其红细胞不能经磷酸戊糖途径获得充足的 NADPH，难以使谷胱甘肽保持还原状态，因而表现出红细胞（尤其是较老的红细胞）易于破裂，发生溶血性黄疸，这种溶血现象常在食用蚕豆（强氧化剂）后出现，故称为蚕豆病。

43. **答案**：B　　**考点**：糖代谢通路的交汇点

解析：葡糖-1-磷酸只出现在糖原合成和分解的过程中；葡糖-6-磷酸在糖酵解、糖异生、磷酸戊糖途径、糖原合成和糖原分解途径中都存在；果糖-1,6-二磷酸只出现于糖酵解和糖异生途径中；3-磷酸甘油醛和果糖-6-磷酸均可见于糖酵解、糖异生和磷酸戊糖途径中。

【A2 型题】

1．**答案：**E　　**考点：**TCA 循环的酶及其辅酶

解析：该患者表现为核黄素缺乏（临床上尿排泄少于 30 μg/g 肌酐时被视为核黄素缺乏）。核黄素是辅酶 FAD 的组成成分，而 FAD 对于琥珀酸脱氢酶催化的琥珀酸转变为延胡索酸的反应是必需的。

2．**答案：**D　　**考点：**丙酮酸代谢去路和丙酮酸脱氢酶的辅因子

解析：丙酮酸、乳酸和丙氨酸浓度升高提示从丙酮酸进入 TCA 循环的代谢通路受到阻碍。丙酮酸有三条代谢去路，除了在丙酮酸脱氢酶催化下转变为乙酰辅酶 A 外，还可以被乳酸脱氢酶还原成乳酸，以及被转氨酶催化转变为丙氨酸。因此，由于丙酮酸脱氢酶缺乏导致的丙酮酸的堆积还会引起乳酸和丙氨酸水平的升高。由于丙酮酸脱氢酶的辅因子包括焦磷酸硫胺素（TPP）、硫辛酸、FAD、NAD^+、CoA 和 Mg^{2+}，其中 TPP 是维生素 B_1（硫胺素）的辅酶形式，由维生素 B_1（硫胺素）磷酸化形成。给予维生素 B_1 无法缓解排除了维生素缺乏这个因素（维生素 B_1 缺乏→ TPP 不足→丙酮酸脱氢酶活性下降→丙酮酸、乳酸、丙氨酸的堆积）。

3．**答案：**D　　**考点：**淀粉的消化产物

解析：α- 淀粉酶可以随机地水解淀粉（包括直链淀粉和支链淀粉）中的 α-(1 → 4）糖苷键，分解产物主要为麦芽糖、麦芽三糖以及 α-极限糊精等。半乳糖和果糖不存在于淀粉中。

4．**答案：**C　　**考点：**肌糖原分解

解析：尽管许多酶的缺乏都会导致运动不耐受，缺血性运动试验后血乳酸升高缺失明确指向肌肉中糖原分解的缺陷。肌肉剧烈运动有赖于糖原分解，糖原耗竭时会迅速感觉疲劳。肌肉内糖原磷酸化酶同工酶缺乏的患者可以耐受轻、中强度的锻炼，当剧烈运动时由于肌细胞缺乏糖原磷酸化酶会导致出现肌肉痉挛。

5．**答案：**C　　**考点：**糖尿病中不同器官糖代谢对血糖的影响

解析：在答案所列出的器官中，肝代谢的改变最有可能影响血糖和血脂的水平。而这些改变又反过来影响胰腺中胰岛素的分泌。在 2 型糖尿病患者中，肝葡萄糖输出增加导致上述的高血糖和随后的高胰岛素血症，同时胰岛素抵抗可能通过增加肝分泌富含甘油三酯的极低密度脂蛋白颗粒和损害血浆脂蛋白的清除而促进脂代谢障碍的发生。而发生在脑、肾、心、脾的代谢变化则常为内环境变化的后果而非原因，例如，在糖尿病状态下心脏表现为更加依赖脂肪酸提供能量。

6．**答案：**D　　**考点：**红细胞物质代谢特点

解析：红细胞不仅无细胞核，而且也无线粒体。成熟红细胞保留的代谢通路主要是葡萄糖的酵解和磷酸戊糖通路以及 2,3-二磷酸甘油酸支路，所以丙酮酸不能够经过糖异生转变为葡萄糖，或者进入有氧氧化途径，生成乙酰辅酶 A 或草酰乙酸。红细胞的确有乳酸脱氢酶能够催化丙酮酸向乳酸的转化，但这依赖于丙酮酸的含量。丙酮酸激酶的缺乏导致丙酮酸生成减少，因此乳酸的生成也会相应减少。而糖酵解途径中丙酮酸以上的中间产物堆积使得磷酸戊糖通路以及 2,3-二磷酸甘油酸支路被激活，因而 2,3-BPG 的生成可能会增加而不是减少。

7．**答案：**B　　**考点：**果糖不耐症的病因

解析：因为患儿肝酶正常，加之其症状似乎与其摄入果汁相关，很有可能她的问题是因为果糖吸收异常导致的（肝酶正常排除了果糖代谢异常）。因为禁食配方牛奶并不能使问题改善又进一步排除了乳糖酶缺乏这个原因。GLUT5 是肠道内主要的果糖转运蛋白，该转运蛋白的缺乏会导致肠道无法正常吸收果糖，而成为肠道内细菌代谢的底物产生多种气体如氢气以及有机酸等。

8．**答案：**D　　**考点：**中枢神经系统的能量供给主要依赖血糖

解析：葡萄糖是中枢神经系统的主要能量来源。因而血循环中葡萄糖水平的突然下降会阻碍 ATP 的产生，进而影响大脑的认知功能。如果低血糖持续存在，患者会陷入昏迷并最终死亡。这种不幸的并发症常见于 1 型糖尿病患者过量使用胰岛素后。胰高血糖素、脂肪酸或甘油三酯对于认知功能几乎没有直接的影响。

9．**答案：**D　　**考点：**缺氧条件下心肌代谢改变

解析：本病例的主要问题在于心肌供氧不足。当缺乏足够的氧气供给时，会严重阻碍利用电子传递链磷酸化 ADP 为 ATP，因此所有可进入该代谢途径的产物会堆积以致三羧酸合成减少。脂肪酸氧化、丙酮酸氧化生成乙酰辅酶 A、酮体氧化以及氧化磷酸化都会下降。在供氧减少的情况下一个丙酮酸分子经糖酵解转变成为乳酸，同时将 NADH 重新氧化成 NAD^+ 以保证糖酵解继续进行。因此在这里只有乳酸的合成增加了。

10．**答案：**E　　**考点：**蚕豆病的发病机制

解析：含有脂酰过氧化物的红细胞膜会变得僵硬，导致其无法挤过内径狭窄的毛细血管。细胞膜的通透性增加、红细胞破裂。

【B 型题】

1．**答案：**A　2．**答案：**D　　**考点：**糖酵解和三羧酸循环的关键酶

解析：糖酵解有三个关键酶，分别为：己糖激酶（葡糖激酶）、磷酸果糖激酶 -1 和丙酮酸激酶。三羧酸循环的三个关键酶为：柠檬酸合酶、异柠檬酸脱氢酶、α- 酮戊二酸脱氢酶复合体。而乳酸脱氢酶和琥珀酸脱氢酶分别是糖酵解和三羧酸循环通路中的非关键酶。

3．**答案：**D　4．**答案：**E　　**考点：**糖原合成和分解

解析：糖原分解的第一步是从糖链的非还原末端开始，由糖原磷酸化酶催化分解一个葡萄糖基，生成葡糖-1-磷酸。糖原合成起始于糖酵解的中间产物葡糖-6-磷酸，如果直接从葡萄糖生成时需要在己糖激酶催化下消耗 ATP 生成葡糖-6-磷酸。

5．**答案：**A　6．**答案：**E　　**考点：**磷酸戊糖途径和糖异生过程的酶

解析：葡糖-6-磷酸脱氢酶催化磷酸戊糖途径中葡糖-6-磷酸氧化成 6-磷酸葡糖酸内酯，脱下的氢由 $NADP^+$ 接受而生成 NADPH。葡萄糖-6-磷酸酶可催化糖异生途径中最后一步反应，使葡糖-6-磷酸水解为葡萄糖。

7．**答案：**C　8．**答案：**B　9．**答案：**D　10．**答案：**E

考点：糖代谢途径中一些需要辅酶参与的反应

解析：7. 乳酸在乳酸脱氢酶的催化下可转变为丙酮酸，其辅酶为 NAD^+。8. 琥珀酸脱氢酶催化琥珀酸脱氢生成延胡索酸，其辅酶是 FAD。9. 丙酮酸 $+CO_2$ 可在丙酮酸羧化酶的催化下转变成草酰乙酸，苹果酸脱氢酶可以催化苹果酸转变为草酰乙酸，该反应可逆，从草酰乙酸到苹果酸需要参与的物质是 $NADH+H^+$。10. 葡糖-6-磷酸转变为 6-磷酸葡糖酸需要葡糖-6-磷酸脱氢酶和内酯酶的催化，其中葡糖-6-磷酸脱氢酶需要 $NADP^+$ 作为辅酶。

11．**答案：**D　12．**答案：**C　13．**答案：**B　　**考点：**三羧酸循环中的反应

解析：11. 琥珀酰 CoA 转变为琥珀酸是琥珀酰 CoA 合成酶催化的，只有这个反应不是氧化还原反应，别的都是脱氢酶或脱氢酶复合体催化的氧化还原反应。12. 琥珀酸脱氢酶催化琥珀酸转变为延胡索酸，以 FAD 为受氢体。13. 催化 α-酮戊二酸→琥珀酰 CoA 的酶是 α-酮戊二酸脱氢酶复合体，是一个多酶复合体。

【X 型题】

1．**答案**：ABD　　**考点**：葡糖-6-磷酸是哪些糖代谢通路的交汇点

解析：葡糖-6-磷酸直接参与的糖代谢途径有：(1) 糖酵解途径：己糖激酶或葡萄糖激酶催化葡萄糖磷酸化生成葡糖-6-磷酸；(2) 糖异生：非糖物质经糖异生由果糖-6-磷酸异构成葡糖-6-磷酸；(3) 糖原分解途径产生的葡糖-1-磷酸转变为葡糖-6-磷酸；(4) 在糖原合成过程中通过变位酶催化生成葡糖-1-磷酸，；(5) 在葡糖-6-磷酸脱氢酶催化下进入磷酸戊糖途经。

2．**答案**：BCD　　**考点**：磷酸戊糖途径的生理意义

解析：磷酸戊糖途径的生理意义包括：(1) 为核酸的生物合成提供核糖；(2) 提供 NADPH 作为供氢体参与多种代谢反应，如脂肪酸和胆固醇的合成、非必需氨基酸的合成。NADPH 还可以维持谷胱甘肽的还原状态。

3．**答案**：CD　　**考点**：不同原料进行糖异生的途径

解析：天冬氨酸异生成糖，要先脱去氨基生成草酰乙酸，然后经磷酸烯醇式丙酮酸羧激酶催化转变成磷酸烯醇式丙酮酸，此后沿糖酵解途径逆行则转变为糖，题目中四个反应均包含。乳酸异生成糖，需先脱氢生成丙酮酸，然后再羧化转变成草酰乙酸，也要继续转变为磷酸烯醇式丙酮酸，后者沿糖酵解途径逆行则转变成糖，所以同样包含题目中四个反应。但甘油与前两者不同，其糖异生过程需先活化为 α-磷酸甘油，然后再脱氢生成磷酸二羟丙酮，磷酸二羟丙酮沿酵解途径逆行则转变成糖，它只包含 C、D 两个反应。由此可见，天冬氨酸、乳酸、甘油三者异生成糖时，所经历的共同反应只有 3-磷酸甘油醛→磷酸二羟丙酮和果糖-1,6-二磷酸→果糖-6-磷酸。

4．**答案**：ABC　　**考点**：醛缩酶催化的底物

解析：醛缩酶催化果糖 -1,6-二磷酸裂解成磷酸二羟丙酮和 3-磷酸甘油醛，由于此步反应可逆，所以果糖-1,6-二磷酸、磷酸二羟丙酮和 3-磷酸甘油醛都可以是醛缩酶的底物。

5．**答案**：BCD　　**考点**：肌糖原分解产物进入糖酵解的关键酶

解析：由于肌肉组织中缺乏葡糖-6-磷酸酶，因此肌糖原分解生成的葡糖-6-磷酸不能水解成葡萄糖补充血糖，而只能直接进入糖酵解途径，从葡糖-6-磷酸开始的糖酵解就无需己糖激酶这个关键酶，只需要余下的两个关键酶：磷酸果糖激酶-1 和丙酮酸激酶。加上糖原分解的关键酶：磷酸化酶，一共有三个关键酶。

6．**答案**：BC　　**考点**：糖异生的原料

解析：一些小分子非糖化合物如乳酸、甘油、生糖氨基酸都可以作为糖异生的原料，丙氨酸是生糖氨基酸，而亮氨酸是生酮氨基酸。此外油酸也无法作为糖异生原料异生成糖。

7．**答案**：BC　　**考点**：可以进行糖异生的器官

解析：糖异生的主要器官是肝。肾的糖异生能力在正常情况下只有肝的 1/10，而在长期饥饿时可大为增强。

8．**答案**：BCD　　**考点**：糖异生的关键酶

解析：糖异生关键酶有 4 个：丙酮酸羧化酶、磷酸烯醇式丙酮酸羧激酶、果糖二磷酸酶-1 和葡糖 -6-磷酸酶。而己糖激酶是糖酵解的关键酶，催化的反应正好是葡糖-6-磷酸酶催化反应的逆过程。

9．**答案**：ABD　　**考点**：三羧酸循环中关键酶催化的反应

解析：三羧酸循环的第一个不可逆反应是：1 分子乙酰 CoA 与 1 分子草酰乙酸缩合成柠檬酸。第二个不可逆反应是异柠檬酸在异柠檬酸脱氢酶的催化下氧化脱羧转变为 α-酮戊二酸。紧接着的第二次氧化脱羧是 α-酮戊二酸氧化脱羧成琥珀酰 CoA，也是其第三个不可逆反应。

10．**答案**：ABCD　　**考点**：糖有氧氧化过程中的氧化反应

解析：A、B、D 全部为氧化脱羧反应，C 是琥珀酸脱氢酶催化的琥珀酸脱氢转变为延胡索酸，所

以也是氧化反应。

11．**答案**：AC　　**考点**：糖分解过程中可作为糖异生原料的中间产物

解析：答案中糖分解的产物包括：丙酮酸、乳酸、乙酰 CoA。而糖异生的原料有：丙酮酸、谷氨酸、乳酸。所以答案为丙酮酸和乳酸。

12．**答案**：ABCD　　**考点**：糖代谢中涉及 CO_2 的反应

解析：异柠檬酸脱氢酶、丙酮酸脱氢酶系和磷酸烯醇式丙酮酸羧激酶催化的都是氧化脱羧反应，产物中有 CO_2。丙酮酸羧化酶能够活化 CO_2 再转移给丙酮酸生成草酰乙酸。所以 ABCD 催化的反应都涉及 CO_2。

13．**答案**：CD　　**考点**：从葡萄糖开始的糖原合成过程需要用到哪些核苷酸

解析：首先葡萄糖需要在己糖激酶的催化下消耗 ATP 转变为葡糖-6-磷酸，接着变构为葡糖-1-磷酸，后者再与 UTP 反应生成 UDPG，UDPG 是体内葡萄糖供体。所以答案是 ATP 和 UTP。

14．**答案**：CD　　**考点**：糖代谢中涉及 NAD^+ 的还原或 NADH 的氧化的反应

解析：A．磷酸二羟丙酮转变成 3-磷酸甘油醛，两者是同分异构体，在磷酸丙糖异构酶催化下可直接互相转变。B．葡糖-6-磷酸转变成 6-磷酸葡糖酸是磷酸戊糖途径中第一阶段的氧化反应之一，脱下来的氢交给了 $NADP^+$。C．丙酮酸转变成乙酰 CoA 是糖有氧氧化的第二阶段，是由丙酮酸脱氢酶复合体催化的氧化脱羧反应，脱下来的氢和电子由 NAD^+ 接受。D．3-磷酸甘油醛转变为 1,3-二磷酸甘油酸是糖酵解过程中的一步氧化反应，由 3-磷酸甘油醛脱氢酶催化，以 NAD^+ 为辅酶接受氢和电子。所以答案是 CD。

二、名词解释（答案要点）

1．糖酵解：在缺氧情况下，葡萄糖分解为乳酸的过程称为糖酵解。

2．糖酵解途径：葡萄糖分解为丙酮酸的过程称为糖酵解途径。

3．三羧酸循环：由乙酰 CoA 与草酰乙酸缩合成柠檬酸开始，经反复脱氢、脱羧再生成草酰乙酸的循环反应过程称为三羧酸循环。

4．柠檬酸循环：即三羧酸循环（见上述）。

5．巴斯德效应：糖有氧氧化抑制糖酵解的现象称为 Pasteur effect。

6．磷酸戊糖途径（或称磷酸戊糖旁路）：葡糖 -6- 磷酸经氧化反应及一系列基团转移反应，生成 NADPH、CO_2、核糖及果糖 -6- 磷酸和 3- 磷酸甘油醛而进入糖酵解途径。

7．糖原：动物体内糖的储存形式，是可以迅速动用的葡萄糖储备。

8．糖原合成：由葡萄糖合成糖原的过程称为糖原合成。

9．糖异生：由非糖化合物转变为葡萄糖或糖原的过程称为糖异生。

10．底物循环：在代谢过程中由催化单向反应的酶催化两种底物互变的循环称为底物循环。

11．乳酸循环：在肌肉中葡萄糖经糖酵解生成乳酸，乳酸经血液运到肝，肝将乳酸异生成葡萄糖。葡萄糖释入血液后又被肌肉摄取，这种代谢循环途径称为乳酸循环。

12．血糖：血液中的葡萄糖称为血糖。其正常水平为 3.9 ~ 6.0 mmol/L。

13．糖原累积症：由于先天性缺乏与糖原代谢有关的酶类，使体内有大量糖原堆积的遗传性代谢病。

三、问答题（答案要点）

1．（1）迅速供能。（2）某些组织细胞依赖糖酵解供能，如成熟红细胞等。

2．糖的有氧氧化包括三个阶段：（1）第一阶段为糖酵解途径：在胞质内葡萄糖分解为丙酮酸。（2）第二阶段为丙酮酸进入线粒体氧化脱羧成乙酰 CoA。（3）乙酰 CoA 进入三羧酸循环和氧化磷酸化。

3．（1）乳酸经 LDH 催化生成丙酮酸和 $NADH+H^+$。（2）丙酮酸进入线粒体经丙酮酸脱氢酶系催化生成乙酰 CoA、$NADH+H^+$ 和 CO_2。（3）乙酰 CoA 进入三羧酸循环经 4 次脱氢生成 $NADH+H^+$ 和 $FADH_2$、2 次脱羧生成 CO_2。上述脱下的氢经呼吸链生成 ATP 和 H_2O。

4．三羧酸循环的要点：

（1）TAC 中有 4 次脱氢、2 次脱羧及 1 次底物水平磷酸化。

（2）TAC 中有 3 个不可逆反应、3 个关键酶（异柠檬酸脱氢酶、α- 酮戊二酸脱氢酶系、柠檬酸合酶）。

（3）TAC 的中间产物包括草酰乙酸在内起着催化剂的作用。草酰乙酸的回补反应是丙酮酸的直接羧化或者经苹果酸脱氢生成。

三羧酸循环的生理意义：

（1）TAC 是三大营养素彻底氧化的最终代谢通路。

（2）TAC 是三大营养素代谢联系的枢纽。

（3）TAC 为其他合成代谢提供小分子前体。

（4）TAC 为氧化磷酸化提供还原当量。

5．糖酵解与糖有氧氧化的比较

	糖酵解	糖有氧氧化
反应条件	供氧不足	有氧
进行部位	胞液	胞液和线粒体
关键酶	己糖激酶（或葡萄糖激酶）、磷酸果糖激酶 -1、丙酮酸激酶	有左列 3 个酶及丙酮酸脱氢酶系、异柠檬酸脱氢酶、α-酮戊二酸脱氢酶系、柠檬酸合酶
产物	乳酸，ATP，	H_2O，CO_2，ATP
能量	1 mol 葡萄糖净得 2mol ATP	1 mol 葡萄糖净得 30 或 32 mol ATP
生理意义	迅速供能；某些组织依赖糖酵解供能	是机体获取能量的主要方式

6．（1）提供核糖 -5- 磷酸，是合成核苷酸的原料。（2）提供 NADPH；后者参与合成代谢（作为供氢体）、生物转化反应以及维持谷胱甘肽的还原性。

7．糖的氧化途径与糖异生具有协调作用，若一条代谢途径活跃时，另一条代谢途径必然减弱，这样才能有效地进行糖氧化或糖异生。这种协调作用依赖于别构效应物对两条途径中的关键酶的相反作用以及激素的调节。

（1）别构效应物的调节作用：① ATP 及柠檬酸抑制果糖-6-磷酸激酶-1，而激活果糖二磷酸酶-1。② ATP 抑制丙酮酸激酶，而激活丙酮酸羧化酶。③ AMP 及 2,6-二磷酸果糖抑制果糖二磷酸酶-1，而激活果糖-6-磷酸激酶-1。④乙酰 CoA 抑制丙酮酸脱氢酶系，而激活丙酮酸羧化酶。

（2）激素调节：主要取决于胰岛素和胰高血糖素。胰岛素能增强参与糖氧化的酶活性，如己糖激酶、果糖-6-磷酸激酶-1、丙酮酸激酶、丙酮酸脱氢酶系等；同时抑制糖异生关键酶的活性。胰高血糖素能抑制 2,6-二磷酸果糖的生成和丙酮酸激酶的活性，则抑制糖氧化而促进糖异生。

8．（1）丙氨酸经 GPT 催化生成丙酮酸。

(2) 丙酮酸在线粒体内经丙酮酸羧化酶催化生成草酰乙酸，后者经苹果酸脱氢酶催化生成苹果酸出线粒体，在胞液中经苹果酸脱氢酶催化生成草酰乙酸，后者在磷酸烯醇式丙酮酸羧激酶作用下生成磷酸烯醇式丙酮酸。
(3) 磷酸烯醇式丙酮酸循糖酵解途径至果糖-1,6-二磷酸。
(4) 果糖-1,6-二磷酸经果糖二磷酸酶 -1 催化生成果糖-6-磷酸，再异构为葡糖-6-磷酸。
(5) 葡糖-6-磷酸在葡糖-6-磷酸酶作用下生成葡萄糖。

9. (1) 乳酸经 LDH 催化生成丙酮酸。
(2) 丙酮酸在线粒体内经丙酮酸羧化酶催化生成草酰乙酸，后者经 GOT 催化生成天冬氨酸出线粒体，在胞液中经 GOT 催化生成草酰乙酸，后者在磷酸烯醇式丙酮酸羧激酶作用下生成磷酸烯醇式丙酮酸。
(3) 磷酸烯醇式丙酮酸循糖酵解途径至果糖-1,6-二磷酸。
(4) 果糖-1,6-二磷酸经果糖二磷酸酶-1 催化生成果糖 -6-磷酸，再异构为葡糖-6-磷酸。
(5) 葡糖-6-磷酸在葡糖-6-磷酸酶作用下生成葡萄糖。

10. (1) 空腹或饥饿时利用非糖化合物异生成葡萄糖，以维持血糖水平恒定。
(2) 糖异生是肝补充或恢复糖原储备的重要途径。
(3) 饥饿时，糖异生增强有利于维持酸碱平衡。

11. 糖异生过程不是糖酵解的逆过程，因为糖酵解中己糖激酶、果糖-6-磷酸激酶-1、丙酮酸激酶催化的反应是不可逆的，所以非糖物质必须依赖葡糖-6-磷酸酶、果糖二磷酸酶-1、丙酮酸羧化酶和磷酸烯醇式丙酮酸羧激酶的催化才能异生为糖，亦即酶促反应需要绕过三个能障以及线粒体膜的膜障。

12. 乳酸循环的形成是由于肝和肌肉组织中酶的特性所致。肝内糖异生很活跃，又有葡糖-6-磷酸酶可水解葡糖-6-磷酸，释出葡萄糖。肌肉组织中除糖异生的活性很低外，又没有葡糖-6-磷酸酶；肌肉组织内生成的乳酸既不能异生成糖，更不能释放出葡萄糖。乳酸循环的生理意义在于避免损失乳酸（能源物质）以及防止因乳酸堆积引起酸中毒。

13. 肝糖原合成时由葡萄糖经 UDPG 合成糖原的过程称为直接途径。由葡萄糖先分解成三碳化合物如乳酸、丙酮酸，再运至肝异生成糖原的过程称为三碳途径或间接途径。

14. 糖原的合成与分解是通过两条不同的代谢途径，这样有利于进行精细调节。糖原的合成与分解的关键酶分别是糖原合酶与磷酸化酶。机体的调节方式是通过同一信号使一个酶呈活性状态，另一个酶则呈非活性状态，可以避免由于糖原分解、合成两个途径同时进行造成 ATP 的浪费。
(1) 磷酸化酶：有 a、b 两型，磷酸化酶 a 是有活性的磷酸型，磷酸化酶 b 是无活性的去磷酸化型。磷酸化酶 b 激酶催化磷酸化酶 b 的丝氨酸残基磷酸化而成为磷酸化酶 a。磷蛋白磷酸酶-1 则水解磷酸化酶 a 的磷酸，使其转变为磷酸化酶 b。
(2) 糖原合酶：亦有 a、b 两型，糖原合酶 a 有活性，磷酸化成糖原合酶 b 后即失去活性。

胰高血糖素和肾上腺素能激活腺苷酸环化酶，则使 ATP 转变成 cAMP，后者激活依赖 cAMP 的蛋白激酶，使糖原合酶 a 磷酸化而活性降低。该蛋白激酶可使磷酸化酶 b 激酶磷酸化，从而催化磷酸化酶 b 磷酸化，结果糖原分解加强，糖原合成受到抑制，使血糖增高。

15. 磷酸化酶 b 激酶的 δ 亚基就是钙调蛋白，当神经冲动引起细胞内 Ca^{2+} 浓度升高时，Ca^{2+} 与磷酸化酶 b 激酶的 δ 亚基，即与钙调蛋白结合，则可激活磷酸化酶 b 激酶，促使磷酸化酶 b 磷酸化成磷酸化酶 a，加速糖原分解，以获取肌肉收缩所需要的能量。

16. 血糖的来源：(1) 食物经消化吸收的葡萄糖；(2) 肝糖原分解；(3) 糖异生。
血糖的去路：(1) 氧化供能；(2) 合成糖原；(3) 转变为脂肪及某些非必需氨基酸；(4) 转变为其

他糖类物质。

17．肾上腺素通过促进肝和肌肉组织中的糖原分解而抑制糖原合成，使血糖水平升高。其分子机制如下：肾上腺素作用于肝及肌细胞膜上的β受体后，促使G蛋白与GDP解离而与GTP结合，从而激活G蛋白。活化的G蛋白能激活腺苷酸环化酶，使cAMP生成增加，cAMP激活蛋白激酶A；后者催化细胞中许多酶类和功能蛋白质的磷酸化，从而引起肾上腺素的生理效应。

（1）使无活性的磷酸化酶b激酶磷酸化为有活性的磷酸化酶b激酶。后者催化无活性的磷酸化酶b磷酸化为磷酸化酶a；则可促使糖原分解，升高血糖水平。

（2）使有活性的糖原合酶a磷酸化成无活性的糖原合酶b，从而抑制糖原合成，致使血糖浓度升高。

（3）cAMP-蛋白激酶系统还通过磷酸化改变某些酶的活性以调节血糖水平。如抑制肝丙酮酸激酶减少糖的分解代谢，激活果糖双磷酸酶-1促进糖异生，升高血糖水平。

18．（1）葡糖-6-磷酸的来源：①已糖激酶或葡萄糖激酶催化葡萄糖磷酸化生成葡糖-6-磷酸。②糖原分解产生的葡糖-1-磷酸转变为葡糖-6-磷酸。③非糖物质经糖异生由果糖-6-磷酸异构成葡糖-6-磷酸。

（2）葡糖-6-磷酸的去路：①经糖酵解生成乳酸。②经糖有氧氧化彻底氧化生成CO_2、H_2O和ATP。③通过变位酶催化生成葡糖-1-磷酸，合成糖原。④在葡糖-6-磷酸脱氢酶催化下进入磷酸戊糖途径。

由上可知，葡糖-6-磷酸是糖代谢各个代谢途径的交叉点，是各代谢途径的共同中间产物，如已糖激酶或变位酶的活性降低，可使葡糖-6-磷酸的生成减少，上述各条代谢途径不能顺利进行。因此，葡糖-6-磷酸的代谢方向取决于各条代谢途径中相关酶的活性大小。

19．草酰乙酸在葡萄糖的氧化分解及糖异生代谢中起着十分重要的作用。

（1）草酰乙酸是三羧酸循环中的起始物，糖氧化产生的乙酰CoA必须首先与草酰乙酸缩合成柠檬酸，才能彻底氧化。

（2）草酰乙酸可作为糖异生的原料，循糖异生途径异生为糖。

（3）草酰乙酸是丙酮酸、乳酸及生糖氨基酸等异生为糖时的中间产物，这些物质必须转变成草酰乙酸后再异生为糖。

20．在糖代谢过程中生成的丙酮酸具有多条代谢途径：

（1）在供氧不足时，丙酮酸在LDH催化下，接受$NADH+H^+$的氢原子还原生成乳酸。

（2）在供氧充足时，丙酮酸进入线粒体，在丙酮酸脱氢酶复合体的催化下，氧化脱羧生成乙酰CoA，再经三羧酸循环和氧化磷酸化，彻底氧化生成CO_2、H_2O和ATP。

（3）丙酮酸进入线粒体在丙酮酸羧化酶催化下生成草酰乙酸，后者经磷酸烯醇式丙酮酸羧激酶催化生成磷酸烯醇式丙酮酸，再异生为糖。

（4）丙酮酸进入线粒体在丙酮酸羧化酶催化下生成草酰乙酸，后者与乙酰CoA缩合成柠檬酸，可促进乙酰CoA进入三羧酸循环彻底氧化。

（5）丙酮酸进入线粒体在丙酮酸羧化酶催化下生成草酰乙酸，后者与乙酰CoA缩合成柠檬酸；柠檬酸出线粒体在胞液中经柠檬酸裂解酶催化生成乙酰CoA，后者可作为脂肪酸、胆固醇等的合成原料。

（6）丙酮酸可经还原性氨基化生成丙氨酸等非必需氨基酸。

决定丙酮酸代谢方向的是各条代谢途径中关键酶的活性，这些酶受到别构效应剂与激素的调节。

21．B族维生素以辅酶参与糖代谢的酶促反应过程，当其缺乏时会导致糖代谢障碍。

（1）糖酵解途径：3-磷酸甘油醛脱氢生成1,3-二磷酸甘油酸，需要维生素PP参与。

（2）糖有氧氧化：丙酮酸及α-酮戊二酸氧化脱羧需要维生素B_1、B_2、PP、泛酸和硫辛酸参与。异柠檬酸氧化脱羧及苹果酸脱氢需要维生素 PP；琥珀酸脱氢需要维生素 B_2。

（3）磷酸戊糖途径：葡糖-6-磷酸及 6-磷酸葡糖酸脱氢需要维生素 PP 参与。

（4）糖异生途径中也需要维生素 PP 和生物素参与。

22．（1）大量乳酸透过肌细胞膜进入血液，在肝经糖异生合成糖。

（2）大量乳酸透过肌细胞膜进入血液，在心肌中经 LDH_1 催化生成丙酮酸氧化供能。

（3）大量乳酸透过肌细胞膜进入血液，在肾异生为糖或经尿排出。

（4）一部分乳酸在肌肉内脱氢生成丙酮酸而进入有氧氧化。

23．因为糖能为脂肪（三脂酰甘油）的合成提供原料，即糖能转变成脂肪。

（1）葡萄糖在胞液中经糖酵解途径分解生成丙酮酸，其关键酶有己糖激酶、果糖-6-磷酸激酶-1、丙酮酸激酶。

（2）丙酮酸进入线粒体在丙酮酸脱氢酶复合体催化下氧化脱羧成乙酰 CoA，后者与草酰乙酸在柠檬酸合酶催化下生成柠檬酸，再经柠檬酸 - 丙酮酸循环出线粒体，在胞液中裂解为乙酰 CoA，后者作为合成脂酸的原料。

（3）胞液中的乙酰 CoA 在乙酰 CoA 羧化酶催化下生成丙二酸单酰 CoA，再经脂酸合成酶系催化合成软脂酸。

（4）胞液中经糖酵解途径生成的磷酸二羟丙酮还原成 α-磷酸甘油，后者与脂酰 CoA 在脂酰转移酶催化下生成三脂酰甘油（脂肪）。

由上可见，摄入大量糖类物质可转变为脂肪储存于脂肪组织，因此减肥者要减少糖类物质的摄入量。

（俞文华）

第六章　生物氧化

第一节　学习要求

掌握： 氧化呼吸链的概念、组成和排列顺序；氧化磷酸化和底物水平磷酸化的概念；氧化磷酸化偶联部位及 ATP 生成的机制（化学渗透假说）；影响氧化磷酸化的因素（其中三类氧化磷酸化抑制剂的作用机制）；胞质中 NADH 转运到线粒体内的两种穿梭机制。

熟悉： 生物氧化的概念；ATP 在体内能量代谢的核心作用。

了解： 体内 CO_2 生成的主要方式；非线粒体氧化体系的类型、特点、组成及功能。

第二节　内容精要

生物氧化（biological oxidation）是化学物质在生物体内进行的氧化分解过程，由多种氧化（还原）酶类催化完成。有的氧化酶直接以 O_2 为受氢 / 受电子体，有的氧化酶（不需氧脱氢酶）不能直接以 O_2 为受氢体。生物氧化在线粒体、微粒体和胞质内均可进行。

一、线粒体氧化体系与呼吸链

线粒体氧化体系能为机体提供能量，包括热能、ATP 等。氧化呼吸链（oxidative respiratory chain）是由线粒体内膜上一系列酶和辅酶按一定顺序排列组成的递氢或递电子体系，可将代谢物氧化脱下的成对氢原子（$2H^++2e^-$）逐步传递给 O_2 生成 H_2O，也称电子传递链。逐步释放的能量能驱动 ATP 生成。

（一）氧化呼吸链的主要组分

1．组成氧化呼吸链的主要组分有烟酰胺腺嘌呤二核苷酸（NAD^+）、黄素蛋白（有两类，分别以 FMN 或 FAD 为辅基）、铁硫蛋白（Fe-S）、泛醌（CoQ）和细胞色素（Cyt a、Cyt b、Cyt c）五类，形成四种蛋白酶复合体。

2．递氢体与递电子体　烟酰胺腺嘌呤二核苷酸、黄素蛋白、泛醌通过加氢和脱氢反应，传递作用物脱下的氢及电子，兼为递氢体和递电子体；而铁硫蛋白、细胞色素只能传递电子，通过铁原子进行 $Fe^{3+}+e^- \rightarrow Fe^{2+}$ 可逆反应传递电子，是递电子体。

（二）氧化呼吸链由 4 种具有传递电子能力的复合体组成

复合体Ⅰ、Ⅲ和Ⅳ完全跨膜，具有质子泵功能。四种呼吸链复合体的组成和功能见表 6-1。氧化呼吸链中泛醌和 Cyt c 自由存在，不包含在任何复合体中。泛醌是能在线粒体内膜自由扩散的脂溶性醌类化合物，Cyt c 是呼吸链中唯一的水溶性球状蛋白，疏松结合在线粒体内膜胞液侧。

表6-1　氧化呼吸链复合体的组成和功能

复合体	酶名称	功能辅基	功能
复合体Ⅰ	NADH-泛醌还原酶	FMN、Fe-S	将电子从 NADH 传递给泛醌，同时具质子泵功能，将 $4H^+$ 由线粒体基质侧泵至膜间腔
复合体Ⅱ	琥珀酸-泛醌还原酶	FAD、Fe-S	将电子从琥珀酸传递给泛醌

续表

复合体	酶名称	功能辅基	功能
复合体Ⅲ	泛醌-细胞色素c还原酶	血红素（Cyt b562/566/c_1）、Fe-S	将电子从泛醌传递给细胞色素c，同时具质子泵功能，将$4H^+$由线粒体基质侧泵出至膜间腔
复合体Ⅳ	细胞色素c氧化酶	血红素（Cyt a/a_3）、Cu_A、Cu_B	将电子从细胞色素c传递给氧，同时具质子泵功能，将$2H^+$由线粒体基质侧泵至膜间腔

（三）NADH和$FADH_2$是呼吸链的电子供体

代谢物脱下来的氢，多数以NAD^+或FAD为辅酶，生成还原当量$NADH+H^+$或$FADH_2$，可直接进入呼吸链氧化，是氧化呼吸链的电子供体。4个复合体与Q和Cyt c组成了两条电子传递链。其中NADH氧化呼吸链是最主要的呼吸链（表6-2）。

表6-2　细胞内两条氧化呼吸链的特点

氧化呼吸链	电子传递顺序	氧化磷酸化偶联部位	每传递2H泵出H^+、生成ATP数
NADH氧化呼吸链	NADH→复合体Ⅰ→CoQ→复合体Ⅲ→Cyt c→复合体Ⅳ→O_2	复合体Ⅰ，Ⅲ，Ⅳ	$10H^+$，2.5分子ATP
$FADH_2$氧化呼吸链	琥珀酸→复合体Ⅱ→CoQ→复合体Ⅲ→Cyt c→复合体Ⅳ→O_2	复合体Ⅲ，Ⅳ	$6H^+$，1.5分子ATP

氧化呼吸链组分排列顺序的确定：

1．根据标准氧化还原电位（E^0值）排序：呼吸链组分由电位低到高的顺序传递电子。

2．利用呼吸链特异阻断剂确定排列顺序：阻断部位前组分处于还原状态，后面组分处于氧化状态，根据各组分氧化/还原状态吸收光谱的改变分析其排列顺序。

3．分光光度计测定各组分特有的呼吸光谱进行体外分析：离体组分无氧时处于还原状态，缓慢给氧后，观察被氧化的顺序。

4．体外拆开和重建呼吸链，鉴定复合体组成和排列。

二、氧化磷酸化与ATP的生成

细胞内ATP生成的方式有两种：

底物水平磷酸化（substrate-level phosphorylation）：高能底物分子水解时直接将分子中的能量转移至ADP或GDP而生成ATP或GTP的过程，即底物分子高能键水解与ADP（GDP）磷酸化偶联称为底物水平磷酸化。

氧化磷酸化（oxidative phosphorylation）：代谢物脱下的氢，经线粒体氧化呼吸链电子传递而释放能量的过程，与驱动ADP磷酸化生成ATP过程相偶联，即还原当量的氧化过程与ADP磷酸化过程偶联。是ATP生成的主要方式。

（一）复合体Ⅰ、Ⅲ、Ⅳ是氧化磷酸化偶联部位

实验依据：

（1）根据P/O比值计算物质氧化时ATP生成数：P/O比值是指氧化磷酸化过程中，每消耗1摩尔氧原子所需磷酸的摩尔数（或ADP的摩尔数），即生成ATP的摩尔数。

（2）自由能变化：生成每摩尔ATP约需要能量30.5 kJ（7.3 kcal），从NAD^+→CoQ、CoQ→Cyt c、Cyt aa_3→O_2的自由能变化分别为–69.5 kJ/mol、–36.7 kJ/mol、–112 kJ/mol（分别对应于复合体Ⅰ、Ⅲ、Ⅳ的电子传递）。

（二）氧化磷酸化偶联机制是产生跨线粒体内膜的质子梯度

1961 年英国科学家 P. Mitchell 提出的化学渗透假说（chemiosmotic hypothesis）阐明了氧化磷酸化偶联机制。其基本要点为：线粒体内膜对质子不通透，电子经氧化呼吸链传递时释放的能量，通过复合体Ⅰ、Ⅲ、Ⅳ的质子泵功能，驱动 H^+ 从线粒体内膜基质侧泵到膜间腔侧，形成跨线粒体内膜的质子电化学梯度（H^+ 浓度梯度和跨膜电位差）而储存了电子传递释放的能量；当质子顺此浓度梯度回流时释放储存的势能，驱动 ATP 生成。

（三）质子顺浓度梯度回流释放能量驱动 ATP 合酶合成 ATP

1973 年 P.D. Boyer 提出了 ATP 合酶工作的变构机制。当质子顺浓度梯度回流时，跨内膜的质子电化学梯度储存的能量被 ATP 合酶（ATP synthase，又称复合体Ⅴ）利用，催化 ADP 磷酸化生成 ATP。即当质子顺浓度梯度穿内膜向基质回流时，导致 ATP 合酶“转子”部分包括 c 环和 γ、ε 亚基相对于 $\alpha_3\beta_3$ 的转动，在转动过程中，γ 亚基依次和 β 亚基接触，导致 β 亚基构象进行协调、循环变化，而 β 亚基构象变化与其功能即结合 ADP 和 Pi、合成 ATP 及释放 ATP 的循环进行是一致的。ATP 合酶结构组成和功能见表 6-3。

表6-3　ATP合酶的结构组成、形态和功能

所含结构域	作用	形态	亚基组成	亚基功能
F_1（亲水部分）	催化 ATP 合成	基质侧蘑菇头状突起	$\alpha_3\beta_3\gamma\delta\varepsilon$ 亚基复合体 OSCP 亚基	αβ 形成功能单元，β 亚基含催化中心，催化 ATP 合成 寡霉素敏感蛋白
F_0（疏水部分）	跨内膜质子通道	镶嵌在内膜中	a、b_2 $c_{9\sim12}$	a 亚基含 2 个亲水质子半通道 形成 c 亚基环

质子顺浓度梯度经 F_0 部分形成的离子通道回流时，质子驱动力使 F_1 结构与构象发生周期性变化，F_1 结构域发挥催化活性，催化 ADP 磷酸化合成 ATP 以及 ATP 的释放。因此，电子传递的本质是将电势能转变为化学能的过程。实验表明，合成 1 分子 ATP 需要 4 个质子，其中 3 个质子通过 ATP 合酶穿线粒体内膜回流进基质，另一个质子用于转运 ADP、Pi 和 ATP。因此每对氢经 NADH 氧化呼吸链传递可泵出 10 个质子，产生约 2.5 分子 ATP；每对氢经 $FADH_2$ 氧化呼吸链传递可泵出 6 个质子，产生约 1.5 个 ATP。

（四）ATP 在能量代谢中起核心作用

生物氧化过程中释放的能量大约有 40% 以化学能的形式储存于一些特殊的有机磷酸化合物中。体内水解时有较大自由能释放（一般大于 21 kJ/mol）的磷酸化合物称为高能磷酸化合物。水解时释放能量较多的磷酸（酯）键称为高能磷酸键，用“～P”表示。生物体内常见的高能化合物包括高能磷酸化合物（如磷酸烯醇式丙酮酸、氨基甲酰磷酸、1,3-二磷酸甘油酸、磷酸肌酸、ATP、ADP、焦磷酸等）和含有辅酶 A 的高能硫酯化合物（如乙酰 CoA、琥珀酰 CoA）等。

其中 ATP 在能量生成、利用、转移和储存中起核心作用。

1．ATP 是体内能量捕获和释放利用的重要分子，是体内最重要的高能磷酸化合物，是生物体或细胞能够直接利用的唯一能源。

2．ATP 是能量转移和核苷酸化合物相互转变的核心　ATP 转变成其他磷酸核苷化合物，作为间接供能物质。

$$\text{ATP} \longrightarrow \underset{\text{（糖原合成）}}{\text{UTP、}} \quad \underset{\text{（磷脂合成）}}{\text{CTP、}} \quad \underset{\text{（蛋白质合成）}}{\text{GTP}}$$

3．ATP 通过转移自身基团提供能量　ATP 分子中的 Pi、PPi 或者 AMP 基团转移到底物或酶蛋白上而形成活性中间产物，参与物质代谢。

$$\text{ATP + 肌酸} \xrightleftharpoons{\text{肌酸激酶}} \text{ADP + 磷酸肌酸}$$

三、氧化磷酸化的影响因素

（一）机体能量状态调节氧化磷酸化速率

ADP 是调节氧化磷酸化速率的关键因素。细胞内 ADP 浓度以及 ATP/ADP 比值能够迅速感应机体能量状态。

ATP 利用增多时，ADP 的浓度增加，氧化磷酸化随之加速；
ADP 的浓度减少，氧化磷酸化减慢。

（二）抑制剂通过不同机制阻断氧化磷酸化过程

1．呼吸链抑制剂阻断电子传递过程

① 鱼藤酮、粉蝶霉素 A、异戊巴比妥等与复合体 I 中的铁硫蛋白结合，阻断电子传递。

② 萎锈灵、噻吩甲酰抑制复合体Ⅱ。

③ 抗霉素 A、二巯基丙醇抑制复合体Ⅲ。

④ H_2S、CO、N_3^- 及 CN^- 抑制复合体Ⅳ。

2．解偶联剂阻断 ADP 的磷酸化过程

解偶联剂是通过破坏跨膜质子电化学梯度，使质子不能经过 ATP 合酶回流，氧化与磷酸化过程脱偶联，电子可沿呼吸链正常传递，但不能使 ADP 磷酸化生成 ATP。如二硝基苯酚、解偶联蛋白等。

3．ATP 合酶抑制剂同时抑制电子传递和 ATP 生成

如寡霉素结合 ATP 合酶 F_0 部位，二环己基碳二亚胺（DCCP）共价结合 F_0 的 c 亚基谷氨酸残基，阻断质子回流。

（三）甲状腺激素可促进氧化磷酸化和产热

可诱导 Na^+,K^+-ATP 酶生成，ATP 加速分解，ADP ↑→氧化磷酸化↑→耗氧量↑
诱导解偶联蛋白生成→产热量↑

最终结果：ATP 生成↓，基础代谢率↑

（四）线粒体 DNA 突变影响氧化磷酸化功能

1．线粒体 DNA（mtDNA）为裸露环状双链 DNA，缺乏蛋白质保护和有效的损伤修复系统，易发生损伤突变。

2．线粒体 DNA 编码氧化呼吸链中的 13 个蛋白亚基、线粒体内 22 个 tRNA 和 2 个 rRNA。线粒体 DNA 突变直接导致氧化磷酸化功能受损和能量代谢障碍。

3．不同程度的线粒体 DNA 突变的累积导致线粒体疾病（mitochondrial disease），主要影响到耗氧量较大的组织（大脑、心脏和肌肉）。此外，mtDNA 突变严重积累可导致退行性疾病，包括帕金森病、阿尔茨海默病等。

4．线粒体病以母系遗传居多。

（五）线粒体内膜选择性协调转运氧化磷酸化相关代谢物

1．胞质中 NADH 通过两种穿梭机制进入线粒体氧化呼吸链

胞质中 NADH 还原当量不能自由穿过线粒体内膜，需经 α-磷酸甘油穿梭（glycerol-α-phosphate shuttle）和苹果酸 - 天冬氨酸穿梭（malate-aspartate shuttle）两种穿梭机制（表 6-4）进入线粒体后才能氧化。

表6-4　胞质中NADH的还原当量进入线粒体的两种穿梭机制

穿梭机制	穿梭载体	线粒体内受氢体	电子传递链	生成 ATP 数目	发生部位
α-磷酸甘油穿梭	α-磷酸甘油	FAD	$FADH_2$ 呼吸链	1.5	脑、骨骼肌
苹果酸 - 天冬氨酸穿梭	苹果酸	NAD^+	NADH 呼吸链	2.5	肝、心肌

2．ATP-ADP 转位酶协调转运 ADP 进入和 ATP 移出线粒体。

四、其他氧化和抗氧化体系

（一）微粒体细胞色素 P450 单加氧酶催化底物分子羟基化

单加氧酶系（又称混合功能氧化酶、羟化酶）：催化 O_2 的一个氧原子加到底物分子上（羟化），另一个氧原子被 H 还原成 H_2O（H 来自 $NADPH+H^+$）。参与体内许多重要活性物质如类固醇激素、胆汁酸、胆色素等的生成、灭活以及药物、毒物的生物转化。

$$RH + NADPH + H^+ + O_2 \rightarrow ROH + NADP^+ + H_2O$$

（二）线粒体氧化呼吸链可产生反应活性氧

1．反应活性氧类（reactive oxygen species，ROS）　呼吸链电子传递过程中，会产生部分被还原的氧，即反应活性氧类，包括 $\cdot O_2^-$（超氧阴离子）、H_2O_2、$\cdot OH$（羟自由基）等强氧化成分。线粒体电子传递链是细胞内 ROS 的主要来源。

$$O_2 \xrightarrow{1e^-} \cdot O_2^- \xrightarrow{1e^-+2H^+} H_2O_2 \xrightarrow{1e^-+H^+} H_2O + \cdot OH \xrightarrow{1e^-+H^+} H_2O$$

超氧阴离子　过氧化氢　羟自由基

2．ROS 生理作用　①吞噬细胞和粒细胞产生的 ROS 可氧化杀死入侵的细菌；②甲状腺细胞中产生的 H_2O_2 可使 $2I^-$ 氧化为 I_2，进而使酪氨酸碘化生成甲状腺素。

3．ROS 的损伤作用　ROS 化学性质活泼，氧化性强，其中羟自由基活性最强，可诱发氧化应激，引起脂质、蛋白质、DNA 等生物分子的氧化损伤，导致生物体的衰老及疾病发生。

（三）抗氧化体系有清除反应性活性氧类的功能

1．活性氧的清除酶系

① 超氧化物歧化酶（superoxide dismutase，SOD）：防御超氧阴离子损伤，哺乳动物 SOD 同工酶有 Cu/Zn-SOD（细胞外、胞质）和 Mn-SOD（线粒体）。

② 过氧化氢酶（catalase）：清除过氧化氢。

③ 谷胱甘肽过氧化物酶（glutathione peroxidase）：清除过氧化氢及其他过氧化物。

2．其他小分子自由基清除剂，如维生素 C、维生素 E、泛醌、β-胡萝卜素等。

五、生物氧化的意义和特点

1．意义　线粒体内的氧化过程伴有 ATP 的生成，在生物能量代谢中起重要作用；线粒体外的氧化不伴有 ATP 的生成，主要与体内代谢物、药物、毒物的生物转化有关。

2．线粒体内生物氧化特点　①在条件温和（37℃，pH 中性）的细胞内进行。②一系列酶催化逐步进行。③能量逐步释放，并有相当一部分能量储存在 ATP 分子中。

第三节　应试习题

一、选择题（题目前 * 表示西医综合题目，题目前 # 表示执业医师题目）

【A1 型题】

1．氧化呼吸链中，不包含在任何复合体中而单独存在的组分是

A．细胞色素 a_3

B．黄素蛋白

C．细胞色素 c_1

D．细胞色素 c

E．铁硫蛋白

2．氧化呼吸链中可在线粒体内膜自由扩散的组分是
A．泛醌
B．铁硫蛋白
C．细胞色素 c_1
D．细胞色素 a_3
E．黄素蛋白（FMN）

3．*下列关于呼吸链的叙述，错误的是（2002）
A．在传递氢和电子过程中可偶联 ADP 磷酸化
B．CO 可使整个呼吸链的功能丧失
C．递氢体同时也是递电子体
D．递电子体也都是递氢体
E．呼吸链的组分通常按 E^0 值由小到大的顺序排列

4．*下列关于线粒体氧化磷酸化解偶联的叙述，正确的是（2007）
A．ADP 磷酸化作用加速氧的利用
B．ADP 磷酸化作用继续，但氧利用停止
C．ADP 磷酸化停止，但氧利用继续
D．ADP 磷酸化无变化，但氧利用停止

5．各种细胞色素在氧化呼吸链中的排列顺序是
A．$aa_3 \rightarrow b_1 \rightarrow c \rightarrow c_1 \rightarrow O_2$
B．$c_1 \rightarrow c \rightarrow b_1 \rightarrow aa_3 \rightarrow O_2$
C．$b \rightarrow c_1 \rightarrow c \rightarrow aa_3 \rightarrow O_2$
D．$aa_3 \rightarrow b \rightarrow c_1 \rightarrow c \rightarrow O_2$
E．$c \rightarrow c_1 \rightarrow b \rightarrow aa_3 \rightarrow O_2$

6．细胞色素 b、c_1、c 和 P_{450} 均含辅基
A．Fe^{3+}
B．血红素
C．血红素 A
D．原卟啉
E．铁氧还蛋白

7．不参与氧化呼吸链组成的化合物是
A．CoQ
B．FAD
C．Cyt b
D．肉碱
E．铁硫蛋白

8．呼吸链中兼具递电子和递氢功能的传递体是
A．铁硫蛋白
B．细胞色素 b
C．细胞色素 c
D．细胞色素 a_3
E．泛醌

9．提出 chemiosmotic hypothesis 以解释氧化磷酸化机制的是科学家是
A．Peter D. Mitchell
B．Paul D. Boyer
C．Hans A. Krebs
D．Aaron Ciechanover
E．John E. Walker

10．真核生物进行氧化磷酸化的部位是
A．内质网
B．溶酶体
C．过氧化酶体
D．线粒体
E．高尔基复合体

11．*氰化物中毒是由于抑制了下列哪种细胞色素（2003）
A．Cyt a
B．Cyt a_3
C．Cyt b
D．Cyt c
E．Cyt c_1

12．*氧化磷酸化抑制剂鱼藤酮存在时，1 分子琥珀酸经呼吸链传递生成的 ATP 数是（2015）
A．0
B．1
C．1.5
D．2.5

13．*CO 抑制呼吸链的部位是（2010）
A．复合体Ⅰ
B．复合体Ⅱ
C．复合体Ⅲ
D．复合体Ⅳ

14．*甲状腺功能亢进患者基础代谢率增高的原因是（2014）
A．ATP 合成增加
B．解偶联蛋白基因表达增强
C．细胞膜 Na^+,K^+-ATP 酶活性降低
D．ATP-ADP 转位酶活性降低

15．*2,4-二硝基苯酚抑制氧化磷酸化的机制是（2012）
A．解偶联
B．抑制电子传递
C．抑制 ATP 合酶

D．与复合体Ⅰ结合

16．人体活动主要的直接供能物质是

A．葡萄糖

B．脂肪酸

C．磷酸肌酸

D．GTP

E．ATP

17．*下列化合物中，不含高能磷酸键的是（2011）

A．1,3-二磷酸甘油酸

B．果糖-1,6-二磷酸

C．二磷酸胞苷

D．二磷酸鸟苷

18．*下列不属于高能化合物的是（2009）

A．二磷酸腺苷

B．乙酰 CoA

C．3-磷酸甘油酸

D．磷酸肌酸

19．苹果酸穿梭作用的生理意义在于

A．将草酰乙酸带入线粒体彻底氧化

B．维持线粒体内外有机酸的平衡

C．进行谷氨酸、草酰乙酸转氨基作用

D．为三羧酸循环提供足够的草酰乙酸

E．将胞液中 $NADH+H^+$ 的 2H 带入线粒体内

20．下列物质在体内氧化成 CO_2 和 H_2O 时，同时产生 ATP，哪种产生 ATP 最多

A．甘油

B．丙酮酸

C．乳酸

D．谷氨酸

E．乙酰乙酸

21．*下列代谢物经相应特异脱氢酶催化脱下的 2H，不能经过 NADH 呼吸链氧化的是（2005）

A．异柠檬酸

B．苹果酸

C．α-酮戊二酸

D．琥珀酸

E．丙酮酸

22．1 摩尔琥珀酸脱氢生成延胡索酸时，脱下的氢通过呼吸链传递，在氧存在时，可生成的 ATP 及 H_2O 的摩尔数分别为

A．2.5 和 1

B．2.5 和 2

C．1.5 和 1

D．1.5 和 2

E．3 和 2

23．胞液中 1 分子乳酸彻底氧化后产生的 ATP 分子数为

A．9 或 12

B．11 或 12

C．12 或 13

D．13 或 14

E．14 或 15

24．脑细胞胞液中的 NADH 进入线粒体主要是通过

A．苹果酸 - 天冬氨酸穿梭

B．肉碱穿梭

C．柠檬酸 - 丙酮酸循环

D．α-磷酸甘油穿梭

E．丙氨酸 - 葡萄糖循环

25．在离体肝线粒体中加入二巯基丙醇，则细胞色素 c_1 处于

A．氧化状态

B．还原状态

C．游离状态

D．活化状态

E．结合状态

26．调节氧化磷酸化的重要激素是

A．肾上腺素

B．甲状腺素

C．肾皮质素

D．胰岛素

E．生长素

27．调节人体氧化磷酸化速率的主要因素是

A．ADP 浓度

B．$FADH_2$

C．$NADH+H^+$

D．甲状腺素

E．O_2

28．在胞液中进行的与能量生成有关的代谢过程是

A．三羧酸循环

B．脂肪酸 β-氧化

C．柠檬酸循环

D．糖酵解

E．氧化磷酸化

29．劳动或运动时 ATP 因消耗而大量减少，此

时氧化磷酸化的变化为

A．ADP 相应增加，ATP/ADP 下降，呼吸随之加快，氧化磷酸化增强

B．ADP 相应减少，以维持 ATP/ADP 恢复正常

C．ADP 大量减少，ATP/ADP 增高，呼吸随之加快

D．ADP 大量磷酸化，以维持 ATP/ADP 不变

E．ADP 相应增加，氧化磷酸化水平降低

30．下列反应主要发生在线粒体内的是

A．柠檬酸循环和脂肪酸 β-氧化

B．柠檬酸循环和脂肪酸合成

C．脂肪酸合成和分解

D．电子传递和脂肪酸合成

E．电子传递和糖酵解

31．关于线粒体 DNA，描述正确的是

A．线粒体 DNA 是环状线性 DNA

B．线粒体 DNA 只编码呼吸链 13 条蛋白亚基组分

C．线粒体 DNA 与组蛋白结合

D．线粒体 DNA 突变不会影响氧化磷酸化过程

E．线粒体疾病多为母系遗传

32．下列关于 ATP 合酶叙述正确的是

A．又称复合体Ⅴ

B．F_1 提供跨膜质子通道

C．质子逆浓度梯度回流时驱动 ATP 合成

D．F_o 为亲水部分

E．α 亚基具有 ATP 合酶催化活性

【A2 型题】

1．氧化呼吸链中的细胞色素是一类含血红素样辅基的电子传递蛋白。血红素辅基中的铁离子通过 $Fe^{3+}+e^- \longleftrightarrow Fe^{2+}$ 反应传递电子，根据吸收光谱和最大吸收波长的不同，又可分为细胞色素 a、b、c 及不同亚类，其中能够将电子直接传递给氧的是

A．细胞色素 a_3

B．细胞色素 b_{566}

C．细胞色素 b_{562}

D．细胞色素 c

E．细胞色素 c_1

2．男性，27 岁，进行性双眼向外偏斜 20 年，有下垂。影像学检查显示眼外肌萎缩。肌组织活检透射电镜显示线粒体形态异常；组织化学分析发现有大量细胞色素 c 氧化酶阴性肌纤维；进一步的基因检测发现在肌组织中存在一个长 4977 bp 的线粒体 DNA 缺失。诊断为慢性进行性眼外肌麻痹（CPEO）。而 CPEO 为线粒体肌病多种类型中的一种。关于该患者描述正确的是

A．线粒体 ATP 水平异常升高

B．线粒体电子传递速率很低

C．跨线粒体内膜的质子梯度加大

D．患者氧化磷酸化水平增高

E．线粒体复合体Ⅳ酶活性正常

3．冬眠型动物如熊、刺猬、蛇等的褐色脂肪组织比非冬眠型动物多，利用褐色脂肪组织中解偶联蛋白，将部分呼吸链电子传递储备的能量转化为热能，从而能维持体温、保护动物安全过冬。其原理是

A．促进线粒体氧化呼吸链电子传递

B．形成跨内膜质子转运蛋白，抑制氧化呼吸链电子传递

C．形成跨内膜质子转运蛋白，抑制 ATP 合酶活性

D．形成跨内膜质子转运蛋白，使线粒体氧化作用与 ADP 磷酸化过程解偶联

E．形成跨内膜质子转运蛋白，使质子不能由基质泵到膜间腔侧

4．离体的肝线粒体悬浮物中加入底物、ADP 和 Pi 后，电子传递快速完成，消耗氧并合成 ATP，然后依次加入 2,4-二硝基苯酚（阶段 1）和抗霉素 A（阶段 2），下列描述正确的是

A．阶段 1，氧耗不变，但 ADP 磷酸化停止

B．阶段 1，氧耗增加，但 ADP 磷酸化停止

C．阶段 2，氧耗增加，ADP 磷酸化仍进行

D．阶段 2，氧耗停止，但 ADP 磷酸化仍进行

E．阶段 2，氧耗增加，但 ADP 磷酸化停止

5．Paul D. Boyer 最初在提出 ATP 合酶合成的机制时，设想 ATP 合成和质子的转运有关，他持续努力去寻找质子能诱导化学键合成的真相，并于 1973 年发表了关于 ATP 合酶工作的变构理论。以下符合其提出的变构理论解释质子的转运驱动 ATP 合成的是

A．质子逆梯度回流时，会驱动β亚基转动，β亚基构象循环变化
B．质子顺梯度回流时，会驱动γ亚基转动，导致β亚基构象循环变化
C．质子逆梯度穿内膜回流时，会驱动β亚基构象变化
D．质子顺梯度穿内膜回流时，会驱动γ亚基构象变化
E．质子回流时，β亚基构象不变化

【B 型题】

A．复合体Ⅱ
B．复合体Ⅲ
C．FAD
D．Cyt c

1．在呼吸链中氧化磷酸化偶联位点
2．氧化呼吸链中仅作为递电子体的是（2015）

A．NADH
B．NADPH
C．细胞色素 b
D．细胞色素 P_{450}
E．细胞色素 a

3．属于氧化呼吸链递氢体的是
4．氧化呼吸链中仅能传递电子的组分是
5．为底物羟化反应提供氢的是

A．$NADH^+/NADH+H^+$
B．$FAD/FADH_2$
C．Cyt b Fe^{3+}/Fe^{2+}
D．Cyt a Fe^{3+}/Fe^{2+}

6．上述呼吸链氧化还原对中，氧化还原电位最高的是
7．上述呼吸链氧化还原对中，参与构成呼吸链复合体Ⅱ的是（2009）

A．0
B．1.5
C．2
D．2.5

8．在离体肝线粒体中加入异戊巴比妥，则1分子β-羟丁酸氧化的P/O比值为
9．在离体肝线粒体中加入异戊巴比妥，则1分子琥珀酸氧化的P/O比值为

A．ATP
B．乙酰 CoA
C．草酰乙酸
D．磷酸肌酸
E．丙酮酸

10．可直接通过线粒体内膜转运蛋白进出线粒体的是
11．肌组织中能量储存的主要形式是

A．尼克酰胺的吡啶环
B．苯醌结构
C．铁硫簇
D．铁卟啉
E．异咯嗪环

12．泛醌能递氢和递电子是由于分子内有
13．FMN 能递氢和递电子是由于分子内有
14．细胞色素呈红色是由于含有

【X 型题】

1．以 $NADP^+$ 为辅基 / 辅酶的酶有
A．苹果酸脱氢酶
B．苹果酸酶
C．异柠檬酸脱氢酶
D．葡糖-6-磷酸脱氢酶
2．关于细胞色素的叙述正确的有
A．辅基为铁卟啉
B．只存在于线粒体内膜上
C．辅基与酶蛋白共价结合
D．细胞色素 a_3 可将电子传递给氧
3．同时传递电子和质子（H^+）的辅酶有
A．辅酶 Q
B．铁硫蛋白
C．FMN
D．细胞色素 a_3
4．氧化磷酸化的偶联部位包括
A．NAD^+ →泛醌
B．FAD →泛醌
C．泛醌→细胞色素 c
D．细胞色素 a_3 → O_2
5．下列关于呼吸链的描述**不正确**的有
A．电子连续传递一定依赖于氧化磷酸化
B．电子从 NADH 传递给氧的过程，自由能的变化是正的
C．所有的组分既能递氢，又能递电子

D．卟啉环中的铁经历了 $Fe^{3+} \rightarrow Fe^{2+}$ 的变化

6．胞液中 NADH 进入线粒体的途径有

A．α- 磷酸甘油穿梭作用

B．柠檬酸 - 丙酮酸穿梭作用

C．苹果酸 - 天冬氨酸穿梭作用

D．草酰乙酸 - 丙酮酸穿梭作用

7．下列对细胞色素的描述正确的有

A．为一类以铁卟啉为辅基的蛋白质

B．均为电子传递体

C．卟啉环中铁离子的氧化还原是不可逆的

D．均可被氰化物抑制

8．含有底物水平磷酸化方式生成 ATP 的代谢途径有

A．糖酵解

B．糖异生

C．三羧酸循环

D．磷酸戊糖途径

9．质子顺梯度回流时释放的能量供给

A．F_1 的 β 亚基结合 ADP 及 Pi

B．ADP 磷酸化合成 ATP

C．β 亚基的变构

D．ATP 的释出

10．加单氧酶的生理意义是参与

A．类固醇激素合成

B．胆汁酸合成

C．药物或毒物的生物转化

D．ATP 生成

11．非线粒体氧化体系的共同特点是

A．氧化过程不伴有偶联磷酸化

B．与毒物的生物转化无关

C．不能生成 ATP

D．微粒体为唯一场所

12．甲状腺功能亢进病人基础代谢率升高主要是由于

A．ADP 分解增多

B．ATP 生成增多

C．ATP 分解增多

D．耗氧量增加

13．下列哪些化合物属于高能磷酸化合物（2004）

A．果糖-1,6-二磷酸

B．磷酸烯醇式丙酮酸

C．三磷酸肌醇

D．磷酸肌酸

14．关于线粒体 DNA，描述正确的是

A．线粒体 DNA 是闭环双链 DNA

B．线粒体 DNA 编码呼吸链组分

C．线粒体 DNA 缺乏组蛋白保护

D．线粒体 DNA 突变可影响氧化磷酸化过程

二、名词解释

1．生物氧化（biological oxidation）

2．氧化磷酸化（oxidative phosphorylation）

3．氧化呼吸链（oxidative respiratory chain）

4．底物水平磷酸化（substrate-level phosphorylation）

5．P/O 比值（P/O ratio）

6．化学渗透假说（chemiosmotic hypothesis）

7．反应活性氧类（reactive oxygen species）

三、问答题

1．何谓氧化呼吸链？试述构成氧化呼吸链的组分有哪些？

2．线粒体内氧化体系和 ATP 生成相关，营养物质在线粒体外的氧化分解是否也可以生成能量物质？并阐述其生化机制。

3．试述氧化磷酸化的偶联部位并提供其实验依据。

4．影响氧化磷酸化的因素有哪些？试阐述它们的作用机制。

5．简述氧化呼吸链的传递顺序。有哪些实验方法可确定其传递顺序？

6．简述体内产生 ATP 的方式。其中最主要的方式是什么？

7．简述化学渗透假说的主要内容是什么？

8．试述解偶联蛋白与能量代谢和肥胖的联系。

9．试述线粒体 DNA 的特点及其与线粒体疾病发生的关系。

第四节　参考答案及解析

一、选择题

【A1 型题】

1．**答案：**D　　**考点：**呼吸链的组成

解析：组成呼吸链的主要成分有烟酰胺核苷酸、黄素蛋白、铁硫蛋白、泛醌及细胞色素等五类，形成呼吸链的四个复合体。其中细胞色素 c 和泛醌不包含在任何复合体中，单独游离存在。细胞色素 c 是疏松结合在线粒体内膜外表面的蛋白质。而泛醌属于脂溶性醌类化合物，可在线粒体内膜自由扩散。

2．**答案：**A　　**考点：**呼吸链的组成

解析：见第 1 题解析。

3．**答案：**D　　**考点：**呼吸链的组成和特点

解析：氧化呼吸链的氢和电子传递过程是和 ADP 磷酸化偶联的，即氧化磷酸化。由于电子流动趋向从还原电位低（电子亲和力弱）向还原电位高（电子亲和力强）的方向流动，呼吸链的组分通常按 E^0 值由小到大的顺序排列，即电子从电位低组分向电位高组分传递。有的电子传递体可直接传递氢，通过加氢和脱氢反应传递作用物脱下的氢，又称为递氢体，递氢体同时也是电子传递体，包括 NAD^+、黄素蛋白（FMN 和 FAD）、泛醌。NAD^+ 是脱氢酶的辅酶，分子中烟酰胺芳环中的氮为五价，可接受 2H 中的 2 个电子成为三价氮，同时芳环能接受一个氢质子进行加氢反应；FMN（FAD）中的异咯嗪环能可逆地传递氢和电子，可接受 2 个质子和 2 个电子形成还原型 $FMNH_2$；泛醌结构中含有苯醌结构和 FMN 类似，能进行可逆的电子传递，接受 1 个质子和 1 个电子还原成半醌型泛醌（$QH^{\cdot}$），再接受 1 个质子和 1 个电子还原成二氢泛醌（QH_2）。而铁硫蛋白和细胞色素是通过 $Fe^{2+} \rightarrow Fe^{3+}+e^-$ 可逆反应传递电子，仅能传递电子，不能传递作用物脱下的氢。呼吸链抑制剂 CO 可与复合体Ⅳ中的还原型 Cyt a_3 结合，阻断电子传递给 O_2，从而使整个呼吸链丧失电子传递功能。

4．**答案：**C　　**考点：**影响氧化磷酸化的因素

解析：解偶联剂在线粒体内膜中可自由移动，破坏跨线粒体内膜的 H^+ 电化学梯度，使氧化与磷酸化过程解偶联。解偶联是氧化与磷酸化偶联过程脱离，即物质氧化脱下的 H_2 仍然可以通过呼吸链传递交给 O_2 生成 H_2O，即电子传递过程可以继续。但是在递氢递电子过程中所释放的能量不能维持有效的跨线粒体内膜的质子梯度，即 ADP 磷酸化过程停止。所以线粒体氧化磷酸化解偶联时 ADP 磷酸化停止，氧利用继续。

5．**答案：**C　　**考点：**呼吸链中电子传递顺序

解析：细胞色素是一类含血红素样（铁卟啉）辅基的电子传递蛋白，血红素中的铁原子可进行 $Fe^{2+} \rightarrow Fe^{3+}+e^-$ 可逆反应传递电子，是单电子传递体，其中细胞色素 c 是呼吸链中唯一水溶性球状蛋白，与线粒体内膜外表面疏松结合，不包含在任何复合体中，其他细胞色素参与组成复合体，紧密结合在线粒体内膜上；各种细胞色素在呼吸链中的排列顺序是 $b \rightarrow c_1 \rightarrow c \rightarrow aa_3 \rightarrow O_2$。

6．**答案：**B　　**考点：**细胞色素概念

解析：细胞色素是一类含血红素样（铁卟啉）辅基的电子传递蛋白，血红素中含有铁原子。

7．**答案：**D　　**考点：**呼吸链的组成

解析：组成呼吸链的主要成分有烟酰胺核苷酸、黄素蛋白（FAD/FMN 为辅基）、铁硫蛋白、泛醌

及细胞色素等五类。而肉碱位于线粒体内膜上，参与活化脂肪酸的转运。

8. **答案**：E　　**考点**：呼吸链的组成

解析：氧化呼吸链中有的电子传递体可直接传递氢，通过加氢和脱氢反应传递作用物脱下的氢，又称为递氢体。递氢体同时也是电子传递体，包括 NAD^+、黄素蛋白（FMN 和 FAD）、泛醌（又称辅酶 Q）；而铁硫蛋白和细胞色素通过 $Fe^{2+} \longleftrightarrow Fe^{3+}+e^-$ 可逆反应仅能传递电子，不是递氢体。

9. **答案**：A　　**考点**：化学渗透假说

解析：英国学者 Peter D. Mitchell 于 1961 年提出化学渗透假说阐明了氧化磷酸化偶联机制，因此获得 1978 年诺贝尔化学奖。

10. **答案**：D　　**考点**：氧化磷酸化的部位

解析：真核生物进行氧化磷酸化的部位是在线粒体。

11. **答案**：B　　**考点**：呼吸链抑制剂

解析：氰化物属于呼吸链抑制剂，紧密结合复合体Ⅳ中氧化型 Cyt a_3，阻断电子由 Cyt a 到 Cu_B-Cyt a_3 间传递。

12. **答案**：C　　**考点**：呼吸链抑制剂

解析：鱼藤酮是氧化呼吸链特异抑制剂，可阻断复合体Ⅰ中从铁硫中心向泛醌的电子传递，阻断 NADH 氧化呼吸链的电子传递。而一分子琥珀酸氧化脱下的 2H，进入 $FADH_2$ 氧化呼吸链传递，即经复合体Ⅱ传递给泛醌，经复合体Ⅱ→ CoQ →复合体Ⅲ→ Cyt c →复合体Ⅳ→ O_2，可生成 1.5 个 ATP。其氧化过程不受抑制剂鱼藤酮的影响。

13. **答案**：D　　**考点**：呼吸链抑制剂

解析：CO 是呼吸链抑制剂，可以阻断氧化磷酸化的电子传递过程。其作用机制是 CO 与还原型 Cyt a_3 结合，阻断电子传递给氧。Cyt a_3 存在于复合体Ⅳ中，因此本题的正确选项是 D。

14. **答案**：B　　**考点**：影响氧化磷酸化的因素

解析：甲状腺激素可诱导 Na^+,K^+-ATP 酶生成，ATP 加速分解，ADP 增多，促进氧化磷酸化；同时甲状腺激素还可诱导解偶联蛋白基因表达，导致物质氧化分解和产热均增加，ATP 合成减少，基础代谢率增高。

15. **答案**：A　　**考点**：影响氧化磷酸化的因素

解析：二硝基苯酚是呼吸链电子传递的解偶联剂，为脂溶性物质，在线粒体内膜中可自由移动，破坏跨线粒体内膜的 H^+ 电化学梯度，使氧化与磷酸化过程解偶联，只抑制 ATP 的生成过程，不抑制电子传递过程。

16. **答案**：E　　**考点**：ATP 在体内能量代谢的核心作用

解析：ATP 是体内最重要的高能磷酸化合物，是人体活动可直接利用的能量形式，主要通过氧化磷酸化生成，为各种生理活动提供能量。而葡萄糖是重要的营养能源物质。脂肪酸是脂肪的组分，也是体内重要的供能储能物质。磷酸肌酸是肌肉中能量的储存形式。GTP 是一种高能磷酸化物。

17. **答案**：B　　**考点**：高能磷酸化合物

解析：生物氧化过程中释放的能量大约有 40% 以化学能的形式储存于一些特殊的有机磷酸化合物中。生物体内常见的高能化合物包括高能磷酸化合物和含有辅酶 A 的高能硫酯化合物。这些磷酸酯键水解时释放能量较多，一般称之为高能磷酸键。体内所有高能磷酸化合物中，以 ATP 末端的磷酸键最为重要。此外体内还存在其他高能化合物，如磷酸烯醇式丙酮酸、1,3-二磷酸甘油酸、磷酸肌酸、乙酰 CoA 等。考题选项中，A 选项是 1,3-二磷酸甘油酸，含有一个高能磷酸键；C 和 D 都是二磷酸水平的核苷酸，含有一个高能磷酸键；只有果糖-1,6-二磷酸不含有任何高能键。

18．**答案：**C　　**考点：**高能磷酸化合物

解析：参考第 17 题解析。考题选项中，A 是二磷酸腺苷，含有一个高能磷酸键；B 是乙酰 CoA，含有高能硫酯键；D 是磷酸肌酸，由 ATP 将末端的磷酸键转移给肌酸而生成，因此也含有高能磷酸键。只有 3- 磷酸甘油酸不含有任何高能键。

19．**答案：**E　　**考点：**苹果酸穿梭作用

解析：由于线粒体内膜对物质的通透具有严格的选择性，胞液中生成的 NADH 不能直接进入线粒体，需要借助 α-磷酸甘油穿梭和苹果酸 - 天冬氨酸穿梭两种穿梭机制才能使 2H 进入线粒体内。胞液中 $NADH+H^+$ 的 2H 交给草酰乙酸生成苹果酸，苹果酸通过相应转运体可通过线粒体内膜，进入线粒体后，苹果酸释出 2H（$NADH+H^+$）转变为草酰乙酸，从而将胞液中 2H 带入线粒体内。故答案为 E。

20．**答案：**D　　**考点：**ATP 的生成

解析：甘油在激酶催化下转变为甘油磷酸（消耗 1ATP），脱氢（产生 1 分子 $NADH+H^+$，可通过 2 种穿梭机制进入线粒体）转变为磷酸二羟丙酮进入糖有氧氧化途径，共生成 12.5/14.5 个 ATP；丙酮酸进入线粒体后氧化脱氢（产生 1 分子 $NADH+H^+$）生成乙酰 CoA 进入三羧酸循环，共生成 12.5 个 ATP。乳酸则生成 12.5+1.5/2.5=14 或 15 个 ATP。乙酰乙酸首先活化为乙酰乙酰 CoA（琥珀酰 CoA 转硫酶或乙酰乙酸硫激酶催化，后者作用下需要消耗 2 个 ATP）再硫解为 2 分子乙酰 CoA，进入三羧酸循环可生成 20/18 个 ATP。谷氨酸彻底氧化时首先氧化脱氨转变为 α 酮戊二酸，脱下的氢被 NAD^+ 接受生成 $NADH+H^+$ 可生成 2.5 个 ATP；α-酮戊二酸循三羧酸循环转变为草酰乙酸，此过程共生成 7.5 个 ATP。草酰乙酸沿羧化支路转变为磷酸烯醇式丙酮酸（消耗 1 个 ATP），后者再转变为丙酮酸（产生 1 个 ATP），丙酮酸彻底氧化分解可产生 12.5 个 ATP，所以谷氨酸彻底氧化分解合计生成 22.5 个 ATP。因此，谷氨酸在五种物质中产能最多。

21．**答案：**D　　**考点：**NADH 氧化呼吸链

解析：代谢物经相应脱氢酶催化脱下 2H，由辅酶或辅基接受，经氧化呼吸链递氢递电子彻底氧化。琥珀酸脱氢酶的辅基是 FAD，脱下的 2H 经过 $FADH_2$ 呼吸链氧化，而异柠檬酸、苹果酸、α-酮戊二酸和丙酮酸分别在异柠檬酸脱氢酶、苹果酸脱氢酶、α-酮戊二酸脱氢酶复合体和丙酮酸脱氢酶复合体催化下脱氢，四种酶的辅基均是 NAD^+，脱下的 2H 可经过 NADH 呼吸链氧化。

22．**答案：**C　　**考点：**$FADH_2$ 氧化呼吸链

解析：琥珀酸脱氢酶辅基为 FAD，脱下的 2H 通过 $FADH_2$ 氧化呼吸链氧化，生成 1 摩尔水，生成 ATP 数目为 1.5 摩尔。

23．**答案：**E　　**考点：**ATP 的生成

解析：胞液中的乳酸在乳酸脱氢酶（NAD^+ 为辅基）催化下转变为丙酮酸，并产生 1 分子 $NADH+H^+$ 可通过 α-磷酸甘油穿梭或苹果酸 - 天冬氨酸穿梭进入线粒体生成 1.5 或 2.5 个 ATP，丙酮酸进入线粒体后氧化脱氢（产生 1 分子 $NADH+H^+$）生成乙酰 CoA，循三羧酸循环彻底氧化分解，共生成 12.5 个 ATP。所以乳酸彻底氧化后产生的 ATP 数为 12.5+1.5/2.5=14 或 15 个 ATP。

24．**答案：**D　　**考点：**α-磷酸甘油穿梭

解析：胞液中生成的 NADH 不能直接进入线粒体，需要借助 α- 磷酸甘油穿梭（主要存在于脑和骨骼肌）和苹果酸 - 天冬氨酸穿梭系统（主要存在于肝和心肌）带入线粒体。肉碱穿梭与活化脂肪酸（脂酰 CoA）由胞液转运到线粒体有关；柠檬酸 - 丙酮酸循环可将乙酰 CoA 由线粒体转运到胞液；丙氨酸 - 葡萄糖循环可将肌肉中氨基酸代谢产生的氨以毒性较小的形式运回到肝解毒。

25．**答案：**A　　**考点：**呼吸链抑制剂

解析：二巯基丙醇属于呼吸链特异抑制剂，抑制复合体Ⅲ（泛醌 - 细胞色素 c 还原酶），阻断电子

从 Cyt b 到 Cyt c_1 的传递。底物存在时，利用呼吸链特异的抑制剂阻断某一组分的电子传递，阻断部位前面组分处于还原状态，后面组分处于氧化状态，所以复合体Ⅲ中的 Cyt c_1 处于氧化状态。

26．**答案：**B　　**考点：**氧化磷酸化的影响因素

解析：甲状腺激素是调节氧化磷酸化的重要因素之一，可诱导细胞膜上 Na^+,K^+-ATP 酶的生成，使 ATP 加速分解为 ADP 和 Pi，ADP 增多，ATP/ADP 比值下降，促进氧化磷酸化，ATP 合成和分解速度均增加。甲状腺激素（T_3）还可诱导解偶联蛋白基因表达。

27．**答案：**A　　**考点：**氧化磷酸化的影响因素

解析：ADP 是调节氧化磷酸化速率的关键因素。细胞内 ADP 浓度以及 ATP/ADP 比值能够迅速感应机体能量状态。ATP 利用增多时，ADP 的浓度增加，氧化磷酸化随之加速；ADP 的浓度减少，氧化磷酸化减慢。

28．**答案：**D　　**考点：**能量生成相关代谢的发生亚细胞部位

解析：三羧酸循环（也称柠檬酸循环）、脂肪酸 β-氧化和氧化磷酸化过程是在线粒体内进行，和能量生成有关。而糖酵解是在胞液中进行，1 分子葡萄糖在糖酵解过程中以底物水平磷酸化形式可净生成 2 个 ATP。

29．**答案：**A　　**考点：**氧化磷酸化的影响因素

解析：ADP 是调节氧化磷酸化速率的关键因素。细胞内 ADP 浓度以及 ATP/ADP 比值能够迅速感应机体能量状态。ATP 因消耗大量减少时，ADP 的浓度增加，ATP/ADP 下降，呼吸加快，氧化磷酸化加速。

30．**答案：**A　　**考点：**代谢过程及其亚细胞部位

解析：柠檬酸循环、脂肪酸 β-氧化和电子传递过程是在线粒体内进行。脂肪酸合成和糖酵解是在胞液中进行。

31．**答案：**E　　**考点：**线粒体 DNA 特点

解析：线粒体 DNA 为裸露环状双链 DNA，缺乏蛋白质保护和有效的损伤修复系统，易发生损伤突变。线粒体 DNA 可编码氧化呼吸链中 13 个蛋白亚基、线粒体内 22 个 tRNA 和 2 个 rRNA。线粒体 DNA 突变直接导致氧化磷酸化功能受损和能量代谢障碍。线粒体 DNA 损伤累积会导致线粒体疾病，线粒体疾病以母系遗传居多。

32．**答案：**A　　**考点：**ATP 合酶

解析：ATP 合酶（又称复合体 V）的 F_1 为亲水部分，位于内膜基质侧形成蘑菇头状突起，其 β 亚基含催化中心，可催化 ATP 合成。F_0（疏水部分）构成跨内膜质子通道。质子顺浓度梯度回流时驱动 β 亚基构象改变，合成 ATP。

【A2 型题】

1．**答案：**A　　**考点：**氧化呼吸链的组成及特点

解析：细胞色素 a_3 包含在复合体Ⅳ中，是氧化呼吸链中唯一能直接将电子传递给氧的细胞色素。

2．**答案：**B　　**考点：**线粒体 DNA 功能

解析：慢性进行性眼外肌瘫痪（CPEO）是一种常见的线粒体肌病，儿童期起病。其特点通常是慢性、双侧性、进行性上睑下垂，逐渐出现眼球运动障碍。该病是由原发性线粒体 DNA 突变、缺失或核基因突变引起的遗传性疾病，生化检查证实线粒体呼吸链某些酶缺陷或活性降低，电子传递速率减慢，ATP 生成降低。

3．**答案：**D　　**考点：**解偶联蛋白对氧化呼吸链的影响

解析：褐色脂肪组织中解偶联蛋白（UCP）形成跨线粒体内膜质子转运蛋白，从而破坏线粒体内外

的 H^+ 梯度，使氧化与磷酸化过程脱偶联，质子沿 UCP 回流时产热增加。解偶联蛋白抑制 ATP 的生成过程，不抑制电子传递过程。

4．**答案**：B　　**考点**：解偶联剂和呼吸链抑制剂对氧化呼吸链的影响

解析：2,4-二硝基苯酚为解偶联剂，可在线粒体内膜中自由移动，破坏跨膜质子梯度，此时电子传递正常进行，因此氧耗增加、ATP 合成受到抑制；抗霉素 A 是呼吸链抑制剂，阻断复合体Ⅲ Cyt b 到 CoQ 之间的电子传递，电子传递停止，不能维持有效的跨膜质子梯度，ADP 磷酸化也受到抑制，所以氧耗和 ADP 磷酸化均停止。

5．**答案**：B　　**考点**：ATP 合成的变构机制

解析：Paul D. Boyer 提出的 ATP 合成的变构机制，当质子顺梯度穿内膜向基质回流时，导致 ATP 合酶转子部分包括 c 环和 γ、ε 亚基的相对于 $\alpha_3\beta_3$ 的转动，在转动过程中，γ 亚基依次和 β 亚基接触，导致 β 亚基构象进行协调、循环变化，而 β 亚基构象变化与其功能即结合 ADP 和 Pi、合成 ATP 及释放 ATP 的循环进行相一致。

【B 型题】

1．**答案**：B　2．**答案**：D　　**考点**：呼吸链的组成和特点

解析：氧化呼吸链中复合体Ⅰ、Ⅲ和Ⅳ具有质子泵功能，是氧化磷酸化偶联位点。氧化呼吸链中的电子传递体主要有 NAD^+、黄素蛋白（FMN 和 FAD）、泛醌、铁硫蛋白及细胞色素等五类。其中 NAD^+、黄素蛋白（FMN 和 FAD）、泛醌可直接传递氢，通过加氢和脱氢反应传递作用物脱下的氢，既是递氢体也是电子传递体。

3．**答案**：A　4．**答案**：C　5．**答案**：B　　**考点**：呼吸链的组成和特点

解析：氧化呼吸链中的组分烟酰胺腺嘌呤二核苷酸（NAD^+）、黄素蛋白（FMN 和 FAD）、泛醌可直接传递氢，通过加氢和脱氢反应传递作用物脱下的氢，既是递氢体也是电子传递体，而铁硫蛋白和细胞色素仅能传递电子，不能传递氢。所以 3 题 A 选项（NADH）是氧化呼吸链递氢体。4 题 C 选项（细胞色素 b）是仅能传递电子的组分。而 NADPH 为加单氧酶的辅基，为底物羟化反应提供氢。

6．**答案**：D　7．**答案**：B　　**考点**：呼吸链的组成和特点

解析：氧化呼吸链组分的排列顺序是根据呼吸链各组分的标准氧化还原电位，按由低到高顺序排列（电位低容易失去电子）。在 4 个选项中，Cyt a Fe^{3+}/Fe^{2+} 排在呼吸链的最后，氧化还原电位最高。复合体Ⅱ即三羧酸循环中的琥珀酸脱氢酶，含黄素蛋白（辅基为 FAD）和铁硫蛋白。辅基 FAD 可以接受 2H（H^+ 和 e^-），转变为 $FADH_2$。所以 FAD/$FADH_2$ 参与了复合体Ⅱ的组成。

8．**答案**：A　9．**答案**：B　　**考点**：呼吸链抑制剂对氧化呼吸链的影响

解析：异戊巴比妥是氧化呼吸链特异抑制剂，与复合体Ⅰ中的铁硫蛋白结合，阻断 NADH 氧化呼吸链的电子传递。由于异戊巴比妥对氧化呼吸链复合体Ⅰ的阻断，β-羟丁酸氧化脱下的氢不能进入呼吸链氧化传递，所以 8 题答案为 0。而 1 分子琥珀酸氧化脱氢，氢和电子进入 $FADH_2$ 氧化呼吸链传递，即经复合体Ⅱ传递给泛醌，经复合体Ⅱ → CoQ →复合体Ⅲ → Cytc →复合体Ⅳ → O_2，可生成 1.5 个 ATP。其氧化过程不受抑制剂异戊巴比妥的影响，所以在离体肝线粒体中加入异戊巴比妥，1 分子琥珀酸氧化的 P/O 比值依然为 1.5。

10．**答案**：A　11．**答案**：D　　**考点**：ATP 的运输和肌组织中能量储存的主要形式

解析：ATP 可通过 ATP-ADP 转位酶转运出线粒体。乙酰 CoA 需要首先和草酰乙酸缩合为柠檬酸然后通过柠檬酸 - 丙酮酸循环转运出线粒体。脂肪酸需要活化为脂酰 CoA 通过肉碱转运入线粒体。ATP 可通过肌酸激酶催化将 ATP 基团转移至肌酸分子中合成磷酸肌酸而储存能量。ATP 是可以直接利用的能源形式，不是肌肉中的能量储存。

12．**答案**：B　13．**答案**：E　14．**答案**：D　　**考点**：呼吸链的组成和特点

解析：FMN 中的异咯嗪环能可逆地传递氢和电子，可接受 2 个质子和 2 个电子形成还原型 $FMNH_2$，泛醌结构中含有苯醌结构和 FMN 类似，也能进行可逆的电子传递，接受 1 个质子和 1 个电子还原成半醌型泛醌（$QH^{\cdot}$），再接受 1 个质子和 1 个电子还原成二氢泛醌（QH_2）。细胞色素是一类含有血红素样（铁卟啉）辅基的电子传递蛋白，所以其呈红色。

【X 型题】

1．**答案**：BCD　　**考点**：$NADP^+$ 为辅基 / 辅酶的酶

解析：线粒体中的乙酰 CoA 通过柠檬酸 - 丙酮酸循环转运到胞液中用于脂肪酸、胆固醇等的合成。在此过程中苹果酸酶是以 $NADP^+$ 为辅基催化苹果酸脱氢脱羧转变为丙酮酸。异柠檬酸脱氢酶有两种，一种以 NAD^+ 为电子受体，另一种以 $NADP^+$ 为电子受体，它们催化的反应相同，但前者存在于线粒体基质中，后者在线粒体基质和胞液中都有。磷酸戊糖途径中葡糖-6-磷酸脱氢酶是以 $NADP^+$ 为电子受体，可催化葡糖-6-磷酸→ 6-磷酸葡萄糖酸内酯。苹果酸脱氢酶以 NAD^+ 为辅基。

2．**答案**：AD　　**考点**：细胞色素概念和特点

解析：细胞色素是一类含血红素（铁卟啉）样辅基的电子传递蛋白。血红素中的铁原子可进行 $Fe^{2+} \rightarrow Fe^{3+}+e$ 可逆反应传递电子。细胞色素存在于线粒体内膜、微粒体等细胞器中。辅基与酶蛋白通过非共价或共价键结合。复合体Ⅳ中 Cyt a_3 可直接将电子传递给氧。

3．**答案**：AC　　**考点**：呼吸链中辅酶的作用

解析：参见 A1 型题第 3 题和 B 型题第 4 题解析。

4．**答案**：ACD　　**考点**：氧化磷酸化的偶联部位

解析：氧化呼吸链中复合体Ⅰ、Ⅲ和Ⅳ具有质子泵功能，电子分别经其传递时有质子由线粒体内膜基质侧泵到膜间腔侧，电子传递释放的能量以跨膜质子电化学梯度形式储存起来，所以氧化磷酸化的偶联部位是复合体Ⅰ、Ⅲ和Ⅳ。即 NAD^+ →泛醌、泛醌→细胞色素 c、细胞色素 $a_3 \rightarrow O_2$ 这三个跨复合体Ⅰ、Ⅲ和Ⅳ的电子传递部位。

5．**答案**：ABC　　**考点**：呼吸链的特点

解析：氧化呼吸链组分是按 E^0 值（标准氧化还原电位）从低到高的顺序排列，电子从 NADH 传递给氧的过程，自由能的变化是负值。呼吸链的电子传递和 ADP 磷酸化是偶联的，但并不依赖于氧化磷酸化，当氧化磷酸化脱偶联时电子传递能进行，ADP 磷酸化受到抑制。呼吸链中的递氢体同时也都是递电子体，但呼吸链中的递电子体并不一定是递氢体，如细胞色素、铁硫蛋白。电子传递过程中卟啉环中的铁经历了由氧化状态到还原状态的变化即 $Fe^{3+} \rightarrow Fe^{2+}$ 的变化。

6．**答案**：AC　　**考点**：NADH 的运输

解析：线粒体外生成的 NADH 不能直接进入线粒体，需要借助 α-磷酸甘油穿梭（主要存在于脑和骨骼肌）和苹果酸 - 天冬氨酸穿梭系统（主要存在于肝和心肌）带入线粒体。α-磷酸甘油（也称 3-磷酸甘油）通过线粒体外膜后在脱氢酶催化下转变为磷酸二羟丙酮，辅基 FAD 接受脱下的 2H，以 $FADH_2$ 形式进入氧化呼吸链氧化。

7．**答案**：AB　　**考点**：细胞色素的概念和特点

解析：细胞色素是一类含血红素（铁卟啉）样辅基的电子传递蛋白。血红素中的铁原子可进行 $Fe^{3+}+e^- \rightarrow Fe^{2+}$ 可逆反应传递电子，为单电子传递体。氰化物可抑制复合体Ⅳ中 Cyt a_3，抑制电子传递给氧，但对其他细胞色素不起作用。

8．**答案**：AC　　**考点**：底物水平磷酸化

解析：体内以底物水平磷酸化方式生成 ATP 的反应有三步，有 2 步反应存在于糖酵解途径中，

即：① 1,3 二磷酸甘油酸 +ADP → 3-磷酸甘油酸 +ATP（磷酸甘油酸激酶催化），②磷酸烯醇式丙酮酸 +ADP →丙酮酸 +ATP（丙酮酸激酶催化）；有一步反应发生在三羧酸循环中，即：③琥珀酰CoA+GDP+Pi →琥珀酸 +GTP+HSCoA（琥珀酰 CoA 合成酶催化）。

9．**答案：**ABCD　　**考点：**ATP 合成的变构机制

解析：依据 ATP 合成的变构机制理论，当质子顺梯度穿内膜向基质回流时，释放的能量会驱动 ATP 合酶转子部分包括 c 环和 γ、ε 亚基的相对于 $\alpha_3\beta_3$ 的转动，在转动过程中，γ 亚基依次和 β 亚基接触，导致 β 亚基构象进行协调、循环变化，而 β 亚基构象变化与其功能即结合 ADP 和 Pi、合成 ATP 及释放 ATP 的循环进行是一致的。

10．**答案：**ABC　　**考点：**加单氧酶

解析：加单氧酶催化氧分子中的一个氧原子使底物分子的羟化，另一个氧原子被氢还原为 H_2O。加单氧酶主要参与类固醇激素、胆汁酸及胆色素等的生成以及药物或毒物的生物转化过程。

11．**答案：**AC　　**考点：**非线粒体氧化体系的特点

解析：除线粒体外，细胞的微粒体和过氧化物酶体也是生物氧化的重要场所，其中存在一些不同于线粒体的氧化酶类，组成特殊的氧化体系，其特点是在氧化过程中不伴有偶联磷酸化，不能生成 ATP，线粒体外的氧化体系主要和清除活性氧、药物毒物的生物转化和一些物质的合成有关。

12．**答案：**CD　　**考点：**氧化磷酸化的影响因素

解析：参见 A1 型题第 26 题解析。

13．**答案：**BD　　**考点：**高能磷酸化合物

解析：生物氧化过程中释放的能量大约有 40% 以化学能的形式储存于一些特殊的高能化合物中。生物体内常见的高能化合物包括高能磷酸化合物和含有辅酶 A 的高能硫酯化合物。这些磷酸酯键或硫酯键水解时释放能量较多，可使 ADP 磷酸化生成 ATP。NTP 和 NDP（N=A、T、G、C、U）、磷酸烯醇式丙酮酸、1,3-二磷酸甘油酸及磷酸肌酸属于含有高能磷酸键的化合物，乙酰 CoA、琥珀酰 CoA 属于高能硫酯化合物。果糖-1,6-二磷酸的 1 和 6 位 C 上各含一个磷酸酯键；三磷酸肌醇在肌醇分子的 1、4、5 位各含 1 个磷酸酯键，都不属于高能磷酸化合物。

14．**答案：**ABCD　　**考点：**线粒体 DNA

解析：参见 A1 型题第 31 题解析。

二、名词解释（答案要点）

1．生物氧化：物质在生物体内进行的氧化还原反应称为生物氧化。生物氧化在线粒体内及线粒体外均可进行。

2．氧化磷酸化：由代谢物脱下的氢，经线粒体氧化呼吸链电子传递释放能量，偶联驱动 ADP 磷酸化生成 ATP 的过程。又称偶联磷酸化。

3．氧化呼吸链：线粒体内膜上由一系列酶或辅酶按一定顺序排列组成的递氢或递电子体系，可将代谢物氧化脱下的成对氢原子（$2H^+ + 2e^-$）逐步传递给 O_2 生成 H_2O，也称电子传递链。

4．底物水平磷酸化：高能底物分子水解时直接将分子中的能量转移至 ADP 或 GDP 而生成 ATP 或 GTP 的过程。即底物分子高能键水解与 ADP（GDP）磷酸化偶联称为底物水平磷酸化。

5．P/O 比值：P/O 比值是指氧化磷酸化过程中，每消耗 1 摩尔氧原子所需磷酸的摩尔数（或 ADP 的摩尔数），即生成 ATP 的摩尔数。

6．化学渗透假说：1961 年英国科学家 P. Mitchell 提出的化学渗透假说阐明了氧化磷酸化偶联机制。其基本要点为：线粒体内膜对质子不通透，电子经氧化呼吸链传递时释放的能量，通过复合体Ⅰ、

Ⅲ、Ⅳ的质子泵功能，驱动 H^+ 从线粒体内膜基质侧泵到膜间腔侧，形成跨线粒体内膜的质子电化学梯度（H^+ 浓度梯度和跨膜电位差）而储存了电子传递释放的能量；当质子顺此浓度梯度回流时释放储存的势能，驱动 ATP 生成。

7．反应活性氧类：呼吸链电子传递过程中，会产生部分被还原的氧，即反应活性氧类，包括 $\cdot O_2^-$（超氧阴离子）、H_2O_2、$\cdot OH$（羟自由基）等强氧化成分。

三、问答题（答案要点）

1．线粒体内膜上由一系列酶或辅酶按一定顺序排列组成的递氢或递电子体系，可将代谢物氧化脱下的成对氢原子（$2H^++2e^-$）逐步传递给 O_2 生成 H_2O，也称电子传递链。组成呼吸链的主要组分有烟酰胺核苷酸、黄素蛋白、铁硫蛋白、泛醌及细胞色素等五类。

2．可以，通过底物水平磷酸化生成 ATP，或者线粒体外生成的 NADH 借助 α-磷酸甘油穿梭或苹果酸 - 天冬氨酸穿梭两种穿梭机制将 2H 带入线粒体，经氧化呼吸链氧化生成 ATP。

3．氧化呼吸链的偶联部位在复合体Ⅰ、Ⅲ和Ⅳ内。实验依据有：① P/O 比值：P/O 比值是指氧化磷酸化过程中，每消耗 1/2 摩尔氧，所消耗磷的摩尔数，即生成 ATP 的摩尔数。一对电子经 NADH 氧化呼吸链传递，P/O 比值约为 2.5，经 $FADH_2$ 氧化呼吸链传递，P/O 比值约为 1.5。②自由能的变化：生成 1 摩尔 ATP 需能约 30.5 kJ（7.3 kcal），测得对应复合体Ⅰ、Ⅲ和Ⅳ部位的自由能变化分别为 –69.5 kJ/mol、–36.7 kJ/mol、–112 kJ/mol，在上述复合体内各存在一个生成 ATP 的部位。

4．（1）机体能量状态可调节氧化磷酸化速率：ADP 浓度是调节氧化磷酸化速率的关键因素。

（2）抑制剂通过不同机制阻断氧化磷酸化过程：

①呼吸链抑制剂：鱼藤酮、粉蝶霉素 A、异戊巴比妥等可与复合体Ⅰ中的铁硫蛋白结合，阻断电子传递；萎锈灵等抑制复合体Ⅱ；抗霉素 A、二巯基丙醇抑制复合体Ⅲ；H_2S、CO、CN^- 和 N_3^- 抑制复合体Ⅳ。

②解偶联剂：破坏跨膜质子电化学梯度，使氧化与磷酸化过程解偶联。如二硝基苯酚、解偶联蛋白等。

③ ATP 合酶抑制剂：对电子传递和 ADP 磷酸化均有抑制作用。如寡霉素，抑制 ATP 合酶活性，使 ATP 不能生成。

（3）甲状腺激素可促进氧化磷酸化和产热：甲状腺素可诱导 Na^+,K^+-ATP 酶生成，ATP 加速分解，ADP ↑→氧化磷酸化↑→耗氧量↑；诱导解偶联蛋白生成→产热量↑，最终导致 ATP 生成减少，基础代谢率↑。

（4）线粒体 DNA 突变可影响氧化磷酸化功能：呼吸链复合体中 13 个亚基由线粒体 DNA 表达，线粒体 DNA 突变直接导致氧化磷酸化功能受损和能量代谢障碍。

5．体内存在 NADH 和 $FADH_2$ 两条氧化呼吸链，前者传递顺序为 NADH →复合体Ⅰ→ CoQ →复合体Ⅲ → Cyt c →复合体Ⅳ→ O_2，$FADH_2$ 氧化呼吸链传递顺序为琥珀酸→复合体Ⅱ→ CoQ →复合体Ⅲ → Cyt c →复合体Ⅳ→ O_2。

氧化呼吸链组分排列顺序的确定：

（1）根据标准氧化还原电位（E^0 值）排序：呼吸链组分由电位低到高的顺序传递电子；

（2）利用呼吸链特异阻断剂确定排列顺序：阻断部位前组分处于还原状态，后面组分处于氧化状态，根据各组分氧化 / 还原状态吸收光谱的改变分析其排列顺序；

（3）分光光度计测定各组分特有的呼吸光谱进行体外分析：离体组分无氧时处于还原状态，缓慢给氧后，观察被氧化的顺序；

（4）体外拆开和重建呼吸链，鉴定复合体组成和排列。

6．细胞内 ATP 生成的方式有两种：底物水平磷酸化和氧化磷酸化。氧化磷酸化是 ATP 生成的主要方式。

7．1961 年英国科学家 P. Mitchell 提出的化学渗透假说阐明了氧化磷酸化偶联机制。其基本要点为：线粒体内膜对质子不通透，电子经氧化呼吸链传递时释放的能量，通过复合体Ⅰ、Ⅲ、Ⅳ的质子泵功能，驱动 H^+ 从线粒体内膜基质侧泵到膜间腔侧，形成跨线粒体内膜的质子电化学梯度（H^+ 浓度梯度和跨膜电位差）而储存了电子传递释放的能量；当质子顺此浓度梯度回流时释放储存的势能，驱动 ATP 生成。

8．①解偶联蛋白（UCP）的一般特性：种类、分布、结构特点。②解偶联蛋白作用机制及其生物学功能：在产热和维持体温、调节氧化应激和 ROS 生成、调节线粒体脂肪酸氧化等方面发挥作用。③解偶联蛋白在治疗肥胖中的应用潜能：围绕调节产热和能量消耗、控制体重和脂肪含量、抑制 ROS 生成、调控胰岛素分泌等方面展开论述。

9．①线粒体 DNA（mtDNA）为裸露环状双链 DNA，缺乏蛋白质保护和有效的损伤修复系统，易发生损伤突变。② 线粒体功能蛋白质由核基因组和线粒体基因组功能编码，其中呼吸链复合体中 13 个亚基由线粒体基因组编码，线粒体 DNA 突变直接导致氧化磷酸化功能受损和能量代谢障碍。③不同程度的线粒体 DNA 突变的累积导致线粒体疾病，主要影响到耗氧量较大的组织（大脑、心脏和骨骼肌）。mtDNA 突变与糖尿病、肿瘤、神经、骨骼肌系统疾病以及衰老等退行性疾病相关。④线粒体病以母系遗传居多。

（李淑艳）

第七章　脂质代谢

第一节　学习要求

掌握： 脂肪动员，脂肪酸β-氧化，酮体的生成、利用和调节；脂肪酸的合成；胆固醇的合成和转化；血浆脂蛋白的种类、组成和主要功能。

熟悉： 甘油三酯的合成；甘油磷脂的合成；血浆脂蛋白代谢与高脂血症。

了解： 脂质的组成、功能和分析；脂类的消化吸收；鞘磷脂的代谢。

第二节　内容精要

脂质是一类不溶于水而易溶于有机溶剂，并能为机体利用的有机化合物。包括脂肪（甘油三酯）和类脂（胆固醇、胆固醇酯、磷脂、糖脂）。甘油三酯的功能主要是储能、供能、保温、保护机体和脏器。类脂作为机体结构成分，参与细胞信息转导和细胞代谢。机体生长发育必需的，但不能体内合成，必须由食物供给的脂肪酸是必需脂肪酸，包括亚油酸、亚麻酸、花生四烯酸。此外还有一些多不饱和脂肪酸的重要衍生物，包括前列腺素、血栓素及白三烯等，参与细胞代谢活动，与炎症、免疫、过敏及心血管疾病等病理相关。

一、脂质的构成、功能及分析

（一）脂质的种类

脂质是脂肪和类脂的总称。脂肪即甘油三酯（triglyceride），也称三酰甘油（triacylglycerol）。类脂包括固醇及其酯、磷脂和糖脂等。脂肪酸根据碳链长度分为短链脂酸（碳链长度≤ 10）、中链脂酸（碳链长度：10 ~ 20）和长链脂酸（碳链长度≥ 20）；根据饱和度分为饱和脂酸（不含双键）和不饱和脂酸（含一个或一个以上双键）

（二）脂质的生物学功能（表 7-1）

表7-1　脂类的功能

分类	功能
甘油三酯	储能、供能、保温、保护机体和脏器
类脂（胆固醇、胆固醇酯、磷脂、糖脂）	机体结构成分，参与细胞信息转导和细胞代谢
必需脂肪酸（亚油酸、亚麻酸、花生四烯酸）	机体生长发育必需的，不能在体内合成，必须由食物供给
多不饱和脂肪酸重要衍生物（前列腺素、血栓素及白三烯）	参与细胞代谢活动，与炎症、免疫、过敏及心血管疾病等病理相关

（三）脂质分析技术（略）

二、脂质的消化与吸收

食物中脂质包括甘油三酯和少量胆固醇。胆汁酸盐降低脂 - 水相间的界面张力，将脂质乳化成细小微团（micelles），使脂质消化酶吸附在乳化微团的脂 - 水界面，增加消化酶与脂质接触面积，促进脂质消化。脂质消化部位主要在小肠上段。吸收部位在十二指肠下段及空肠上段。吸收形式主要有两种：中链脂酸及短链脂酸在肠黏膜细胞，经脂肪酶的作用，水解为脂肪酸及甘油，通过门静脉进入血液循环。长链脂酸及 2- 甘油一酯在肠黏膜细胞经甘油一酯合成途径合成甘油三酯，形成乳糜微粒，经淋巴进入血液循环。

三、甘油三酯代谢

（一）甘油三酯的氧化分解

1．脂肪动员　是指储存在脂肪细胞中的脂肪，被脂肪酶逐步水解成游离脂肪酸和甘油并释放入血，经血液运输到其他组织氧化的过程。主要在胞液进行。关键酶是激素敏感性甘油三酯脂肪酶，其活性受激素的调节。胰高血糖素、肾上腺素、ACTH 及 TSH 促进脂肪动员，是脂解激素。胰岛素和前列腺素抑制脂肪动员，是抗脂解激素。

2．脂肪酸的 β- 氧化　β- 氧化是脂肪酸分解的核心过程，分以下几个阶段：

1）脂肪酸的活化——脂酰辅酶 A（脂酰 CoA）的生成：在内质网及线粒体外膜上的脂酰辅酶 A 合成酶作用下，由 ATP 提供能量，在有 CoASH 存在条件下，可将脂肪酸活化生成脂酰 CoA。

2）脂酰 CoA 进入线粒体：在胞液中生成的脂酰 CoA 需借助线粒体膜外侧的肉碱脂酰转移酶Ⅰ和内侧的肉碱脂酰转移酶Ⅱ的作用，由肉碱将脂酰 CoA 携带至线粒体内。此转运过程是脂肪酸 β- 氧化的限速步骤，肉碱脂酰转移酶Ⅰ是脂肪酸氧化分解的限速酶。

3）脂肪酸的 β- 氧化：脂肪酸在线粒体经过脱氢、加水、再脱氢、硫解四个步骤生成 1 分子的乙酰 CoA、$FADH_2$, $NADH+H^+$ 和 1 分子比原来少了 2 个碳原子的脂酰 CoA。经过反复循环，将偶数碳脂酰 CoA 分解成若干乙酰 CoA、$FADH_2$ 和 $NADH+H^+$。

乙酰 CoA 经三羧酸循环彻底氧化分解，$FADH_2$ 和 $NADH+H^+$ 通过呼吸链经氧化磷酸化后产生能量。

β- 氧化是体内主要产能方式之一。1 分子软脂酸经 β- 氧化彻底分解可净生成 106 分子 ATP。

3．脂肪酸的其他氧化方式

1）不饱和脂肪酸 β- 氧化需转变构型。

2）超长碳链脂肪酸需先在过氧化酶体氧化成较短碳链脂肪酸进行氧化。

3）丙酰 CoA 转变为琥珀酰 CoA 进行氧化，奇数碳原子脂肪酸经 β- 氧化后除了生成乙酰 CoA 外，还生成 1 分子丙酰 CoA，丙酰 CoA 经羧化酶和异构酶的作用可转变为琥珀酰 CoA，可彻底氧化分解或进入糖异生途径。

4）脂肪酸氧化还可从远侧甲基端进行 ω- 氧化（ω-oxidation）。

4．酮体（ketone body）

1）概念：酮体是脂肪酸在肝不完全氧化分解的正常中间产物，包括乙酰乙酸、β- 羟丁酸和丙酮。

2）酮体生成的原料：乙酰 CoA，主要来自脂酸的 β- 氧化。

3）酮体生成的部位：肝细胞线粒体。

4）酮体生成的限速酶：HMG-CoA 合酶。

5）酮体的利用：肝没有利用酮体的酶，如转硫酶和硫激酶，因此酮体是肝内生成、肝外用。

酮体在肝内生成后，通过血液运往肝外组织。在肝外组织（心、肾、脑、骨骼肌等）线粒体内，乙酰乙酸和 β- 羟丁酸都先被转化成乙酰辅酶 A，最终通过三羧酸循环彻底氧化。

6）酮体生成的意义：肝输出能源的一种方式，酮体具水溶性，可通过血脑屏障，是脑组织的重要能源。长期饥饿或者是糖供给不足时，酮体将替代葡萄糖而成为脑和肌肉能量的主要来源。

在生理情况下，肝酮体的生成能力低于肝外组织利用酮体的能力，血中酮体的含量很低。但在长期饥饿或糖尿病等糖代谢异常的情况下，体内脂肪动员加强，肝内酮体的生成超过肝外组织利用酮体的能力，血中酮体的含量会增加，形成酮症。血酮体超过肾阈值，便可随尿排出，引起酮尿（ketonuria）。

7）酮体生成调节：

①进食状态：饱食后胰岛素分泌增加，脂肪动员减少，酮体生成减少。饥饿时，胰高血糖素分泌增多，

脂肪动员增强，酮体生成增多。

②糖代谢状况：餐后或糖供给充分时，糖分解代谢旺盛，脂肪酸氧化被抑制，酮体生成减少。饥饿或糖利用障碍时，脂肪酸分解增强，生成的乙酰 CoA 增多；而且糖来源不足或糖代谢障碍时，草酰乙酸减少，乙酰 CoA 进入柠檬酸循环受阻，导致乙酰 CoA 堆积，促进酮体生成。

③丙二酸单酰 CoA 影响：糖代谢旺盛时，乙酰 CoA 和柠檬酸增多，别构激活乙酰 CoA 羧化酶，促进丙二酸单酰 CoA 合成，丙二酸单酰 CoA 通过竞争性抑制肉碱脂酰转移酶Ⅰ，阻止脂酰 CoA 进入线粒体进行 β- 氧化，酮体生成受到抑制。

5．甘油的利用　脂肪动员产生的甘油在肝、肾和小肠的胞液中转变为 3- 磷酸甘油后被利用。

（二）甘油三酯的合成

1．合成场所　胞液（肝、小肠和脂肪组织细胞的内质网）。

2．合成原料　甘油和脂肪酸（主要由糖代谢提供）。在小肠也可利用食物脂肪消化吸收产物脂肪酸和甘油一酯合成甘油三酯。

3．合成途径　甘油一酯途径（主要在小肠黏膜细胞）和 甘油二酯途径（主要在肝细胞和脂肪细胞）。

（三）软脂酸的合成

1．软脂酸的合成原料　乙酰 CoA，NADPH，ATP，主要来自葡萄糖的代谢。

2．软脂酸的合成部位　肝、脑、肾、乳腺、脂肪组织的胞液。

3．合成过程

1）乙酰 CoA 通过柠檬酸 - 丙酮酸循环运出线粒体。

2）丙二酸单酰 CoA（又称丙二酰 CoA）的合成：乙酰 CoA 首先在乙酰 CoA 羧化酶催化下生成丙二酰 CoA，作为脂肪酸碳链延长中碳的来源。乙酰 CoA 羧化酶（辅酶为生物素）是脂肪酸合成过程的关键酶。长链脂酰 CoA 及胰高血糖素可抑制其活性，胰岛素可促进其活性。

3）软脂酸的合成循环：1 分子乙酰 CoA 先后与 7 分子丙二酰 CoA 在脂酸合成酶系催化下依次重复进行缩合、还原、脱水和再还原反应，便可合成 16C 的软脂酸。每重复一次碳链延长 2 个碳原子。此过程与 β- 氧化相反，是一个还原过程，由 $NADPH + H^+$ 提供还原过程中所需之氢。

细菌中的脂肪酸合成酶复合体是一种多酶复合体，哺乳动物的脂肪酸合成酶属多功能酶，有 7 种酶活性，其中有酰基载体蛋白（ACP）。它具有与 CoASH 相同的 4′- 磷酸泛酰氨基乙硫醇辅基，是合成过程中脂酰基的载体。

4．脂肪酸碳链延长　脂肪酸碳链经过延长、缩合、去饱和，便可生成除必需脂肪酸以外的多种脂肪酸。

（1）内质网酶体系：软脂酸碳链延长的主要途径。以丙二酰 CoA 作为二碳单位的供体。NADPH 供氢，延长过程与脂肪酸合成相似。

（2）线粒体酶体系：乙酰 CoA 供给二碳单位，与 β- 氧化逆反应相似。

5．不饱和脂肪酸的合成　不饱和脂肪酸主要在内质网去饱和而生成。

6．脂肪酸合成的调节　脂肪酸合成受代谢物和激素调节，代谢物通过改变原料供应量和乙酰 CoA 羧化酶活性调节脂肪酸合成。胰岛素是调节脂肪酸合成的主要激素。脂肪酸合酶可作为药物治疗的靶点。

四、磷脂代谢

（一）甘油磷脂的合成

1．合成部位　全身各组织细胞的内质网，其中以肝、肾、肠的合成最旺盛。

2．合成原料　甘油、脂肪酸、磷酸和含氮化合物（胆碱、乙醇胺等）。

CDP 胆碱、CDP 乙醇胺分别是卵磷脂和脑磷脂合成时胆碱、乙醇胺的活性供体。

3．合成途径

① 甘油二酯合成途径：磷脂酰胆碱和磷脂酰乙醇胺通过甘油二酯途径合成。

② CDP- 甘油二酯合成途径：磷脂酰肌醇、磷脂酰丝氨酸及心磷脂通过 CDP- 甘油二酯途径合成。

（二）甘油磷脂的降解

甘油磷脂在各种磷脂酶（A_1、A_2、B、C、D）作用下分解为脂肪酸、甘油、磷酸等，再进一步降解。不同磷脂酶的作用位点不同。其中磷脂酶 A_2 的水解产物为溶血磷脂和脂肪酸。

（三）鞘磷脂的合成

1．合成原料　软脂酰 CoA、丝氨酸和胆碱，辅酶是磷酸吡哆醛、NADPH 及 FAD。

2．合成部位　内质网。

（四）鞘磷脂的降解

由神经鞘磷脂酶催化。神经鞘磷脂酶属磷脂酶 C 类，先天性缺乏此酶会使鞘磷脂在细胞内积存，引起肝、脾大及痴呆等疾病。

五、胆固醇代谢

（一）胆固醇合成

1．合成部位　主要在肝（总量的 70% ~ 80%）；其次是肾上腺皮质、卵巢、睾丸等。细胞定位是胞液及内质网。

2．原料　乙酰 CoA 及 NADPH+H^+。乙酰 CoA 为葡萄糖、氨基酸及脂肪酸在线粒体内的分解代谢产物，需经柠檬酸 - 丙酮酸循环被运至胞液。

3．合成过程（3 个阶段）　反应的前几步与酮体合成类似，需先合成 HMG-CoA，然后再在 HMG-CoA 还原酶及多种酶的作用下经多步反应最终生成胆固醇。

4．关键酶　HMG-CoA 还原酶。

5．胆固醇合成的调节　胆固醇的合成受产物、激素和脂肪等调节，主要是通过调节 HMG-CoA 还原酶的合成量和酶的活性来实现。体内合成及食入的胆固醇一旦超量，便作为产物，反馈抑制关键酶 HMG-CoA 还原酶的活性，使胆固醇合成量减少。激素中胰岛素能增强 HMG-CoA 还原酶的活性，增加胆固醇的合成；甲状腺素既增加 HMG-CoA 还原酶的活性使胆固醇合成增加，又可促进胆固醇转变为胆汁酸，总的结果是使胆固醇降低。此外，食物中的脂肪能诱导 HMG-CoA 还原酶的生成，故有增加胆固醇合成的作用。

（二）胆固醇的转化

1．胆固醇不能被直接彻底氧化，转化产物（主要是胆汁酸）是主要的排泄方式。

2．转化产物　维生素 D_3、类固醇激素和胆汁酸。约 40% 胆固醇转化为胆汁酸。

3．在血浆中，胆固醇与卵磷脂在卵磷脂胆固醇脂酰基转移酶（LCAT）催化下生成胆固醇酯，从而被酯化。

六、血浆脂蛋白代谢

（一）血脂

1．概念　血浆所含脂质的统称，包括：甘油三酯、磷脂、胆固醇及其酯以及游离脂酸。

2．血脂的运输及代谢　血浆脂蛋白（脂质 + 载脂蛋白）是血脂的运输及代谢形式。

3．血浆脂蛋白分类

①电泳法：按电场中的迁移率分为 2α-脂蛋白、β-脂蛋白、前 β-脂蛋白和乳糜微粒。

②超速离心法：按密度分为 CM（乳糜微粒）、VLDL（极低密度脂蛋白）、LDL（低密度脂蛋白）、HDL（高密度脂蛋白）。

（二）各种脂蛋白的功能和特点（表 7-2）

表7-2　各种脂蛋白的功能和特点

种类	特点	功能
CM	由小肠黏膜上皮细胞合成，主要成分是甘油三酯	运输外源性甘油三酯到肝和肝外组织被利用
VLDL	主要由肝细胞合成，主要成分是甘油三酯	向肝外组织运输内源性甘油三酯
LDL	由 VLDL 在血浆中转变生成，主要成分是胆固醇	将肝内合成的胆固醇向肝外组织运输
HDL	主要由肝细胞合成，主要成分是磷脂与胆固醇	向肝外组织运输磷脂和将肝外组织的胆固醇逆向转运回肝内

（三）高脂血症

血浆脂蛋白代谢紊乱导致脂蛋白异常血症，血浆脂质水平异常升高（表 7-3），超过正常范围上限称为高脂血症（hyperlipidemia）。在目前临床实践中，高脂血症指血浆胆固醇和（或）甘油三酯超过正常范围上限，一般以成人空腹 12 ~ 14 小时血浆甘油三酯超过 2.26 mmol/L（200 mg/dl），胆固醇超过 6.21 mmol/L（240 mg/dl），儿童胆固醇超过 4.14 mmol/L（160 mg/dl）为高脂血症诊断标准。

表7-3　脂蛋白异常血症分型

分型	血浆脂蛋白变化	血脂变化
Ⅰ	乳糜微粒升高	甘油三酯↑↑↑，胆固醇↑
Ⅱa	低密度脂蛋白升高	胆固醇↑↑
Ⅱb	低密度及极低密度脂蛋白同时升高	胆固醇↑↑，甘油三酯↑↑
Ⅲ	中间密度脂蛋白升高（电泳出现宽 β 带）	胆固醇↑↑，甘油三酯↑↑
Ⅳ	极低密度脂蛋白升高	甘油三酯↑↑
Ⅴ	极低密度脂蛋白及乳糜微粒同时升高	甘油三酯↑↑↑，胆固醇↑

第三节　应试习题

一、选择题（题目前 * 表示西医综合题目，题目前 # 表示执业医师题目）

【A1 型题】

1. # 关于脂肪酸 β- 氧化的叙述，错误的是（2001）
   A．酶系存在于线粒体中
   B．不发生脱水反应
   C．需要 FAD 及 NAD^+ 为受氢体
   D．脂肪酸的活化是必要的步骤
   E．每进行一次 β- 氧化产生 2 分子乙酰 CoA
2. # 下列激素可直接激活三酰甘油脂肪酶，例外的是（2003）
   A．肾上腺素
   B．胰高血糖素
   C．胰岛素
   D．去甲肾上腺素
   E．促肾上腺皮质激素
3. # 酮体利用时所需的辅助因子是（2004）
   A．Vit B
   B．$NADP^+$
   C．辅酶 A
   D．生物素
   E．Vit B_6
4. # 下列关于酮体的描述，错误的是（2003，2005）
   A．酮体包括乙酰乙酸、β- 羟丁酸、丙酮
   B．合成原料是丙酮酸氧化生成的乙酰 CoA
   C．酮体只能在肝内生成
   D．酮体只能在肝外组织氧化
   E．酮体是肝输出能量的一种形式
5. # 体内脂肪大量动员时，肝内生成的乙酰 CoA 主要生成（2005,2006）

A．葡萄糖
B．二氧化碳和水
C．胆固醇
D．酮体
E．草酰乙酸

6．#脂肪动员的产物是（2008）
A．甘油
B．3- 磷酸甘油
C．3- 磷酸甘油醛
D．1,3- 二磷酸甘油酸
E．2,3- 二磷酸甘油酸

7．#肝在脂肪代谢中产生过多酮体主要由于（2010）
A．肝功能不好
B．肝中脂肪代谢紊乱
C．酮体是病理代谢产物
D．脂肪摄食过多
E．糖的供应不足

8．#酮体不能在肝中氧化的主要原因是肝中缺乏（2012）
A．HMG-CoA 合酶
B．HMG-CoA 裂解酶
C．HMG-CoA 还原酶
D．琥珀酰 CoA 转硫酶
E．β- 羟丁酸脱氢酶

9．#先天缺乏琥珀酰 CoA 转硫酶的患者若长期摄取低糖膳食，将会产生的代谢障碍是（2014）
A．酮症
B．高脂血症
C．低血糖症
D．苯丙酮尿症
E．尿黑酸尿症

10．#脂肪酸合成的原料乙酰 CoA 从线粒体转移到胞液的途径是（2002,2005）
A．三羧酸循环
B．乳酸循环
C．糖醛酸循环
D．柠檬酸 - 丙酮酸循环
E．丙氨酸 - 葡萄糖循环

11．#合成脂肪酸的乙酰 CoA 主要来自（2002,2006）
A．糖的分解代谢
B．脂肪酸的分解代谢
C．胆固醇的分解代谢
D．生糖氨基酸的分解代谢
E．生酮氨基酸的分解代谢

12．#胆固醇合成的关键酶是（2001,2002,2005,2006）
A．柠檬酸裂解酶
B．HMG-CoA 合酶
C．HMG-CoA 裂解酶
D．HMG-CoA 还原酶
E．鲨烯合酶

13．#胆固醇不能转变为（2002,2005,2006）
A．维生素 D_3
B．胆汁酸
C．雌激素
D．醛固酮
E．胆色素

14．#各型高脂蛋白血症中不增高的脂蛋白是（2014）
A．CM
B．VLDL
C．HDL
D．IDL
E．LDL

15．#具有抗动脉粥样硬化作用的脂类是（2001）
A．三酰甘油
B．胆固醇
C．HDL
D．LDL
E．VLDL

16．#组成卵磷脂分子的成分有（2006）
A．乙醇胺
B．胆碱
C．肌醇
D．丝氨酸
E．甘氨酸

17．#血浆中运输内源性胆固醇的脂蛋白是（2008）
A．CM
B．VLDL
C．LDL
D．HDL_2
E．HDL_3

18．#血浆中运载内源性三酰甘油的主要脂蛋白是（2014）

A．乳糜微粒
B．HDL
C．IDL
D．LDL
E．VLDL

19．* 下列磷脂中，合成代谢过程需进行甲基化的是（2015）
A．磷脂酰乙醇胺
B．磷脂酰胆碱
C．磷脂酰丝氨酸
D．磷脂酸

20．* 能够逆向转运胆固醇到肝的脂蛋白是（2013）
A．CM
B．LDL
C．VLDL
D．HDL

21．* 可以作为合成前列腺素原料的物质是（2012）
A．软脂酸
B．硬脂酸
C．花生四烯酸
D．棕榈油酸

22．* 脂肪细胞合成甘油三酯所需的 3- 磷酸甘油主要来源于（2011）
A．糖酵解
B．糖异生
C．脂肪动员
D．氨基酸转化

23．* 如果食物中长期缺乏植物油，将导致人体内减少的物质是（2008）
A．软油酸
B．油酸
C．花生四烯酸
D．胆固醇

24．* 下列脂蛋白形成障碍与脂肪肝的形成密切相关的是（2008）
A．CM
B．VLDL
C．LDL
D．HDL

25．* 脂肪酸 β- 氧化、酮体生成及胆固醇合成的共同中间产物是（2007）
A．乙酰辅酶 A
B．甲基二羟戊酸
C．HMG-CoA
D．乙酰乙酸

26．胞质中合成脂肪酸的限速酶是
A．β 酮脂酰合成酶
B．硫解酶
C．乙酰 CoA 羧化酶
D．脂酰转移酶
E．β 酮脂酰还原酶

27．* 乙酰 CoA 羧化酶的别构抑制剂是（2000）
A．柠檬酸
B．异柠檬酸
C．AMP
D．乙酰 CoA
E．长链脂酰 CoA

28．* 合成脑磷脂需要的物质是（2004）
A．CDP- 乙醇胺
B．CDP- 胆碱
C．UDP- 胆碱
D．UDP- 乙醇胺
E．GDP- 乙醇胺

29．在线粒体中，脂肪酸碳链延长的原料是
A．丙二酰 CoA
B．乙酰 CoA
C．既用乙酰 CoA，也用丙二酰 CoA
D．一碳单位
E．甘油

30．下列不属于甘油脂类正常功能的是
A．保持体温
B．传递电子
C．构成生物膜
D．参与维生素吸收
E．参与信息传递

31．关于脂肪在体内氧化分解过程的叙述，错误的是
A．β- 氧化中的受氢体为 NAD^+ 和 FAD
B．含 16 个碳原子的软脂酸经过 8 次 β- 氧化
C．脂酰 CoA 需转运入线粒体
D．脂肪酸首先要活化生成脂酰 CoA
E．β- 氧化四步反应为脱氢、加水、再脱氢和硫解

【A2 型题】

1．有一种分子，它既是机体三大营养物质代谢的共同中间产物，也是合成脂肪酸、酮体及胆固醇的原料，它产生于线粒体，可通过柠檬酸 - 丙酮酸循环转移到胞液，这种物质是

A．磷酸二羟丙酮

B．α- 磷酸甘油

C．乙酰 CoA

D．丙酮酸

E．丙二酸单酰 CoA

2．李先生体检报告上显示，血液总胆固醇水平高于正常值，还有一种血浆脂蛋白胆固醇水平也偏高，医生告知他患了高胆固醇血症，那么请你推测，升高的脂蛋白应是

A．CM

B．VLDL

C．HDL

D．LDL

E．IDL

3．有一种糖酵解的中间代谢产物，经磷酸甘油脱氢酶的催化可生成 α-磷酸甘油，通过二者的可逆转变，甘油可异生为糖，糖也可转变为甘油和脂肪酸，进而合成为脂肪。该物质是

A．磷脂酸

B．乙酰 CoA

C．磷酸二羟丙酮

D．丙酮酸

E．草酰乙酸

4．李先生患了高胆固醇血症，医生为他开了他汀类药物调整血脂，据说该药物通过竞争性抑制胆固醇合成途径中限速酶的活性，能减少胆固醇合成和降低机体血胆固醇水平，这个酶是

A．HMG-CoA 合酶

B．HMG-CoA 裂解酶

C．乙酰 CoA 羧化酶

D．HMG-CoA 还原酶

E．肉碱脂酰转移酶 I

5．甘油磷脂的合成过程需要一种核苷酸的参与，用来活化合成的前体物质，根据活化部分（二酰甘油或胆碱等取代基）不同可分为两种不同的合成途径，该核苷酸是

A．ATP

B．TTP

C．CTP

D．GTP

E．UTP

【B 型题】

A．果糖二磷酸酶 -1

B．6- 磷酸果糖激酶 -1

C．HMG-CoA 还原酶

D．磷酸化酶

E．HMG-CoA 合酶

1．# 参与酮体和胆固醇合成的酶是

2．# 胆固醇合成途径中的关键酶是（2000）

A．溶酶体

B．内质网

C．线粒体

D．细胞液

E．高尔基体

3．# 糖异生和三羧酸循环共同的代谢场所是

4．# 胆固醇合成和磷脂合成的共同代谢场所是（2010）

A．乙酰辅酶 A

B．乙酰乙酰辅酶 A

C．丙酰辅酶 A

D．草酰乙酸

E．葡萄糖

5．# 体内合成胆固醇的主要原料是

6．# 体内合成长链脂肪酸的主要原料是（2010）

A．HMG-CoA 合酶

B．HMG-CoA 还原酶

C．乙酰乙酸硫激酶

D．乙酰 CoA 羧化酶

7．* 参与酮体分解的酶

8．* 胆固醇合成的关键酶是（2014,2015）

A．脂酰 CoA 脱氢酶

B．脂酰 CoA 合成酶

C．HMG-CoA 还原酶

D．肉碱脂酰转移酶 I

9．* 脂肪酸 β- 氧化的关键酶是

10. * 胆固醇合成的关键酶是（2013）

A．丙二酰 CoA
B．脂酰 CoA
C．β-羟丁酸
D．乙酰乙酰 CoA

11. * 脂肪酸 β-氧化途径中，脂肪酸的活化形式是
12. * 胆固醇合成的重要中间产物是（2010）

A．丙氨酸 - 葡萄糖循环
B．柠檬酸 - 丙酮酸循环
C．三羧酸循环
D．鸟氨酸循环
E．乳酸循环

13. 将肌肉中的氨以无毒形式运送至肝
14. 为机体合成脂肪酸提供 NADPH

A．乳糜微粒
B．极低密度脂蛋白
C．低密度脂蛋白
D．高密度脂蛋白
E．极高密度脂蛋白

15. 运输内源性甘油三酯的主要脂蛋白是
16. 有助于防止动脉粥样硬化的脂蛋白是

A．甘油
B．3-磷酸甘油
C．3-磷酸甘油醛
D．1,3-二磷酸甘油酸
E．2,3-二磷酸甘油酸

17. * 属于脂肪动员产物的是
18. * 属于脂肪组织中合成甘油三酯原料的是

A．丙二酰 CoA
B．丙酰 CoA
C．HMG-CoA
D．β 羟脂酰 CoA
E．脂酰 CoA

19. * 属于脂肪酸 β-氧化活化产物的是
20. * 属于含奇数碳原子脂肪酸 β-氧化终产物的是

【X 型题】

1. * 参与脂肪酸 β-氧化的酶有（2015）
A．肉碱脂酰转移酶 Ⅰ
B．肉碱脂酰转移酶 Ⅱ
C．脂酰 CoA 脱氢酶
D．乙酰乙酰 CoA 硫解酶

2. * 下列关于 LDL 的叙述，正确的有（2012）
A．LDL 主要由 VLDL 在血浆中转变而来
B．LDL 的主要功能是运输内源性甘油三酯
C．LDL 受体广泛存在于各种细胞膜表面
D．LDL 的密度大于 HDL

3. * 下列化合物中，参与脂肪酸 β-氧化的有（2008）
A．NAD^+
B．$NADP^+$
C．CoASH
D．FAD

4. 下列属于必需脂肪酸的是
A．油酸
B．亚油酸
C．亚麻酸
D．花生四烯酸

5. 胆固醇在体内代谢的主要去路是转变成
A．二氢胆固醇
B．胆汁酸
C．维生素 D_3
D．类固醇激素

6. * 通常在高脂蛋白血症中，下列哪种脂蛋白可能增高（1994）
A．乳糜微粒
B．极低密度脂蛋白
C．高密度脂蛋白
D．低密度脂蛋白

7. 酮体是脂肪酸在肝氧化分解时的正常中间代谢产物，它包括
A．乙酰乙酸
B．β-羟丁酸
C．丙酮酸
D．乙酰 CoA

8. 合成脑磷脂、卵磷脂的共同原料是
A．α-磷酸甘油
B．脂肪酸
C．丝氨酸
D．S-腺苷甲硫氨酸

9．乙酰 CoA 作为原料可合成的物质有
A．胆固醇
B．酮体
C．脂肪酸
D．甘油

10．可引起血浆酮体含量升高的因素有
A．长期饥饿
B．缺氧
C．糖尿病
D．高糖膳食

二、名词解释

1．脂肪动员（fat mobilization）
2．必需脂肪酸（essential fatty acid）
3．脂肪酸的 β-氧化（β-oxidation of fatty acid）
4．酮体（ketone body）
5．高脂蛋白血症（hyperlipoproteinemia）

三、问答题

1．用超速离心法能将血浆脂蛋白分为哪几类？各类脂蛋白的来源和功能是什么？
2．胆固醇合成的原料有哪些？关键酶是什么？胆固醇在体内可转变成哪些重要物质？
3．什么是酮体？简述其产生的意义。
4．试从生物化学角度分析酮症、脂肪肝和动脉粥样硬化的原因。
5．试述 HMG-CoA 在脂质代谢中的作用。
6．试述乙酰辅酶 A 在脂质代谢中的作用。

第四节　参考答案及解析

一、选择题

【A1 型题】

1．**答案：**E　　**考点：**脂肪酸 β-氧化
解析：脂肪酸经过活化、转运，在线粒体中经过脱氢、加水、再脱氢和硫解四步反应，生成 1 分子的乙酰 CoA、$FADH_2$、NADH 和 1 分子比原来少了 2 个碳原子的脂酰 CoA。

2．**答案：**C　　**考点：**激素敏感脂肪酶
解析：脂肪动员的关键酶是激素敏感性甘油三酯脂肪酶，其活性受多种激素的调节。胰高血糖素、肾上腺素、ACTH 及 TSH 促进脂肪动员，是脂解激素。胰岛素和前列腺素抑制脂肪动员，是抗脂解激素。

3．**答案：**C　　**考点：**酮体的利用
解析：酮体在肝内合成、肝外利用，合成酮体的关键酶是 HMG-CoA 合酶，利用酮体的酶主要有乙酰乙酸硫激酶、琥珀酰 CoA 转硫酶和硫解酶，辅酶 A 作为酮体利用的辅助因子。

4．**答案：**B　　**考点：**酮体合成的原料
解析：酮体合成原料是脂肪酸降解生成的乙酰 CoA。

5．**答案：**D　　**考点：**酮体的合成
解析：参见第 4 题解析。

6．**答案：**A　　**考点：**脂肪动员
解析：储存在脂肪细胞中的脂肪，被脂肪酶逐步水解成游离脂肪酸和甘油并释放入血，经血液运输

到其他组织氧化的过程称为脂肪动员。

7．**答案：** E　　**考点：** 酮体的生成

解析： 在糖供应不足或利用障碍等糖代谢异常的情况下，体内脂肪动员加强，肝内酮体的生成会增加。

8．**答案：** D　　**考点：** 酮体的利用

解析： 乙酰乙酸被琥珀酰 CoA 转硫酶（β-酮脂酰 CoA 转移酶）活化成乙酰乙酰 CoA，肝中没有此酶，故不能利用酮体。

9．**答案：** A　　**考点：** 酮体的生成和利用

解析： 酮体是肝内正常的中间代谢产物，是肝输出能量的一种形式。酮体在肝生成，却不能在肝中利用，乙酰乙酸在肝外组织被琥珀酰 CoA 转硫酶（β-酮脂酰 CoA 转移酶）活化成乙酰乙酰 CoA 而氧化。在饥饿、高脂低糖膳食时，酮体的生成增加，当酮体生成超过肝外组织的利用能力时，引起血中酮体升高，导致酮症（乙酰乙酸、β-羟丁酸）酸中毒，引起酮尿。

10．**答案：** D　　**考点：** 脂肪酸合成

解析： 位于线粒体内的乙酰 CoA 需经过柠檬酸 - 丙酮酸循环进入胞液后才能合成脂酸。

11．**答案：** A　　**考点：** 脂肪酸合成

解析： 合成脂肪酸的原料是乙酰 CoA，主要来自糖的氧化分解。糖转变为脂肪作为能量储存，胆固醇不分解代谢乙酰 CoA。脂肪酸分解代谢的乙酰 CoA 主要合成酮体，再者若真以分解脂肪酸生成的乙酰 CoA 再合成脂肪酸，这是一种无效做功，是浪费。生酮氨基酸分解的乙酰 CoA 固然可合成脂肪酸，但只是次要的，机体不把它作为能源使用。生酮氨基酸只是亮氨酸和赖氨酸，是少数。生糖氨基酸要转变也先转变为糖。

12．**答案：** D　　**考点：** 胆固醇合成

解析： HMG-CoA 还原酶是胆固醇合成的关键酶。

13．**答案：** E　　**考点：** 胆固醇代谢

解析： 胆固醇可以转化为胆汁酸，类固醇激素（肾上腺皮质、醛固酮、雄激素、皮质醇、睾酮、雌二醇及孕酮）以及 7- 脱氢胆固醇。

14．**答案：** C　　**考点：** 脂蛋白代谢紊乱

解析： 高脂蛋白血症分为Ⅰ、Ⅱ、Ⅲ、Ⅳ和Ⅴ型，Ⅱ型高脂蛋白血症最常见。Ⅱ型又分成为Ⅱa 和Ⅱb 型，它们的区别在于：Ⅰ型乳糜微粒升高，Ⅱa 型只有 LDL 的升高，Ⅱb 型低密度脂蛋白（LDL）和极低密度脂蛋白（VLDL）水平都升高；Ⅲ型中间密度脂蛋白升高，Ⅳ型是极低密度脂蛋白升高，Ⅴ型极低密度脂蛋白及乳糜微粒同时升高。

15．**答案：** C　　**考点：** 脂蛋白的生理功能

解析： 与动脉粥样硬化关系密切的是 LDL，HDL 是体积最小的脂蛋白，它主要是将组织中的游离胆固醇运送至肝，减少血浆中游离胆固醇的浓度，降低了组织胆固醇的沉积，从而限制了动脉粥样硬化。

16．**答案：** B　　**考点：** 磷脂代谢

解析： 卵磷脂含有胆碱，又称磷脂酰胆碱。

17．**答案：** C　　**考点：** 脂蛋白的功能

解析： LDL 的主要功用是将肝内合成的胆固醇向肝外组织运输。

18．**答案：** E　　**考点：** 脂蛋白的功能

解析：VLDL 主要由肝细胞合成，含较多的甘油三酯，主要是向肝外组织运输内源性甘油三酯。

19．**答案**：B　　**考点**：磷脂合成

解析：乙醇胺甲基化生成胆碱，而后者是磷脂酰胆碱的合成原料。

20．**答案**：D　　**考点**：脂蛋白的功能

解析：HDL 主要由肝细胞合成。其主要功用是向肝外组织运输磷脂和将肝外组织的胆固醇逆向转运回肝内。

21．**答案**：C　　**考点**：不饱和脂肪酸

解析：前列腺素合成以多不饱和脂肪酸——花生四烯酸为原料。

22．**答案**：A　　**考点**：甘油三酯的合成

解析：脂肪细胞主要通过甘油二酯途径合成甘油三酯。葡萄糖经糖酵解途径生成的 3-磷酸甘油，在脂酰 CoA 转移酶的作用下，依次加上 2 分子脂酰 CoA 生成磷脂酸。磷脂酸在磷脂酸磷酸酶的作用下，水解脱去磷酸生成 1,2-甘油二酯，然后在脂酰 CoA 转移酶的催化下，再加上 1 分子脂酰基生成甘油三酯。

23．**答案**：C　　**考点**：必需脂肪酸

解析：植物油提供不饱和脂肪酸，尤其是亚油酸、亚麻酸、花生四烯酸，属于必需脂肪酸，体内不能合成，必须由食物供给。

24．**答案**：B　　**考点**：脂蛋白代谢

解析：脂肪肝是因为肝内甘油三酯沉积过多，VLDL 主要是向肝外运输甘油三酯。

25．**答案**：A　　**考点**：乙酰辅酶 A

解析：HMG-CoA 是酮体生成及胆固醇合成共有的，乙酰乙酸是酮体合成独有，甲基二羟戊酸是胆固醇合成独有，因此本题选乙酰辅酶 A。

26．**答案**：C　　**考点**：脂肪酸合成

解析：脂肪酸合成的限速酶是乙酰 CoA 羧化酶。

27．**答案**：E　　**考点**：脂肪酸合成

解析：脂肪酸合成的限速酶是乙酰 CoA 羧化酶，其别构抑制剂是长链脂酰 CoA，柠檬酸和异柠檬酸是其变构激活剂。

28．**答案**：A　　**考点**：磷脂合成

解析：合成脑磷脂需要的是 CDP-乙醇胺，合成卵磷脂需要的是 CDP- 胆碱，合成心磷脂需要的是磷脂酰甘油。

29．**答案**：B　　**考点**：脂肪酸碳链延长

解析：在线粒体中，脂肪酸碳链延长的原料是乙酰 CoA，类似于 β- 氧化的逆过程。在内质网中延长的原料是丙二酰 CoA。

30．**答案**：B　　**考点**：脂类的功能

解析：脂类包括脂肪和类脂：脂肪的功能主要是储能、供能、保温、保护机体和脏器、协助脂溶性维生素吸收等。类脂作为机体结构成分，参与细胞信息转导和细胞代谢。磷脂分子在水溶液中可聚集成脂质双层，是构成生物膜的主要成分。

31．**答案**：B　　**考点**：脂肪酸的 β-氧化

解析：脂肪酸首先要活化生成脂酰 CoA，然后脂酰 CoA 进入线粒体，在线粒体内进行 β- 氧化，经过脱氢、加水、再脱氢、硫解四个步骤生成 1 分子的乙酰 CoA、$FADH_2$, $NADH+H^+$ 和 1 分子比

原来少了 2 个碳原子的脂酰 CoA，因此，受氢体为 NAD^+ 和 FAD，含 16 个碳原子的软脂酸需要经过 7 次 β-氧化，因此 B 是错误的。

【A2 型题】

1．**答案：**C　　**考点：**三大营养物质代谢的中间产物

解析：乙酰 CoA 是机体三大营养物质代谢的共同中间产物，也是合成脂肪酸、酮体及胆固醇的原料，它产生于线粒体，可通过柠檬酸 - 丙酮酸循环转移到胞液。

2．**答案：**D　　**考点：**脂蛋白功能

解析：参见 A1 题型 15 题。

3．**答案：**C　　**考点：**三大营养物质代谢的中间产物

解析：磷酸二羟丙酮是糖酵解的中间产物，同时也是甘油异生成糖的中间产物。

4．**答案：**D　　**考点：**胆固醇的调节

解析：HMG-CoA 还原酶是肝细胞合成胆固醇过程中的限速酶，催化生成甲羟戊酸（MVA），抑制 HMG-CoA 还原酶能阻碍胆固醇合成。他汀类药物即是该还原酶的抑制剂。

5．**答案：**C　　**考点：**甘油磷脂的合成

解析：CTP 在磷脂合成中特别重要，它是合成 CDP-乙醇胺、CDP-胆碱及 CDP-甘油二酯等活化中间物所必需的。合成甘油磷脂的原料为磷脂酸与取代基团。磷脂酸可由糖和脂肪转变生成的甘油和脂肪酸生成，取代基团中胆碱和乙醇胺可由丝氨酸在体内转变生成或食物供给。体内磷脂酰丝氨酸合成是通过 Ca^{2+} 激活的酰基交换反应生成，由磷脂酰乙醇胺与丝氨酸反应生成磷脂酰丝氨酸和乙醇胺。磷脂酰乙醇胺 + 丝氨酸→ 磷脂酰丝氨酸 + 乙醇胺。上述三者生成是由活化的 CDP-甘油二酯与相应取代基团反应生成的。

【B 型题】

1．**答案：**E　　2．**答案：**C　　**考点：**酮体和胆固醇合成

解析：酮体合成需要 HMG-CoA 合酶和裂解酶，胆固醇合成需要 HMG-CoA 合酶和还原酶。

3．**答案：**C　　4．**答案：**B　　**考点：**三大代谢的场所

解析：糖异生的亚细胞定位是线粒体和胞液，三羧酸循环的亚细胞定位是线粒体；胆固醇合成的场所在胞液和内质网，磷脂合成的场所是内质网。

5．**答案：**A　　6．**答案：**A　　**考点：**脂类合成的原料

解析：乙酰 CoA 既是胆固醇合成的原料，也是体内合成长链脂肪酸的主要原料。

7．**答案：**C　　8．**答案：**B　　**考点：**酮体的利用和胆固醇合成

解析：乙酰乙酸在乙酰乙酸硫激酶的作用下生成乙酰乙酰辅酶 A，后者裂解生成乙酰 CoA 进入三羧酸循环（β-羟丁酸也先氧化成乙酰乙酸被利用）。胆固醇合成的关键酶是 HMG-CoA 还原酶。

9．**答案：**D　　10．**答案：**C　　**考点：**脂类合成和降解

解析：脂肪酸的活化在胞液中进行，而催化脂肪酸氧化分解的酶系存在于线粒体的基质内，因此活化的脂酰 CoA 必须进入线粒体内才能代谢，此过程正是通过肉碱脂酰转移酶 I 参与完成的。酰基肉碱的跨膜转运是脂肪酸氧化的限速步骤。胆固醇合成的关键酶是 HMG-CoA 还原酶。

11．**答案：**B　　12．**答案：**D　　**考点：**脂肪酸降解和胆固醇合成

解析：脂肪酸参加代谢前也先要活化，其活化形式是脂酰 CoA，催化脂肪酸活化的酶是脂酰 CoA 合成酶；胆固醇合成过程中，由 2 分子乙酰 CoA 经硫解酶催化缩合成乙酰乙酰 CoA，由 HMG-CoA 合酶催化生成 HMG-CoA，HMG-CoA 还原酶（限速酶）催化其生成甲羟戊酸。

13．**答案：**A　　14．**答案：**B　　**考点：**代谢过程中的各种循环的作用

解析：肌肉中的氨基酸经转氨基作用将氨基转给丙酮酸生成丙氨酸；丙氨酸经血液运到肝。在肝中，丙氨酸通过联合脱氨基作用，释放出氨，用于合成尿素。转氨基后生成的丙酮酸可经糖异生途径生成葡萄糖。葡萄糖由血液输送到肌组织，沿糖酵解途径转变成丙酮酸，后者再接受氨基而生成丙氨酸。丙氨酸和葡萄糖反复地在肌肉和肝之间进行氨的转运，通过这个循环，既使肌肉中的氨以无毒的丙氨酸形式运输到肝，同时，肝又为肌肉提供了生成丙酮酸的葡萄糖；脂肪酸的合成是在胞质内进行的，而合成所需的乙酰辅酶 A 则存在于线粒体中，因此要借助于柠檬酸 - 丙酮酸循环进行乙酰辅酶 A 的转运。该循环为脂肪酸的合成提供充足的乙酰辅酶 A，并且在苹果酸经苹果酸酶的催化变成丙酮酸的过程中产生了少量的 NADPH，可为脂肪酸的合成等还原性的生化反应提供还原剂 NADPH。

15．**答案：**B　　16．**答案：**D　　**考点：**脂蛋白的功能

解析：转运内源性甘油三酯及胆固醇的是 VLDL，HDL（高密度脂蛋白）的生理功能是将外周组织的胆固醇转运到肝进行代谢，即逆向转运胆固醇，因此具有抗动脉粥样硬化的作用。

17．**答案：**A　　18．**答案：**B　　**考点：**甘油三酯的分解和合成代谢

解析：储存于脂肪细胞中的甘油三酯，被脂肪酶逐步分解为游离脂酸和甘油，并释放入血以供其他组织利用的过程称脂肪动员。脂肪动员的产物是游离脂酸和甘油。甘油三酯的合成分甘油一酯途径和甘油二酯途径，前者是小肠黏膜细胞的主要合成途径，后者为肝细胞和脂肪细胞的主要合成途径。甘油和脂酸是合成甘油三酯的基本原料，主要由葡萄糖代谢提供。肝细胞含有甘油激酶，能将游离的甘油磷酸化生成 3-磷酸甘油，因此可以游离的甘油或糖酵解生成的 3-磷酸甘油为原料合成甘油三酯。而脂肪细胞缺乏甘油激酶，故不能利用甘油合成甘油三酯，只能以糖酵解生成的 3- 磷酸甘油为原料。

19．**答案：**E　　20．**答案：**B　　**考点：**脂肪酸的分解代谢（脂肪酸 β-氧化）

解析：脂肪酸 β-氧化之前先活化为脂酰辅酶 A，另外在 β-氧化过程中脱去 2 个碳原子后也生成脂酰辅酶 A，然后脂酰辅酶 A 又重新进入循环脱去 2 个碳原子；奇数碳原子脂肪酸进行 β-氧化，产生乙酰辅酶 A 和丙酰辅酶 A 。

【X 型题】

1．**答案：**ABC　　**考点：**脂肪酸 β-氧化

解析：脂肪酸 β-氧化前提是脂肪酸的活化，即由脂酰 CoA 合成酶催化生成脂酰 CoA，进入线粒体进行 β-氧化。但长链脂酰辅酶 A 是不能直接透过线粒体内膜的，因此活化的脂酰 CoA 要借助肉碱进入线粒体，由肉碱脂酰转移酶Ⅰ和Ⅱ参与。脂酰 CoA 进入线粒体基质后，在脂肪酸 β-氧化酶系催化下，进行脱氢、加水，再脱氢及硫解 4 步连续反应，最后使脂酰基断裂生成一分子乙酰 CoA 和一分子比原来少了 2 个碳原子的脂酰 CoA。催化这 4 步的酶分别是脂酰 CoA 脱氢酶、烯脂酰 CoA 水化酶、β-羟脂酰 CoA 脱氢酶和 β- 酮硫解酶。

2．**答案：**AC　　**考点：**脂蛋白的特点

解析：人血浆 LDL 从血浆 VLDL 转变而来。LDL 降解的主要器官是肝，约 50% 的 LDL 在肝降解，LDL 的功能是转移内源性胆固醇到肝外组织。LDL 受体广泛地分布于全身各组织细胞表面，能特异地识别和结合 LDL 并以内吞的方式将其转移至胞液。

3．**答案：**ACD　　**考点：**脂肪酸的 β-氧化

解析：脂肪酸 β-氧化过程需要 NAD、FAD、CoA 作为反应物；另外，催化脂肪酸 β-氧化的酶系在线粒体基质中，但长链脂酰 CoA 不能自由通过线粒体内膜，要进入线粒体基质就需要载体转运，这一载体是肉碱。

4．**答案**：BCD　　**考点**：必需脂肪酸

解析：必需脂肪酸是指人体维持机体正常代谢不可缺少而自身又不能合成，或合成速度慢无法满足机体需要，必须通过食物供给的脂肪酸。包括亚油酸、亚麻酸和花生四烯酸。

5．**答案**：BCD　　**考点**：胆固醇代谢

解析：胆固醇虽然在体内不能被降解，但它的侧链可以被氧化、还原和降解，最终转化为某些重要的活性物质，这些物质可参与体内的代谢和调节，或直接被排出体外。如：转变为胆汁酸、类固醇激素、维生素 D_3。

6．**答案**：ABD　　**考点**：脂蛋白的功能

解析：血脂水平高于正常范围上限即为高脂血症。表现为不同类型的脂蛋白升高，如乳糜微粒（CM）、低密度脂蛋白（LDL）、极低密度脂蛋白（VLDL）升高。在高脂蛋白血症中，高密度脂蛋白（HDL）一般不升高，因为 HDL 是有助于预防动脉粥样硬化的脂蛋白，尤其 HDL 与冠状动脉硬化发生率负相关。

7．**答案**：AB　　**考点**：酮体的概念

解析：酮体是脂肪酸在肝氧化分解时的正常中间代谢产物，包括乙酰乙酸、β-羟丁酸和丙酮。

8．**答案**：ABC　　**考点**：磷脂的生成

解析：脑磷脂和卵磷脂都属于甘油磷脂，因此都含有甘油和脂肪酸，而胆碱和乙醇胺都由丝氨酸转变生成。

9．**答案**：ABC　　**考点**：乙酰 CoA 的作用

解析：胆固醇、酮体和脂肪酸都以乙酰 CoA 为原料合成。

10．**答案**：AC　　**考点**：酮体的生成

解析：在严重饥饿和未经治疗的糖尿病患者体内，血液中酮体含量增加。在这两种情况下，肝外组织不能从血液中获得充足的葡萄糖，肝内的糖异生会加速，使得草酰乙酸耗尽，而它又是乙酰 CoA 进入柠檬酸循环所必须的，乙酰 CoA 不能正常进入柠檬酸循环，而是转向酮体生成的方向。

二、名词解释

1．脂肪动员：储存在脂肪细胞中的脂肪在脂肪酶的作用下，逐步水解，释放出游离脂肪酸和甘油供其他组织细胞氧化利用的过程称为脂肪动员。

2．必需脂肪酸：机体必需但自身又不能合成或合成量不足、必须靠食物提供的脂肪酸称为必需脂肪酸。人体必需脂肪酸是一些多不饱和脂肪酸，包括亚油酸、亚麻酸和花生四烯酸。

3．脂肪酸的 β-氧化：是脂酰 CoA 在线粒体基质中经过脱氢、加水、再脱氢和硫解四步反应，生成一分子乙酰 CoA 和一个少 2 个碳的新的脂酰 CoA 的过程。

4．酮体：酮体是脂肪酸在肝经有限氧化分解后转化形成的中间产物，包括乙酰乙酸、β-羟基丁酸和丙酮。酮体经血液运输至肝外组织氧化利用，是肝向肝外输出能量的一种方式。

5．高脂蛋白血症：指血浆中胆固醇和（或）三酰甘油水平升高超过正常范围上限的现象。

二、问答题（答案要点）

1．用超速离心法能将血浆脂蛋白分为 CM（乳糜微粒）、VLDL（极低密度脂蛋白）、LDL（低密度脂蛋白）、HDL（高密度脂蛋白）四类。来源和功能：

CM：由小肠黏膜上皮细胞合成，主要功用为运输外源性甘油三酯到肝和肝外组织被利用。VLDL：主要由肝细胞合成，主要功用是向肝外组织运输内源性甘油三酯。LDL：由 VLDL 在血浆

中转变生成，主要功用是将肝内合成的胆固醇向肝外组织运输。HDL：主要由肝细胞合成，主要功用是向肝外组织运输磷脂和将肝外组织的胆固醇逆向转运回肝内。

2．胆固醇合成的原料：乙酰 CoA 及 NADPH+H^+。关键酶：HMG-CoA 还原酶。胆固醇不能被直接彻底氧化，转化是主要的排泄方式。主要转化产物是胆汁酸、维生素 D_3 和类固醇激素。

3．酮体是脂肪酸在肝不完全氧化分解的正常中间产物，包括乙酰乙酸、β-羟丁酸和丙酮。酮体具水溶性，可通过血脑屏障，是脑组织的重要能源。长期饥饿或者是糖供给不足时，酮体将替代葡萄糖而成为脑和肌肉能量的主要来源。

4．酮症：酮体在肝内生成后，通过血液运往肝外组织利用。在生理情况下，肝酮体的生成能力往往低于肝外组织利用酮体的能力，血中酮体的含量很低。但在长期饥饿或糖尿病等糖代谢异常的情况下，体内脂肪动员加强，肝内酮体的生成超过肝外组织利用酮体的能力，血中酮体的含量会增加，形成酮症。

脂肪肝：肝细胞内脂肪来源增多及去路减少导致脂肪堆积。原因有：①糖代谢障碍导致脂肪动员增强，进入肝内的脂肪酸多了，合成脂肪多；或者糖类摄入过多，超出机体利用能力，在肝内合成脂肪增多。②肝细胞内用于合成脂蛋白的磷脂缺乏；③肝功能低下，合成磷脂、脂蛋白能力下降，导致肝内脂肪运出障碍。

动脉粥样硬化：血浆中的 LDL 升高或 HDL 降低，使胆固醇在动脉内膜上沉积，久之导致动脉粥样硬化。

5．HMG-CoA 是由乙酰辅酶 A 缩合而成。在几乎所有的有核细胞质中，HMG-CoA 可被 HMG-CoA 还原酶还原成甲羟戊酸，再经过多步生物化学反应合成胆固醇。HMG-CoA 还原酶是胆固醇合成的关键酶。在肝细胞线粒体中，HMG-CoA 可被 HMG-CoA 裂解酶裂解，生成酮体，通过血液运输到肝外组织利用。

6．在机体脂质代谢中，乙酰辅酶 A 主要来自脂肪酸的 β-氧化，也可来自甘油的氧化分解。在肝内，乙酰辅酶 A 可被转化成酮体向肝外输送。在脂肪酸生物合成中，乙酰辅酶 A 是基本原料之一。乙酰辅酶 A 也是细胞胆固醇合成的基本原料之一。

（王海英）

第八章　蛋白质消化吸收和氨基酸代谢

第一节　学习要求

掌握： 营养必需氨基酸的概念、种类；氨基酸脱氨基；氨的代谢；尿素的合成；一碳单位的概念和功能。
熟悉： 四氢叶酸与一碳单位代谢的关系；含硫氨基酸的代谢；芳香族氨基酸代谢。
了解： 蛋白质的生理功能和营养价值；氮平衡；蛋白质的消化、吸收与腐败；支链氨基酸的分解。

第二节　内容精要

氨基酸是蛋白质的基本组成单位，具有重要的生理功能。除了作为合成蛋白质的原料外，氨基酸在体内可经代谢转变生成核苷酸、某些激素和神经递质等含氮物质。

一、蛋白质的营养价值与消化吸收

（一）蛋白质的营养价值

人体内氨基酸主要来自食物蛋白质的消化吸收。各种食物蛋白质由于所含氨基酸的种类和数量不同，其营养价值不同。机体需要而不能自身合成，必须由食物供给的氨基酸，称为营养必需氨基酸。人体的营养必需氨基酸有 9 种：缬氨酸、异亮氨酸、亮氨酸、苏氨酸、甲硫氨酸、赖氨酸、苯丙氨酸、色氨酸和组氨酸。营养价值较低的蛋白质混合食用，营养必需氨基酸可以相互补充从而提高营养价值，称为食物蛋白质的互补作用。

体内蛋白质的代谢状况可用氮平衡描述，即摄入食物的含氮量与排泄物中含氮量之间的平衡关系。分为以下几种情况（表 8-11）：

表8-1　氮平衡分类

分类	特点	实例
总氮平衡	摄入氮＝排出氮	正常成人
正氮平衡	摄入氮 ＞ 排出氮	儿童、恢复期病人、孕妇
负氮平衡	摄入氮＜排出氮	饥饿、消耗性疾病

中国营养学会推荐成人每日蛋白质需要量为 80 g。

（二）蛋白质的消化、吸收与腐败

食物蛋白质的消化自胃中开始，主要在小肠中进行。胃蛋白酶和胰蛋白酶等是蛋白质消化的主要酶。它们一般均由无活性的酶原经激活而成。各种蛋白水解酶对肽键作用的专一性不同，通过多种蛋白酶的协同作用，生成氨基酸及二肽后方可被吸收。目前已知体内至少有 7 种载体蛋白参与氨基酸和寡肽的吸收。肠道细菌对未被消化的蛋白质和氨基酸可以产生腐败作用。

二、氨基酸的一般代谢

（一）氨基酸的代谢概况

人体内蛋白质处于不断降解和合成的动态平衡。不同蛋白质在体内的寿命差异很大。外源性与内源性氨基酸共同构成“氨基酸代谢库”，参与体内代谢（表 8-2）。各种氨基酸具有共同的结构特点，故有共同的代谢途径，但不同的氨基酸也各有其个别的代谢方式。

靶蛋白泛素化标记和依赖 ATP 并由蛋白酶体参与的水解作用是真核细胞内蛋白质降解的两个相关联的过程，该过程在调节基因转录、细胞周期以及消除不需要蛋白质等方面具有重要的生理学意义。

表8-2　氨基酸的来源和去路

来源	去路
食物蛋白质的消化吸收	合成组织蛋白质
组织蛋白质	脱氨基产生 α- 酮酸，进入能量代谢途径或转变成糖
体内合成非必需氨基酸	脱羧基产生胺类
	转变其他含氮化合物（如嘌呤、嘧啶等）和生物活性物质

（二）氨基酸脱氨基

脱氨基作用是氨基酸分解代谢的主要途径。氨基酸脱氨基的方式有三种，详见表 8-3：

表8-3　氨基酸脱氨基的方式

方式	组织定位	酶和辅酶	特点
转氨基作用	各组织	转氨酶（丙氨酸转氨酶和天冬氨酸转氨酶） 磷酸吡哆醛（维生素 B_6 的磷酸酯）	①不产生游离的氨 ②赖氨酸、脯氨酸、羟脯氨酸不能转氨基 ③机体合成非必需氨基酸的重要途径
L-谷氨酸氧化脱氨基	肝、脑、肾	L-谷氨酸脱氢酶 NAD^+ /$NADP^+$	L-谷氨酸是唯一氧化脱氨基的氨基酸
联合脱氨基：转氨基偶联氧化脱氨基	肝、肾	转氨酶和 L-谷氨酸脱氢酶	体内合成非必需氨基酸的主要方式
氨基酸氧化脱氨	肝、肾	L-谷氨酸氧化酶	能够自动氧化的黄素蛋白将氨基酸氧化为 α-亚氨基酸，然后再加水分解成相应 α- 酮酸，并释放铵离子

谷丙转氨酶和谷草转氨酶是两种重要的转氨酶。丙氨酸转氨酶（alanine transaminase，ALT），也称谷丙转氨酶，在肝组织中活性最高，肝组织损伤造成肝细胞破坏或肝细胞膜通透性增加时，血清中 ALT 活性增高。天冬氨酸转氨酶（aspartate transaminase，AST），也称谷草转氨酶，在心肌组织活性最高，心肌损伤时血清中 AST 活性增高。血清转氨酶活性可作为疾病诊断和预后的指标之一。

（三）氨基酸碳链骨架的代谢

氨基酸脱氨基后生成的 α-酮酸主要代谢途径有三：

1．经氨基化生成非必需氨基酸。

2．转变为糖和脂肪。在体内可以转变成糖的氨基酸称为生糖氨基酸；能转变为酮体者称为生酮氨基酸；二者兼备者称为生糖兼生酮氨基酸。大多数氨基酸为生糖氨基酸（表 8-4）。由此可见，体内氨基酸、糖及脂类代谢有着广泛联系。

3．氧化生成 CO_2 和水，并释放能量。

表8-4　生糖及生酮氨基酸

类别	氨基酸
生糖氨基酸	甘、丝、缬、精、半胱、脯、羟脯、丙、组、谷、谷氨酰胺、天冬、天冬酰胺、甲硫
生酮氨基酸	亮、赖
生糖兼生酮氨基酸	异亮、苯丙、酪、苏、色

（四）氨的代谢

体内的氨主要在肝合成尿素而解毒。正常人血浆中氨的浓度不超过 0.1 mg/100 ml。

1．体内氨的来源　①组织中氨基酸脱氨基作用产生的氨是体内氨的主要来源。胺类分解也可以产生少量的氨。②肠道吸收的氨。NH_3 比 NH_4^+ 易吸收，临床上对高血氨病人采用弱酸性液做结肠透析，禁止用碱性液灌肠，是为了减少氨的吸收。③肾产氨主要来自谷氨酰胺的水解。这部分氨与尿中 H^+ 结合成 NH_4^+ 排出。酸性尿利于其排出。

2．体内氨的运输　氨在血液中主要以丙氨酸与谷氨酰胺两种形式进行转运。

（1）丙氨酸 - 葡萄糖循环：将肌肉中氨基酸的氨基以无毒的丙氨酸形式运输到肝，同时肝又将丙氨酸脱氨生成的丙酮酸异生成葡萄糖运输到肌肉组织。

（2）谷氨酰胺 - 谷氨酸循环：谷氨酸在脑、肌肉合成谷氨酰胺，运输到肝和肾后再分解为氨和谷氨酸，从而进行解毒。谷氨酰胺是氨的解毒产物，也是氨的储存及运输形式。临床上对氨中毒的病人可服用或输入谷氨酸盐，以降低氨的浓度。

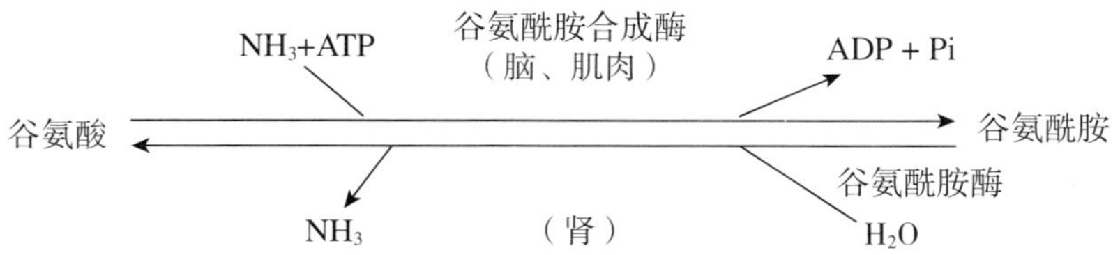

（五）氨在肝合成尿素

正常情况下，体内的氨主要在肝中合成尿素，只有少部分在肾以铵盐形式由尿排出。

1．肝通过鸟氨酸循环（ornithine cycle），也称尿素循环合成尿素，见图 8-1、表 8-5。

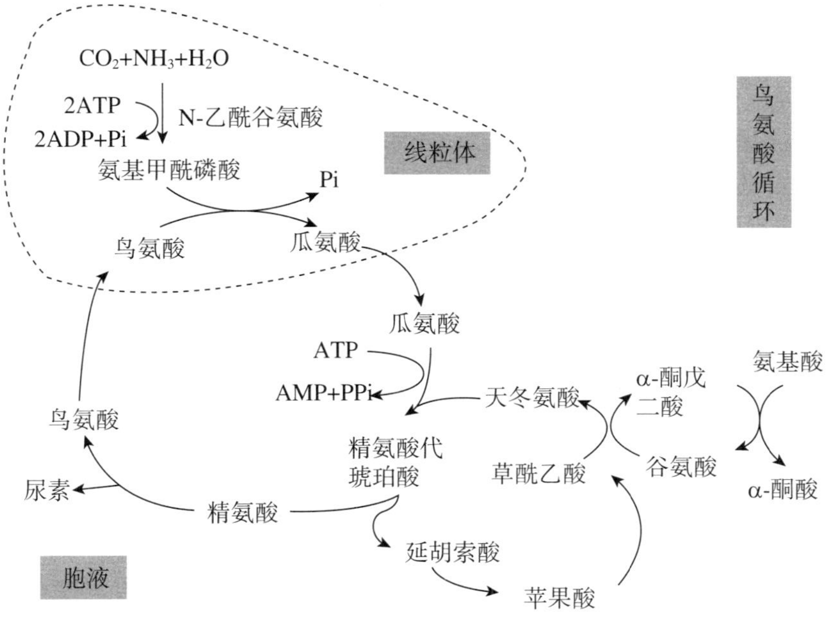

图 8-1　鸟氨酸循环

主要步骤：①首先氨与 CO_2 在氨基甲酰磷酸合成酶Ⅰ催化下，合成氨基甲酰磷酸。②氨基甲酰磷酸与鸟氨酸缩合生成瓜氨酸。③精氨酸的合成，其中天冬氨酸提供氨基，由此将鸟氨酸循环与三羧酸循环联系起来。④精氨酸受精氨酸酶催化，水解成尿素和鸟氨酸，完成鸟氨酸循环。

表8-5　尿素合成

方式	原料	关键酶	亚细胞定位
鸟氨酸循环	2分子氨，一个来自于游离氨，另一个来自天冬氨酸	1．氨基甲酰磷酸合成酶Ⅰ：变构酶，受N-乙酰谷氨酸变构激活 2．精氨酸代琥珀酸合成酶：活性最低，其活性大小决定鸟氨酸循环的速度	肝的线粒体（前2步） 胞液（后2步）

2．体内催化氨基甲酰磷酸生成的酶有两种，一种是氨基甲酰磷酸合成酶Ⅰ，存在于肝线粒体中，最终反应产物是尿素；另一种是氨基甲酰磷酸合成酶Ⅱ，存在于各种细胞的胞液中，最终反应产物是嘧啶。两种酶的比较见表8-6。

表8-6　两种氨基甲酰磷酸合成酶的比较

酶	氨基甲酰磷酸合成酶Ⅰ	氨基甲酰磷酸合成酶Ⅱ
分布	线粒体（肝）	胞液（所有细胞）
氨源	氨	谷氨酰胺
变构激活剂	N-乙酰谷氨酸	无
反馈抑制剂	无	UMP（哺乳动物）
生物功能	合成尿素	合成嘧啶

3．尿素生成受多种因素的调节，以保证及时、充分地解除氨毒。肝功能严重损伤，尿素生成障碍，血氨浓度升高，称为高氨血症。

4．肝性脑病的机制

血氨升高→ NH_3 入脑→正常情况下，与α-酮戊二酸结合转变为Glu，进一步结合生成Gln。高血氨患者α-酮戊二酸的量降低→三羧酸循环不能正常进行→ATP生成下降→脑内供能不足→昏迷。

三、个别氨基酸代谢

（一）氨基酸的脱羧基

体内部分氨基酸可进行脱羧基作用，生成相应的胺。其中一些胺类是重要的生理活性物质，见表8-7。氨基酸脱羧酶的辅酶是磷酸吡哆醛。

表8-7　氨基酸脱羧基产生的化合物

氨基酸	脱羧基产生的化合物	生理功能
谷氨酸	γ-氨基丁酸	抑制性神经递质
组氨酸	组胺	血管舒张剂，与过敏、炎症等有关
色氨酸	5-羟色胺	抑制性神经递质，也有收缩血管作用
半胱氨酸	牛磺酸	结合胆汁酸的组成成分
鸟氨酸	腐胺、亚精胺（精脒）和精胺	可促进细胞增殖，临床上用作肿瘤辅助诊断及病情变化的生化指标

（二）某些氨基酸在分解代谢中产生一碳单位

1．概念　部分氨基酸在分解代谢过程中可以产生含有一个碳原子的基团。

2．种类　甲基、亚甲基、次甲基、甲酰基及亚氨甲基。

3．载体　一碳单位不能游离存在，其与四氢叶酸结合而转运并参与代谢。四氢叶酸由叶酸经二氢叶酸还原酶催化，通过两步还原反应而生成。

4．来源　丝氨酸、甘氨酸、组氨酸和色氨酸。

5．特点　不同的一碳单位形式可以彼此转变，但 N^5-甲基四氢叶酸的生成基本不可逆。

6．生理功能　作为合成嘌呤及嘧啶核苷酸以及 SAM 的原料。可以认为一碳单位是联系氨基酸与核苷酸代谢的枢纽。一碳单位代谢的障碍可造成某些病理情况，如巨幼细胞贫血。

（三）含硫氨基酸的代谢

1．含硫氨基酸有甲硫氨酸、半胱氨酸和胱氨酸。甲硫氨酸循环（图 8-2）是甲硫氨酸代谢的主要途径，其中生成的 *S*-腺苷甲硫氨酸（SAM）是体内最主要的甲基供体。

2．SAM 还参与肌酸的合成。磷酸肌酸是体内能量的贮存形式，在心肌、骨骼肌和脑中含量丰富。

3．半胱氨酸可转变生成牛磺酸，后者是结合胆汁酸的成分。

4．含硫氨基酸分子中的硫在体内可转变成 HSO_4^-，部分以钠盐形式由尿排出，其余转变成活性硫酸根（PAPS），具有生理功能。

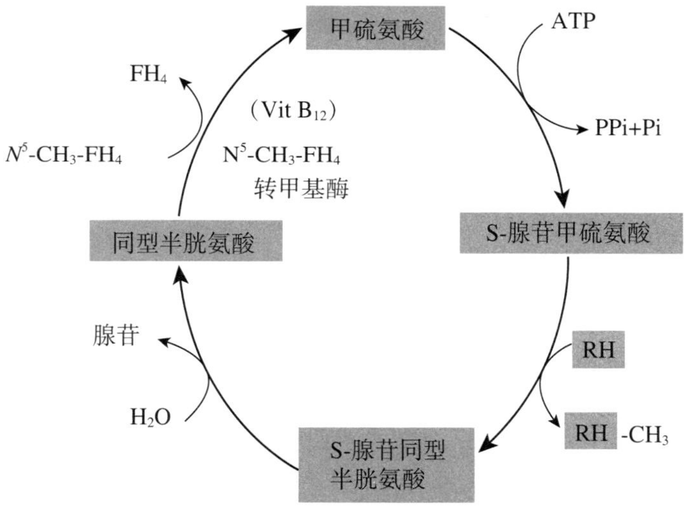

图 8-2　甲硫氨酸循环

由上图可知，同型半胱氨酸由 N^5-CH_3-FH_4 提供甲基合成甲硫氨酸，由 N^5-甲基四氢叶酸转甲基酶催化，辅酶是维生素 B_{12}。维生素 B_{12} 缺乏时，四氢叶酸再生受到影响，一碳单位代谢障碍，核酸合成抑制，而产生巨幼细胞贫血。

（四）芳香族氨基酸的代谢

苯丙氨酸和酪氨酸是两种重要的芳香族氨基酸。苯丙氨酸经苯丙氨酸羟化酶作用，生成酪氨酸。苯丙氨酸羟化酶先天性缺陷可造成苯丙酮尿症（PKU）。

酪氨酸的主要代谢途径有三：

1．转变成多巴、多巴胺、去甲肾上腺素、肾上腺素。后三者统称为儿茶酚胺，是重要的神经递质和激素。

2．在色素细胞中生成黑色素。酪氨酸酶缺陷可导致白化病。

3．酪氨酸进一步分解，参与糖和脂肪代谢。因此苯丙氨酸和酪氨酸是生糖兼生酮氨基酸。

第三节　应试习题

一、选择题（题目前 * 表示西医综合题目，题目前 # 表示执业医师题目）

【A1 型题】

1. *下列氨基酸中，属于生糖兼生酮氨基酸的是（2009）
A．亮氨酸
B．组氨酸
C．赖氨酸
D．苏氨酸

2. *下列哪种氨基酸体内不能合成，必须靠食物供给（2006）
A．缬氨酸
B．精氨酸
C．半胱氨酸
D．组氨酸
E．甘氨酸

3. *在尿素生成过程中，直接提供氨基的氨基酸是（2015）
A．天冬氨酸
B．谷氨酸
C．精氨酸
D．鸟氨酸

4. 肝、肾中存在的特殊氨基酸脱氨基方式是
A．嘌呤核苷酸循环
B．联合脱氨基作用
C．转氨基作用
D．L- 氨基酸氧化酶参与的脱氨基作用
E．谷氨酸循环

5. *可以作为一碳单位来源的氨基酸是（2013）
A．丝氨酸
B．丙氨酸
C．亮氨酸
D．甲硫氨酸

6. *氨的运输所涉及的机制是（2012）
A．丙氨酸 - 葡萄糖循环
B．三羧酸循环
C．核蛋白体循环
D．甲硫氨酸循环

7. *在鸟氨酸循环中，直接生成尿素的中间产物是（2010）
A．精氨酸
B．瓜氨酸
C．鸟氨酸
D．精氨酸代琥珀酸

8. 与下列 α-氨基酸相应的 α-酮酸，属于三羧酸循环的中间产物的是
A．丙氨酸
B．鸟氨酸
C．缬氨酸
D．赖氨酸
E．谷氨酸

9. 经代谢生成牛磺酸的氨基酸是
A．甲硫氨酸
B．半胱氨酸
C．苏氨酸
D．甘氨酸
E．谷氨酸

10. *氨在血液中主要的运输形式是（2000）
A．谷氨酸
B．天冬氨酸
C．谷氨酰胺
D．天冬酰胺
E．谷胱甘肽

11. 经脱羧基作用后生成 γ- 氨基丁酸的是
A．酪氨酸
B．半胱氨酸
C．天冬氨酸
D．谷氨酸
E．谷氨酰胺

12. *脑中氨的主要去路是（2004）
A．扩散入血
B．合成尿素
C．合成嘌呤
D．合成氨基酸
E．合成谷氨酰胺

13. *酪氨酸在体内不能转变生成的是（2006）
A．肾上腺素
B．黑色素

C．延胡索酸
D．苯丙氨酸
E．乙酰乙酸

14．#引起血氨浓度升高的最主要原因是（2000）
A．肠道氨吸收增加
B．蛋白质摄入不足
C．肝功能严重受损
D．肾衰竭
E．脑组织供能不足

15．#人体内合成尿素的主要脏器是（2000,2001,2009）
A．脑
B．肌组织
C．肾
D．肝
E．心

16．#下列氨基酸中能转化生成儿茶酚胺的是（2000,2005,2009）
A．天冬氨酸
B．色氨酸
C．酪氨酸
D．脯氨酸
E．甲硫氨酸

17．#一碳单位代谢的辅酶是（2001）
A．叶酸
B．二氢叶酸
C．四氢叶酸
D．NADPH
E．NADH

18．#补充酪氨酸可“节省”体内的（2002）
A．苯丙氨酸
B．组氨酸
C．甲硫（蛋）氨酸
D．赖氨酸
E．亮氨酸

19．#转氨酶的辅酶是（2004）
A．磷酸吡哆醛
B．焦磷酸硫胺素
C．生物素
D．四氢叶酸
E．甲硫氨酸

20．#体内转运一碳单位的载体是（2011）
A．叶酸
B．生物素
C．维生素 B_{12}
D．四氢叶酸
E．S-腺苷甲硫氨酸

21．下列氨基酸中不能提供一碳单位的是
A．甘氨酸
B．丝氨酸
C．组氨酸
D．色氨酸
E．酪氨酸

22．谷类和豆类互补的氨基酸是
A．赖氨酸和酪氨酸
B．赖氨酸和丙氨酸
C．赖氨酸和甘氨酸
D．赖氨酸和谷氨酸
E．赖氨酸和色氨酸

23．肌肉中最主要的脱氨基方式是
A．嘌呤核苷酸循环
B．加水脱氨基作用
C．氨基转移作用
D．D-氨基酸氧化脱氨基作用
E．L-谷氨酸氧化脱氨基作用

24．参与联合脱氨基的酶是
A．丙酮酸脱氢酶
B．谷氨酸脱氢酶
C．葡糖-6-磷酸酶
D．NADH-泛醌还原酶
E．HMG-CoA 还原酶

25．下列关于鸟氨酸循环的叙述，正确的是
A．鸟氨酸循环主要在肝细胞微粒体中进行
B．鸟氨酸循环直接从鸟氨酸与氨结合生成瓜氨酸开始
C．鸟氨酸循环从氨基甲酰磷酸合成开始
D．每经历一次鸟氨酸循环消耗 1 分子氨
E．每经历一次鸟氨酸循环消耗 2 分子 ATP

26．属于酪氨酸衍生物的物质是
A．组胺
B．精胺
C．腐胺
D．多巴胺
E．5-羟色胺

【A2 型题】

1．某种氨基酸，含有芳香环结构，在 280 nm 波长有最大吸收峰，在代谢过程中能生成

一碳单位，这种氨基酸是
A．苯丙氨酸
B．酪氨酸
C．赖氨酸
D．色氨酸
E．组氨酸
2．女性，60岁，育有3个子女，生活贫困，长期从事重体力劳动。近期感觉头晕，乏力，腿部水肿。体检：血清白蛋白28 g/L，铁蛋白20 μg/L，建议该妇女应多摄入
A．谷物
B．豆类
C．谷物和豆类
D．糖类
E．脂类
3．#王某，5岁。偏食，瘦小。门诊就医诊断为营养不良。医师建议纠正饮食习惯，并嘱增加蛋白质膳食，其主要原因是蛋白质在体内可（2000）
A．转变为糖，补充能量
B．转变为脂肪，维持能量平衡
C．直接氧化供能，维持能量平衡
D．执行多种特殊生理功能
E．补充多种氨基酸，维持互补作用，促进生长
4．患儿，2岁，就诊时频繁呕吐、发育不良、智力低下，尿中苯丙酮酸含量明显增加，有鼠尿味。请推测患儿体内发生缺陷的酶是
A．酪氨酸酶
B．肌酸激酶
C．二氢叶酸还原酶
D．苯丙氨酸羟化酶
E．色氨酸羟化酶
5．有一种必需氨基酸，分子结构中含有甲基和硫，是合成肌酸的原料。它可由体内的甲基和同型半胱氨酸化合生成；它与ATP作用后，变为活化型，是活泼甲基的重要来源。该氨基酸是
A．亮氨酸
B．赖氨酸
C．甲硫氨酸
D．苯丙氨酸
E．半胱氨酸
6．有一种重要的转氨酶，可以催化氨基酸与α-酮酸之间的可逆转变，它在肝组织中的活性最高，正常情况下存在于细胞内，极少进入血液中。当急性肝炎时，细胞膜通透性增加，该转氨酶经细胞外液进入血液，血清中该酶的活性升高，已成为临床检测肝功能的常规指标，该转氨酶是
A．天冬氨酸转氨酶
B．赖氨酸转氨酶
C．苏氨酸转氨酶
D．丙氨酸转氨酶
E．甘氨酸转氨酶
7．有一种必需氨基酸，经转氨基或氧化脱氨基作用可生成α-酮戊二酸，经脱羧酶作用生成抑制性神经递质γ-氨基丁酸。体内多数组织代谢产生的NH_3与该氨基酸在谷氨酰胺合成酶催化下，合成谷氨酰胺的解毒形式，向外运输。该氨基酸是
A．天冬氨酸
B．丙氨酸
C．酪氨酸
D．谷氨酸
E．色氨酸

【B型题】

A．丙酮酸
B．谷氨酸
C．α-酮戊二酸
D．草酰乙酸
E．甘氨酸
1．体内最广泛存在、活性最高的转氨酶是将氨基转给
2．代谢时能生成一碳单位的化合物是

A．尿素
B．尿酸
C．氨基酸
D．核苷酸
E．β-氨基异丁酸
3．体内蛋白质分解代谢的最终产物是
4．体内嘌呤核苷酸分解代谢的最终产物是

A．柠檬酸循环
B．γ-谷氨酰基循环
C．鸟氨酸循环

D．甲硫氨酸循环
E．三羧酸循环
5．参与氨基酸分解氧化供能作用的是
6．参与尿素合成的是
7．参与生成 SAM 提供甲基的是

A．精氨酸代琥珀酸合成酶
B．精氨酸代琥珀酸裂解酶
C．L-氨基酸氧化酶
D．IMP 脱氢酶
8．* 鸟氨酸循环启动后的限速酶是
9．* 参与氨基酸脱氨机制的酶是（2015）

A．氨基甲酰磷酸合成酶Ⅰ
B．精氨酸代琥珀酸裂解酶
C．氨基甲酰磷酸合成酶Ⅱ
D．腺苷酸代琥珀酸合成酶
10．* 鸟氨酸循环启动的限速酶是
11．* 嘧啶核苷酸合成的限速酶是（2014）

A．蚕豆病
B．苯丙酮尿症
C．帕金森病
D．镰状细胞贫血
12．* 与葡糖-6-磷酸脱氢酶（G6PD）缺陷有关的疾病是
13．* 与多巴胺生成障碍有关的疾病是（2012）

A．天冬酰胺
B．谷氨酸
C．谷氨酰胺
D．酪氨酸
E．精氨酸
14．# 丙氨酸氨基转移酶和天冬氨酸氨基转移酶的共同底物是
15．# 可转变为黑色素的物质是（2013）

A．丙酮酸
B．乙酰乙酸
C．α-酮戊二酸
D．草酰乙酸
E．甘氨酸
16．可以直接转变为谷氨酸钠的物质是
17．属于酮体的物质是

【X 型题】
1．* 谷氨酰胺的生物学作用有（2013）
A．储存和运输氨
B．参与脂肪酸的生物合成
C．参与嘧啶核苷酸的从头合成
D．参与嘌呤核苷酸的从头合成
2．* 体内酪氨酸分解代谢的产物有（2010）
A．四氢生物蝶呤
B．肾上腺素
C．尿黑酸
D．多巴胺
3．* 体内氨基酸脱氨基作用产生的氨可参与合成的物质有（2009）
A．尿素
B．肌酸
C．谷氨酸
D．谷氨酰胺
4．下列氨基酸中哪些是人类必需氨基酸
A．苯丙氨酸
B．酪氨酸
C．丝氨酸
D．苏氨酸
5．下列哪些物质的合成过程在肝中进行
A．糖原
B．尿素
C．血浆蛋白
D．酮体
6．S- 腺苷甲硫氨酸是合成下列哪些物质所需之原料
A．肾上腺素
B．肌酸
C．磷脂酰胆碱
D．肉（毒）碱
7．在分解代谢过程中可以产生一碳单位的氨基酸是
A．Gly
B．Ser
C．Tyr
D．Trp
8．甘氨酸参与的代谢过程有
A．肌酸的合成
B．嘌呤核苷酸的合成
C．嘧啶核苷酸的合成
D．血红素的合成

9．下列哪些化合物是尿素合成的中间产物
A．瓜氨酸
B．甘氨酸
C．精氨酸
D．鸟氨酸

10．*酪氨酸在体内可转变为（2002）
A．胆色素
B．去甲肾上腺素
C．延胡索酸
D．乙酰乙酸

11．谷氨酰胺在体内的代谢去路是
A．参与血红素的合成
B．参与嘌呤、嘧啶核苷酸合成
C．异生成糖
D．氧化供能

12．经转氨基作用能直接转变成常见氨基酸的α-酮酸有
A．草酰乙酸
B．丙酮酸
C．α-酮戊二酸
D．α-酮丁酸

二、名词解释

1．一碳单位（one carbon unit）
2．必需氨基酸（essential amino）
3．鸟氨酸循环（ornithine cycle）
4．蛋白质腐败作用（protein putrefaction）
5．丙氨酸 - 葡萄糖循环（alanine - glucose cycle）
6．高血氨症（hyperammonemia）

三、问答题

1．写出下列氨基酸与α-酮戊二酸转氨基后生成相应α-酮酸的名称
（1）天冬氨酸，（2）谷氨酸，（3）丙氨酸，（4）苯丙氨酸。
2．简述天冬氨酸在体内转变成葡萄糖的主要代谢途径。
3．简述叶酸、维生素 B_{12} 缺乏产生巨幼细胞贫血的生化机制。
4．说明高氨血症导致昏迷的生化基础。
5．举例说明肝是尿素合成主要器官的实验依据。
6．为什么对高血氨症患者禁用碱性肥皂水灌肠和不宜用碱性利尿剂？
7．概述体内氨基酸的来源和主要代谢去路。
8．为什么测定血清中转氨酶活性可以作为肝、心组织损伤的参考指标？

第四节　参考答案及解析

一、选择题

【A1 型题】

1．**答案**：D　　**考点**：氨基酸的转变
解析：在 20 种组成人体蛋白质的氨基酸中，生糖兼生酮氨基酸有 5 种，即异亮氨酸、苯丙氨酸、酪氨酸、色氨酸、苏氨酸。

2．**答案**：A　　**考点**：必需氨基酸
解析：必需氨基酸是指体内不能合成，必须由食物提供的氨基酸，包括缬氨酸、异亮氨酸、亮氨酸、苯丙氨酸、甲硫氨酸、色氨酸、苏氨酸、赖氨酸和谷氨酸 9 种。

3．**答案**：A　　**考点**：尿素合成的原料
解析：尿素合成需要 2 分子氨，一个来自游离氨，另一个来自天冬氨酸。

4．**答案**：D　　**考点**：氨基酸脱氨基

解析：联合脱氨基作用是氨基酸脱氨基的主要方式，是指氨基酸的转氨基作用和 L-谷氨酸氧化脱氨基作用的联合。在肝、肾组织中还存在一种 L-氨基酸氧化酶，属黄素酶类，其辅基是 FMN 或 FAD，能将氨基酸氧化为 α-亚氨基酸，然后再加水分解成相应的 α-酮酸，并释放铵离子。

5．**答案**：A　　**考点**：一碳单位的来源

解析：一碳单位代谢涉及的氨基酸有四种：丝氨酸、色氨酸、组氨酸、甘氨酸。

6．**答案**：A　　**考点**：氨的运输

解析：氨在血液中以丙氨酸和谷氨酰胺的形式转运。氨通过丙氨酸 - 葡萄糖循环从骨骼肌运往肝。

7．**答案**：A　　**考点**：尿素的生成

解析：尿素由精氨酸直接水解生成。

8．**答案**：E　　**考点**：氨基酸的脱氨基

解析：谷氨酸脱氨转变成 α-酮戊二酸，是三羧酸循环的中间产物。

9．**答案**：B　　**考点**：氨基酸的转变

解析：半胱氨酸可氧化为磺酸丙氨酸，后者脱羧生成牛磺酸。体内经代谢可转变生成牛磺酸的氨基酸是半胱氨酸。

10．**答案**：C　　**考点**：氨的运输

解析：氨在血液中主要是以丙氨酸和谷氨酰胺两种形式进行转运。谷氨酰胺主要从脑和骨骼肌等组织向肝或肾运氨。

11．**答案**：D　　**考点**：氨基酸的脱羧基

解析：可进行脱羧基作用的氨基酸有谷氨酸、组氨酸、色氨酸和鸟氨酸等。谷氨酸经谷氨酸脱羧酶催化生成 γ-氨基丁酸。

12．**答案**：E　　**考点**：氨的代谢

解析：脑中氨的主要去路是合成谷氨酰胺。

13．**答案**：D　　**考点**：氨基酸的转变

解析：在体内，苯丙氨酸可转变为酪氨酸，但酪氨酸不能转变为苯丙氨酸。

14．**答案**：C　　**考点**：尿素的生成

解析：肝功能严重损坏时尿素合成障碍导致血氨浓度升高。

15．**答案**：D　　**考点**：尿素合成的场所

解析：人体内合成尿素的主要脏器是肝。

16．**答案**：C　　**考点**：芳香族氨基酸的代谢

解析：酪氨酸的主要代谢途径之一是转变成多巴、多巴胺、去甲肾上腺素、肾上腺素。后三者统称为儿茶酚胺，是重要的神经递质和激素。

17．**答案**：C　　**考点**：一碳单位的代谢

解析：一碳单位不能在生物体内以游离形式存在，必须以四氢叶酸为载体。

18．**答案**：A　　**考点**：芳香族氨基酸的代谢

解析：在体内，苯丙氨酸可转变为酪氨酸，但酪氨酸不能转变为苯丙氨酸，故补充酪氨酸可节省体内的苯丙氨酸。

19．**答案**：A　　**考点**：氨基酸转氨基作用

解析：转氨基时，辅酶磷酸吡哆醛从α-氨基酸上接受氨基转变为磷酸吡哆胺，后者将其氨基转给α-酮酸，辅酶又恢复为磷酸吡哆醛，在催化中起着传递氨基的作用。

20．**答案：**D　　**考点：**一碳单位的代谢
解析：参见A1型题第17题解析。

21．**答案：**E　　**考点：**一碳单位的代谢
解析：能生成一碳单位的氨基酸有丝氨酸、色氨酸、组氨酸、甘氨酸。另外苏氨酸通过间接转变成为甘氨酸也可生成一碳单位。

22．**答案：**E　　**考点：**蛋白质营养
解析：谷类蛋白质含赖氨酸较少、含色氨酸较多，而豆类蛋白质含赖氨酸较多、含色氨酸较少，将两者混合食用即可提高蛋白质的营养价值。

23．**答案：**A　　**考点：**脱氨基作用
解析：肌肉组织由于L-谷氨酸脱氢酶活性低，不能将L-谷氨酸氧化脱氨成α-酮戊二酸，主要通过嘌呤核苷酸循环方式脱去氨基。转氨基作用只是把氨基酸分子中的氨基转移给α-酮戊二酸或其他α-酮酸，并没有真正实现脱氨基。

24．**答案：**B　　**考点：**脱氨基作用
解析：联合脱氨基作用主要是通过氨基转移酶与L-谷氨酸脱氢酶联合作用脱去氨基。

25．**答案：**C　　**考点：**鸟氨酸循环
解析：鸟氨酸循环主要在肝细胞浆和线粒体中进行。首先是NH_3、CO_2和ATP缩合生成氨基甲酰磷酸，然后是氨基甲酰磷酸与鸟氨酸反应生成瓜氨酸。每次鸟氨酸循环消耗2分子氨和3分子ATP。

26．**答案：**D　　**考点：**酪氨酸
解析：酪氨酸在酪氨酸羟化酶作用下生成多巴，多巴在多巴脱羧酶的作用下，脱去羧基生成多巴胺。多巴胺是一种神经递质。

【A2型题】

1．**答案：**D　　**考点：**氨基酸的特点
解析：根据280 nm波长有最大吸收峰的是芳香族氨基酸，有苯丙氨酸、色氨酸和酪氨酸，能产生一碳单位的氨基酸是丝氨酸、甘氨酸、组氨酸和色氨酸，所以选色氨酸。

2．**答案：**C　　**考点：**蛋白质营养
解析：多种营养价值较低的蛋白质混合食用，彼此间必需氨基酸可以得到互相补充，从而提高蛋白质的营养价值，这种作用称为食物蛋白质的互补作用。例如谷类蛋白质含赖氨酸较少、含色氨酸较多，而豆类蛋白质含赖氨酸较多、含色氨酸较少，将两者混合食用即可提高蛋白质的营养价值。

3．**答案：**E　　**考点：**蛋白质营养
解析：蛋白质分解产生多种氨基酸，多种蛋白质能维持互补作用，促进机体生长。

4．**答案：**D　　**考点：**苯丙酮酸尿症
解析：苯丙酮尿症是一种常见的氨基酸代谢病，是由于苯丙氨酸羟化酶缺陷，使得苯丙氨酸不能转变成为酪氨酸，导致苯丙氨酸及其酮酸蓄积，并从尿中大量排出。主要临床特征为智力低下、精神神经症状、湿疹、皮肤抓痕征及色素脱失和鼠气味等。

5．**答案：**C　　**考点：**甲硫氨酸的代谢
解析：体内含硫和甲基的氨基酸是甲硫氨酸，与ATP结合生成S-腺苷甲硫氨酸作为甲基的供体。

很多含氮物质在生物合成时由甲硫氨酸提供甲基如肌酸、肾上腺素、肉碱等。失去甲基的同型半胱氨酸经胱硫醚变成半胱氨酸。

6．**答案：** D　　**考点：** 氨基酸的转氨酶

解析： 丙氨酸转氨酶又称谷丙转氨酶，主要存在于肝细胞质内，其细胞内浓度高于血清中 1000 ~ 3000 倍。肝细胞损伤或坏死，都会使血液中的丙氨酸转氨酶升高。因此，丙氨酸转氨酶是反映肝细胞受损程度最灵敏的指标，在肝功能检查中最为常用。

7．**答案：** D　　**考点：** 谷氨酸的代谢

解析： 谷氨酸参与谷氨酸脱氢酶为中心的联合脱氨基作用（谷氨酸被脱去氨基）。在血氨转运中，谷氨酰胺合成酶催化谷氨酸与氨结合生成谷氨酰胺。谷氨酰胺中性无毒，易透过细胞膜，是氨的主要运输形式。在葡萄糖 - 丙氨酸循环途径中，肌肉中的谷氨酸脱氢酶催化 α-酮戊二酸与氨结合形成谷氨酸，接着在丙氨酸转氨酶的催化作用下谷氨酸再与丙酮酸形成 α-酮戊二酸和丙氨酸。谷氨酸脱羧形成的 γ-氨基丁酸是一种抑制性神经递质，在生物体中广泛存在。

【B 型题】

1．**答案：** C　　2．**答案：** E　　**考点：** 氨基酸的一般代谢

解析： α-酮戊二酸在转氨酶的作用下，能接受其他氨基酸的氨基，生成谷氨酸。一碳单位主要有四种氨基酸代谢产生：丝氨酸、甘氨酸、组氨酸和色氨酸。

3．**答案：** A　　4．**答案：** B　　**考点：** 蛋白质代谢和核苷酸代谢

解析： 蛋白质水解后转化成氨基酸，而氨基酸最终会代谢成水、二氧化碳、尿素。核苷酸水解生成碱基，嘌呤进一步降解产物是尿酸。

5．**答案：** E　　6．**答案：** C　　7．**答案：** D　　**考点：** 氨基酸代谢

解析： 与糖和脂类一样，氨基酸最终可以通过三羧酸循环彻底氧化分解供能。尿素合成是以鸟氨酸循环的方式进行的。甲硫氨酸在腺苷转移酶的催化下与 ATP 反应，生成 S-腺苷甲硫氨酸（SAM），SAM 中的甲基为活性甲基，经甲基转移酶催化，将甲基转移至另一种物质，使其甲基化，而 SAM 去甲基后生成 S-腺苷同型半胱氨酸，后者脱去腺苷生成同型半胱氨酸。同型半胱氨酸再接受 N^5-CH_3-FH_4 上的甲基，重新生成甲硫氨酸，形成一个循环过程，称为甲硫氨酸循环。

8．**答案：** A　　9．**答案：** C　　**考点：** 氨基酸的一般代谢

解析： 在鸟氨酸循环中，精氨酸代琥珀酸合成酶活性相对较小，所以该酶被认为是鸟氨酸循环的限速酶。在肝、肾组织中存在一种 L-氨基酸氧化酶，能够自动氧化的黄素蛋白将氨基酸氧化为 α-亚氨基酸，然后再加水分解成相应的 α-酮酸，并释放铵离子。

10．**答案：** A　　11．**答案：** C　　**考点：** 蛋白质代谢和核苷酸代谢

解析： 鸟氨酸循环启动和嘧啶核苷酸合成都要生成氨基甲酰磷酸，体内催化氨基甲酰磷酸生成的酶有两种，一种是氨基甲酰磷酸合成酶Ⅰ，存在于肝线粒体中，最终反应产物是尿素；另一种是氨基甲酰磷酸合成酶Ⅱ，存在于各种细胞的胞液中，反应最终产物是嘧啶。

12．**答案：** A　　13．**答案：** C　　**考点：** 糖代谢和芳香族氨基酸代谢

解析： 红细胞中葡糖-6-磷酸脱氢酶缺陷症俗称“蚕豆病”，是一种以黄疸、贫血、血红蛋白尿为主要特征的溶血性反应性疾病。患者在进食蚕豆（接触蚕豆花粉）或某些药物后，可导致大量红细胞破裂，出现溶血性贫血。帕金森病最主要是多巴胺含量显著性减少而致病。酪氨酸代谢产生多巴胺。

14．**答案：** B　　15．**答案：** D　　**考点：** 氨基酸的一般代谢

解析： 丙氨酸转氨酶也称谷丙转氨酶，天冬氨酸转氨酶也称谷草转氨酶，二者都以谷氨酸为底物。

酪氨酸代谢的过程之一是在黑色素细胞生成黑色素。

16．**答案**：C　　17．**答案**：B　　**考点**：谷氨酸的生成和酮体的组成

解析：丙氨酸和天冬氨酸分子中的氨基在转氨酶的催化下，转移给α-酮戊二酸，可生成谷氨酸，与 Na^+ 结合生成谷氨酸钠。酮体包括乙酰乙酸、β-羟丁酸和丙酮。

【X 型题】

1．**答案**：ACD　　**考点**：谷氨酰胺的作用

解析：谷氨酰胺不仅是氨的解毒方式，也是体内氨的运输和储存方式，对调节机体的酸碱平衡也有重要作用，谷氨酰胺也可参与体内嘌呤、嘧啶和非必需氨基酸的合成。

2．**答案**：ACD　　**考点**：酪氨酸分解代谢

解析：酪氨酸分解代谢的产物主要有四氢生物蝶呤、去甲肾上腺素、尿黑酸、多巴胺。去甲肾上腺素甲基化生成肾上腺素，因此肾上腺素并不是酪氨酸的直接代谢产物。

3．**答案**：ACD　　**考点**：氨的去路

解析：体内氨的去路：主要在肝内合成尿素，由肾排泄；合成谷氨酰胺，谷氨酰胺既为解毒产物也是储存与运输形式；氨可以使一些α-酮酸经联合脱氨基逆行氨基化而合成相应的非必需氨基酸。

4．**答案**：AD　　**考点**：必需氨基酸的种类

解析：参见 A1 型题第 2 题解析。

5．**答案**：ABCD　　**考点**：肝脏的代谢

解析：尿素和酮体的合成都在肝中进行。肝糖原在肝中合成，血浆中除了γ-球蛋白之外的蛋白质大多在肝中合成。

6．**答案**：ABCD　　**考点**：甲硫氨酸代谢及脂代谢

解析：S-腺苷甲硫氨酸提供甲基使去甲肾上腺素甲基化生成肾上腺素；使胍乙酸甲基化生成肌酸；使乙醇胺甲基化生成胆碱，参与磷脂酰胆碱的合成；使γ-氨基-β-羟丁酸甲基化生成γ-三甲氨基-β-羟丁酸，即肉碱（肉毒碱）。

7．**答案**：ABD　　**考点**：一碳单位的生成

解析：参见 A1 型题第 21 题的解析。

8．**答案**：ABD　　**考点**：甘氨酸的代谢

解析：肌酸合成的原料：精氨酸、甘氨酸、甲硫氨酸。嘌呤碱合成的原料：天冬氨酸、谷氨酰胺、甘氨酸、一碳单位和 CO_2。合成血红素的原料是甘氨酸、琥珀酰 CoA 和 Fe^{2+}。

9．**答案**：ACD　　**考点**：尿素循环

解析：尿素合成过程为鸟氨酸循环（又称尿素循环），氨与 CO_2 合成氨基甲酰磷酸，经依次合成瓜氨酸、精氨酸后，精氨酸水解成尿素和鸟氨酸。

10．**答案**：BCD　　**考点**：酪氨酸的代谢

解析：酪氨酸可转变为儿茶酚胺和黑色素或彻底氧化分解。还可在转氨酶的催化下，生成羟苯丙酮酸，后者经尿黑酸等中间产物，进一步分解成延胡索酸和乙酰乙酸。

11．**答案**：BCD　　**考点**：谷氨酰胺的代谢

解析：谷氨酰胺参与嘌呤、嘧啶核苷酸的合成，可以异生为糖，可以氧化供能。

12．**答案**：ABC　　**考点**：氨基酸的转氨基作用

解析：可作为氨基接受者的α-酮酸只有丙酮酸、α-酮戊二酸和草酰乙酸。

二、名词解释（答案要点）

1．一碳单位：指某些氨基酸分解代谢过程中产生含有一个碳原子的基团，包括甲基、亚甲基、甲烯基、甲炔基、甲酰基及亚氨甲基等。

2．必需氨基酸：指体内需要而不能自身合成，必须由食物提供的一类氨基酸。

3．鸟氨酸循环：指氨与 CO_2 通过鸟氨酸、瓜氨酸、精氨酸生成尿素的过程。

4．蛋白质腐败作用：指肠道细菌对未被消化的蛋白质和氨基酸的水解过程。

5．丙氨酸 - 葡萄糖循环：指通过丙氨酸和葡萄糖在肌肉和肝之间进行氨转运的过程。

6．高血氨症：肝功能严重损伤时尿素合成障碍导致血氨浓度升高。

三、问答题（答案要点）

1．天冬氨酸脱去氨基后生成的α-酮酸是草酰乙酸；谷氨酸脱去氨基后生成的α-酮酸是α-酮戊二酸；丙氨酸脱去氨基后生成的α-酮酸是丙酮酸；苯丙氨酸脱去氨基后生成的α-酮酸是苯丙酮酸。

2．①天冬氨酸经转氨基作用或联合脱氨基作用生成草酰乙酸；②草酰乙酸由磷酸烯醇式丙酮酸羧激酶催化生成磷酸烯醇式丙酮酸；③然后沿着糖酵解途径的逆反应进行糖异生，依次生成甘油酸-2-磷酸、甘油酸-3-磷酸、甘油酸-1,3-二磷酸、甘油醛-3-磷酸、磷酸二羟丙酮和果糖-1,6-二磷酸，果糖-1,6-二磷酸在果糖二磷酸酶的催化下形成果糖-6-磷酸、葡糖-6-磷酸；④葡糖-6-磷酸水解生成葡萄糖，反应由葡糖-6-磷酸酶催化。

3．叶酸在体内以四氢叶酸形式参与一碳单位基团的转运，若缺乏叶酸必然导致嘌呤或脱氧胸腺嘧啶核苷酸合成障碍，进而影响核酸与蛋白质的合成以及细胞增殖。维生素 B_{12} 是甲硫氨酸合成酶的辅酶，若体内缺乏维生素 B_{12} 会导致 N^5-CH_3-FH_4 上的甲基不能转移，减少 FH_4 再生，亦影响细胞分裂，故可产生巨幼细胞贫血。

4．氨进入脑组织后：氨 + α-酮戊二酸→谷氨酸，氨 + 谷氨酸→谷氨酰胺，高血氨时脑中氨的增加可使脑内α-酮戊二酸减少，导致三羧酸循环减弱，从而使 ATP 生成减少，脑组织供能缺乏，可表现为昏迷。

5．动物（犬）的肝切除，则血液及尿中尿素含量明显降低；若给此动物喂饲氨基酸，则会发现大部分氨基酸积存于血液中，一部分经尿排出，少量经脱氨基代谢转变成α-酮酸和氨，因而血氨增高；若只切除犬的肾而保留肝，则尿素仍然可以合成，但不能排出尿素，因此血中尿素浓度升高；若将犬的肝、肾同时切除，则血中尿素含量维持在较低水平，而血氨浓度明显升高。这些实验表明肝是合成尿素的主要器官。

6．在肠道 NH_3 比 NH_4^+ 易吸收，$NH_4^+ + OH^- \longleftrightarrow NH_3 + H_2O$，用碱性肥皂水灌肠会加速肠道氨的吸收，而使用碱性利尿剂会阻碍肾小管细胞的泌氨作用，二者的结果均会使血氨升高。

7．体内氨基酸主要来源有：(1) 食物蛋白质的消化吸收；(2) 组织蛋白质的分解；(3) 经转氨基反应合成非必需氨基酸。主要去路有：(1) 合成组织蛋白质；(2) 脱氨基作用，产生的氨合成尿素，α-酮酸转变成糖和（或）酮体，并氧化产能；(3) 脱羧基作用生成胺类；(4) 转变为嘌呤、嘧啶等其他含氮化合物。

8．正常时体内多种转氨酶主要存在于相应组织细胞内，血清含量极低，如谷丙转氨酶（GPT）在肝细胞中活性最高，而谷草转氨酶（GOT）在心肌细胞中活性最高，当肝细胞或心肌细胞损伤时上述转氨酶分别释放入血。

（王海英）

第九章 核苷酸代谢

第一节 学习要求

掌握：嘌呤、嘧啶核苷酸从头合成途径的概念、原料与合成特点；脱氧核糖核苷酸的生成；嘌呤、嘧啶核苷酸分解代谢的产物。

熟悉：核酸酶的概念和特点；核苷酸的基本生物学功能；嘌呤、嘧啶核苷酸补救合成途径的概念、关键酶；痛风的发病机制和核苷酸抗代谢物的作用及机制。

了解：嘌呤、嘧啶核苷酸从头合成途径及调节；核苷酸的分解代谢。

第二节 内容精要

一、核苷酸代谢概述

（一）核苷酸具有多种生物学功能

核苷酸是核酸的基本结构单位，人体内的核苷酸主要由自身合成，不属于营养必需物质。核苷酸可由核酸酶水解产生或通过利用体内原料合成。核苷酸广泛分布于体内，发挥多种重要的生物学功能：

1．核苷酸最主要的功能是作为核酸合成的原料。

2．细胞能量的供应形式，例如 ATP 是细胞的主要能量形式，GTP 等也可以提供能量。

3．参与代谢和生理调节。某些核苷酸或其衍生物是重要的调节分子，例如 cAMP 是多种细胞膜受体激素作用的第二信使，cGMP 也与代谢调节有关。

4．参与组成辅酶，例如腺苷酸可作为多种辅酶（NAD^+、FAD、CoA 等）的组成成分。

5．作为多种活化中间代谢物的载体。例如 ATP 可以作为蛋白激酶反应中磷酸基团的供体，UDP- 葡糖是合成糖原和糖蛋白的活性原料，CDP- 二酰甘油是合成磷脂的活性原料，S- 腺苷甲硫氨酸是活性甲基的载体等。

（二）核苷酸经核酸酶水解后可被吸收

1．核酸酶的分类（表 9-1）

表9-1 核酸酶的分类与功能

分类依据	分类	功能
作用的底物不同	DNA 酶（DNase）	专一性地催化脱氧核糖核酸的水解
	RNA 酶（RNase）	专一性地催化核糖核酸的水解
对底物二级结构的专一性	单链酶	催化单链核酸的水解
	双链酶	催化双链核酸的水解
对底物的作用方式	核酸外切酶（exonuclease）	水解位于核酸分子链末端的磷酸二酯键
	核酸内切酶（endonuclease）	在 DNA 或 RNA 分子内部切断磷酸二酯键
作用的方向性	5' → 3' 核酸外切酶	从 5'-端切除核苷酸
	3' → 5' 核酸外切酶	从 3'-端切除核苷酸

2．核酸酶的功能　核酸酶是所有可以水解核酸的酶，其功能是：

1）细胞内的核酸酶一是参与 DNA 的合成与修复及 RNA 合成后的剪接等重要的基因复制和基因表达过程；二是负责清除多余的、结构和功能异常的核酸，包括侵入细胞的外源性核酸。

2）核酸酶可以分泌到细胞外，例如在人体消化液中的核酸酶可以降解食物中的核酸以利吸收。

3）限制性内切核酸酶，能够特异性地识别某些具有核酸序列特异性的酶切位点，识别长度一般为 4 ~ 8bp，通常具有回文结构。该类酶已经成为了分子生物学中的重要工具酶。

（三）核酸的消化与吸收

食物中的核酸多以核蛋白的形式存在。核蛋白在胃中受胃酸的作用，分解成核酸与蛋白质。核酸在 DNA 酶和 RNA 酶作用下生成寡核苷酸和部分单核苷酸，然后在磷酸二酯酶作用下生成单核苷酸，单核苷酸在核苷酸酶水解下生成核苷和磷酸。核苷可通过被动扩散方式吸收后进一步被分解成碱基和戊糖。分解产生的戊糖被吸收而参与体内的戊糖代谢，嘌呤和嘧啶碱则主要被分解而排出体外。所以食物来源的嘌呤和嘧啶碱很少被机体利用。

（四）核苷酸代谢包括合成和分解代谢

核苷酸合成代谢根据方式的不同均包括从头合成和补救合成两种途径。从头合成的碱基来源是利用氨基酸、一碳单位及 CO_2 等新合成含 N 的杂环；补救合成的碱基来源于体内游离碱基。在分解代谢中，嘌呤核苷酸的分解产物主要是水溶性较差的尿酸；嘧啶核苷酸的分解产物是易溶于水的 NH_3、CO_2 及 β-丙氨酸等。

二、嘌呤核苷酸的合成与分解代谢

（一）嘌呤核苷酸的合成代谢

1．嘌呤碱合成的元素来源（图 9-1）。

2．嘌呤核苷酸从头合成（*de novo* synthesis）与补救合成途径（salvage pathway）的比较（表 9-2）。

3．嘌呤核苷酸从头合成过程　嘌呤核苷酸的从头合成在胞质中进行，是复杂的酶促反应，特点是从核糖 -5'- 磷酸起始逐步合成嘌呤环，而不是首先单独合成嘌呤碱然后再与磷酸核糖结合。这是与嘧啶核苷酸合成过程的明显差别，也是嘌呤核苷酸从头合成的一个重要特点。反应过程分为两个阶段：次黄嘌呤核苷酸（IMP）的合成；IMP 再转变为 AMP 和 GMP。

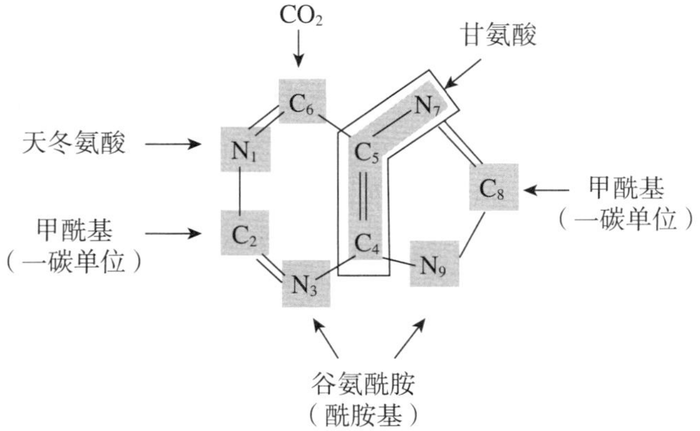

图 9-1　嘌呤碱合成的元素来源

表9-2　嘌呤核苷酸从头合成与补救合成途径的比较

	从头合成	补救合成
定义	以磷酸核糖、氨基酸、一碳单位及 CO_2 等简单物质作为原料，经过一系列酶促反应，合成嘌呤核苷酸	利用体内游离的嘌呤或嘌呤核苷，经过简单的反应过程，合成嘌呤核苷酸，又称重新利用途径
原料	天冬氨酸、谷氨酰胺、甘氨酸、CO_2、一碳单位	游离的嘌呤碱、嘌呤核苷

续表

	从头合成	补救合成
合成部位	主要是肝，其次是小肠黏膜和胸腺	脑、骨髓
反应特点	复杂的酶促反应，需消耗大量氨基酸与 ATP	简单反应，消耗能量少
地位	主要合成途径	次要合成途径
酶	PRPP 合成酶、PRPP 酰胺转移酶	APRT、HGPRT、腺苷激酶

（1）IMP 的合成：IMP 是嘌呤核苷酸合成的前体或重要中间产物，合成原料中的核糖-5'-磷酸来源于糖代谢的磷酸戊糖途径（图 9-2）。

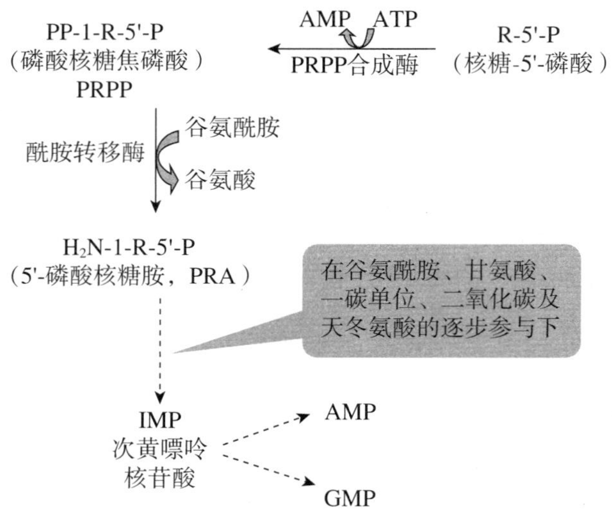

图 9-2　嘌呤核苷酸的从头合成途径（IMP 的合成及 AMP 和 GMP 的生成）

（2）IMP 转变为 AMP 和 GMP。

（3）ATP 和 GTP 的生成。

4．嘌呤核苷酸从头合成调节

（1）关键酶的反馈调节：嘌呤核苷酸从头合成途径中，主要调控环节是第一步生成 PRPP 和第二步生成 5'- 磷酸核糖胺（PRA）的反应。生成产物反馈抑制关键酶（PRPP 合成酶和 PRPP 酰胺转移酶）的活性，抑制反应的进行，底物则促进关键酶活性，促进反应的进行（图 9-3 上图）。

（2）AMP 和 IMP 合成的交叉调节：IMP 转化为 AMP 时需要 GTP，转化为 GMP 时需要 ATP，故 GTP 可以促进 AMP 的生成，ATP 可以促进 GMP 的生成。过量的 AMP 可以抑制 AMP 的生成，而不影响 GMP 生成；过量的 GMP 抑制 GMP 的生成，而不影响 AMP 生成，从而使两种核苷酸合成速度保持平衡（图 9-3 下图）。

5．嘌呤核苷酸的补救合成

（1）补救合成的方式：

1）细胞由利用现成嘌呤碱或嘌呤核苷重新合成嘌呤核苷酸，称为补救合成。嘌呤核苷酸补救合成途径中主要以磷酸核糖转移酶催化的反应为主，由 PRPP 提供磷酸核糖，该过程比较简单，消耗能量少。参与酶为腺嘌呤磷酸核糖转移酶（APRT）和次黄嘌呤 - 鸟嘌呤磷酸核糖转移酶（HGPRT）；

2）人体内嘌呤核苷的重新利用还可通过腺苷激酶催化的磷酸化反应，使腺嘌呤核苷生成腺嘌呤核苷酸。

（2）补救合成的生理意义：

1）节省从头合成时能量和某些氨基酸的消耗；

2）体内的某些组织，例如脑、骨髓等由于缺乏从头合成嘌呤核苷酸的酶系，它们只能进行补救合成；

3）由于基因缺陷而导致 HGPRT 完全缺失，患儿表现为自毁容貌综合征，即 Lesch-Nyhan 综合征。

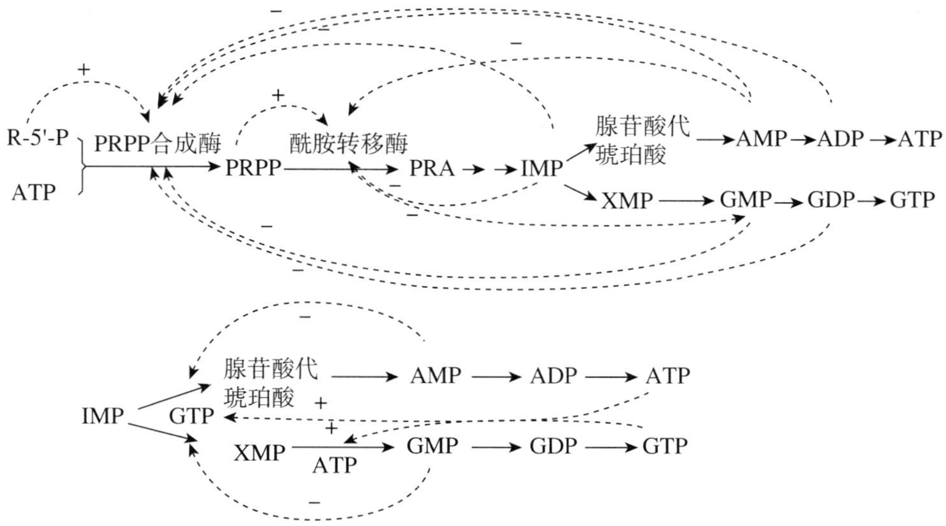

图 9-3　嘌呤核苷酸从头合成的调节（+ 表示促进；– 表示抑制）

6．体内嘌呤核苷酸可以相互转变，以保持彼此平衡。例如，IMP 可以转变为 XMP、AMP、GMP。AMP、GMP 可以转变为 IMP，由此，AMP 与 GMP 之间也是可以相互转变的。

7．脱氧核糖核苷酸的生成特点

（1）在二磷酸核苷水平上进行。该特点适用于脱氧嘌呤核苷酸（dADP 和 dGDP）和脱氧嘧啶核苷酸（dUDP 和 dCDP）。但脱氧胸苷酸是例外，它是在一磷酸核苷水平上由 dUMP 转变生成 dTMP，然后再经磷酸化生成 dTDP 和 dTTP 的。

（2）通过相应的核糖核苷酸的直接还原作用，以氢取代其核糖分子中 C_2 上的羟基而生成。

（3）并非先形成脱氧核糖再与其他分子结合。

（4）由核苷酸还原酶催化。

（5）调节方式为变构调节。

8．嘌呤核苷酸合成的抗代谢物　嘌呤核苷酸合成的抗代谢物是一些嘌呤、氨基酸或叶酸类似物。嘌呤核苷酸的抗代谢物以竞争性抑制或“以假乱真”等方式干扰或阻断嘌呤核苷酸的合成代谢，进而阻止核酸和蛋白质的生物合成。因为肿瘤细胞的核酸和蛋白质合成十分旺盛，所以抗代谢物具有抗肿瘤作用。具体见表 9-3。

表9-3　嘌呤核苷酸合成的抗代谢物和作用机制

抗代谢物	类似于	作用机制
6- 巯基嘌呤（6-MP）	次黄嘌呤	作用部位最广泛的抗代谢物，抑制 IMP 转变为 AMP、GMP，抑制酰胺转移酶，抑制补救合成途径
氮杂丝氨酸	谷氨酰胺	干扰谷氨酰胺在嘌呤核苷酸中的作用，抑制嘌呤核苷酸的合成
甲氨蝶呤（MTX）和氨蝶呤	叶酸	竞争性抑制二氢叶酸还原酶，抑制四氢叶酸的生成，干扰一碳单位代谢

（二）嘌呤核苷酸的分解代谢

1．嘌呤核苷酸分解代谢特点

（1）体内嘌呤核苷酸的分解代谢主要在肝、小肠、肾中进行。

（2）核苷酸在核苷酸酶的作用下先水解成核苷，核苷经核苷磷酸化酶的作用，再磷酸解成自由的碱基和核糖-1-磷酸。

（3）嘌呤碱最终分解成尿酸（uric acid），尿酸为 2、6、8 位带羟基的嘌呤，嘌呤环没有被破坏，这点与嘧啶核苷酸的分解代谢不同。

2．嘌呤核苷酸分解的抗代谢物 别嘌呤醇是嘌呤核苷酸分解的抗代谢物。尿酸生成异常增多导致痛风，可使用别嘌呤醇治疗。其机制是：别嘌呤醇与次黄嘌呤结构类似，可抑制黄嘌呤氧化酶，从而抑制尿酸的生成；别嘌呤醇与 PRPP 反应生成别嘌呤核苷酸，消耗 PRPP，同时反馈抑制嘌呤核苷酸从头合成的酶，使嘌呤核苷酸合成减少。

三、嘧啶核苷酸的合成与分解代谢

（一）嘧啶核苷酸的从头合成与补救合成途径

1．嘧啶碱合成的元素来源（图 9-4）

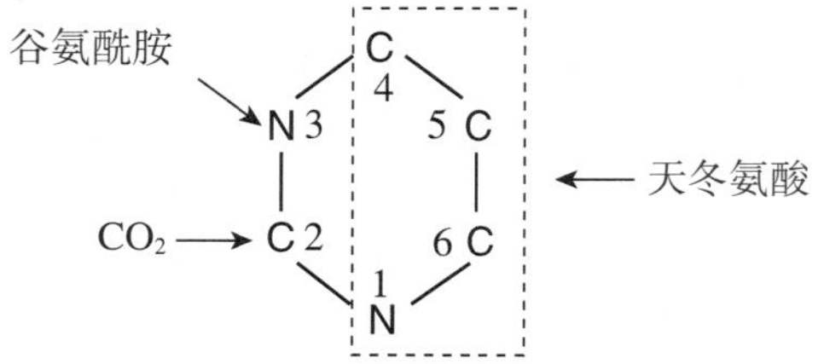

图 9-4 嘧啶碱合成的元素来源

2．嘧啶核苷酸的从头合成与补救合成途径的比较（表 9-4）

表9-4 嘧啶核苷酸的从头合成与补救合成途径的比较

	从头合成	补救合成
定义	利用磷酸核糖、氨基酸、一碳单位及 CO_2 等简单物质为原料，经过一系列酶促反应，合成嘧啶核苷酸的途径	利用体内游离的嘧啶或嘧啶核苷，经过简单的反应，合成嘧啶核苷酸的过程
原料	磷酸核糖、谷氨酰胺、天冬氨酸、CO_2	尿嘧啶、胸腺嘧啶、乳清酸
酶	氨基甲酰磷酸合成酶Ⅱ、天冬氨酸氨基甲酰转移酶、PRPP 合成酶	嘧啶核糖磷酸转移酶、尿苷激酶、胸苷激酶
合成部位	主要是肝细胞胞液	脑、骨髓

3．嘧啶核苷酸的从头合成

（1）合成特点：嘧啶核苷酸从头合成途径是用原料先合成嘧啶环，然后再与磷酸核糖连接生成嘧啶核苷酸。

（2）合成过程：

1）尿嘧啶核苷酸的合成：先合成嘧啶环，再与磷酸核糖结合；而嘧啶环的合成始于氨基甲酰磷酸的生成。

2）三磷酸胞苷（CTP）的合成：由 UMP 在激酶连续催化下生成三磷酸尿苷（UTP），再从谷氨酰胺接受氨基生成 CTP；

3）脱氧胸腺嘧啶核苷酸（dTMP 或 TMP）的生成：由 dUMP 甲基化生成。

（3）从头合成的调节：人类调节的关键酶为氨基甲酰磷酸合成酶Ⅱ（CPS-Ⅱ），其主要受 UMP 的负反馈调节。细菌中调节的关键酶为天冬氨酸氨基甲酰基转移酶，其主要受 CTP 的负反馈调节。注意氨基甲酰磷酸合成酶Ⅰ和Ⅱ的区别，见表 9-5。

4．嘧啶核苷酸的补救合成 嘧啶补救合成的主要酶是嘧啶磷酸核糖转移酶，该酶能利用尿嘧啶、胸腺嘧啶和乳清酸作为底物，但对胞嘧啶无作用。此外，尿苷激酶也是一种补救合成酶。

表9-5　氨基甲酰磷酸合成酶Ⅰ和Ⅱ的比较

	CPS-Ⅰ	CPS-Ⅱ
部位	肝细胞线粒体中	胞液（所有细胞）
氮源	氨	谷氨酰胺
能量	消耗 2 个 ATP	消耗 2 个 ATP
产物	氨基甲酰磷酸	氨基甲酰磷酸
调节	受 N- 乙酰谷氨酸变构激活调节	受 UMP 的反馈抑制
作用	参与尿素合成	参与嘧啶合成

5．嘧啶核苷酸合成的抗代谢物　一些嘧啶、氨基酸或叶酸等的类似物，对代谢的影响及抗肿瘤作用与嘌呤抗代谢物类似，举例见表 9-6。

表9-6　嘧啶核苷酸合成的抗代谢物和作用

抗代谢物	类似于	作用
5- 氟尿嘧啶（5-FU）	胸腺嘧啶	在体内转变产物为一磷酸脱氧核糖氟尿嘧啶（FdUMP）和三磷酸氟尿嘧啶核苷酸（FUTP）。FdUMP 是胸苷酸合酶的抑制剂，使 dTMP 合成受到阻断。FUTP 可以以 FUMP 的形式参入 RNA 分子，破坏 RNA 的结构和功能
氮杂丝氨酸	谷氨酰胺	干扰谷氨酰胺在嘌呤、嘧啶核苷酸从头合成中的作用，抑制嘌呤、嘧啶核苷酸的合成
氨蝶呤及甲氨蝶呤	叶酸	竞争性抑制二氢叶酸还原酶，抑制四氢叶酸的生成，干扰一碳单位代谢，从而抑制了 TMP 的合成，进而影响 DNA 的合成
阿糖胞苷	核苷	抑制核糖核苷酸还原酶，抑制 CDP 还原成 dCDP，也能影响 DNA 的合成

（二）嘧啶核苷酸的分解代谢

1．过程　首先通过核苷酸酶及核苷磷酸化酶的作用，去除磷酸及核糖，生成的嘧啶碱再进一步分解。

2．主要产物　β-丙氨酸（胞嘧啶、尿嘧啶分解产物）、β-氨基异丁酸（胸腺嘧啶分解产物）、NH_3 和 CO_2。

3．代谢特点　嘧啶环在代谢中水解开环，降解产物均易溶于水，此点与嘌呤碱代谢不同。

四、嘌呤核苷酸和嘧啶核苷酸代谢的比较（表 9-7）

表9-7　嘌呤核苷酸和嘧啶核苷酸代谢的比较

	嘌呤核苷酸	嘧啶核苷酸
合成原料	天冬氨酸、谷氨酰胺、甘氨酸、CO_2、一碳单位	天冬氨酸、谷氨酰胺、CO_2、一碳单位
合成过程	在 PRPP 的基础上利用各种原料合成嘌呤环	各种原料先合成嘧啶环，再与 PRPP 相连
反馈调节	终产物反馈抑制磷酸核糖焦磷酸合成酶及合成过程其他酶（如 PRPP 酰胺转移酶）活性	哺乳类动物细胞中，嘧啶核苷酸合成的调节酶主要是 CPS-Ⅱ，受 UMP 的反馈抑制。此外，终产物也反馈抑制 PRPP 合成酶活性
抗代谢物	6-MP、6-巯基鸟嘌呤、氮杂丝氨酸、MTX	5-FU、氮杂丝氨酸、MTX 等
代谢产物	尿酸	β-丙氨酸、β-氨基异丁酸

第三节　应试习题

一、选择题（题目前＊表示西医综合题目，题目前＃表示执业医师题目）

【A1 型题】

1．体内进行嘌呤核苷酸从头合成的最主要的组织是
A．肝
B．脑
C．脾
D．骨髓
E．胸腺

2．# 嘌呤从头合成的氨基酸有（2007）
A．乌氨酸
B．谷氨酸
C．天冬酰胺
D．天冬氨酸
E．丙氨酸

3．* 嘌呤核苷酸从头合成时，首先生成的核苷酸中间产物是（2015）
A．UMP
B．GMP
C．AMP
D．IMP

4．HGPRT(次黄嘌呤 - 鸟嘌呤磷酸核糖转移酶）参与的反应是
A．嘌呤核苷酸从头合成
B．嘌呤核苷酸补救合成
C．嘧啶核苷酸从头合成
D．嘧啶核苷酸补救合成
E．嘌呤核苷酸分解代谢

5．不需要 PRPP 参加的反应是
A．尿嘧啶转变为尿嘧啶核苷酸
B．次黄嘌呤转变为次黄嘌呤核苷酸
C．鸟嘌呤转变成鸟嘌呤核苷酸
D．腺嘌呤转变成腺嘌呤核苷酸
E．氨基甲酰天冬氨酸转变成乳清酸

6．* 下列核苷酸经核糖核苷酸还原酶催化，能转变生成脱氧核苷酸的是（2009）
A．NMP
B．NDP
C．NTP
D．dNTP

7．* 合成 dTMP 的直接前体是（2007,2008）
A．dUMP
B．dCDP
C．dUDP
D．dCMP

8．* 在体内能分解生成β-氨基异丁酸的是（2002）
A．AMP
B．GMP
C．CMP
D．UMP
E．TMP

9．哺乳动物体内直接催化尿酸生成的酶是
A．尿酸氧化酶
B．黄嘌呤氧化酶
C．腺苷脱氨酸
D．鸟嘌呤脱氨酶
E．核苷酸酶

10．别嘌呤醇治疗痛风的可能机制是（2013）
A．抑制黄嘌呤氧化酶
B．促进 dUMP 的甲基化
C．促进尿酸生成的逆反应
D．抑制脱氧核糖核苷酸的生成

11．合成 IMP 和 UMP 的共同原料是
A．天冬酰胺
B．一碳单位
C．甘氨酸
D．谷氨酸
E．CO_2

12．# 合成嘌呤、嘧啶的共同原料是（2009）
A．甘氨酸
B．天冬酰胺
C．谷氨酸
D．天冬氨酸
E．氨基甲酰磷酸

13．嘧啶核苷酸从头合成的特点是
A．在核糖 -5′- 磷酸上合成碱基

B．由 FH_4 提供一碳单位

C．先合成氨基甲酰磷酸

D．甘氨酸完整地掺入

E．谷氨酸提供氮原子

14．PRPP 酰胺转移酶催化

A．IMP 生成 AMP

B．IMP 生成 GMP

C．PRPP 生成磷酸核糖酰胺

D．甘氨酸合成嘧啶环

E．R-5′-P 生成 PRPP

15．# 嘧啶环中的两个氮原子来自于（2010）

A．谷氨酰胺和氨

B．谷氨酰胺和天冬氨酸

C．谷氨酰胺和氨基甲酰磷酸

D．天冬酰胺和氨基甲酰磷酸

E．天冬氨酸和氨基甲酰磷酸

16．嘧啶核苷酸合成中，生成氨基甲酰磷酸的部位是

A．线粒体

B．细胞质

C．微粒体

D．溶酶体

E．细胞膜

17．胸腺嘧啶的甲基来自

A．N^5,N^{10}=CHO FH_4

B．N^5-CH_3 FH_4

C．N^5,N^{10}-CH_2 FH_4

D．N^{10} –CHO FH_4

E．N^5 –CH=NH FH_4

18．* 在嘧啶合成途径中合成 CTP 的直接前体是（2014）

A．ATP

B．GMP

C．UTP

D．UMP

19．* 胸腺嘧啶分解代谢的产物为（2011）

A．β-羟基丁酸

B．β-氨基异丁酸

C．β-丙氨酸

D．尿酸

20．阿糖胞苷干扰核苷酸代谢是通过抑制

A．核糖核苷酸还原酶

B．二氢叶酸还原酶

C．胸苷酸合成酶

D．氨基甲酰基转移酶

E．腺嘌呤磷酸核糖转移酶

21．# 与抗代谢药 5-FU 化学结构相似的物质是（2004）

A．腺嘌呤

B．鸟嘌呤

C．胸腺嘧啶

D．尿嘧啶

E．胞嘧啶

22．# 氮杂丝氨酸干扰核苷酸合成是因为它的结构类似于（2011）

A．丝氨酸

B．甘氨酸

C．天冬氨酸

D．天冬酰胺

E．谷氨酰胺

23．* 谷氨酰胺类似物所拮抗的反应是（2012）

A．脱氧核糖核苷酸的生成

B．dUMP 的甲基化

C．嘌呤核苷酸的从头合成

D．黄嘌呤氧化酶催化的作用

24．* 最直接联系核苷酸合成与糖代谢的物质是（2000）

A．葡萄糖

B．葡糖-6-磷酸

C．葡糖-6-磷酸

D．葡糖-1,6-二磷酸

E．核糖-5′-磷酸

25．下列物质含量异常可作为痛风诊断指标的是

A．嘧啶

B．嘌呤

C．尿酸

D．β-丙氨酸

E．β-氨基异丁酸

26．可分解产生尿酸的物质是

A．鸟嘌呤

B．胞嘧啶

C．乳清酸

D．阿糖胞苷

E．β-丙氨酸

【A2 型题】

1．患儿，男，5 岁，有自毁容貌倾向，初步诊断为 Lesch-Nyhan 综合征，该患儿体内可能

缺少的酶是
A．磷酸核糖焦磷酸合成酶
B．次黄嘌呤脱氢酶
C．天冬氨酸转氨甲酰酶
D．乳清酸磷酸核糖转移酶
E．次黄嘌呤 - 鸟嘌呤磷酸核糖转移酶

2．男，60 岁，居住海滨城市，自从入冬后经常食用火锅，2 天前夜间突然足痛难忍前来就诊。生化检查显示患者血尿酸水平明显增高，初步诊断为痛风。下列能引起该患者发病的原因是
A．嘌呤核苷酸合成异常
B．嘧啶核苷酸合成异常
C．嘌呤核苷酸分解异常
D．嘧啶核苷酸分解异常
E．氨基酸代谢异常

【B 型题】

A．UTP
B．UDP
C．UMP
D．IMP
E．dUMP

1．* 能直接转变生成 dUDP 的化合物是
2．* 能直接转变生成 dTMP 的化合物是（2006）

A．精氨酸代琥珀酸合成酶
B．精氨酸代琥珀酸裂解酶
C．腺苷酸代琥珀酸合成酶
D．IMP 脱氢酶

3．* 鸟氨酸循环启动后的限速酶是
4．* 参与嘌呤核苷酸循环脱氨机制的酶是（2015）

A．氨基甲酰磷酸合成酶Ⅰ
B．精氨酸代琥珀酸合成酶
C．氨基甲酰磷酸合成酶Ⅱ
D．腺苷酸代琥珀酸合成酶

5．* 鸟氨酸循环启动后的限速酶是
6．* 嘧啶核苷酸合成的限速酶是（2014）

A．白化病
B．痛风
C．苯酮酸尿症
D．乳清酸尿症
E．Lesch-Nyhan 综合征

7．嘌呤核苷酸分解加强会导致
8．嘧啶核苷酸合成障碍会导致

A．核苷类似物
B．嘧啶类似物
C．叶酸类似物
D．谷氨酰胺类似物
E．次黄嘌呤类似物

9．别嘌呤醇是
10．甲氨蝶呤是

A．6-巯基嘌呤
B．甲氨蝶呤
C．链霉素
D．别嘌呤醇
E．5-氟尿嘧啶

11．* 干扰 dUMP 转变生成 dTMP 的是
12．* 抑制黄嘌呤氧化酶的是（2000）

【X 型题】

1．* 嘌呤碱的合成原料有（2006）
A．甘氨酸
B．天冬酰胺
C．谷氨酸
D．CO_2

2．从头合成嘌呤的直接原料是（2010）
A．谷氨酸
B．甘氨酸
C．天冬氨酸
D．氨基甲酰磷酸

3．* 天冬氨酸在体内参与的代谢途径有（2011）
A．尿素生成
B．血红素合成
C．嘌呤核苷酸合成
D．嘧啶核苷酸合成

4．* 谷氨酰胺在体内的代谢去路是（2006）
A．参与血红素的合成
B．参与嘌呤、嘧啶核苷酸合成
C．异生成糖
D．氧化供能

5．* 谷氨酰胺的生物学作用有（2013）
A．储存和运输氨
B．参与脂肪酸的生物合成

C．参与嘧啶核苷酸的从头合成
D．参与嘌呤核苷酸的从头合成
6．下列关于嘌呤核苷酸从头合成的叙述正确的有
A．合成过程中不会产生自由嘌呤碱
B．氨基甲酰磷酸为嘌呤环提供氨甲酰基
C．在磷酸核糖分子上逐步合成嘌呤环
D．IMP 合成及由 IMP 合成 AMP 和 GMP 均由 ATP 供能
7．参与嘌呤核苷酸从头合成的关键酶包括
A．PRPP 合成酶
B．腺嘌呤磷酸核糖转移酶
C．PRPP 酰胺转移酶
D．腺苷激酶
8．脱氧核糖核苷酸的生成特点包括
A．一般在二磷酸核苷水平上进行
B．由核糖核苷酸还原酶催化
C．先形成脱氧核糖再与其他分子结合
D．调节方式为变构调节
9．下列组织中主要进行核苷酸补救合成途径的有
A．肝
B．胸腺
C．脑
D．骨髓
10．需要 PRPP 提供 R-5'-P 的核苷酸代谢途径包括
A．嘌呤核苷酸的从头合成
B．嘌呤核苷酸的补救合成
C．嘧啶核苷酸的从头合成
D．嘧啶核苷酸的补救合成
11．对嘌呤核苷酸合成起反馈抑制作用的化合物有
A．IMP
B．AMP
C．GMP
D．尿酸
12．6- 巯基嘌呤（6-MP）抑制嘌呤核苷酸合成所涉及的环节包括
A．IMP → AMP
B．IMP → GMP
C．A + PRPP → AMP
D．G + PRPP → GMP
13．下列需要一碳单位参加的反应有
A．IMP 的合成
B．IMP → GMP
C．UMP 的合成
D．dTMP 的生成
14．嘧啶分解的代谢产物有
A．CO_2
B．β-氨基酸
C．NH_3
D．尿酸
15．* 尿酸是下列哪些化合物分解代谢的终产物（2000）
A．AMP
B．CMP
C．GMP
D．IMP
16．可能与痛风发生有关的有
A．嘌呤核苷酸分解增强
B．嘧啶核苷酸分解增强
C．嘧啶核苷酸合成增强
D．尿酸生成过多
17．别嘌呤醇治疗痛风的作用机制包括
A．是次黄嘌呤的类似物
B．抑制黄嘌呤氧化酶
C．可降低痛风患者体内尿酸水平
D．使痛风患者尿中次黄嘌呤和黄嘌呤的排泄量减少
18．关于嘧啶核苷酸从头合成途径描述正确的有
A．先合成嘧啶环，再与磷酸核糖结合
B．合成的关键酶是氨基甲酰磷酸合成酶Ⅱ
C．合成的关键酶是酰胺转移酶
D．嘧啶合成的碳源是谷氨酰胺
19．嘧啶核苷酸合成中通过反馈抑制调节的酶有
A．氨基甲酰磷酸合成酶Ⅱ
B．二氢乳清酸酶
C．天冬氨酸氨基甲酰转移酶
D．乳清酸核苷酸脱羧转移酶

二、名词解释

1. 核苷酸的从头合成途径（de novo synthesis of nucleotide）
2. 核苷酸的补救合成途径（salvage pathway of nucleotide synthesis）
3. 核苷酸合成的反馈调节（feed-back regulation of nucleotide synthesis）
4. 核苷酸合成的抗代谢物（antimetabolites of nucleotide synthesis）
5. 一碳单位（one carbon unit）
6. 痛风（gout）

三、问答题

1. 讨论核苷酸在体内的主要生理功能。
2. 讨论 PRPP（磷酸核糖焦磷酸）在核苷酸代谢中的重要性。
3. 试从合成原料、合成特点、反馈调节等方面比较嘌呤核苷酸与嘧啶核苷酸从头合成的异同点。
4. 试讨论各类核苷酸抗代谢物的作用机制及其临床应用。
5. 抗代谢药物虽然可以杀伤肿瘤细胞，但同样会对正常组织细胞造成损伤，请思考在肿瘤治疗中如何减少抗代谢药物对正常细胞的伤害？

第四节　参考答案及解析

一、选择题

【A1 型题】

1. **答案：** A　　**考点：** 嘌呤核苷酸的从头合成部位

   解析： 肝是体内从头合成嘌呤核苷酸的主要器官，其次是小肠黏膜及胸腺。

2. **答案：** D　　**考点：** 嘌呤核苷酸的从头合成原料

   解析： 嘌呤核苷酸从头合成的原料有天冬氨酸、甘氨酸、一碳单位、谷氨酰胺，没有谷氨酸。

3. **答案：** D　　**考点：** 嘌呤核苷酸从头合成的过程

   解析： 嘌呤核苷酸从头合成途径是指利用磷酸核糖、氨基酸、一碳单位及 CO_2 等简单物质为原料，经过一系列酶促反应，合成嘌呤核苷酸的过程。其反应步骤可分为两个阶段：首先合成 IMP，然后 IMP 再转变成 AMP。

4. **答案：** B　　**考点：** 嘌呤核苷酸的补救合成

   解析： HGPRT 是嘌呤核苷酸的补救合成的主要酶之一，催化 IMP 和 GMP 的补救合成。

5. **答案：** E　　**考点：** PRPP 的作用

   解析： 乳清酸是嘧啶核苷酸从头合成途径的一个中间产物，可进一步与 PRPP 反应生成乳清酸核苷酸，氨基甲酰天冬氨酸转变成乳清酸不需要 PRPP。

6. **答案：** B　　**考点：** 脱氧核糖核苷酸的合成

   解析： 脱氧核糖核苷酸不能由核糖直接还原再连接上碱基和磷酸而生成，而是通过相应的核苷酸的直接还原作用生成，这种还原作用主要在二磷酸核苷水平进行，即 NDP → dNDP。唯一例外的是脱氧胸腺嘧啶核苷酸的合成，它是在一磷酸水平进行的。

7. **答案：** A　　**考点：** 嘧啶核苷酸的主要合成过程

   解析： 脱氧胸腺嘧啶核苷酸的合成是在一磷酸核苷水平进行的，dTMP 是由 dUMP 经甲基化而生成。

8. **答案：** E　　**考点：** 核苷酸代谢

解析： AMP、IMP 是嘌呤核苷酸，最终分解为尿酸。CMP 转变为 UMP，UMP 最终分解为 β-丙氨酸、NH_3 及 CO_2，而 TMP 最终分解为 β-氨基异丁酸。

9．**答案：** B　　**考点：** 嘌呤核苷酸的代谢
解析： 黄嘌呤氧化酶在体内直接催化尿酸的生成。

10．**答案：** A　　**考点：** 别嘌呤醇治疗痛风的机制
解析： 别嘌呤醇与次黄嘌呤结构相似，可以竞争性抑制黄嘌呤氧化酶，从而抑制尿酸生成来达到治疗痛风的目的。

11．**答案：** E　　**考点：** 嘧啶核苷酸的合成原料
解析： 合成嘌呤、嘧啶的共同原料有天冬氨酸、谷氨酰胺、CO_2。

12．**答案：** D　　**考点：** 嘧啶核苷酸的合成原料
解析： 参见第 11 题解析。

13．**答案：** C　　**考点：** 嘧啶核苷酸的从头合成
解析： 嘧啶核苷酸从头合成要先合成氨基甲酰磷酸。

14．**答案：** C　　**考点：** PRPP 酰胺转移酶
解析： 谷氨酰胺和 PRPP（磷酸核糖焦磷酸）在 PRPP 酰胺转移酶的作用下生成 PRA（5-磷酸核糖胺）。

15．**答案：** B　　**考点：** 嘧啶核苷酸的合成原料
解析： 嘧啶合成所用的氨基甲酰磷酸以谷氨酰胺为氮源在细胞质中由氨基甲酰磷酸合成酶Ⅱ催化生成，继而在胞质中的天冬氨酸氨基甲酰转移酶催化下，与天冬氨酸化合生成氨甲酰天冬氨酸，再经多步反应生成嘧啶环。

16．**答案：** B　　**考点：** 嘧啶核苷酸的合成
解析： 参见第 15 题解析。

17．**答案：** C　　**考点：** 胸腺嘧啶的甲基来源
解析： dTMP 是由 dUMP 经甲基化而生成的。反应由胸苷酸合酶催化，N^5,N^{10}-CH_2 FH_4 即 N^5,N^{10} 甲烯四氢叶酸作为甲基供体。

18．**答案：** C　　**考点：** 嘧啶核苷酸的合成
解析： 嘧啶核苷酸从头合成直接生成的是 UMP，UMP 通过乌苷酸激酶和二磷酸核苷激酶的连续作用，生成 UTP，并在 CTP 合成酶的催化下，消耗一分子 ATP，从谷氨酰胺接受氨基而成为 CTP（三磷酸胞苷），因此合成 CTP 的直接前体是 UTP。

19．**答案：** B　　**考点：** 嘧啶核苷酸的分解
解析： β-氨基异丁酸是胸腺嘧啶代谢的中间产物，所以在体内能分解生成 β-氨基异丁酸的是 TMP。β-羟基丁酸是酮体，是脂肪酸代谢的中间产物。β-丙氨酸是胞嘧啶和尿嘧啶分解代谢的中间产物。尿酸是所有嘌呤分解代谢的终产物。

20．**答案：** A　　**考点：** 嘧啶核苷酸的抗代谢物
解析： 阿糖胞苷主要通过抑制核糖核苷酸还原酶，抑制 CDP 还原成 dCDP，阻碍嘧啶核苷酸合成。

21．**答案：** C　　**考点：** 嘧啶核苷酸的抗代谢物
解析： 5- 氟尿嘧啶结构与胸腺嘧啶类似，5-FU 本身并无生物活性，必须在体内转变为一磷酸脱氧氟尿嘧啶核苷（FdUMP），后者与 dUMP 相似，是胸苷酸酶的抑制剂，可抑制 dUMP 生成 dTMP。

22．**答案：** E　　**考点：** 核苷酸的抗代谢物

解析：氮杂丝氨酸与谷氨酰胺结构相似，可干扰谷氨酰胺在嘌呤、嘧啶核苷酸合成中的作用，从而抑制嘌呤、嘧啶核苷酸的从头合成。

23．**答案：**C　　**考点：**核苷酸抗代谢物

解析：谷氨酰胺类似物氮杂丝氨酸可以阻断 IMP 的从头合成，XMP → GMP；AMP 的从头合成，UTP → CTP。

24．**答案：**E　　**考点：**磷酸戊糖旁路的意义

解析：核糖 -5′- 磷酸是磷酸戊糖途径第一阶段的代谢产物，也是核苷酸从头合成必需的原料，因此核糖 -5′- 磷酸是最直接联系核苷酸与糖代谢的物质。

25．**答案：**C　　**考点：**核苷酸代谢

解析：痛风是指遗传性或获得性病因致嘌呤代谢障碍、血尿酸增高伴组织损伤的一组疾病。尿酸为嘌呤代谢的最终产物，所以可以作为痛风诊断指标。

26．**答案：**A　　**考点：**核苷酸代谢

解析：参见第 25 题解析。

【A2 型题】

1．**答案：**E　　**考点：**Lesch-Nyhan 综合征

解析：Lesch-Nyhan 综合征即自毁容貌征，是一种遗传代谢病，该患儿由于基因缺陷导致次黄嘌呤 - 鸟嘌呤磷酸核糖转移酶（HGPRT）完全缺失从而致病。

2．**答案：**C　　**考点：**核苷酸代谢

解析：痛风是指遗传性或获得性病因致嘌呤代谢障碍、血尿酸增高伴组织损伤的一组疾病。痛风病人经常表现为进食海鲜及肉类食物时出现痛风急性发作。尿酸为嘌呤代谢的最终产物，主要由嘌呤类化合物以及食物中的嘌呤经酶的作用分解而来，因而该病涉及的代谢途径为嘌呤核苷酸分解代谢。

【B 型题】

1．**答案：**B　2．**答案：**E　　**考点：**嘧啶核苷酸的合成

解析：UDP 可以直接被还原酶催化生成 dUDP；dTMP 是由 dUMP 经甲基化生成的。

3．**答案：**A　4．**答案：**C　　**考点：**鸟氨酸循环和嘌呤核苷酸

解析：瓜氨酸在线粒体合成后，即被转运到线粒体外，在胞质中经精氨酸代琥珀酸合成酶催化，与天冬氨酸反应生成精氨酸代琥珀酸，此反应由 ATP 供能，反应不可逆，精氨酸代琥珀酸合成酶为鸟氨酸循环启动后的限速酶。氨基酸首先通过连续的转氨基作用将氨基转移给草酰乙酸，生成天冬氨酸。天冬氨酸与 IMP 经腺苷酸代琥珀酸合成酶催化生成腺苷酸代琥珀酸，后者经裂解释放延胡索酸并生成 AMP。AMP 在腺苷酸脱氨酶的催化下生成 IMP，最终完成氨基酸的脱氨基作用。

5．**答案：**B　6．**答案：**C　　**考点：**鸟氨酸循环和嘧啶核苷酸

解析：参见 B 型题第 3、4 题及 A1 型题第 15 题解析。

7．**答案：**B　8．**答案：**D　　**考点：**核苷酸代谢异常与疾病关系

解析：嘌呤核苷酸分解加强会导致痛风；嘧啶核苷酸合成障碍会导致乳清酸尿症。

9．**答案：**E　10．**答案：**C　　**考点：**核苷酸的抗代谢物作用机制

解析：别嘌呤醇与次黄嘌呤结构相似，抑制尿酸合成；甲氨蝶呤是叶酸类似物，主要通过抑制二氢叶酸还原酶来抑制肿瘤细胞的生长与增殖，从而治疗白血病。

11．**答案：**E　12．**答案：**D　　**考点：**核苷酸的抗代谢物作用机制

解析：5-氟尿嘧啶可在体内转变为一磷酸脱氧氟尿嘧啶核苷（FdUMP），后者与 dUMP 相似，是胸苷酸酶的抑制剂，可抑制 dUMP 生成 dTMP。别嘌呤醇与次黄嘌呤结构相似，可以竞争性抑制黄嘌呤氧化酶，从而抑制尿酸生成。

【X 型题】

1．**答案：**AD　　**考点：**嘌呤核苷酸的合成原料

解析：参见 A1 型题第 2 题解析。

2．**答案：**BC　　**考点：**嘌呤核苷酸的合成原料

解析：参见 A1 型题第 2 题解析。

3．**答案：**ACD　　**考点：**尿素、嘌呤、嘧啶核苷酸的合成原料

解析：尿素分子合成过程中第二个氮原子来源于天冬氨酸；合成嘌呤、嘧啶的共同原料有天冬氨酸、谷氨酰胺、CO_2。

4．**答案：**BCD　　**考点：**谷氨酰胺的代谢

解析：谷氨酰胺在体内既可以参与嘌呤核苷酸的合成，又可参与嘧啶核苷酸的合成。谷氨酰胺是生糖氨基酸，可以异生成糖；可在谷氨酰胺酶的催化下水解为谷氨酸和氨，接下来在谷氨酸脱氢酶的作用下水解为 α-酮戊二酸和氨，α-酮戊二酸可以进入三羧酸循环和生物氧化过程彻底氧化为 H_2O 和 CO_2 并释放能量。

5．**答案：**ACD　　**考点：**谷氨酰胺的代谢

解析：A 项，谷氨酰胺是脑、肌肉等组织向肝、肾运进氨的形式。B 项，脂肪酸是以乙酰 CoA 为原料，以 ATP、NADPH、HCO_3^-、Mn^{2+} 为辅料，在胞液中合成的，无需谷氨酰胺参与。C、D 项，谷氨酰胺可参与嘌呤核苷酸和嘧啶核苷酸的从头合成。

6．**答案：**AC　　**考点：**嘌呤核苷酸的从头合成

解析：嘌呤核苷酸从头合成的特点是在磷酸核糖分子上逐步合成嘌呤环，而不是先合成嘌呤碱后再与磷酸核糖结合，因此合成过程中不会产生自由嘌呤碱；氨基甲酰磷酸为嘧啶环的合成提供氨甲酰基；IMP 合成由 ATP 供能，IMP 合成 AMP 由 GTP 供能，IMP 合成 GMP 由 ATP 供能。

7．**答案：**AC　　**考点：**嘌呤核苷酸从头合成的关键酶

解析：PRPP 合成酶和 PRPP 酰胺转移酶是嘌呤核苷酸从头合成的关键酶。

8．**答案：**ABD　　**考点：**脱氧核糖核苷酸的生成

解析：脱氧核糖核苷酸的生成一般在二磷酸核苷水平上进行，由核糖核苷酸还原酶催化，调节方式为变构调节，在磷酸核糖分子上逐步合成嘌呤环而非先合成脱氧核糖。

9．**答案：**CD　　**考点：**核苷酸的补救合成

解析：脑组织和骨髓组织中缺乏从头合成的酶系，主要进行补救合成。

10．**答案：**ABCD　　**考点：**PRPP 的作用

解析：嘌呤核苷酸的从头合成、补救合成，嘧啶核苷酸的从头合成、补救合成需要都 PRPP 提供 R-5'-P。

11．**答案：**ABC　　**考点：**嘌呤核苷酸合成的调节

解析：嘌呤核苷酸的补救合成过程中，APRT 受 AMP 的反馈抑制，HGPRT 受 IMP 与 GMP 的反馈抑制。

12．**答案：**ABCD　　**考点：**嘌呤核苷酸的抗代谢物

解析：6-MP 与次黄嘌呤结构相似，在体内经磷酸核糖化生成 6-MP 核糖酸，从而抑制 IMP 转变为

AMP 和 GMP 的反应，还能通过竞争性抑制，影响 HGPRT，使 PRPP 分子中的磷酸核糖不能向鸟嘌呤和次黄嘌呤转移，从而使 A + PRPP → AMP 和 G + PRPP → GMP 受到抑制。

13. **答案**：AD **考点**：一碳单位在核苷酸合成中的作用

解析：IMP 的合成需要 N^{10}-甲酰四氢叶酸提供一碳单位，dTMP 的生成需要 N^5,N^{10} 甲烯四氢叶酸提供一碳单位。IMP → GMP、UMP 的合成不需要一碳单位。

14. **答案**：ABC **考点**：嘧啶核苷酸的分解代谢

解析：嘧啶分解的代谢产物有 CO_2、β-氨基酸、NH_3，而尿酸是嘌呤的分解产物。

15. **答案**：ACD **考点**：嘌呤核苷酸的分解代谢

解析：尿酸是嘌呤核苷酸的在人体最终分解代谢的产物。

16. **答案**：AD **考点**：痛风的发病机制

解析：痛风是指患者血中尿酸含量升高，当超过 8 mg/100 ml 时，尿酸盐晶体即可沉积于关节、软组织及肾等处，导致关节炎、尿路结石和肾疾病。嘌呤核苷酸分解增强，尿酸生成过多会导致痛风。

17. **答案**：ABC **考点**：别嘌呤醇治疗痛风的机制

解析：别嘌呤醇是次黄嘌呤的类似物，可以抑制黄嘌呤氧化酶，从而降低痛风患者体内尿酸水平。

18. **答案**：AB **考点**：嘧啶核苷酸的从头合成

解析：嘧啶核苷酸从头合成是先合成嘧啶环，再与磷酸核糖结合，合成的关键酶是氨基甲酰磷酸合成酶Ⅱ，胸腺嘧啶核苷酸的碳源是一碳单位并非谷氨酰胺。

19. **答案**：AC **考点**：嘧啶核苷酸从头合成的调节

解析：在哺乳类动物细胞中，嘧啶核苷酸合成的调节酶主要是氨基甲酰磷酸合成酶Ⅱ，其受 UMP 抑制，在细菌中天冬氨酸氨基甲酰转移酶是主要调节酶。这两种酶都受反馈抑制的调节。

二、名词解释（答案要点）

1. 核苷酸的从头合成途径：指机体利用磷酸核糖、氨基酸、一碳单位及 CO_2 等简单物质为原料，经过一系列的酶促反应，合成嘌呤（嘧啶）核苷酸的过程。

2. 核苷酸的补救合成途径：指机体利用体内游离的嘌呤、嘧啶、嘌呤核苷或嘧啶核苷，经过简单的反应过程，合成嘌呤（嘧啶）核苷酸的过程。

3. 核苷酸合成的反馈调节：是指核苷酸合成过程中，反应产物对反应过程中某些调节酶的抑制作用，反馈调节一方面使核苷酸合成适应机体的需要，同时又不会合成过多，以节省营养物质及减少能量消耗。

4. 核苷酸合成的抗代谢物：指某些嘌呤、嘧啶、叶酸及氨基酸类似物具有竞争性抑制或其他方式干扰或阻断核苷酸的正常代谢，从而可以进一步抑制核酸、蛋白质合成及细胞增殖，这类物质称为核苷酸合成的抗代谢物。

5. 一碳单位：某些氨基酸在体内进行分解代谢过程中产生的含有一个碳原子的基团，称为一碳单位。

6. 痛风：指患者血中尿酸含量升高，当超过 8 mg/100 ml 时，尿酸盐晶体会沉积在关节、软组织、软骨及肾等处，导致关节炎、尿路结石和肾疾病。

三、问答题（答案要点）

1. 核苷酸有各种生物学功能，表现在：①作为核酸合成的基本原料；②体内的能源物质，如 ATP、

GTP 等；③参与代谢和生理性调节作用，如 cAMP 是细胞内第二信使分子，参与细胞内信息传递；④组成辅酶，如腺苷酸是构成 NAD、FAD、辅酶 A 等的重要部分；⑤作为多种活化中间代谢物的载体，如 UDP-葡萄糖是合成糖原、糖蛋白的活性原料，GDP-二酰基甘油是合成磷脂的活性原料，ATP 可作为蛋白激酶反应中磷酸基团的供体。

2．PRPP 即磷酸核糖焦磷酸在嘌呤、嘧啶核苷酸从头合成中都是不可缺少的成分，表现在：①在嘌呤核苷酸从头合成过程中，PRPP 作为重要的起始原料与谷氨酰胺生成 5-磷酸核糖胺，经过多步反应，先生成 IMP 再转变为 AMP 和 GMP。②在嘧啶核苷酸从头合成过程中，PRPP 和乳清酸结合生成乳清酸核苷酸，再脱羧生成尿嘧啶核苷酸，随后再转变为其他嘧啶核苷酸。③在嘌呤（嘧啶）核苷酸补救合成过程中，PRPP 与游离的嘌呤（嘧啶）碱基直接反应生成相应的一磷酸核苷。

3．嘌呤核苷酸与嘧啶核苷酸从头合成过程中在原料、合成过程及反馈调节等方面的异同点如下表所示：

	嘌呤核苷酸	嘧啶核苷酸
原料	天冬氨酸、谷氨酰胺、甘氨酸、CO_2、一碳单位、PRPP	天冬氨酸、谷氨酰胺、CO_2、PRPP、一碳单位
合成特点	在磷酸核糖分子上逐步合成嘌呤环，从而形成嘌呤核苷酸	首先合成嘧啶环，再与磷酸核糖结合形成嘧啶核苷酸
反馈调节	嘌呤核苷酸产物反馈抑制 PRPP 合成酶、酰胺转移酶等起始反应的酶	嘧啶核苷酸产物反馈抑制 PRPP 合成酶、氨基甲酰磷酸合成酶、天冬氨酸氨基甲酰转移酶等起始反应的酶

4．5-氟尿嘧啶、6-巯基嘌呤、甲氨蝶呤和氮杂丝氨酸等核苷酸抗代谢物均可作为临床抗肿瘤药物，各自的机制如下表所示：

抗肿瘤药物	5-氟尿嘧啶	6-巯基嘌呤	甲氨蝶呤	氮杂丝氨酸
核苷酸代谢中的类似物	胸腺嘧啶	次黄嘌呤	叶酸	谷氨酰胺
作用机制	抑制胸腺嘧啶核苷酸合成酶	抑制 IMP 转变为 AMP 和 GMP 的反应；抑制 IMP 和 GMP 的补救合成	抑制二氢叶酸还原酶	干扰嘌呤、嘧啶核苷酸的合成

5．答案要点：联系目前提高肿瘤靶向性治疗的策略，进行药物作用靶点和分子标志物的筛选，根据肿瘤分子分型的不同，对于不同的患者给予不同的治疗。

（易　霞）

第十章　代谢的整合与调节

第一节　学习要求

掌握： 体内各代谢途径之间的相互联系及调节机理；重要枢纽物质名称及其各种来源与去路；体内主要器官或组织，如肝、脑、心、肌肉和红细胞主要物质代谢途径、供能方式及与特异酶分布的关系。

熟悉： 代谢调节分三级：细胞水平调节、激素调节和神经系统及神经 - 体液途径协调的整体调节；变构调节概念与机制及酶的化学修饰概念与机制；限速反应与限速酶。

了解： 细胞水平的调节即酶的调节；细胞内酶的隔离分布；酶含量的调节方式。

第二节　内容精要

新陈代谢是生物体的基本特征之一。每一个生物体在生命过程中不停地与外环境进行物质交换，摄入营养物质，经过体内的代谢反应，满足自身对原料和能量的需求，再将代谢废物排出，从而实现个体的生存和发展。体内的各种物质代谢途径之间相互联系，通过细胞水平、激素水平和整体水平对各个代谢途径进行协调，以维持内环境的动态平衡，确保机体的正常功能。肝是物质代谢的核心器官。

一、代谢的整体性

机体在生命活动过程中与环境之间不断进行着物质交换。进入体内的营养物质包括糖、脂、蛋白质、维生素、无机盐、水以及 O_2。这些物质经过代谢为机体生存提供能量和原料。体内物质代谢的特点：①相互协调形成整体；②受到精细调节；③ ATP 是机体储存能量和消耗能量的共同形式；④各代谢途径之间彼此联系，相互转变；⑤ NADPH 提供合成代谢中所需的还原当量。

二、物质代谢的相互联系（图 10-1）

代谢途径间的关系：
- 三大营养物质（糖、脂、蛋白质）均可在体内氧化分解供能
- 乙酰 CoA 是三大营养物质氧化分解的共同中间代谢物
- 三羧酸循环和氧化磷酸化是三大营养物质分解产能的共同代谢途径
- 糖、脂类和氨基酸相互联系、转变
- 三大营养物质在供能方面可以互相代替，并互相制约

三、代谢调节的主要方式

机体内对物质代谢存在三级水平的调节，分别是细胞水平、激素水平以及整体水平。这三级水平的调节保证了体内各物质代谢有序进行，相互协调，使生物体在适应外环境变化的过程中能够维持内环境的动态平衡。

（一）细胞水平的调节

1．酶的区域化　真核细胞的膜结构将细胞分为许多区域，参与同一代谢途径的酶相对独立地分布于细胞中特定亚细胞结构或特定区域，这样就能避免不同代谢途径之间的干扰（表 10-1）。

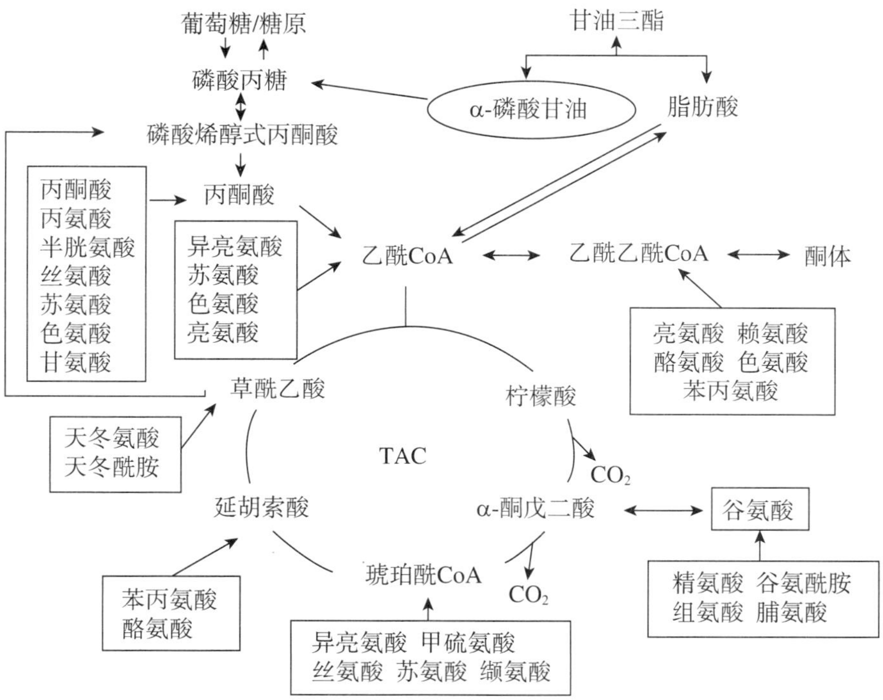

图 10-1　糖、脂类、氨基酸代谢的相互联系

表10-1　真核细胞主要代谢酶系在细胞内的分布

多酶体系	分布	多酶体系	分布
DNA 及 RNA 合成	细胞核	糖酵解	细胞质
蛋白质合成	内质网、细胞质	磷酸戊糖途径	细胞质
磷脂合成	内质网	糖原合成	细胞质
胆固醇合成	内质网、细胞质	脂肪酸合成	细胞质
脂肪酸 β- 氧化	细胞质、线粒体	三羧酸循环	线粒体
糖异生	细胞质、线粒体	氧化磷酸化	线粒体
血红素合成	细胞质、线粒体	酮体生成	线粒体
尿素合成	细胞质、线粒体	多种水解酶	溶酶体

2．关键酶活性　细胞水平的调节是生物最基本的调节方式。主要通过改变关键酶结构或含量以影响酶的活性，从而对物质代谢进行调节。关键酶催化反应具有下述特点：在整条代谢通路中催化的反应速度最慢，又称限速酶；催化单向反应或非平衡反应；常受到多种效应物的调节，因此这些酶不但可影响整条代谢途径的总速度，甚至可决定代谢途径所进行的方向。表 10-2 列出了一些重要代谢途径的关键酶。

表10-2　一些重要代谢途径的关键酶

代谢途径	关键酶
糖原分解	糖原磷酸化酶
糖原合成	糖原合酶
糖酵解	己糖激酶、磷酸果糖激酶-1、丙酮酸激酶
糖异生	丙酮酸羧化酶、磷酸烯醇式丙酮酸羧激酶、果糖二磷酸酶-1、葡糖-6-磷酸酶
丙酮酸氧化脱羧	丙酮酸脱氢酶复合体

续表

代谢途径	关键酶
三羧酸循环	α-酮戊二酸脱氢酶复合体，柠檬酸合酶，异柠檬酸脱氢酶
脂肪酸合成	乙酰辅酶 A 羧化酶
脂肪酸分解	肉碱脂酰转移酶 I
胆固醇合成	HMG-CoA 还原酶

3．关键酶的调节

（1）酶结构的调节：通过改变酶结构来快速调节酶的活性。

酶结构的调节分为别构调节与化学修饰。别构调节指某些物质（别构剂）与酶的调节亚基或调节部位发生非共价结合，引起酶分子构象改变，从而使酶催化活性改变。受调节的酶称为变构酶或别构酶。别构调节在生物界普遍存在，包括别构激活和别构抑制。化学修饰调节指酶蛋白分子的某些基团在另一种酶的催化下发生化学共价修饰（如磷酸化 / 去磷酸化，乙酰化 / 去乙酰化，甲基化 / 去甲基化等），从而改变酶活性的过程。磷酸化 / 去磷酸化是最常见的化学修饰方式，表 10-3 是磷酸化 / 去磷酸化对一些关键酶活性的调节。催化化学修饰的酶常受别构调节、化学修饰调节。化学修饰调节具有级联放大效应。

别构调节与化学修饰调节相辅相成。表 10-4 是两者的比较。对于某一具体的酶而言，可同时受到这两种方式的调节。

表10-3　磷酸化/去磷酸化修饰对一些关键酶活性的调节

酶	化学修饰类型	酶活性改变
糖原磷酸化酶	磷酸化 / 去磷酸化	激活 / 抑制
磷酸化酶 b 激酶	磷酸化 / 去磷酸化	激活 / 抑制
糖原合酶	磷酸化 / 去磷酸化	抑制 / 激活
磷酸果糖激酶	磷酸化 / 去磷酸化	抑制 / 激活
丙酮酸脱氢酶	磷酸化 / 去磷酸化	抑制 / 激活
HMG-COA 还原酶	磷酸化 / 去磷酸化	抑制 / 激活
HMG-CoA 还原酶激酶	磷酸化 / 去磷酸化	激活 / 抑制
乙酰 CoA 羧化酶	磷酸化 / 去磷酸化	抑制 / 激活
激素敏感性甘油三酯脂肪酶	磷酸化 / 去磷酸化	激活 / 抑制

表10-4　别构调节与化学修饰调节的比较

特征	别构调节	化学修饰
酶结构	由多个亚基组成，其中至少有一个调节亚基和一个催化亚基	具有无活性 / 有活性或者低活性 / 高活性两种形式
化学键变化	变构酶的调节亚基与变构剂以非共价键结合	酶分子上某些氨基酸残基在其他酶的催化下发生共价修饰
是否可逆	变构剂与酶分子的结合是可逆的	不可逆；若逆行，需其他酶催化
是否具有放大效应	非酶促反应，不具有放大效应	酶促反应，具有放大效应，并且级联放大
能量变化	不消耗 ATP	消耗 ATP

（2）酶含量的调节：通过改变酶合成和（或）降解速率来实现，从而调节代谢的速度和强度，属迟缓调节。包括诱导和阻遏、酶的降解。

（二）激素水平的调节

激素通过与靶细胞受体特异结合，将激素信号转化为细胞内一系列化学反应，最终表现出激素的生物学效应。根据激素作用受体在细胞内部位的不同，激素可分为：①膜受体激素：主要包括具亲水性的蛋白质、多肽及儿茶酚胺类激素，通过与膜受体结合将信号传入细胞内，然后通过第二信使将信号逐级放大，产生各种代谢效应。②胞内受体激素：为疏水性激素，可通过细胞膜进入细胞内，与胞内受体（大多在核内）结合形成激素 - 受体复合物，与 DNA 上特定核苷酸序列即激素反应元件（HRE）结合，以调节该元件所辖特定基因的表达。

（三）整体水平的调节

在神经系统主导下，通过调节激素的释放来整合不同组织器官的各种代谢，使机体适应饱食、空腹、饥饿以及应激等状态，进而使机体代谢处于相对稳定状态。

1．饥饿

短期饥饿（1 ~ 3 天）

糖原消耗→血糖趋于降低→胰岛素分泌减少，胰高血糖素分泌增加→一系列代谢变化：

- 蛋白质代谢变化：分解加强，氨基酸异生成糖
- 糖代谢变化：糖异生加强，组织对葡萄糖利用降低
- 脂代谢变化：脂肪动员加强，酮体生成增多，机体主要利用脂肪酸和酮体

长期饥饿（4 ~ 7 天后）

- 蛋白质代谢变化：蛋白质分解减少
- 糖代谢变化：糖异生作用较短期饥饿明显减少，肝糖异生的主要原料为乳酸、甘油
- 脂代谢变化：脂肪动员进一步加强，酮体大量生成，脑组织利用酮体增加

2．应激　机体对包括中毒、感染、创伤、发热、疼痛等一系列内外环境刺激做出反应，如交感神经兴奋，肾上腺髓质及皮质激素分泌增多，胰高血糖素、生长激素增加，胰岛素分泌减少，从而引起一系列的代谢变化：血糖升高、脂肪动员增强、蛋白质分解加强（表 10-5）。

四、肝在物质代谢中的作用

肝结构特点：具有肝动脉和门静脉双重血供；有丰富的血窦；有肝静脉和胆道两个输出系统。这些结构决定了从肠道吸收进入体内的营养物质，几乎都经过肝的处理和中转；各器官所需营养素大多也通过肝加工或转变，有的代谢终产物还需通过肝解毒和排出。所以，肝是物质代谢的中心器官。

除肝外，机体内其他的组织器官也都呈现各自的代谢特点，各有独特的代谢方式。

表10-5　应激时机体的代谢改变

内分泌腺 / 组织	激素及代谢变化	血中含量变化
垂体前叶	ACTH 分泌增加	ACTH ↑
	生长素分泌增加	生长素 ↑
胰腺 α-细胞	胰高血糖素分泌增加	胰高血糖素 ↑
胰腺 β-细胞	胰岛素分泌抑制	胰岛素 ↓
肾上腺髓质	去甲肾上腺素 / 肾上腺素分泌增加	肾上腺素 ↑
肾上腺皮质	皮质醇分泌增加	皮质醇 ↑
肝	糖原分解增加	葡萄糖 ↑
	糖原合成减少	
	糖异生增强	
	脂肪酸 β-氧化增加	

续表

内分泌腺 / 组织	激素及代谢变化	血中含量变化
骨骼肌	糖原分解增加	乳酸↑
	葡萄糖的摄取利用减少	葡萄糖↑
	蛋白质分解增加	氨基酸↑
	脂肪酸 β-氧化增强	
脂肪组织	脂肪分解增强	游离脂肪酸↑甘油↑
	葡萄糖摄取及利用减少	葡萄糖↑
	脂肪合成减少	

第三节　应试习题

一、选择题（题目前 * 表示西医综合题目，题目前 # 表示执业医师题目）

【A1 型题】

1．下列描述体内物质代谢的特点，错误的是
　A．内源性和外源性物质在体内共同参与代谢
　B．各种物质在代谢过程中是相互联系的
　C．体内各种物质的分解、合成和转变维持着动态平衡
　D．物质的代谢速度和方向决定于生理状态的需要
　E．进入人体的能源物质超过需要，即被氧化分解

2．关于糖、脂、氨基酸代谢错误的是
　A．乙酰 CoA 是糖、脂、氨基酸分解代谢共同的中间代谢物
　B．三羧酸循环是糖、脂、氨基酸分解代谢的最终途径
　C．当摄入糖量超过体内消耗时，多余的糖可转变为脂肪
　D．当摄入大量脂类物质时，脂类可大量异生为糖
　E．糖、脂不能转变为蛋白质

3．关于变构效应剂与酶结合的叙述正确的是
　A．与酶活性中心底物结合部位结合
　B．与酶活性中心催化基因结合
　C．与调节亚基或调节部位结合
　D．与酶活性中心外任何部位结合
　E．通过共价键与酶结合

4．饥饿可使肝内增强的代谢途径是
　A．糖异生
　B．糖酵解途径
　C．糖原合成
　D．磷酸戊糖途径
　E．脂肪合成

5．胞质内不能进行的代谢途径是
　A．糖酵解
　B．磷酸戊糖途径
　C．脂肪酸合成
　D．脂肪酸 β- 氧化
　E．糖原合成与分解

6．下列两种代谢可将磷酸二羟丙酮作为交叉点的是
　A．糖 - 氨基酸
　B．糖 - 脂肪酸
　C．糖 - 甘油
　D．糖 - 胆固醇
　E．糖 - 核酸

7．长期饥饿时大脑的能量来源主要是
　A．葡萄糖
　B．氨基酸
　C．甘油
　D．酮体
　E．糖原

8．人体活动主要的直接供能物质是
　A．ATP
　B．GTP
　C．葡萄糖
　D．脂肪酸
　E．磷酸肌酸

9．作用于细胞内受体的激素是
A．类固醇激素
B．儿茶酚胺类激素
C．生长因子
D．肽类激素
E．蛋白类激素

10．关于酶的化学修饰，错误的是
A．一般都有活性和非活性两种形式
B．活性和非活性两种形式在不同酶催化下可以互变
C．催化互变的酶受激素等因素的控制
D．一般不需消耗能量
E．化学修饰的方式多为肽链的磷酸化和去磷酸

11．酶化学修饰调节的主要方式是
A．甲基化与去甲基
B．乙酰化与去乙酰基
C．磷酸化与去磷酸
D．聚合与解聚
E．酶蛋白的合成与降解

12．当肝细胞内 ATP 供应充分时，下列叙述错误的是
A．丙酮酸激酶被抑制
B．磷酸果糖激酶活性受抑制
C．丙酮酸羧化酶活性受抑制
D．糖异生增强
E．三羟酸循环减慢

13．在胞质内进行的是
A．三羧酸循环
B．氧化磷酸化
C．丙酮酸羧化
D．脂酸 β-氧化
E．脂酸合成

14．饥饿时体内的代谢变化情况错误的是
A．胰岛素分泌增加
B．胰高血糖素分泌增加
C．脂肪动员加强
D．酮体生成增加
E．糖异生加强

15．关于关键酶的叙述错误的是
A．关键酶常位于代谢途径的第一步反应
B．关键酶在代谢途径中活性最高，所以才对整个代谢途径的流量起决定作用
C．关键酶常是变构酶
D．受激素调节的酶常是关键酶
E．关键酶常催化单向反应或非平衡反应

16．关于机体各器官物质代谢的叙述错误的是
A．肝是机体物质代谢的枢纽
B．心脏对葡萄糖的分解以有氧氧化为主
C．通常情况下大脑主要以葡萄糖供能
D．红细胞所需能量主要来自葡萄糖酵解途径
E．肝是体内能进行糖异生的唯一器官

17．关于变构调节的叙述，错误的是
A．变构调节具有放大效应
B．变构酶常由 2 个以上亚基组成
C．变构调节剂常是些小分子代谢物
D．变构剂通常与酶活性中心以外的某一特定部位结合
E．代谢途径的终产物通常是该途径起始反应酶的变构抑制剂

18．关于酶含量的调节，错误的是
A．酶含量调节属细胞水平的调节
B．酶含量调节属快速调节
C．底物常可诱导酶的合成
D．产物常阻遏酶的合成
E．激素或药物也可诱导某些酶的合成

19．作用于膜受体的激素是
A．肾上腺素
B．雌激素
C．甲状腺素
D．孕激素
E．醛固酮

20．应激状态下血中物质改变，错误的是
A．胰高血糖素增加
B．肾上腺素增加
C．胰岛素增加
D．葡萄糖增加
E．氨基酸增加

21．下列关于酶的化学修饰调节的叙述，错误的是
A．引起酶蛋白发生共价变化
B．使酶活性改变
C．有放大效应
D．是一种酶促反应
E．与酶的变构有关

22．下列关于糖脂代谢的叙述，错误的是
A．糖分解产生的乙酰 CoA 可作为脂酸合

成的原料

B．脂酸合成所需的 NADPH 主要来自磷酸戊糖途径

C．脂酸分解产生的乙酰 CoA 可经三羧酸循环异生成糖

D．甘油可异生成糖

E．脂肪分解代谢的顺利进行有赖于糖代谢的正常进行

23．三羧酸循环所需草酰乙酸的补充通常主要来自于

A．食物直接提供

B．天冬氨酸脱氨基

C．苹果酸脱氢

D．糖代谢丙酮酸羧化

E．柠檬酸脱水

24．[#]下列参与糖代谢的酶中，催化的反应是可逆的，该酶是（2003）

A．糖原磷酸化酶

B．己糖激酶

C．果糖二磷酸酶

D．丙酮酸激酶

E．磷酸甘油酸激酶

25．当肝细胞内 ATP 供应充分时，下列叙述错误的是

A．丙酮酸激酶被抑制

B．磷酸果糖激酶 1 被抑制

C．异柠檬酸脱氢酶被抑制

D．果糖二磷酸酶被抑制

E．进入三羧酸循环的乙酰辅酶 A 减少

【A2 型题】

1．男，48 岁，参加马拉松比赛，4 个小时跑完全程。在接近终点时，他腿部肌肉的主要能量来源是

A．血中的甘油

B．贮存在肌肉中的糖原

C．血中的游离脂肪酸

D．血中的葡萄糖

E．血中的酮体

2．男，22 岁，在一番重体力劳动后感觉轻微头晕，随即喝了一罐汽水。下面哪种情况更好解释了汽水中葡萄糖的去向

A．对于葡萄糖，己糖激酶的 K_m 值很低而葡萄糖激酶的 K_m 值很高，所以汽水中的葡萄糖偏向于进入糖酵解

B．汽水中的葡萄糖导致血糖水平升高，诱导肝合成糖原

C．肌肉组织利用葡萄糖导致葡糖 -6- 磷酸水平升高，从而抑制葡萄糖激酶

D．葡萄糖将被平均分配进入糖酵解以及糖原合成两个途径

E．葡萄糖进入磷酸戊糖途径

3．某煤矿发生透水事故，20 名工人被困井下长达 180 个小时，被困期间未进食，仅靠井底污水、自身尿液和顽强意志维持生命。生还后下面哪一种情况最不可能出现

A．血乳酸升高

B．饥饿性酮症

C．高尿酸血症

D．尿酮体阳性

E．血胰岛素升高

4．男，19 岁，2 个月前因口干、多饮、多尿，体重下降 5 kg，到社区医院就诊。测血糖为 27.8 mmol/L，尿糖（+），尿酮体（+++），血气分析：pH 为 7.257（酸中毒）。住院后经胰岛素及补液等综合措施治疗后，病情好转并稳定，此病可诊断为

A．2 型糖尿病

B．溶血性黄疸

C．苯丙酮尿症

D．1 型糖尿病

E．糖原贮积症

5．男孩，5 岁，因发热伴呼吸急促，皮肤、巩膜黄染以及小便呈现茶色入院检查。实验室检查显示血红蛋白低以及尿蛋白阳性，家长叙述患儿 2 天前吃过蚕豆。可以初步判断患儿是由于缺乏下列哪种酶所致

A．己糖激酶

B．糖原磷酸化酶

C．丙酮酸羧化酶

D．葡糖-6-磷酸脱氢酶

E．乙酰 CoA 羧化酶

【B 型题】

A．肝糖原

B．脂肪酸

C．甘油

D．乳酸

E．氨基酸
1．饥饿 2 ~ 3 天，血糖主要来自
2．空腹过夜时，血糖主要来自
3．随着饥饿进程用作糖异生原料增加的是
4．长期饥饿时，肌肉的主要能源来自

A．蚕豆病
B．苯丙酮尿症
C．帕金森病
D．镰状细胞贫血
5．*与 G6PD 缺陷有关的疾病是
6．*与多巴胺生成障碍有关的疾病是（2012）

A．溶酶体
B．内质网
C．线粒体
D．胞液
7．*糖异生和三羧酸循环共同的代谢场所是
8．*胆固醇合成和磷脂合成共同的代谢场所是

A．丙酮酸羧化酶
B．HMG-CoA 合酶
C．乙酰 CoA 羧化酶
D．HMG-CoA 还原酶
E．丙酮酸激酶
9．胆固醇合成的关键酶
10．脂肪酸合成的关键酶
11．酮体合成的关键酶

【X 型题】
1．饥饿时体内代谢可能发生的变化有
A．糖异生↑
B．脂肪分解↑
C．血酮体↑
D．血中游离脂肪酸↑
2．含高能键的化合物是
A．磷酸烯醇式丙酮酸
B．乙酰辅酶 A
C．磷酸肌酸
D．AMP
3．变构调节的特点是
A．变构剂与酶分子上的非催化特定部位结合
B．使酶蛋白构象发生改变，从而改变酶活性
C．酶分子多有调节亚基和催化亚基
D．变构调节都产生正效应，即加快反应速度
4．作用于膜受体的激素有
A．肾上腺素
B．甲状腺素
C．生长因子
D．胰岛素
5．关于酶化学修饰，正确的描述是
A．引起酶蛋白发生共价变化
B．使酶活性改变
C．有放大效应
D．磷酸化与去磷酸化最常见
6．关于变构酶，正确的描述是
A．变构酶催化的反应都是可逆的
B．变构酶与变构剂的结合是可逆的
C．所有变构酶都有催化亚基和调节亚基
D．变构酶变构时常伴有亚基的聚合或解聚
7．可以诱导酶合成的有
A．酶的作用物
B．药物
C．激素
D．酶的产物
8．能氧化酮体生成 CO_2 的组织是
A．红细胞
B．肝
C．脑
D．心
9．能进行有氧氧化分解葡萄糖的组织或细胞是
A．肝
B．脑
C．心
D．红细胞
10．可进行糖异生的组织或细胞是
A．红细胞
B．肾
C．骨骼肌
D．肝
11．谷氨酰胺在体内的代谢去路是
A．参与血红素的合成
B．参与嘌呤、嘧啶核苷酸的合成
C．异生成糖
D．氧化供能

二、名词解释

1．限速酶
2．变构酶（Allosteric enzyme）
3．变构调节（Allosteric regulation）
4．蛋白激酶（Protein kinase）
5．酶的化学修饰
6．泛素（Ubiquitin）
7．激素反应元件（hormone response element，HRE）
8．激素受体
9．膜受体激素
10．物质代谢

三、问答题

1．试述乙酰 CoA 在物质代谢中的作用。
2．为何称三羧酸循环是物质代谢的中枢，有何生理意义？
3．比较酶的变构调节与化学修饰调节的异同。
4．试述饥饿 48 小时后，体内糖、脂、蛋白质代谢的特点。
5．简述人体在长期饥饿状态下，物质代谢有何变化？
6．比较脑、肝、骨骼肌在糖脂代谢和能量代谢上的主要特点。
7．试述体内草酰乙酸在物质代谢中的作用。
8．讨论下列代谢途径可否在体内进行，并简要说明其可能的途径或不可能的原因。
（1）葡萄糖→软脂酸
（2）软脂酸→葡萄糖
（3）丙氨酸→葡萄糖
（4）葡萄糖→亚油酸
（5）亮氨酸→葡萄糖
9．给动物以丙酮酸，它在体内可转变为哪些物质？写出可转变的代谢途径名称。
10．糖、脂肪、蛋白质在机体内是否可以相互转变？简要说明可转变的途径及不能转变的原因。

第四节　参考答案及解析

一、选择题

【A1 型题】

1．**答案**：E　　**考点**：物质代谢的特点
解析：进入人体的能源物质超过需要时可被人体通过合成糖原、脂酸及脂肪等途径加以储存。

2．**答案**：D　　**考点**：物质代谢的特点
解析：摄入大量脂类物质时，脂类可被机体再度合成甘油三酯，脂类分子中的脂酸部分不能在体内转变为糖，而甘油部分可转变为糖，但量极少。

3．**答案**：C　　**考点**：变构效应
解析：变构效应剂可与酶蛋白的调节亚基或调节部位进行非共价键结合，引起酶构象变化，由此改变酶活性。

4．**答案**：A　　**考点**：饥饿时体内代谢特点
解析：饥饿时，血糖浓度趋于下降，肝糖异生作用增强，以补充血糖供应。

5．**答案**：D　　**考点**：代谢发生的亚细胞部位
解析：脂肪酸 β- 氧化在线粒体中进行。

6．**答案**：C　　**考点**：代谢过程

解析：糖经过糖酵解可生成磷酸二羟丙酮，甘油可经过磷酸化生成3-磷酸甘油再经脱氢可转变为磷酸二羟丙酮。

7．**答案**：D　　**考点**：长期饥饿时代谢特点

解析：长期饥饿脂肪动员进一步加强，肝生成大量酮体，脑组织对酮体的利用超过葡萄糖，而占总耗氧量的60%。

8．**答案**：A　　**考点**：ATP意义

解析：通过氧化分解代谢产生的ATP，可供各种代谢反应和生理活动所需能量。ATP是体内生物能代谢或能量流通的“通用货币”。

9．**答案**：A　　**考点**：激素分类

解析：类固醇激素属于疏水性激素，可透过细胞膜进入细胞，与其胞内受体结合。

10．**答案**：D　　**考点**：酶的化学修饰

解析：酶的化学修饰是在另一种酶的催化下发生共价修饰，引起酶活性变化。是不可逆反应，一般需要消耗能量。

11．**答案**：C　　**考点**：酶的化学修饰

解析：磷酸化与去磷酸是最常见的酶化学修饰调节方式。酶的一分子亚基发生磷酸化常需消耗一分子ATP，与合成同效的酶蛋白消耗的ATP相比少得多，是细胞经济有效的调节活性方式。

12．**答案**：C　　**考点**：代谢的调节

解析：ATP是调节糖代谢酶活性的重要别构剂，可抑制磷酸果糖激酶、丙酮酸激酶的活性；激活丙酮酸羧化酶、果糖二磷酸酶的活性。

13．**答案**：E　　**考点**：代谢发生的亚细胞部位

解析：三羧酸循环、氧化磷酸化、丙酮酸羧化以及脂酸β-氧化均是在线粒体中进行，脂酸合成在胞质中进行。

14．**答案**：A　　**考点**：饥饿时体内的代谢特点

解析：饥饿时，体内肝糖原储备被消耗，胰岛素分泌减少，胰高血糖素分泌增多，糖异生作用加强以补充血糖。同时脂肪分解增多，肝合成酮体增多。

15．**答案**：B　　**考点**：关键酶

解析：关键酶通常催化不可逆反应，催化代谢途径分叉处反应，或是催化代谢途径中的限速反应。代谢途径的限速反应并不常是其起始反应；变构酶多为关键酶，但反之则不成立，关键酶可以通过其他方式调节；关键酶催化的是代谢途径中反应速度最慢的反应，因此应是相对活性最低的酶。

16．**答案**：E　　**考点**：器官的物质代谢特点

解析：糖异生的主要器官是肝。肾的糖异生能力在正常情况下只有肝的1/10，在长期饥饿的情况下大为提高。

17．**答案**：A　　**考点**：变构调节

解析：变构调节仅使与效应剂结合的变构酶本身发生构象变化，从而活性改变，对相应代谢途径产生调节作用，并不像化学修饰调节中常见的不同的化学修饰酶组合在一起形成级联放大效应。

18．**答案**：B　　**考点**：酶含量的调节

解析：酶含量的调节涉及酶的合成与降解过程，与酶结构的调节相比，速度慢但较持久。

19．**答案**：A　　**考点**：膜受体激素

解析： 膜受体激素包括胰岛素、甲状旁腺激素、生长因子等肽和蛋白质类激素及肾上腺素等儿茶酚胺类激素。这类激素都是亲水的，难以越过由脂双层构成的细胞膜。这类激素常通过跨膜转导途径将信息转导至细胞内。

20. **答案：** C　　**考点：** 应激时体内代谢特点

解析： 应激状态下人体交感神经系统兴奋，肾上腺髓质与皮质激素分泌增加，血浆胰高血糖素、生长素水平有所增高，胰岛素分泌减少，引起血糖增加，基础代谢率升高。

21. **答案：** E　　**考点：** 酶的化学修饰调节

解析： 酶的化学修饰调节使酶发生共价修饰，结构改变，从而活性改变，由于是一种酶在另外一种酶的催化作用下发生的酶促反应，具有放大效应。

22. **答案：** C　　**考点：** 代谢特点

解析： 脂酸分解产生的乙酰 CoA 经三羧酸循环后生成 2 分子 CO_2，由于乙酰 CoA 无法逆生成丙酮酸，所以不能异生成糖。

23. **答案：** D　　**考点：** 三羧酸循环

解析： 三羧酸循环中草酰乙酸由苹果酸脱氢转变而来，需要补充草酰乙酸时主要通过糖代谢生成的丙酮酸经丙酮酸羧化酶催化生成。

24. **答案：** E　　**考点：** 糖代谢

解析： 磷酸甘油酸激酶催化的反应是可逆的，它催化 1,3 二磷酸甘油酸 +ADP⟷3-磷酸甘油酸 +ATP 之间的互变，是糖酵解和糖异生途径中共用的酶。己糖激酶、丙酮酸激酶是糖酵解途径的关键酶，催化反应是不可逆的。果糖二磷酸酶是糖异生途径的酶，其催化果糖-1,6-二磷酸水解脱磷酸，本身转变为果糖-6-磷酸，其逆反应是由果糖-6-磷酸激酶 1（糖酵解的关键酶）催化的。而糖原磷酸化酶催化糖原磷酸解，从糖原分子分解下一个葡萄糖，生成葡糖-1-磷酸，此反应自由能变动较小，反应可逆，但由于细胞内无机磷酸盐的浓度约为葡糖-1-磷酸的 100 倍，所以实际上反应只能单一向糖原分解方向进行。

25. **答案：** D　　**考点：** 代谢的调节

解析： ATP 是果糖二磷酸酶的别构激活剂。ATP 是丙酮酸激酶、磷酸果糖激酶 1 和异柠檬酸脱氢酶的别构抑制剂。乙酰辅酶 A 进入三羧酸循环需与草酰乙酸在柠檬酸合酶催化下合成柠檬酸，而 ATP 是柠檬酸合酶的别构抑制剂，因此 ATP 供应充分时，乙酰 CoA 进入三羧酸循环减少。

【A2 型题】

1. **答案：** C　　**考点：** 肌肉代谢特点

解析： 经过近 4 小时的高负荷运动，贮存在肌肉中的糖原已经耗尽。由于肌肉不含有甘油激酶，不能使甘油发生磷酸化，使得肌肉无法利用血中的甘油。虽然肌肉可以利用血中的葡萄糖和酮体，但在近终点的马拉松运动员，其肌肉主要通过氧化脂肪酸来提供大部分的能量。

2. **答案：** A　　**考点：** 葡萄糖代谢特点

解析： 在大多数组织中都含有己糖激酶，由于其对葡萄糖极低的 K_m 值，即使在组织葡萄糖水平降低时，仍能够催化葡萄糖发生磷酸化以提供 ATP。葡糖-6-磷酸能够抑制该酶活性。葡萄糖激酶存在于肝中，对葡萄糖有很高的 K_m 值，进食后该酶活性升高。汽水中的葡萄糖很可能用来生成 ATP。

3. **答案：** E　　**考点：** 饥饿时体内代谢特点

解析： 禁食 7 天以上，血糖下降，胰岛素分泌减少，胰高血糖素分泌增加，机体脂肪动员加强，产生大量酮体，因此可出现饥饿性酮症以及血酮体、尿酮体阳性；由于缺氧以及器官损害导致糖酵解生成的乳酸难以清除而发生高乳酸血症；酮症和高乳酸血症以及排尿减少等情况可能导致高尿酸血症。

4．**答案**：D　　**考点**：1 型糖尿病特点

解析：患者 19 岁，起病急，有三多一少症状中的三项（多饮、多尿、体重减轻），血糖升高，尿糖阳性，尿酮体强阳性以及酮症酸中毒，胰岛素治疗有效，可以判断为典型的 1 型糖尿病。

5．**答案**：D　　**考点**：磷酸戊糖途径关键酶

解析：葡糖 -6- 磷酸脱氢酶（G6PD）是红细胞葡萄糖磷酸戊糖途径中所必需的脱氢酶，是使辅酶Ⅱ（NADP）还原为还原型辅酶Ⅱ（NADPH）的关键酶，其缺乏可导致 NADPH 生成不足，致使红细胞内氧化型谷胱甘肽（GSSG）还原为还原型（GSH）受阻而不能维持过氧化氢酶的活性。具有氧化作用的外源性物质如蚕豆，可使机体产生过多的过氧化氢，葡糖-6-磷酸脱氢酶缺乏者不能清除之，使血红蛋白氧化为高铁血红蛋白而沉积于红细胞膜上，最终造成红细胞膜的氧化损伤和溶血。患者常因食用蚕豆而诱发，故称蚕豆病。

【B 型题】

1．**答案**：E　2．**答案**：A　3．**答案**：C　4．**答案**：B　　**考点**：饥饿时体内代谢特点

解析：短期饥饿（1 ~ 3 天）主要依赖肝糖异生补充血糖，此时组织蛋白质分解产生的氨基酸可作为糖异生的原料；空腹过夜即禁食 12 ~ 24 小时，肝糖原分解补充血糖；随着饥饿进展，脂肪动员加强，甘油也补充进来作为糖异生的原料；长期饥饿时脂肪动员进一步加强，脂肪酸分解氧化生成大量酮体，脑利用酮体增加，肌肉主要利用脂肪酸，以保证酮体优先供应脑。

5．**答案**：A　6．**答案**：C　　**考点**：葡糖 -6- 磷酸脱氢酶和酪氨酸代谢

解析：蚕豆病参见 A2 型题第 5 题解析。酪氨酸在肾上腺髓质和神经组织中经羟化转变为多巴，然后脱羧生成多巴胺。多巴胺是一种神经递质，帕金森病患者多巴胺生成减少。

7．**答案**：C　8．**答案**：B　　**考点**：代谢的亚细胞部位

解析：糖异生的代谢场所是胞液和线粒体，三羧酸循环的代谢场所是线粒体，故二者共同的代谢场所为线粒体。胆固醇合成的场所是胞液和内质网，全身各组织细胞的内质网均能合成磷脂，故二者合成的共同场所为内质网。

9．**答案**：D　10．**答案**：C　11．**答案**：B　　**考点**：关键酶

解析：胆固醇合成的关键酶是 HMG-CoA 还原酶；脂肪酸合成的关键酶是乙酰 CoA 羧化酶；酮体生成的关键酶是 HMG-CoA 合酶。

【X 型题】

1．**答案**：ABCD　　**考点**：饥饿时体内代谢特点

解析：饥饿时肝糖原消耗，机体血糖水平趋于下降，胰岛素分泌减少，胰高血糖素分泌增多，此时糖异生增强以补充血糖，供脑和红细胞等利用；同时脂肪分解及酮体生成增多。

2．**答案**：ABC　　**考点**：高能键

解析：磷酸烯醇式丙酮酸和磷酸肌酸分子内均含有一个高能磷酸键，乙酰 CoA 含有一个高能硫酯键，AMP 分子内不含有高能键。

3．**答案**：ABC　　**考点**：变构调节的特点

解析：变构调节的特点是效应剂与酶分子的调节亚基进行非共价结合，引起酶分子构象变化，从而调节酶分子活性，使其升高或者降低。由于构象变化发生很快，所以调节效应发生快。此类变构酶多为关键酶或限速酶，催化的反应为整个代谢途径的限速步骤。

4．**答案**：ACD　　**考点**：膜受体激素

解析：膜受体激素包括胰岛素、甲状旁腺素、生长因子等肽和蛋白质类激素及肾上腺素等儿茶酚胺

类激素。甲状腺素可透过细胞膜进入细胞与其胞内受体结合。

5. **答案**：ABCD **考点**：酶化学修饰

解析：调节酶在另一种酶的催化下，发生共价修饰，从而引起酶活性变化，该反应不可逆。其特点为共价修饰，有多种形式，以磷酸化最为常见；因为酶促反应发生快，所以调节效应发生也快；此类酶所催化的反应较别构酶广泛，又由于常与其他化学修饰酶组合在一起，形成级联反应，故而有放大效应。

6. **答案**：BD **考点**：变构酶

解析：变构酶常在代谢途径中催化第一步反应或处于代谢途径分支点上的一步，该步反应通常不可逆，对代谢调控起重要作用。变构酶与变构剂能进行可逆的结合，结合部位称为调节部位。有些变构酶其调节部位与催化部位存在于同一个亚基，而另一些变构酶则分别存在于不同的亚基上，后者在变构时常伴有亚基的聚合和解聚。

7. **答案**：ABC **考点**：酶的诱导

解析：酶的诱导是指在刺激因素的作用下，使酶的编码基因激活或表达增强，酶的生物合成增多，酶活性增加的现象。某些小分子物质如代谢物、激素、药物等对酶有诱导作用，使酶蛋白合成增加，由此使酶量增多，该酶催化的代谢反应速度也随之加快。

8. **答案**：CD **考点**：酮体的生成

解析：酮体由肝生成后运输至肝外组织加以利用。脑是耗能极大的器官，几乎以葡萄糖为唯一的供能物质，只有饥饿等能量匮乏时才利用酮体；心利用的能源物质依次为酮体、乳酸、自由脂肪酸以及葡萄糖。红细胞的能量供应主要来自葡萄糖酵解；肝可利用葡萄糖、脂肪酸、甘油及氨基酸等供能，但不能利用酮体。

9. **答案**：ABC **考点**：有氧氧化

解析：肝、脑和心肌细胞内均含有线粒体，能利用葡萄糖作为能源物质并进行充分的有氧氧化来供能，而成熟红细胞不含有线粒体的亚细胞结构，不能进行有氧氧化供能。

10. **答案**：BD **考点**：糖异生

解析：肝和肾都含有能催化糖异生作用的酶，故而能进行糖异生；骨骼肌和红细胞都不含有葡糖 -6- 磷酸酶，不能进行糖异生作用。

11. **答案**：BCD **考点**：谷氨酰胺代谢

解析：血红素是由琥珀酰 CoA、甘氨酸及 Fe^{2+} 作为原料合成的，与谷氨酰胺无关。谷氨酰胺经谷氨酰胺酶催化水解，放出氨转变生成谷氨酸，后者属生糖氨基酸，可沿糖异生途径转变为草酰乙酸，后者经磷酸烯醇式丙酮酸羧激酶催化生成磷酸烯醇式丙酮酸，继续沿糖的有氧氧化途径被彻底氧化，同时放出能量。

二、名词解释（答案要点）

1. 限速酶：指整条代谢通路中，催化反应速度最慢的酶，它不但可影响整条代谢途径的总速度，还可改变代谢方向，是代谢途径的关键酶，常受到变构调节和（或）化学修饰调节。

2. 变构酶（Allosteric enzyme）：指代谢途径中受到变构调节的酶，酶分子中含与底物结合起催化作用的催化亚基（部位）和与变构效应剂结合起调节作用的调节亚基（部位）。

3. 变构调节（Allosteric regulation）：某些物质能以非共价键形式与酶活性中心以外特定部位结合，使酶蛋白分子构象发生改变，从而改变酶的活性。

4. 蛋白激酶（Protein kinase）：细胞内由 ATP 提供磷酸基及能量，催化酶蛋白或其他蛋白质分子中丝氨酸、苏氨酸或酪氨酸羟基磷酸化的酶，包括蛋白激酶 A、C 等。

5．酶的化学修饰：某些酶分子上的一些基团，受其他酶的催化发生共价化学变化，从而导致酶活性的变化。

6．泛素（Ubiquitin）：是一种广泛存在于真核细胞胞质中，高度保守的蛋白质，能与待降解蛋白质结合，促进蛋白质的降解。

7．激素反应元件（hormone response element，HRE）：能与激素 - 受体复合物二聚体结合的 DNA 特定序列，结合后可调节（促进或抑制）相邻基因的转录，进而调节该基因编码蛋白质的合成。

8．激素受体：细胞膜上或细胞内能特异识别和结合配体（激素、药物等），并将信息传给细胞内信息转换系统，从而启动各种特异生物效应的特殊蛋白质分子。

9．膜受体激素：指蛋白、多肽及儿茶酚胺等水溶性的激素，因其不能透过细胞膜，这类激素需与膜受体结合后，才能将信息传到细胞内，产生各种生物效应。

10．物质代谢：机体在生命活动过程中不断摄入 O_2 及营养物质，在细胞内进行中间代谢，同时不断排出 CO_2 及代谢废物，这种机体和环境之间不断进行的物质交换即物质代谢。

三、问答题（答案要点）

1．乙酰 CoA 是糖、脂、氨基酸代谢共有的重要中间代谢物，也是三大营养物质代谢联系的枢纽。乙酰 CoA 的生成：糖有氧氧化；脂肪酸 β- 氧化；酮体氧化分解；氨基酸分解代谢；甘油及乳酸分解。乙酰 CoA 的代谢去路：进入三羧酸循环彻底氧化分解，体内能量的主要来源；在肝细胞线粒体生成酮体，为缺糖时重要能源之一；合成脂肪酸；合成胆固醇；合成神经递质乙酰胆碱。

2．三羧酸循环是糖、脂、蛋白质分解代谢的最终共同途径，体内各种代谢产生的 ATP、CO_2、H_2O 主要来源于此循环。三羧酸循环是三大物质代谢相互联系的枢纽，机体通过神经体液的调节，使三大物质代谢处于动态平衡之中，正常情况下，三羧酸循环原料——乙酰 CoA 主要来源于糖的分解代谢，脂肪主要是用于储能；病理或饥饿状态时，则主要来源于脂肪的动员，蛋白质分解产生的氨基酸也可为三羧酸循环提供原料。甘油三酯的合成所需能量主要由三羧酸循环提供。

3．相同点：均为细胞水平的调节，属快速调节，受调节的酶为代谢的关键酶或限速酶。

不同点：

变构调节：变构剂与酶非催化部位通过非共价键可逆结合，使酶构象改变，活性改变。无放大效应。

化学修饰调节：

需酶催化，通过共价键连上或去掉一些基团，使酶结构改变，活性改变，消耗少量 ATP，有放大效应。

4．饥饿 48 小时属短期饥饿，此时，血糖趋于降低，引起胰岛素分泌减少，胰高血糖素分泌增加。

糖代谢：糖原已基本耗竭，糖异生作用加强，组织对葡萄糖的氧化利用降低，大脑仍以葡萄糖为主要能源。

脂代谢：脂肪动员加强，酮体生成增加，肌肉以脂酸分解方式供能。

蛋白代谢：肌肉蛋白分解加强。

5．长期饥饿时：

糖代谢：肾糖异生作用加强，乳酸和甘油成为肝糖异生的主要原料。

脂代谢：脂肪进一步动员，大量酮体生成，脑组织利用酮体增加，超过葡萄糖，肌肉主要以脂酸供能。

蛋白代谢：肌肉蛋白分解减少，负氮平衡有所改善。

6．脑：是机体耗能的主要器官，一般主要以葡萄糖供能，耗用葡萄糖由血糖供应，不能直接分解脂肪酸，糖供给不足时，可以酮体作为能源物质。

肝：是机体糖脂代谢的主要器官，对维持血糖恒定起重要作用。合成储存糖原可达肝重的10%；糖异生；具有葡糖-6-磷酸酶，可使储存的糖原分解为葡萄糖释放入血，维持血糖恒定。合成甘油三酯、胆固醇、磷脂的主要器官，合成的脂类主要以VLDL运输到其他组织储存；肝合成HDL具有胆固醇逆向转运及抗LDL氧化的作用，有抗动脉粥样硬化的作用；具有高活性的脂肪酸β-氧化酶类，可大量合成酮体供肝外组织利用。肝是机体耗能的主要器官之一。

肌肉：通常以氧化脂肪酸为主，剧烈运动时，以糖无氧酵解补充能量，能合成糖原，但缺乏葡糖-6-磷酸酶，因此肌糖原基本不能分解成葡萄糖以补充血糖。

7．草酰乙酸在三羧酸循环中起着催化剂一样的作用，其量决定细胞内三羧酸循环的速度，草酰乙酸主要来源于糖代谢丙酮酸羧化，故糖代谢障碍时，三羧酸循环及脂的分解代谢将不能顺利进行；草酰乙酸是糖异生的重要代谢物；草酰乙酸与氨基酸代谢及核苷酸代谢有关；草酰乙酸参与了乙酰CoA从线粒体转运至胞质的过程，这与糖转变为脂的过程密切相关；草酰乙酸参与了胞质内NADH转运到线粒体的过程（苹果酸-天冬氨酸穿梭）；草酰乙酸可经转氨基作用合成天冬氨酸；草酰乙酸在胞质中可生成丙酮酸，然后进入线粒体进一步氧化为CO_2、H_2O和ATP。

8．（1）能。葡萄糖→乙酰CoA、NADPH和ATP，在脂肪酸合成酶系作用下生成软脂酸。

（2）不能。软脂酸经β-氧化生成乙酰CoA，乙酰CoA不能转变为丙酮酸（丙酮酸脱氢酶复合体催化的反应不可逆），故软脂酸不能异生成糖。

（3）能。丙氨酸脱氨基生成丙酮酸，经糖异生可生成葡萄糖。

（4）不能。亚油酸是必需脂肪酸。

（5）不能。亮氨酸是生酮氨基酸。

9．（1）丙酮酸经转氨基生成丙氨酸；

（2）丙酮酸经无氧酵解生成乳酸；

（3）丙酮酸经糖异生生成葡萄糖；

（4）丙酮酸沿糖酵解途径逆行生成磷酸二羟丙酮，生成甘油；

（5）丙酮酸经氧化脱羧生成乙酰CoA，进入三羧酸循环，最终生成CO_2、H_2O和ATP；

（6）丙酮酸经氧化脱羧生成乙酰CoA，生成脂肪酸；

（7）丙酮酸经氧化脱羧生成乙酰CoA，生成酮体；

（8）丙酮酸经氧化脱羧生成乙酰CoA，生成胆固醇；

（9）丙酮酸经羧化生成草酰乙酸。

10．糖与脂肪：葡萄糖分解产生的乙酰CoA羧化成丙二酸单酰CoA，进而合成脂肪酸及脂肪。

脂肪分解产生的脂肪酸不能在体内转变为葡萄糖，因为脂肪酸分解生成的乙酰CoA不能逆行转变为丙酮酸。脂肪分解产生的甘油可以在肝、肾、肠等组织甘油激酶的作用下转变成磷酸甘油，进而转变成糖，但与脂肪中大量脂肪酸分解生成的乙酰CoA相比，其量极少。

蛋白质与糖、脂肪：除生酮氨基酸（亮氨酸、赖氨酸）外，都可脱氨生成相应的α-酮酸，进而可转变成某些能进入糖异生途径的中间代谢物，循糖异生途径转变为葡萄糖。葡萄糖代谢的一些中间代谢物，如丙酮酸、α-酮戊二酸、草酰乙酸等也可氨基化生成某些非必需氨基酸。

体内的氨基酸均能分解生成乙酰CoA，后者可合成脂肪酸，进而合成脂肪，也可用于合成胆固醇。氨基酸还可作为合成磷脂的原料；但脂肪酸、胆固醇等脂质不能转变为氨基酸，仅脂肪中的甘油可异生成葡萄糖，转变为某些非必需氨基酸，但量很少。

（陈　颢）

第三篇　遗传信息的传递

第十一章　真核基因与基因组

第一节　学习要求

掌握： 真核基因的结构特点和功能；外显子、内含子、断裂基因、启动子、增强子、沉默子的概念和特点。

熟悉： 基因和基因组的概念；真核基因组的结构和功能。

了解： 核外基因组，如线粒体 DNA。

第二节　内容精要

一、真核基因的结构与功能

基因（gene）：是能够编码蛋白质和 RNA 等特定功能产物、负载遗传信息的基本单位。含编码序列（又称外显子，exon）、调控序列和内含子（intron）。

（一）真核基因的基本结构

1．真核基因基本结构包括

- 编码序列：编码蛋白质或 RNA，出现在成熟 mRNA 分子中的 DNA 序列
- 非编码序列
  - 转录起始点后的基因 5'-非翻译区、3'-非翻译区调控序列
  - 内含子：编码序列间的间隔序列，在成熟 mRNA 分子中不出现

2．特点　与原核生物比较，真核基因是不连续的，即内含子和外显子相间排列，为断裂基因（split gene）（图 11-1）。

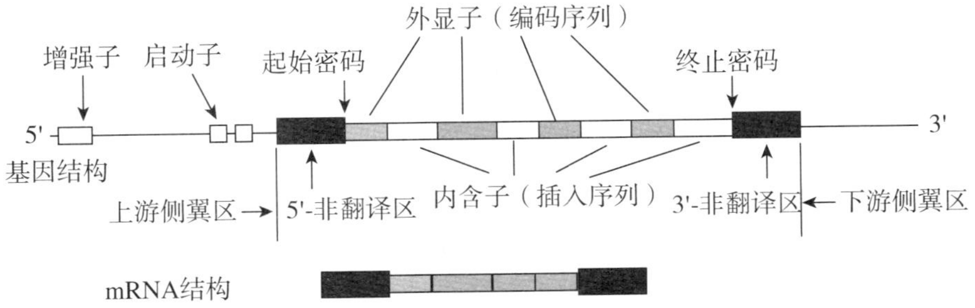

图 11-1　真核生物断裂基因

3．基因的两端　5'-端为上游，3'-端为下游。

4．基因的碱基定位　基因转录起始点对应的碱基定位为 +1，其上游序列为负数，向 5' 端标记为 −1、−2 等；下游序列为正数，向 3'-端依次为 +2、+3 等。0 不用于标记碱基位置。

（二）基因编码区编码多肽链和特定的 RNA 分子

基因编码区的 DNA 碱基序列

↓

RNA 转录产物，如 rRNA、tRNA、非编码 RNA、mRNA 等

↓

蛋白质多肽链

（三）调控序列参与真核基因表达调控

调控序列包括启动子、增强子、沉默子、绝缘子、上游调控元件、加尾信号等，又称顺式作用元件（*cis*-acting element）。

1．启动子提供转录起始信号

启动子（promoter）：是 DNA 分子上能介导 RNA 聚合酶识别和结合并能形成转录起始复合体的一组调控组件。通常位于基因转录起始点上游。真核生物有三类启动子，如图 11-2。

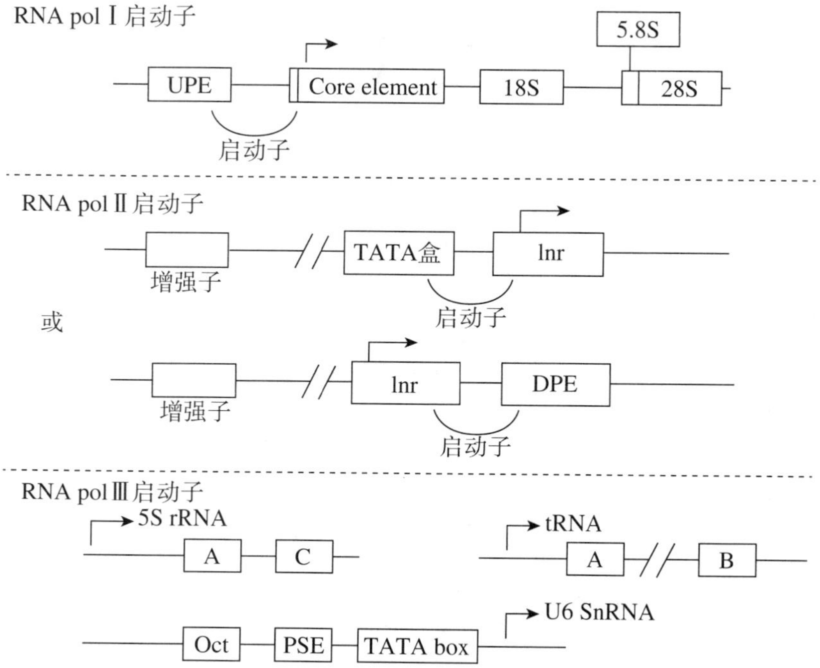

图 11-2　真核基因三类启动子

上游启动子元件（upstream promoter element，UPE）；核糖体起始因子（ribosomal initiator，Inr）；起始元件（Initiator element）；下游启动子元件（downstream promoter element，DPE）

① Ⅰ类启动子富含 GC：包括核糖体起始因子和上游启动子元件两部分，富含 GC 序列。Ⅰ类启动子见于编码 rRNA 的基因。

② Ⅱ类启动子具有 TATA 盒特征结构：通常由 TATA 盒、上游调控元件和起始元件（initiator element，Inr）组成。TATA 盒决定 RNA 合成的起始位点，核心序列是 TATA（A/T）A（A/T）。有的 TATA 盒上游还存在 CAAT 盒、GC 盒等序列。Ⅱ类启动子主要见于编码 mRNA 和一些小 RNA 的基因。

③ Ⅲ类启动子包括 A 盒、B 盒和 C 盒。Ⅲ类启动子主要见于编码 5S rRNA、tRNA、U6 snRNA 等的基因。

2．增强子增强邻近基因转录　增强子（enhancer）是能增强启动子转录活性、决定基因特异性表达的顺式作用元件。其发挥作用和方向、位置无关，可远离所调控基因（1 ~ 30 kb）。

3．沉默子是负调控元件　沉默子（silencer）是可抑制基因转录的特定 DNA 序列。当其结合特异蛋白

质因子时，对基因转录起阻遏作用。

4．绝缘子阻碍增强子作用　绝缘子（insulator）是需与绝缘子蛋白质结合才能发挥转录绝缘作用的特定基因组 DNA 序列。一是作为屏障元件维持活性染色质和异染色质的界限，阻止异染色质的扩散；其次可阻断增强子或沉默子对启动子发挥作用。

二、真核基因组的结构与功能

基因组（genome）：是指细胞或生物体的一套完整单倍体遗传信息的总和。人类基因组包含细胞核染色体 DNA 及线粒体 DNA 所携带的全部遗传信息，即 22 条常染色体、2 条性染色体和线粒体 DNA 包含的全部遗传信息。

（一）真核基因组具有独特的结构

真核生物基因组庞大，其结构特点包括：(1) 基因编码序列所占比例远小于非编码序列；(2) 含大量重复序列；(3) 存在多基因家族和假基因；(4) 存在可变剪接：80% 的可变剪接使蛋白质序列发生变化；(5) 真核基因组 DNA 和蛋白质形成染色体，存在于细胞核内，体细胞基因为二倍体。

（二）真核基因组中存在大量重复序列

人基因组中，重复序列占基因组长度的 50% 以上。

1．高度重复序列　是重复频率达 10^6 以上的短核苷酸重复序列，不编码蛋白质或 RNA。占基因组长度的 20%；主要有反向重复序列（inverted repeat sequence）和卫星 DNA（satellite DNA）形式。

反向重复序列是两个相同顺序的互补拷贝在同一 DNA 链上反向排列，长度约为 300 bp 或略短。卫星 DNA 一般由 2 ~ 10 bp 成串排列的重复单位组成，主要存在于染色体着丝粒区和端粒区。

高度重复序列的功能：①参与复制水平的调节；②参与基因表达的调控；③参与染色体配对。

2．中度重复序列　是指重复数十至数千次的核苷酸序列。占基因组长度的 1% ~ 30%。有两种类型：

(1) 短散在核元件（short interspersed nuclear elements，SINEs），又称为短散在重复序列（short interspersed repeat sequence），重复片段平均长度为 300 ~ 500 bp，与平均长度 1000 bp 的单拷贝序列间隔排列。拷贝数能达数十万。如 *Alu* 家族、*Kpn*I 家族和 *Hinf* 家族等。

(2) 长散在核元件（long interspersed nuclear elements，LINEs），又称为长散在重复序列（long interspersed repeat sequence），以散在方式分布于基因组、长度大于 1000 bp 重复序列，常具有转座活性，与平均长度 13000 bp 的单拷贝序列间隔排列。

真核生物编码 rRNA 基因属于中度重复序列，rDNA 通常成簇排列。

3．单拷贝序列（低度重复序列）　在单倍体基因组中只出现一次或数次，大多是蛋白质编码基因。

（三）真核基因组中存在大量的多基因家族与假基因

1．多基因家族（multigene family）　指由某一祖先基因经过重复和变异所产生的一组在结构上相似、功能相关的基因。一类多基因家族成簇分布在同一条染色体上，编码合成某类蛋白质，如组蛋白基因家族；另一类是一个基因家族的不同成员成簇分布于不同染色体上，编码合成一组功能相关蛋白质，如球蛋白基因家族。

2．假基因（pseudogene）　是基因组中与正常功能基因同源，但由于移码、无义或错义突变而被沉默，不具表达功能的 DNA 序列。假基因分为未加工假基因（复制的）、加工假基因（逆转录的）和单一假基因。加工假基因不含有内含子序列，在基因表达调控和基因组进化等方面发挥重要作用。

（四）线粒体 DNA 的结构

1．线粒体 DNA（mitochondrial DNA，mtDNA）独立编码线粒体中的一些蛋白质，是核外遗传物质。线粒体 DNA 结构是环状双螺旋分子，其结构与原核生物类似。

2．人线粒体基因组全长 16569 bp，共编码 37 个基因。其中 13 个基因编码氧化呼吸链多肽组分、22 个基因编码 mt-tRNA、2 个基因编码 mt-rRNA（16S 和 12S）。

（五）人类基因组中约有 2 万个蛋白质编码基因

根据人类基因组计划的数据推测，人的基因数目为 2 万~2.5 万；人类基因组在自然界中最大（人基因组长度 3×10^9 bp），复杂程度最高，但所含基因数目并不是最多，如小鼠基因组长度短于人类，但基因数约 3 万。其意义是首先说明基因组大小、基因数量在生物进化中可能并不具特别重要的意义，其次提示人类基因较其他生物基因可能更“有效”，发挥功能方式有所不同。

人的基因在染色体上的分布特征：

（1）人类基因组的核染色体 DNA 包括 22 条常染色体及 2 条性染色体 DNA，不同染色体的大小在 47~250 kb 之间。

（2）最长的染色体是 1 号染色体，约 250 kb，含有 3000 多个基因。最小的是 21 号染色体，约 47 kb，含有 300~400 个基因。

（3）基因在染色体上的分布是不均匀的。其中基因密度最大的是第 19 号染色体，平均每 kb 含有 23 个基因，密度最小的是第 13 号染色体和 Y 染色体，平均只有 5 个基因 /kb，在密度最大的染色体，也存在无基因的“沙漠区”，即在 500 kb 区域内没有任何基因。

第三节　应试习题

一、选择题（题目前 * 表示西医综合题目，题目前 # 表示执业医师题目）

【A1 型题】

1．人类基因组是指
A．细胞核染色体 DNA
B．22 个常染色体 DNA+X、Y 性染色体 DNA
C．22 个常染色体 DNA+X、Y 性染色体 DNA+ 线粒体 DNA
D．22 对常染色体 DNA+X、Y 性染色体 DNA+ 线粒体 DNA
E．核染色体 DNA+mRNA+tRNA

2．真核生物基因编码产物包括
A．蛋白质
B．RNA
C．蛋白质 +RNA
D．蛋白质 +RNA+ 脂类
E．20 种氨基酸 +RNA

3．真核生物基因组主要存在于
A．线粒体
B．核糖体
C．细胞核
D．细胞质
E．质粒

4．真核基因的内含子序列
A．会出现在成熟 mRNA 中
B．增强基因表达活性
C．编码蛋白质或 RNA 产物
D．位于转录起始点上游
E．内含子区可能含有调控序列

5．关于真核生物启动子，描述错误的是
A．启动子决定基因特异性表达
B．启动子是 RNA 聚合酶识别和结合的主要元件
C．Ⅰ类启动子常见于编码 rRNA 的基因
D．Ⅱ类启动子具有 TATA 盒特征结构
E．Ⅲ类启动子常见于编码 5S rRNA、tRNA 的基因

6．关于真核基因调控序列，描述正确的是
A．出现在成熟 mRNA 中
B．增强基因表达活性
C．有启动子、增强子等不同序列
D．位于转录起始点上游
E．调控序列不会位于内含子区

7．指导真核生物蛋白质合成的编码基因通常是
A．高度重复序列
B．中度重复序列
C．单拷贝序列
D．长散在核元件
E．短散在核元件

8．rDNA 属于
A．高度重复序列
B．中度重复序列

C．单拷贝序列
D．卫星 DNA
E．反向重复序列

9．线粒体 DNA 结构特点是
A．类似原核生物 DNA 结构
B．与真核 DNA 类似
C．线粒体 DNA 与蛋白质结合存在
D．线粒体 DNA 编码全部线粒体内蛋白质
E．线粒体 DNA 为线性双链结构

10．真核基因组中存在的假基因是
A．含有内含子序列
B．能编码蛋白质或 RNA 产物
C．丧失蛋白质编码功能
D．序列结构上与功能基因完全不同
E．假基因没有任何功能

11．重复频率可达 10^6 以上、不编码蛋白质或 RNA 的序列是
A．反向重复序列
B．中度重复序列
C．单拷贝序列
D．短散在核元件
E．长散在核元件

12．人类基因组长度为 3×10^9 bp，为自然界中长度最大的，所含基因数量
A．一定最多
B．与基因长度完全成正比
C．基因数目为 2 万～2.5 万
D．所含基因数目无法预测
E．与基因组长度完全无关

【A2 型题】

1．以基因组 DNA 为模板将某基因上游的一段调控序列扩增并插入到该基因载体下游，发现基因的表达水平增强 6 倍，这段调控序列含有
A．启动子
B．增强子
C．沉默子
D．绝缘子
E．反式作用因子

2．*PTENP1* 基因与 *PTEN* 高度同源，是 *PTEN* mRNA 反转录为 cDNA 后再重新插入基因组形成的。与亲本 *PTEN* 基因比较，*PTENP1* 比 *PTEN* 基因编码区少了 19 个核苷酸，可在多种组织和细胞系中检测到 *PTENP1* 转录本的表达，但检测不到其编码的蛋白质表达。此外 *PTENP1* 可作为竞争性内源 RNA 通过 miRNA 调节 *PTEN* 的表达，*PTENP1* 属于
A．加工假基因
B．未加工假基因
C．单一假基因
D．微小 RNA
E．独立的蛋白质编码基因

3．线粒体基因组为独立的核外遗传体系，线粒体 DNA 的蛋白质编码基因有 12 个位于重链（H strand），1 个位于轻链（L strand），这 13 个基因编码产物主要为
A．细胞质内功能蛋白质
B．细胞核内功能蛋白质
C．细胞膜蛋白质
D．线粒体内膜蛋白质
E．胞外分泌蛋白质

4．转座子 *Alu* 重复序列是灵长类特有的，每个 *Alu* 元件长约 300 个核苷酸，属于保守的短散在核元件，在人类基因组中的总拷贝数超过 100 万个，可分为 35 个亚家族，约占人类基因组全长的 11%。*Alu* 重复序列属于
A．高度重复序列
B．中度重复序列
C．单拷贝序列
D．多基因家族
E．假基因

5．真核生物核小体颗粒含有 H2A、H2B、H3、H4 等标准核心组蛋白，它们结构相当保守，编码基因在染色体上以多个拷贝重复排列形成基因簇。H2A 存在多个变异体如 H2A.Z、mH2A、H2A.B 和 H2A.B 等，编码基因也是成簇重复排列形成基因簇，产物结构相似，这类基因为
A．管家基因
B．中度重复序列
C．单拷贝序列
D．多基因家族
E．假基因

【B 型题】

A．增强子
B．启动子

C．沉默子
D．外显子
E．内含子
1．能增强基因表达的元件是
2．不出现在成熟 mRNA 中的序列为
3．基因表达必须具有的调控元件是

A．连续的
B．不连续的
C．单顺反子
D．无规律性
E．不需要启动子
4．原核生物的结构基因是
5．真核生物的结构基因是

A．细胞核染色体 DNA
B．线粒体 DNA
C．常染色体 DNA
D．mRNA
E．性染色体 DNA
6．人类基因组不包含
7．与原核生物 DNA 结构类似的是
8．属于基因编码产物的是

A．单链
B．环状双链
C．cDNA
D．mRNA
E．线性分子
9．线粒体基因组是
10．原核生物细胞核基因组是

【X 型题】

1．真核基因结构
A．有调控序列
B．为断裂基因
C．有内含子
D．具有不连续性
2．人类基因组包括
A．细胞核染色体 DNA
B．mRNA
C．22 个常染色体 DNA+XY 染色体 DNA
D．线粒体 DNA
3．真核基因的外显子序列
A．出现在成熟 mRNA 分子中
B．编码蛋白质或 RNA 产物
C．常与内含子间隔排列
D．位于转录起始点下游
4．真核基因的内含子序列
A．不会出现在成熟 mRNA 中
B．内含子区可能含有调控序列
C．不编码蛋白质或 RNA 产物
D．位于转录起始点上游
5．关于线粒体 DNA，叙述正确的有
A．具有独立的遗传编码体系
B．线粒体 DNA 表达时完全不依赖细胞核 DNA 编码产物
C．可编码蛋白质和 RNA 产物
D．结构和细胞核内 DNA 类似
6．关于线粒体 DNA，叙述正确的有
A．类似原核生物 DNA 结构
B．与真核核基因组 DNA 结构类似
C．线粒体 DNA 与组蛋白结合存在
D．能独立编码线粒体中的一些蛋白质
7．真核基因调控序列
A．不出现在成熟 mRNA 中
B．调控基因表达
C．有启动子、增强子等不同种类
D．都是位于转录起始点上游
8．关于人类基因在染色体上的分布，叙述正确的有
A．人类基因在各染色体分布是不均匀的
B．不同染色体长度不同，基因数目也不同
C．染色体基因密度小的，所含基因数目也少
D．长度最长的染色体，含基因数目最多
9．真核基因组中存在的假基因
A．含有内含子序列
B．也能编码蛋白质或 RNA 产物
C．不具有表达功能
D．序列结构与正常功能基因相似
10．既参与复制水平的调节，也可能参与基因表达调控的序列是
A．高度重复序列
B．中度重复序列
C．单拷贝序列
D．长散在核元件
11．真核生物基因组庞大，但所含基因数目并

不多，原因是

A．含大量重复序列

B．存在大量内含子

C．编码序列所占比例小

D．调控序列、假基因等非编码序列所占比例大

12．重复频率可达 10^6 以上、不编码蛋白质或 RNA 的序列是

A．高度重复序列

B．中度重复序列

C．反向重复序列

D．卫星 DNA

二、名词解释

1．基因组（genome）

2．断裂基因（split gene）

3．外显子（exon）

4．内含子（intron）

5．启动子（promoter）

6．增强子（enhancer）

7．沉默子（silencer）

8．假基因（pseudogene）

9．多基因家族（multigene family）

10．线粒体 DNA（mitochondrial DNA）

三、问答题

1．简述真核生物基因组的结构及特点。

2．试述真核生物启动子有哪些类别及其特点。

3．简述线粒体 DNA 的结构特点。

4．试述对真核生物基因表达具有调控作用的元件及其作用特点。

5．举例说明是否可以根据基因组大小或基因数量判断生物体的复杂程度？

第四节　参考答案及解析

一、选择题

【A1 型题】

1．**答案：**C　　**考点：**人类基因组

解析：基因组是指细胞或生物体的一套完整单倍体遗传信息的总和。人类基因组包含细胞核染色体 DNA（22 条常染色体和 2 条性染色体）及线粒体 DNA 所携带的全部遗传信息。

2．**答案：**C　　**考点：**真核基因编码产物

解析：真核基因编码产物包括蛋白质和特定的 RNA 分子（rRNA、tRNA、非编码 RNA 等）。

3．**答案：**C　　**考点：**真核生物基因组

解析：真核生物基因组庞大，基因组 DNA 和蛋白质结合形成染色体，存在于细胞核内，细胞核基因组包含了真核生物主要的遗传信息。

4．**答案：**E　　**考点：**内含子

解析：真核基因的内含子序列属于非编码序列，与编码序列间隔排列形成断裂基因，在成熟 mRNA 分子中不出现，不参与编码蛋白质或 RNA，位于转录起始点下游，内含子区可能含有调控序列。

5．**答案：**A　　**考点：**启动子定义、特点和分类

解析：启动子是 DNA 分子上能介导 RNA 聚合酶识别和结合并能形成转录起始复合体的一组调控组件。通常位于基因转录起始点上游。启动子决定基因的基础表达，增强子决定基因的特异性表达。真核生物有三类启动子，Ⅰ类启动子包括核糖体起始因子和上游启动子元件两部分，富含 GC

序列。Ⅰ类启动子见于编码 rRNA 的基因；Ⅱ类启动子具有 TATA 盒特征结构：通常由 TATA 盒、上游调控元件和起始元件组成。TATA 盒决定 RNA 合成的起始位点。有的 TATA 盒上游还存在 CAAT 盒、GC 盒等序列。Ⅱ类启动子主要见于编码 mRNA 和一些小 RNA 的基因；Ⅲ类启动子主要见于编码 5S rRNA、tRNA、U6 snRNA 等的基因。

6．**答案：**C　　**考点：**真核基因组成

解析：真核基因调控序列包括启动子、增强子、沉默子、上游调控元件、加尾信号等，又称顺式作用元件，不出现在成熟 mRNA 中，调控序列可位于转录起始点上游、下游、内含子区，可启动、增强或抑制基因表达活性。

7．**答案：**C　　**考点：**单拷贝序列

解析：单拷贝序列（低度重复序列）在单倍体基因组中只出现一次或数次，大多是蛋白质编码基因，存储了巨大的遗传信息。

8．**答案：**B　　**考点：**中度重复序列

解析：中度重复序列是指重复数十至数千次的核苷酸序列。占基因组长度的 1% ~ 30%。有两种类型：（1）短散在核元件，又称为短散在重复序列，重复片段平均长度为 300 ~ 500 bp，与平均长度 1000 bp 的单拷贝序列间隔排列。拷贝数能达数十万。如 *Alu* 家族、*Kpn*I 家族和 *Hinf* 家族等；（2）长散在核元件，又称为长散在重复序列，以散在方式分布于基因组、长度大于 1000 bp 的重复序列，常具有转座活性，与平均长度 13000 bp 的单拷贝序列间隔排列。真核生物编码 rRNA 基因属于中度重复序列，rDNA 通常成簇排列。

9．**答案：**A　　**考点：**线粒体基因组

解析：现代动物线粒体基因组起源于原始细菌基因组，除了少数低等真核生物的线粒体基因组是线性分子外，其结构与原核生物 DNA 结构类似，为环状双链分子。与核基因组不同，线粒体 DNA 没有组蛋白与之结合，有一套不同的编码氨基酸的遗传密码表。人线粒体基因组全长 16569 bp，共编码 37 个基因，其中 13 个基因编码氧化呼吸链多肽组分，其他线粒体蛋白依赖于核基因组的编码。

10．**答案：**C　　**考点：**假基因

解析：假基因源于正常功能基因，是基因的无功能拷贝但失去了蛋白质表达功能。假基因分为未加工假基因（复制的）、加工假基因（逆转录的）和单一假基因。加工假基因不含有内含子序列。假基因在基因表达调控和基因组进化等方面发挥重要作用。

11．**答案：**A　　**考点：**高度重复序列

解析：高度重复序列是重复频率达 10^6 次以上的短核苷酸重复序列，不编码蛋白质或 RNA。占基因组长度的 20%；主要有反向重复序列和卫星 DNA 形式。

12．**答案：**C　　**考点：**人类基因组

解析：根据人类基因组计划的数据推测，人的基因数目为 2 万 ~ 2.5 万；人类基因组在自然界中最大（人基因组长度 3×10^9 bp），复杂程度最高，但所含基因数目并不是最多，如小鼠基因组长度短于人类，但基因数约 3 万。

【A2 型题】

1．**答案：**B　　**考点：**增强子

解析：这段调控序列能增强基因的表达，位置位于下游也能发挥作用。增强子是能增强基因转录频率、决定基因特异性表达的顺式作用元件，发挥作用和方向、位置无关，远离靶基因达几十 kb 也能发挥作用。

2．**答案：**A　　**考点：**假基因

解析：假基因是与功能基因同源但失去蛋白质表达功能的 DNA 序列。未加工假基因是在基因复制过程中形成，由于基因的点突变、移码、插入或删除等修饰导致基因衰变而失去编码能力从而诱导形成未加工假基因。加工假基因产生于反转座过程，是正常功能基因反转录为 cDNA 后再重新插入基因组形成的，因此加工假基因缺少内含子和启动子，是人类基因组中含量最多的一类假基因。

3．**答案：**D　　**考点：**线粒体 DNA 编码产物

解析：线粒体 DNA 编码的 13 个蛋白质是氧化呼吸链的多肽组分，而这些组分多位于线粒体内膜上。

4．**答案：**B　　**考点：***Alu* 重复序列

解析：*Alu* 重复序列为保守的短散在核元件中的一类，在人类基因组中拷贝数虽然比较多，总数多达 100 万个以上，但因序列多样性和转座机制的不同可分为 35 个亚家族，每个 *Alu* 元件分散位于不同基因的内含子、非翻译区甚至编码区。所以 *Alu* 重复序列还是属于中度重复序列。

5．**答案：**D　　**考点：**多基因家族

解析：真核生物核小体颗粒中的核心组蛋白 H2A、H2B、H3、H4 等的编码基因在染色体上以多个拷贝成簇重复排列形成基因簇，这些基因是由某一祖先基因经过重复和变异所产生的一组在结构上相似、功能相关的基因，为多基因家族。

【B 型题】

1．**答案：**A　2．**答案：**E　3．**答案：**B　　**考点：**增强子定义及特点

解析：增强子是能增强基因转录频率、决定基因特异性表达的顺式作用元件，发挥作用和方向、位置无关，远离靶基因达几十 kb 也能发挥作用。内含子属于非编码序列，与编码序列间隔排列形成断裂基因，在成熟 mRNA 分子中不出现，不参与编码蛋白质或 RNA。启动子是基因表达必须具有的调控元件。

4．**答案：**A　5．**答案：**B　　**考点：**原核与真核生物的结构基因特点

解析：原核生物的结构基因是连续的，转录产物一般为多顺反子。真核生物的结构基因是不连续的，转录产物为单顺反子。无论原核还是真核生物基因的表达，必须有启动子。

6．**答案：**D　7．**答案：**B　8．**答案：**D　　**考点：**人类基因组及真核基因编码产物

解析：人类基因组包含细胞核染色体 DNA 及线粒体 DNA 所携带的全部遗传信息，即 22 条常染色体、2 条性染色体和线粒体 DNA 包含的全部遗传信息。真核基因编码产物包括蛋白质和特定的 RNA 分子（rRNA、tRNA、非编码 RNA 等）。

9．**答案：**B　10．**答案：**B　　**考点：**线粒体 DNA

解析：线粒体 DNA 起源于原核细菌染色体，除了少数低等真核生物的线粒体基因组是线性分子外，线粒体 DNA 结构与原核生物类似，为环状双链分子。

【X 型题】

1．**答案：**ABCD　　**考点：**真核生物结构基因

解析：真核生物的结构基因是不连续的，是内含子序列与编码序列（外显子）间隔排列形成断裂基因。真核基因的基本结构包括编码序列、非编码序列（内含子和调控序列）。调控序列包括启动子、增强子、沉默子、上游调控元件、加尾信号等，又称顺式作用元件，不出现在成熟 mRNA 中，可启动、增强或抑制基因表达活性。

2．**答案：**ACD　　**考点：**人类基因组

解析：基因组是指细胞或生物体的一套完整单倍体遗传信息的总和。人类基因组包含细胞核染色体 DNA（22 条常染色体和 2 条性染色体）及线粒体 DNA 所携带的全部遗传信息。

3．**答案**：ABCD　　**考点**：真核基因结构组成和特点

解析：真核基因的外显子是编码蛋白质或 RNA、出现在成熟 mRNA 分子中的 DNA 序列。外显子与内含子序列间隔排列形成断裂基因，位于转录起始点下游。

4．**答案**：ABC　　**考点**：真核基因结构组成和特点

解析：真核基因的内含子为编码序列间的间隔序列，在成熟 mRNA 分子中不出现。内含子区可能还有调控序列，位于转录起始点下游。

5．**答案**：AC　　**考点**：线粒体 DNA

解析：线粒体 DNA 有一套不同的编码氨基酸的遗传密码表。其基因组全长 16 569 bp，共编码 37 个基因，其中 13 个基因编码氧化呼吸链多肽组分、22 个基因编码 mt-tRNA、2 个基因编码 mt-rRNA（16S 和 12S），其他线粒体蛋白质由核基因组编码，线粒体 DNA 表达时可能依赖于细胞核 DNA 编码产物。

6．**答案**：AD　　**考点**：线粒体 DNA

解析：现代动物线粒体基因组起源于原始细菌基因组，所以其结构与原核生物 DNA 结构类似。除了少数低等真核生物的线粒体基因组是线性分子外，线粒体 DNA 结构为环状双链分子。与核基因组不同，线粒体 DNA 没有组蛋白与之结合，有一套不同的编码氨基酸的遗传密码表。

7．**答案**：ABC　　**考点**：真核基因结构组成和特点

解析：真核基因调控序列包括启动子、增强子、沉默子、上游调控元件、加尾信号等，又称顺式作用元件，不出现在成熟 mRNA 中，调控序列可位于转录起始点上游、下游、内含子区，可启动、增强或抑制基因表达活性。

8．**答案**：ABC　　**考点**：人类基因在染色体上的分布特征

解析：人类基因在染色体上的分布是不均匀的。其中基因密度最大的是第 19 号染色体，平均每 kb 含有 23 个基因，密度最小的是第 13 号染色体和 Y 染色体，平均只有 5 个基因 /kb。最长的染色体是 1 号染色体，约 250 kb，含有 3000 多个基因。最小的是 21 号染色体，约 47 kb，含有 300 ~ 400 个基因。

9．**答案**：CD　　**考点**：假基因

解析：假基因是与功能基因同源但失去蛋白质表达功能的 DNA 序列。未加工假基因是在基因复制过程中形成，由于基因的点突变、移码、插入或删除等修饰导致基因衰变而失去编码能力从而诱导形成未加工假基因。加工假基因产生于反转座过程，是正常功能基因反转录为 cDNA 后再重新插入基因组形成的，因此加工假基因缺少内含子和启动子，是人类基因组中含量最多的一类假基因。

10．**答案**：ABD　　**考点**：真核基因组中的重复序列

解析：高度重复序列的功能：参与复制水平的调节；参与基因表达的调控；参与染色体配对。中度重复序列功能可能类似高度重复序列。单拷贝序列大多数为蛋白质编码基因。

11．**答案**：ABCD　　**考点**：真核生物基因组结构特点

解析：真核生物基因组庞大，但所含基因数目并不多，原因是：①基因编码序列所占比例远小于非编码序列，含有大量调控序列和内含子；②含大量重复序列；③存在多基因家族和假基因。

12．**答案**：ACD　　**考点**：高度重复序列

解析：高度重复序列是重复频率达 10^6 次以上的短核苷酸重复序列，不编码蛋白质或 RNA。占基因组长度的 20%；主要有反向重复序列和卫星 DNA 形式。

二、名词解释（答案要点）

1．基因组是指细胞或生物体的一套完整单倍体遗传信息的总和。人类基因组包含细胞核染色体 DNA

及线粒体 DNA 所携带的全部遗传信息，即 22 条常染色体、2 条性染色体和线粒体 DNA 包含的全部遗传信息。

2．断裂基因是指真核基因是不连续的，由编码序列和非编码序列间隔排列。

3．外显子：编码蛋白质或 RNA、出现在成熟 mRNA 分子中的 DNA 序列。

4．内含子：在成熟 mRNA 分子中不出现的、位于编码序列间的间隔序列。

5．启动子：DNA 分子上能介导 RNA 聚合酶识别和结合并能形成转录起始复合体的一组调控组件。通常位于基因转录起始点上游。

6．增强子：能增强启动子转录活性、决定基因特异性表达的顺式作用元件。其发挥作用和方向、位置无关，可远离所调控基因（1 ~ 30 kb）。

7．沉默子：是可抑制基因转录的特定 DNA 序列。当其结合特异蛋白质因子时，对基因转录起阻遏作用。

8．假基因：基因组中与正常功能基因同源，但不具表达功能的 DNA 序列。

9．多基因家族：指由某一祖先基因经过重复和变异所产生的一组在结构上相似、功能相关的一组基因。

10．线粒体 DNA：存在于线粒体中、能独立编码线粒体中的一些蛋白质和 RNA 的核外遗传物质。线粒体 DNA 结构是环状双螺旋分子，其结构与原核生物类似。

三、问答题（答案要点）

1．真核生物基因组结构特点：①基因是不连续的，为断裂基因，含编码序列和非编码序列；②转录产物多为单顺反子；③含大量重复序列；④编码序列所占比例远小于非编码序列；⑤存在多基因家族和假基因；⑥存在可变剪接：80% 的可变剪接使蛋白质序列发生变化；⑦真核基因组 DNA 和蛋白质形成染色体，存在于细胞核内。

2．启动子是 DNA 分子上能介导 RNA 聚合酶识别和结合并能形成转录起始复合体的一组调控组件。通常位于基因转录起始点上游。真核生物有三类启动子。

① Ⅰ类启动子富含 GC：包括核糖体起始因子和上游启动子元件两部分，富含 GC 序列。Ⅰ类启动子见于编码 rRNA 的基因。

② Ⅱ类启动子具有 TATA 盒特征结构：通常由 TATA 盒、上游调控元件和起始元件组成。TATA 盒决定 RNA 合成的起始位点，核心序列是 TATA（A/T）A（A/T）。有的 TATA 盒上游还存在 CAAT 盒、GC 盒等序列。Ⅱ类启动子主要见于编码 mRNA 和一些小 RNA 的基因。

③ Ⅲ类启动子包括 A 盒、B 盒和 C 盒。Ⅲ类启动子主要见于编码 5S rRNA、tRNA、U6 snRNA 等的基因。

3．线粒体 DNA 结构是环状双螺旋分子，其结构与原核生物类似，是核外遗传物质。线粒体 DNA 独立编码线粒体中的一些蛋白质和 RNA。

4．真核生物的非编码序列为没有表达功能的核苷酸序列，但能调控基因的表达，包括调控序列和内含子。

调控序列有：(1) 启动子：提供转录起始信号，是 DNA 分子上能介导 RNA 聚合酶识别和结合并能形成转录起始复合体的一组调控组件。通常位于基因转录起始点上游。启动子是基因表达的基本调控元件，没有启动子基因就不能表达。(2) 增强子：增强邻近基因转录活性。其发挥作用和方向、位置无关，可远离所调控基因（1 ~ 30 kb）。(3) 沉默子：可负性调节基因转录的特定 DNA 序列。当其结合特异蛋白质因子时，对基因转录起阻遏作用。(4) 绝缘子：是需与绝缘子蛋白结合才能发挥转录绝缘作用的特定染色质结构，从而维持相邻基因转录的保真性。通过形成不连续的调节结构域，作为屏障元件维持活性染色质和异染色质的界限，阻止异染色质的扩散；其次可阻断增强子或沉默子对启动子发挥作用。

内含子是编码序列间的间隔序列，在成熟 mRNA 分子中不出现。其功能可能参与基因表达调控、RNA 剪接等。

5．以人类基因组为例，根据人类基因组计划的数据推测，人的基因数目为 2 万 ~ 2.5 万；人类基因组在自然界中最大（人基因组长度 3×10^9 bp），复杂程度最高，但所含基因数目并不是最多，如小鼠基因组长度短于人类，但基因数约 3 万。说明基因组大小、基因数量在生物进化中可能并不具特别重要的意义，不能绝对地通过基因组大小或基因数量判定生物体的复杂程度。

（李淑艳）

第十二章　DNA的合成

第一节　学习要求

掌握： 遗传信息传递的中心法则；基本概念：复制、逆转录、半保留复制、半不连续复制和冈崎片段等；DNA复制的基本规律、参与的酶和因子；原核生物DNA复制过程 。

熟悉： 真核生物DNA复制过程的特点；逆转录过程及其生物学意义。

了解： 端粒、端粒酶的概念与功能；原核生物与真核生物DNA复制的异同；其他复制方式。

第二节　内容精要

遗传信息传递的中心法则：

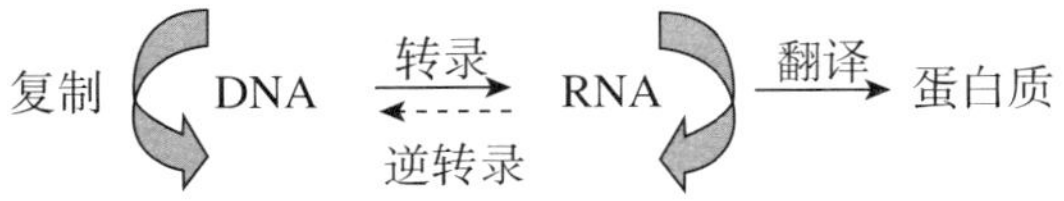

复制是以母链DNA为模板合成子链DNA，使遗传物质能代代相传的过程。通过转录和翻译，遗传物质表达为执行生命活动功能的各种生物大分子（表12-1）。

表12-1　遗传信息传递的过程及信息流向

生物合成过程	模板	产物
复制（replication）	DNA	DNA
转录（transcription）	DNA	RNA
逆转录（reverse transcription）	RNA	DNA
翻译（translation）	RNA	蛋白质

生物体内或细胞内进行的DNA合成主要包括DNA复制、DNA修复合成和逆转录合成DNA等过程，其中复制是细胞内DNA合成最主要的方式。DNA分子在生物体内经酶促聚合反应进行合成，根据模板及合成过程的不同，本章涉及的DNA合成的方式有以下几种（表12-2）：

表12-2　DNA合成的方式

合成方式	具体形式	模板	说明
复制（主要方式）	DNA复制	原核生物DNA 染色体DNA	以DNA作为模板指导的DNA合成作用，由此将DNA携带的信息传至子代DNA。它是细胞内DNA合成最主要的方式
	D环复制	线粒体DNA	
逆转录	逆转录合成	逆转录病毒RNA	以RNA为模板指导的DNA合成，称为逆转录，可见于真核细胞的端粒DNA合成过程及逆转录病毒
	端粒DNA合成	端粒酶RNA	

一、DNA 复制的基本规律

复制（replication）是以 DNA 为模板的 DNA 合成，是基因组的复制过程。在这个过程中，亲代 DNA 作为合成模板，按照碱基配对原则合成子代分子，其化学本质是酶促脱氧核苷酸聚合反应。DNA 复制的特征见表 12-3。

表12-3　DNA复制特征及其概念

DNA 复制特征	概念
半保留复制（semi-conservative replication）	DNA 生物合成时，母链 DNA 解开为两股单链，各自作为模板（template），按碱基配对规律，合成与模板互补的子链。子代细胞的 DNA，一股单链从亲代完整地接受过来，另一股单链则完全重新合成。两个子细胞的 DNA 都和亲代 DNA 碱基序列一致。这种复制方式称为半保留复制
双向复制（bidirectional replication）	复制时，DNA 从起点开始向两个方向解链，形成两个延伸方向相反的复制叉，称为双向复制
半不连续复制（semi-discontinuous replication）	在 DNA 复制过程中，前导链（leading strand）连续复制而后随链（lagging strand）不连续复制，就是复制的半不连续性，即半不连续复制
高保真性（high fidelity）	即两个子细胞的 DNA 都和亲代 DNA 碱基序列高度一致，四种机制协同保证了复制的高度保真性

（一）DNA 以半保留方式进行复制

半保留复制方式具有重要的意义，按半保留复制方式，子代 DNA 与亲代 DNA 的碱基序列一致，即子代保留了亲代的全部遗传信息，体现了遗传的保守性。遗传的保守性，是物种稳定性的分子基础，但不是绝对的。

（二）DNA 复制从起点双向进行

DNA 复制要从 DNA 分子的特定部位开始，此部位称复制起点（origin）。从一个 DNA 复制起点起始的 DNA 复制区域称为复制子（replicon）。复制子是独立完成复制的功能单位。原核生物与真核生物基因组结构不同，虽然均为双向复制，但各有特点，具体见表 12-4。

表12-4　原核生物与真核生物双向复制的特点

	原核生物	真核生物
基因组	较小，环状 DNA	庞大，由多个染色体组成
复制起点	只有一个复制起点	每个染色体有多个复制起点
复制方向	复制从起点开始，向两个方向进行解链	每个染色体从多个复制起点进行多复制子的复制。每个起点产生两个移动方向相反的复制叉，复制结束时，复制叉相遇并汇合连接
特点总结	单点起始双向复制	多点起始双向复制

（三）DNA 复制以半不连续方式进行

在 DNA 复制过程中，一条链是连续合成的，而另一条链是不连续合成。顺着解链方向生成的子链，复制是连续进行的，这股链称为前导链（leading strand）。另一股链因为复制的方向与解链方向相反，不能顺着解链方向连续延长，这股不连续复制的链称为后随链（lagging strand）。沿着后随链的模板链合成的新 DNA 片段被命名为冈崎片段（Okazaki fragment）。前导链连续复制而后随链不连续复制，就是复制的半不连续性，即半不连续复制（semi-discontinuous replication）。

（四）DNA 复制具有高保真性

四种机制协同保证了复制的高度保真性：半保留复制；高保真 DNA 聚合酶利用严格的碱基配对原则；体内复制叉的复杂结构；DNA 聚合酶的核酸外切酶活性和校读功能以及复制后修复系统纠正错配。

二、DNA 复制的酶学和拓扑学

DNA 复制过程需要多种物质共同参与完成，具体成分见表 12-5。

表12-5　参与DNA复制的物质

成分	具体内容
底物（substrate）	4 种脱氧核苷酸（dNTP）：dATP、dGTP、dCTP、dTTP
聚合酶（polymerase）	依赖 DNA 的 DNA 聚合酶，简写为 DNA pol
模板（template）	解开成单链的 DNA 母链
引物（primer）	RNA 或延长中的 DNA 子链，提供 3'-OH 末端使 dNTP 可以依次聚合
其他的酶和蛋白质因子	拓扑异构酶；Dna A，B，C，G（原核生物）；DNA 连接酶等

核苷酸和核苷酸之间生成磷酸二酯键是复制的基本化学反应：

$$(\text{dNMP})_n + \text{dNTP} \rightarrow (\text{dNMP})_{n+1} - \text{PPi}$$

核苷酸和核苷酸之间生成 3',5'-磷酸二酯键并逐一聚合，反应的底物是 dNTP，DNA 链的生成需要引物和模板，遵照碱基互补规律，以模板指引子链从 5' 端→ 3' 端合成。注意该聚合反应有两个特点：① DNA 新链生成需 RNA 引物和模板；②新链的延长只可沿 5' → 3' 方向进行。

（一）DNA 聚合酶催化脱氧核糖核苷酸间的聚合

DNA 聚合酶又称作依赖 DNA 的 DNA 聚合酶（DNA-dependent DNA polymerase），简称 DNA pol，DNA 聚合酶催化子链 DNA 的生成。DNA 聚合酶可兼有聚合活性和核酸外切酶活性，具体作用见表 12-6。

表12-6　DNA聚合酶活性和作用

DNA 聚合酶活性	作用
5' → 3' 的聚合活性	形成 3',5'-磷酸二酯键，使 DNA 链沿 5' → 3' 方向延伸
3' → 5' 核酸外切酶活性	能辨认错配的碱基对，并将其水解
5' → 3' 核酸外切酶活性	能切除突变的 DNA 片段

其中原核生物的 DNA 聚合酶主要有 3 种，常见的真核细胞 DNA 聚合酶有 5 种，详见表 12-7、表 12-9。

1．原核生物 DNA 聚合酶

原核生物 DNA pol Ⅰ的作用主要是对复制中的错误进行校对，对复制和修复中出现的空隙进行填补。其中 DNA pol Ⅰ经酶切后产生的 Klenow 片段是实验室合成 DNA 和进行分子生物学研究常用的工具酶。DNA pol Ⅱ参与 DNA 损伤的应急状态修复。而 DNA pol Ⅲ是原核生物复制延长中真正起催化作用的酶。见表 12-7。

表12-7　原核生物（大肠杆菌）中的DNA聚合酶

DNA Pol	DNA Pol Ⅰ	DNA Pol Ⅱ	DNA Pol Ⅲ
构成（亚基数）	单体	单体	多亚基
5' → 3' 聚合作用	+	+	+

续表

DNA Pol	DNA Pol Ⅰ	DNA Pol Ⅱ	DNA Pol Ⅲ
3' → 5' 核酸外切酶活性	+	+	+
5' → 3' 核酸外切酶活性	+	–	–
功能	修复合成，切除引物，填补空缺	损伤修复	复制

原核生物 DNA pol Ⅲ由多亚基组成，其中 α、ε 和 θ 亚基组成核心酶，各亚基作用见表 12-8。

表12-8　原核生物DNA pol Ⅲ的亚基及其作用

DNA pol Ⅲ	亚基	作用
核心酶	α 亚基	主要作用是合成 DNA，有 5' → 3' 聚合活性 ε 亚基是复制的保真性所必需
	ε 亚基	
	θ 亚基	
	β 亚基	夹稳 DNA 模板链，并使酶沿模板滑动
γ- 复合物	由 7 个亚基组成：γ、δ、δ'、Ψ、χ、τ、τ	促进滑动夹加载、全酶组装至模板上及增强核心酶活性

2．常见的真核细胞 DNA 聚合酶有 5 种，见表 12-9。

表12-9　真核生物的DNA聚合酶

DNA Pol	α	β	γ	δ	ε
细胞定位	细胞核	细胞核	线粒体	细胞核	细胞核
5' → 3' 聚合作用	+	+	+	+	+
3' → 5' 核酸外切酶活性	–	–	+	+	+
功能	引物酶活性，起始引发	碱基切除修复	线粒体 DNA 复制	后随链合成	前导链合成

原核生物和真核生物 DNA 聚合酶的功能比较见表 12-10。

表12-10　原核生物和真核生物DNA聚合酶的功能比较

原核生物（*E.coli*）	真核生物	作用
Ⅰ		去除 RNA 引物，填补复制中的 DNA 空隙，DNA 修复和重组
Ⅱ		复制中的校对，DNA 修复
	β	DNA 修复
	γ	线粒体 DNA 合成
Ⅲ	ε	前导链合成
DnaG	α	引物酶
	δ	后随链合成

（二）DNA 聚合酶的碱基选择和校读功能

复制按照碱基配对规律进行，是遗传信息能准确传代的基础。此外还需酶学的机制来保证复制的保真性。DNA 复制的保真性至少要依赖以下 3 种机制：①遵守严格的碱基配对规律；②聚合酶在复制延长时对碱基的选择功能；③复制出错时有即时校对功能。

1．复制的保真性依赖正确的碱基选择

利用“错配”实验发现，DNA pol Ⅲ对核苷酸的掺入（incorporation）具有选择功能。DNA pol Ⅲ对嘌呤的不同构型表现不同亲和力，因此实现其选择功能。

2．聚合酶中的核酸外切酶活性使得在复制中辨认切除错配碱基并加以校正

聚合酶的核酸外切酶活性能从核酸链的末端把核苷酸依次水解出来。如 DNA pol Ⅰ的校读（proofreading）功能。

（三）复制中 DNA 分子拓扑学变化

DNA 分子的碱基埋在双螺旋内部，只有把 DNA 解成单链，才能起模板作用。

1．多种酶参与 DNA 解链和稳定单链状态

在 *E.coli* 中复制起始的解链由 Dna A、B、C 共同起作用，具体见表 12-11。

表12-11　原核生物复制中参与DNA解链的相关蛋白质

蛋白质	通用名	作用
DnaA		辨认复制起点
DnaB	解旋酶	解开 DNA 双链
DnaC		运送和协同 DnaB
DnaG	引物酶	催化 RNA 引物生成
SSB	单链结合蛋白 /DNA 结合蛋白	稳定已解开的单链 DNA
拓扑异构酶	拓扑异构酶Ⅱ又称促旋酶	解开超螺旋

2．DNA 拓扑异构酶改变 DNA 超螺旋状态

DNA 拓扑异构酶的定义、作用及其特点见表 12-12。

表12-12　DNA拓扑异构酶的定义及其作用

DNA 拓扑异构酶	内容
定义	拓扑异构酶（topoisomerase）是催化 DNA 拓扑异构体互变的一类酶
作用	改变 DNA 超螺旋状态、理顺 DNA 链结构。DNA 复制时松弛超螺旋，以利复制叉的行进及 DNA 合成，合成后再使其恢复成超螺旋
作用特点	既能水解、又能连接磷酸二酯键

（四）DNA 连接酶连接复制中产生的单链缺口

DNA 连接酶（DNA ligase）作用方式及功用详见表 12-13。

表12-13　DNA连接酶的作用方式及功用

DNA 连接酶	内容
作用方式	连接 DNA 链 3'-OH 末端和相邻 DNA 链 5'-P 末端，使二者生成磷酸二酯键，从而把两段相邻的 DNA 链连接成一条完整的链。反应需 ATP
功用	①在复制中起最后接合缺口的作用 ②在 DNA 修复、重组及剪接中起缝合缺口作用 ③基因工程的重要工具酶之一

DNA 聚合酶、拓扑异构酶和连接酶均可催化生成 3', 5'-磷酸二酯键，但各有特点，见表 12-14。

表12-14　DNA聚合酶、拓扑酶和连接酶催化生成3',5'-磷酸二酯键的特点

	提供核糖 3'-OH 末端	提供 5'-P 末端	作用
DNA 聚合酶	引物或延长中的子链	游离 dNTP 去 PPi	延长 DNA 子链
连接酶	复制中不连续的两条 DNA 单链		不连续链→连续链
拓扑酶	切断、整理后的两条 DNA 链		改变 DNA 拓扑状态

三、原核生物 DNA 复制过程

以原核生物 *E. coli* 为例，可将 DNA 复制过程分为以下几个阶段（表 12-15）：

表12-15　原核生物DNA复制过程

阶段	步骤
（一）复制的起始 是复制中较为复杂的环节，在此过程中，各种酶和蛋白质因子在复制起点处装配引发体，形成复制叉并合成 RNA 引物 该阶段完成了两个前提：① DNA 解为单链，提供模板；②合成 RNA 引物，提供 3'-OH 末端；为下一步 DNA 延长做好了准备	1. DNA 的解链：由多种酶参与（如 DNA 拓扑异构酶松超螺旋；解旋酶 DnaB 解开双股链；单链 DNA 结合蛋白 SSB 维持 DNA 单链），DnaA、B、C 共同起作用，DNA 单点双向解开成单链 2. 引物合成和引发体形成：DNA 聚合酶不能直接聚合游离的 dNTP，在引物酶 DnaG 起始合成的短链 RNA 引物 3'-OH 末端基础上，DNA 聚合酶才能延伸合成（复制）DNA
（二）DNA 链的延长 指在 DNA pol Ⅲ 催化下，4 种脱氧三磷酸核苷（dNTP）原料以 dNMP 的方式逐个加入引物或延长中的子链上，其化学本质是磷酸二酯键的不断生成。 DNA 链的合成特点：在复制叉同时合成前导链和后随链，呈半不连续复制	合成反应体系：DNA 模板、DNA 聚合酶、dNTP、引物、Mg^{2+}。 聚合作用自引物 3'-OH 端开始，沿 5' → 3' 方向逐个加入脱氧核苷酸（dNMP）而脱下焦磷酸（PPi），使 DNA 链得以延长 DNA pol 仅催化 DNA 链沿 5' → 3' 方向的聚合，因此，以亲代 3' → 5' 方向的链为模板，可沿着 5' → 3' 方向连续合成前导链；但以亲代 5' → 3' 方向的链为模板时，仍然按 5' → 3' 方向合成不连续的冈崎片段，这是后随链的合成方式
（三）复制的终止 原核生物基因是环状 DNA，双向复制的复制片段在复制的终止点处汇合后，进行引物取代过程（引物水解，填补空缺，片段连接）及形成完整的 DNA 分子结构	1. 双向复制的复制片段在环状 DNA 的复制终止点处汇合 2. RNA 引物被 DNA 取代：在 DNA 合成的片段内，由 RNA 酶切除 RNA 引物，各片段之间形成空隙，再由 DNA pol Ⅰ 的聚合酶活性催化合成填补空隙，然后由 DNA 连接酶将这些片段连接起来，成为一条长链 3. DNA 复制完毕后，DNA 拓扑异构酶使新合成的 DNA 分子形成超螺旋结构

本节涉及的几个重要概念如下（表 12-16）：

表12-16　重要概念

名称	定义
引发体（primosome）	由解旋酶 DnaB、DnaC、引物酶和 DNA 的复制起始区域共同构成的起始复合物结构
复制叉（replication fork）	DNA 双链分成两股，各自作为模板，子链沿模板延长所形成的 Y 形结构
冈崎片段（Okazaki fragment）	DNA 后随链合成中形成的不连续的 DNA 片段

四、真核生物 DNA 复制过程

真核生物基因组庞大，DNA 复制过程的起始、延长及终止阶段均有一些自身特点：真核生物复制子多；DNA 复制从引发进入延伸阶段发生 DNA 聚合酶转换；DNA 在细胞周期 S 期进行复制，有相应的周期蛋白和 CDK 参与；端粒酶维持 DNA 复制的完整性等。具体见表 12-17。

表12-17　真核生物DNA复制过程的特点

特点	具体内容
（一）真核生物 DNA 复制的起始与原核生物基本相似 真核生物的 DNA 复制起始与 *E. coli* 基本相似，但仍有一些自身特点：多点起始、多复制子复制；参与起始的酶与因子不同等	每个染色体有多个复制起点，是多复制子复制，复制有时序性。复制的起始需要 DNA pol α、pol ε 和 pol δ 的参与。还需要解旋酶、拓扑酶、复制因子（replication factor，RF）RFA、RFC 及增殖细胞核抗原（proliferation cell nuclear antigen，PCNA）等参与。PCNA 在复制起始和延长中起关键作用
（二）真核生物 DNA 复制的延长发生 DNA 聚合酶转换	DNA pol α 主要催化合成引物，然后迅速被具有连续合成能力的 DNA pol δ 和 DNA pol ε 所替换，称为聚合酶转换。DNA pol δ 负责合成后随链，DNA pol ε 负责合成前导链
（三）真核生物 DNA 合成后立即组装成核小体	复制叉向前移动时，核小体在子链上迅速合成
（四）端粒酶参与解决染色体末端复制问题 端粒酶是一种特殊的酶，自带合成的 RNA 模板 端粒酶负责合成染色体末端 DNA 即端粒 DNA。该过程由 RNA 模板指导合成 DNA，是一个特殊的合成过程（逆转录）	1．末端复制问题：染色体 DNA 呈线性，复制在末端停止。染色体两端 DNA 子链上最后复制的 RNA 引物，去除后无法填补，留下空隙。结果前导链产生完整的子染色单体，后随链 3' 端留下缩短的未复制的 ssDNA 区 2．端粒（telomere）是真核生物染色体线性 DNA 分子末端的特殊结构，膨大成粒状，由端粒 DNA 及其结合蛋白质构成。端粒维持染色体的稳定性和 DNA 复制的完整性 3．端粒酶（telomerase）是催化合成端粒 DNA 的特殊的酶，兼有提供 RNA 模板和催化逆转录的功能。该酶通过一种称为爬行模型的机制延伸端粒 DNA
（五）真核生物染色体 DNA 在每个细胞周期中只能复制一次	真核生物染色体 DNA 复制仅仅出现在细胞周期的 S 期，而且只能复制一次。这是一个重要特征
（六）真核生物线粒体 DNA 按 D 环方式复制 复制起点不在双链 DNA 同一位点，内、外环复制有时序差别	D 环复制时需合成引物。mtDNA 为闭合环状双链结构，第一个引物以内环为模板延伸；至第二个复制起点时，又合成另一个反向引物，以外环为模板进行反向的延伸。最后完成两个双链环状 DNA 的复制。复制中呈字母 D 形状而得名。催化线粒体 DNA 复制的是 DNA pol γ

真核生物与原核生物 DNA 复制之间的比较见表 12-18。

表12-18　真核生物与原核生物DNA复制过程的比较

	原核生物	真核生物
模板 / 产物	环状 DNA	线性 DNA
起始位点	单个	多个
DNA 聚合酶种类	DNA Pol Ⅰ、Ⅱ、Ⅲ 等	Pol α、β、γ、ε、δ 等
主要复制酶	Pol Ⅲ	Pol α、δ、ε
引物	较长	较短
切除 RNA 引物的核酸酶	RNA 酶	RNase H 和 FEN1 等
合成时期	整个细胞生长过程	细胞周期 S 期
复制速度	较快（500 nt/s）	较慢（50 nt/s）
冈崎片段	较长（1 000 ~ 2 000 nt）	较短（100 ~ 200 nt，一个核小体所含 DNA 碱基数或其若干倍）
终止方式	双向复制的复制叉在终止点处汇合	相邻的两个复制叉相遇并汇合， 末端由端粒酶催化延长端粒 DNA

续表

	原核生物	真核生物
复制过程	起始 → 延长 → 终止	
底物	dNTP	
碱基配对	A=T，G≡C	
链延长方向	5' → 3'	

五、逆转录

双链 DNA 是大多数生物的遗传物质。某些病毒的遗传物质是 RNA，采用特殊的方式进行复制。

（一）逆转录病毒的基因组 RNA 以逆转录机制复制（表 12-19）

表12-19　逆转录的概念和机制

逆转录	内容
定义	逆转录（reverse transcription）——以 RNA 为模板，利用 4 种 dNTP 为原料，按 5' → 3' 方向合成与 RNA 互补的 DNA 链的过程，是一种特殊的复制方式
过程	逆转录酶以病毒基因组 RNA 为模板，催化 dNTP 聚合生成 DNA 互补链，产物是 RNA/DNA 杂化双链。然后，杂化双链中的 RNA 链水解，以剩下的单链 DNA 为模板，由逆转录酶催化合成第二条 DNA 互补链，形成双链 DNA 分子

逆转录酶存在于多种致癌 RNA 病毒中，并与该病毒的致癌性有关。逆转录酶的概念、作用及特点见表 12-20。

表12-20　逆转录酶的概念、作用、特点及意义

逆转录酶	内容
定义	逆转录酶（reverse transcriptase）——催化以 RNA 为模板合成双链 DNA 的酶，全称是依赖 RNA 的 DNA 聚合酶（RNA-dependent DNA polymerase）
酶活性作用	1．RNA 指导的 DNA 聚合酶活性 2．RNase H 活性（催化 RNA 水解反应） 3．DNA 指导的 DNA 聚合酶活性
特点	无外切酶活性，转录错误率高

（二）逆转录的发现发展了中心法则

逆转录酶或逆转录现象的发现是分子生物学研究中的重大事件。逆转录现象说明，至少在某些生物，RNA 同样兼有遗传信息传代与表达功能。对逆转录病毒的研究，拓宽了 20 世纪初已注意到的病毒致癌理论。在基因工程操作上，还可用逆转录酶制备 cDNA。

第三节　应试习题

一、选择题（题目前 * 表示西医综合题目，题目前 # 表示执业医师题目）

【A1 型题】

1．体内合成 DNA 不需要
A．dATP
B．dGTP
C．dCTP
D．dUTP
E．dTTP

2．与冈崎片段的概念有关的是
A．半保留复制
B．双向复制
C．半不连续复制
D．不对称转录
E．RNA 的剪接

3．*RNA 引物在 DNA 复制过程中的作用是（2005）
A．提供起始模板
B．激活引物酶
C．提供复制所需的 5'-磷酸
D．提供复制所需的 3'-羟基
E．激活 DNA pol Ⅲ

4．DNA 复制时下列哪一种酶是不需要的
A．DDDP
B．DDRP
C．RDDP
D．连接酶
E．拓扑异构酶

5．* 参与维持 DNA 复制保真性的因素是（2015）
A．密码的简并性
B．DNA 的 SOS 修复
C．DNA 聚合酶的核酸外切酶活性
D．氨基酰 tRNA 合成酶对氨基酸的高度特异性

6．Meselson 和 Stahl 利用 ^{15}N 及 ^{14}N 标记大肠杆菌的实验证明的反应机制是
A．DNA 的全保留复制
B．DNA 的半保留复制
C．DNA 的混合式复制
D．DNA 的半不连续复制
E．DNA 的双向复制

7．# 能以 RNA 为模板催化合成与 RNA 互补的 DNA（cDNA）的酶称为（2001）
A．DNA 聚合酶Ⅰ
B．DNA 聚合酶Ⅱ
C．DNA 聚合酶Ⅲ
D．RNA 聚合酶
E．逆转录酶

8．#DNA 复制时，以 5'-TAGA-3' 为模板，合成产物的互补结构为（2003）
A．5'-TCTA-3'
B．5'-TAGA-3'
C．5'-ATCT-3'
D．5'-AUCU-3'
E．5'-UCUA-3'

9．* 下列关于真核生物 DNA 复制特点的描述错误的是（2000）
A．RNA 引物较小
B．冈崎片段较短
C．片段连接时由 ATP 供给能量
D．在复制单位中，DNA 链的延长速度较慢
E．仅有一个复制起点

10．端粒酶催化合成的过程为
A．复制
B．转录
C．逆转录
D．翻译
E．整合

11．#RNA 指导的 DNA 合成称为（2004）
A．复制
B．转录
C．反转录
D．翻译
E．整合

12．*# 冈崎片段是指（2006,2010）
A．复制起始时，RNA 聚合酶合成的片段
B．两个复制起始点之间的 DNA 片段
C．DNA 半不连续复制时出现的 DNA 片段

D．DNA 连续复制时出现的 DNA 片段
E．E.coli 复制起始点 oriC 的跨度为 245 bp 的片段

13．[#]合成 DNA 的原料是（2001,2005）
A．dAMP、dGMP、dCMP、dTMP
B．dADP、dGDP、dCDP、dTDP
C．dATP、dGTP、dCTP、dTTP
D．AMP、GMP、CMP、TMP
E．ADP、GDP、CDP、TDP

14．[#]关于 DNA 聚合酶的叙述，错误的是（2002,2005,2006）
A．需模板 DNA
B．需引物 RNA
C．延伸方向为 5' → 3'
D．以 NTP 为原料
E．具有 3' → 5' 外切酶活性

15．[#]下列复制起始相关蛋白质中，具有合成 RNA 引物作用的是（2010）
A．DnaA
B．DnaB
C．DnaC
D．DnaG
E．SSB

16．[*]真核生物体为解决庞大基因组复制问题的适应性机制是（2014）
A．双向复制
B．半连续复制
C．多复制子复制
D．循环复制

17．真核生物 DNA 复制时，负责合成后随链的酶是
A．DNA pol α
B．DNA pol β
C．DNA pol γ
D．DNA pol δ
E．DNA pol ε

18．逆转录过程中需要的酶是
A．DNA 指导的 DNA 聚合酶
B．RNA 指导的 DNA 聚合酶
C．RNA 指导的 RNA 聚合酶
D．DNA 指导的 RNA 聚合酶
E．整合酶

19．比较真核生物与原核生物的 DNA 复制，二者的相同之处是
A．引物长度较短
B．合成方向是 5' → 3'
C．冈崎片段长度短
D．有多个复制起点
E．多复制子复制

20．真核生物 DNA 复制时，催化核内前导链合成的酶是
A．DNA pol α
B．DNA pol β
C．DNA pol γ
D．DNA pol δ
E．DNA pol ε

21．[#]DNA 复制的特点（2011）
A．单向复制
B．连续复制
C．全保留复制
D．有特定起点
E．由遗传密码控制

22．[*]下列复制起始相关蛋白质中，具有合成 RNA 引物作用的是（2008）
A．DnaA
B．DnaB
C．DnaC
D．DnaG

23．真核生物 DNA 合成时，负责催化合成引物的酶是
A．DNA pol α
B．DNA pol β
C．DNA pol γ
D．DNA pol δ
E．DNA pol ε

24．[*]若将 1 个完全被放射性标记的 DNA 分子放于无放射性标记的环境中复制三代后，所产生的全部 DNA 分子中，无放射性标记的 DNA 分子有几个（2001）
A．1 个
B．2 个
C．4 个
D．6 个
E．8 个

25．关于 DNA 的半不连续合成，错误的说法是
A．前导链是连续合成的
B．后随链是不连续合成的
C．不连续合成的片段是冈崎片段

D．前导链和后随链合成中有一半是不连续合成的
E．合成方向为 5' → 3'

26．原核生物 DNA 复制需多种酶参与：① DNA 聚合酶Ⅲ ② DNA 解旋酶 ③ DNA 聚合酶Ⅰ ④ 引物酶 ⑤ DNA 连接酶。其作用顺序为
A．①②③④⑤
B．②④①③⑤
C．②④⑤①③
D．①③②⑤④
E．②④①⑤③

27．DNA 复制发生在细胞周期的
A．G_1 期
B．S 期
C．G_2 期
D．M 期
E．G_0 期

28．# 在 DNA 复制中 RNA 引物的功能（作用）是（2006）
A．使 DNA 聚合酶活化并使 DNA 双链解开
B．提供 5'- 末端作为合成新 DNA 链的起点
C．提供 5'- 末端作为合成新 RNA 链的起点
D．提供 3'-OH 末端作为合成新 DNA 链的起点
E．提供 3'-OH 末端作为合成新 RNA 链的起点

29．# 逆转录是指（2008）
A．以 RNA 为模板合成 RNA
B．以 DNA 合成 DNA
C．以 DNA 合成 RNA
D．以 RNA 合成蛋白质
E．以 RNA 为模板合成 DNA

30．* 下列有关逆转录酶的叙述，错误的是（2001）
A．逆转录酶以 mRNA 为模板，催化合成 cDNA
B．催化的 DNA 合成反应也是 5' → 3' 合成方向
C．在催化 DNA 合成开始进行时不需要有引物
D．具有 RNase 活性
E．逆转录酶没有 3' → 5' 核酸外切酶活性，因此它无校对功能

31．* 参与复制起始过程的酶中，下列哪一组是正确的（2002）
A．DNA pol Ⅰ、DNA 内切酶
B．DNA 外切酶、连接酶
C．RNA 酶、解螺旋酶
D．Dna 蛋白、SSB
E．DNA 拓扑异构酶、DNA pol Ⅰ

32．* 下列关于原核生物 DNA 聚合酶Ⅲ的叙述，错误的是（2011）
A．是复制延长中真正起作用的酶
B．由多亚基组成的不对称二聚体
C．具有 5' → 3' 聚合酶活性
D．具有 5' → 3' 核酸外切酶活性

33．# 逆转录的遗传信息流向是（2000）
A．DNA → DNA
B．DNA → RNA
C．RNA → DNA
D．RNA →蛋白质
E．RNA → RNA

【A2 型题】

1．某种 DNA 聚合酶，由多亚基组成，是原核生物 DNA 复制延长中真正起催化作用的酶。该酶具有 5' → 3' 聚合酶活性和 3' → 5' 外切酶活性，但不具有 5' → 3' 外切酶活性。该酶是
A．DNA pol Ⅰ
B．DNA pol Ⅱ
C．DNA pol Ⅲ
D．DNA pol α
E．DNA pol δ

2．某生物过程，能以 RNA 为模板合成 DNA，可以利用它进行基因操作制备 cDNA。它的发现补充了中心法则，拓宽了对病毒致癌理论的认识。该过程为
A．复制
B．转录
C．翻译
D．逆转录
E．整合

3．某蛋白质，参与原核生物复制的起始阶段，它具有引物酶活性，负责在复制起始时催化生成 RNA 引物，该蛋白质是
A．DnaA

B．DnaB
C．DnaC
D．DnaG
E．SSB

4．某种酶，在复制过程中具有催化3',5'-磷酸二酯键生成的作用。它既能水解、又能连接磷酸二酯键，从而改变DNA超螺旋状态、理顺DNA链（DNA复制时松弛超螺旋，以利复制叉的行进及DNA合成，合成后再使其恢复成超螺旋）。该酶是
A．引物酶
B．DNA聚合酶
C．拓扑异构酶
D．解旋酶
E．DNA连接酶

5．某蛋白质，参与原核生物DNA复制的起始阶段，它具有解旋酶活性，负责在复制起始时解开DNA双链为两条单链，该蛋白质是
A．DnaA
B．DnaB
C．DnaC
D．DnaG
E．SSB

【B型题】

A．5' → 3'
B．3' → 5'
C．N端→ C端
D．C端→ N端
E．氨基端→羧基端

1．DNA复制时指导前导链合成的模板链的方向是
2．DNA复制时子链合成的方向是

A．DNA pol α
B．DNA pol β
C．DNA pol γ
D．DNA pol δ
E．DNA pol ε

3．在复制延长中负责合成后随链的酶是
4．在复制中具有引物酶活性的酶是
5．在复制延长中负责合成前导链的酶是
6．负责线粒体DNA复制的酶是

A．DNA的全保留复制机制
B．DNA的半保留复制机制
C．DNA的半不连续复制
D．DNA的双向复制
E．逆转录作用

7．^{15}N及^{14}N标记大肠杆菌繁殖传代的实验证明了以上哪种机制
8．前导链与后随链的合成说明DNA的复制方式是
9．以RNA为模板合成DNA的过程是

A．DnaA蛋白
B．DnaB蛋白
C．DnaC蛋白
D．DnaG蛋白

10．*具有辨认复制起始点功能的蛋白是
11．*具有解螺旋酶活性的蛋白是（2009）

A．SSB
B．DnaB蛋白
C．DNA pol Ⅰ
D．DnaG蛋白

12．*在DNA复制时，能与DNA单链结合的蛋白质是
13．*具有催化短链RNA分子合成能力的蛋白质是（2011）

【X型题】

1．*逆转录酶的生物学意义有（2012）
A．补充了中心法则
B．进行基因操作制备cDNA
C．细菌DNA复制所必需的酶
D．加深了对RNA病毒致癌致病的认识

2．对DNA聚合酶Ⅲ催化反应的叙述正确的有
A．以一磷酸核苷为作用物
B．合成反应的方向为5' → 3'
C．以NAD^+为辅酶
D．生成磷酸二酯键

3．DNA复制的特点有
A．半保留复制
B．需合成RNA引物
C．形成复制叉
D．半不连续性

4．正常情况下，参与原核DNA复制的DNA

聚合酶有

A．DNA 聚合酶Ⅰ

B．DNA 聚合酶Ⅱ

C．DNA 聚合酶Ⅲ

D．DNA 聚合酶 α

5．参与 DNA 复制的成分包括

A．DNA 模板

B．DNA 指导的 DNA 聚合酶

C．逆转录酶

D．4 种脱氧核糖核苷酸

6．参与复制中解旋、解链的酶和蛋白质有

A．解旋酶

B．DNA 结合蛋白

C．DNA 拓扑异构酶

D．DNA 连接酶

7．需要 DNA 连接酶参与的过程有

A．DNA 复制

B．DNA 体外重组

C．DNA 损伤修复

D．RNA 逆转录

8．*下列真核生物与原核生物复制特点的比较中，正确的有（2011）

A．真核生物的复制可能需要端粒酶参与

B．真核生物的冈崎片段短于原核生物

C．真核生物的复制起始点少于原核生物

D．真核生物 DNA 聚合酶的催化速率低于原核生物

9．*DNA 复制过程中，参与冈崎片段之间连接的酶有（2003）

A．RNA 酶

B．DNA pol Ⅲ

C．DnaA 蛋白

D．连接酶

10．以下对逆转录酶催化的反应描述正确的有

A．RNA 指导的 DNA 合成反应

B．RNA 的水解反应

C．DNA 指导的 DNA 合成反应

D．有 3' → 5' 外切酶活性

11．DNA 复制过程中，亲代遗传信息必须准确地传递到子代，即复制有保真性，保证复制保真性的机制有

A．A-T、G-C 配对

B．DNA 聚合酶选择配对碱基

C．DNA 聚合酶即时校读

D．DNA 聚合酶依赖模板

12．下列关于端粒与端粒酶的叙述正确的是

A．端粒酶是由 RNA 与蛋白质组成

B．端粒酶是由 DNA 与蛋白质组成

C．端粒酶是一种逆转录酶

D．端粒是真核生物染色质 DNA 的末端结构

13．*复制过程中具有催化 3',5'-磷酸二酯键生成的酶有（2004）

A．引物酶

B．DNA 聚合酶

C．拓扑异构酶

D．解螺旋酶

14．*参与 DNA 复制起始的有（2006）

A．Dna 蛋白

B．SSB

C．解螺旋酶

D．RNA 酶

15．*拓扑异构酶对 DNA 分子的作用有（2005）

A．解开 DNA 超螺旋

B．切断单链 DNA

C．结合单链 DNA

D．连接 3',5' 磷酸二酯键

16．*下列关于 DNA 聚合酶Ⅲ的叙述，正确的有（2009）

A．是复制延长中主要起催化作用的酶

B．具有 5' → 3' 聚合酶活性

C．具有 3' → 5' 外切酶活性

D．具有 5' → 3' 外切酶活性

二、名词解释

1．中心法则（the central dogma）

2．复制（replication）

3．半保留复制（semi-conservative replication）

4．半不连续合成（semi discontinuous synthesis）

5．逆转录（reverse transcription）

6．双向复制（bidirectional replication）

7．冈崎片段（Okazaki fragment）

8．前导链（leading strand）

9．复制子（replicon）

10．端粒（telomere）

三、问答题

1．什么是复制子？原核生物与真核生物各有何特点？
2．试比较原核生物和真核生物的 DNA pol 有何异同。
3．原核生物复制中的引发体是如何生成的？
4．引物酶是不是催化转录的 RNA pol？试加以解释。
5．复制中为什么会出现前导链和后随链？
6．讨论复制保真性的机制。
7．在复制的延长过程上，原核生物和真核生物有何不同？
8．简述细胞周期的调控机制。
9．真核生物染色体的线性 DNA 结构在复制过程中如何保持其完整性？
10．为什么说逆转录现象的发现在生命科学研究中有重大的研究价值？

第四节　参考答案及解析

一、选择题

【A1 型题】

1．**答案：**D　　**考点：**DNA 生物合成的原料
解析：DNA 生物合成的原料是 4 种脱氧三磷酸核苷（dNTP），即 dATP、dGTP、dCTP、dTTP，没有 dUTP。

2．**答案：**C　　**考点：**DNA 的半不连续复制
解析：在 DNA 复制过程中，一条链是连续合成的，而另一条链是不连续合成。顺着解链方向生成的子链，复制是连续进行的，这股链称为前导链。另一股链因为复制的方向与解链方向相反，不能顺着解链方向连续延长，这股不连续复制的链称为后随链。前导链连续复制而后随链不连续复制，就是复制的半不连续性，即半不连续复制。由半不连续复制中产生的不连续片段称为冈崎片段。

3．**答案：**D　　**考点：**DNA 复制子链生成的过程及特点
解析：DNA 子链生成需 RNA 引物，这是 DNA 聚合反应的特点。在复制的起始阶段，由于 DNA 聚合酶不能直接聚合游离的 dNTP，在引物酶起始合成的短链 RNA 引物 3'-OH 末端基础上，DNA 聚合酶才能催化核苷酸和核苷酸之间生成 3',5'-磷酸二酯键并逐一聚合，从而延伸合成（复制）DNA。RNA 引物合成与复制均需以 DNA 为模板。RNA 引物无激活引物酶及 DNA pol Ⅲ的功能。

4．**答案：**C　　**考点：**参与 DNA 复制的酶
解析：参与 DNA 复制的酶有：① DNA 聚合酶，又称作依赖 DNA 的 DNA 聚合酶（DNA-dependent DNA polymerase，DDDP）；②引物酶，属于 DNA 指导的 RNA 聚合酶，以 DDRP 表示；③ DNA 连接酶，连接复制中产生的单链缺口；④ DNA 拓扑异构酶，改变 DNA 超螺旋状态；⑤解旋酶（helicase）及单链 DNA 结合蛋白等。RDDP 指 RNA 指导的 DNA 聚合酶，即逆转录酶，参与的是逆转录过程，而非 DNA 复制过程。

5．**答案：**C　　**考点：**DNA 复制的特点及 DNA 聚合酶的特性
解析：复制按照碱基配对规律进行，是遗传信息能准确传代的基础。此外还需酶学的机制来保证复制的保真性。DNA 复制的保真性至少要依赖以下 3 种机制：①遵守严格的碱基配对规律；②聚合酶在复制延长时对碱基的选择功能；③复制出错时有即时校对功能。聚合酶中的核酸外切酶活性在复制中辨认切除错配碱基并加以校正。故本题应选 C。DNA 的 SOS 修复是 DNA 损伤修复途径，

与 DNA 复制的保真性无关。密码的简并性及氨基酰 tRNA 合成酶对氨基酸的高度特异性均与翻译有关，与 DNA 复制的保真性无关。

6．**答案：**B　　**考点：**DNA 的半保留复制方式的证明过程

解析：该实验的基本原理是：①细菌繁殖速度快，在营养充足的条件下 20 分钟可繁殖一代，因此可以依时间来估算其繁殖的传代次序；②细菌可以利用 NH_4Cl 上的氮合成 DNA；③用放射性核素 $^{15}NH_4Cl$ 作氮源，从细菌分离出含 ^{15}N 的 DNA，用密度梯度离心法分离，有别于普通 ^{14}N-DNA，即致密带出现的位置不同。把细菌放在含 $^{15}NH_4Cl$ 培养液中培养若干代，使细菌合成 ^{15}N-DNA；再放回普通 $^{14}NH4Cl$ 中培养；新一代的 DNA 经密度梯度离心分析，其 DNA 的致密带介于重带与普通带之间，说明子代 DNA 双链一股为 ^{15}N 单链，另一股是新合成的 ^{14}N 单链。前者是从亲代继承而后者是新合成的。亲代 DNA 双链复制出子代 DNA 双链，不外是全保留、半保留，或混合式复制，实验结果只有用半保留复制方式能解释。

7．**答案：**E　　**考点：**逆转录酶

解析：逆转录酶催化以 RNA 为模板合成互补 DNA（cDNA）。DNA 聚合酶催化以 DNA 为模板合成 DNA，而 RNA 聚合酶催化以 DNA 为模板合成 RNA。注意各种酶催化的生物化学反应过程及其遗传信息流向不同。

8．**答案：**A　　**考点：**DNA 复制的原料、方向及遵循的原则

解析：复制是以 DNA 为模板的 DNA 合成。在这个过程中，以 4 种脱氧核苷酸（dATP、dGTP、dCTP、dTTP）为原料，按照碱基配对原则（A-T，G-C），以亲代 DNA 作为模板，指引子链 DNA 合成。新合成的子链以 5' → 3' 的方向合成，且与母链方向相反。

9．**答案：**E　　**考点：**真核生物 DNA 复制特点

解析：真核生物的 DNA 复制起始与 *E. coli* 基本相似，但仍有一些自身特点。真核生物基因组庞大复杂，由多个染色体组成，全部染色体都需要复制，而复制过程中引物及冈崎片段的长度均小于原核生物；酶的催化速率比原核生物慢，复制速度慢，仅为原核生物的十分之一。为此在真核生物每个染色体都有多个复制起点，呈多起点双向复制特征，使真核生物 DNA 合成的总体速度不至于太慢。

10．**答案：**C　　**考点：**端粒酶与染色体末端复制

解析：端粒酶是催化合成端粒 DNA 的特殊的酶。由 RNA 和蛋白质组成。端粒酶以自己的 RNA 组分作为模板，以染色体的 3' 端 ssDNA（后随链模板）为引物，催化合成端粒 DNA。该过程由 RNA 模板指导合成 DNA，是一个特殊的合成过程，即逆转录过程。故本题答案应为 C。以 DNA 为模板合成 DNA 称为复制，以 DNA 为模板合成 RNA 称为转录，以 RNA 为模板合成蛋白质称为翻译。在整合酶催化下，两个 DNA 序列的特异位点间发生特异重组，称为整合。

11．**答案：**C　　**考点：**逆转录（反转录）的概念

解析：①反转录即逆转录，是指在宿主细胞中，逆转录病毒的逆转录酶以病毒 RNA 为模板，以宿主细胞 dNTP 为原料催化合成 DNA 的过程。因此 RNA 指导的 DNA 合成，称为逆转录或反转录。②以 DNA 为模板合成 DNA 称为复制，以 DNA 为模板合成 RNA 称为转录，以 RNA 为模板合成蛋白质称为翻译。在整合酶催化下，两个 DNA 序列的特异位点间发生特异重组，称为整合。

12．**答案：**C　　**考点：**冈崎片段的概念

解析：DNA 复制过程呈半不连续复制，由半不连续复制中产生的不连续片段称为冈崎片段（具体参见 A1 型题第 2 题解析）。故本题答案应选 C。复制起始时，RNA 聚合酶合成的片段是引物。两个相邻复制起点之间的 DNA 片段叫复制子。

13．**答案：**C　　**考点：**DNA 复制的原料

解析：①合成 DNA 的原料是脱氧三磷酸核苷（dNTP），即 dATP、dGTP、dCTP、dTTP。② RNA 的合成原料为 NTP，即 ATP、GTP、CTP 和 UTP。

14．**答案：**D　　**考点：**DNA 聚合酶的活性及催化合成 DNA 的特点

解析：DNA 聚合酶催化以 DNA 为模板、以 dNTP 为原料来合成 DNA，延伸方向是 5' → 3'。在复制起始部位，因 DNA 聚合酶没有聚合两个游离 dNTP 的能力，需要引物酶先合成形成一段 RNA 引物，提供 3'-OH 末端，继而在 DNA 聚合酶的催化下，引物末端与 dNTP 生成磷酸二酯键，进一步延伸合成。DNA 聚合酶还兼有 3' → 5' 外切酶活性，及时校正错配碱基，保证复制的准确性、保真性。

15．**答案：**D　　**考点：**参与 DNA 复制起始的酶和蛋白质

解析：DnaA 的作用是辨认 *E.coli* 上的复制起点 oriC。DnaB（解旋酶）的作用为解开 DNA 双链。DnaC 的作用是运送和协同 DnaB。DnaG 也称引物酶，能催化 RNA 引物的生成。SSB 为单链 DNA 结合蛋白，能稳定已解开的 DNA 单链。

16．**答案：**C　　**考点：**DNA 复制

解析：真核生物基因组庞大复杂，由多个染色体组成，全部染色体都需要复制，为此在真核生物每个染色体都有多个复制起点，呈多起点双向复制特征。每个起点产生两个移动方向相反的复制叉，复制结束时，复制叉相遇并汇合连接。习惯上把两个相邻起点之间的距离定为一个复制子（replicon）。复制子是独立完成复制的功能单位。因此真核生物 DNA 合成是多复制子复制。这就解决了真核生物基因组庞大，需要复制的染色体多，而酶的催化速率比原核生物慢的问题，使真核生物 DNA 合成的总体速度不至于太慢。

17．**答案：**D　　**考点：**DNA 的半保留复制及 DNA 聚合酶

解析：常见的真核细胞 DNA 聚合酶有 5 种，即 DNA pol α、DNA pol β、DNA pol γ、DNA pol δ、DNA pol ε。其中 DNA pol δ 负责合成后随链。DNA pol ε 负责合成前导链。而 DNA pol α 具有引物酶活性，主要负责合成引物。DNA pol β 可能是参与应急修复复制的酶。DNA pol γ 负责线粒体 DNA 复制。

18．**答案：**B　　**考点：**逆转录及逆转录酶

解析：逆转录是以 RNA 为模板，利用 4 种 dNTP 为原料，按 5' → 3' 方向合成与 RNA 互补的 DNA 链的过程，又称为反向转录、反转录。此过程需要逆转录酶，即以 RNA 为模板催化 DNA 合成的酶，又称 RNA 指导的 DNA 聚合酶（RDDP）或反转录酶。

19．**答案：**B　　**考点：**真核生物与原核生物的 DNA 复制的特点

解析：真核生物的 DNA 复制与原核生物有相似之处，但仍有一些自身特点。真核生物基因组庞大复杂，由多个染色体组成，全部染色体都需要复制，而复制过程中引物及冈崎片段的长度均小于原核生物；酶的催化速率比原核生物慢，复制速度慢。为此在真核生物每个染色体都有多个复制起点，呈多起点多复制子复制，而原核生物是单点起始复制，二者不同。而无论是真核生物还是原核生物，复制时 DNA 合成的方向均为 5' → 3'。

20．**答案：**E　　**考点：**DNA 聚合酶

解析：参见第 17 题解析。

21．**答案：**D　　**考点：**DNA 复制的基本特征

解析：复制时，DNA 从起点向两个方向解链，形成两个延伸方向相反的复制叉，称为双向复制，此为 DNA 复制的基本特征之一。DNA 复制是半保留复制，前导链为连续复制，后随链为不连续复制。DNA 复制有特定的起点，原核生物有一个（oriC），真核生物有很多，可多达千个。“由遗传密码控制”为蛋白质合成的特点。

22. **答案：** D　　**考点：** DNA 的半保留复制及参与复制的酶
解析： 参见第 15 题解析。

23. **答案：** A　　**考点：** DNA 的半保留复制及参与复制的酶
解析： 参见第 17 题解析。

24. **答案：** D　　**考点：** DNA 的半保留复制
解析： DNA 生物合成时，母链 DNA 解开为两股单链，各自作为模板（template）按碱基配对规律，合成与模板互补的子链。子代细胞的 DNA，一股单链从亲代完整地接受过来，另一股单链则完全重新合成。两个子细胞的 DNA 都和亲代 DNA 碱基序列一致。这种复制方式称为半保留复制（semi-conservative replication）。按照半保留复制的原理，1 个完全被放射性标记的 DNA 分子经复制一代、二代及三代后分别生成 2、4 和 8 个 DNA 分子，其中最初被放射性标记的 DNA 亲代分子中的两条母链分别作为模板链分布到 2 个子代分子中，其他 6 条新生成的子链分子均无放射性标记。

25. **答案：** D　　**考点：** DNA 的半不连续合成
解析： 在 DNA 复制过程中，DNA pol 仅催化 DNA 链沿 5' → 3' 方向的聚合，因此，以亲代 3' → 5' 方向的链为模板，可沿着 5' → 3' 方向连续合成前导链；但以亲代 5' → 3' 方向的链为模板时，仍然按 5' → 3' 方向合成不连续的冈崎片段，这是后随链的合成方式。前导链连续复制而后随链不连续复制，称为复制的半不连续性，即半不连续复制。

26. **答案：** B　　**考点：** 原核生物 DNA 复制过程及参与的酶
解析： 原核生物 DNA 复制起始阶段，先由 DNA 拓扑异构酶松弛超螺旋；解旋酶 Dna B 解开双股链，单链 DNA 结合蛋白 SSB 维持 DNA 单链，接着引物酶合成 RNA 引物，提供 3'-OH 末端；为下一步 DNA 延长做好了准备。在 DNA 聚合酶Ⅲ的作用下，聚合作用自引物 3'-OH 端开始，沿 5' → 3' 方向逐个加入脱氧核苷酸（dNMP）而脱下焦磷酸（PPi），使 DNA 链得以延长。原核生物基因是环状 DNA，双向复制的复制片段在复制的终止点（ter）处汇合后，进行引物取代过程：在 DNA 合成的片段内，由 RNA 酶切除 RNA 引物，各片段之间形成空隙，再由 DNA 聚合酶Ⅰ的聚合酶活性催化合成填补空隙，然后由 DNA 连接酶将这些片段再连接起来，成为一条长链。

27. **答案：** B　　**考点：** 真核生物 DNA 复制的特点
解析： 细胞周期是指从一次细胞分裂形成子细胞开始到下一次细胞分裂形成子细胞为止所经历的过程。在这一过程中，细胞的遗传物质复制并均等地分配给两个子细胞。分为 DNA 合成前期（G_1 期）、DNA 合成期（S 期）、DNA 合成后期（G_2 期）及分裂期（M 期）。一定条件下，细胞进入静息期（G_0 期）。真核所有染色体 DNA 复制仅仅出现在细胞周期的 S 期，而且只能复制一次。

28. **答案：** D　　**考点：** DNA 复制的过程及特点
解析： 引物酶是一种特殊的 RNA 聚合酶。在复制起始部位，因 DNA 聚合酶没有聚合 dNTP 的能力，引物酶先利用模板和游离 NTP，形成一段 RNA 引物，提供 3'-OH 末端，使 DNA 链延长，引物的合成方向是 5' → 3'。在 DNA pol Ⅲ的催化下，引物末端与 dNTP 生成磷酸二酯键。新链每次反应后也留下 3'-OH 末端，DNA 复制就可进行下去。请注意：在 DNA 生物合成过程中，生成的是 RNA 引物。DNA 复制的产物只能是 DNA 而不是 RNA，所以 C、E 两项首先应排除，若误选了即犯了一个低级的错误，故特别需要注意。

29. **答案：** E　　**考点：** 逆转录的概念
解析： ①逆转录是指在宿主细胞中，逆转录病毒的逆转录酶以病毒 RNA 为模板，以宿主细胞 dNTP 为原料催化合成 DNA 的过程。因此 RNA 指导的 DNA 合成，称为逆转录。②以 DNA 为模板合成 DNA 称为复制，以 DNA 为模板合成 RNA 称为转录，以 RNA 为模板合成蛋白质称为翻译。在整合酶催化下，两个 DNA 序列的特异位点间发生特异重组，称为整合。

30．**答案：**C　　**考点：**逆转录及逆转录酶

解析：逆转录酶是以 RNA 为模板，按 5' → 3' 方向催化 DNA 合成的酶，具有以下酶活性：①逆转录酶活性，以 RNA 为模板催化互补 DNA（cDNA）的合成；② RNase 活性，催化"DNA-RNA"杂交链中的 RNA 水解，保留 DNA 链（称 DNA 第一链）；③ DNA 聚合酶活性，以 DNA 第一链为模板，dNTP 为原料，催化互补的 DNA 第二链合成。逆转录酶的特点是无 3' → 5' 核酸外切酶活性，因此无校对功能，转录错误率高。逆转录酶催化 DNA 合成反应开始时，是需要有引物的，有研究发现，病毒自身的 tRNA 可用作复制引物。

31．**答案：**D　　**考点：**DNA 复制

解析：复制的起始是复制中较为复杂的环节，在此过程中，各种酶和蛋白质因子在复制起点处装配引发体，形成复制叉并合成 RNA 引物。其中 DNA 的解链由多种酶参与［如 DNA 拓扑异构酶松弛超螺旋；解旋酶（即解螺旋酶）解开双股链；单链 DNA 结合蛋白 SSB 维持 DNA 单链］，DnaA、B、C 共同起作用，DNA 单点双向解开成单链。DNA 聚合酶不能直接聚合游离的 dNTP，由引物酶起始合成的短链 RNA 引物，提供 3'-OH 末端。DNA pol Ⅰ、连接酶和 RNA 酶等均参与复制的终止阶段，而不是起始过程。DNA pol Ⅰ本身具有核酸外切酶活性，复制过程无需 DNA 内切酶参与。因此只有 D 这一组是正确的。

32．**答案：**D　　**考点：**DNA 聚合酶

解析：原核生物的 DNA 聚合酶Ⅲ是 3 种聚合酶中分子个数最少但比活性最大的 DNA 聚合酶。它是由 10 种亚基组成的不对称二聚体。DNA 聚合酶Ⅲ具有 5' → 3' 聚合酶活性，是在复制延长中真正催化新链核苷酸聚合的酶。DNA 聚合酶Ⅲ还兼有 3' → 5' 外切酶活性，不具有 5' → 3' 外切酶活性。

33．**答案：**C　　**考点：**逆转录（反转录）的概念

解析：逆转录是以 RNA 为模板，利用 4 种 dNTP 为原料，按 5' → 3' 方向合成与 RNA 互补的 DNA 链的过程，又称为反转录。因而逆转录（反转录）的遗传信息流向为 RNA → DNA。

【A2 型题】

1．**答案：**C　　**考点：**DNA 的复制及参与复制的酶

解析：原核生物的 DNA 聚合酶分为 3 型，这 3 种酶都有 5' → 3' 延长脱氧核苷酸链的聚合酶活性及 3' → 5' 核酸外切酶活性。DNA 聚合酶Ⅲ是原核生物复制延长中真正起催化作用的酶，由 10 种亚基组成不对称二聚体，具有 5' → 3' 聚合酶活性和 3' → 5' 外切酶活性，但不具有 5' → 3' 外切酶活性。

2．**答案：**D　　**考点：**逆转录的概念、意义

解析：逆转录酶和逆转录现象，是分子生物学研究中的重大发现。中心法则认为 DNA 具有遗传信息的传代和表达功能，DNA 处于生命活动的中心。逆转录现象说明：至少在某些生物，RNA 同样兼有遗传信息传递与表达功能。因而逆转录的发现补充发展了中心法则。逆转录酶存在于多种致癌 RNA 病毒中，并与该病毒的致癌性有关。对逆转录病毒的研究，加深并拓宽了对病毒致癌理论的认识。逆转录酶的发现对重组 DNA 技术的发展具有重要意义，它被广泛应用于分子生物学实验中，制备 cDNA。

3．**答案：**D　　**考点：**DNA 的复制及参与复制的酶

解析：参见 A1 型题第 15 题解析。

4．**答案：**C　　**考点：**DNA 的复制及参与复制的酶

解析：引物酶、DNA 聚合酶、拓扑异构酶和连接酶均可催化生成 3',5'-磷酸二酯键，但作用各有

不同。引物酶是一种特殊的 RNA 聚合酶。在复制起始部位，因 DNA 聚合酶没有聚合 dNTP 的能力，引物酶以模板为指导，催化游离 NTP 之间生成 3',5'-磷酸二酯键并逐一聚合，形成一段 RNA 引物，提供 3'-OH 末端，使 DNA 聚合酶能够延伸合成 DNA 子链。DNA 聚合酶催化子链 DNA 的生成，具有 5' → 3' 的聚合活性，催化 dNTP 之间生成 3',5'-磷酸二酯键并逐一聚合，使 DNA 链沿 5' → 3' 方向延伸。拓扑异构酶是能催化 DNA 拓扑异构体互变的一类酶，既能水解、又能连接磷酸二酯键，从而改变 DNA 超螺旋状态、理顺 DNA 链，具体表现在 DNA 复制时松弛超螺旋，以利复制叉的行进及 DNA 合成，合成后再使其恢复成超螺旋。DNA 连接酶负责连接 DNA 链 3'-OH 末端和相邻 DNA 链 5'-P 末端，使二者生成磷酸二酯键，从而把两段不连续的 DNA 链连接成一条连续完整的链。解旋酶的作用是解开 DNA 双链为单股链，为复制做好准备。

5．**答案：**B　　**考点：**参与 DNA 复制的酶
解析：参见 A1 型题第 15 题解析。

【B 型题】

1．**答案：**B　2．**答案：**A　　**考点：**DNA 复制的方向
解析：DNA 链延长时，DNA pol 仅催化 DNA 链沿 5' → 3' 方向的聚合，因此，以亲代 3' → 5' 方向的链为模板，可沿着 5' → 3' 方向连续合成前导链；但以亲代 5' → 3' 方向的链为模板时，仍然按 5' → 3' 方向合成不连续的冈崎片段，这是后随链的合成方式。

3．**答案：**D　4．**答案：**A　5．**答案：**E　6．**答案：**C　　**考点：**真核 DNA 聚合酶及其功能
解析：参见 A1 型题第 17 题解析。

7．**答案：**B　8．**答案：**C　9．**答案：**E　　**考点：**复制的基本特征及逆转录过程
解析：利用 ^{15}N 及 ^{14}N 标记大肠杆菌的实验证明了子代 DNA 双链一股为 ^{15}N 单链，另一股是新合成的 ^{14}N 单链，前者是从亲代继承而后者是新合成的。亲代 DNA 双链复制出子代 DNA 双链，不外是全保留、半保留或混合式复制，实验结果只有用半保留复制方式能解释。在 DNA 复制过程中，顺着解链方向生成的子链，复制是连续进行的，这股链称为前导链。另一股链因为复制的方向与解链方向相反，不能顺着解链方向连续延长，这股不连续复制的链称为后随链。前导链连续复制而后随链不连续复制，就是复制的半不连续性，即半不连续复制。逆转录是以 RNA 为模板，利用 4 种 dNTP 为原料，按 5' → 3' 方向合成与 RNA 互补的 DNA 链的过程。

10．**答案：**A　11．**答案：**B　　**考点：**参与 DNA 复制的酶和蛋白质
解析：参见 A1 型题第 15 题解析。

12．**答案：**A　13．**答案：**D　　**考点：**参与 DNA 复制的酶和蛋白质
解析：DNA 复制起始阶段，由多种酶共同参与 DNA 的解链：如 DNA 拓扑异构酶松弛超螺旋；解旋酶 Dna B 解开双股链；单链 DNA 结合蛋白 SSB 维持 DNA 单链，DnaA、B、C 共同起作用，DNA 单点双向解开成单链。然后，在引物酶 Dna G 催化下合成短链 RNA 引物，提供 3'-OH 末端。DNA pol Ⅰ在复制终止阶段发挥作用，其聚合酶活性催化合成填补空隙。

【X 型题】

1．**答案：**ABD　　**考点：**逆转录的概念、意义
解析：参见 A2 型题第 2 题解析。

2．**答案：**BD　　**考点：**DNA 复制的基本过程及 DNA 聚合酶
解析：DNA 复制的化学本质是酶促脱氧核苷酸聚合反应。DNA pol Ⅲ是原核生物复制延长中真正起催化作用的酶，催化核苷酸和核苷酸之间生成 3',5'-磷酸二酯键并逐一聚合，反应的底物是脱氧三磷酸核苷酸（dNTP），合成反应的方向是 5' → 3'。

3．**答案**：ABCD　　**考点**：DNA 复制的基本特征

解析：DNA 复制的基本特征有：① DNA 以半保留方式进行复制；② DNA 复制从起点向两个方向延伸，形成两个移动方向相反的复制叉，即双向复制；③ DNA 复制反应呈半不连续特征，前导链连续复制而后随链不连续复制。DNA 复制的化学本质是酶促脱氧核苷酸聚合反应，该聚合反应有两个特点：① DNA 新链生成需 RNA 引物和模板；②新链的延长只可沿 5' → 3' 方向进行。

4．**答案**：AC　　**考点**：原核生物 DNA 复制过程

解析：原核 DNA 聚合酶有 3 种：DNA pol Ⅰ、Ⅱ、Ⅲ，其中 DNA pol Ⅲ催化延长反应，DNA pol Ⅰ在复制终止阶段负责填补 DNA 空隙。而 DNA pol II 可能参与 DNA 损伤的应急状态修复。DNA pol α 是真核 DNA 聚合酶。

5．**答案**：ABD　　**考点**：参与 DNA 复制的物质

解析：参与 DNA 复制的物质有：4 种脱氧核苷酸（dNTP）：dATP、dGTP、dCTP、dTTP；DNA pol；DNA 模板、引物及各种酶及蛋白质因子等。逆转录酶是催化逆转录过程的酶，与 DNA 复制无关。

6．**答案**：ABC　　**考点**：参与 DNA 复制的酶和蛋白质

解析：DNA 复制起始阶段，由多种酶共同参与 DNA 的解链：如 DNA 拓扑异构酶松弛超螺旋；解旋酶 Dna B 解开双股链；单链 DNA 结合蛋白 SSB 维持 DNA 单链，Dna A、B、C 共同起作用，DNA 单点双向解开成单链。DNA 连接酶在复制终止阶段发挥作用，在复制中负责最后接合缺口，形成连续子链。

7．**答案**：ABC　　**考点**：DNA 连接酶的功能

解析：DNA 连接酶的功用有三：①在复制中起最后接合缺口的作用；②在 DNA 修复、重组及剪接中起缝合缺口作用；③基因工程的重要工具酶之一。但与 RNA 逆转录无关。

8．**答案**：ABD　　**考点**：真核生物 DNA 的复制过程的特点

解析：真核生物基因组庞大，DNA 复制过程的起始、延长及终止阶段相较于原核生物均有一些自身特点：真核生物进行多点起始多复制子复制，原核生物只有一个复制起点；真核生物的冈崎片段短于原核生物，真核生物 DNA 聚合酶的催化速率低于原核生物；真核生物线性染色体 DNA 末端有端粒结构，端粒酶维持 DNA 复制的完整性等。

9．**答案**：AD　　**考点**：DNA 复制过程

解析：冈崎片段是 DNA 后随链合成中形成的不连续的 DNA 片段，其 5'-端为 RNA 引物。以原核生物为例，在复制的终止阶段，双向复制的复制片段在环状 DNA 的复制终止点处汇合后，进行引物取代过程（引物水解，填补空缺，片段连接）及形成完整的 DNA 分子结构。其中 RNA 引物被 DNA 取代的具体过程：在 DNA 合成的片段内，由 RNA 酶切除 RNA 引物，各片段之间形成空隙，再由 DNA pol Ⅰ的聚合酶活性催化合成填补空隙，然后由 DNA 连接酶将这些片段再连接起来，成为一条长链。参与该过程的酶有 RNA 酶、DNA pol Ⅰ及 DNA 连接酶，因而本题答案应选 AD。DnaA 蛋白是参与复制起始的酶，DNA pol Ⅲ是原核生物复制延长中主要起催化作用的酶。

10．**答案**：ABC　　**考点**：逆转录酶的活性

解析：参见 A1 型题第 30 题解析。

11．**答案**：ABCD　　**考点**：复制保真性的机制

解析：DNA 复制的保真性是遗传信息稳定传代的保证，生物体至少有三种机制实现保真性：①遵守严格的碱基配对规律；②聚合酶在复制延长时对碱基的选择功能；③复制出错时有即时的校对功能。聚合酶中的核酸外切酶活性在复制中辨认切除错配碱基并加以校正。DNA 聚合酶又称作依赖 DNA 的 DNA 聚合酶，复制时需要以模板指引子链合成。

12．**答案：**ACD　　**考点：**端粒及端粒酶

解析：端粒是真核生物染色体线性 DNA 分子末端的特殊结构，膨大成粒状，由端粒 DNA 及其结合蛋白构成。端粒酶是催化合成端粒 DNA 的特殊的酶，由 RNA 和蛋白质组成。端粒酶以自身的 RNA 组分作为模板，以染色体的 3'-端 ssDNA（后随链模板）为引物，催化合成端粒 DNA。该过程由 RNA 模板指导合成 DNA，是一个特殊的合成过程，即逆转录（反转录）过程，因而端粒酶也是一种逆转录酶。故正确答案为 ACD。

13．**答案：**ABC　　**考点：**DNA 复制及复制的酶

解析：引物酶是一种特殊的 RNA 聚合酶。在复制起始部位，因 DNA 聚合酶没有聚合 dNTP 的能力，引物酶以模板为指导，催化游离 NTP 之间生成 3',5'-磷酸二酯键并逐一聚合，形成一段 RNA 引物，提供 3'-OH 末端，使 DNA 聚合酶能够延伸合成 DNA 子链。DNA 聚合酶催化子链 DNA 的生成，具有 5' → 3' 的聚合活性，催化 dNTP 之间生成 3',5'-磷酸二酯键并逐一聚合，使 DNA 链沿 5' → 3' 方向延伸。拓扑异构酶是能催化 DNA 拓扑异构体互变的一类酶，既能水解、又能连接磷酸二酯键。解旋酶（即解螺旋酶）的作用是解开 DNA 双链为单股链，为复制做好准备。

14．**答案：**ABC　　**考点：**DNA 复制的基本过程及复制的酶

解析：参见 A1 型题第 31 题解析。

15．**答案：**ABD　　**考点：**参与 DNA 复制的酶

解析：拓扑异构酶是能催化 DNA 拓扑异构体互变的一类酶。DNA 拓扑异构酶的作用在于改变 DNA 超螺旋状态、理顺 DNA 链。DNA 复制时松弛超螺旋，以利于复制叉的行进及 DNA 合成，合成后再使其恢复成超螺旋。作用特点是既能水解、又能连接 3',5'-磷酸二酯键，因而能够切断单链 DNA。拓扑异构酶不具有结合单链 DNA 的功能，这是 SSB 的作用。

16．**答案：**ABC　　**考点：**DNA 聚合酶

解析：原核生物有 3 种 DNA 聚合酶，其中 DNA 聚合酶Ⅲ是比活性最大的 DNA 聚合酶。DNA 聚合酶Ⅲ具有 5' → 3' 聚合酶活性，是在复制延长中真正催化子链生成的酶。DNA 聚合酶Ⅲ还兼有 3' → 5' 外切酶活性，不具有 5' → 3' 外切酶活性。

二、名词解释（答案要点）

1．中心法则：DNA 通过复制，将基因信息代代相传，通过转录和翻译，基因信息从 DNA 传递到蛋白质，由蛋白质赋予细胞一定的表型。遗传信息传递的规律，称为遗传信息传递的中心法则。

2．复制：以 DNA 作为模板指导的 DNA 合成作用称为 DNA 复制，由此将 DNA 携带的信息传至子代 DNA。它是细胞内 DNA 最主要的合成方式。

3．半保留复制：DNA 复制时，以母链的双链 DNA 为模板合成两个子链，每一子代分子中各有一条链来自亲代，另一条是新合成的，这种复制方式叫半保留复制。

4．半不连续合成：在 DNA 复制过程中，一条链是连续合成的前导链，而另一条链是不连续合成的后随链，故称作半不连续合成。

5．逆转录：以 RNA 为模板在逆转录酶催化下，由 dNTP 聚合成 DNA 的过程称作逆转录。

6．双向复制：复制时，DNA 从起点向两个方向解链，形成两个延伸方向相反的复制叉，称为双向复制。

7．冈崎片段：以 5' → 3' 方向的亲代 DNA 链为模板新合成的互补 DNA 链延伸方向与复制叉的前进方向相反，所以只能随着复制叉的移动分阶段沿 5' → 3' 方向合成多个不连续的短片段，这些片段称为冈崎片段。

8．前导链：在复制过程中，DNA 聚合酶以 3' → 5' 方向的 DNA 链为模板，随着复制叉向前移动，沿

5' → 3' 方向连续合成新的互补链，称为前导链。

9．复制子：复制子是独立完成复制的功能单位。原核生物环状DNA复制是个单复制子，又称为复制体。真核生物是多复制子复制，以两个相邻起点之间的距离定为一个复制子。

10．端粒：端粒是真核生物染色体线性DNA分子末端的特殊结构，膨大成粒状，由端粒DNA及其结合蛋白构成。端粒维持了染色体的稳定性和DNA复制的完整性。

三、问答题（答案要点）

1．复制子是独立完成复制的功能单位。原核生物环状DNA以单复制子的方式完成复制过程，也就是说原核生物只有一个复制起点，在起点上解开成两个复制叉，生成引发体、引物后，复制就可以延长下去，一直至终止点上汇合，连接，就完成复制全过程。真核生物是多复制子复制，有多个复制起点，复制子的长度和复制时序不一样。但每个复制起点也生成两个相反方向延伸的复制叉，其引物生成、子链延长的化学过程是和原核生物大致相同的。因为真核生物复制子很多，对其复制过程的描述其实是一个复制子上的事件。当复制至相邻复制叉相遇时，就可以汇合和连接，而不像原核生物复制体那样在终止点上汇合和连接。真核生物真正的复制终止是指在线性染色体末端（端粒）上由端粒酶催化而保持线性染色体DNA完整性的复制。

2．原核生物DNA聚合酶主要有DNA pol Ⅰ、Ⅱ、Ⅲ；真核生物常见的DNA聚合酶有DNA pol α、β、γ、δ、ε；而且每种都各有其自身的功能。这是最主要的差别。相同之处在于底物（dNTP）相同，催化合成方向（5' → 3'）相同，催化方式（生成磷酸二酯键）、生成PPi相同等。从功能方面说，催化复制延长的酶原核生物是pol Ⅲ，真核生物是pol δ、ε。真核生物的pol α、δ和ε参与复制的起始，而且需要解旋酶、拓扑酶、复制因子RF和PCNA等复制辅助蛋白质协同。原核生物则另有解旋酶（DnaB蛋白）和引物酶（DnaG蛋白）参与复制起始。真核生物细胞有线粒体，DNA pol γ是催化mtDNA复制的酶。原核生物的DNA pol Ⅱ参与DNA损伤的应急状态修复。真核生物的DNA pol β参与低保真度的复制，与DNA修复有关。

3．复制的起始需要解链、生成引发体及合成RNA引物。原核生物在复制起点DNA上结合DnaA、B、C蛋白，以DnaB的解旋酶活性解开DNA双链成复制叉，引物酶加入后，形成含有解旋酶（DnaB）、DnaC、引物酶（DnaG）等蛋白质与复制起始区DNA相结合的复合物，就是引发体。在引发体上DnaG催化NTP聚合生成RNA引物。

4．引物酶催化NTP聚合为RNA链，它的本质也是RNA pol，但不同于催化转录的RNA pol。引物酶的基因在*E. coli*为dna G，对RNA-pol的特异抑制剂利福平及鹅膏蕈碱都不敏感。催化转录过程的RNA pol在*E. coli*，是由rpoBC、rpoA编码各个亚基的，受利福平的特异性抑制。真核生物的引物酶活性存在于DNA pol α；各种真核生物的RNA pol对抑制鹅膏蕈碱有不同敏感性。

5．DNA复制是半不连续的。母链DNA解开作为模板，子链能沿着母链解开的方向连续复制下去的一股DNA链称为前导链。另一股是不能连续而是逐段合成的，称为后随链。出现半不连续复制的原因是：①由于子链延长的特点是只能从5' → 3' 方向延长，也就是说，聚合酶只能从3'-末端催化核苷酸的掺入；②同一复制叉上只有一个解链方向，DNA双链两单链的走向是相反的。因此在沿3' → 5' 方向解开的母链上，子链就可沿5' → 3' 方向连续延长。而另一股母链沿5' → 3' 方向解开，子链就不可能沿5' → 3' 方向连续延长。也就是说，由于解链方向与复制延长方向相反而出现后随链。

6．复制的保真性至少由下列3种机制得以保证：①子链DNA链依照母链模板按碱基配对规律生成，保证子链DNA与母链DNA双链在碱基序列上的一致性，从而保留了亲代的全部遗传信息。这是最基本的机制。②碱基选择功能；DNA pol Ⅲ能依据碱基的化学构型表现不同的亲和力，实现正确的碱基选择，保证了在各种底物都存在下，能选择正确配对的碱基合成子链。③复制中如出现错配，DNA pol Ⅰ有即时校读功能，切除错配碱基，使正确配对的碱基掺入子链。

7. 原核生物和真核生物复制延长化学反应都是聚合酶催化 3',5'-磷酸二酯键生成而使子链从 5' → 3' 方向逐一延长。其不同点在于：①催化延长的酶在原核生物为 DNA pol Ⅲ，真核生物是 DNA pol δ 和 ε。②真核生物的引物较短。③原核生物是单复制子复制；真核生物是多复制子复制，在每个复制子上，前导链都要生成引物，后随链更需多次生成引物。④催化引物生成的酶，原核生物为 DnaG，真核生物 DNA pol α 有引物酶活性。⑤真核生物冈崎片段较短，约为一个或若干个核小体所含 DNA 的长度。⑥就一个复制子而言，原核生物子链聚合的速度较快。

8. 细胞内 DNA 复制和细胞分裂，决定于 G_1 → S 及 G_2 → M 两个关键点。蛋白激酶通过磷酸化激活或抑制各种复制因子实现对细胞周期的调节。激酶的调节亚基是 Cyclin，即细胞周期蛋白，催化亚基为 CDK（细胞周期蛋白依赖激酶）。二者各有多种，可交叉配伍，实施对 DNA 复制过程中多样化及精确的调节。Cyclin 和 CDK 可以说是细胞周期正调控（促进）的蛋白质。细胞内的 CDK 抑制蛋白质作为负调控因素，与 CDK 保持平衡，使细胞周期不致过度增快或延滞。

9. 真核生物染色体 DNA 是线性结构，子链 3'-端去除引物后可能因无法填补而缩短。端粒的结构和端粒酶的作用能保证线性复制的完整性。具有逆转录活性的端粒酶含 RNA 模板，端粒 RNA 因与端粒结构上的短重复序列互补而识别结合，并以逆转录方式延长子链末端，而且可以反折而继续延伸。通过这种爬行模型的复制方式维持末端 DNA 应有的长度。

10. 逆转录是 RNA 病毒以其 RNA 作模板，通过生成杂化双链，除去 RNA 母链，再合成双链 DNA 的过程。研究逆转录现象的意义至少有：①补充、完善了中心法则；②逆转录病毒中，有致癌病毒、人类免疫缺陷病毒（HIV）等，其研究关系到严重危害人类健康的某些疾病发病机制、诊断、治疗；③逆转录酶是分子生物学研究中的重要工具酶，应用于 cDNA 制备、RT-PCR 法等重要研究方法上。

（马利伟）

第十三章　DNA 损伤和损伤修复

第一节　学习要求

掌握： DNA 修复方式：碱基切除修复、核苷酸切除修复、碱基错配修复。
熟悉： DNA 损伤类型；同源重组修复、非同源末端连接的重组修复。
了解： 引起 DNA 损伤的因素；DNA 损伤修复障碍引起的疾病。

第二节　内容精要

一、引起 DNA 损伤的因素及 DNA 损伤类型

（一）引起 DNA 损伤的因素（表 13-1）

表13-1　引起DNA损伤的因素

体内因素	DNA 复制错误	碱基错配、碱基插入或者缺失
	DNA 自身不稳定	热、pH 变化、碱基自发脱氨，是引起 DNA 自发损伤中最重要和最常见因素
	代谢中产生活性氧	碱基修饰（8-羟基脱氧鸟嘌呤）
体外因素	物理因素（电磁辐射最常见）	电离辐射：引起碱基氧化修饰；碱基环破坏和脱落；DNA 链交联或者断裂 非电离辐射：紫外线引起碱基形成 TT、CT、CC；DNA 链交联或者断裂
	化学因素	自由基：吸烟、汽车尾气、大气污染、各种辐射都会诱导体内产生自由基，与体内代谢产生的自由基的损害作用一样引起碱基、核糖和磷酸基损伤 碱基类似物：掺入 DNA 链中，引起碱基对置换 碱基修饰剂和烷化剂：亚硝酸、氮芥、硫芥、二乙基亚硝胺。改变碱基配对；形成无碱基位点；形成鸟嘌呤二聚体；DNA 链交联或者断裂 嵌入性染料：溴化乙啶、吖啶橙是多个环的平面分子，为碱基对类似物，能够平行嵌入 DNA 双螺旋的小沟中，与 DNA 结合时会改变 DNA 的正常结构，有致突变性，引起核苷酸缺失、移码或者插入
	生物因素	真菌和病毒（引起 DNA 损伤、黄曲霉素诱发 DNA 突变）

（二）DNA 损伤类型（表 13-2）

表13-2　DNA损伤类型

类型	因素
碱基损伤和糖基破坏	亚硝酸引起碱基脱氨；羟自由基引起碱基环破裂；碱基被氧化；紫外线引起嘧啶二聚体；自由基损伤糖基
碱基错配	碱基类似物和碱基修饰剂导致；复制中自发错配
DNA 链断裂	电离辐射最常引起；化学毒剂也可引起。导致磷酸二酯键断裂、脱氧戊糖破坏、碱基损伤脱落等
DNA 链交联	包括链内交联（紫外线引起的嘧啶二聚体）、链间交联和 DNA- 蛋白质交联

二、DNA 损伤修复方式

DNA 修复（DNA repair）：纠正 DNA 中碱基错配、清除受损的碱基或糖基、恢复 DNA 正常结构的过程。DNA 修复是维持 DNA 结构的完整性与稳定性的重要环节。DNA 修复有多种途径，包括光复活修复、碱基切除修复、核苷酸切除修复、错配修复、重组修复、损伤跨越修复（表 13-3）。一种 DNA 损伤可通过多种途径修复，一种修复途径也可参与多种 DNA 损伤修复。

表13-3　DNA修复方式

种类	方式	机制
直接修复（最简单的修复）	嘧啶二聚体修复	低等生物体内光裂合酶解开嘧啶二聚体——光复活修复
	烷基化碱基修复	烷基化转移酶将碱基上烷基转移至酶自身而修复碱基
	单链断裂	DNA 连接酶催化断裂处重新形成磷酸二酯键
切除修复（最普遍的修复）	碱基切除修复（损伤的碱基）	糖苷酶识别损伤的碱基并去除→无碱基位点核酸内切酶切开此处的磷酸二酯键，形成单核苷酸缺口→ DNA 聚合酶填补新的核苷酸→ DNA 连接酶进行连接
	核苷酸切除修复（DNA 双螺旋改变）	识别 DNA 双螺旋结构变化→切去损伤的一段 DNA 链→ DNA 聚合酶合成新的 DNA → DNA 连接酶进行连接
	碱基错配修复（碱基切除修复的特殊形式）	在大肠杆菌中有至少 12 个蛋白质参与其中，识别错配位点，辨认新旧链，切除错配位点两侧多个核苷酸，修复错配。这个过程复杂而且极度耗能
重组修复（DNA 双链断裂时修复）	同源重组修复	参与重组的两段双链 DNA 的序列相同（≥ 200 bp），在重组酶作用下，以正常的姊妹链为模板重建损伤链，其正确性较高
	非同源末端连接的重组修复	非同源的两条 DNA 链相连，修复后存在序列的错误
跨越 DNA 损伤修复（DNA 双链大范围损伤或者复制无法进行）	重组跨越损伤修复	在 DNA 损伤处，DNA 聚合酶从模板 DNA 上脱落，在损伤 DNA 的下游启动复制。子链 DNA 的缺口由重组酶按同源重组方式进行填补。损伤 DNA 并没有被真正修复，转移至子链 DNA 分子
	合成跨越损伤修复	DNA 双链大片段、高频率损伤时，诱导产生新的 DNA 聚合酶，不再以母链 DNA 为模板，而是以随机方式在子链中加入核苷酸，跨过 DNA 损伤处后，重新由 DNA 聚合酶Ⅲ进行复制，是 SOS 修复的一部分。新合成子链带有大量错误碱基

三、DNA 损伤修复障碍引起多种疾病

DNA 损伤修复障碍可以引起多种疾病，包括肿瘤、衰老、遗传性和免疫性疾病（表 13-4）。

表13-4　DNA修复障碍与疾病

修复缺陷	疾病
错配修复、转录偶联修复	人类遗传性非息肉性结肠癌
DNA 重组修复	家族遗传性乳腺癌、卵巢癌
切除修复	着色性干皮病
核苷酸切除修复	人毛发硫营养不良症
核苷酸切除修复、转录偶联修复	柯卡尼综合征
重组跨越修复	范科尼贫血、共济失调 - 毛细血管扩张症

还有一些人类常染色体隐性遗传病均涉及到损伤修复系统缺陷。Bloom 综合征：BLM 解旋酶（参与复制与同源重组修复）突变失活；范科尼贫血：至少涉及 15 个 DNA 修复蛋白突变（高度异质性）；共济失调 - 毛细血管扩张症：ATM 损伤检查点失活。它们共同的特点都是基因组不稳定、容易突变，从而导致患者肿瘤易感。

第三节　应试习题

一、选择题（题目前 * 表示西医综合题目，题目前 # 表示执业医师题目）

【A1 型题】

1．*紫外线对 DNA 的损伤主要是（1997）
A．引起碱基置换
B．导致碱基缺失
C．发生碱基插入
D．使磷酸二酯键断裂
E．形成嘧啶二聚物

2．引起核苷酸数目变化的 DNA 损伤形式是
A．DNA（单链）断链
B．链间交联
C．链内交联
D．插入突变
E．颠换突变

3．5-溴尿嘧啶引起 DNA 损伤的原因是
A．引起 DNA 断裂
B．核苷酸糖基破坏
C．形成嘧啶二聚体
D．发生碱基转换
E．碱基颠换

4．亚硝酸盐引起分子的突变是
A．碱基氧化
B．碱基环破坏
C．A → G
D．C → U
E．碱基甲基化

5．烷化剂引起分子的突变是
A．鸟嘌呤氧化
B．Glu → Gln
C．TT 形成
D．C → U
E．GG 形成

6．嘧啶二聚体最简单的解聚方式是
A．SOS 修复
B．切除修复
C．重组修复
D．错配修复
E．光复活酶修复

7．DNA 损伤后切除修复的说法中错误的是
A．切除修复分为重组修复及 SOS 修复
B．修复机制中以切除修复最为普遍
C．切除修复包括糖基化酶起始作用的修复
D．切除修复既可以识别错误碱基，也有针对 DNA 异常变形错误的修复
E．转录中如果 DNA 模板出现错误，也可利用切除修复方式进行修复

8．关于 DNA 损伤修复说法错误的是
A．单链断裂及单碱基损伤可以完全修复
B．一种损伤可由多种途径参与修复
C．一种修复途径可参与多种类型 DNA 损伤的修复过程
D．各种损伤都可以完全修复
E．即使 DNA 修复后依然可能存在突变

9．有关同源重组的叙述错误的是
A．原核生物中起关键作用的是 RecA 蛋白
B．真核生物中起关键作用的是 Rad51 蛋白
C．只是哺乳动物 DNA 双链断裂的修复方式
D．具有很高的忠实性
E．需要 ATP

10．细胞内最常见的 DNA 修复方式是
A．切除修复
B．同源重组修复
C．SOS 修复
D．错配修复
E．直接修复

11．能够产生突变的修复方式是
A．光复活修复
B．同源重组修复
C．切除修复

D．错配修复

E．SOS 修复

12．与 DNA 修复过程缺陷有关的疾病是

A．黄嘌呤尿症

B．着色性干皮病

C．卟啉病

D．痛风

E．黄疸

13．着色性干皮病是人类的一种遗传性皮肤病，患者皮肤经阳光照射后易发展为皮肤癌，该病的分子机制是

A．DNA 碱基切除修复障碍

B．在阳光下使温度敏感性转移酶类失活

C．因紫外线照射诱导了有毒力的前病毒

D．DNA 碱基错配修复缺陷

E．DNA 核苷酸切除修复缺陷

14．着色性干皮病的分子基础是

A．XP 类基因缺陷

B．DNA 聚合酶基因缺陷

C．DNA 连接酶基因缺陷

D．LexA 类蛋白质缺乏

E．Uvr 类蛋白质缺乏

15．BRCA 基因突变可引起

A．核苷酸切除修复缺陷

B．同源重组修复缺陷

C．碱基切除修复

D．非同源重组修复缺陷

E．跨越修复缺陷

16．有关 SOS 修复说法错误的是

A．当复制中出现错误，使复制无法进行时，可采用 SOS 修复，使复制继续进行

B．进行 SOS 修复后，DNA 分子的损伤仍然存在

C．损伤因素引起 SOS 系统激活产生的物质只能参与 SOS 修复

D．SOS 相关基因表达受 LexA 的负性调控

E．参与 SOS 修复中的 DNA 聚合酶不具有校对功能

17．DNA 损伤修复系统出现障碍可以引起多种疾病，但是不包括

A．共济失调 - 毛细血管扩张症

B．衰老

C．Bloom 综合征

D．糖尿病

E．乳腺癌

18．[*]对广泛 DNA 损伤进行紧急、粗糙、高错误率的修复方式是（2013）

A．光修复

B．切除修复

C．重组修复

D．SOS 修复

19．下列哪种酶不参加 DNA 的切除修复过程

A．DNA 聚合酶Ⅰ

B．DNA 聚合酶Ⅲ

C．AP 内切核酸酶

D．DNA 连接酶

E．蛋白质 UvrA、UvrB 等

【A2 型题】

1．女，50 岁，因阴道不规则出血来医院就诊。经检查发现宫颈有菜花样肿物。患者既往有 3 次大肠癌病史，患者母亲曾患结肠癌和子宫内膜癌，患者姨妈曾患大肠癌。因此，临床高度怀疑其为遗传性非息肉性结直肠癌综合征（又名 Lynch 综合征）患者。病理组织进行 MLH1、MSH2、MSH6 和 PMS2 染色，结果发现只有 MSH6 染色为阴性。根据以上信息，可以推测

A．引起 Lynch 综合征的重要原因是 *MSH*6 基因发生插入突变，导致 MSH6 蛋白的缺失

B．*MSH*6 突变导致 DNA 双链断裂修复的障碍，因而引起肿瘤

C．MLH1、MSH2、MSH6 和 PMS2 均参与核苷酸切除修复过程，其异常可导致肿瘤发生

D．MSH6 蛋白的缺失导致碱基错配修复的障碍，从而引起肿瘤

E．MSH6 的异常更容易引起癌症

【B 型题】

A．DNA 链大范围损伤

B．异常的碱基位点

C．DNA 双螺旋结构的扭曲

D．烷基化碱基

E．DNA 双链断裂

1．可以用直接修复方式进行修复的损伤是

2．可以用碱基切除方式进行修复的损伤是

3．用同源重组方式进行修复的损伤是
4．用核苷酸切除方式进行修复的损伤是

A．*XRCC4*
B．*MSH2*
C．*BRCA1*
D．*XP*
E．*ATM*

5．与遗传性乳腺癌和卵巢癌相关的基因是
6．与遗传性着色性干皮病相关的基因是
7．与遗传性非息肉性结肠癌相关的基因是
8．与共济失调 - 毛细血管扩张症相关的基因是

A．RecA 蛋白
B．XPC
C．MSH2
D．UvrA
E．DNA 糖基化酶

9．参与碱基切除修复的是
10．参与 DNA 损伤错配修复的是
11．同时参与同源重组修复与损伤跨越修复的是

A．同源重组修复
B．核苷酸切除修复
C．SOS 修复
D．光修复
E．非同源末端连接重组修复

12．人毛发硫营养不良症发生相关的修复缺陷是
13．可以诱发 Bloom 综合征修复缺陷是
14．遗传性乳腺癌可能存在的修复缺陷是

【X 型题】

1．引起 DNA 损伤的因素包括
A．电离辐射
B．自由基
C．黄曲霉素
D．复制错误

2．电离辐射对 DNA 损伤主要表现为
A．DNA 链交联
B．DNA 断裂
C．碱基修饰改变或结构破坏
D．碱基置换

3．下列不属于碱基修饰剂的是
A．氮芥
B．溴化乙啶
C．5- 溴尿嘧啶
D．亚硝酸

4．紫外线照射引起的突变是
A．DNA 链断裂
B．碱基损伤
C．DNA 交联
D．形成嘧啶二聚体

5．RecA 蛋白参与的修复过程是
A．非同源性重组
B．同源性重组
C．合成跨越修复
D．重组跨越修复

6．嘧啶二聚体的修复方式是
A．直接修复
B．核苷酸切除修复
C．同源重组修复
D．重组跨越修复

7．DNA 的损伤和突变可以导致的疾病是
A．癌症
B．遗传性非息肉性结肠癌
C．着色性干皮病
D．镰状细胞贫血

8．可以引起 DNA 损伤的作用靶点有
A．嘌呤碱基
B．嘧啶碱基
C．脱氧核糖
D．磷酸二酯键

二、名词解释

1．DNA 修复（DNA repair）
2．切除修复（excision repair）
3．同源重组修复（homologous recombination repair）
4．SOS 修复（SOS repair）
5．碱基转换（transition）
6．碱基颠换（transversion）
7．无碱基位点（apurinic-apyrimidinic site，AP site）

三、问答题

1．简述 DNA 损伤类型及修复方式。
2．简述碱基切除修复方式的过程。
3．为什么要保护臭氧层？请用本章所学的 DNA 损伤和修复机制进行分析。

第四节　参考答案及解析

一、选择题

【A1 型题】

1．**答案：**E　　**考点：**不同因素引起 DNA 损伤机制
解析：紫外线的波长正处于 DNA 吸收峰附近，可以使 DNA 链中两个相邻 T 以共价键连接形成嘧啶二聚体，最常见的为 TT。

2．**答案：**D　　**考点：**DNA 损伤类型
解析：插入突变和缺失突变都可引起核苷酸数目变化。颠换是嘧啶和嘌呤碱基间互变。

3．**答案：**D　　**考点：**DNA 损伤类型
解析：5- 溴尿嘧啶是胸腺嘧啶类似物，有酮式和烯醇式两种结构，酮式结构与 A 配对，而烯醇式结构与 G 配对，因此可能将原来 AT 配对转为 GC 配对。

4．**答案：**D　　**考点：**不同因素引起 DNA 损伤机制
解析：亚硝酸盐使碱基脱氨，如 A 脱氨后为 I，与 C 配对；C 脱氨为 U，与 A 配对。

5．**答案：**E　　**考点：**不同因素引起 DNA 损伤机制
解析：烷化剂引起的 DNA 有多种形式的改变，包括烷基化 G 的脱落、形成 GG 二聚体，或者 DNA 链交联与断裂。

6．**答案：**E　　**考点：**直接修复机制
解析：嘧啶二聚体的修复可以是光复活修复（简单），需要光复活酶参与。但是在高等生物中，此方式不是主要的修复方式。

7．**答案：**A　　**考点：**切除修复机制
解析：重组修复和 SOS 修复不属于切除修复。切除修复包括碱基切除修复、核苷酸切除修复和碱基错配修复。

8．**答案：**D　　**考点：**DNA 损伤修复机制
解析：DNA 发生严重损伤时，进行的非同源重组修复、重组跨越损伤修复和 SOS 修复等，修复后的 DNA 仍然带有错误的碱基。

9．**答案：**C　　**考点：**同源重组
解析：同源重组不仅是哺乳动物 DNA 双链断裂的修复方式，原核生物等也存在此种修复。

10．**答案：**A　　**考点：**切除修复
解析：切除修复是最普遍而有效的 DNA 损伤修复方式。

11．**答案：**E　　**考点：**SOS 修复
解析：SOS 修复时合成新的 DNA 聚合酶无校对功能，以随机方式插入核苷酸，会引入许多错误的碱基。

12．**答案**：B　　**考点**：核苷酸切除修复

解析：着色性干皮病是核苷酸切除修复障碍引起的疾病。

13．**答案**：E　　**考点**：核苷酸切除修复

解析：着色性干皮病是核苷酸切除修复障碍引起的疾病。

14．**答案**：A　　**考点**：核苷酸切除修复

解析：着色性干皮病是由于 XP 基因突变，导致核苷酸切除修复障碍。

15．**答案**：B　　**考点**：BRCA 与 DNA 修复

解析：BRCA 参与 DNA 双链断裂的同源重组修复。

16．**答案**：C　　**考点**：SOS 修复机制

解析：SOS 系统激活后的诱导产物不仅参与 SOS 修复，也参与重组修复、切除修复、错配修复等多种途径的修复过程。

17．**答案**：D　　**考点**：DNA 损伤修复障碍

解析：共济失调 - 毛细血管扩张症、衰老、Bloom 综合征和乳腺癌都与 DNA 损伤修复障碍有关，目前糖尿病发生与 DNA 损伤修复障碍是否有关还没有直接证据。

18．**答案**：D　　**考点**：DNA 损伤修复

解析：DNA 双链发生大片段、高频率损伤时，细胞启动应急修复，诱导生产新的 DNA 聚合酶，该酶识别碱基的精确度差，无校对功能，因此复制出错率高，但是可以跨越损伤部位，使复制继续进行。

19．**答案**：B　　**考点**：DNA 聚合酶Ⅲ的作用

解析：DNA 聚合酶Ⅲ主要参与 DNA 复制过程，不参与 DNA 损伤修复。

【A2 型题】

1．**答案**：D　　**考点**：参与碱基错配修复的蛋白质与疾病关系

解析：遗传性非息肉性结直肠癌综合征与碱基错配修复障碍有关。MLH1、MSH2、MSH6 和 PMS2 蛋白参与碱基错配修复过程，这些蛋白质表达缺失可引起 Lynch 综合征。从题干给的信息中并不能判断 MSH6 发生何种突变或者其异常会更容易引起肿瘤。

【B 型题】

1．**答案**：D　2．**答案**：B　3．**答案**：E　4．**答案**：C　　**考点**：直接修复、碱基切除修复、核苷酸切除修复和同源重组修复参与修复的 DNA 损伤类型

解析：DNA 链大范围损伤需要启动跨越损伤修复机制。异常的碱基位点则由碱基切除方式纠正，核苷酸切除修复主要识别异常所导致的 DNA 空间结构变化，同源重组修复针对 DNA 双链断裂进行修复。

5．**答案**：C　6．**答案**：D　7．**答案**：B　8．**答案**：E　　**考点**：某些肿瘤发生与参与 DNA 修复的基因异常相关

解析：遗传性乳腺癌和卵巢癌与 *BRCA*1 基因突变有关，着色性干皮病与 *XP* 基因突变有关，遗传性非息肉性结肠癌与 *MSH*2、*MSH*3、*MSH*6、*PMS*1 等多个基因异常相关，共济失调 - 毛细血管扩张症则与 ATM 基因有关，ATM 在 DNA 发生双链断裂时被活化，可以使细胞周期停滞，进行 DNA 损伤修复或者诱导凋亡。ATM 为丝苏氨酸激酶，活化的底物包括 P53、CHK2、BRCA1 等。XRCC4 是非同源末端连接重组修复的重要蛋白质。

9．**答案**：E　10．**答案**：C　11．**答案**：A　　**考点**：参与 DNA 损伤修复的蛋白质

解析：DNA 糖基化酶识别受损碱基并切除，进行碱基切除修复。DNA 损伤错配修复需要一系列蛋白质，包括 MSH2。RecA 蛋白是重组酶，识别损伤 DNA，参与同源重组修复；在重组跨越损伤修复和合成跨越损伤修复中 RecA 蛋白也具有重要作用。XPC 参与核苷酸切除修复。UvrA 是大肠杆菌内参与核苷酸切除修复的蛋白质。

12．**答案：**B　13．**答案：**E　14．**答案：**A　　**考点：**DNA 修复障碍引起的疾病
解析：人毛发硫营养不良症是核苷酸切除修复障碍引起。Bloom 综合征是非同源末端连接重组修复异常。遗传性乳腺癌和卵巢癌与同源重组修复异常有关。

【X 型题】

1．**答案：**ABCD　　**考点：**DNA 损伤因素
解析：引起 DNA 损伤的因素很多，电离辐射导致碱基发生修饰变化、碱基结构破坏或者碱基脱落、DNA 链交联与断裂。自由基也可引起碱基结构破坏、修饰变化和 DNA 链断裂。黄曲霉毒素可以与 DNA 的鸟嘌呤发生反应，进而破坏碱基结构或者发生碱基脱落。复制过程存在的错误导致碱基错配、片段缺失和插入。

2．**答案：**ABC　　**考点：**电离辐射对 DNA 损伤机制
解析：电离辐射导致碱基发生修饰变化、碱基结构破坏或者碱基脱落、DNA 链交联与断裂。

3．**答案：**ABC　　**考点：**碱基修饰剂
解析：碱基修饰剂是对碱基的某些基团进行修改，使碱基发生变化，如 A 变为 I，C 变为 U 等，亚硝酸即属此类。氮芥是烷化剂，溴化乙啶是嵌入型染料，5- 溴尿嘧啶是碱基类似物。

4．**答案：**ACD　　**考点：**紫外线引起 DNA 损伤
解析：紫外线可引起 DNA 的胸腺嘧啶、胞嘧啶间形成二聚体，构成链内交联，也可以形成 DNA 链间交联或者断裂。

5．**答案：**BCD　　**考点：**RecA 蛋白作用
解析：RecA 蛋白是重组酶，识别损伤 DNA，参与同源重组修复；在重组跨越损伤修复和合成跨越损伤修复中 RecA 蛋白也具有重要作用。

6．**答案：**AB　　**考点：**嘧啶二聚体的修复
解析：在低等生物中，嘧啶二聚体修复的主要方式是直接修复，但在高等生物中则主要通过核苷酸切除修复方式进行。

7．**答案：**ABCD　　**考点：**DNA 的损伤和突变与疾病
解析：DNA 的损伤和突变具有双重效应，既可能促进进化，也会引起疾病或者生物体死亡。癌症、遗传性非息肉性结肠癌、着色性干皮病和镰状细胞贫血等疾病都与 DNA 损伤修复的障碍或者 DNA 突变有关。

8．**答案：**ABCD　　**考点：**DNA 损伤部位
解析：在不同因素影响下，DNA 分子的多个部位都可发生损伤，包括嘌呤碱基、嘧啶碱基、脱氧核糖和磷酸二酯键等。

二、名词解释（答案要点）

1．DNA 修复：指纠正 DNA 两条单链间错配的碱基、清除 DNA 链上受损的碱基或糖基、修补 DNA 断裂，恢复 DNA 正常结构的过程。

2．切除修复：是普遍存在的一种修复方式，将错误、受损的碱基或者多个核苷酸进行切除，并填补正确的碱基或者核苷酸片段。包括碱基切除修复、核苷酸切除修复和错配修复等。

3．同源重组修复：DNA 双链断裂时，利用同源染色体 DNA 作为模板，在重组酶和其他酶作用下，重建损伤链。同源重组生成的片段具有高度的忠实性。

4．SOS 修复：DNA 双链具有大范围损伤时，细胞启动应急修复，产生活性低、无校对功能的 DNA 聚合酶，以随机加入核苷酸方式进行子链合成，越过损伤部分后，再由原来的 DNA 聚合酶进行复制。在此过程中需多个相关基因编码的蛋白质参与，这种修复因紧急呼救信号“SOS”而命名。

5．碱基转换：DNA 链中嘌呤碱基间替换，或者嘧啶碱基间的替换为转换。

6．碱基颠换：DNA 链中嘌呤碱基和嘧啶碱基间的替换为颠换。

7．无碱基位点：细胞中糖苷水解酶能够特异性切除受损核苷酸上的 N-β- 糖苷键，在 DNA 链上形成去嘌呤或去嘧啶位点。

三、问答题（答案要点）

1．答案要点参见表 13-2 和 13-3。

2．答案要点：糖基化酶识别损伤的碱基并去除→无碱基位点核酸内切酶切开此处的磷酸二酯键，形成单核苷酸缺口→ DNA 聚合酶填补新的核苷酸→ DNA 连接酶进行连接。

3．答案要点：紫外线对 DNA 损伤，紫外线具有不同的波长，短波长紫外线因为接近 DNA 和蛋白质的吸收峰，所以具有较强的 DNA 损伤能力，而臭氧可以吸收短波长的紫外线。

（贾竹青）

第十四章　RNA 的合成

第一节　学习要求

掌握： 转录相关概念：转录、模板链、编码链、转录泡、转录因子、转录前起始复合物、核酶；转录体系的主要成分；转录模板的结构特点；原核 RNA 聚合酶的组成及功能；真核 RNA 聚合酶的种类及功能；转录基本过程；真核生物 RNA 转录后加工的主要方式。

熟悉： 复制和转录的异同；原核生物和真核生物 RNA 聚合酶的异同；原核生物和真核生物转录过程的异同；核酶参与的 RNA 加工。

了解： RNA 合成的主要方式：转录、RNA 复制；真核 RNA 在细胞内降解的主要途径。

第二节　内容精要

生物界的 RNA 合成包括转录和 RNA 复制两种方式。

- 转录（transcription）：以 DNA 为模板合成 RNA 的过程（主要方式，本章主要内容）。
- RNA 复制：以 RNA 为模板合成 RNA 的过程（常见于某些病毒的 RNA 合成）。

转录和复制过程既有相似之处，又有很大区别（表 14-1）。

表14-1　复制和转录的异同

		复制	转录
相同点		1. 以 DNA 为模板	
		2. 需要依赖 DNA 的聚合酶	
		3. 聚合反应遵循碱基互补配对原则	
		4. 聚合反应生成 3',5'-磷酸二酯键	
		5. 链延伸方向均为 5' → 3'	
不同点	原料	dNTP	NTP
	聚合酶	DNA 聚合酶	RNA 聚合酶
	引物	需要	不需要
	碱基配对方式	T-A，C-G	A-U，T-A，C-G
	产物	DNA	RNA
	加工	不需要	需要

原核生物和真核生物转录过程基本相似，都经历起始、延长、终止三个阶段，但真核生物的转录体系及过程更为复杂。几乎所有真核生物的初级转录本都要经过加工才能成为有功能的成熟 RNA 分子。RNA 在细胞内的降解有多种途径，是维持 RNA 正常功能的重要方式。

一、转录体系

- 原料：NTP（ATP、GTP、CTP 和 UTP）
- 模板：DNA 的一条链（模板链）
- 酶：RNA 聚合酶（RNA polymerase，RNA-pol）
- 无机离子：Mg^{2+}，Mn^{2+}
- 其他蛋白质因子：转录因子，终止因子

二、转录模板

转录方式：DNA 片段转录时，双链 DNA 中只有一条链作为转录的模板（图 14-1）。

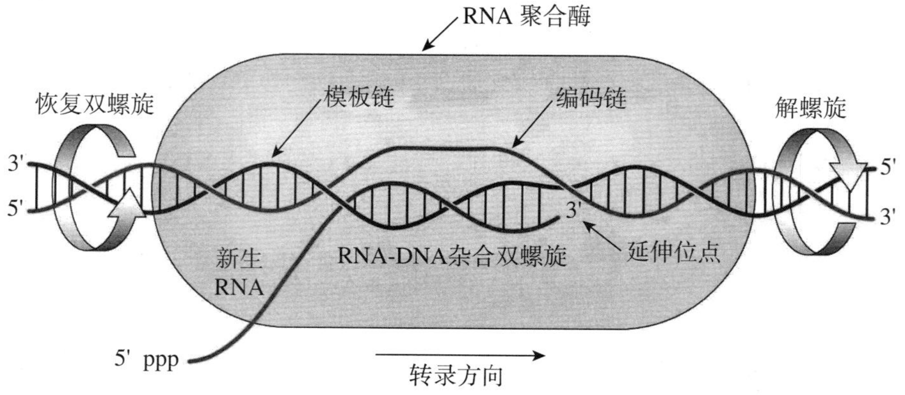

图 14-1　转录示意图

模板链（template strand）：DNA 双链中作为 RNA 合成模板的那条单链。
编码链（coding strand）：DNA 双链中与转录模板链互补的那条单链。
模板链和编码链是个相对概念，即不同的基因，其模板链并不全在同一条链上。

三、RNA 聚合酶

（一）原核生物 RNA 聚合酶

原核 RNA 聚合酶全酶含 $\alpha_2\beta\beta'\omega\sigma$ 等亚基，其中 σ 亚基起转录起始作用，在转录开始后脱落，剩余的 $\alpha_2\beta\beta'\omega$ 称核心酶（表 14-2）。细菌内多种 RNA 聚合酶全酶的差异主要是 σ 亚基的不同，最常见的是 σ70，含 σ70 因子的 RNA 聚合酶全酶可以辨认绝大多数启动子。

表14-2　原核RNA 聚合酶的亚基组成及功能

	亚基类别	亚基数目	功能
核心酶	α	2	决定哪些基因被转录
	β	1	催化聚合反应
	β'	1	结合 DNA 模板，解开双螺旋
	ω	1	促进 RNA 聚合酶组装并稳定之
起始因子	σ	1	识别启动子，启动转录

（二）真核生物 RNA 聚合酶

真核生物细胞核内主要含 3 类 RNA 聚合酶，即 RNA 聚合酶Ⅰ（RNA pol Ⅰ）、RNA 聚合酶Ⅱ（RNA pol Ⅱ）、RNA 聚合酶Ⅲ（RNA pol Ⅲ），它们的功能、理化性质、定位及对毒素 α-鹅膏蕈碱的敏感性各不相同（表 14-3）。

表14-3　真核生物各种RNA聚合酶的比较

	RNA pol Ⅰ	RNA pol Ⅱ	RNA pol Ⅲ
定位	核仁	核质	核质
转录产物	45S rRNA（5.8S，18S，28S rRNA 前体）	hnRNA（mRNA 前体） lncRNA piRNA miRNA	tRNA 5S rRNA snRNA
对 α- 鹅膏蕈碱的敏感性	耐受	极敏感	中度敏感

真核生物的 3 类 RNA 聚合酶均由两个大亚基和十几个小亚基组成。RNA pol Ⅱ最大亚基具有羧基末端结构域（carboxyl-terminal domain，CTD），其可逆的磷酸化状态在真核生物转录起始和延长过程中具有重要作用。CTD 在转录起始时处于去磷酸状态，当 RNA pol Ⅱ启动转录离开启动子后则发生丝氨酸和酪氨酸的磷酸化。

四、转录模板的结构特点（表 14-4）

表14-4　转录模板的结构特点

模板组成	位置及特点
转录起始点	在 DNA 模板链上开始转录的部位，其第一位核苷酸标为 +1
上游（upstream）	从转录起始点逆转录方向的区域，以负数表示碱基序数
下游（downstream）	从转录起始点顺转录方向的区域，以正数表示碱基序数（图 14-2）
启动子（promoter）	位于转录起始点上游，是 RNA 聚合酶识别并启动转录的关键部位

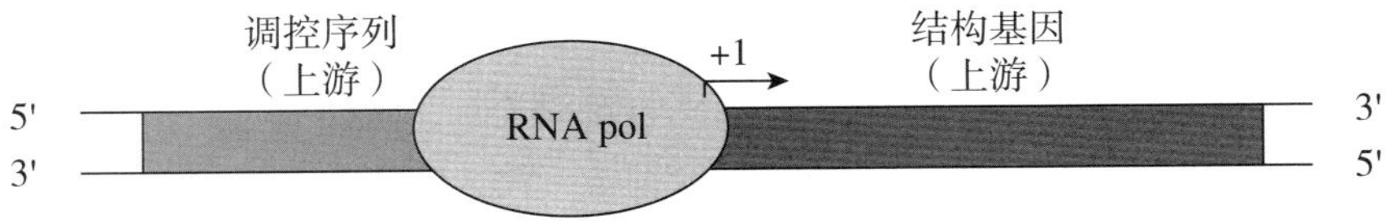

图 14-2　转录起始点示意图

原核生物和真核生物启动子结构有所不同，见表 14-5。

表14-5　原核生物和真核生物启动子的结构比较

	原核	真核
RNA pol 识别部位	−35 区（5'-TTGACA-3'）	−40（CAAT 盒）~ −110 区（GC 盒）
RNA pol 结合部位	−10 区（Pribnow 盒）	−25 区（TATA 盒）

五、原核生物的转录过程

原核生物的转录过程可分为三个阶段：起始、延长和终止（图 14-3）。

（一）转录起始

1．σ 因子识别启动子 −35 区，RNA pol 全酶与启动子 −10 区结合，形成闭合转录复合体（closed transcription complex）。

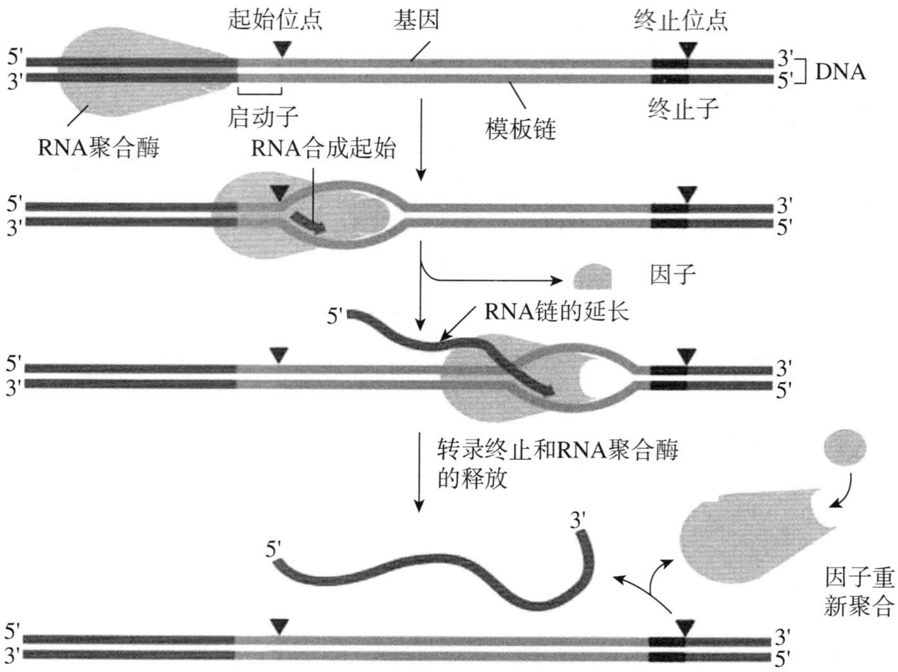

图 14-3　原核生物转录过程

2．DNA 构象改变，启动子 –10 区处打开双链 DNA 分子（约 17 bp），形成开放转录复合体（open transcription complex）。

3．在 RNA pol 的催化下，转录起始点处与模板配对的两个相邻核苷酸相连，形成第一个 3',5'-磷酸二酯键（转录起始不需引物）。

4．σ 因子从模板脱落，核心酶沿模板向下游移动。

（二）转录延长

1．核心酶向模板链下游持续移动，NTP 以 3',5'-磷酸二酯键逐个相连形成 RNA 链，方向 5' → 3'。

2．转录进行部位模板双链打开约 17 bp，利于 RNA pol 结合，形成转录泡结构。

3．RNA 链延长过程中，暂时形成 DNA-RNA 杂合双链（约 8 bp）。

4．转录延长与蛋白质翻译同时进行。

（三）转录终止（两种形式）

依赖 ρ 因子：ρ 因子为同亚基六聚体蛋白质，可识别并结合以 poly C 为主的转录终止信号，使 RNA pol 构象改变而停止移动；ρ 因子的解旋酶活性使 DNA-RNA 杂化双链解开，RNA 产物释放。

非依赖 ρ 因子：转录终止部位有 GC 富含区和 AT 富含区，此处转录产物形成发卡结构，使 RNA pol 脱离模板而终止转录。

六、真核生物转录特点

真核基因转录过程与原核生物基本相似，但更为复杂，其特点如下：

（一）转录起始过程复杂

1．上游调控序列含启动子、增强子、沉默子等多种顺式作用元件。

2．RNA pol 不直接与模板结合。

3．多种转录因子与 pol 共同形成转录前起始复合物（preinitiation complex，PIC）（图 14-4）。

（二）转录延长过程中转录与翻译不同步

（三）转录终止和加尾修饰同时进行

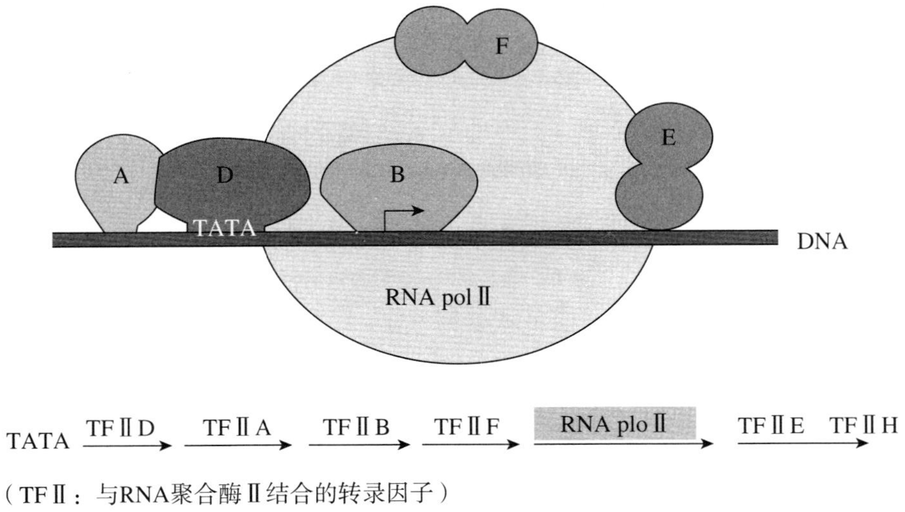

图 14-4　转录前起始复合物

七、真核生物前体 RNA 的加工和降解

（一）mRNA 前体的加工（表 14-6）

表14-6　mRNA前体的加工

加工方式名称	具体加工方式
5'-末端加“帽”：7-甲基鸟嘌呤（$m^7GpppmNp$）	由加帽酶和甲基转移酶催化合成，具有稳定 mRNA、协助 mRNA 准确定位于核糖体结合以及增强翻译活性等功能
3'-末端加尾：poly（A）	由 poly（A）聚合酶催化合成，由 ATP 聚合形成 poly（A）尾，也具有稳定 mRNA 和增强翻译活性的功能
剪接（splicing）	转录后的 hnRNA 去除内含子，连接外显子。剪接过程中内含子形成套索结构，在剪接体（spliceosome）通过转酯反应完成
可变剪接（alternative splicing）：	mRNA 前体分子被加工成不同的 mRNA
mRNA 编辑（mRNA editing）	通过插入、删除或取代碱基改变 mRNA 初级转录本序列的一种加工方式，如 Apo-B 基因的 mRNA 编辑（图 14-5）

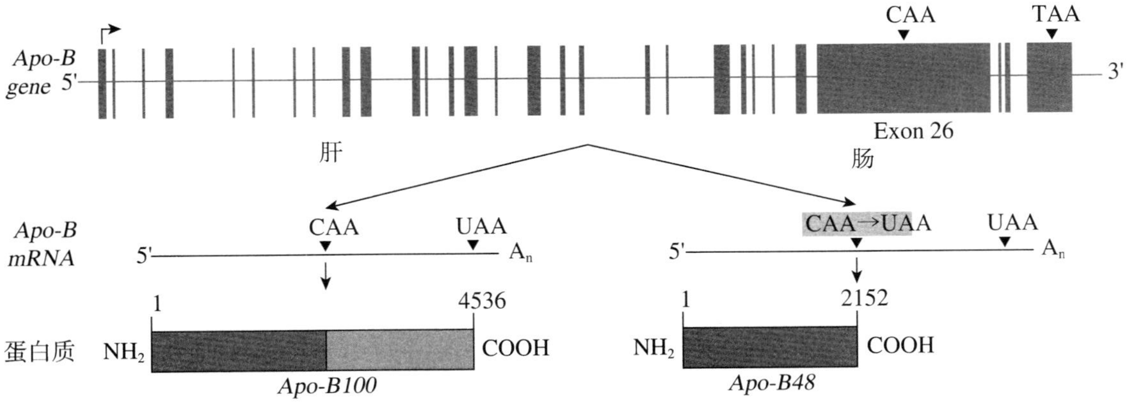

图 14-5　Apo-B 基因的 mRNA 编辑

（二）rRNA 前体的加工

45S rRNA 前体由 RNA pol Ⅰ催化合成，经甲基化和剪切等方式加工为 5.8S、28S 和 18S rRNA。5S rRNA 前体来自 RNA pol Ⅲ转录产物（图 14-6）。

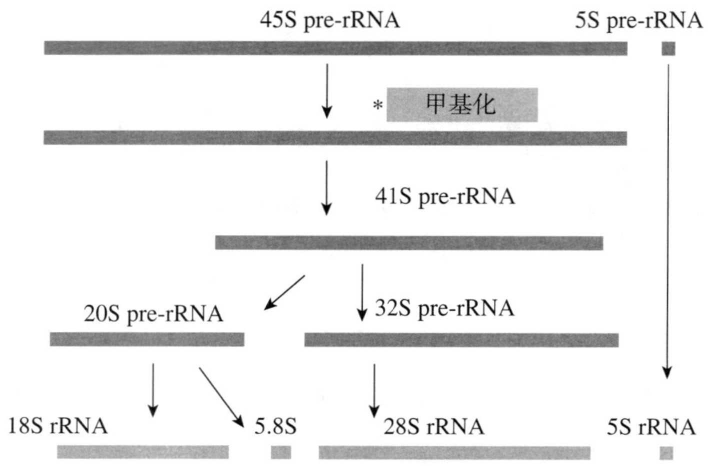

图 14-6　真核 rRNA 前体的加工

（三）tRNA 前体的加工

tRNA 前体在酶的作用下，先切除 5'-与 3'-末端多余的核苷酸，再去除内含子进行剪接；其 3'-末端加 CCA 以及部分碱基修饰为稀有碱基。

（四）核酶参与的 RNA 加工

核酶可催化一些基因内含子的自剪接（self-splicing），即由 RNA 分子催化自身内含子进行剪接，如四膜虫 rRNA 的加工（图 14-7）。

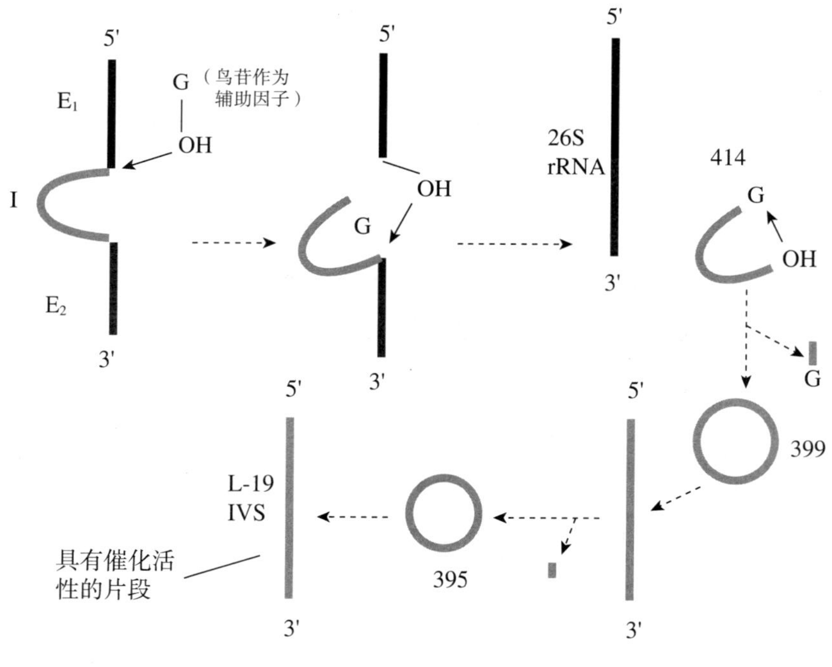

图 14-7　四膜虫 rRNA 的自剪接

八、真核 RNA 在细胞内的降解有多种途径

真核细胞 mRNA 的寿命较短，从几分钟到数小时不等。正常 mRNA 降解是其发挥正常生物学功能所必需，而异常转录的 mRNA 也需要被及时降解清除。

（一）依赖于脱腺苷酸化的降解

这是正常 mRNA 降解的主要途径，由脱腺苷酸化酶水解 poly（A）尾、脱帽酶水解 5' 帽结构后，mRNA 被 5' → 3' 核酸外切酶水解。

（二）无义介导的 mRNA 降解

可以清除含无义终止密码的转录产物，是真核细胞 mRNA 质量监控的重要机制。

第三节　应试习题

一、选择题（题目前 * 表示西医综合题目，题目前 # 表示执业医师题目）

【A1 型题】

1．原核生物基因转录时，识别转录起始点的是 RNA 聚合酶的
A．σ 亚基
B．α 亚基
C．β 亚基
D．β' 亚基
E．ω 亚基

2．对于原核生物 RNA 聚合酶的叙述，不正确的是
A．由核心酶和 σ 因子组成
B．核心酶由 α_2、β、β' 和 ω 亚基组成
C．全酶与核心酶的差别在于 β 亚基的存在
D．全酶包括 σ 因子
E．σ 因子仅与转录起始有关

3．对于 RNA 剪接作用的描述正确的是
A．仅在真核生物发生
B．仅在原核生物发生
C．真核、原核生物均可发生
D．仅在 rRNA 发生
E．与转录反应同时进行

4．关于原核生物转录终止的叙述正确的是
A．由终止因子 RF 参与完成终止
B．终止信号含 GA 富集区和 AC 富集区
C．终止信号含 GC 富集区和 AT 富集区
D．终止信号需 ρ 因子辅助识别
E．poly（A）尾即是转录终止信号

5．原核基因转录生成的 mRNA 是
A．内含子
B．外显子
C．单顺反子
D．多顺反子
E．间隔区序列

6．下列加工方式属于 RNA 编辑的是
A．加帽
B．剪切
C．剪接
D．碱基甲基化
E．碱基的插入

7．真核细胞中由 RNA 聚合酶Ⅲ催化转录的产物是
A．hnRNA
B．tRNA
C．mRNA
D．45S rRNA
E．U4、U5 snRNA

8．以下对 mRNA 的转录后加工的描述错误的是
A．需在 5'- 端加 m^7GpppmNp 的帽子
B．需在 3'- 端加多聚 U 的尾
C．需进行剪接作用
D．需进行甲基化修饰
E．有些 mRNA 前体需进行编辑

9．以 DNA 序列 5'-ACTAGTCAG-3' 为模板的转录产物的碱基序列为
A．5'-TGATCAGTC-3'
B．5'-UGAUCAGUC-3'
C．5'-CUGACUAGU-3'

D．5'-CTGACTAGT-3'

E．5'-CAGCUGACU-3'

10．下列酶中可催化 RNA 合成的是

A．核酶

B．核酸酶

C．RNA 指导的 RNA 聚合酶

D．DNA 指导的 DNA 聚合酶

E．RNA 指导的 DNA 聚合酶

11．下列关于 mRNA 的叙述正确的是

A．分子量最小

B．更新最快

C．由大小两个亚基组成

D．占 RNA 总量的 85%

E．含大量稀有碱基

12．下列关于 σ 因子的叙述正确的是

A．参与识别转录起始点

B．参与识别转录终止信号

C．催化核苷酸的聚合反应

D．合成引物

E．参与逆转录过程

13．比较真核细胞 RNA 转录与 DNA 复制，叙述正确的是

A．原料都是 dNTP

B．都在细胞核内进行

C．合成开始均需要引物

D．与模板链的碱基配对均为 A-T

E．合成产物均需剪接加工

14．催化真核 mRNA 转录的酶是

A．RNA 复制酶

B．mtRNA 聚合酶

C．RNA 聚合酶Ⅰ

D．RNA 聚合酶Ⅱ

E．RNA 聚合酶Ⅲ

15．真核生物经转录作用生成的 mRNA 是

A．内含子

B．外显子

C．单顺反子

D．多顺反子

E．间隔区序列

16．真核剪接体的成分包括

A．ncRNA

B．sncRNA

C．snRNP

D．5S rRNA

E．5.8S rRNA

17．关于真核生物 mRNA 的 poly(A) 尾叙述正确的是

A．poly(A) 尾是以 DNA 链为模板转录的

B．所有 mRNA 的 poly(A) 尾都一样

C．所有的 mRNA 都必须有 poly(A) 尾

D．poly(A) 尾具有保护 mRNA 不受降解的作用

E．poly(A) 尾是在细胞质被加上的

18．关于真核生物 mRNA 降解叙述正确的是

A．mRNA 分子很稳定，不易被降解

B．只有转录错误的 mRNA 分子才会被降解

C．mRNA 降解阻碍其发挥正常的生物学功能

D．所有的 mRNA 降解只有一种方式

E．正常 mRNA 降解依赖于脱腺苷酸化途径

19．# 真核生物中，催化转录产物为 hnRNA 的 RNA 聚合酶是（2011）

A．RNA 聚合酶核心酶

B．RNA 聚合酶Ⅰ

C．RNA 聚合酶Ⅱ

D．RNA 聚合酶Ⅲ

E．RNA 聚合酶 β 亚基

20．# 成熟 mRNA 的前体是（2009）

A．rRNA

B．tRNA

C．hnRNA

D．核内小 RNA

E．核仁小 RNA

21．* 原核生物转录起始点上游 -10 区的一致性序列是（2015）

A．Pribnow 盒

B．GC 盒

C．UAA

D．TTATTT

22．* 在 DNA 双链中，能够转录生成 RNA 的核酸链是（2014）

A．模板链

B．编码链

C．领头链

D．随从链

23．*RNA 编辑所涉及的反应过程是（2013）

A．RNA 合成后的加工过程
B．DNA 指导的 RNA 合成过程
C．RNA 聚合酶识别模板的过程
D．tRNA 反密码对密码的识别过程

24．*下列关于转录作用的叙述，正确的是（2011）
A．以 RNA 为模板合成 cDNA
B．需要 4 种 dNTP 为原料
C．合成反应的方向为 3' → 5'
D．转录起始不需要引物参与

25．*下列 RNA 中，参与形成小分子核糖核蛋白体的是（2008）
A．hnRNA
B．mRNA
C．snRNA
D．tRNA

【A2 型题】

1．某种抗生素可以特异抑制原核生物的 RNA 聚合酶，而对真核生物的 RNA 聚合酶无作用，临床上用于抗结核菌治疗，这种抗生素是
A．红霉素
B．金霉素
C．利福霉素
D．四环素
E．阿霉素

2．载脂蛋白 apoB-100 和 apoB-48 是来自同一基因的转录产物。apoB-100 mRNA 上某处的胞嘧啶（C）变为尿嘧啶（U），使得此处编码谷氨酰胺的密码子 CAA 变为终止密码子 UAA，导致截短的 apoB-48 生成。这种 RNA 加工方式被称为
A．自我剪接
B．RNA 编辑
C．可变剪接
D．碱基修饰
E．碱基替换

3．某因子为原核 RNA 聚合酶组分之一，特异识别转录模板的启动子序列，不参与 RNA 链的延伸过程，此因子为
A．ρ 因子
B．γ 因子
C．σ 因子
D．反式作用因子
E．顺式作用因子

4．某种真核生物 RNA 聚合酶位于细胞核仁内，催化的产物为 45S rRNA，对鹅膏蕈碱耐受，此种 RNA 聚合酶为
A．RNA pol Ⅰ
B．RNA pol Ⅱ
C．RNA pol Ⅲ
D．RNA pol Ⅳ
E．RNA pol Ⅴ

5．某段重复序列由 7 个核苷酸组成，位于真核生物 RNA 聚合酶Ⅱ最大亚基的羧基末端，在哺乳动物重复 52 次，转录起始阶段处于非磷酸化状态，进入转录延长阶段后有多个氨基酸残基被磷酸化，该重复序列被称为
A．CTD
B．锌指结构
C．亮氨酸拉链
D．Gln 富含区
E．Pro 富含区

【B 型题】

A．RNA 聚合酶Ⅰ
B．RNA 聚合酶Ⅱ
C．RNA 聚合酶Ⅲ
D．RNA 聚合酶Ⅳ
E．RNA 聚合酶的核心酶

1．催化原核生物转录延长的是
2．催化真核生物 mRNA 前体合成的是
3．催化真核生物 tRNA 前体合成的是

A．切除部分肽链
B．3'-末端加-CCA
C．3'-末端加 poly（A）
D．5'-末端糖基化
E．30S rRNA 前体经 RNase Ⅲ催化切开

4．属于 tRNA 转录后加工方式的是
5．属于 mRNA 转录后加工方式的是
6．属于原核生物 rRNA 转录后加工方式的是

A．内含子
B．外显子
C．多顺反子
D．单顺反子

E．UsnRNP

7．基因中有表达活性的编码序列是

8．基因中被转录的非编码序列是

A．内含子

B．外显子

C．多顺反子

D．单顺反子

E．UsnRNP

9．真核生物转录生成的 mRNA 属于

10．原核生物转录生成的 mRNA 属于

A．核酶

B．RNase Ⅲ

C．DNA 指导的 RNA 聚合酶

D．RNA 指导的 RNA 聚合酶

E．核酸酶

11．RNA 复制需要

12．四膜虫的 rRNA 前体具有催化活性又称作

A．核酶

B．RNase Ⅲ

C．限制性核酸内切酶

D．甲基转移酶

E．核苷酸转移酶

13．催化 tRNA 3' 末端添加 CCA-OH 的是

14．催化原核 RNA 裂解为单顺反子的是

15．识别并切割回文序列的是

A．α 亚基

B．σ 因子

C．β 亚基

D．β' 亚基

E．ρ 因子

16．# 原核生物中，RNA 聚合酶识别转录起始点的亚基是

17．# 原核生物中，RNA 聚合酶决定转录基因类型的亚基是

18．# 原核生物中，RNA 聚合酶与 DNA 模板结合的亚基是（2012）

A．hnRNA

B．siRNA

C．snoRNA

D．5S rRNA

19．* 能对外源侵入的双链 RNA 进行切割的核酸是

20．* 能与核内蛋白质组成核蛋白体的是（2011）

【X 型题】

1．属于真核生物 mRNA 剪接体组分的是

A．U1 snRNP

B．U3 snRNP

C．U5 snRNP

D．U7 snRNP

2．真核生物 mRNA 转录后加工包括

A．5'-加帽结构

B．去除内含子拼接外显子

C．3'-加多聚 A 尾

D．3'-端加 CCA-OH

3．下列属于 RNA 转录原料的是

A．ATP

B．CTP

C．GTP

D．TTP

4．核酶的催化特点是

A．特异的水解肽链的 C 末端

B．水解底物仅为 RNA

C．催化反应需要大量蛋白质因子

D．不需要蛋白质即有催化功能

5．RNA 的编辑包括

A．5'-末端加帽

B．3'-末端添加核苷酸

C．核苷酸的插入

D．核苷酸的取代

6．属于真核基因启动子结构的是

A．TATA 盒

B．CAAT 盒

C．GC 盒

D．Pribnow 盒

7．原核基因转录终止的机制包括

A．ρ 因子识别 DNA 上的终止信号

B．RNA 产物形成特殊的茎环结构终止转录

C．在 DNA 模板上终止点前有 G-C 丰富区及 A-T 丰富区

D．ρ 因子识别 RNA 转录产物上的终止信号

8．参与转录过程的成分包括

A．dNTP

B．DNA 模板
C．DNA 指导的 RNA 聚合酶
D．RNA 指导的 DNA 聚合酶

9．属于原核基因转录特点的是
A．转录产物为单顺反子
B．转录原料为 NTP
C．转录起始需要 RNA pol Ⅰ
D．转录延长需要 RNA 聚合酶的核心酶

10．* 真核生物的 mRNA 结构包括（2014）
A．TATA 盒
B．5'-末端 7 甲基鸟嘌呤核苷
C．3'-末端多聚腺苷酸
D．开放阅读框

11．* 真核生物 mRNA 合成后的加工有（2013）
A．mRNA 编辑
B．3'-末端加多聚 A
C．前体 mRNA 剪接去除内含子
D．在分子伴侣协助下折叠成天然构象

12．* 参与真核生物 hnRNA 转录前起始复合物形成的因子有（2009）
A．TF Ⅱ D
B．TF Ⅱ A
C．TBP
D．TF Ⅲ

13．*tRNA 的前体加工包括（2007）
A．剪切 5'-和 3'-末端的多余核苷酸
B．去除内含子
C．3'-末端加 CCA
D．化学修饰

14．* 下列关于转录因子Ⅱ（TF Ⅱ）的叙述，正确的有（2010）
A．属于基本转录因子
B．参与真核生物 mRNA 的转录
C．在真核生物进化中高度保守
D．是原核生物转录调节的重要物质

15．RNA 转录时碱基的配对原则是
A．A → U
B．T → A
C．C → G
D．G → A

二、名词解释

1．转录（transcription）
2．模板链（template strand）
3．编码链（coding strand）
4．启动子（promoter）
5．剪接（splicing）
6．可变剪接（alternative splicing）
7．断裂基因（split gene）
8．RNA 编辑（RNA editing）
9．核酶（ribozyme）

三、问答题

1．复制和转录过程有哪些主要异同点？
2．与原核生物相比，真核生物基因的转录主要有哪些特点？
3．真核生物 mRNA 前体的转录后加工主要有哪几种形式？
4．真核生物中参与转录的反式作用因子主要有哪几类？
5．举例说明真核 mRNA 可变剪接的意义。
6．什么是核酶？核酶的研究有何重要意义？
7．转录作用在遗传信息流动中有何重要性？
8．转录的错误率（10^{-4} ~ 10^{-5}）远高于 DNA 复制（10^{-9} ~ 10^{-10}）的错误率，但 RNA 聚合酶为何少有校对活性？

第四节　参考答案及解析

一、选择题

【A1 型题】

1．**答案**：A　　**考点**：原核生物 RNA 聚合酶各亚基的功能

解析：原核生物 RNA 聚合酶全酶由 $\alpha_2\beta\beta'\omega\sigma$ 亚基组成，其中 σ 亚基识别并结合转录起始点，在转录开始后脱落，剩余的 $\alpha_2\beta\beta'\omega$ 称核心酶。

2．**答案**：C　　**考点**：原核生物 RNA 聚合酶的亚基组成及功能

解析：原核生物 RNA 聚合酶全酶由 $\alpha_2\beta\beta'\omega\sigma$ 亚基组成，其中 σ 亚基为起始因子，仅在转录起始阶段起作用，剩余的 $\alpha_2\beta\beta'\omega$ 称核心酶。

3．**答案**：A　　**考点**：RNA 的转录后加工

解析：RNA 剪接作用是真核生物 mRNA 前体的加工方式之一，在转录后进行。

4．**答案**：C　　**考点**：原核生物转录终止机制

解析：原核生物转录终止有依赖 ρ 因子和非依赖 ρ 因子两种机制，其中非依赖 ρ 因子的机制为：转录终止部位有 GC 富含区和 AT 富含区，此处转录产物形成发卡结构，使 RNA pol 脱离模板而终止转录。

5．**答案**：D　　**考点**：原核和真核基因转录产物的区别

解析：原核基因的转录产物为多顺反子，而真核基因的转录产物为单顺反子。

6．**答案**：E　　**考点**：RNA 编辑的概念

解析：RNA 编辑是通过插入、删除或取代碱基改变 mRNA 初级转录本序列的一种加工方式。

7．**答案**：B　　**考点**：真核 RNA 聚合酶的种类及催化产物

解析：真核生物细胞核内主要含 3 类 RNA 聚合酶，即 RNA 聚合酶Ⅰ、RNA 聚合酶Ⅱ、RNA 聚合酶Ⅲ，它们催化的产物各不相同，其中 tRNA 由 RNA 聚合酶Ⅲ催化生成。

8．**答案**：B　　**考点**：mRNA 的转录后加工

解析：mRNA 的转录后加工方式包括 5'-端加 m^7GpppmNp、3'-端加多聚 A 的尾、剪接、甲基化修饰及 RNA 编辑等。

9．**答案**：C　　**考点**：DNA 模板与 RNA 产物的碱基互补配对方式

解析：转录时 DNA 模板与 RNA 产物反向互补，碱基配对方式为 C-G、T-A、A-U。

10．**答案**：C　　**考点**：RNA 复制

解析：RNA 复制是以 RNA 为模板合成 RNA 的过程，参与此过程的酶是 RNA 指导的 RNA 聚合酶。

11．**答案**：B　　**考点**：各种 RNA 的特点

解析：RNA 主要有 mRNA、tRNA 和 rRNA 三类，其中 mRNA 更新最快，tRNA 含有大量稀有碱基，rRNA 总量最多，并与蛋白质结合形成大小两个亚基。

12．**答案**：A　　**考点**：原核 RNA 聚合酶中 σ 因子的功能

解析：原核 RNA 聚合酶的全酶由 $\alpha_2\beta\beta'\omega\sigma$ 共 6 个亚基组成，其中 σ 因子具有识别并结合转录起始点的功能，在转录开始后从全酶脱落。

13．**答案**：B　　**考点**：RNA 转录与 DNA 复制的异同

解析：RNA 转录与 DNA 复制都在细胞核内进行。复制的原料为 dNTP，转录的原料为 NTP。复制需要引物，转录不需要引物。复制时碱基互补配对方式为 A-T、C-G，转录时碱基互补配对方式为 A-U、T-A、C-G。复制产物不需加工，转录产物需要加工。

14．**答案：**D　　**考点：**真核 RNA 聚合酶的种类及催化产物
解析：真核生物细胞核内主要含 3 类 RNA 聚合酶，即 RNA 聚合酶Ⅰ、RNA 聚合酶Ⅱ、RNA 聚合酶Ⅲ，它们催化的产物各不相同，其中 mRNA 由 RNA 聚合酶Ⅱ催化生成。

15．**答案：**C　　**考点：**原核和真核基因转录产物的区别
解析：原核基因的转录产物为多顺反子，而真核基因的转录产物为单顺反子。

16．**答案：**C　　**考点：**真核剪接体的成分
解析：真核 mRNA 的剪接发生在剪接体，剪接体由 5 种小核 RNA（snRNA）和蛋白质装配而成，称为 snRNP（small nuclear ribonucleoprotein particle）。

17．**答案：**D　　**考点：**真核 mRNA 的 poly(A) 尾的合成、结构及功能
解析：真核 mRNA 3'-末端的 poly(A) 是在转录后由 poly(A) 聚合酶在细胞核内催化合成的，具有保护 mRNA 不受降解及增加翻译活性等功能。不同 mRNA 的 poly(A) 长度不同。有些 mRNA 的加工没有加尾过程，如组蛋白 mRNA。

18．**答案：**E　　**考点：**真核生物 mRNA 降解机制
解析：真核细胞 mRNA 的寿命较短，从几分钟到数小时不等。正常 mRNA 降解是其发挥正常生物学功能所必需，而异常转录的 mRNA 也需要被及时降解清除。依赖于脱腺苷酸化的降解是正常 mRNA 降解的主要途径。

19．**答案：**C　　**考点：**真核生物 RNA 聚合酶的种类及各自催化产物
解析：真核生物细胞核内主要含 3 类 RNA 聚合酶，即 RNA 聚合酶Ⅰ、RNA 聚合酶Ⅱ、RNA 聚合酶Ⅲ，它们催化的产物各不相同，其中 mRNA 前体分子 hnRNA 由 RNA 聚合酶Ⅱ催化生成。

20．**答案：**C　　**考点：**真核 mRNA 的转录后加工
解析：在真核细胞中，几乎所有的初级转录本都需要经过转录后加工，才能成为成熟的、有活性的 RNA 分子，其中 mRNA 的前体分子为核内不均一 RNA，即 hnRNA。

21．**答案：**A　　**考点：**原核生物启动子结构
解析：原核生物启动子 -10 区的一致序列为 TATAAT，又称 Pribnow 盒，是 RNA 聚合酶的结合部位。

22．**答案：**A　　**考点：**转录体系
解析：转录是以不对称方式进行的，DNA 双链中只有其中一条链作为转录的模板，称为模板链。

23．**答案：**A　　**考点：**真核生物 RNA 的转录后加工
解析：RNA 编辑是一种 RNA 转录后加工方式，通常包括单个碱基的插入、缺失或改变。

24．**答案：**D　　**考点：**转录作用的特点
解析：转录是以 DNA 为模板，NTP 为原料，合成方向是 5' → 3'，不需要引物。

25．**答案：**C　　**考点：**小核糖核蛋白（snRNPs）的组成
解析：小核 RNA（small nuclear RNAs，snRNAs），其长度在 100 ~ 300 核苷酸之间，各自与多个蛋白质结合为小核糖核蛋白（snRNPs），参与 RNA 剪接。

【A2 型题】

1．**答案：**C　　**考点：**利福霉素抗结核的机制

解析：利福霉素可特异抑制原核生物 RNA 聚合酶的活性，但对真核生物 RNA 聚合酶的活性无影响，临床用于抗结核菌治疗，其作用机制是与 RNA 聚合酶的 β 亚基结合而影响其活性。

2．**答案：**B　　**考点：**真核 RNA 的转录后加工

解析：RNA 编辑是一种 RNA 转录后加工方式，通常包括单个碱基的插入、缺失或改变。apoB-48 的生成是由于碱基的突变（C → U），导致终止密码提前出现。

3．**答案：**C　　**考点：**原核 RNA 聚合酶中 s 因子的功能

解析：σ 因子（或称 σ 亚基）是原核生物 RNA 聚合酶的组分之一，通过特异识别并结合启动子参与转录起始过程，不参与 RNA 链的延长过程。

4．**答案：**A　　**考点：**真核生物 RNA 聚合酶 Ⅰ 的特点

解析：真核生物 RNA 聚合酶有多个种类，其中 RNA 聚合酶 Ⅰ 位于细胞核仁内，催化的产物为 45S rRNA，对鹅膏蕈碱耐受。

5．**答案：**A　　**考点：**真核生物 RNA 聚合酶 Ⅱ 的结构特点

解析：真核生物 RNA 聚合酶 Ⅱ 最大亚基的羧基末端有一段由 7 个氨基酸残基（Tyr-Ser-Pro-Thr-Ser-Pro-Ser）构成的重复序列，称为羧基末端结构域（carboxyl-terminal domain，CTD），所有真核生物 RNA 聚合酶 Ⅱ 都有此结构，不同生物重复次数不同。CTD 在转录起始阶段处于非磷酸化状态，在转录延长阶段被磷酸化。

【B 型题】

1．**答案：**E　2．**答案：**B　3．**答案：**C　　**考点：**RNA 聚合酶的种类及功能

解析：原核生物 RNA 聚合酶只有一种，全酶包括 $\alpha_2\beta\beta'\omega\sigma$ 共 6 个亚基，去除 σ 亚基的部分称为核心酶，在转录延长阶段发挥作用。真核生物 RNA 聚合酶有多种，mRNA 前体（hnRNA）由 pol Ⅱ 催化合成，tRNA 前体由 pol Ⅲ 催化合成。

4．**答案：**B　5．**答案：**C　6．**答案：**E　　**考点：**真核生物 RNA 转录后的加工方式

解析：真核生物转录初级产物通常需要经过加工才能成为成熟的有活性的分子，不同种类的 RNA 有不同的转录方式。tRNA 前体加工时需在 3'-末端加-CCA，mRNA 前体加工时需在 3'-末端加 poly（A）。原核生物的 rRNA 初级转录本也需要进行加工，30S rRNA 前体分子的加工需要 RNase Ⅲ 的参与。

7．**答案：**B　8．**答案：**A　　**考点：**真核基因的结构特点

解析：真核生物的基因为断裂基因，由外显子和内含子间隔排列。外显子是指基因中编码蛋白质的序列，既可转录又可翻译；内含子是指基因中的非蛋白质编码序列，可转录但不翻译。

9．**答案：**D　10．**答案：**C　　**考点：**原核和真核 mRNA 结构特点的比较

解析：真核基因转录生成单顺反子 mRNA，即一个 mRNA 分子只编码一条多肽链。原核基因转录生成多顺反子 mRNA，即几个结构基因，利用共同的启动子及终止信号进行转录，生成的 mRNA 产物可编码多条多肽链。

11．**答案：**D　12．**答案：**A　　**考点：**几种酶的功能特点

解析：以 RNA 为模板指导 RNA 合成的过程称 RNA 复制，需要 RNA 指导的 RNA 聚合酶。具有催化活性的 RNA 称为核酶。

13．**答案：**E　14．**答案：**B　15．**答案：**C　　**考点：**几种酶的功能特点

解析：tRNA 3' 末端的 CCA-OH 结构是转录后由核苷酸转移酶催化添加的。RNase Ⅲ 是一种可以

水解核酸链的酶，参与原核转录初级产物的加工。限制性核酸内切酶也可以水解核酸链，但特异性高，这类酶识别并切割核酸分子中的特异性回文序列。

16．**答案：**B　17．**答案：**A　18．**答案：**D　　**考点：**原核 RNA 聚合酶各组分的功能

解析：原核 RNA 聚合酶的全酶由 $\alpha_2\beta\beta'\omega\sigma$ 共 6 个亚基组成，各种亚基功能各异。识别转录起始点的是 σ 因子，决定转录基因类型的是 α 亚基，与 DNA 模板结合的 β' 亚基。

19．**答案：**B　20. **答案：**D　　**考点：**RNA 的种类及功能特点

解析：siRNA 是宿主对于外源侵入基因表达的双链 RNA 进行切割所产生的具有特定长度和特定序列的小片段 RNA，可以单链形式与外源基因表达的 mRNA 结合，并诱导其降解。核蛋白体（又称核糖体）含有 rRNA 和蛋白质成分。

【X 型题】

1．**答案：**AC　　**考点：**真核 mRNA 的加工

解析：mRNA 前体的剪接在剪接体进行，剪接体包含大约 150 种蛋白质和 5 种 RNA，分别是 U1、U2、U4、U5 和 U6。

2．**答案：**ABC　　**考点：**真核 mRNA 的加工方式

解析：真核生物 mRNA 前体的加工包括 5'-加帽、3'-加多聚 A 尾以及去除内含子拼接外显子等方式。3'-端加 CCA-OH 是 tRNA 前体的加工方式。

3．**答案：**ABC　　**考点：**合成 RNA 的原料

解析：合成 RNA 的原料包括 ATP、GTP、CTP 和 UTP，不包括 TTP。

4．**答案：**BD　　**考点：**核酶的催化特点

解析：核酶的化学本质是 RNA，参与 RNA 前体中内含子的剪接，水解底物为 RNA。

5．**答案：**CD　　**考点：**RNA 的编辑

解析：RNA 编辑是改变 mRNA 初级转录本序列的一种加工方式，包括核苷酸的插入、缺失或取代等形式。

6．**答案：**ABC　　**考点：**真核基因启动子的结构特点

解析：真核基因启动子通常包括 TATA 盒、CAAT 盒、GC 盒等功能组件。Pribnow 盒是原核启动子 -10 区的一致序列。

7．**答案：**BCD　　**考点：**原核基因转录终止的机制

解析：原核基因转录终止的机制包括依赖 ρ 因子和非依赖 ρ 因子两种方式。依赖 ρ 因子的终止机制是：ρ 因子识别 RNA 转录产物上的终止信号并与之结合，ρ 因子和核心酶都可能发生构象改变，从而使核心酶停顿，ρ 因子的解旋酶活性使 DNA/RNA 杂化双链分离，ρ 因子的 ATP 酶活性水解 ATP，所释放的能量使产物从转录复合物中释放，转录终止。非依赖 ρ 因子的终止机制是：由终止子中 G-C 富含区组成的反转重复序列，其转录产物有相应的发卡结构，此发卡结构可阻碍 RNA 聚合酶的行进，由此停止 RNA 聚合作用，这就是非依赖 ρ 因子的转录终止。终止子中还有 A-T 富含区，其转录产物末端有多个 U 残基，在碱基配对中 U ∶ A 配对最不稳定，致使新合成的 RNA 与 DNA 的杂化链解离，转录终止。

8．**答案：**BC　　**考点：**转录体系

解析：转录体系包括模板 DNA、原料 NTP 以及 DNA 指导的 RNA 聚合酶。dNTP 是合成 DNA 的原料；RNA 指导的 DNA 聚合酶参与逆转录过程。

9．**答案：**BD　　**考点：**原核基因转录特点

解析：原核基因转录的原料是 NTP，转录延长过程需要 RNA 聚合酶的核心酶，转录产物是多顺反

子。RNA pol Ⅰ是真核生物的 RNA 聚合酶。

10．**答案：**BCD　　**考点：**真核生物的 mRNA 结构特点

解析：真核 mRNA 在 5'-末端有 7-甲基鸟嘌呤核苷“帽子”结构，3'-末端有多聚腺苷酸“尾”结构，从起始密码到终止密码之间的核苷酸序列称为开放阅读框。TATA 盒属于真核启动子结构。

11．**答案：**ABC　　**考点：**真核 mRNA 加工主要方式

解析：真核 mRNA 加工包括 5'-末端加 7-甲基鸟嘌呤核苷“帽子”、3'-末端加多聚腺苷酸“尾”、RNA 剪接、RNA 编辑等形式。在分子伴侣协助下折叠成天然构象是蛋白质的翻译后加工方式。

12．**答案：**ABC　　**考点：**真核基因转录起始特点

解析：在真核基因的转录起始阶段，RNA 聚合酶不与转录模板直接结合，而需依赖多个通用转录因子与启动子结合，以及转录因子之间相互识别与结合，形成转录前起始复合物，才能启动转录。这些转录因子包括 TFⅡA、TFⅡD、TBP 等。TFⅢ是 RNA pol Ⅲ转录作用的转录因子。

13．**答案：**ABCD　　**考点：**tRNA 前体的主要加工方式

解析：tRNA 前体的加工包括剪切、去除内含子、3'-末端加 CCA 以及碱基的化学修饰等方式。

14．**答案：**ABC　　**考点：**真核生物转录因子Ⅱ的特点

解析：转录因子Ⅱ属于真核基本转录因子，参与真核 mRNA 的转录，在进化过程中高度保守。

15．**答案：**ABC　　**考点：**转录时碱基配对规律

解析：转录是以 DNA 为模板合成 RNA 的过程。DNA 中含 A、G、C、T 四种碱基，而 RNA 所含碱基位 A、G、C、U，在转录时碱基配对的规律是 A → U、T → A、C → G、G → C。

二、名词解释（答案要点）

1．转录：以 DNA 为模板合成 RNA 的过程，将 DNA 所携带的遗传信息传递给 RNA 分子。

2．模板链：指 DNA 分子中一条具有转录功能的链，可为 RNA 的转录提供模板。

3．编码链：指 DNA 分子中一条不具备转录功能的链，其序列与 RNA 转录本基本相同（T 代替 U）。

4．启动子：识别和结合 RNA 聚合酶，并启动转录的 DNA 序列。

5．剪接：前体 RNA 切除部分核苷酸片段（内含子），而将剩余片段（外显子）再连接而形成 RNA 的过程，是 RNA 加工的一种方式。

6．可变剪接：一个相同的初级转录本，在不同的组织中由于剪接作用的差异，可以产生具有不同编码信息的 mRNA，导致翻译生成不同的蛋白质产物，这种剪接方式称为可变剪接。

7．断裂基因：真核基因由外显子与内含子相间排列，共同被转录，称断裂基因。初级转录本的内含子对应序列在转录后被去除，外显子转录本相连，形成成熟的 mRNA。

8．RNA 编辑：通过插入、删除或取代碱基改变 mRNA 初级转录本序列的一种加工方式。

9．核酶：具有催化活性，可催化自身内含子进行剪接的一种 RNA 分子。

三、问答题（答案要点）

1．相同点：(1) 以 DNA 为模板；(2) 需要依赖 DNA 的聚合酶；(3) 聚合反应遵循碱基互补配对原则；(4) 聚合反应生成 3',5'-磷酸二酯键；(5) 链延伸方向均为 5' → 3'。

不同点：

	复制	转录
原料	dNTP	NTP
聚合酶	DNA 聚合酶	RNA 聚合酶
引物	需要	不需要
碱基配对方式	T-A，C-G	A-U，T-A，C-G
产物	DNA	RNA
加工	不需要	需要

2．真核生物基因转录过程与原核生物基本相似，但更为复杂，其特点如下：
（1）转录起始过程复杂：① 上游调控序列含启动子、增强子、沉默子等多种顺式作用元件；② RNA pol 不直接与模板结合；③ 多种转录因子与 pol 共同形成转录前起始复合物。（2）转录延长过程中转录与翻译不同步。（3）转录终止和加尾修饰同时进行。

3．真核生物 mRNA 前体的转录后加工形式主要有：（1）加帽：5'-末端加 7-甲基鸟嘌呤（$m^7GpppmNp$）；（2）加尾：3'-末端加 poly(A)；（3）剪接：转录后的 hnRNA 去除内含子，连接外显子；（4）可变剪接：mRNA 前体分子被加工成不同的 mRNA；（5）mRNA 编辑：通过插入、删除或取代碱基改变 mRNA 初级转录本序列的一种加工方式。

4．真核生物中参与转录的反式作用因子主要有两大类：（1）通用转录因子，是 RNA 聚合酶转录基因时所必需的一类辅助因子，帮助 RNA 聚合酶与启动子结合并起始转录，对所有基因转录都是必需的，又称基本转录因子。（2）特异转录因子，为基因特异转录所必需，决定该基因的时间、空间特异性表达。此类转录因子有的起转录激活作用，称转录激活因子；有的起转录抑制作用，称转录抑制因子。

5．可变剪接是指一个相同的初级转录本，在不同的组织中由于剪接作用的差异，可以产生具有不同编码信息的 mRNA，导致翻译生成不同蛋白质产物的剪接方式。例如，甲状腺中降钙素及脑中的降钙素基因相关肽（CGRP）就是来自同一个初级转录本。在甲状腺中，初级转录本进行剪接后，由外显子 1、2、3、4 连接而成的 mRNA，翻译的产物为降钙素。而在脑中，经剪接作用由外显子 1、2、3、5、6 连接而成的 mRNA，翻译后的产物为 CGRP。据估计，人类基因组中 90% 以上的蛋白质编码基因以可变剪接方式产生一种以上的亚型，其生理意义在于有限的基因种类可以产生更多的蛋白质产物。

6．核酶是具有催化活性，可催化自身内含子进行剪接的一种 RNA 分子。在核酶发现之前，大家公认所有的酶都是蛋白质，核酶的发现，扩展了人类对酶的认识，即并非所有的酶都是蛋白质，有一部分酶的化学本质是 RNA。核酶研究的重要意义在于：①核酶的发现是对传统酶学的挑战；②核酶的发现，为生命起源的讨论提供新线索；③参考核酶的结构可以合成人工核酶，用于某些疾病治疗的研究。

7．转录是以 DNA 的一条链为模板合成 RNA 的过程。DNA 的碱基序列是决定蛋白质氨基酸序列的原始模板，而 mRNA 是蛋白质合成的直接模板，即 RNA 是遗传信息从 DNA 传递到蛋白质的中介体。通过转录，遗传信息由 DNA 传递到 RNA，RNA 把 DNA 和蛋白质这两种生物大分子从功能上衔接起来。

8．因为单个基因可以转录产生许多 RNA 拷贝，并且 RNA 最终要被降解和替换，所以转录产生的错误 RNA 远没有复制所产生的 DNA 错误对细胞的影响大。实际上，RNA 聚合酶也有一定的校正功能，可以将转录过程中错误加入的核苷酸切除。

（倪菊华）

第十五章 蛋白质的合成

第一节 学习要求

掌握：蛋白质生物合成（翻译）的概念；遗传密码的概念及其特点；信使 RNA（mRNA）、转运 RNA（tRNA）及核糖体 RNA（rRNA）在蛋白质合成中的作用；参与蛋白质生物合成的物质。

熟悉：蛋白质生物合成的过程；多核糖体的概念；氨基酰-tRNA 合成酶的作用特点；真核与原核生物蛋白质合成的相同与不同点；肽链合成后的加工过程。

了解：蛋白质生物合成中的多核糖体循环；蛋白质生物合成中各个蛋白因子及酶的作用；蛋白质合成后亚细胞定位的机制；蛋白质合成阻断剂的作用原理及临床应用。

第二节 内容精要

蛋白质生物合成本质是将 mRNA 分子中核苷酸序列编码的“4 字母”（4 种核苷酸 AUCG）遗传信息，解读为蛋白质一级结构中“20 字母”（20 种氨基酸）的氨基酸顺序信息，所以称为翻译。

一、蛋白质合成体系

（一）mRNA 是蛋白质合成的信息模板

在 mRNA 分子中，每 3 个相邻的核苷酸为一组，在蛋白质生物合成中编码某种特定的氨基酸或蛋白质合成的终止信号，统称为遗传密码（genetic code）。其中，单个密码称为密码子（codon）；起始密码（initiation codon）AUG 为多肽链合成的起始信号，编码甲硫氨酸；终止密码（termination codon）包括 UAA、UAG、UGA，它们不编码任何氨基酸，是肽链合成的终止信号（表 15-1）。

表15-1 遗传密码子表

第一个核苷酸（5′-端）	第二个核苷酸				第三个核苷酸（3′-端）
	U	C	A	G	
U	苯丙氨酸 苯丙氨酸 亮氨酸 亮氨酸	丝氨酸 丝氨酸 丝氨酸 丝氨酸	酪氨酸 酪氨酸 终止密码 终止密码	半胱氨酸 半胱氨酸 终止密码 色氨酸	U C A G
C	亮氨酸 亮氨酸 亮氨酸 亮氨酸	脯氨酸 脯氨酸 脯氨酸 脯氨酸	组氨酸 组氨酸 谷氨酰胺 谷氨酰胺	精氨酸 精氨酸 精氨酸 精氨酸	U C A G
A	异亮氨酸 异亮氨酸 异亮氨酸 甲硫氨酸	苏氨酸 苏氨酸 苏氨酸 苏氨酸	天冬酰胺 天冬酰胺 赖氨酸 赖氨酸	丝氨酸 丝氨酸 精氨酸 精氨酸	U C A G
G	缬氨酸 缬氨酸 缬氨酸 缬氨酸	丙氨酸 丙氨酸 丙氨酸 丙氨酸	天冬氨酸 天冬氨酸 谷氨酸 谷氨酸	甘氨酸 甘氨酸 甘氨酸 甘氨酸	U C A G

遗传密码的特点见表 15-2。

表15-2　遗传密码的特点

方向性	读码方向从 mRNA 的起始密码子 AUG 开始，5' → 3'，直至终止密码子
连续性	密码子之间无间隔，3 个一组连续阅读直至终止密码子
简并性	多个密码子编码一种氨基酸，多数情况下密码子的特异性主要由前两位核苷酸决定
摆动性	密码子与反密码子配对有时会出现不遵从碱基配对规律的情况
通用性	从病毒、植物到人类，所有生物在蛋白质生物合成中都使用一套遗传密码

遗传密码的摆动现象常见于密码子的第三位碱基配对反密码子的第一位碱基。摆动配对使一种 tRNA 可识别 mRNA 的 1 ~ 3 种简并性密码子。密码子的简并性与摆动性的意义在于：使生物体能够抵抗进化中由随机突变带来的错义突变的危害，因为密码子第三位碱基突变对编码蛋白质序列的影响较小。

通用性中有个别例外，如哺乳动物线粒体内有些密码子编码方式不同于通用遗传密码。

（二）tRNA 是氨基酸和密码子之间的特异连接物

tRNA 是氨基酸的运载体（搬运工）。tRNA 以氨基酸臂的-CCA 腺苷酸 3'-羟基与相应的氨基酸结合，tRNA 序列中的反密码子与 mRNA 密码子互补结合，使得 tRNA 携带的氨基酸在 mRNA 序列上准确定位（图 15-1）。

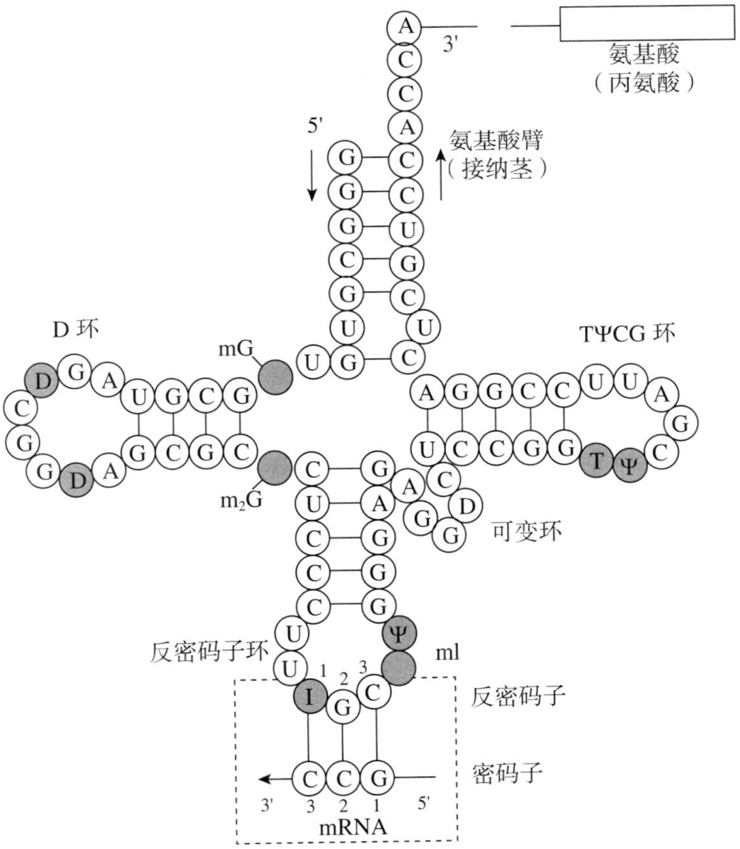

图 15-1　tRNA 的反密码子与 mRNA 密码子反向互补

（三）核糖体是蛋白质合成的场所

核糖体是多肽链的移动“装配机”（图 15-2）。

表15-3　核糖体的重要功能部位

名称	功能
mRNA 结合部位	识别并结合模板 mRNA
氨基酰位	即 aminoacyl site，A 位，氨基酰 tRNA 进入并结合部位
肽酰位	即 peptidyl site，P 位，肽酰 tRNA 的结合部位
排出位	即 exit site，E 位，结合经肽酰转移后空载的 tRNA，随后脱落
转肽酶活性部位	催化氨基酸缩合形成肽键，延长新生多肽链

（四）蛋白质生物合成需要多种酶类和蛋白质因子

蛋白质生物合成需要由 ATP 或 GTP 供给能量，需要 Mg^{2+}、转肽酶、氨基酸-tRNA 合成酶、无机盐和酶类，在起始、延长及终止各阶段还分别需要起始因子（initiation factor，IF）、延长因子（elongation factor，EF）及终止因子（release factor，RF）等特异的蛋白质因子。

二、氨基酸与 tRNA 的连接

（一）氨基酰-tRNA 合成酶识别特定氨基酸和 tRNA

氨基酰-tRNA 合成酶催化氨基酸与 tRNA 的连接，该过程的准确性是正确合成蛋白质的关键步骤。

表15-4　氨基酰-tRNA合成酶的特点

特点名称	特点描述
绝对专一性	酶对氨基酸及 tRNA 两种底物均特异识别，催化一个特定的氨基酸结合至相应 tRNA 分子形成氨基酰-tRNA，该过程称为氨基酸活化
耗能	每个氨基酸活化需要消耗 2 个来自 ATP 的高能磷酸键
校对活性	当 tRNA 携带了错误的氨基酸，氨基酰-tRNA 合成酶能水解错误氨基酸酯键，换上正确氨基酸

（二）肽链合成的起始需要特殊的起始氨基酰 -tRNA

结合在起始密码子处的 Met-tRNA 与结合阅读框内部的 Met 密码子的 Met-tRNA 在结构上是有差别的。真核生物起始氨基酰-tRNA 是 Met-$tRNAi^{Met}$（initiator-tRNA）；原核生物则为 fMet-$tRNA^{fMet}$，其中的 Met 被甲酰化（N-formyl methionine，fMet）。

三、肽链的生物合成过程

翻译过程包括起始（initiation）、延长（elongation）和终止（termination）三个阶段。真核生物的肽链合成过程与原核生物的肽链合成过程基本相似，只是反应更复杂。

（一）翻译起始复合物的装配启动肽链合成

起始复合物由 mRNA、起始氨基酰 -tRNA 及核糖体大小亚基所组成（表 15-5）。

1．原核生物翻译起始复合物的形成

（1）核糖体大、小亚基分离：完整核糖体在起始因子 IF 帮助下解离为大小亚基。

（2）mRNA 与核糖体小亚基结合：小亚基准确识别并结合 mRNA 的起始密码子 AUG。该过程有赖于小亚基中的 16S rRNA 通过碱基互补识别 mRNA 上游的-AGGAGG-核糖体结合位点（ribosomal binding site，RBS），又称 S-D（Shine-Dalgarno）序列。

（3）fMet-$tRNA^{fMet}$ 结合在核糖体的 P 位：fMet-$tRNA^{fMet}$ 与结合 GTP 的 IF-2 一起，识别定位于 P 位的起始密码子 AUG 处。A 位被起始因子 IF-1 占据，不与任何氨基酰-tRNA 结合，为新的氨基酰-tRNA 的进入及肽链延伸做准备。

（4）翻译起始复合物形成：GTP 水解，释放的能量促使起始因子脱离，大亚基与结合了 mRNA、fMet-tRNA^{fMet} 的小亚基结合，形成翻译起始复合物。

2．真核生物翻译起始复合物的形成

真核生物蛋白质合成起始过程与原核基本类似（表 15-5），但更为复杂。mRNA 的 5'-帽和 3'-多聚 A 尾都是正确起始所依赖的。真核生物的起始 tRNA 先于 mRNA 结合于小亚基，与原核生物装配顺序不同。

表15-5　原核生物与真核生物肽链合成起始比较

步骤	原核生物	真核生物
一	核糖体大小亚基分离	核糖体大小亚基分离
二	小亚基定位于 mRNA 起始密码子附近	Met-tRNAi^{Met} 定位于小亚基 P 位
三	fMet-tRNA^{fMet} 结合在核糖体的 P 位	核糖体小亚基与 mRNA 定位结合
四	核糖体大亚基结合形成起始复合物	核糖体大亚基结合形成起始复合物

（1）43S 前起始复合物的形成：完整核糖体在真核起始因子 eIF（eukaryote initiation factor）帮助下解离为大小亚基。Met-tRNAi^{Met} 定位于小亚基 P 位，形成 43S 的前起始复合物。

（2）mRNA 与核糖体小亚基结合：43S 前起始复合物沿着 mRNA 5' 向 3' 扫描定位于起始密码子 AUG。 mRNA 的 5'-帽和 3'-多聚 A 尾、eIFs、核糖体中的蛋白质及 rRNA 均参与识别肽链合成起始点。

（3）核糖体大亚基结合形成起始复合物。

（二）在核糖体上重复进行的三步反应延长肽链

翻译起始复合物形成后，核糖体从 mRNA 的 5'-端向 3'-端滑动，依据密码子顺序，从 N 端向 C 端合成多肽链。这是一个在核糖体上重复进行进位、成肽和转位的循环过程，每完成一次，肽链上即可增加 1 个氨基酸残基，该过程又称核糖体循环（ribosome cycle）。这一过程除了需要 mRNA、tRNA 和核糖体外，还需数种延长因子和 GTP。下面介绍原核生物肽链延长过程（表 15-6）。

表15-6　原核生物肽链延长过程

步骤	过程
进位	对应于 mRNA 模板的一个氨基酰 -tRNA 进入并结合到核糖体 A 位的过程
成肽	转肽酶催化两个氨基酸间肽键的形成。A 位的氨基酰-tRNA 转变为肽酰 -tRNA
转位	成肽反应后，核糖体沿着 mRNA 移位一个密码子的距离

1．进位（entrance）：也叫注册（registration），该过程需要延长因子 EF-Tu 和 EF-Ts 及 GTP。

2．成肽：位于核糖体大亚基的转肽酶是一种本质为 RNA 的核酶。

3．转位后，P 位的空载 tRNA 移至 E 位从核糖体脱落，A 位的肽酰 -tRNA 转至 P 位，使得 A 位空出并定位在 mRNA 的下一个密码子上，进入下一个进位、成肽、转位循环。转位需要 GTP，原核生物转位过程需要延长因子 EF-G（图 15-2）。

真核生物肽链延长机制与上述原核生物相似，不同之处在于，所需要的延长因子不同，进位时需要 eEF1，转位时需要 eEF2。

蛋白质合成中，每生成 1 个肽键，平均需消耗 4 个高能磷酸键。如此高的能量消耗是用于两个特定氨基酸之间肽键的形成，这些能量保证了遗传信息从 mRNA 到蛋白质翻译过程的高度保真性（表 15-7）。

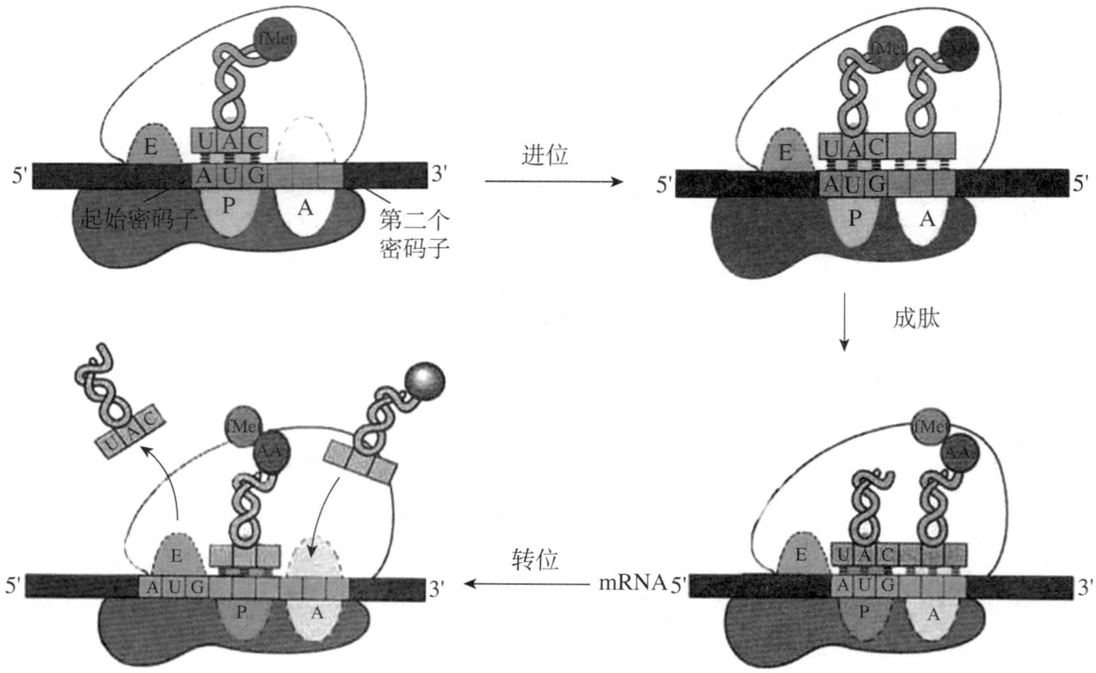

图 15-2　原核生物核蛋白体循环

表15-7　蛋白质合成一个肽键消耗的能量

过程		能量消耗
氨基酸活化		2 个 ATP
肽链延长	进位	1 个 GTP
	转位	1 个 GTP
合计		4 个高能磷酸键

（三）终止密码子和释放因子导致肽链合成停止

当核糖体 A 位出现 mRNA 的终止密码子后，多肽链合成停止。终止因子 RF 识别终止密码子并进入 A 位，触发核糖体构象改变，将转肽酶活性转变为酯酶活性，水解肽链与 tRNA 之间的酯键，释放新生肽链。从 mRNA 上脱落的核糖体分解为大、小两个亚基，参与新的肽链合成过程。

无论原核还是真核细胞内，一条 mRNA 模板链上都可附着 10 ~ 100 个核糖体，这种由多个核糖体结合在一条 mRNA 链上同时进行肽链合成所形成的聚合物称为多聚核糖体。

真核生物的肽链合成过程与原核基本相似，只是反应更复杂、涉及的蛋白质因子更多。真核和原核生物肽链合成过程的比较见表 15-8。

表15-8　真核和原核肽链合成过程的比较

	原核细胞	真核细胞
mRNA	多顺反子（polycistron）无“帽、尾”结构，5'-起动信号上游有 SD 序列	单顺反子 (monocistron) 有“帽、尾”结构，无 SD 序列
核蛋白体	70 S（由 30 S 和 50 S 亚基组成）	80 S（由 40 S 和 60 S 亚基组成）
起始 AA	fMet-$tRNA_f^{Met}$	Met-$tRNA_i^{Met}$
IF、EF 及 RF	IF 3 种 EF-Tu、EF-Ts、EF-G RF_1、RF_2、RF_3	eIF 10 多种 eEF_1、eEF_2 eRF
转录与翻译的关系	转录翻译偶联（几乎同时进行）	不偶联（分隔进行）
抑制剂	抗生素	白喉毒素、植物毒素等

四、蛋白质合成后的加工和靶向运输

新生肽链需经翻译后加工（post-translational processing），转变为具有天然构象的功能蛋白质，并需被定向输送到合适的部位才能行使各自的生物学功能。

（一）新生肽链折叠需要分子伴侣

细胞中大多数天然蛋白质折叠不能自动完成，需要其他酶或蛋白质的辅助（表 15-9）。

表15-9　细胞中的分子伴侣种类

名称	功能
分子伴侣家族	指导新生肽链按特定方式正确折叠，热激蛋白及伴侣蛋白多见
二硫键异构酶	催化蛋白质形成正确二硫键连接
肽 - 脯氨酰顺反异构酶	促进多肽在各脯氨酸弯折处形成准确折叠

分子伴侣家族（molecular chaperone）中的热激蛋白（heat shock protein，HSP）通过水解 ATP，与新生肽段疏水残基依次结合、解离的循环，促进蛋白质折叠形成天然空间构象。伴侣蛋白（chaperonin）为非自发折叠肽链提供能折叠形成天然空间构象的封闭微环境，完成蛋白质折叠。

分子伴侣并未加快肽链折叠反应的速度，只是通过消除不正确折叠，增加功能性蛋白质折叠产率而促进了天然蛋白质的折叠。

（二）肽链水解加工产生具有活性的蛋白质或多肽

新生肽链的有限水解是一种最常见的翻译后加工形式，几乎所有成熟多肽链都要经过这种形式加工（表 15-10）。

表15-10　新生肽链有限水解的种类和部位

N 端	1．起始氨基酸残基 Met 或 fMet 大部分被切除 2．N-端的信号肽完成蛋白质靶向运输后被切除
C 端	有些情况下 C 端的氨基酸残基需要被切除从而使蛋白质呈现特定功能
肽链中	某些无活性的蛋白质前体需经蛋白酶水解方可生产具有活性的蛋白质或多肽

某些无活性的蛋白质前体需经蛋白酶水解方可产生具有活性的蛋白质或多肽。如胰岛素原被酶解产生有活性的胰岛素；多种消化道的酶原经裂解形成有活性的消化酶；有的多肽链经水解可产生数种小分子活性肽，如阿黑皮素原可被水解而生成促肾上腺皮质激素、β-促脂解素、α-促黑激素、促皮质素样中叶肽、γ-促脂解素、β-内啡肽、β-促黑激素、γ-内啡肽及 α-内啡肽等 9 种活性物质。

（三）氨基酸残基的化学修饰改变蛋白质的活性

氨基酸残基的侧链基团化学修饰显著增加了肽链中的氨基酸种类。已发现蛋白质中存在 100 多种修饰性氨基酸，这些修饰性氨基酸对于调节蛋白质功能非常重要。如真核细胞内组蛋白的乙酰化、甲基化等修饰可以影响染色质的精细结构，进而参与基因表达调控、DNA 损伤修复等多种细胞功能。蛋白质磷酸化则是关键代谢酶活性及细胞内信号传导的重要调节机制。

（四）亚基聚合形成具有四级结构的活性蛋白质

生物体内许多功能蛋白质是由两条以上肽链构成，需经亚基聚合和辅基连接等过程，形成正确的空间结构，才具有完整的生物学功能。各个蛋白亚基聚合时所需要的信息蕴藏在肽链的氨基酸序列之中。

（五）蛋白质合成后被靶向输送至细胞特定部位

真核生物蛋白质在胞液合成后，定向输送到最终发挥生物学功能的细胞靶部位的过程称为蛋白质的靶向输送。靶向输送蛋白质的一级结构中存在特异信号序列，也称分选信号，是决定蛋白质靶向输送特性的最重要元件（表 15-11）。

表15-11　蛋白质亚细胞定位分选信号

蛋白质种类	信号序列	结构特点
分泌蛋白质和质膜蛋白质	信号肽	15 ~ 30 个氨基酸，位于 N 端，中间为疏水性氨基酸
内质网蛋白质	内质网滞留信号	C 端的 Lys-Asp-Glu-Leu（KDEL）
核基因组编码的线粒体蛋白质	线粒体导肽	20 ~ 35 个氨基酸，位于 N 端
溶酶体蛋白质	溶酶体靶向信号	甘露糖-6-磷酸（Man-6-P）
核蛋白质	核定位信号	4 ~ 8 个氨基酸，位于内部，含 Pro、Lys、Arg，典型序列为 K-K/R-X-K/R

1．分泌型蛋白质在内质网加工转运。

真核细胞分泌蛋白质合成与转运同时发生，先进入内质网。①分泌蛋白质 N 端的信号肽在核糖体上首先被合成。②信号肽识别颗粒（SRP）与信号肽和核糖体结合，引导复合体结合内质网膜上的 SRP 受体。③诱导开放跨内质网膜通道，信号肽启动正在合成的肽链转位进入内质网腔，肽链继续延长至完成。④信号肽迅速降解，各种成分解聚后再循环。⑤肽链在内质网中折叠形成最终构象，随内质网膜“出芽”形成囊泡转移至高尔基复合体，最后被包装进分泌小泡，转运至细胞膜，分泌至细胞外。

2．定位于内质网的蛋白质 C 端含有滞留信号序列

内质网中含有多种帮助新生肽链折叠成天然构象的蛋白质，如分子伴侣等，通过肽链 C 端的滞留信号定位于内质网。

3．大部分线粒体蛋白质在胞质合成后靶向输送至线粒体

线粒体中虽然含有 DNA、核糖体、tRNA 等可以进行蛋白质合成，但绝大部分线粒体蛋白质是由细胞核基因组的基因编码，在胞质核糖体上合成，由在多肽序列中的线粒体信号导肽指导下靶向输送至线粒体。

4．质膜蛋白质由囊泡靶向转运至细胞膜

定位于质膜的蛋白质靶向跨膜机制与分泌型蛋白质相似，不过质膜蛋白质的肽链并不完全进入内质网腔，而是锚定在内质网膜上，通过内质网膜“出芽”而形成囊泡。质膜蛋白质随囊泡转移至高尔基复合体加工，再随囊泡转运至细胞膜。

5．细胞核蛋白质由核输入因子运载经核孔入核

细胞核内含有多种蛋白质，如参与 DNA 复制、转录的各种酶和蛋白质因子等，它们都是在胞质中合成经核孔进入细胞核。靶向输送的胞核蛋白质含有核定位序列（nuclear localization signal，NLS），由核输入因子（nuclear importin）识别结合 NLS 序列，引导胞核蛋白质 - 输入因子复合物跨核孔进入核基质，该过程需要低分子量 G 蛋白 Ran 水解 GTP 提供能量。核输入因子再被利用，NLS 定位后不切除。

五、蛋白质合成的干扰和抑制

（一）许多抗生素通过抑制蛋白质合成发挥作用

某些抗生素（antibiotics）可抑制细胞的蛋白质合成，仅作用于原核细胞蛋白质合成的抗生素可作为抗菌药，抑制细菌生长和繁殖，预防和治疗感染性疾病。作用于真核细胞蛋白质合成的抗生素可以作为抗肿瘤药（表 15-12）。

1．抑制肽链合成起始的抗生素　伊短菌素（edeine）和密旋霉素（pactamycin）使 mRNA 不能在核糖体正确定位，阻碍翻译起始复合物的形成，对所有生物的蛋白质合成均有抑制作用。晚霉素（eveninomycin）阻止 fMet-$tRNA^{fMet}$ 的正确就位。

2．抑制肽链延长的抗生素

（1）干扰进位：四环素（tetracycline）特异性结合原核核糖体小亚基，抑制氨基酰 -tRNA 的进位；

（2）引起读码错误的抗生素：氨基糖苷（aminoglycoside）类抗生素如链霉素（streptomycin）、潮霉素 B（hygromycin）和新霉素（neomycin）均能与原核生物小亚基结合，影响密码子配对的精确性和效率，引起读码错误。

（3）影响成肽的抗生素：氯霉素（chloramphenicol）可结合核糖体 50S 大亚基，阻止转肽酶催化的肽键形成；林可霉素（lincomycin）作用于 A 位和 P 位，阻止 tRNA 在这两个位置就位而抑制肽键形成；大环内酯类（macrolide）抗生素如红霉素（erythromycin）能与核糖体 50S 亚基中肽链排出通道结合，阻止新生肽链从核糖体大亚基排出，从而阻止肽键进一步形成。嘌呤霉素（puromycin）结构与酪胺酰 -tRNA 相似，在翻译中可取代酪胺酰 -tRNA 而中断肽链合成，对原核真核生物均有抑制蛋白合成的作用，临床用作抗肿瘤药物。放线菌酮（cycloheximide）特异性抑制真核生物核糖体转肽酶的活性，主要用于医学研究。

（4）影响转位的抗生素：夫西地酸（fusidic acid）、硫链丝菌肽（thiostrepton）和微球菌素（micrococcin）抑制 EF-G 的酶活性，阻止核糖体转位。大观霉素（spectiomycin）结合原核核糖体小亚基，阻碍小亚基变构，抑制 EF-G 催化的转位反应。

表15-12　常用抗生素抑制肽链生物合成的原理和应用

抗生素	作用位点	作用原理	应用
伊短菌素	原核、真核核糖体小亚基	阻碍翻译起始复合物形成	抗病毒
四环素	原核核糖体小亚基	抑制氨基酰-tRNA 与小亚基结合	抗菌
链霉素、新霉素、巴龙霉素	原核核糖体小亚基	改变构象引起读码错误、抑制起始	抗菌
氯霉素、林可霉素、红霉素	原核核糖体大亚基	抑制转肽酶、阻断肽链延长	抗菌
嘌呤霉素	原核、真核核糖体	与酪胺酰-tRNA 相似，中断肽链合成	抗肿瘤
放线菌酮	真核核糖体大亚基	抑制转肽酶	医学研究
夫西地酸、微球菌素	EF-G	抑制 EF-G、阻止转位	抗菌
大观霉素	原核核糖体小亚基	阻止转位	抗菌

（二）某些毒素抑制真核生物蛋白质合成

某些毒素可经不同机制干扰真核生物蛋白质合成而呈现毒性作用。白喉毒素（diphtheria）抑制真核细胞蛋白质合成延长阶段，阻断蛋白质合成。蓖麻毒素（ricin）是蓖麻子中所含的植物蛋白质，可使真核核糖体大亚基失活呈现毒性。

第三节　应试习题

一、选择题（题目前 * 表示西医综合题目，题目前 # 表示执业医师题目）

【A1 型题】

1．*# 遗传密码的简并性是指（2005,2013）
   A．一些三联体密码可缺少一个嘌呤碱或嘧啶碱
   B．密码中有许多稀有碱基
   C．大多数氨基酸有一组以上的密码
   D．一些密码适用于一种以上的氨基酸
   E．密码子与反密码子的配对有时并不严格遵守碱基互补原则

2．原核生物蛋白质生物合成中肽链延长所需的能量来源于
   A．ATP
   B．GTP
   C．GDP
   D．UTP
   E．CTP

3．下列关于氨基酸密码的叙述，正确的是
A．由 DNA 链中相邻的 3 个核苷酸组成
B．由 tRNA 链中相邻的 3 个核苷酸组成
C．由 mRNA 链中相邻的 3 个核苷酸组成
D．由 rRNA 链中相邻的 3 个核苷酸组成
E．由多肽链中相邻的 3 个氨基酸组成

4．核糖体“受位”的功能是
A．催化肽键形成
B．从 tRNA 水解新生肽链
C．接受新进位的氨基酰 tRNA
D．转肽
E．活化氨基酸

5．真核生物在蛋白质生物合成中的启动 tRNA 有
A．亮氨酰 tRNA
B．丙氨酰 tRNA
C．赖氨酰 tRNA
D．甲酰甲硫氨酰 tRNA
E．甲硫氨酰 tRNA

6．蛋白质生物合成中不需要 ATP 或者 GTP 直接参与的步骤是
A．氨基酰 -tRNA 合成
B．启动
C．肽链延长
D．成肽
E．终止

7．mRNA 作为蛋白质合成的模板，其主要原因是
A．含有核糖核苷酸
B．代谢快
C．含量少
D．由 DNA 转录而来
E．含有密码子

8．蛋白质生物合成属于
A．蛋白质水解的逆反应
B．肽键合成的化学反应
C．遗传信息的逆向传递
D．在核糖体上以 mRNA 为模板的多肽链合成过程
E．氨基酸的自发反应

9．反密码子是指
A．DNA 中的遗传信息
B．tRNA 中与密码子互补的序列
C．mRNA 中除密码子以外的其他部分
D．rRNA 中与密码子互补的序列
E．密码子的相应氨基酸

10．兼可抑制真、原核生物蛋白质生物合成的抗生素是
A．放线菌酮
B．四环素
C．链霉素
D．氯霉素
E．嘌呤霉素

11．可识别分泌蛋白质新生肽链 N 端的物质是
A．转肽酶
B．信号肽识别颗粒
C．GTP 酶
D．RNA 酶
E．mRNA 的聚 A 尾部

12．#蛋白质合成时，氨基酸的活化部位是（2015）
A．烷基
B．羧基
C．氨基
D．硫氢基
E．羟基

13．蛋白质合成后加工，不包括
A．蛋白质磷酸化
B．信号肽切除
C．蛋白质糖基化
D．酶的构象改变
E．蛋白质乙酰化

14．信号肽位于
A．分泌蛋白质新生链的中段
B．成熟的分泌蛋白质 N 端
C．分泌蛋白质新生链的 C 端
D．成熟的分泌蛋白质 C 端
E．分泌蛋白质新生链的 N 端

15．原核生物蛋白质合成的 30S 起动复合体，其组成成分包括
A．甲酰甲硫氨酰 tRNA，IFs，GTP
B．甲酰甲硫氨酰 tRNA，IFs，ATP
C．甲硫氨酰 tRNA，IFs，GTP
D．甲酰甲硫氨酰 tRNA，IFs，ATP
E．甲酰甲硫氨酰 tRNA，EFs，GTP

16．下列密码子中不代表氨基酸的是
A．UUA
B．UCU
C．UAU

D．UGA

E．UCA

17．氨基酸活化的特异性取决于

A．rRNA

B．tRNA

C．转肽酶

D．核糖体

E．氨基酰 -tRNA 合成酶

18．下述关于真核生物选择正确的翻译起始点的说法中，错误的是

A．位于起始密码 AUG 上游的 S-D 序列是 16S rRNA 识别所必需的

B．mRNA 的 5'-帽和 3'-多聚 A 尾都是正确起始所依赖的

C．真核生物的起始 tRNA 先于 mRNA 结合于小亚基

D．真核生物的起始密码子常位于 Kozak 共有序列中

E．起始因子 eIF 有多种

19．定位于不同细胞器的蛋白质合成后需要被靶向运输，到达预定部位后信号序列不被切除的是

A．溶酶体蛋白质

B．细胞膜蛋白质

C．细胞外蛋白质

D．线粒体蛋白质

E．细胞核蛋白质

20．* 下列关于核蛋白体的叙述，正确的是（2006）

A．是遗传密码的携带者

B．由 rRNA 与蛋白质构成

C．由 snRNA 与 hnRNA 构成

D．由 DNA 与蛋白质构成

E．由引物、DNA 和蛋白质构成

21．# 反密码子 5'-UAG-3' 识别的 mRNA 上的密码子是（2000）

A．GTC

B．ATC

C．AUC

D．CUA

E．CTA

22．下列关于氨基酸密码的描述，错误的是

A．密码有种属特异性，所以不同生物合成不同的蛋白质

B．密码阅读有方向性，5'-端起始，3'-端终止

C．一种氨基酸可有一种以上的密码

D．一组密码只代表一种氨基酸

E．密码第 3 位（即 3'-端）碱基在决定参入氨基酸的特异性方面重要性较小

23．# 蛋白质生物合成的起始复合物中不包含（2000）

A．mRNA

B．DNA

C．核蛋白体小亚基

D．核蛋白体大亚基

E．氨基酰 -tRNA

24．* 下列关于原核生物蛋白质合成的叙述，正确的是（2013）

A．一条 mRNA 编码几种蛋白质

B．释放因子是 eRF

C．80S 核蛋白体参与合成

D．核内合成，胞液加工

25．* 下列选项中，属于蛋白质生物合成抑制剂的是（2011）

A．5- 氟尿嘧啶

B．卡那霉素

C．甲氨蝶呤

D．别嘌令醇

26．* 蛋白质生物合成过程中，能在核蛋白体 E 位上发生的反应是（2010）

A．氨基酰 tRNA 进位

B．转肽酶催化反应

C．卸载 tRNA

D．与释放因子结合

27．* 下列因子中，不参与原核生物翻译过程的是（2004）

A．IF

B．EF-1

C．EF-T

D．RF

28．在体内氨基酸合成蛋白质时，其活化方式为

A．磷酸化

B．与蛋氨酸相结合

C．生成氨基酰辅酶 A

D．生成氨基酰 tRNA

E．与起始因子结合

29. #蛋白质合成后经化学修饰的氨基酸是（2003,2005）
   A. 半胱氨酸
   B. 羟脯氨酸
   C. 甲硫（蛋）氨酸
   D. 丝氨酸
   E. 酪氨酸
30. #放线菌素抗肿瘤作用机制是（2004）
   A. 引起 DNA 链间交联，妨碍双链拆开
   B. 插入 DNA 双链，破坏模板作用
   C. 抑制细胞 DNA 聚合酶活性
   D. 抑制细胞 RNA 聚合酶活性
   E. 抑制蛋白质生物合成
31. 氯霉素的抗菌作用是由于抑制了细菌的
   A. 细胞色素氧化酶
   B. 嘌呤核苷酸代谢
   C. 二氢叶酸还原酶
   D. 核蛋白体上的转肽酶
   E. 基因表达
32. 氯霉素可抑制原核生物的蛋白质合成，其原因是
   A. 特异性抑制肽链延长因子（EF-T）的活性
   B. 与核蛋白体的大亚基结合，抑制转肽酶活性，阻断翻译延长过程
   C. 活化一种蛋白激酶，从而影响启动因子（IF）磷酸化
   D. 间接活化一种核酸内切酶使 mRNA 降解
   E. 阻碍氨基酰 tRNA 与核蛋白体小亚基结合
33. 下列关于核糖体组成和功能的叙述，正确的是
   A. 只含有 rRNA
   B. 有转运氨基酸的作用
   C. 由 tRNA 和蛋白质组成
   D. 遗传密码的携带者
   E. 蛋白质合成的场所
34. 下列氨基酸中未经化学修饰的是
   A. 羟赖氨酸
   B. 羟脯氨酸
   C. 磷酸丝氨酸
   D. 甲硫氨酸
   E. 甲基化精氨酸

【A2 型题】

1. *对真核和原核生物翻译过程均有干扰作用，故难用做抗菌药物的是（2009）
   A. 四环素
   B. 链霉素
   C. 卡那霉素
   D. 嘌呤霉素
2. 一个 mRNA 的部分顺序和密码编号如下
   CAG CUC UAU CGG UAG AAU AGC
   140　141　142　143　144　145　146
   以此 mRNA 为模板，经翻译后生成多肽链含有的氨基酸数是
   A. 140
   B. 141
   C. 142
   D. 143
   E. 146
3. 本质为 DNA 双螺旋的生物基因组在不断的复制自身及漫长的进化中会遇到很多的致突变因素，引起序列中的碱基发生变化，但多数物种依然维持着生物表型的稳定，这是归功于遗传密码的哪个特点
   A. 方向性
   B. 连续性
   C. 简并性
   D. 摆动性
   E. 通用性
4. 胰腺是人体重要的消化器官，为了避免自身消化，胰腺中合成的胰蛋白酶为不具有活性的前体形式，分泌到十二指肠中后转变为有活性的胰蛋白酶，这个激活过程属于以下哪种蛋白质翻译后加工的形式
   A. 二硫键形成
   B. 氨基酸化学修饰
   C. 肽段切除
   D. 亚基聚合
   E. 结合蛋白质合成
5. 每种氨基酰-tRNA 合成酶对其底物氨基酸和 tRNA 高度专一，并有校对活性，从而保证蛋白质翻译的正确起始，请预测以下哪一种氨基酰-tRNA 合成酶不需要有较对的功能
   A. 半胱氨酰-tRNA 合成酶
   B. 缬氨酰-tRNA 合成酶

C．异亮氨酰-tRNA 合成酶
D．丝氨酰-tRNA 合成酶
E．苏氨酰-tRNA 合成酶

【B 型题】

A．信号肽酶
B．氨基酰-tRNA 合成酶
C．磷酸酶
D．蛋白激酶
E．GTP 酶活性

1．分泌蛋白质所需的酶是
2．氨基酸活化所需的酶是

A．多作用子（或多顺反子）的 mRNA
B．转肽酶
C．tRNA
D．70S 核糖体
E．含 ^{7} 甲基三磷酸鸟苷“帽”的 mRNA

3．氨基酸搬运需要的是
4．核糖体上肽键合成需要的是
5．真核生物蛋白质合成的模板是

A．氯霉素
B．嘌呤霉素
C．四环素
D．链霉素
E．放线菌酮

6．可引起合成中的肽链过早脱落的是
7．可与核糖体 50S 亚基结合，抑制蛋白质合成的是

A．粗面内质网上
B．核仁内
C．溶酶体内
D．高尔基体内
E．游离核糖体上

8．分泌蛋白质合成在
9．细胞内可溶性的固有蛋白质的合成场所
10．分泌蛋白质最终加工场所

A．链霉素
B．氯霉素
C．林可霉素
D．嘌呤霉素
E．白喉毒素

11．对真核及原核生物的蛋白质合成都有抑制作用的是
12．主要抑制哺乳动物蛋白质合成的是
13．能与原核生物核蛋白体小亚基结果，改变其构象，引起读码错误的抗生素是

A．AUU
B．GUA
C．AUG
D．UCA
E．UGA

14．* 遗传密码中的起始密码子是
15．* 遗传密码中的终止密码子是（2004）

A．DNA 聚合酶
B．RNA 聚合酶
C．转肽酶
D．引物酶
E．逆转录酶

16．参与蛋白质合成的酶
17．参与合成 cDNA 的酶
18．参与转录过程的酶
19．仅在复制过程中催化合成短链 RNA 分子的酶

【X 型题】

1．下列氨基酸中，属于蛋白质合成后加工过程形成的有
A．羟赖氨酸
B．磷酸酪氨酸
C．羟脯氨酸
D．磷酸丝氨酸

2．核糖循环终止阶段需要
A．核糖体
B．终止因子
C．密码子 UAA、UAG、UGA
D．GTP

3．关于遗传密码，正确的叙述有
A．一种氨基酸只有一种密码子
B．有些密码子不代表任何氨基酸
C．除个别密码子外，每一密码子代表一种氨基酸
D．在哺乳类动物线粒体，个别密码子不

通用

4．无密码子的氨基酸有
A．精氨酸
B．异亮氨酸
C．羟脯氨酸
D．鸟氨酸

5．UGG是色氨酸的密码子，UUC、GUU是苯丙氨酸的密码子，GGU是甘氨酸的密码子，UCC是丝氨酸的密码子，CCC是脯氨酸的密码子。mRNA序列UGGUUCCC指导合成的二肽，包括
A．Gly-Ser
B．Trp-Phe
C．Phe-Pro
D．Gly-Pro

6．核糖体行使功能的所在细胞器有
A．线粒体内
B．胞质
C．细胞核内
D．内质网上

7．对真核生物蛋白质合成起动因子eIF-3的描述正确的有
A．促进核糖体小亚基与mRNA结合
B．有GTP酶活性
C．促进核糖体大、小亚基解离
D．促进核糖体小亚基与tRNA结合

8．核糖体的功能部位有
A．容纳mRNA的部位
B．结合肽酰-tRNA的部位
C．活化氨基酸的部位
D．转肽酶所在部位

9．核糖体循环的终止阶段，包括
A．ATP水解
B．核糖体大、小亚基解离
C．转肽酶出现水解酶活性
D．“受位”出现终止信号

10．多肽链合成后，其丝氨酸残基可被
A．乙酰化
B．糖基化
C．磷酸化
D．甲基化

11．*能促进蛋白质多肽链折叠成天然构象的蛋白质有（2010）
A．解螺旋酶
B．拓扑酶
C．热激蛋白70
D．伴侣蛋白

12．*下列选项中，属于蛋白质生物合成后加工的有（2009）
A．亚基聚合
B．辅基连接
C．个别氨基酸的羟化
D．去除N-甲酰基或N-甲硫氨酸

13．*一个tRNA上的反密码子为IAC，其可识别的密码子是（2004）
A．GUA
B．GUC
C．GUG
D．GUU

14．*下列哪些因子参与蛋白质翻译延长（2005）
A．IF
B．EF-G
C．EF-T
D．RF

15．合成蛋白质后才由前体转变而成的氨基酸是
A．脯氨酸
B．羟脯氨酸
C．丝氨酸
D．羟赖氨酸

16．*能够影响蛋白质生物合成的物质有（2013）
A．毒素
B．泛素
C．抗生素
D．青霉素

17．*蛋白质多肽链生物合成后的加工过程有（2012）
A．二硫键形成
B．氨基端修饰
C．多肽链折叠
D．辅基的结合

二、名词解释

1．遗传密码（genetic code）
2．氨基酸活化（amino acid activation）
3．分子伴侣（molecular chaperone）
4．核定位序列（nuclear localization signal）
5．翻译后加工（post-translational modification）
6．核糖体循环（ribosomal cycle）

三、问答题

1．比较原核细胞及真核细胞翻译的主要异同点。
2．简述遗传密码的主要特点。
3．简述 tRNA 在蛋白质的生物合成中是如何起作用的？
4．mRNA 遗传密码排列顺序翻译成多肽链的氨基酸排列顺序，保证准确翻译的关键是什么？
5．简述蛋白质的细胞内靶向运输的主要特点。
6．蛋白质的化学修饰主要有哪几类？以磷酸化为例说明其可能的重要功能。
7．为什么 m^7GTP 能够抑制真核细胞的蛋白质合成，但不抑制原核细胞的蛋白质合成？相反人工合成的 S-D 序列能够抑制原核细胞的蛋白质合成，但不抑制真核细胞的蛋白质合成？
8．抑制原核生物的蛋白质合成的抗生素可作为抗菌药，抑制真核生物的蛋白质合成的抗生素可作为抗肿瘤药，试各举一例说明之。

第四节　参考答案及解析

一、选择题

【A1 型题】

1．**答案：**C　　**考点：**遗传密码的特点

解析：遗传密码共 64 个，除 3 个终止密码外，其余 61 个密码子代表 20 种氨基酸。大多数氨基酸均有 2 个或多个密码子，遗传密码的简并性是指多个密码子可代表同一种氨基酸。

2．**答案：**B　　**考点：**蛋白质合成过程

解析：氨基酸活化由 ATP 水解供能，肽链延长由 GTP 水解供能。每形成一个肽键，平均消耗 4 个高能磷酸键（氨基酸活化 2 个，进位转位各 1 个）。

3．**答案：**C　　**考点：**遗传密码的概念

解析：遗传密码是 mRNA 分子中，每 3 个相邻的核苷酸为一组，在蛋白质生物合成中编码某种特定的氨基酸或蛋白质合成的终止信号。

4．**答案：**C　　**考点：**核糖体的功能部位

解析：蛋白质合成场所的核糖体中存在几个重要的功能部位：① mRNA 结合位点，位于大小亚基之间；②氨基酰位（aminoacyl site，A 位）：是氨基酰 tRNA 进入并结合部位；③肽酰位（peptidyl site，P 位）：是肽酰 tRNA 的结合部位，供携有新生肽链的 tRNA 或携有起始氨基酸的 tRNA 结合；④排出位（exit site，E 位）：核糖体的 E 位可与肽酰转移后空载的 tRNA 特异结合，当 A 位进入新的氨基酰 tRNA 后，E 位上空载的 tRNA 随之脱落；⑤转肽酶活性部位。

5．**答案：**E　　**考点：**真核生物蛋白质合成起始阶段

解析：AUG 密码子不仅代表甲硫氨酸，同时还是肽链合成的起始密码子。尽管都携带 Met，但结合在起始密码子处的 Met-tRNA 与阅读框内的 Met-tRNA 在结构上是有差别的，是两种不同的 tRNA。在原核生物，起始氨基酰-tRNA 是 fMet-tRNA，其中的 Met 被甲酰化，称为 N-甲酰甲硫氨

酸；在真核生物起始氨基酰 -tRNA 是 Met-tRNA。

6．**答案：**D　　**考点：**蛋白质合成过程

解析：蛋白质合成过程中，氨基酸活化（水解 ATP，消耗 2 个高能磷酸键），起始复合物形成（水解 GTP），肽链延长（进位转位各 1 分子 GTP），终止（释放因子 RF 识别终止密码子进入 A 位，需水解 GTP）均需要消耗 NTP 提供能量；而延长过程，包括进位、成肽、转位三步反应中的成肽反应由肽基转移酶催化，不需要消耗能量。

7．**答案：**D　　**考点：**中心法则

解析：mRNA 是由 DNA 转录而来，抄录了 DNA 所携带的遗传信息，作为蛋白质合成的模板。

8．**答案：**D　　**考点：**蛋白质生物合成概念

解析：蛋白质生物合成是指生物体内以 mRNA 为模板，多种因子辅助下，由 tRNA 携带并转运相应氨基酸，识别 mRNA 上三联体密码，在核糖体上合成具有特定序列多肽链的过程。在这一过程中，mRNA 上来自 DNA 基因编码的核苷酸序列信息转换为蛋白质中氨基酸序列，故称为翻译。

9．**答案：**B　　**考点：**遗传密码

解析：反密码子是 tRNA 中与密码子互补的序列，携带特定氨基酸的 tRNA 通过反密码子与 mRNA 上的密码子互补配对，准确地在核糖体上与 mRNA 上相应的密码子对号入座。

10．**答案：**E　　**考点：**蛋白质生物合成的干扰和抑制

解析：放线菌素作用于真核核糖体大亚基，一般用作医学研究。而四环素、链霉素作用于原核核糖体小亚基，氯霉素作用于原核核糖体大亚基，只抑制细菌的翻译过程，可用作抗菌药。嘌呤霉素与酪氨酰 -tRNA 结构类似，进入原核、真核核糖体 A 位，使肽酰基转移到它的氨基上然后脱落，致使翻译终止。

11．**答案：**B　　**考点：**蛋白质翻译后加工

解析：分泌型蛋白质的 N- 端都有信号肽，信号肽可以被胞质中的信号识别颗粒（signal recognition particle，SRP）所识别，帮助多肽进入内质网加工成熟，信号肽在内质网中被信号肽酶切除，形成最终构象的分泌型蛋白质随内质网膜“出芽”形成囊泡转移至高尔基体，最后在高尔基复合体中被包装进分泌小泡，转运至细胞膜，再分泌至细胞外。

12．**答案：**B　　**考点：**氨基酸活化

解析：氨基酰 tRNA 是氨基酸的活化形式，由特异的氨基酰 -tRNA 合成酶催化特定的氨基酸与 tRNA 结合而成。其中氨基酸的羧基与磷酸腺苷的磷酸以酐键相联，成为活化的氨基酸，在酶的作用下转移到 tRNA 分子的 3'-CCA（氨基酸接纳臂）上，形成相应氨基酰 tRNA。

13．**答案：**D　　**考点：**蛋白质翻译后加工

解析：新合成的多肽链需经过细胞内各种修饰加工才能成为有活性的成熟蛋白质，该过程称为蛋白质翻译后加工。包括：①多肽链折叠为天然功能构象的蛋白质，如二硫键形成；②高级结构的修饰，如亚基聚合、辅基连接及疏水脂链的共价连接等；③蛋白质一级结构修饰，如氨基端修饰（N- 甲酰基或 N- 甲硫氨酸的去除）、个别氨基酸修饰及水解等；④蛋白质合成后的靶向运输。

14．**答案：**E　　**考点：**蛋白质翻译后加工

解析：新合成的分泌型蛋白质的 N-端都有信号肽，引导新生多肽进入内质网中加工成熟，信号肽在内质网中被切除。

15．**答案：**A　　**考点：**蛋白质合成过程

解析：原核生物蛋白质合成中起始复合物形成的主要步骤是：① IF 辅助下核糖体大小亚基分离；②核糖体小亚基结合于 mRNA 的起始密码子附近；③ fMet-tRNA^{fMet} 结合在核糖体的 P 位，fMet-tRNA^{fMet}与结合 GTP 的 IF-2 一起，识别定位于 P 位的起始密码子 AUG 处；④ IF 因子释放，大亚基结合形成完整的起始复合物。因此 30S 起始复合物是由小亚基、IFs、mRNA、fMet-tRNA^{fMet}-GTP-IF-2 组成，因此答案 A 正确。

16．**答案：**D　　**考点：**遗传密码
解析：64 个遗传密码中，有 3 个密码子不代表任何氨基酸，而为肽链的终止信号，称为终止密码子，它们分别是：UAA、UAG、UGA。

17．**答案：**E　　**考点：**氨基酸活化
解析：氨基酰 -tRNA 是氨基酸的活化形式。氨基酸与 tRNA 连接的专一性由氨基酰 t-RNA 合成酶保证。它既能识别特异的氨基酸，又能辨认结合该种氨基酸的 tRNA 分子。故本题正确答案为 E，而不是 B。很多参考书将答案错定为 B。若题干要求回答的是“翻译准确性”的原因，则正确答案为 B。

18．**答案：**A　　**考点：**蛋白质合成过程
解析：真核生物起始复合物装配所需的起始因子种类更多更复杂，mRNA 的 5'- 帽和 3'- 多聚 A 尾都是正确起始所依赖；真核生物的起始 tRNA 先于 mRNA 结合于小亚基上，与原核生物装配顺序不同，真核生物的起始密码子常位于 Kozak 共有序列中。原核细胞中位于起始密码 AUG 上游的 S-D 序列是 16S rRNA 识别所必需的。

19．**答案：**E　　**考点：**蛋白质合成后靶向运输
解析：蛋白质的亚细胞定位信号存在于其自身结构中，所有靶向输送的蛋白质一级结构中都存在分选信号，可引导蛋白质转移到细胞的亚细胞器中去，这类序列称为信号序列。这些序列有些在 N 端，有些在 C 端，有的在肽链内部；输送结束后有的切除，有的保留。核定位蛋白信号序列 NLS 位于肽链内部，不被切除。

20．**答案：**B　　**考点：**核糖体的组分
解析：核蛋白体也称核糖体，是由 rRNA 与核蛋白体蛋白质共同构成的，它是蛋白质合成的场所，不携带遗传密码，mRNA 才是遗传密码的携带者。snRNA 是核内小 RNA，它在 hnRNA 和 rRNA 的转录后加工、转运及基因表达过程的调控方面具有重要生理功能。在原核生物 DNA 与蛋白质可构成类核结构，在真核生物 DNA 和组蛋白共同构成核小体（染色质的基本组成单位）。引物、DNA 和蛋白质三者只在 DNA 复制起始时，引物形成，复制延长之初短暂在一起，不形成特定结构。因此本题答案选 B。

21．**答案：**E　　**考点：**遗传密码
解析：参见 A1 型题第 9 题解析。

22．**答案：**A　　**考点：**遗传密码
解析：氨基酸密码即遗传密码具有通用性，几乎所有生物均使用同一套密码，仅极少数例外，因此 A 项是错误的。其他四项描述符合遗传密码的特点，均是正确的。

23．**答案：**B　　**考点：**蛋白质生物合成
解析：蛋白质合成起始复合物由大小亚基、mRNA、起始氨基酰 -tRNA 组成。不含有 DNA。

24．**答案：**A　　**考点：**蛋白质合成
解析：原核生物的 mRNA 常为多顺反子，即数个结构基因常串联排列构成一个转录单位，转录生成的 mRNA 可编码几种功能相关的蛋白质。原核生物核糖体为 70S，由 50S 大亚基、30S 小亚基结合而成。真核生物的核糖体为 80S，由 60S 大亚基和 40S 小亚基组成。在蛋白质生物合成的各阶段有很多非核糖体蛋白质因子参与反应，它们仅临时性地与核糖体发生作用，之后会从核糖体复合物中解离出来，主要有起始因子 IF（原核）和 eIF（真核）、延长因子 EF（原核）和 eEF（真

核）、释放因子或称终止因子 RF（原核）和 eRF（真核）。

25．**答案**：B　　**考点**：蛋白质生物合成的干扰和抑制

解析：能抑制蛋白质合成的抗生素常用的有：四环素、链霉素、新霉素、卡那霉素、氯霉素、红霉素、林可霉素、嘌呤霉素、夫西地酸、大观霉素等；还有毒素（如白喉毒素、蓖麻毒素）以及干扰素。故本题应选 B。5-氟尿嘧啶和甲氨蝶呤均抑制嘧啶核苷酸的转变（抑制 dUMP 向 dTMP 转变）；别嘌呤醇可抑制黄嘌呤氧化酶，进而抑制尿酸生成，临床常用来治疗痛风。

26．**答案**：C　　**考点**：蛋白质合成体系

解析：参见 A1 型题第 4 题解析。

27．**答案**：B　　**考点**：参加翻译的物质及蛋白质合成过程

解析：原核生物翻译起始过程需要起始因子 IF（有 IF-1、IF-2、IF-3），延长阶段需要延长因子 EF（EF-T、EF-G），终止阶段也需要释放因子（RF）。而 EF-1 是真核生物延长阶段需要的蛋白质因子，不参与原核生物翻译过程。

28．**答案**：D　　**考点**：蛋白质的生物合成

解析：参见 A1 型题第 12 题解析。

29．**答案**：B　　**考点**：蛋白质翻译后修饰

解析：多肽链中的羟脯氨酸残基是在多肽链合成后脯氨酸羟基化而形成。肽链合成时直接掺入的氨基酸只有 20 种，合成后某些氨基酸残基侧链基团发生的化学修饰显著增加了肽链的氨基酸种类。

30．**答案**：E　　**考点**：蛋白质合成的干扰和抑制

解析：参见 A1 型题第 10 题解析。

31．**答案**：D　　**考点**：蛋白质生物合成的干扰和抑制

解析：氯霉素能与原核生物的核蛋白体大亚基结合，抑制细菌核蛋白体上的转肽酶，阻断翻译延长过程，从而抗菌。

32．**答案**：B　　**考点**：蛋白质生物合成的干扰和抑制

解析：特异抑制肽链延长因子 EF-2 活性的是白喉毒素。能活化一种蛋白激酶，从而影响启动因子磷酸化的是干扰素。可间接活化一种核酸内切酶，使 mRNA 降解的也是干扰素。阻碍氨基酰 tRNA 与核蛋白体小亚基结合的是四环素族抗生素。

33．**答案**：E　　**考点**：核糖体的组成和功能

解析：核糖体是蛋白质合成的场所，由 rRNA 和蛋白质组成。

34．**答案**：D　　**考点**：氨基酸残基的化学修饰

解析：蛋白质合成后某些氨基酸残基的侧链基团发生化学修饰，显著增加了肽链中氨基酸种类。其中包括磷酸化（如磷酸丝氨酸）、羟基化（如羟赖氨酸、羟脯氨酸）、甲基化（如甲基化精氨酸）等。甲硫氨酸是含 S 氨基酸，未经化学修饰。

【A2 型题】

1．**答案**：D　　**考点**：蛋白质生物合成的干扰和抑制

解析：嘌呤霉素作用于原核、真核生物核糖体，使肽酰基转移到它的氨基上然后脱落，致使翻译过程不能进行下去。对细菌及感染者都能抑制蛋白质合成，故难用做抗菌药物。而四环素、链霉素、卡那霉素都只作用于原核生物核糖体小亚基，只抑制细菌的翻译过程，可用作抗菌药。

2．**答案**：D　　**考点**：遗传密码

解析：参见 A1 型题第 16 题解析。

3．**答案：**D　　**考点：**遗传密码的特点

解析：遗传密码有方向性、连续性、简并性、摆动性和通用性的特点。遗传密码的摆动性使 tRNA 识别 mRNA 的简并密码子，有利于维持生物表型稳定。转运氨基酸的反密码需要通过碱基互补与 mRNA 上的遗传密码反向配对结合，但这种配对有时不严格遵循碱基互补配对原则，出现摆动。此时密码子的第一位和第二位碱基与反密码子的第三位和第二位碱基之间仍为碱基互补配对，而反密码子的第一位碱基与密码子的第三位碱基配对存在碱基配对摆动现象。这样看出密码子的专一性主要由头两个碱基决定，第三位碱基即使发生改变，仍能翻译出正确的氨基酸，从而使合成的蛋白质不变，这将有利于维持生物表型稳定。

4．**答案：**C　　**考点：**蛋白质翻译后加工的种类

解析：在胰腺中合成的胰蛋白酶原为胰蛋白酶的前体，结构中多一个六肽，阻止了酶活性中心的形成，因此不具有蛋白酶活性。分泌到十二指肠中后，在十二指肠黏膜中的肠激酶作用下，切除此六肽，即呈现活性。

5．**答案：**A　　**考点：**氨基酰 -tRNA 合成酶的特异性

解析：氨基酰-tRNA 合成酶具有高度专一性，即识别特异的氨基酸，又能辨认应该结合该种氨基酸的 tRNA 分子；该酶还有校对活性；水解 ATP 提供能量。氨基酰-tRNA 合成酶的校对功能主要通过辨别正确与错误氨基酸的侧链的不同来完成，缬氨酸与异亮氨酸侧链仅有一个亚甲基的区别，丝氨酸与苏氨酸侧链仅有一个甲基的区别，因此容易发生误载，相应的氨基酰-tRNA 合成酶需要校正活性保证正确的蛋白质合成，而半胱氨酸与其他氨基酸侧链结构差别较大，因此半胱氨酰 -tRNA 合成酶很容易分辨出正确的氨基酸，其校对活性几乎没有。

【B 型题】

1．**答案：**A　2．**答案：**B　　**考点：**蛋白质合成

解析：参见 A1 型题第 11 题和第 17 题解析。

3．**答案：**C　4．**答案：**B　5．**答案：**A　　**考点：**蛋白质合成

解析：蛋白质的生物合成是以 mRNA 为模板进行的；tRNA 为蛋白质合成时氨基酸的转运工具。核糖体上肽键的延伸需要转肽酶，转肽酶的本质不是蛋白质而是核糖体中的 rRNA。

6．**答案：**B　7．**答案：**A　　**考点：**蛋白质生物合成的干扰和抑制

解析：氯霉素能与原核生物的核蛋白体 50S 大亚基结合，阻断翻译的延长；嘌呤霉素结构与酪胺酰 -tRNA 相似，可进入核糖体的 A 位，当延长中的肽链转入此异常 A 位，容易脱落，终止肽链合成；四环素能与原核生物核蛋白体小亚基结合，抑制氨基酰 -tRNA 与小亚基结合；链霉素能与原核生物核蛋白体小亚基结合，抑制蛋白质合成的启动，还可造成误译；放线菌酮特异性与真核生物核蛋白体 60S 大亚基结合，抑制转肽酶，阻断肽链延长。与原核生物核蛋白体小亚基结合的抗生素有四环素及链霉素、卡那霉素、新霉素。结合小亚基，还能改变其构象，引起读码错误的抗生素就只有链霉素、卡那霉素、新霉素。能与原核生物核蛋白体大亚基结合的抗生素有氯霉素、林可霉素、红霉素、夫西地酸。

8．**答案：**A　9．**答案：**E　10．**答案：**D　　**考点：**蛋白质翻译后加工

解析：分泌蛋白质在粗面内质网合成；细胞内可溶性的固有蛋白质在胞质游离核糖体上合成；分泌蛋白质最终加工场所是高尔基体，加工成熟的分泌蛋白质在高尔基体被包装成分泌小泡，转运至细胞膜，再分泌到细胞外。

11．**答案：**D　12．**答案：**E　13. **答案：**A　　**考点：**蛋白质生物合成的干扰和抑制

解析：参见B型题第6题及A1型题第32题解析。

14．**答案：**C 15．**答案：**E **考点：**遗传密码

解析：参见A1型题第16题解析。

16．**答案：**C 17．**答案：**E 18. **答案：**B 19. **答案：**D **考点：**复制、转录、逆转录和翻译中重要的酶

解析：在肽链的延长中，转肽酶主要催化两个氨基酸之间肽键形成的反应；逆转录以RNA为模板逆转录酶可以催化RNA逆转录生成cDNA；转录是指生物体以DNA为模板合成RNA的过程，催化RNA合成的主要是RNA聚合酶。DNA复制过程中需要合成RNA引物，催化RNA合成的主要是引物酶DnaG；DNA聚合酶是催化DNA合成的主要酶。

【X型题】

1．**答案：**ABCD **考点：**蛋白质翻译后加工

解析：氨基酸残基侧链化学修饰对蛋白质的生物学特性或代谢至关重要，已发现蛋白质中存在100多种修饰性氨基酸，羟基化常发生于赖氨酸和脯氨酸，其他还有磷酸化、乙酰化、甲基化、糖基化等。

2．**答案：**ABCD **考点：**蛋白质合成

解析：蛋白质合成终止是个消耗GTP的过程。当核糖体的A位对应于mRNA的终止密码子时，释放因子RF识别终止密码子进入A位，这一识别过程需要水解GTP。RF结合触发核糖体构象改变，将肽基转移酶活性转变为酯酶活性，水解肽键与结合在P位的tRNA之间的酯键，释放出合成肽。因此本题ABCD均是正确答案。

3．**答案：**BCD **考点：**遗传密码

解析：参见A1型题第1、16、22题解析。

4．**答案：**CD **考点：**蛋白质生物合成

解析：羟脯氨酸和鸟氨酸不属于合成蛋白质的20种氨基酸。羟脯氨酸在多肽链合成后由脯氨酸残基羟化而来，鸟氨酸是尿素代谢的中间产物。

5．**答案：**ABC **考点：**遗传密码

解析：遗传密码的特点有每三个一组、连续性无间隔的特点，所以根据不同的起点该序列可以有三种读码方式：-UGG，UUC，CC-；-U，GGU，UCC，C-；-UG，GUU，CCC-。

6．**答案：**BD **考点：**蛋白质合成

解析：核糖体包括存在于胞质的游离核糖体和位于粗面内质网的结合核糖体（附着性核糖体）。

7．**答案：**AC **考点：**蛋白质合成

解析：蛋白质合成中需要多种蛋白质因子，起始因子IF-1 ~ 3（原核）、eIF-1 ~ 6（真核），其中eIF-3的作用是促进大、小亚基分离，介导mRNA与小亚基结合。

8．**答案：**ABCD **考点：**核糖体的功能部位

解析：参见A1型题第4题解析。

9．**答案：**BCD **考点：**蛋白质合成

解析：参见X型题第2题解析。

10．**答案：**ABC **考点：**蛋白质翻译后加工

解析：丝氨酸残基可以被乙酰化、糖基化及磷酸化修饰。

11．**答案**：CD　　**考点**：蛋白质翻译后加工

解析：蛋白质空间构象的正确形成需要一类称为分子伴侣的蛋白质参与。分子伴侣是细胞内一类可识别肽链非天然构象、促进各功能域和整体蛋白质正确折叠的保守蛋白质。分子伴侣分两类：一类为核糖体结合性分子伴侣；另一类为非核糖体结合性分子伴侣（包括热激蛋白、伴侣蛋白）。热激蛋白属于应激反应性蛋白质，高温应激可诱导该蛋白质合成，大肠杆菌中参与蛋白质折叠的热激蛋白包括 HSP70、HSP40 和 GrpE 等，它们可促进需要折叠的多肽链折叠为有天然空间构象的蛋白质。伴侣蛋白主要是为非自发性折叠的蛋白质提供能折叠形成天然空间构象的微环境。其他选项与蛋白质翻译后加工无关。

12．**答案**：ABCD　　**考点**：蛋白质翻译后加工

解析：参见 A1 型题第 13 题解析。

13．**答案**：ABD　　**考点**：遗传密码

解析：遗传密码具有摆动性，常见于密码子的第三位碱基，对应反密码子的第一位碱基，二者虽然不严格互补，但也能互相辨认。如 tRNA 上的反密码子第一位为 I（次黄嘌呤）时，其可辨认 mRNA 上的密码子的第三位碱基可为 A、C、U，但没有 G。又如反密码子第一位碱基为 U 时，其可辨认的密码子第三位碱基可为 A、G，只辨认嘌呤。再如反密码子第一位碱基为 C 时，其可辨认的密码子第三位碱基可为 C、G、U。本题反密码子为 IAC，其可辨认的密码子按照碱基互补规律第一位是 G，第二位是 U，第三位根据摆动现象可为 A、C、U。所以密码子 IAC 可识别的密码子可为 GUA、GUC、GUU，但不能识别 GUG。

14．**答案**：BC　　**考点**：蛋白质生物合成过程

解析：参见 A 型题第 24、27 题解析。

15．**答案**：BD　　**考点**：蛋白质生物合成及遗传密码

解析：因羟脯氨酸没有相应的密码子，所以翻译产物不含羟脯氨酸，它是在翻译后由脯氨酸羟基化而生成的。

16．**答案**：ACD　　**考点**：蛋白质生物合成的干扰和抑制

解析：很多抗生素可影响蛋白质生物合成，有的可影响翻译起始，如伊短菌素、螺旋霉素，对真核、原核生物均有作用。有的影响翻译延长，如干扰原核生物进位的四环素、土霉素；引起原核生物读码错误的链霉素、新霉素、巴龙霉素；影响原核生物肽键形成的氯霉素、林可霉素、红霉素；影响原核转位的大观霉素。另外某些毒素可干扰蛋白质生物合成，如白喉毒素，蓖麻毒素，对真核生物均有毒性。青霉素类抗生素则能阻碍直链十肽二糖聚合物在胞质外的交叉联接过程，阻碍细胞壁合成导致细菌细胞壁缺损。泛素与蛋白质生物合成无关。

17．**答案**：ABCD　　**考点**：翻译后加工

解析：参见 A1 型题第 13 题解析。

二、名词解释（答案要点）

1．遗传密码：在 mRNA 分子中，每 3 个相邻的核苷酸为一组，在蛋白质生物合成中编码某种特定的氨基酸或蛋白质合成的终止信号，统称为遗传密码。

2．氨基酸活化：氨基酸与特异的 tRNA 形成氨基酰-tRNA 的过程称为氨基酸的活化，该过程由特异的氨基酰-tRNA 合成酶催化，消耗 ATP。

3．分子伴侣：新生多肽链必须经过正确折叠，形成特定的三维空间结构才具有生物活性，细胞中大多数天然蛋白质折叠都不是自发完成的，其折叠过程需要其他酶或蛋白质，这些辅助性蛋白质可以指导新生肽链按特定方式正确折叠，被称为分子伴侣。

4．核定位序列：所有被靶向输送的细胞核蛋白质其肽链内都含有特异的核定位序列，通常由 4 ~ 8 个氨基酸组成，含 Pro、Lys 和 Arg，典型序列为 K-K/R-X-K/R（X 为任意氨基酸）。

5．翻译后加工：新合成的多肽链需经过细胞内各种修饰加工才能成为有活性的成熟蛋白质，该过程称为蛋白质翻译后加工。包括：(1) 多肽链折叠为天然功能构象的蛋白质，如二硫键形成；(2) 高级结构的修饰，如亚基聚合、辅基连接及疏水脂链的共价连接等；(3) 蛋白质一级结构修饰，如氨基端修饰（N-甲酰基或 N-甲硫氨酸的去除）、个别氨基酸修饰及水解等；(4) 蛋白质合成后的靶向运输。

6．核糖体循环：核糖体循环指多肽链合成过程中肽链延长阶段，核糖体从 mRNA 的 5'-端向 3'-端移动，按照密码子顺序，从 N 端向 C 端合成多肽链，它由进位、成肽和转位 3 个步骤循环进行，每完成 1 次，肽链上即可增加 1 个氨基酸残基，直至终止阶段。

三、问答题（答案要点）

1．答案参见表 15-8。

2．答案参见表 15-2。

3．在蛋白质合成中，tRNA 起着运载氨基酸（搬运工）的作用，将氨基酸按照 mRNA 链上的密码子所决定的氨基酸顺序搬运到蛋白质合成的场所——核糖体的特定部位。tRNA 是 mRNA 和多肽链之间的重要转换器。(1) 其 3'-端接受活化的氨基酸，形成氨酰-tRNA；(2) tRNA 上反密码子识别 mRNA 链上的密码子；(3) 合成多肽链时，多肽链通过 tRNA 暂时结合在核糖体的正确位置上，直至合成终止后多肽链才从核糖体上脱下。

4．保证翻译准确性的关键有二：一是氨基酸与 tRNA 的特异结合，依靠氨酰-tRNA 合成酶的特异识别作用实现；二是密码子与反密码子的特异识别，依靠碱基互补配对原则结合实现，也有赖于核蛋白体的构象正常而实现正常的装配功能。

5．在胞质合成的蛋白质必须准确地到达其发挥功能的亚细胞区域或细胞外。蛋白质的亚细胞定位信息存在于其自身结构中，所有靶向输送的蛋白质一级结构中都存在分选信号，称为信号序列，可引导蛋白质转移到细胞的适当靶部位。蛋白质转运有两类：一类是蛋白质合成与转运同时发生，即翻译转运同步。分泌型蛋白质、定位于内质网蛋白质及细胞膜蛋白质属于此类，它们 N-端都有信号肽，被信号识别颗粒识别并引导至内质网继续合成，信号肽在内质网中被信号肽酶切除，折叠为最终构象的肽链以囊泡转移至高尔基体。分泌蛋白质包装为分泌小泡分泌出细胞膜；定位于内质网的蛋白质 C- 端含有滞留信号序列返回内质网；细胞膜蛋白质再随囊泡转运至细胞膜定位。另一类是翻译后转运，即蛋白质从核糖体上释放后才转运。大部分的线粒体蛋白质、要运送到细胞核的蛋白质属于此类。线粒体蛋白质 N-端的信号序列在进入线粒体后被切除，核蛋白质的信号序列位于肽链内部，不被切除。

6．氨基酸残基侧链化学修饰对蛋白质的生物学特性或代谢至关重要，已发现蛋白质中存在 100 多种修饰性氨基酸，其中常见的有磷酸化、乙酰化、羟基化、甲基化及糖基化等，此类化学修饰反应均为酶促反应，分别由蛋白激酶、乙酰转移酶、羟化酶、甲基转移酶及糖基化酶等催化。某些代谢关键酶的磷酸化与去磷酸化修饰是非常重要的一种酶活性调节方式，使酶蛋白的活性快速改变，从无活性（低活性）到有活性（或高活性）或反之。如糖原合成中的糖原合酶与糖原分解时的糖原磷酸化酶，磷酸化修饰可以抑制糖原合酶的活性，激活糖原磷酸化酶的活性，从而共同促进糖原分解；而去磷酸化反应则可以激活糖原合酶活性，抑制糖原磷酸化酶活性，从而共同促进糖原合成。

7．m^7GTP 之所以能够抑制真核细胞的蛋白质合成是因为它是真核细胞 mRNA 的 5'-帽子结构的类似物，能够竞争性地结合真核细胞蛋白质合成起始阶段所必需的帽子结合蛋白（一种特殊的起始因子）。

原核细胞 mRNA 的 5'-端没有帽子结构，因此 m^7GTP 不会影响到它翻译的起始。SD 序列是存在于原核细胞 mRNA 起始 AUG 上游的一段富含嘌呤碱基的序列，可被核糖体小亚基上的 16S rRNA 通过碱基互补精确识别，使 mRNA 上的 AUG 起始密码子在核糖体上准确定位，将人工合成的 SD 序列加到翻译体系中，必然会干扰到 mRNA 所固有的 SD 序列与 16S rRNA 的相互作用，从而竞争性抑制原核细胞蛋白质合成的起始。

8．氯霉素能与原核生物的核蛋白体大亚基结合，抑制转肽酶，阻断翻译的延长，是常用的抗菌药物。嘌呤霉素结构与酪胺酰-tRNA 相似，可进入核糖体的 A 位，当延长中的肽链转入此异常 A 位，容易脱落，终止肽链合成。嘌呤霉素对原核、真核生物蛋白质合成均有干扰作用，临床上常用作抗肿瘤药。

（杨笑菡）

第十六章　基因表达调控

第一节　学习要求

掌握： 基因表达的概念及其时空特异性；基因表达的方式；管家基因的概念；顺式作用元件和反式作用因子的概念及作用；基因表达调控的概念、特点及意义；操纵子的概念及基本组成；乳糖操纵子的结构及调节机制；真核生物基因表达调控的特点及多级调控；染色质结构的调节及对基因表达的影响；真核生物启动子的类型、特点及作用；增强子的概念、功能及其作用特征。

熟悉： 原核生物基因组的特点；转录因子的概念、作用、种类及结构特点；翻译及翻译后调控的常见方式及调控原理；小分子 RNA 和长非编码 RNA 在基因表达调控中的作用。

了解： 色氨酸操纵子的结构及调节机制和调控机制（转录衰减）；沉默子、绝缘子的概念及其功能；转录起始复合物的形成及调节；转录后调控的常见方式及调控原理。

第二节　内容精要

基因表达调控是指细胞受环境信号刺激或适应环境营养供给变化，在基因表达水平上做出应答反应的分子机制。基因表达调控研究是利用各种分子生物学技术认识基因表达的规律及其调节机制，同时探索这些表达规律及调节机制与细胞或个体分化、发育的关系，个体与环境适应的关系。

一、基因表达与基因表达调控的基本概念与特点

（一）基因表达产生有功能的蛋白质和 RNA

基因表达（gene expression）：是基因转录及翻译的过程，即生成具有生物学功能产物的过程。但并非所有基因表达过程都产生蛋白质。rRNA、tRNA 编码基因转录产生 RNA 的过程也属于基因表达（表 16-1）。

表16-1　基因表达的类型

编码基因类型	基因表达产物	基因表达过程
编码 mRNA 类	蛋白质	转录 + 翻译
编码 tRNA 类	RNA（tRNA）	转录
编码 rRNA 类	RNA（rRNA）	转录

（二）基因表达具有时间特异性和空间特异性（表 16-2）

表16-2　基因表达的特点

基因表达的特点	别称	定义
时间特异性（temporal specificity）	阶段特异性（stage specificity）	基因表达按一定的时间顺序发生。多细胞生物基因表达的时间特异性，又称阶段特异性
空间特异性（spatial specificity）	细胞特异性（cell specificity）/ 组织特异性（tissue specificity）	多细胞生物个体在某一特定生长发育阶段，同一基因在不同的组织器官表达水平不同，即在个体的不同空间出现

（三）基因表达的方式存在多样性

基因表达调控（regulation of gene expression）：指细胞或生物体在接受环境信号刺激时或适应环境变化的过程中，在基因表达水平上做出应答的分子机制。

1．管家基因（house-keeping gene）与基本（或组成性）表达（constitutive gene expression）

有些基因产物对生命全过程都是必需的或必不可少的。这类基因在一个生物个体的几乎所有细胞中持续表达，通常被称为管家基因。将这类基因表达称为基本（或组成性）基因表达。基本的基因表达只受启动子与 RNA 聚合酶相互作用的影响，而不受其他机制调节。

2．基因表达的诱导（induction）和阻遏（repression）

在特定环境信号刺激下，相应的基因被激活，基因表达产物增加，即这种基因表达是可诱导的。可诱导基因（inducible gene）在一定的环境中表达增强的过程称为诱导。相反，如果基因对环境信号应答时被抑制，这种基因称为可阻遏基因（repressible gene）。可阻遏基因表达产物水平降低的过程称为阻遏。

3．基因表达的协同调节 (coordinate regulation)

整体水平的基因表达方式是在一定机制控制下，功能上相关的一组基因，无论其为何种表达方式，均需协调一致、共同表达，即为协同表达（coordinate expression），这种调节称为协同调节（表 16-3）。

表16-3　基因表达方式分类

分类	基因名称	表达方式
基本表达 / 组成性表达	管家基因	持续表达，基本不变
诱导表达	可诱导基因	增强
阻遏表达	可阻遏基因	降低
协同表达	—	协调一致、共同表达

（四）基因表达受调控序列和调节分子共同调节

1．顺式作用元件（cis-acting element）　基因调节序列与被调控的编码序列位于同一条 DNA 链上，即顺式作用元件，包括启动子、上游调控元件、增强子、加尾信号和一些细胞信号反应元件等。

2．反式作用因子（trans-acting factor）　对不在同一条 DNA 链上的结构基因的表达发挥调节作用的蛋白质分子被称为反式作用因子。

（五）基因表达调控呈现多层次和复杂性

基因表达的多级调控包括：

1．基因组 DNA 部分扩增、DNA 重排、DNA 甲基化等。

2．转录起始调控：基因表达的基本控制点。

3．转录后加工及转运调控：如 miRNA。

4．翻译、翻译后加工调控：蛋白质降解调控。

（六）基因表达调控是生物体生长和发育的基础

基因表达调控的生物学意义是：

1．生物体调节基因表达以适应环境、维持生长和增殖。

2．生物体调节基因表达以维持细胞分化与个体发育。

二、原核基因表达调控

原核基因转录调节特点：

1．σ 因子决定 RNA 聚合酶识别特异性。

2．操纵子模型在原核基因表达调控中具有普遍性。

3．原核操纵子受到阻遏蛋白的负性调节，如图 16-1 所示。

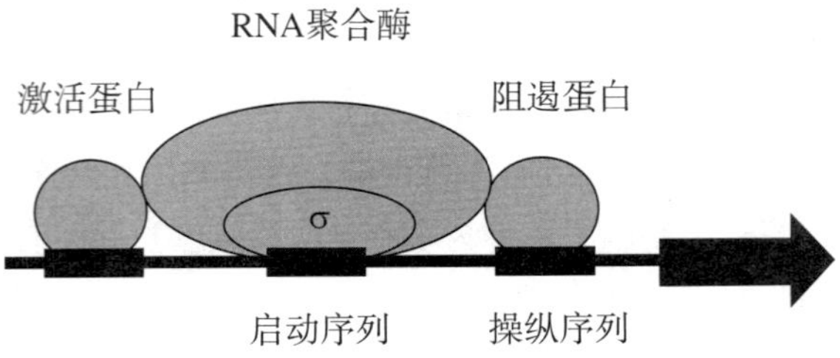

图 16-1　原核生物的基因表达调控结构示意图

（一）操纵子是原核基因转录调控的基本单位

原核生物的基因组是具有超螺旋结构的闭合环状 DNA 分子，许多结构基因在基因组中以操纵子为单位排列，操纵子是原核基因转录调控的基本单位。其中重要的概念包括：启动序列、操纵序列、阻遏蛋白、激活蛋白和操纵子（表 16-4）。

表16-4　操纵子相关概念

名词	定义
启动序列（promoter）	即真核生物中的启动子，是 RNA 聚合酶首先识别、结合的 DNA 序列，是决定基因表达效率的关键元件
操纵序列（operator）	一段能被特异的阻遏蛋白识别和结合的 DNA 序列
阻遏蛋白（repressor）	与操纵序列结合时会阻碍 RNA 聚合酶与启动序列的结合，或使 RNA 聚合酶不能沿 DNA 向前移动，阻遏转录，介导负性调节的蛋白质分子
激活蛋白（activator）	与原核操纵子调节序列结合后可使 RNA 聚合酶活性增强，使转录激活，介导正性调节的蛋白质分子
操纵子（operon）	原核生物中由功能上相关的一组基因相互串联组成的转录调节单位，一个操纵子只含一个启动序列及数个可转录的编码基因

（二）乳糖操纵子是典型的诱导型调控

1．乳糖操纵子的结构（图 16-2）

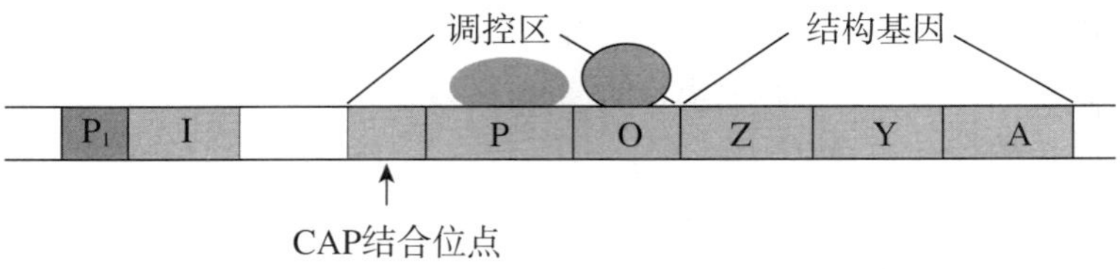

图 16-2　乳糖操纵子的结构示意图

乳糖操纵子含 Z、Y 及 A 三个结构基因，由 P 序列、O 序列和 CAP 结合位点共同构成乳糖操纵子的调控区。

2．乳糖操纵子受到阻遏蛋白和 CAP 的双重调节

操纵子机制在原核基因调控中具有较普遍的意义。表 16-5 即以大肠杆菌的乳糖操纵子为例介绍原核生物的操纵子调控模式。

表16-5　原核生物乳糖操纵子调节基因表达

调节分子	调节类型	调节机制
阻遏蛋白	负性调节	无乳糖时，Lac 阻遏蛋白结合 O 序列，抑制转录，*lac* 操纵子表达量极少；有乳糖时，诱导剂结合于 Lac 阻遏蛋白，阻遏蛋白与 O 序列解离，不抑制转录，*lac* 操纵子转录活性提高 1000 倍
分解代谢物基因激活蛋白（catabolite gene activator protein，CAP）	正性调节	无葡萄糖时，cAMP 浓度高，cAMP 与 CAP 结合后与 CAP 结合位点结合，转录活性提高 50 倍；有葡萄糖时，cAMP 浓度低，cAMP 与 CAP 结合受阻，转录活性下降
阻遏蛋白 /CAP	协同调节	有葡萄糖没有乳糖时，阻遏蛋白封闭转录，CAP 不能发挥作用；有乳糖时，去阻遏。但因有葡萄糖存在，CAP 不能发挥作用。无葡萄糖有乳糖时，既去阻遏，CAP 又能发挥作用，对 *lac* 操纵子强诱导

（三）色氨酸操纵子通过阻遏作用和衰减作用抑制基因表达

色氨酸操纵子的转录衰减机制是基于细菌中转录与翻译的偶联（表 16-6）。色氨酸操纵子的调控有两种模式：阻遏蛋白的负调控和转录衰减调控。

表16-6　原核生物色氨酸操纵子调节基因表达

操纵子类型	可阻遏操纵子
阻遏蛋白编码基因	R 基因
阻遏蛋白功能	阻遏蛋白→不结合 O 变构阻遏蛋白→结合 O →阻遏
诱导剂	色氨酸（诱导阻遏蛋白变构，阻遏）
编码产物	色氨酸合成代谢的相关酶类

（四）原核基因表达在翻译水平受到精细调控

1．蛋白质分子结合于启动序列或启动序列周围进行自我调节。

2．翻译阻遏利用蛋白质与自身 mRNA 的结合实现对翻译起始的调控。

3．反义 RNA 结合 mRNA 翻译起始部位互补序列以调节翻译起始。

4．mRNA 密码子的编码频率影响翻译速度。

三、真核基因表达调控

（一）真核基因表达特点

1．真核基因组结构庞大：哺乳类动物基因组 DNA 为 3×10^9 bp；人类编码基因有 2 ~ 2.5 万个，占基因组总长的 10%；重复序列多；复杂的染色质结构。

2．真核基因组含有大量的重复序列。

3．真核基因中存在非编码序列（内含子，intron）和间隔区，故具有不连续性。

4．真核基因转录产物为单顺反子（monocistron）：一个编码基因转录生成一个 mRNA 分子、经翻译生成一条多肽链。

5．真核生物核内 DNA 与蛋白质结合，以染色质形式存在。

6．遗传信息存在于核 DNA 和线粒体 DNA。

7．多级调控：染色质激活、转录起始（最重要）、转录后修饰、转录产物的细胞内转运、翻译起始、翻译后修饰等。

（二）染色质结构与真核基因表达密切相关

处于转录激活状态的染色质结构发生明显变化：

1．对核酸酶敏感：超敏位点通常位于调节蛋白结合位点附近。

2．组蛋白变化：H1 组蛋白减少；H2A-H2B 二聚体不稳定性增加；组蛋白 H3、H4 发生乙酰化、甲基化或磷酸化修饰。

3．CpG 岛甲基化水平降低：甲基化范围与基因表达程度呈反比关系。

（三）转录起始的调节

1．基因组中的顺式作用元件是转录起始的关键调节部位

真核基因顺式作用元件分为启动子、增强子及沉默子。

（1）启动子（promoter）：真核基因启动子是 RNA 聚合酶结合位点周围的一组转录控制组件，至少包括一个转录起始点以及一个以上的功能组件（TATA 盒、GC 盒和 CAAT 盒）。启动子决定基础转录启动频率。

（2）增强子（enhancer）：远离转录起始点，决定基因的时间、空间特异性表达，增强启动子转录活性的 DNA 序列，其发挥作用的方式通常与方向、距离无关。

（3）沉默子（silencer）：某些基因的负性调节元件，当其结合特异蛋白质时，对基因转录起阻遏作用。

（4）绝缘子（insulator）：染色质上相邻转录活性区的边界序列，它将染色质隔离成不同的转录结构域，使其一侧基因的表达免受临近区域调控元件的影响。

2．转录因子是转录调控的关键分子

转录因子是真核细胞中重要的转录调控蛋白质：

（1）通用转录因子：如 TFⅡA、TFⅡB、TFⅡD、TFⅡE、TFⅡF 及 TFⅡH 等。

（2）特异转录因子：包括转录激活因子（增强子结合蛋白）和转录抑制因子（沉默子结合蛋白）。

（3）转录因子的结构特点：

DNA 结合域：锌指模体、碱性螺旋 - 环 - 螺旋、碱性亮氨酸拉链（bZIP）。

转录激活域：酸性激活结构域、谷氨酰胺富含结构域、脯氨酸富含结构域。

（4）二聚化是常见的蛋白质 - 蛋白质相互作用方式。二聚化作用与 bZIP 的亮氨酸拉链、bHLH 的螺旋 - 环 - 螺旋结构有关。

3．转录起始复合物的组装是转录调控的主要方式

RNA Pol Ⅱ参与转录生成所有 mRNA 前体及大部分 snRNAs。mRNA 转录激活需要转录起始复合物的形成。

（1）启动子与 RNA 聚合酶活性。

（2）调节蛋白与 RNA 聚合酶活性：真核 RNA 聚合酶Ⅱ不能单独识别、结合启动子，而是先由 TBP 识别 TATA 盒或启动元件，在 TAF，TFⅡA ~ F 等参与下，与 RNA 聚合酶Ⅱ一起形成转录起始复合物。

（四）转录后调控主要影响真核 mRNA 的结构与功能

1．mRNA 的稳定性影响真核生物基因表达：5'-端的帽子结构可以增加 mRNA 的稳定性；3'-端的 poly（A）尾结构防止 mRNA 降解。

2．一些非编码小分子 RNA 可引起转录后基因沉默，如核酶、细胞核小分子 RNA（snRNA）、核仁小分子 RNA（snoRNA）、miRNA 和 siRNA。

3．mRNA 前体的选择性剪接可以调节真核生物基因表达，即 hnRNA 加工成熟的调节。

（五）真核基因表达在翻译及翻译后仍可受到调控

1．对翻译起始因子活性的调节主要通过磷酸化修饰进行。

2．RNA 结合蛋白参与对翻译起始的调节。

3．对翻译产物水平及活性的调节可以快速调控基因表达。

4．小分子 RNA 对基因表达的调节十分复杂：

（1）微小 RNA（microRNA，miRNA）：是一类长度为 20 ~ 25 个碱基的小分子非编码单链 RNA，可以通过与靶 mRNA 分子的 3'-端非编码区域结合，抑制该 mRNA 分子的翻译，对基因表达发挥调节作用。

（2）干扰小 RNA（small interfering RNA，siRNA）：是一类双链 RNA，在特定情况下通过一定酶切机制，转变为具有特定长度（21 ~ 23 个碱基）和特定序列的小片段 RNA。双链 siRNA 与特异的靶 mRNA 完全互补结合，导致靶 mRNA 降解，阻断翻译过程。

5. 长非编码 RNA 在基因表达调控中的作用不容忽视：在表观遗传水平、转录水平和转录后水平调控基因的表达。

第三节 应试习题

一、选择题（题目前 * 表示西医综合题目，题目前 # 表示执业医师题目）

【A1 型题】

1. * 关于"基因表达"的概念叙述错误的是（2002）
   A. 其过程总是经历基因转录及翻译的过程
   B. 某些基因表达经历基因转录及翻译的过程
   C. 某些基因表达产物是蛋白质分子
   D. 某些基因表达产物不是蛋白质分子
   E. 某些基因表达产物是 RNA 分子
2. 甲胎蛋白基因在胎儿肝细胞中高表达而在成年期低表达的现象属于
   A. 细胞特异性
   B. 组织特异性
   C. 空间特异性
   D. 阶段特异性
   E. 器官特异性
3. miRNA 参与基因表达调控的环节是
   A. 基因活化
   B. 转录起始
   C. 转录后加工
   D. 翻译
   E. 翻译后加工
4. 关于管家基因的叙述错误的是
   A. 在生物个体的几乎所有细胞中持续表达
   B. 在生物个体的几乎各生长阶段持续表达
   C. 在一个物种的几乎所有个体中持续表达
   D. 在生物个体的某一生长阶段持续表达
   E. 在生物个体全生命过程的几乎所有细胞中表达
5. # 目前认为基因表达调控的主要环节为（2009）
   A. 基因活化
   B. 转录起始
   C. 转录后加工
   D. 翻译起始
   E. 翻译后加工
6. 真核生物采用多种调节蛋白可
   A. 提高 RNA 聚合酶的转录效率
   B. 降低 RNA 聚合酶的转录效率
   C. 提高 DNA- 蛋白质相互作用的特异性
   D. 降低 DNA- 蛋白质相互作用的特异性
   E. 不影响 RNA 聚合酶的转录效率
7. 如果一种化学修饰可促进蛋白质降解，这种化学机制对该蛋白质编码基因的表达属于
   A. 抑制基因表达
   B. 促进基因表达
   C. 调节基因表达
   D. 与基因表达调节无关
   E. 在转录水平调节基因表达
8. 顺式作用元件是指具有转录调节功能的
   A. 基因的 5'-侧翼序列
   B. 基因的 3'-侧翼序列
   C. 基因的 5'-或 3'-侧翼序列
   D. 基因内含子序列
   E. 特异 DNA 序列
9. 下列不属于基因阶段特异性表达的是一个基因
   A. 在分化的骨骼肌细胞表达，未分化的心肌细胞不表达
   B. 在分化的骨骼肌细胞不表达，未分化的骨骼肌细胞表达
   C. 在分化的骨骼肌细胞和未分化的骨骼肌细胞都表达

D．在胚胎发育过程中表达，出生后不表达
E．在胚胎发育过程不表达，出生后表达

10．一个操纵子通常含有
A．一个启动序列和一个编码基因
B．一个启动序列和数个编码基因
C．数个启动序列和一个编码基因
D．数个启动序列和数个编码基因
E．两个启动序列和数个编码基因

11．反式作用因子是指
A．具有激活功能的调节蛋白质
B．具有抑制功能的调节蛋白质
C．对自身基因具有激活功能的调节蛋白质
D．对另一基因具有激活功能的调节蛋白质
E．对另一基因具有调节功能的蛋白质

12．乳糖操纵子的直接诱导剂是
A．β-半乳糖苷酶
B．透酶
C．葡萄糖
D．乳糖
E．别乳糖

13．处于活化状态的真核基因对 DNase Ⅰ的敏感程度为
A．高度敏感
B．中度敏感
C．低度敏感
D．不敏感
E．不一定

14．#Lac 阻遏蛋白结合乳糖操纵子的（2010）
A．P 序列
B．O 序列
C．CAP 结合位点
D．I 基因
E．Z 基因

15．原核及真核生物调节基因表达的共同意义是为适应环境，维持
A．生长和增殖
B．细胞分化
C．个体发育
D．组织分化
E．器官分化

16．基本转录因子中直接识别、结合 TATA 盒的有
A．TFⅡA
B．TFⅡB
C．TFⅡD
D．TFⅡE
E．TFⅡF

17．*编码原核 Lac 阻遏蛋白的基因是（2000）
A．Z 基因
B．Y 基因
C．A 基因
D．I 基因
E．X 基因

18．对大多数基因来说，CpG 序列甲基化对基因转录的影响是
A．抑制基因转录
B．促进基因转录
C．与基因转录无关
D．对基因转录影响不大
E．不能确定对基因转录的影响

19．基因表达的空间特异性又称
A．阶段特异性
B．组织特异性
C．个体特异性
D．种属特异性
E．绝对特异性

20．基因的诱导表达是指，在一定环境或条件下基因表达
A．增强或减弱的过程
B．增强的过程
C．减弱的过程
D．停止的过程
E．相对恒定的过程

21．基因的阻遏表达是指，在一定环境或条件下基因表达
A．增强或减弱的过程
B．增强的过程
C．减弱的过程
D．停止的过程
E．保持恒定的过程

22．决定基因组织特异性表达的是
A．启动子
B．增强子
C．沉默子
D．操纵子
E．基本转录因子

23．*乳糖操纵子模型中 RNA 聚合酶特异性结合于（2000）

A．启动序列
B．操纵序列
C．CAP 结合位点
D．转录起始点
E．转录终止点

24．结合 RNA 聚合酶并启动转录的 DNA 序列是
A．启动子
B．增强子
C．静息子
D．操纵子
E．衰减子

25．在 *lac* 操纵子的调节中，cAMP 结合的成分是
A．Lac 阻遏蛋白
B．CAP
C．RNA 聚合酶
D．β- 半乳糖苷酶
E．乙酰基转移酶

26．属于顺式作用元件的是
A．转录抑制因子
B．转录激活因子
C．σ 因子
D．ρ 因子
E．增强子

【A2 型题】

1．细菌经紫外线照射引起 DNA 损伤时，编码 DNA 修复酶的基因表达增强。这种 DNA 修复酶基因的表达方式属于
A．基本表达
B．诱导表达
C．阻遏表达
D．修复表达
E．组成性表达

2．某基因 A 在果蝇胚胎发育期的 8 ~ 10 天表达，而在其他发育阶段都不表达；基因 B 则在果蝇从受精卵到整个生命周期都会持续表达。基因 A 和 B 的表达方式属于
A．时间特异性表达和组成性表达
B．空间特异性表达和组成性表达
C．时间特异性表达和可诱导表达
D．空间特异性表达和阶段性表达
E．时间特异性表达和空间特异性表达

3．胰岛因子 1（*Isl1*）基因在小鼠胚胎期的多种组织细胞中都可检测到表达，而在成体内只在胰岛的 b 细胞、中枢神经系统中的某些细胞中表达，*Isl1* 基因的表达方式属于
A．时间特异性表达
B．空间特异性表达
C．组织特异性表达
D．组成性表达
E．细胞特异性表达

4．某研究人员将胰岛素基因串联在乳糖操纵子调控序列后，在细菌培养基中加入异丙基硫代半乳糖苷（isopropylthiogalactoside，IPTG）后，可以观察到胰岛素基因的表达水平
A．没有变化
B．增强
C．减弱
D．不能确定
E．检测不到

5．某研究人员从胃癌细胞中分离到一段 DNA，将用核酸酶（DNase I）消化后的产物进行电泳分析，发现在其基因的 5'- 侧翼区 1 kb 内出现多个超敏位点（DNA footprint），提示该基因的转录状态可能处于
A．转录抑制
B．没有变化
C．转录活化
D．不能确定
E．转录沉默

【B 型题】

A．操纵子
B．沉默子
C．增强子
D．启动子
E．绝缘子

1．大多数原核基因调控机制为
2．真核基因组织特异性转录激活时需要
3．结合转录调节因子并抑制基因表达的序列是

A．顺式作用元件
B．反式作用元件
C．顺式作用因子
D．反式作用因子

E．顺 / 反式作用元件

4．对自身基因转录激活具有调控作用的 DNA 序列

5．由特定基因编码、对另一基因转录激活具有调控作用的转录因子

6．对自身基因转录激活具有调控作用的蛋白质因子

A．Lac 阻遏蛋白
B．RNA 聚合酶
C．环一磷酸腺苷
D．分解代谢物基因激活蛋白
E．别乳糖

7．*lac* 操纵子中与 O 序列结合的是

8．*lac* 操纵子中与 P 序列结合的是

9．*lac* 操纵子中与 CAP 位点结合的是

A．阶段特异性
B．个体特异性
C．基本特异性
D．组织特异性
E．种系特异性

10．基因表达的空间特异性又称为

11．基因表达的时间特异性又称为

【X 型题】

1．某基因在未分化细胞不表达，在分化细胞表达，此表达方式属于
A．时间特异性
B．空间特异性
C．阶段特异性
D．组织特异性

2．*E.coli* 经紫外照射引起 DNA 损伤时
A．DNA 复制抑制
B．DNA 复制增强
C．DNA 修复酶基因沉默
D．DNA 修复酶基因表达

3．与其他基因相比管家基因表达的特点有
A．组织特异性不明显
B．受环境影响较小
C．易受环境影响
D．阶段特异性不明显

4．经常饮酒者体内醇氧化酶的变化包括
A．活性升高
B．活性降低
C．基因被诱导
D．适应性表达

5．启动子或启动序列结构与功能的特点有
A．包括转录起始点
B．包括 RNA 聚合酶结合位点
C．决定转录基础频率
D．决定转录起始的准确性

6．起转录激活作用的蛋白质的特点有
A．多属 DNA 结合蛋白类
B．多属反式作用因子范畴
C．多属顺式作用因子范畴
D．在真核生物中普遍存在

7．乳糖操纵子中具有调控功能的有
A．A 基因
B．Z 基因
C．O 序列
D．P 序列

8．*活性染色质通常具有的理化性质包括（2012）
A．对核酸酶敏感
B．有超螺旋构象变化
C．有组蛋白化学修饰变化
D．CpG 序列甲基化修饰变化

9．下列符合 TATA 盒的叙述有
A．通常位于转录起始点上游 –25 ~ –30
B．通常位于转录起始点上游 –30 ~ –110
C．TFⅡD 的结合位点
D．TFⅡA 的结合位点

10．基因与启动子、增强子的关系包括
A．少数基因仅有启动子即可表达
B．多数基因仅有启动子即可表达
C．少数基因仅有增强子即可表达
D．多数基因表达依赖启动子、增强子同时存在

二、名词解释

1．基因（gene）
2．基因组（genome）
3．管家基因（house-keeping gene）
4．乳糖操纵子（lac operon）

5．增强子（enhancer）
6．单顺反子（monocistron）
7．顺式作用元件（cis-acting element）
8．反式作用因子（trans-acting factor）

三、问答题

1．以乳糖操纵子为例，简述原核基因转录调控的原理。
2．简述真核基因表达调控特点。
3．转录激活状态的真核基因染色质结构发生了哪些明显变化？
4．真核基因转录调节与原核基因有何主要区别？为什么？
5．简述 microRNA（miRNA）对基因表达的影响。

第四节　参考答案及解析

一、选择题

【A1 型题】

1．**答案：**A　　**考点：**基因表达的概念
解析：基因表达就是基因转录及翻译的过程，但并非所有基因表达过程都产生蛋白质。rRNA、tRNA 编码基因转录产生 RNA 的过程也属于基因表达。

2．**答案：**D　　**考点：**基因表达的时间特异性
解析：按功能需要，某一特定基因的表达严格按一定的时间顺序发生，这就是基因表达的时间特异性。多细胞生物基因表达的时间特异性又称阶段特异性。

3．**答案：**D　　**考点：**miRNA 的作用方式
解析：miRNA 与其他蛋白质一起组成 RNA 诱导的沉默复合体，通过与其靶 mRNA 分子的 3'-端非翻译区域（3'-UTR）互补匹配，抑制该 mRNA 分子的翻译。

4．**答案：**D　　**考点：**管家基因的概念
解析：管家基因在一个生物个体的几乎所有细胞中持续表达，不易受环境条件的影响。管家基因的表达水平受环境因素影响较小，而是在生物体各个生长阶段的大多数或几乎全部组织中持续表达，或变化很小。

5．**答案：**B　　**考点：**基因表达调控的主要环节
解析：尽管基因表达调控可发生在遗传信息传递过程的任何环节，但发生在转录水平，尤其是转录起始水平的调节，对基因表达起着至关重要的作用，即转录起始是基因表达的基本控制点。

6．**答案：**A　　**考点：**真核生物基因表达调控的特点
解析：基本转录因子和特异性转录因子决定了 RNA 聚合酶Ⅱ的活性。

7．**答案：**A　　**考点：**抑制性基因表达调控的方式
解析：新合成蛋白质的半衰期长短是决定蛋白质生物学功能的重要影响因素。如果一种化学修饰可促进蛋白质降解，则属于抑制该基因的表达（即减少基因表达的产物）。

8．**答案：**E　　**考点：**顺式作用元件的概念
解析：顺式作用元件是指可影响自身基因表达活性的特异 DNA 序列。顺式作用元件通常是非编码序列，可位于转录起始点上游或下游以及内含子区域。

9．**答案**：C　　**考点**：基因表达的时间特异性

解析：参见 A1 型题第 2 题解析。

10．**答案**：B　　**考点**：操纵子的结构

解析：一个操纵子通常含有一个启动序列和数个编码基因，*E.coli* 的乳糖操纵子含一个启动序列 P 和 Z、Y 及 A 三个结构基因。

11．**答案**：E　　**考点**：转录因子（反式作用因子）的概念

解析：转录因子也被称为反式作用蛋白或反式作用因子，是由一个基因编码产生后调控其他基因来增强或降低相应基因的表达。

12．**答案**：E　　**考点**：乳糖操纵子的作用原理

解析：在这个操纵子体系中，真正的诱导剂并非乳糖本身，而是别乳糖。

13．**答案**：A　　**考点**：真核生物活性染色质的特点

解析：当染色质活化后，常出现一些对核酸酶（如 DNase I）高度敏感的位点，称之为超敏位点。

14．**答案**：B　　**考点**：乳糖操纵子的作用原理

解析：Lac 阻遏蛋白与 O 序列结合，阻碍 RNA 聚合酶与 P 序列结合，抑制转录起动。

15．**答案**：A　　**考点**：原核生物基因表达的意义

解析：原核生物或单细胞生物调节基因的表达就是为适应环境、维持生长和细胞分裂；在多细胞生物，基因表达调控的意义还在于维持细胞分化与个体发育。

16．答案 C　　**考点**：TFⅡD 的功能

解析：在几种基本转录因子中，TFⅡD 是唯一具有位点特异的 DNA 结合能力的因子，直接识别、结合启动子的 TATA 盒。

17．**答案**：D　　**考点**：乳糖操纵子的作用原理

解析：I 序列在 PI 启动序列作用下表达的 Lac 阻遏蛋白与 O 序列结合，阻碍 RNA 聚合酶与 P 序列结合，抑制转录起动。

18．**答案**：A　　**考点**：真核生物活性染色质的特点

解析：处于转录活跃状态的染色质中，CpG 岛的甲基化程度下降；CpG 岛的高甲基化促进染色质形成致密结构，因而不利于基因表达。

19．**答案**：B　　**考点**：基因表达的空间特异性

解析：空间特异性是指多细胞生物个体在特定生长发育阶段，同一基因在不同的组织器官表达不同。基因表达伴随时间或阶段顺序所表现出的这种空间分布差异，实际上是由细胞在器官的分布所决定的，因此基因表达的空间特异性又称细胞特异性或组织特异性。

20．**答案**：B　　**考点**：基因表达的可诱导性

解析：在特定环境信号刺激下，相应的基因被激活，基因表达产物增加，即这种基因表达是可诱导的，而基因在一定的环境中表达增强的过程称为诱导。

21．**答案**：C　　**考点**：基因表达的可阻遏性

解析：基因对环境信号应答时被抑制，这种基因称为可阻遏基因。可阻遏基因表达产物水平降低的过程称为阻遏。

22．**答案**：B　　**考点**：增强子的概念

解析：决定基因组织特异性表达的是增强子，它是组织特异性转录因子的结合部位，当某些细胞或组织中存在能够与之相结合的特异转录因子时，激活基因的特异性表达。

23．**答案**：A　　**考点**：启动子的概念

解析：启动子 / 启动序列是 RNA 聚合酶结合的部位，是决定基因表达效率的关键元件。

24．**答案**：A　　**考点**：

解析：参见 A1 型题第 23 题解析。

25．**答案**：B　　**考点**：乳糖操纵子的作用原理

解析：CAP 是同二聚体，在其分子内有 DNA 结合区及 cAMP 结合位点。当培养基中缺乏葡萄糖时，cAMP 浓度增高，cAMP 与 CAP 结合，可刺激 RNA 转录活性。

26．**答案**：E　　**考点**：顺式作用元件

解析：对自身基因转录激活具有调控作用的 DNA 序列，包括启动子、增强子和沉默子等。

【A2 型题】

1．**答案**：B　　**考点**：基因表达的可诱导性

解析：参见 A1 型题第 20 题解析。

2．**答案**：A　　**考点**：基因表达的时间特异性和管家基因的概念

解析：参见 A1 型题第 2、4 题解析。

3．**答案**：A　　**考点**：基因表达的时间特异性

解析：参见 A1 型题第 2 题解析。

4．**答案**：B　　**考点**：利用乳糖操纵子的作用原理在基因工程中的应用

解析：IPTG 是 *lac* 操纵子的一种作用极强的诱导剂，不被细菌代谢而十分稳定，因此在基因工程领域和分子生物学实验中被广泛应用，可以强力诱导目标基因（如胰岛素）的表达。

5．**答案**：C　　**考点**：真核生物活性染色质的特点

解析：当染色质活化后，常出现一些对核酸酶（如 DNase I）高度敏感的位点，称之超敏位点。超敏位点通常位于被活化基因的 5'- 侧翼区 1 kb 内，这些转录活化区域是缺乏或没有核小体结合的"裸露"DNA 链，故易受到核酸酶的攻击，在 DNase I 消化实验中表现为 foot print。此时基因转录易被激活。

【B 型题】

1．**答案**：A　2．**答案**：C　3．**答案**：B　　**考点**：操纵子、增强子和启动子的概念

解析：原核生物大多数基因表达调控是通过操纵子机制实现的。决定基因组织特异性表达的是增强子，它是组织特异性转录因子的结合部位。结合转录调节因子并抑制基因表达的序列是沉默子。

4．**答案**：A　5．**答案**：D　6．**答案**：C　　**考点**：顺式作用元件、反式作用因子和顺式作用蛋白的概念

解析：顺式作用元件是指可影响自身基因表达活性的特异 DNA 序列。反式作用因子是由一个基因编码产生后调控其他基因来增强或降低相应基因的表达。有些基因产物可特异识别、结合自身基因的调节序列，调节自身基因的开启或关闭。具有这种调节方式的调节蛋白称为顺式作用蛋白（因子）。

7．答案 A　8．**答案**：B　9．**答案**：D　　**考点**：乳糖操纵子的作用原理

解析：Lac 阻遏蛋白与 O 序列结合。RNA 聚合酶与启动序列 P 结合，介导基因的基础转录。分解代谢物基因激活蛋白（CAP）结合在 Lac 启动序列附近的 CAP 位点，激活乳糖操纵子基因的表达。

10．**答案**：D　11．**答案**：A　　**考点**：基因表达的空间特异性和时间特异性

解析：基因表达的空间特异性又称细胞特异性或组织特异性。基因表达的时间特异性也称为阶段特异性。

【X 型题】

1．**答案**：AC　　**考点**：基因表达的时间特异性

解析：参见 A1 型题第 2 题解析。

2．**答案**：AD　　**考点**：基因表达的可诱导性

解析：有 DNA 损伤时，复制酶表达被抑制，抑制 DNA 复制；同时修复酶基因被激活，使修复酶被诱导而反应性地增加。

3．**答案**：ABD　　**考点**：管家基因的概念

解析：管家基因的表达水平受环境因素影响较小，而是在生物体各个生长阶段的大多数，或几乎全部组织中持续表达，也称组成性表达。

4．**答案**：ACD　　**考点**：基因表达的可诱导性

解析：参见 A1 型题第 20 题解析。

5．**答案**：ABCD　　**考点**：启动子的概念

解析：启动子是转录起始点周围的一段核苷酸序列，是 RNA 聚合酶识别和结合的部位，决定基因转录的基础频率和准确性。

6．**答案**：ABD　　**考点**：激活性转录因子的特点

解析：激活性转录因子的特点——大多数转录因子是 DNA 结合蛋白、反式作用因子而非顺式作用因子、在真核生物中普遍存在。

7．**答案**：CD　　**考点**：乳糖操纵子的结构

解析：乳糖操纵子含一个启动序列 P 结合 RNA 聚合酶、一个 O 序列结合阻遏蛋白，以及 Z、Y 及 A 三个结构基因。

8．**答案**：ABCD　　**考点**：活性染色质的特点

解析：具有转录活性的染色质被称为活性染色质，特点包括：对核酸酶敏感；有超螺旋构象变化（正超螺旋）；组蛋白化学修饰变化（如组蛋白发生乙酰化修饰）；CpG 序列甲基化修饰降低。

9．**答案**：AC　　**考点**：TATA 盒的功能

解析：TATA 盒通常位于转录起始点上游 –25 ~ –30 bp 区域，控制转录起始的准确性及频率。TATA 盒是基本转录因子 TFⅡD 的结合位点。

10．**答案**：AD　　**考点**：启动子和增强子的功能

解析：启动子决定基因转录的基础频率和准确性，每个基因都必须有启动子才能进行转录。增强子决定基因的特异性转录和转录强度；增强子不是基因转录所必需的，增强子需要有启动子才能发挥作用，没有启动子存在，增强子不能表现活性。

二、名词解释

1．基因：是位于染色体上的遗传基本单位或单元，是负载特定遗传信息的 DNA 片段，可以编码单个具有生物功能的产物，包括 RNA 和多肽链。

2．基因组：是指来自一个生物体的一整套遗传物质。

3．管家基因：是指对生命全过程都是必需的或必不可少的一类基因。这类基因在一个生物个体的几乎所有细胞中持续表达。

4．乳糖操纵子：大肠杆菌中与乳糖代谢功能相关的基因成簇地串联在一起共同组成一个转录单位即乳糖操纵子，包括：Z、Y 及 A 三个结构基因，一个操纵序列 O，一个启动序列 P 及一个调节基因 I。

5．增强子：增强特定基因表达的 DNA 序列；可位于受调控基因的数百、甚至上千碱基对之远。在酵母中，被称为上游激活序列（upstream activator sequences，UASs）。

6．单顺反子：真核基因的一个编码基因转录只生成一个 mRNA 分子，经翻译生成一条多肽链。

7．顺式作用元件：指可影响自身基因表达活性的 DNA 序列，通常包括启动子、增强子和沉默子。

8．反式作用因子：真核转录调节因子由其编码基因表达后，通过与特异的顺式作用元件的识别、结合，反式激活另一基因的转录，故称反式作用蛋白或反式作用因子。

三、问答题

1．（1）结构：*lac* 操纵子含 Z、Y 及 A 三个结构基因，分别编码 β-半乳糖苷酶、透酶和乙酰基转移酶，此外还有一个操纵序列 O，一个启动序列 P 及一个调节基因 I。I 基因编码一种阻遏蛋白，后者与 O 序列结合，操纵子被关闭。在启动序列上游还有一个分解代谢基因激活蛋白（CAP）结合位点。由操纵序列 O、一个启动序列 P 和 CAP 结合位点共同构成乳糖操纵子的调控区。

（2）阻遏蛋白的负性调节：在没有乳糖存在时，乳糖操纵子处于阻遏状态。此时，I 基因表达阻遏蛋白，阻遏蛋白与操纵序列 O 结合，阻碍 RNA 聚合酶与 P 序列结合，抑制转录启动。当有乳糖存在时，乳糖转变为别乳糖，后者结合阻遏蛋白，使其构象发生变化，阻遏蛋白与操纵序列 O 解离。在 CAP 蛋白协作下发生转录。

（3）CAP 的正性调节：分解代谢基因激活蛋白（CAP）分子内有 DNA 结合区及 cAMP 结合位点。当没有葡萄糖及 cAMP 浓度较高时，cAMP 与 CAP 结合，此时 CAP 结合在 CAP 结合位点，可使 RNA 转录活性提高；当有葡萄糖存在时，cAMP 浓度降低，cAMP 与 CAP 结合受阻，乳糖操纵子转录活性下降。

2．真核生物的基因表达调控具有以下特点：① 真核基因组比原核基因组大得多；② 原核基因组的大部分序列都为编码基因，而哺乳类基因组中只有 10% 的序列属于编码序列；③ 真核生物编码蛋白质的基因是不连续的；④ 原核生物属于多顺反子基因自然协调控制；而真核生物则是单顺反子涉及多个基因的协调表达；⑤ 真核生物 DNA 构成染色质形式的复杂结构直接影响基因表达；⑥ 真核生物的遗传信息不仅存在于核 DNA 上，还存在线粒体 DNA 上，核内基因与线粒体基因的表达调控既相互独立而又需要协调。

3．处于转录激活状态的染色质结构发生明显变化：① 对核酸酶敏感：超敏位点通常位于调节蛋白结合位点附近。② 组蛋白变化：H1 组蛋白减少；H2A-H2B 二聚体不稳定性增加；组蛋白 H3、H4 发生乙酰化、甲基化或磷酸化修饰。③ CpG 岛甲基化水平降低：甲基化范围与基因表达程度呈反比关系。

4．真核生物基因转录包括 3 种 RNA 聚合酶，转录通过顺式作用元件和转录因子的相互作用进行调节。真核 RNA 聚合酶不能直接结合启动子，例如先由 TFⅡD 识别 TATA 盒并与之结合，形成起始复合物，RNA 聚合酶Ⅱ才能与起始复合物结合，形成功能性的前起始复合物，转录被启动。其他调节因子与顺式作用元件通过蛋白质 - 蛋白质或蛋白质 -DNA 的相互作用，调节基因的转录活性。

原核基因表达调控与真核存在很多共同之处，但因原核生物没有细胞核和亚细胞结构，其基因组结构要比真核生物简单，基因表达的调控因此而比较简单。其特点包括以下 3 方面：

（1）σ 因子决定 RNA 聚合酶的识别特异性：原核生物只有一种 RNA 聚合酶，核心酶催化转录的延长，亚基识别特异启动序列。

（2）操纵子模型的普遍性：除个别基因外，原核生物绝大多数基因按功能相关性成簇地连续排列在染色体上，共同组成一个转录单位即操纵子，如乳糖操纵子等。一个操纵子含一个启动序列及数个编码基因。在同一个启动序列控制下，转录出多顺反子 mRNA。

(3) 阻遏蛋白与阻遏机制的普遍性：在很多原核操纵子系统，特异的阻遏蛋白是控制启动序列活性的重要因素。当阻遏蛋白与操纵基因结合或解离时，结构基因的转录被阻遏或去阻遏。

5. miRNA 是一大家族，属小分子非编码单链 RNA，长度约 22 个碱基，由一段具有发夹环结构的前体加工后形成。成熟的 miRNA 与其他蛋白质一起组成 RNA 诱导的沉默复合体（RNA-induced silencing complex，RISC），通过与其靶 mRNA 分子的 3'-端非翻译区域（3'-UTR）互补匹配，再以目前尚不清楚的机制抑制该 mRNA 分子的翻译。该方式属于基因表达调控的翻译水平调节。

（王卫平）

第十七章　细胞信号转导的分子机制

第一节　学习要求

掌握： 细胞信号转导方式及基本规律；细胞内第二信使种类；G 蛋白偶联受体传递信息的基本模式；AC-cAMP-PKA 信号通路特点。

熟悉： 细胞内第二信使作用特点；不同类别的受体介导通路特点及生物学效应；膜受体种类及作用特点；PLC-IP_3/DAG-PKC 信号通路特点；RAS-MAPK 信号通路特点；JAK-STAT 信号通路特点。

了解： 细胞信号转导的基本路线；信号转导通路中受体的种类、分布、受体和配体的结合特点；细胞信号转导异常性疾病防治的病理生理基础。

第二节　内容精要

一、细胞信号转导概述

细胞信号转导是通过多种分子相互作用的一系列有序反应，将来自细胞外的信息传递到细胞内各种效应分子的过程。细胞内多种信号转导分子，依次相互识别、相互作用，有序地转换和传递信号。细胞通讯和信号转导的基本路线为：

特定的细胞释放信息物质
↓
信息物质经扩散或血循环到达靶细胞
↓
与靶细胞的受体特异性结合
↓
受体对信号进行转换并启动细胞内信号系统
↓
靶细胞产生生物学效应

（一）细胞外化学信号有可溶性和膜结合性两种形式

1．可溶性信号分子可根据其溶解特性分为脂溶性化学信号和水溶性化学信号两大类；而根据其在体内的作用距离，则可分为内分泌信号、旁分泌信号和神经递质三大类（表 17-1）。有些旁分泌信号还作用于发出信号的细胞自身，称为自分泌。按溶解特性分两类：脂溶性化学信号和水溶性化学信号（表 17-2）。

2．膜结合性信号分子通过细胞间接触，其膜表面分子如蛋白质、糖蛋白和蛋白聚糖分子相互识别结合，将信号传入靶细胞内。

表17-1　可溶性化学信号按作用距离分类

	内分泌信号	旁分泌信号	神经分泌信号
化学信号的名称	激素	细胞因子	神经递质
受体位置	膜或胞内受体	膜受体	膜受体
举例	胰岛素、甲状腺素、生长激素	表皮生长因子、白细胞介素、神经生长因子	乙酰胆碱、谷氨酸

表17-2　可溶性化学信号按溶解特性分类

	脂溶性	水溶性
举例	类固醇激素、维生素A、维生素D、甲状腺激素等	肽类激素、生长因子、细胞因子、水溶性小分子化合物等

（二）细胞经由特异性受体接收细胞外信号

1．按照其在细胞内的位置，受体分为细胞内受体和细胞表面受体。细胞内受体包括位于细胞质或胞核内的受体，其相应配体是脂溶性信号分子，如类固醇激素、甲状腺激素、维A酸等。水溶性信号分子和膜结合性信号分子（如生长因子、细胞因子、水溶性激素分子、黏附分子等）不能进入靶细胞，其受体位于靶细胞的细胞质膜表面（表17-3）。

表17-3　三种膜受体的特点

特性	离子通道受体	G蛋白偶联受体	酶偶联受体
结构	寡聚体形成的孔道	单体	具有酶活性的单体
跨膜区段数目		7个跨膜α螺旋	1个跨膜α螺旋
配体	神经递质	神经递质、激素、趋化因子、外源性刺激（光、声等）	生长因子、细胞因子
细胞应答	去极化与超极化	激活G蛋白	激活蛋白激酶
举例	乙酰胆碱受体、5-HT_3受体等	肾上腺素/胰高血糖素受体、表皮生长因子/干扰素受体等	胰岛素受体、EGF受体、PDGF受体
作用方式	与神经递质结合→构象改变→使其离子通道瞬间开或关→影响离子通道的通透性	与配体结合被激活→激活G蛋白→激活靶蛋白	与配体结合被激活→多数受体表现酶促活性（少数激活胞内某种酶）

2．受体与配体结合的特点：①高度专一性；②高度亲和力；③可饱和性；④可逆性；⑤具有特定的作用模式。

（三）细胞内多条信号转导途径形成信号转导网络

1．信号转导分子（signal transducer）：介导信号在细胞内传递的分子。分三类：小分子第二信使、酶和调节蛋白。

2．信号转导途径（signal transduction pathway）：由一组信号转导分子形成的有序分子变化，导致细胞行为变化。

3．信号转导网络（signal transduction network）：信号转导通路交叉联系形成的调控系统。

二、细胞内信号转导分子

信号转导的基本方式包括：改变下游信号转导分子的构象；改变下游信号转导分子在细胞内的定位；改变小分子第二信使的浓度或分布；信号转导分子复合物的形成或解聚。

（一）第二信使结合并激活下游信号转导分子

配体与受体结合后并不进入细胞内，但能间接激活细胞内其他可扩散、并调节信号转导蛋白质活性的小分子或离子，这些在细胞内传递信号的分子称为第二信使（second messenger），又称细胞内小分子信使。见表17-4。

表17-4　细胞内信号转导分子与细胞间转导分子的比较

	细胞内信号分子		细胞间信号分子	
名称	自分泌信号	第二信使	旁分泌	内分泌（激素）
特点	作用于自身细胞	细胞内的小分子物质	作用于相邻细胞	作用于远距离细胞
举例	cAMP/ cGMP/ DAG/ IP_3/ Ca^{2+} 等		蛋白质、氨基酸、类固醇、核苷酸等	

1．细胞内第二信使的主要特点

（1）在细胞外信号刺激下，其浓度或分布迅速发生变化；

（2）第二信使浓度可迅速降低；

（3）可激活下游信号转导分子。

2．环核苷酸是一类重要的细胞内第二信使，由核苷酸环化酶催化生成，主要有 cAMP 和 cGMP。磷酸二酯酶参与 cAMP 和 cGMP 的水解。环核苷酸的主要靶分子是蛋白激酶，一些离子通道也是其靶分子。目前已知的细胞内环核苷酸类第二信使有 cAMP 和 cGMP 两种。

3．脂类分子肌醇 -1,4,5- 三磷酸（inositol triphosphate，IP_3）和甘油二酯（diglyceride，DAG）作为细胞内第二信使：磷脂酰肌醇激酶（PI kinase，PI-K）催化磷脂酰肌醇（Phosphatidylinositol，PI）发生磷酸化，产生磷酸化的磷脂酰肌醇，如 PIP_2。磷脂酶 C（Phospholipases C，PLC）可分解 PIP_2 产生 IP_3 和 DAG，在 Ca^{2+} 参与下，进一步激活蛋白激酶 C（Protein kinase C，PKC）。PKC 对机体的物质代谢、基因表达、细胞分化和增殖发挥调节作用（图 17-1）。

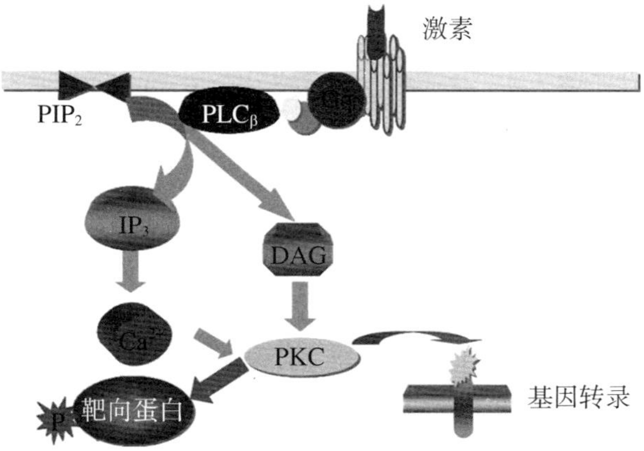

图 17-1　甘油二酯（DAG）信号通路

4．Ca^{2+} 作为第二信使　Ca^{2+} 在细胞内的分布具有明显的区域特征，细胞外液 Ca^{2+} 远多于细胞内。细胞内的 Ca^{2+} 主要存于钙库（内质网和线粒体）。Ca^{2+} 的信号功能主要通过钙调蛋白（calmodulin，CaM）实现。CaM 为钙结合蛋白，激活后可作用于钙调蛋白依赖性蛋白激酶（CaM kinase）。此外，Ca^{2+} 的下游分子还包括 PKC、AC 和 cAMP-PDE 等。

5．气体小分子作为第二信使　如 NO、CO、H_2S 等。见表 17-5。

表17-5　细胞内主要的第二信使及其作用

名称	代表性靶分子	参与调节的生理功能
cAMP	PKA/ 离子通道	代谢、转录、味觉、嗅觉
cGMP	PKG	心肌及平滑肌收缩
IP_3	IP_3 受体	转录、细胞骨架、细胞增殖
DAG	PKC	转录、细胞骨架、细胞增殖

续表

名称	代表性靶分子	参与调节的生理功能
Ca	PKC/ 钙调蛋白	转录、细胞骨架、细胞增殖
PIP_3	PKB	代谢、细胞黏附、细胞凋亡
NO	GC、细胞色素	心肌及平滑肌收缩、氧化应激

缩写：AC：adenylate cyclase，腺苷酸环化酶；GC：guanlase cyclase，鸟苷酸环化酶；PK：protein kinase，蛋白激酶；NOS：nitric oxide synthase，NO 合酶

（二）多种酶通过酶促反应传递信号

作为信号转导分子的酶
- 催化第二信使生成和转化的酶
- 蛋白激酶
  - 酪氨酸激酶
  - 丝 / 苏氨酸激酶

1．蛋白激酶（protein kinase，PK）与蛋白磷酸酶（protein phosphatase，PP）催化蛋白质的可逆性磷酸化修饰，是最重要的信号通路开关。

2．蛋白激酶主要催化丝氨酸、苏氨酸或酪氨酸残基磷酸化；蛋白磷酸酶催化磷酸化的蛋白质分子发生去磷酸化，衰减或终止蛋白激酶诱导的效应。

3．丝 / 苏氨酸激酶包括 PKA、PKG、PKC、Ca^{2+}/CaM-PK、PKB、MAPK 等。MAPK 调控细胞的多种重要生理功能，如细胞增殖、分化、凋亡等；MAPK 级联激活还是多种信号通路的中心环节。

4．蛋白酪氨酸激酶（PTK）催化靶蛋白的酪氨酸残基发生磷酸化，转导细胞增殖与分化信号。PTK 有受体型和非受体型两类。

表17-6　蛋白激酶的分类

激酶	磷酸基团的受体
蛋白丝氨酸 / 苏氨酸激酶	丝氨酸 / 苏氨酸羟基
蛋白酪氨酸激酶 蛋白组 / 赖 / 精氨酸激酶	酪氨酸的酚羟基 咪唑环，胍基，ε- 氨基
蛋白半胱氨酸激酶	巯基
蛋白天冬氨酸 / 谷氨酸激酶	酰基

（三）无酶活性的信号转导蛋白可通过蛋白质相互作用传递信号

- G 蛋白（G protein）：与 GTP/GDP 结合状态决定信号的传递
- 衔接蛋白（adaptor protein）：上游和下游信号转导分子间的接头
- 支架蛋白（scaffolding protein）：使相关信号转导分子容纳于隔离而稳定的信号转导通路内

1．G 蛋白包括三聚体 G 蛋白和低分子量 G 蛋白：①三聚体 G 蛋白由 α、β、γ 三个亚基组成，位于细胞膜上，介导 G 蛋白偶联受体传递的信号。GDP-Gαβγ 为无活性形式，Gα 与 GTP 结合为 G 蛋白的活性形式。

②低分子量 G 蛋白（21 kDa）是信号转导通路中的转导分子，如 Ras 家族蛋白。

2．衔接蛋白和支架蛋白连接信号转导网络：蛋白质相互作用结构域介导信号通路中蛋白质的相互作用。衔接蛋白大都含有 2 个或以上的蛋白质相互作用结构域，连接上下游分子。支架蛋白分子量较大，有多个蛋白质结合域，可结合信号转导途径中多个相关蛋白质。

三、细胞受体介导的细胞内信号转导

（一）细胞内受体通过分子迁移传递信号

细胞内受体与相应配体结合后，能与 DNA 的顺式作用元件结合，在转录水平调节基因表达（图 17-2）。类固醇激素、甲状腺素、维 A 酸及维生素 D 等的受体即属于此类。

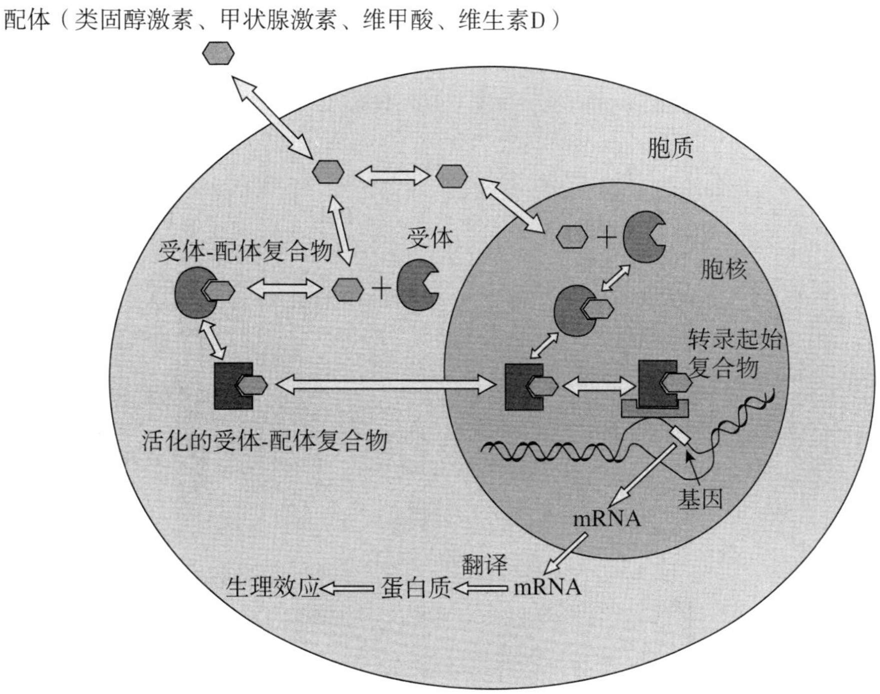

图 17-2　细胞内受体作用机制

（二）离子通道型受体将化学信号转变为电信号

由蛋白质寡聚体形成离子通道型受体，其配体主要为神经递质，其信号转导的最终效应是细胞膜电位改变，从而影响细胞功能。N 型乙酰胆碱受体就是典型的离子通道受体。

离子通道型受体 { 阳离子通道：乙酰胆碱受体、谷氨酸受体、5-羟色胺受体
　　　　　　　　 阴离子通道：甘氨酸受体、γ-氨基丁酸受体

（三）G 蛋白偶联受体通过 G 蛋白和小分子信使介导信号转导

1．G 蛋白偶联受体（G protein coupling receptor，GPCR）介导的信号转导途径具有相同的基本模式。主要参与细胞物质代谢的调节和基因转录的调控。

此类受体的信息转导通路为：激素 → 受体 → G 蛋白 → 酶 → 第二信使 → 蛋白激酶 → 酶或功能蛋白 → 生物学效应（图 17-3）。

2．不同 G 蛋白偶联受体可通过不同途径传递信号：cAMP-PKA 途径（胰高血糖素、肾上腺素、促肾上腺皮质激素）、IP_3/DAG-PKC 途径（促甲状腺素释放激素、去甲肾上腺素、抗利尿激素）、Ca^{2+}/ 钙调蛋白依赖的蛋白激酶途径。

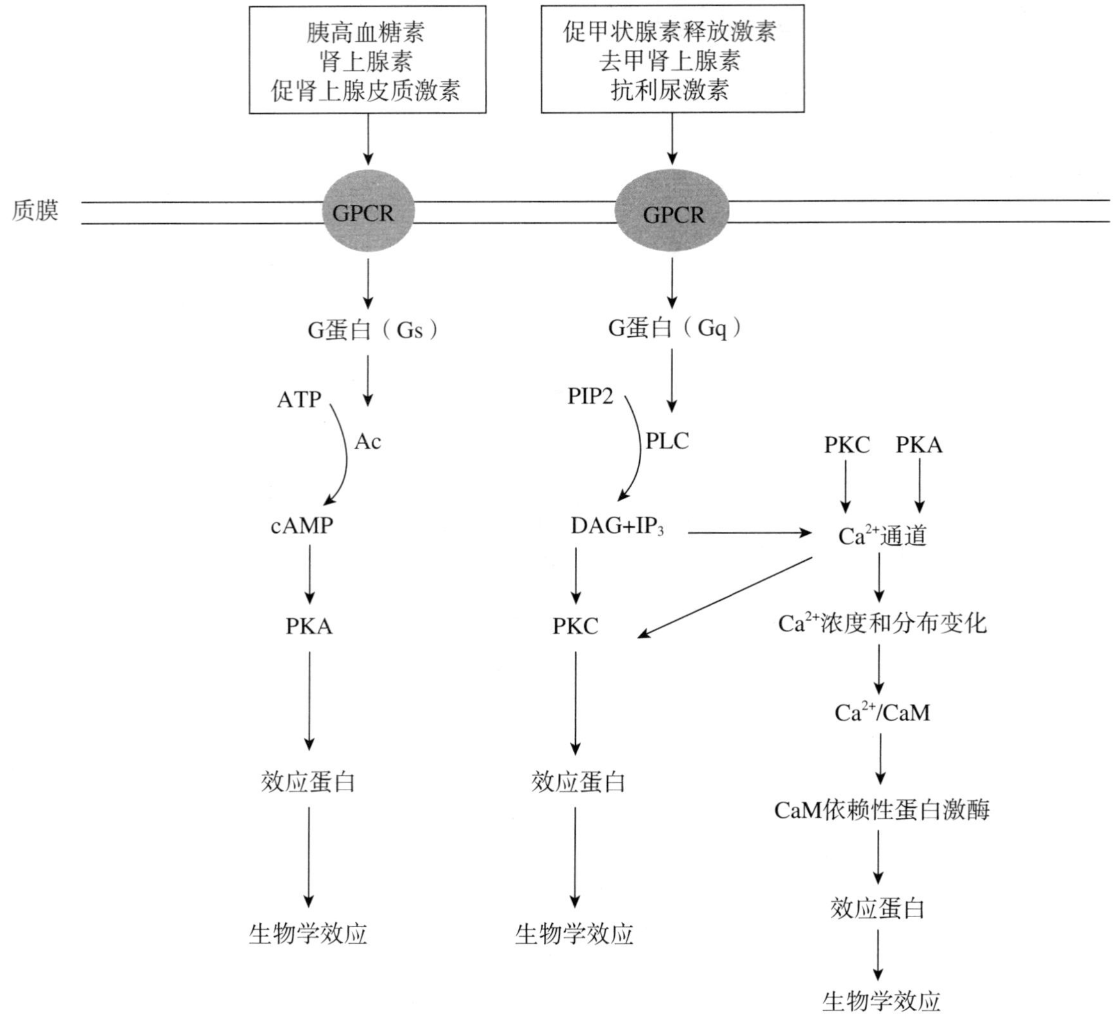

图 17-3　GPCR 介导的信号转导

（四）酶偶联受体主要通过蛋白质修饰或相互作用传递信号

1．酶偶联受体（enzyme-linked receptor）作用基本模式：

胞外信号分子与受体结合，激活第一个蛋白激酶

↓

通过蛋白质 - 蛋白质相互作用或蛋白激酶磷酸化修饰激活下一个蛋白激酶

↓

蛋白激酶磷酸化代谢途径关键酶或转录因子

↓

调节代谢通路、基因表达、细胞运动、细胞增殖

2．常见酶偶联受体信号通路　目前已发现的蛋白激酶偶联受体介导的信号转导途径有十几条，如JAK-STAT 途径、Smad 途径、PI-3K 途径、NF-κB 途径等。

（1）RAS-MAPK 通路：转导生长因子的重要信号通路；

（2）JAK-STAT 通路：转导细胞因子的重要信号通路；

（3）Smad 通路：TGF-β 受体激活的通路之一；

（4）PI-3K 通路：其介导的效应多与 PKB/Akt 有关；

（5）NF-κB 通路：重要的炎症和应激反应信号转导通路。

四、细胞信号转导的基本规律

（一）各种信号转导机制具有共同的基本规律

1．信号的传递和终止涉及多种双向反应

2．细胞信号在转导过程中被逐级放大

3．细胞信号转导通路既有通用性又有专一性

4．细胞信号通路具有多样性

（二）细胞信号转导复杂并具有多样性

1．一种细胞外信号分子可通过不同的信号转导通路影响不同的细胞

2．受体与信号转导通路的组合呈现多样性

3．一种信号转导分子不一定只参与一条通路的信号转导

4．一条信号通路中的功能分子可影响和调节其他通路

5．不同信号通路可参与调控相同的生物学效应

6．细胞内的特殊事件也可以启动或调节信号转导（如 DNA 损伤、ROS 等）

五、细胞信号转导异常与疾病

（一）信号转导异常可发生在两个层次

1．受体异常激活或失能

2．信号转导分子的异常激活或失活

（二）信号转导异常导致疾病发生

1．细胞获得异常功能或表型（增殖能力异常、分泌功能异常或细胞膜通透性改变等）：细胞正常功能缺失（失去正常的分泌功能、反应性或生理调节能力）。

2．信号转导异常导致细胞正常功能缺失：失去正常的分泌功能、失去正常的反应性、失去正常的生理调节能力。

（三）细胞信号转导分子是药物作用的重要靶点

信号转导分子的激动剂和抑制剂是信号转导药物研究的出发点，尤其是各种蛋白激酶的抑制剂更是被广泛用作母体药物进行抗肿瘤新药的研发。

第三节　应试习题

一、选择题（题目前 * 表示西医综合题目，题目前 # 表示执业医师题目）

【A1 型题】

1．* 在经典的信号转导途径中，受 G 蛋白激活直接影响的酶是（2014）

A．AC

B．PKC

C．JAK

D．MAPK

2．* 需要依靠细胞内 cAMP 来完成跨膜信号转导的膜受体是（2010）

A．鸟苷酸环化酶受体

B．离子通道型受体

C．酪氨酸激酶受体

D．G 蛋白偶联受体

3．下列涉及 G 蛋白偶联受体信号的主要途径是

A．cAMP-PKA 信号途径

B．酪氨酸激酶受体信号途径

C．雌激素 - 核受体信号途径

D．丝 / 苏氨酸激酶受体信号途径

E．糖皮质激素受体信号途径

4．以 IP_3 和 DAG 作为第二信使的激素是

A．醛固酮
B．肾上腺素
C．促肾上腺皮质激素
D．甲状腺激素
E．胰高血糖素

5．* 神经 - 肌接头的终板膜上，实现跨膜信号转导的方式是（2011）
A．受体-G 蛋白-AC 途径
B．受体-G 蛋白-PLC 途径
C．离子通道受体途径
D．酪氨酸激酶受体途径

6．* 与胞质中 cAMP 生成有直接关系的 G 蛋白效应器是（2008）
A．磷脂酶 A
B．磷脂酶 C
C．腺苷酸环化酶
D．鸟苷酸环化酶

7．可被 Ca^{2+} 激活的是
A．PKA
B．PKG
C．PKC
D．RTK
E．PKD

8．通过蛋白激酶 A 通路发挥作用的激素是
A．生长因子
B．心钠素
C．胰岛素
D．肾上腺素
E．甲状腺素

9．与 IP_3 和 DAG 生成有直接关系的 G 蛋白效应器是
A．磷脂酶 A
B．磷脂酶 C
C．腺苷酸环化酶
D．鸟苷酸环化酶
E．蛋白激酶 A

10．信号转导通路对靶蛋白调节最重要的方式是
A．通过 G 蛋白调节
B．通过可逆性磷酸化调节
C．通过配体调节
D．通过受体数量调节
E．通过受体亲和力调节

11．在 G 蛋白中，α 亚基的活性状态是
A．与 GTP 结合，与 βγ 分离
B．与 GTP 结合，与 βγ 聚合
C．与 GDP 结合，与 βγ 分离
D．与 GDP 结合，与 βγ 聚合
E． 与 ATP 结合，与 βγ 分离

12．核受体的本质是属于
A．配体激活的 G 蛋白偶联受体
B．配体激活的酪氨酸蛋白激酶受体
C．配体激活的离子通道受体
D．配体调控的转录因子
E．配体调控的细胞黏附受体

13．IP_3 促使胞液中的浓度升高的离子是
A．H^+
B．Na^+
C．K^+
D．Ca^{2+}
E．Mg^{2+}

14．下列属于细胞内信号分子的是
A．胰岛素
B．肾上腺素
C．甘油二酯
D．胰高血糖素
E．甲状腺激素

15．在信息传递过程中，产生第二信使的激素是
A．糖皮质激素
B．雌二醇
C．醛固酮
D．促肾上腺皮质激素
E．胰岛素

16．与 G 蛋白偶联的受体是
A．环状受体
B．七次跨膜受体
C．细胞核内受体
D．细胞质内受体
E．乙酰胆碱受体

17．PKA 所磷酸化的氨基酸主要是
A．酪氨酸
B．甘氨酸
C．酪氨酸 / 甘氨酸
D．丝氨酸 / 苏氨酸
E．丙氨酸

18．肾上腺素与膜受体结合，激活 G 蛋白后能
A．激活鸟苷酸环化酶
B．抑制鸟苷酸环化酶
C．激活腺苷酸环化酶

D．抑制腺苷酸环化酶
E．激活蛋白激酶 A

19．容易发生磷酸化与去磷酸化的氨基酸是
A．Gly，Ser，Val
B．Thr，Ser，Tyr
C．Ala，Ile，Leu
D．Phe，Thr，Val
E．Lys，Ser，Val

20．蛋白激酶的作用是使蛋白质发生
A．脱磷酸
B．磷酸化
C．酶促水解
D．促进合成
E．泛素化

21．G 蛋白是指
A．蛋白激酶 A
B．鸟苷酸环化酶
C．蛋白激酶 G
D．Grb2 结合蛋白
E．鸟苷酸结合蛋白

22．生长因子作用的直接靶点是
A．血液中的各种激素
B．进入体内的致病菌
C．细胞分裂时的染色体
D．细胞膜表面相应的受体
E．代谢途径中的关键酶

23．具有酪氨酸蛋白激酶活性的是
A．雄激素受体
B．甲状腺激素受体
C．乙酰胆碱受体
D．表皮生长因子受体
E．肾上腺素受体

24．激活的 PKC 能磷酸化的氨基酸残基是
A．丝氨酸 / 苏氨酸
B．丝氨酸 / 组氨酸
C．丝氨酸 / 酪氨酸
D．酪氨酸 / 苏氨酸
E．苏氨酸 / 组氨酸

25．细胞内能够降解 cAMP 含量的酶是
A．磷酸二酯酶
B．蛋白激酶 A
C．腺苷酸环化酶
D．蛋白激酶 C
E．酪氨酸蛋白激酶

【A2 型题】

1．患者，男，36 岁。出现双侧眼睑下垂，视物成双 2 年，后逐渐累及四肢肌肉，感觉全身乏力，在劳动后及傍晚时更明显，清晨及休息后可以减轻，新斯的明试验（+）。5 天前，患者上呼吸道感染，发热，出现咳嗽无力，气急，呼吸困难，言语声低，吞咽困难。现来我院急诊，考虑为“重症肌无力危象”。重症肌无力的主要信号转导障碍是
A．ACh 分泌减少
B．体内产生抗 n-ACh 受体的抗体
C．Na^+ 通道障碍
D．抗体与 n-ACh 受体结合
E．ACh 与其受体结合障碍

2．患者，男，50 岁，出现多尿、烦渴、多饮，24 小时尿量为 5L，以“尿崩症”收治入院。家族性肾性尿崩症发病的关键环节之一是
A．腺垂体合成和分泌 ADH 减少
B．肾髓质病变使肾小管上皮细胞对 ADH 反应性降低
C．基因突变使 ADH 受体减少
D．基因突变使介导 ADH 信号的 Gs 减少
E．基因突变使 ADH 受体增加

3．患者，男，30 岁，病前进食海鲜，出现腹泻，黄色水样便，呕吐。大便涂片染色、培养确诊霍乱。霍乱毒素干扰细胞内信号转导过程的关键环节是
A．促进 Gs 与受体结合
B．刺激 Gs 生成
C．促进了 Gsα 的 GTP 酶活性
D．抑制了 Gsα 的 GTP 酶活性
E．抑制 Gs 与受体结合

4．患者，女，20 岁，确诊为甲状腺激素抵抗，通过血样采集和脱氧核糖核酸分离对其进行分子遗传学检测。激素抵抗综合征是由于
A．激素合成障碍
B．体内产生了拮抗相关激素的物质
C．靶细胞对激素反应性降低
D．靶细胞对激素反应性过高
E．受体异常激活

5．患者，男，29 岁，手脚异常发育、关节增大、嘴唇肥厚，以“肢端肥大症”收治入

院。垂体腺瘤引起肢端肥大症的信号转导异常是由于
A．生长激素释放激素分泌过多
B．生长抑素分泌减少
C．Gi 过度激活
D．Gsα 过度激活
E．GTP 酶活性增强

【B 型题】
A．鸟苷酸环化酶
B．腺苷酸环化酶
C．磷酸二酯酶
D．AMP
E．Ca^{2+}
1．可直接使 cAMP 浓度降低的分子是
2．可直接使 cAMP 浓度增高的分子是
3．可直接使 cGMP 浓度增高的分子是

A．甲状腺素
B．肾上腺素
C．蛋白激酶
D．NO
E．生长因子
4．通过核受体发挥作用的是
5．通过 G 蛋白偶联受体发挥作用的是
6．通过与细胞质中酪氨酸激酶偶联受体发挥作用的是

A．Ca^{2+}
B．CO
C．cGMP
D．cAMP
E．Mg^{2+}
7．能激活 PKA 的第二信使是
8．能激活 PKG 的第二信使是
9．能激活 PKC 的第二信使是

【X 型题】
1．参与受体型 TPK-Ras-MAPK 途径的分子有
A．EGF 受体
B．Grb2
C．Ras 蛋白
D．Raf 蛋白
2．以下属于第二信使的是
A．cAMP
B．cGMP
C．DAG
D．IP_3
3．信号转导蛋白通常具有活性和非活性两种形式，控制信号转导蛋白活性的方式有
A．通过配体调节
B．通过受体数量调节
C．通过 G 蛋白调节
D．通过可逆磷酸化调节
4．*下列物质中，可作用于酶联型受体而实现信号转导的配体有（2015）
A．胰岛素
B．心房钠尿肽
C．甲状腺激素
D．肾上腺素
5．*既可作用于 G 蛋白偶联受体又可作用于通道型受体的配体有（2014）
A．乙酰胆碱
B．γ-氨基丁酸
C．心房钠尿肽
D．肾上腺素
6．下列可成为 GPCR 配体的信息分子是
A．去甲肾上腺素
B．ADH
C．胰高血糖素
D．生长因子
7．下列属于细胞膜受体的是
A．离子通道型受体
B．酶偶联受体
C．甾体激素受体
D．G 蛋白偶联受体
8．关于 G 蛋白偶联受体的结构，叙述正确的是
A．必须与 G 蛋白结合才能产生信号传导效应
B．通常含 7 段疏水性跨膜序列
C．主要是结合生长因子的受体
D．N 端位于胞内，而 C 端暴露在胞外
9．下列与信号转导的多个环节异常有关的疾病是
A．肿瘤
B．炎症
C．自身免疫性胰岛素受体病
D．高血压心肌肥厚

二、名词解释

1. 细胞通讯（cell communication）
2. 细胞信号转导（signal transduction）
3. 细胞膜受体（membrane receptor）
4. 第二信使（second messenger）
5. G蛋白（G protein）
6. 衔接蛋白（adaptor protein）
7. 抑制型受体（inhibit receptor）
8. 配体（ligand）
9. G蛋白偶联受体（G protein coupling receptor，GPCR）
10. 离子通道偶联受体（ino-channel linked receptor）

三、问答题

1. 试述配体与受体结合的主要特点。
2. 试述细胞表面受体介导的信号跨膜传递的种类与分布。
3. 试述常见的细胞内第二信使及其在信号转导通路中如何传递信息。
4. 雌激素如何通过细胞信号转导发挥生物学作用?
5. 细胞信号转导的机制有哪些？举例说明其与疾病的关系。

第四节　参考答案及解析

一、选择题

【A1型题】

1. **答案：**A　　**考点：**信号转导途径中的信号转导分子

解析：由G蛋白偶联受体所介导的细胞信号通路，按其效应器蛋白的不同，可分为三类：①激活离子通道的G蛋白偶联受体；②以cAMP为第二信使的G蛋白偶联受体，激活或抑制腺苷酸环化酶（AC）；③激活磷脂酶C，以IP_3和DAG作为双信使的G蛋白偶联受体。

2. **答案：**D　　**考点：**细胞受体介导的细胞内信号转导

解析：当细胞受到外界刺激时，胞外信号分子首先与受体结合形成复合体，然后激活细胞膜上的G蛋白，被激活的G蛋白与G蛋白偶联受体结合，再激活细胞膜上的腺苷酸环化酶（AC），催化ATP脱去一个焦磷酸而生成cAMP。生成的cAMP作为第二信使通过激活PKA（cAMP依赖性蛋白激酶），使靶细胞蛋白磷酸化，从而调节细胞反应。

3. **答案：**A　　**考点：**信号转导途径中的信号转导分子

解析：参见A1型题第2题解析。

4. **答案：**B　　**考点：**细胞受体介导的细胞内信号转导

解析：以IP_3和DAG为第二信使的激素主要是生物胺类激素，胺类激素包括肾上腺素和去甲肾上腺素。

5. **答案：**C　　**考点：**细胞受体介导的细胞内信号转导

解析：神经-肌接头的终板膜上，实现跨膜信号转导的过程为：ACh与终板膜上的N_2型乙酰胆碱受体阳离子通道结合，使之开放，出现Na^+内流及K^+外流（Na^+内流大于K^+外流），进而使得终板膜发生去极化，产生终板电位。该信号转导过程的受体本身就是离子通道，为典型的离子通道型受体介导的信号转导。

6. **答案：**C　　**考点：**细胞受体介导的细胞内信号转导

解析：G蛋白效应器是指G蛋白直接作用的靶标，G蛋白效应器的重要功能是催化生成第二信使，腺苷酸环化酶（AC）和磷脂酶 C（PLC）是两种最常见的 G 蛋白效应器，腺苷酸环化酶可催化生成的第二信使为环磷酸腺苷（cAMP），磷脂酶 C 可催化生成的第二信使为三磷酸肌醇（IP_3）和甘油二酯（DAG）。

7. **答案：**C **考点：**细胞内信号转导分子
解析：可被 Ca^{2+} 激活的有：CaM、PKC、AC、cAMP-PDE 等信号转导分子。

8. **答案：**D **考点：**细胞内信号转导分子
解析：通过蛋白激酶 A 通路发挥作用的激素有：促肾上腺皮质激素、促肾上腺皮质激素释放激素多巴胺、肾上腺素、胰高血糖素。

9. **答案：**B **考点：**细胞受体介导的细胞内信号转导
解析：参见 A1 型题第 6 题解析。

10. **答案：**B **考点：**细胞内信号转导分子
解析：可逆磷酸化对生物体正常功能的维持具有重要意义，体内大部分信号通路的活化都是磷酸化，比如乙酰胆碱的释放、PKA、PKC 系统，这些信号通路在完成使命后需要被及时关闭，以免对机体产生持续的作用，这时候就需要去磷酸化来关闭它们，所以蛋白质的可逆磷酸化使机体功能保持在一个合适的范围。

11. **答案：**A **考点：**细胞受体介导的细胞内信号转导
解析：活性状态时的 α 亚基上结合的是 GTP，并且 α 亚基已与 βγ 亚基分开，而同某一特异蛋白结合在一起，引起信号转导。

12. **答案：**D **考点：**细胞受体介导的细胞内信号转导
解析：核受体是后生动物中含量最丰富的转录调节因子之一，它们在新陈代谢、性别决定与分化、生殖发育和稳态的维持等方面发挥着重要的功能。

13. **答案：**D **考点：**细胞内信号转导分子
解析：由于 IP_3 是水溶性的，它可以从质膜扩散到胞质溶胶，与内质网膜或细胞膜上的 IP_3- 闸门 Ca^{2+} 通道结合，使通道打开。Ca^{2+} 就顺着浓度梯度由胞外或内质网中迅速进入细胞质，增加胞质 Ca^{2+} 浓度，引起生理反应。

14. **答案：**C **考点：**细胞内信号转导分子
解析：细胞外的信号经过受体转换进入细胞内，通过细胞内一些蛋白质分子和小分子活性物质进行传递，这些能够传递信号的分子即为细胞内信号转导分子，包括钙离子、环腺苷酸（cAMP）、环鸟苷酸（cGMP）、环腺苷二磷酸核糖、甘油二酯（DAG）、肌醇-1,4,5-三磷酸（IP3）、花生四烯酸等。

15. **答案：**D **考点：**细胞信号转导概述
解析：在体内作为信使传递信息，对机体生理过程起调节作用的物质称为激素。第一类为类固醇，如促肾上腺皮质激素、肾上腺皮质激素、性激素。 第二类为氨基酸衍生物，有甲状腺激素等。但通常情况下雌激素等不产生第二信使。促肾上腺皮质激素（ACTH）可以结合膜受体后通过激活 G 蛋白，产生第二信使 cAMP。

16. **答案：**B **考点：**细胞内信号转导分子
解析：七次跨膜受体也称 G 蛋白偶联受体或蛇形受体，具有七个跨膜 α 螺旋结构，胞内部分结构可与 G 蛋白结合，并与 G 蛋白活化而转导信号。

17. **答案：**D **考点：**细胞内信号转导分子
解析：PKA 被激活后，可使多种蛋白质底物的丝氨酸或苏氨酸残基发生磷酸化，改变其活性状态。

18．**答案**：C　　**考点**：细胞受体介导的细胞内信号转导

解析：激素（如胰高血糖素、肾上腺素）与膜受体结合→激活 G 蛋白→激活膜上腺苷酸环化酶→cAMP 浓度增高→激活蛋白激酶 A，蛋白激酶活化后，调节生物体的代谢反应。

19．**答案**：B　　**考点**：细胞信号转导概述

解析：蛋白质磷酸化是调节和控制蛋白质活力和功能的最基本、最普遍，也是最重要的机制。蛋白质磷酸化主要发生在三种侧链含有羟基的氨基酸残基上：丝氨酸（Ser）、苏氨酸（Thr）和酪氨酸（Tys）。

20．**答案**：B　　**考点**：细胞信号转导概述

解析：蛋白激酶是一类催化蛋白质磷酸化反应的酶。它能把腺苷三磷酸（通常是 ATP）上的 γ- 磷酸转移到蛋白质分子的氨基酸残基上。在大多数情况下，这一磷酸化反应常发生在蛋白质的丝氨酸残基、苏氨酸残基和酪氨酸残基上。

21．**答案**：E　　**考点**：G 蛋白

解析：G 蛋白又称鸟苷酸结合蛋白（guanine nucleotide-binding protein，G protein），以 αβγ 三聚体的形式存在于细胞质膜内侧，直接由 G 蛋白偶联受体激活，进而激活其下游信号转导分子，调节细胞功能。

22．**答案**：D　　**考点**：细胞内信号转导过程

解析：生长因子是一类由细胞分泌的、类似于激素的信号分子，多数为肽类或蛋白质类物质，常通过受体介导的细胞信号转导发挥作用，其受体多位于靶细胞膜上。

23．**答案**：D　　**考点**：酪氨酸蛋白激酶及其受体

解析：甲状腺激素受体和雄激素受体均为核受体，通过影响 DNA 转录发挥生物学效应。肾上腺素通过受体-G 蛋白-AC-cAMP-PKA 信号通路发挥作用。表皮生长因子受体具有酪氨酸蛋白激酶活性，经 PTK-Ras/MAPK 途径发挥作用。

24．**答案**：A　　**考点**：蛋白激酶

解析：PKC 为蛋白丝氨酸 / 苏氨酸激酶，能磷酸化的残基为丝氨酸 / 苏氨酸。

25．**答案**：A　　**考点**：腺苷酸环化酶

解析：ATP 在腺苷酸环化酶催化下去焦磷酸环化生成 cAMP。腺苷酸环化酶活性增高，则 cAMP 生成增多。cAMP 在磷酸二酯酶作用下分解为 5'-AMP 而失活，磷酸二酯酶活性增高，则 cAMP 降解加快。

【A2 型题】

1．**答案**：B　　**考点**：信号转导异常与疾病

解析：重症肌无力是一种主要累及神经 - 肌肉接头突触后膜 ACh 受体的自身免疫性疾病，患者体内存在抗乙酰胆碱（ACh）受体的抗体，在细胞免疫和补体参与下突触后膜的 ACh 受体被大量破坏，不能产生足够的终板电位，导致突触后膜传递功能障碍而发生肌无力。

2．**答案**：C　　**考点**：信号转导异常与疾病

解析：家族性肾性尿崩症发病的环节是基因突变使 ADH 受体减少或者水通道蛋白 AQP 2(aquaporin 2)异常。

3．**答案**：D　　**考点**：信号转导异常与疾病

解析：霍乱毒素使 G 蛋白 α 亚基失去 GTP 酶活性，不能水解 GTP 成 GDP，使腺苷酸环化酶持续激活，cAMP 浓度升高。最后导致小肠黏膜细胞离子通道功能失衡，大量的离子和水分都从细胞膜内流到细胞外，形成了脱水症状。因此，关键靶点就是使 Gsα 处于不可逆失活状态。

4．**答案**：C　　**考点**：信号转导异常与疾病

解析：激素抵抗综合征主要原因是激素受体基因核苷酸发生变化或者缺失，使激素受体的氨基酸顺序发生变化，导致受体结构和功能的变化，对激素发生抵抗或不敏感。其次为激素受体数目减少，导致激素作用减弱。

5．**答案**：D　　**考点**：信号转导异常与疾病

解析：编码 Gsα 基因发生点突变，抑制了 GTP 酶活性，使 Gsα 处于持续激活状态，AC 活性升高，cAMP 含量增加，使分泌的 GH 细胞加速生长和功能活跃，分泌大量 GH，刺激骨骼过度生长，在成人引起肢端肥大症，在儿童引起巨人症。

【B 型题】

1．**答案**：C　2．**答案**：B　3．**答案**：A　　**考点**：细胞内信号转导分子

解析：cAMP 和 cGMP 的上游信号转导分子是相应的核苷酸环化酶。cAMP 的上游分子是腺苷酸环化酶（AC），AC 是膜结合的糖蛋白，哺乳类动物组织来源的 AC 至少有 8 型同工酶。cGMP 的上游分子是鸟苷酸环化酶（GC），GC 有两种形式，一种是膜结合性的受体分子；另一种存在于细胞质。细胞质中的 GC 含有血红素辅基，可直接受一氧化氮（NO）和相关化合物激活。细胞中存在多种催化环核苷酸水解的磷酸二酯酶（phosphodiesterase, PDE）。在脂肪细胞中，胰高血糖素在升高 cAMP 水平的同时会增加 PDE 活性，促进 cAMP 的水解，这是调节 cAMP 浓度的重要机制。PDE 对 cAMP 和 cGMP 的水解具有相对特异性。

4．**答案**：A　5．**答案**：B　6．**答案**：E　　**考点**：细胞信号转导概述

解析：按照其在细胞内的位置，受体分为细胞内受体和细胞表面受体。细胞内受体多为转录因子，当与相应配体结合后，能与 DNA 的顺式作用元件结合，在转录水平调节基因表达。能与该型受体结合的信号分子有类固醇激素、甲状腺素、视黄素和维生素 D 等。G 蛋白偶联受体为七次跨膜受体，肾上腺素、胰高血糖素等可与 G 蛋白偶联受体结合，通过 G 蛋白传递信号，激活 cAMP-PKA 途径。酪氨酸激酶偶联受体为单次跨膜蛋白质，与配体结合后形成二聚体，使受体胞内部分的酪氨酸残基磷酸化，磷酸化的受体募集含有 SH2 结构域的信号分子，从而将信号传递至下游分子。该类配体有多肽生长因子、细胞因子等。

7．**答案**：D　8．**答案**：C　9．**答案**：A　　**考点**：细胞内信号转导分子

解析：配体与受体结合后并不进入细胞内，但能间接激活细胞内其他可扩散、并调节信号转导蛋白活性的小分子或离子，这些在细胞内传递信号的分子称为第二信使，又称细胞内小分子信使。如钙离子、cAMP、cGMP、环腺苷二磷酸核糖、DAG、肌醇-1,4,5-三磷酸（IP_3）、花生四烯酸、神经酰胺、NO 和 CO 等。cAMP 的下游分子是 PKA。cGMP 的下游分子是 PKG。DAG 和钙离子在细胞内的靶分子之一是 PKC。

【X 型题】

1．**答案**：ABCD　　**考点**：细胞受体介导的细胞内信号转导

解析：受体型 TPK-Ras-MAPK 途径的组成和转导过程为：细胞外信号（例如表皮生长因子 EGF）-受体型酪氨酸蛋白激酶（TPK）-含有 SH2/SH3 结构的接头蛋白（例如 Grb2）-鸟苷酸释放因子（例如 SOS）-Ras 蛋白、Raf 蛋白-MAPK 链 - 生物学效应。

2．**答案**：ABCD　　**考点**：细胞内信号转导分子

解析：参见 B 型题第 7 ~ 9 题解析。

3．**答案**：ACD　　**考点**：细胞信号转导概述

解析：控制信号转导蛋白活性的方式有配体调节、G 蛋白调节、可逆磷酸化调节。

4. **答案：**AB　　**考点：**酶联型受体介导的信号转导

解析：酶联型受体是指其自身就具有酶的活性或能与酶结合的膜受体，这类受体的主要类型有酪氨酸激酶受体、酪氨酸激酶结合型受体、鸟氨酸环化酶受体和丝氨酸 / 苏氨酸激酶受体。激活酪氨酸激酶受体的配体主要包括各种生长因子，包括表皮生长因子、血小板源性生长因子、成纤维细胞生长因子、肝细胞生长因子和胰岛素（故选 A）等。激活鸟氨酸环化酶受体的主要是心房钠尿肽（故选 B）、脑钠尿肽和 NO；肾上腺素是 G 蛋白偶联受体介导的信号转导的配体。甲状腺激素是核受体介导的信号转导的配体。

5. **答案：**AB　　**考点：**细胞信号转导概述

解析：乙酰胆碱及 γ- 氨基丁酸既可作用于 G 蛋白受体又可作用于通道型受体（故选 AB）。心房钠尿肽作用于鸟苷酸环化酶受体，鸟苷酸环化酶受体属于酶联型受体的一种；肾上腺素属于儿茶酚胺类递质，作用于 G 蛋白偶联受体（D 错）。

6. **答案：**ABC　　**考点：**细胞信号转导概述

解析：G 蛋白偶联受体（GPCR）在结构上为单体蛋白，氨基酸位于细胞膜外表面，羧基端在胞膜内侧，其肽链反复跨膜七次，因此又称为七次跨膜受体。不同的细胞外信号分子可与不同的 G 蛋白偶联受体结合通过不同途径传递信号。如胰高血糖素、肾上腺素、促肾上腺皮质激素可激活 cAMP-PKA 途径，促甲状腺激素释放激素、去甲肾上腺素、ADH 可激活 IP_3/DAG-PKC 途径。

7. **答案：**ABD　　**考点：**细胞膜受体介导的细胞内信号转导

解析：依据结构、接受信号的种类、转化信号的方式等差异，膜表面受体则分为三种类型：离子通道型受体、酶偶联受体（单次跨膜受体）、G 蛋白偶联受体（七次跨膜受体）三大类型。甾体激素受体又称类固醇激素受体，不属于细胞膜受体，属于核受体。

8. **答案：**AB　　**考点：**细胞受体介导的细胞内信号转导

解析：G 蛋白偶联受体均是膜内在蛋白（integral membrane protein），每个受体内包含七个 α 螺旋组成的跨膜结构域，这些结构域将受体分割为膜外 N 端，膜内 C 端，3 个膜外环（Loop）和 3 个膜内环。受体的膜外部分经常带有糖基化修饰。膜外环上包含有两个高度保守的半胱氨酸残基，它们可以通过形成二硫键稳定受体的空间结构。有些光敏感通道蛋白和 G 蛋白偶联受体有着相似的结构，也包含有七个跨膜螺旋，但同时也包含有一个跨膜的通道可供离子通过。

9. **答案：**ABD　　**考点：**细胞信号转导概述

解析：在许多疾病过程中，细胞信号转导异常不仅可发生在某一信息分子或单一信号转导途径，亦可先后或同时涉及多个信息分子并影响多个信号转导过程，导致复杂的网络调节失衡，促进疾病的发生与发展。主要有非胰岛素依赖性糖尿病、高血压病、肿瘤与炎症等疾病。

二、名词解释（答案要点）

1. 细胞通讯：是体内一部分细胞发出信号，另一部分细胞接受信号并将其转变为细胞功能变化的过程。

2. 细胞信号转导：是指细胞对外源信息所发生的细胞内生物化学变化及效应的全过程。

3. 细胞膜受体：指位于细胞膜上或细胞内能特异识别外源化学信号并与之结合的成分，其化学成分是蛋白质、糖蛋白或糖脂。它能把识别和接收的信号正确无误地放大并传递到细胞内部，进而引起生物学效应。

4. 第二信使：指位于靶细胞内的具有信号转导功能的小分子化合物，包括无机离子、脂类衍生物、糖类衍生物、环核苷酸等。当细胞外化学信号与受体结合后，可引起细胞内第二信使浓度和分布的变化，第二信使作用于下游信号分子，可起到信息传递和放大作用。

5．G蛋白：即鸟苷酸结合蛋白，是一类重要信号转导分子，与七次跨膜受体相结合，存在于细胞膜内测，能与GDP或GTP结合，由α、β和γ三亚基组成。以三聚体形式存在并与GDP结合着（GDP-Gαβγ）为无活性形式，当七次跨膜受体接受外源信号引起G蛋白构象变化，导致α亚基和βγ亚基分开，并与GTP结合为G蛋白的活性形式（Gα-GTP）。活化型G蛋白通过调节下游靶分子的活性而参与信号转导。

6．衔接蛋白：是信号转导途径中不同信号转导分子之间的接头分子，通过连接上游信号转导分子和下游信号转导分子而形成信号转导复合物。

7．抑制型受体：抑制型的受体（Ri）通过Gi抑制腺苷酸环化酶的活性，降低细胞中cAMP的水平。已知如乙酰胆碱（M型）受体、肾上腺素（α_2型）受体等，另外，作用于抑制型受体的第一信使还有前列腺素PGEI和腺苷。

8．配体：能与细胞膜受体结合的化学信号分子称为配体。包括激素、细胞因子、神经递质、药物和抗原等，它们分别与膜受体特异结合后将导致细胞内发生相应的生物学效应。

9．G蛋白偶联受体：也称七次跨膜受体或蛇形受体，具有七个跨膜α螺旋结构，受体胞外结构域识别胞外信号分子并与之结合，胞内结构域与G蛋白结合，并使G蛋白活化而转导信号。其配体为多种神经递质、肽类激素、趋化因子等。

10．离子通道偶联受体：具有离子通道作用的细胞质膜受体称为离子通道偶联受体，这种受体见于可兴奋细胞的突触信号传导，产生一种电效应。

三、问答题（答案要点）

1．受体与配体结合有以下特点：①高度专一性：受体选择性地与特定配体结合，这种选择性是由分子的空间构象所决定的，一种信号分子到达细胞时，只作用于与之相应的受体，如果细胞没有相应受体，就不会对其发生反应。这种特异性的识别和结合保证了调控的精确性。②高度亲和力：体内化学信号浓度非常低，受体与信号分子的高亲和力保证了很低浓度的信号分子也可以充分起到调控作用。③可饱和性：受体-配体结合曲线呈矩形双曲线，增加配体浓度可使受体饱和。无论是细胞内还是细胞表面受体，数目都是有限的。当受体全部被配体占据时，再提高配体浓度也不会增加细胞的效应。④可逆性：受体与配体以非共价键结合，当生物效应发生后，配体即与受体解离。受体可恢复到原来的状态再次接收配体信息。⑤特定的作用模式：受体的分布和含量具有组织细胞特异性，并呈现特定的作用模式，受体与配体结合后可引起某种特定的生理效应。

2．膜表面受体主要有三类：①离子通道型受体；②G蛋白偶联受体；③酶偶联受体。离子通道型受体是一类自身为离子通道的受体，即配体门通道，主要存在于神经、肌肉等可兴奋细胞，其信号分子为神经递质。G蛋白偶联受体为7次跨膜受体，受体胞外结构域识别胞外信号分子并与之结合，胞内结构域与G蛋白偶联，通过与G蛋白偶联，调节相关酶活性，在细胞内产生第二信使，从而将胞外信号跨膜传递到胞内。G蛋白偶联受体包括多种神经递质、肽类激素和趋化因子的受体，在味觉、视觉和嗅觉中接受外源理化因素的受体亦属G蛋白偶联受体。由G蛋白偶联受体所介导的细胞信号通路主要包括：cAMP信号通路和磷脂酰肌醇信号通路。酶偶联受体分为两类，其一是本身具有激酶活性，如肽类生长因子（EGF、PDGF、CSF等）受体；其二是本身没有酶活性，但可以连接非受体酪氨酸激酶，如细胞因子受体超家族。

3．细胞内常见的第二信使为cAMP、cGMP、钙离子、1,2-二酰甘油（DAG）、1,4,5-三磷酸肌醇（IP_3）等。上游信号转导分子使第二信使的浓度升高或分布变化，第二信使的浓度变化是传递信号的重要机制。环核苷酸cAMP和cGMP的上游信号转导分子是相应的核苷酸环化酶，cAMP和cGMP在细胞内调节蛋白激酶活性，下游分子分别是PKA和PKG。

肌醇磷脂主要有三类：磷酸肌醇（PI），磷酸肌醇-4-磷酸（PIP）和磷酸肌醇-4,5-二磷酸（PIP_2）。在接受化学信号后，磷脂酶C（PLC）激活，将 PIP_2 水解，生成二酰甘油（DAG）和肌醇-1,4,5-三磷酸（IP_3）。IP_3 与钙通道上的受体结合，将钙离子储存库中的钙离子释放到细胞质。IP_2 进一步代谢为 IP_4（肌醇-1,3,4,5-四磷酸），它作用于细胞膜，引起细胞外的钙离子流入细胞内，使得钙库中的钙离子浓度维持高水平。PIP_2 分解产物之一的DAG可以激活依赖钙离子和（或）磷脂质的蛋白质磷酸化酶（C激酶，PKC）。C激酶在微量的钙离子介导下，与细胞膜的磷脂酰丝氨酸（PS）结合，形成钙离子-PS-酶三元复合物。DAG结合在这个复合物上就明显地增加了PKC的活性。所以，DAG、cAMP和钙离子三者连续地作为的第二信使而起作用。

4．**答案**：雌激素作为脂溶性配体信号分子和雌激素受体（ER-α）结合，使原结合于受体上的热休克蛋白 –90 从受体上解离下来；结合了配体的雌激素受体发生构象改变并同型二聚体化，这种同型二聚体复合物和DNA上雌激素反应元件（EREs）具有高度亲和能力（雌激素反应元件为位于5'-端雌激素诱导基因调节区域的特异DNA序列）。当这种亲和发生时，同型二聚体复合物将使转录子聚集到靶基因启动子上并促发基因转录的增强，继而mRNA翻译成蛋白质并表现出各种生理效应。雌激素分子还可以和另一雌激素受体亚型（ERβ）结合，并通过DNA上的AP1反应原件以和ERα相反的介导模式影响ER介导的基因转录活性，如17β-雌二醇和ERα结合通过DNA上的AP1反应元件激活并提高报告基因的转录，然而和ERβ结合则抑制转录。

5．细胞信号转导的机制主要有：① G蛋白介导的细胞信号转导途径；②受体TPK介导的细胞信号转导途径；③非受体TPK介导的细胞信号转导途径；④鸟苷酸环化酶介导的信号转导途径；⑤核受体及其信号转导途径。以非胰岛素依赖性糖尿病（NIDDM）为例加以说明。胰岛素受体属于TPK家族。 NIDDM发病涉及胰岛素受体和受体后多个环节信号转导异常：①受体基因突变使受体合成减少或结构异常，受体与配体的亲和力降低或受体活性降低。②受体后信号转导异常：PI3K基因突变可产生胰岛素抵抗，使胰岛素对PI3K的激活作用减弱。

（孙露洋）

第四篇　医学生化专题

第十八章　血液的生物化学

第一节　学习要求

掌握：血清与血浆的区别；成熟红细胞能量代谢特点、主要代谢途径及意义；血红素生物合成部位、原料及合成的基本过程。

熟悉：血浆所含的多种蛋白质、非蛋白质含氮化合物、不含氮的有机化合物及无机盐的种类、性质和功能；血红素生物合成合成的调节；促红细胞生成素的作用；谷胱甘肽、NADPH 对红细胞的重要意义。

了解：血浆蛋白质的分类方法；体内凝血因子和抗凝血成分的种类。

第二节　内容精要

血液（blood）是流动于心血管系统内的液体组织，主要发挥运输物质的作用。正常人体的血液总量约占体重的 8%，由血浆（plasma）、血细胞和血小板组成。血浆占全血容积的 55% ~ 60%。血液凝固后析出淡黄色透明液体，称作血清（serum）。血浆的固体成分可分为无机物和有机物两大类。无机物主要以电解质为主，重要的阳离子有 Na^+、K^+、Ca^{2+}、Mg^{2+}，重要的阴离子有 Cl^-、HCO_3^-、HPO_4^{2-} 等，它们在维持血浆晶体渗透压、酸碱平衡以及神经肌肉的正常兴奋性等方面起重要作用。有机物包括蛋白质、非蛋白质类含氮化合物、糖类和脂质等。非蛋白质类含氮化合物主要有尿素、肌酸、肌酸酐、尿酸、胆红素和氨等，它们中的氮总量称为非蛋白质氮（non-protein nitrogen，NPN）。正常人血中 NPN 含量为 14.28 ~ 24.99 mmol/L。其中血尿素氮（b1oodurea nitrogen，BUN）约占 NPN 的 1/2。

一、血浆蛋白质

人血浆中蛋白质总浓度为 70 ~ 75 g/L，它们是血浆主要的固体成分。血浆蛋白质种类很多，目前已知的血浆蛋白质有 200 多种，其中既有单纯蛋白质又有结合蛋白质，如糖蛋白和脂蛋白，血浆中还有几千种抗体。血浆内各种蛋白质的含量差异很大，多者每升达数十克，少的仅为毫克水平。

（一）血浆蛋白质的分类

通常按分离方法和生理功能将血浆蛋白质进行分类（表 18-1）。

表18-1　血浆蛋白质按照分离方法、生理功能分类

分离方法分类	清蛋白（albumin），α_1、α_2、β 和 γ 球蛋白（globulin）
生理功能分类	①凝血系统蛋白质，包括 12 种凝血因子（除 Ca^{2+} 外） ②纤溶系统蛋白质，包括纤溶酶原、纤溶酶、激活剂及抑制剂等 ③补体系统蛋白质 ④免疫球蛋白 ⑤脂蛋白 ⑥血浆蛋白酶抑制剂，包括酶原激活抑制剂、血液凝固抑制剂、纤溶酶抑制剂、激肽释放抑制剂、内源性蛋白酶及其他蛋白酶抑制剂 ⑦载体蛋白 ⑧未知功能的血浆蛋白质

（二）血浆蛋白质的性质和功能

尽管血浆蛋白质的种类繁多，但由于血浆蛋白质较易获得，且许多编码血浆蛋白质的基因序列已知，故对这些蛋白质的结构、功能、合成和更新等已有较深入的了解，现将血浆蛋白质的性质归纳如下（表 18-2）。

表18-2　血浆蛋白质的性质和功能

血浆蛋白质的性质	①绝大多数血浆蛋白质在肝中合成，少数由其他组织细胞合成 ②血浆蛋白质的合成场所一般位于膜结合的多核糖体上 ③除清蛋白外，其余血浆蛋白质几乎都属于糖蛋白 ④许多血浆蛋白质呈现多态性，如 ABO 血型 ⑤每种血浆蛋白质均有自己特异的半衰期 ⑥在急性炎症或某种类型组织损伤等情况下，某些血浆蛋白质的水平会增高即为急性时相蛋白质
血浆蛋白质的功能	①维持血浆胶体渗透压 ②维持血浆正常的 pH ③运输作用 ④免疫作用 ⑤催化作用 ⑥营养作用 ⑦凝血、抗凝血和纤溶作用 ⑧血浆蛋白质异常与临床疾病

二、血红素的合成

血红蛋白（hemoglobin，Hb）是红细胞中最主要的成分，由珠蛋白和血红素（heme）组成。血红素不但是 Hb 的辅基，也是肌红蛋白、细胞色素、过氧化物酶等的辅基。血红素可在机体多种细胞内合成，参与血红蛋白组成的血红素主要在骨髓的幼红细胞和网织红细胞中合成。

（一）血红素的合成过程

合成血红素的基本原料是甘氨酸、琥珀酰 CoA 和 Fe^{2+} 等。合成的起始和终末阶段均在线粒体内进行，而中间阶段在胞质内进行。血红素的生物合成可受多种因素的调节。血红素的生物合成可分为四个步骤：

1．δ-氨基-γ-酮戊酸的合成

在线粒体内，由琥珀酰 CoA 与甘氨酸缩合生成 δ-氨基-γ-酮戊酸（δ-amino levulinic acid，ALA）（图 18-2）。催化此反应的酶是 ALA 合酶（ALA synthase），其辅酶是磷酸吡哆醛。此酶是血红素合成的限速酶，受血红素的反馈调节。

2．胆色素原的合成

ALA 生成后从线粒体进入胞质，在 ALA 脱水酶（ALA dehydrase）催化下，2 分子 ALA 脱水缩合生成 1 分子胆色素原（porphobilinogen，PBG）。

3．尿卟啉原与粪卟啉原的合成

在胞质中，由尿卟啉原Ⅰ同合酶（UPG Ⅰ cosynthase，又称胆色素原脱氨酶）催化，使 4 分子胆色素原脱氨缩合生成 1 分子线状四吡咯，后者再由 UPG Ⅲ同合酶催化生成尿卟啉原Ⅲ（UPG Ⅲ）。UPG Ⅲ进一步经尿卟啉原Ⅲ脱羧酶催化，使其 4 个乙酸基（A）侧链脱羧基变为甲基（M），从而生成粪卟啉原Ⅲ（coproporphyrinogen Ⅲ，CPG Ⅲ）。

4．血红素的生成

胞质中生成的粪卟啉原Ⅲ再进入线粒体，经粪卟啉原Ⅲ氧化脱羧酶作用，生成原卟啉原Ⅸ，再由原卟啉原Ⅸ氧化酶催化生成为原卟啉Ⅸ（protoporphyrin Ⅸ）。通过亚铁螯合酶（ferrochelatase，又称血红素合成酶）的催化，原卟啉Ⅸ和 Fe^{2+} 结合，生成血红素。

血红素生成后从线粒体转运到胞质，在骨髓的有核红细胞及网织红细胞中，与珠蛋白结合成为血红蛋白。血红素合成的全过程具体见图 18-1。

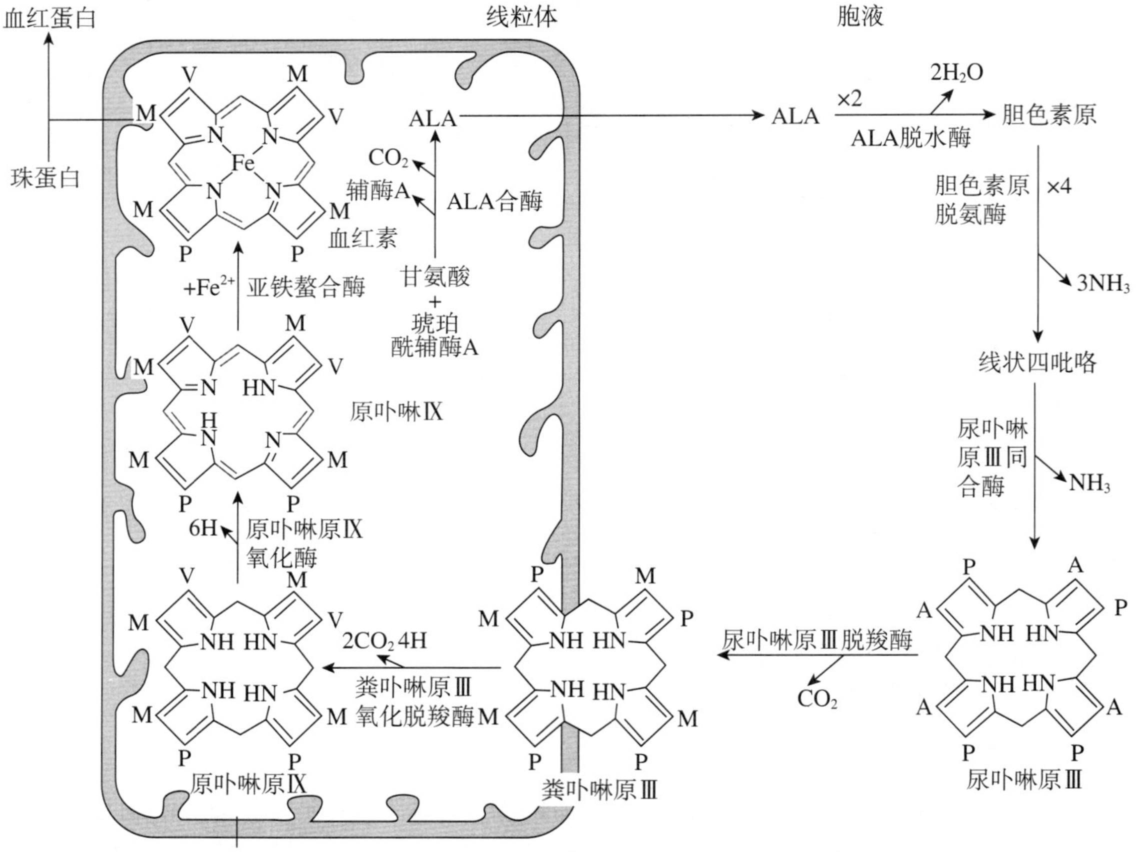

图 18-1　血红素的生物合成

（二）血红素合成的调节

血红素的合成受多种因素的调节，其中最主要的调节步骤是 ALA 的合成。

1．ALA 合酶

ALA 合酶是血红素合成体系的限速酶，受血红素的反馈抑制。由于磷酸吡哆醛是该酶的辅基，维生素 B_6 缺乏将影响血红素的合成。正常情况下，血红素合成后迅速与珠蛋白结合成血红蛋白，不致有过多的血红素堆积；血红素结合成血红蛋白后，对 ALA 合酶不再有反馈抑制作用。如果血红素的合成速度大于珠蛋白的合成速度，过多的血红素可以氧化成高铁血红素，后者对 ALA 合酶也具有强烈抑制作用。某些固醇类激素，例如睾酮在体内的 5-β 还原物，能诱导 ALA 合酶的合成，从而促进血红素的生成。许多在肝中进行生物转化的物质，例如致癌物质、药物、杀虫剂等，均可导致肝 ALA 合酶显著增加，因为这些物质的生物转化作用需要细胞色素 P450，后者的辅基正是铁卟啉化合物。由此，通过肝 ALA 合酶的增加，以适应生物转化的需求。

2．ALA 脱水酶与亚铁螯合酶

ALA 脱水酶和亚铁螯合酶对重金属的抑制均非常敏感，因此血红素合成的抑制是铅中毒的重要体征。此外，亚铁螯合酶还需要还原剂（如谷胱甘肽），任何还原条件的中断也会抑制血红素的合成。

3．促红细胞生成素

促红细胞生成素（erythropoietin，EPO）主要在肾合成，缺氧时即释放入血，可同原始红细胞［如红系爆式集落形成单位（burst forming unit-erythroind，BFU-E）和红系集落形成单位（colony forming unit-erythroid，CFU-E)］相互作用，促使它们繁殖和分化，加速有核红细胞的成熟以及血红素和 Hb 的合成。因此，EPO 是红细胞生成的主要调节剂。

三、血细胞物质代谢

血液中存在有多种血细胞：红细胞，主要的功能是运送氧；白细胞，在机体免疫反应中发挥重要作用；血小板，在凝血过程中起重要作用。

（一）红细胞的代谢

红细胞是血液中最主要的细胞，它是在骨髓中由造血干细胞定向分化而成的红系细胞。在红系细胞发育过程中，经历了原始红细胞、早幼红细胞、中幼红细胞、晚幼红细胞、网状红细胞等阶段，最后才成为成熟红细胞。在成熟过程中，红细胞发生一系列形态和代谢的改变。哺乳动物的成熟红细胞除质膜和胞质外，无细胞核和线粒体等细胞器，其代谢比一般细胞单纯。葡萄糖是成熟红细胞的主要能量物质。血液循环中的红细胞每天大约从血浆摄取 30 g 葡萄糖，其中 90% ~ 95% 经糖酵解通路和 2,3-二磷酸甘油酸（2,3-bisphosphoglycerate，2,3-BPG）支路进行代谢，5% ~ 10% 通过磷酸戊糖途径进行代谢。

1．糖酵解是红细胞获得能量的唯一途径　糖酵解生成的 ATP 的功能：

（1）维持红细胞膜钠泵的转运，维持其双凹圆盘的正常形态，防止发生溶血。

（2）维持红细胞膜钙泵的运转，防止细胞内 Ca^{2+} 积聚导致细胞脆性增高。

（3）维持红细胞膜上脂质与血浆脂蛋白中的脂质进行交换。

（4）用于谷胱甘肽、$NAD^+/NADP^+$ 的生物合成。

（5）用于葡萄糖的活化，启动糖酵解过程

2．红细胞的糖酵解存在 2,3-二磷酸甘油酸旁路　糖酵解过程中的中间产物 1,3-二磷酸甘油酸（1,3-BPG）在红细胞内可被转化为 2,3-BPG。2,3-BPG 再水解生成磷酸甘油酸，这样又回到酵解通路，构成红细胞所特有的 2,3-BPG 支路，也称为酵解支路（图 18-2)。

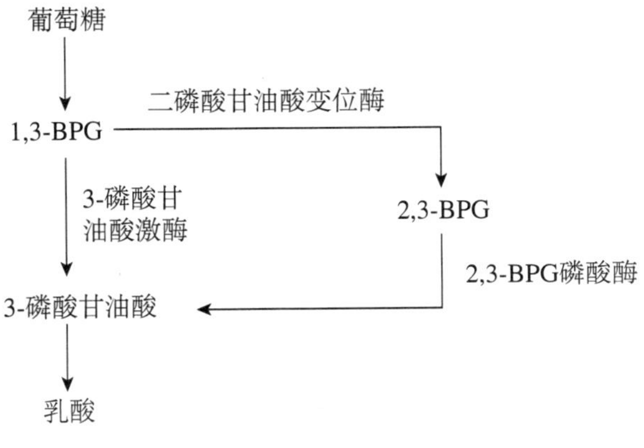

图 18-2　2,3-BPG 支路

正常情况下，2,3-BPG 对二磷酸甘油酸变位酶的负反馈作用大于对 3- 磷酸甘油酸激酶的抑制作用，所以 2,3-BPG 旁路占糖酵解的 15% ~ 50%；但是由于 2,3-BPG 磷酸酶的活性较低，2,3-BPG 的生成大于分解，造成红细胞内 2,3-BPG 升高。红细胞内 2,3-BPG 虽然也能供能，但主要功能是调节血红蛋白的运氧功能。

3．磷酸戊糖途径提供 NADPH 维持红细胞的完整性

红细胞内磷酸戊糖途径的代谢过程与其他细胞相同，主要功能是产生 $NADPH+H^+$。NADH 和 NADPH 是红细胞内重要的还原当量，它们能够对抗氧化剂，保护细胞膜蛋白质、血红蛋白和酶蛋白的巯基等不被氧化，从而维持红细胞的正常功能。磷酸戊糖途径是红细胞产生 NADPH 的唯一途径。红细胞中的 NADPH 能维持细胞内还原型谷胱甘肽（GSH）的含量（图 18-3），使红细胞免遭外源性和内源性氧化剂的损害。某些疾病状态，如葡糖-6-磷酸脱氢酶缺乏症（俗称蚕豆病）患者因红细胞中磷酸戊糖途径关键酶缺乏而导致 NADPH 量不足，无法维持谷胱甘肽的还原状态，因此在接触强氧化因子时，红细胞细胞膜破裂导致溶血。

由于氧化作用，红细胞内经常产生少量高铁血红蛋白（methemoglobin，MHb），MHb 中的铁为三价，不能带氧。但红细胞内有 NADH-高铁血红蛋白还原酶和 NADPH-高铁血红蛋白还原酶催化 MHb 还原成 Hb。另外，GSH 和抗坏血酸也能直接还原 MHb。

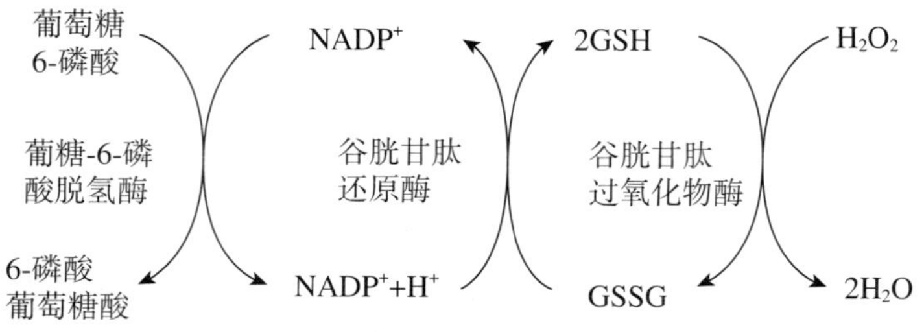

图 18-3　磷酸戊糖途径与谷胱甘肽的氧化还原及其相关代谢

4．红细胞不能合成脂肪酸

成熟红细胞的脂质几乎都存在于细胞膜。成熟红细胞由于没有线粒体，因此无法从头合成脂肪酸。

5．高铁血红素促进珠蛋白的合成

血红蛋白由珠蛋白与血红素构成。珠蛋白的合成与一般蛋白质相同，其合成受血红素的调控，血红素的氧化产物高铁血红素能促进珠蛋白的生物合成。

（二）白细胞的代谢

人体白细胞由粒细胞、淋巴细胞和单核吞噬细胞三大体系组成，主要功能是对外来入侵起抵抗作用。白细胞的代谢与白细胞的功能密切相关。

1．糖酵解是白细胞主要的获能途径

由于粒细胞的线粒体很少，故糖酵解是主要的糖代谢途径。中性粒细胞能利用外源性的糖和内源性的糖原进行糖酵解，为细胞的吞噬作用提供能量。单核巨噬细胞虽能进行有氧氧化，但糖酵解仍占很大比重。在免疫反应中，T 淋巴细胞接受复杂的信号后激活、增殖和分化成不同的细胞亚型。研究表明，不同状态和阶段的 T 淋巴细胞其葡萄糖代谢的特点有所不同，例如，免疫反应中 T 淋巴细胞激活前主要通过葡萄糖的有氧氧化获能，而激活后则主要通过糖酵解获能。

2．粒细胞和单核巨噬细胞能产生活性氧，发挥杀菌作用

中性粒细胞和单核巨噬细胞被趋化因子激活后，细胞内磷酸戊糖途径被激活，产生大量的 NADPH。经 NADPH 氧化酶递电子体系可使 O_2 接受单电子还原，产生大量的超氧阴离子（$^{\cdot}O_2^-$）。超氧阴离子再进一步转变成 H_2O_2，$^{\cdot}OH$ 等活性氧，起杀菌作用。

3．粒细胞和单核巨噬细胞能合成多种物质参与超敏反应

速发型超敏反应（Ⅰ型超敏反应）中，在多种刺激因子作用下，单核巨噬细胞可将花生四烯酸转变成血栓烷和前列腺素；而在脂氧化酶的作用下，粒细胞和单核巨噬细胞可将花生四烯酸转变成白三烯；同时，

粒细胞中的大量组氨酸代谢生成组胺。组胺、白三烯和前列腺素都是速发型超敏反应中重要的生物活性物质。

4．单核巨噬细胞和淋巴细胞能合成多种活性蛋白质

由于成熟粒细胞缺乏内质网，故蛋白质合成量很少。而单核巨噬细胞的蛋白质代谢很活跃，能合成多种酶、补体和各种细胞因子。在免疫反应中，B淋巴细胞分化为浆细胞，产生并分泌多种抗体蛋白，参与体液免疫。

第三节 应试习题

一、选择题（题目前*表示西医综合题目，题目前#表示执业医师题目）

【A1型题】

1．血浆蛋白的等电点值大多在4～6之间，在pH=8.6的缓冲液中进行电泳时

A．各种蛋白质均向正极移动

B．各种蛋白质均向负极移动

C．只有少数球蛋白向负极移动，绝大多数球蛋白向正极移动

D．大分子球蛋白向正极移动，小分子白蛋白向负极移动

E．大分子球蛋白不动，小分子白蛋白向正极移动

2．血清与血浆的区别在于，血清中不含

A．糖类

B．维生素

C．代谢产物

D．纤维蛋白原

E．无机盐

3．*血浆中能结合运输胆红素、磺胺等多种物质的蛋白质是（2009）

A．清蛋白

B．运铁蛋白

C．铜蓝蛋白

D．纤维蛋白

E．白蛋白

4．非蛋白氮（NPN）中，氮主要来自

A．尿酸氮

B．肌酸氮

C．尿素氮

D．氨基酸氮

E．多肽氮

5．血浆中含量最多的蛋白质是

A．清蛋白

B．α_1-球蛋白

C．α_2-球蛋白

D．β-球蛋白

E．γ-球蛋白

6．在血浆内含有的下列物质中，肝不能合成的是

A．清蛋白

B．免疫球蛋白

C．凝血酶原

D．高密度脂蛋白

E．纤维蛋白原

7．清蛋白不具有的功能是

A．缓冲作用

B．营养作用

C．维持胶体渗透压

D．抗体

E．作为运输载体

8．血浆胶体渗透压主要取决于

A．有机金属离子

B．无机酸根离子

C．球蛋白

D．清蛋白

E．葡萄糖

9．清蛋白（A）/球蛋白（G）之比值为

A．0.5～1.5

B．1.0～2.0

C．1.5～2.5

D．2.0～3.0

E．2.5～3.5

10．正常血液pH维持在

A．7.15～7.25

B．7.25～7.35

C．7.35～7.45

D．7.45～7.55

E．7.55 ~ 7.65

11．血红素生物合成的部位是在造血组织细胞的

A．线粒体及微粒体中

B．线粒体及内质网中

C．线粒体及胞质中

D．微粒体及胞质中

E．微粒体及内质网中

12．关于血红素的合成的描述，错误的是

A．合成血红素的关键酶是 ALA 合酶

B．合成起始于线粒体，完成于胞质

C．合成的基本原料是甘氨酸、琥珀酰 CoA 和 Fe^{2+}

D．由 8 分子 ALA 逐步缩合为线状四吡咯而后环化为尿卟啉原Ⅲ

E．生成的原卟啉Ⅸ与 Fe^{2+} 螯合为血红素

13．# 合成血红素的原料是（2002）

A．乙酰 CoA、甘氨酸、Fe^{2+}

B．甘氨酸、琥珀酰 CoA、Fe^{2+}

C．乙酰 CoA、组氨酸、Fe^{2+}

D．丙氨酰 CoA、组氨酸、Fe^{2+}

E．草酰 CoA、丙氨酸、Fe^{2+}

14．# 合成血红素的关键酶是（2008）

A．ALA 合酶

B．葡萄糖激酶

C．丙酮酸激酶

D．HMG CoA 裂解酶

E．异柠檬酸脱氢酶

15．ALA 合酶发挥作用的部位位于

A．微粒体

B．内质网

C．线粒体

D．溶酶体

E．细胞核

16．ALA 合酶的辅酶是

A．Vit B_{12}

B．Vit B_2

C．Vit B_6

D．Vit PP

E．生物素

17．能合成血红素的细胞是

A．白细胞

B．血小板

C．红细胞

D．网织红细胞

E．淋巴细胞

18．血红素合成的步骤是

A．ALA →胆色素原→尿卟啉原Ⅲ→血红素

B．胆色素原→ ALA →尿卟啉原Ⅲ→血红素

C．胆色素原→尿卟啉原Ⅲ→ ALA →血红素

D．琥珀酰辅酶 A →胆色素原→尿卟啉原Ⅲ→血红素

E．胆色素原→琥珀酰辅酶 A →尿卟啉原Ⅲ→血红素

19．下列关于血红蛋白的合成，正确的是

A．以甘氨酸和天冬氨酸为原料

B．只有成熟红细胞才能进行

C．与珠蛋白合成无关

D．受肾分泌的促红细胞生成素调节

E．合成全过程仅受 ALA 合酶的调节

20．对 ALA 合酶起反馈抑制作用的物质是

A．Hb

B．ALA

C．线状四吡咯

D．血红素

E．尿卟啉原Ⅲ

21．补体体系的主要作用是

A．作为激素载体，使其通过细胞膜

B．协助溶解携带外来抗原的细胞的细胞膜

C．与 ATP 酶结合构成钠泵

D．促进血液凝固

E．免疫作用

22．成熟红细胞的能量主要来自

A．游离氨基酸

B．血浆葡萄糖

C．游离脂肪酸

D．糖原

E．酮体

23．体内生成促红细胞生成素的主要器官是

A．肝

B．肺

C．肾

D．胰

E．脑

24．蚕豆病的病因是缺乏

A．葡糖-6-磷酸酶

B．葡糖-6-磷酸脱氢酶

C．葡萄糖激酶
D．磷酸果糖激酶
E．己糖激酶

25．有关成熟红细胞的代谢特点的叙述，错误的是
A．成熟红细胞内无线粒体氧化途径，因此进入红细胞的葡萄糖靠糖酵解供能
B．红细胞内经糖酵解产生的 ATP，主要用来维持红细胞膜的“钠泵”功能
C．红细胞内的糖酵解主要通过 2,3-BPG 支路生成乳酸
D．人红细胞内有很多的谷胱甘肽，它是主要抗氧化剂
E．红细胞内经常有少量高铁血红蛋白产生，但可以在还原酶催化下使其还原

26．红细胞中 GSSG 转变为 GSH 时，主要的供氢体是
A．$FADH_2$
B．$FMNH_2$
C．$NADH + H^+$
D．$NADPH+H^+$
E．H_2O_2

27．以醋酸纤维薄膜作为支持物进行血清蛋白质电泳的缓冲液常用的 pH 为
A．3.5
B．5.5
C．6.5
D．7.5
E．8.6

28．在血浆蛋白质电泳中，涌动最慢的蛋白质是
A．清蛋白
B．α_1-球蛋白
C．α_2-球蛋白
D．β-球蛋白
E．γ-球蛋白

【B 型题】

A．运铁蛋白
B．铁蛋白
C．铜蓝蛋白
D．结合珠蛋白
E．白蛋白

1．可与血红蛋白结合，防止血红蛋白丢失的蛋白质是
2．体内铁的主要贮存形式是

A．脂蛋白
B．血红蛋白
C．清蛋白
D．C 反应蛋白
E．球蛋白

3．能运输脂类的是
4．能携带 O_2 的是

A．糖的无氧酵解
B．糖的有氧氧化
C．磷酸戊糖途径
D．糖醛酸循环
E．2,3-二磷酸甘油酸支路

5．成熟红细胞所需能量来自
6．红细胞中 NADPH 主要生成途径是
7．成熟红细胞内不存在的代谢途径是

A．ALA 合酶
B．磷酸吡哆醛
C．ALA 脱水酶
D．亚铁螯合酶
E．促红细胞生成素

8．属红细胞合成主要调节剂的是
9．ALA 合酶的辅基是
10．需还原剂维持其调节血红素合成功能的是

A．脂蛋白
B．清蛋白
C．肌红蛋白
D．铜蓝蛋白
E．免疫球蛋白

11．具有氧化酶活性的是
12．转运游离脂肪酸的是

【X 型题】

1．在血清蛋白质醋酸纤维素薄膜电泳图谱中
A．泳动最快的是 γ 球蛋白
B．区带最淡的是 α_1 球蛋白
C．区带最深的是 γ 球蛋白
D．一般可分出五条带

2．补体的特性包括

A．抗原与抗体的复合物
B．血浆中参与免疫反应的蛋白酶体系
C．血浆白蛋白与脂类形成的复合物
D．是一些内肽酶，以酶原的形式存在于血浆中

3．下列可引起血 NPN 升高的因素包括
A．体内蛋白质分解加强
B．肾功能障碍
C．核酸分解代谢增强
D．肝功能减退

4．能使 Hb-Fe^{3+} 还原成 Hb-Fe^{2+} 的物质有
A．NADPH + H^+
B．GSH
C．NADH + H^+
D．Vit C

5．临床上常用于粗分血浆蛋白质的方法有
A．超速离心法
B．盐析法
C．紫外分光光度法
D．电泳法

6．粒细胞主要的糖代谢途径包括
A．有氧氧化
B．磷酸戊糖途径
C．糖酵解
D．糖醛酸循环

7．嗜中性粒细胞在吞噬细菌时发生呼吸爆发，可产生大量的反应活性衍生物包括
A．超氧化物（O_2^-）
B．过氧化氢
C．氢氧根自由基（OH^-）
D．次氯酸根

8．关于尿卟啉原Ⅲ的描述正确的有
A．由尿卟啉原Ⅲ合成酶催化生成
B．有一个环状四吡咯
C．与尿卟啉原Ⅰ是同分异构体
D．可进一步转变成胆汁酸

9．可直接影响血红蛋白氧合功能的因素包括
A．血浆蛋白质含量
B．血中 CO_2 的含量
C．血液的 pH
D．红细胞中 2,3-BPG 的含量

10．红细胞内葡糖-6-磷酸脱氢酶缺乏时会发生
A．NADPH+H^+ 生成减少
B．含巯基的膜蛋白得不到保护
C．含巯基的酶得不到保护
D．膜磷脂得不到保护

二、名词解释

1．急性期蛋白（acute phase protein，APP）
2．清蛋白（albumin）
3．血清（serum）
4．2,3-二磷酸甘油酸旁路（2,3-bisphosphoglycerate pathway）

三、问答题

1．血浆和血清有何区别？
2．简述血浆蛋白质的功能。
3．简述血红素合成的过程。
4．试述血红素合成最主要的调节步骤及其影响因素。
5．简述成熟红细胞的代谢特点。
6．简述 2,3-二磷酸甘油酸旁路的生理学意义。
7．简述红细胞糖代谢过程所产生的代谢产物 ATP、2,3-BPG 及 NADH 和 NADPH 的生理功能。

第四节　参考答案及解析

一、选择题

【A1 型题】

1．**答案：**C　　**考点：**蛋白质的等电点

解析：蛋白质是一种两性电解质，当其处于 pH 大于其等电点的溶液中时带正电荷，而在 pH 小于其等电点的溶液中时带负电荷。大多数血清蛋白的等电点为 pH 4 ~ 5，而血浆中含有的免疫球蛋白（IgG）的等电点为 pH 5 ~ 9，在 pH 8.6 的缓冲溶液中，大多数的血浆蛋白质带负电荷，会向正极泳动；而同样条件下，会有少量的免疫球蛋白带正电荷，向负极迁移。

2．**答案：**D　　**考点：**血清与血浆的区别

解析：血液发生凝固时，很快形成血凝块，血凝块收缩析出的淡黄色透明液体即为血清。如果向血液中加入抗凝剂，离心以后所得上清即为血浆。与血浆相比，血清中缺少纤维蛋白原等凝血因子，而含有凝血过程中产生的某些凝血因子降解产物。

3．**答案：**A　　**考点：**血浆蛋白质功能

解析：本题旨在考查考生对血浆蛋白质功能的了解情况。血浆中的清蛋白能与脂肪酸、Ca^{2+}、胆红素、磺胺等多种物质结合，是血浆中物质运输的重要蛋白质。血液中铁与运铁蛋白结合而运输。铜蓝蛋白是一种含铜的 α_2 球蛋白，分子量为 12 万 ~ 16 万，每分子含 6 ~ 7 个铜原子，由于含铜而呈蓝色。铜蓝蛋白有氧化酶的活性，可催化 Fe^{2+} 氧化成 Fe^{3+}，利于铁掺入运铁蛋白，促进铁的运输。纤维蛋白在血液凝固过程中由纤维蛋白原转变而成，是重要的凝血因子。

4．**答案：**C　　**考点：**非蛋白氮中氮的来源

解析：非蛋白质类含氮化合物主要有尿素、肌酸、肌酸酐、尿酸、胆红素和氨等，它们中的氮总称为非蛋白氮。正常人血中 NPN 含量为 14.28 ~ 24.99 mmol/L。其中血尿素氮（blood urea nitrogen，BUN）约占 NPN 的 1/2。所以 NPN 中氮主要来自于血尿素氮。

5．**答案：**A　　**考点：**血浆清蛋白的含量

解析：血浆蛋白中，清蛋白含量最多，清蛋白是人体血浆中最主要的蛋白质，浓度达 38 ~ 48 g/L，约占血浆总蛋白的 50%。球蛋白的浓度为 15 ~ 30 g/L。正常的清蛋白与球蛋白的比例（A/G）为 1.5 ~ 2.5。

6．**答案：**B　　**考点：**血浆蛋白质的合成

解析：绝大多数血浆蛋白质在肝合成，如清蛋白、纤维蛋白原和纤维粘连蛋白等血浆蛋白质都是在肝合成，还有少量的蛋白质是由其他组织细胞合成，如免疫球蛋白 γ- 球蛋白是由浆细胞合成。

7．**答案：**D　　**考点：**清蛋白的功能

解析：清蛋白具有维持血浆胶体渗透压、作为载体蛋白质结合运输血浆中的某些物质、营养作用和缓冲作用，清蛋白不是抗体，没有免疫功能。血浆中具有免疫活性的蛋白质是 γ- 球蛋白。

8．**答案：**D　　**考点：**血浆胶体的性质

解析：正常人血浆胶体渗透压的大小，取决于血浆蛋白质的摩尔浓度。由于清蛋白的分子量小（69 kD），在血浆内的含量大，摩尔浓度高，加之在生理 pH 条件下，其电负性高，能使水分子聚集其分子表面，故清蛋白能最有效地维持胶体渗透压。清蛋白所产生的胶体渗透压占血浆胶体渗透压的 75% ~ 80%。

9．**答案：**C　　**考点：**血浆蛋白质的组成

解析：清蛋白是人体血浆中最主要的蛋白质，浓度达 38 ~ 48 g/L，球蛋白的浓度为 15 g/L。正常清蛋白与球蛋白的比例（A/G）为 1.5 ~ 2.5。

10．**答案：**C　　**考点：**正常血液 pH

解析：正常血液的 pH 为 7.40±0.05。蛋白质是两性电解质，血浆蛋白质的等电点大部分在 pH 4.0 ~ 7.3 之间。

11．**答案：**C　　**考点：**血红素的生物合成

解析：血红素生物合成的起始和终末阶段均在线粒体内进行，而中间阶段在胞质内进行。

12．**答案：**B　　**考点：**血红素的合成

解析：合成血红素的基本原料是甘氨酸、琥珀酰 CoA 和 Fe^{2+}，所以 C 的描述是正确的。合成的起始和终末阶段均在线粒体内进行，而中间阶段在胞质内进行，B 的描述是错误的。血红素合成的第一步反应是 ALA 的合成，由 ALA 合酶催化，是限速反应，也是血红素合成的关键酶，A 的描述也是正确的。接着 2 分子 ALA 脱水缩合生成 1 分子胆色素原。然后 4 分子胆色素原脱氨缩合生成 1 分子线状四吡咯，后者再脱氨生成尿卟啉原Ⅲ（UPG Ⅲ），接着 UPG Ⅲ侧链再脱羧生成粪卟啉原Ⅲ，粪卟啉原Ⅲ在线粒体内氧化脱羧生成原卟啉原Ⅸ，原卟啉Ⅸ最终与 Fe^{2+} 螯合生成血红素，这与 D 的描述也是一致的。

13．**答案：**B　　**考点：**血红素的合成

解析：合成血红素的基本原料是琥珀酰 CoA、甘氨酸和 Fe^{2+}。血红素的生物合成从简单的琥珀酰 CoA 和甘氨酸开始。

14．**答案：**A　　**考点：**血红素的合成

解析：血红素的合成的限速步骤是 ALA 的合成，催化该步反应的 ALA 合酶是血红素合成的限速酶。

15．**答案：**C　　**考点：**血红素的合成

解析：在线粒体内，ALA 合酶催化琥珀酰辅酶 A 与甘氨酸缩合生成 ALA。ALA 合酶是血红素合成的限速酶，受血红素的反馈调节。所以其发挥作用的部位是线粒体。

16．**答案：**C　　**考点：**血红素的合成

解析：ALA 合酶的辅酶是磷酸吡哆醛。Vit B_6 包括 3 种物质：吡哆醇、吡哆醛及吡哆胺。Vit B_6 在体内以磷酸酯形式存在，磷酸吡哆醛和磷酸吡哆胺是其活性形式。

17．**答案：**D　　**考点：**血红素的合成

解析：血红蛋白的合成是在红细胞的成熟过程中进行的，主要在幼红细胞和网织红细胞中合成。

18．**答案：**A　　**考点：**血红素的合成

解析：参见第 12 题解析。

19．**答案：**D　　**考点：**血红蛋白的合成

解析：血红蛋白是红细胞中最主要的成分，由珠蛋白和血红素组成。血红素可在机体多种细胞内合成，参与血红蛋白组成的血红素主要在骨髓的幼红细胞和网织红细胞中合成。合成血红素的基本原料是甘氨酸、琥珀酰 CoA 和 Fe^{2+} 等。血红素的生物合成可受多种因素的调节，其中最主要的调节步骤是 ALA 的合成。血红蛋白中珠蛋白的合成受血红素的调控，肾分泌的促红细胞生成素可通过促进血红素的生成而调节血红蛋白的合成。

20．**答案：**D　　**考点：**血红素的合成

解析：在生理条件下，血红素除了对 ALA 合酶进行别构抑制调节外，还可以通过激活阻抑蛋白来减少 ALA 合酶的合成。

21．**答案**：B　　**考点**：补体的作用

解析：补体是血浆中一组能够协助抗体完成免疫功能的蛋白酶。免疫球蛋白识别特异性抗原并与之结合，形成的抗原抗体复合物能激活补体系统，产生溶菌和溶细胞现象。

22．**答案**：B　　**考点**：成熟红细胞的代谢

解析：成熟红细胞除质膜和胞质外，无其他细胞器，其代谢比一般细胞单纯。血浆中的葡萄糖是成熟红细胞的主要能量物质。

23．**答案**：C　　**考点**：血红素的合成

解析：促红细胞生成素（EPO）是促进红细胞生成的主要调节因子，主要在肾生成。当机体内缺氧时，EPO 被释放入血并进入骨髓，作用于原始红细胞，促进它们繁殖和分化以及血红素、Hb 的合成。

24．**答案**：B　　**考点**：红细胞的代谢

解析：蚕豆病是葡糖 -6- 磷酸脱氢酶（G6PD）缺乏者进食蚕豆后发生的急性溶血性贫血。

25．**答案**：C　　**考点**：红细胞的代谢

解析：成熟红细胞不仅无细胞核，而且也无线粒体、核蛋白体等细胞器，不能进行核酸和蛋白质的生物合成，也不能进行有氧氧化，不能利用脂肪酸。血糖是其唯一的能源。成熟红细胞保留的代谢通路主要是葡萄糖的酵解和磷酸戊糖通路以及 2,3-二磷酸甘油酸支路。糖酵解是红细胞获得能量的唯一途径。经酵解产生的 ATP 主要用于维持红细胞膜上的“钠泵”“钙泵”运转，脂质交换，谷胱甘肽、NAD^+ 生物合成，葡萄糖活化等过程。由于氧化作用，红细胞内经常会产生少量高铁血红蛋白（MHb），不能带氧。但红细胞内有 NADH-高铁血红蛋白还原酶和 NADPH-高铁血红蛋白还原酶，催化 MHb 还原成 Hb。正常情况下，2,3-BPG 对二磷酸甘油酸变位酶的负反馈作用大于对 3-磷酸甘油酸激酶的抑制作用，所以 2,3-二磷酸甘油酸支路仅占糖酵解的 15% ~ 50%。

26．**答案**：D　　**考点**：红细胞的代谢

解析：红细胞中谷胱甘肽的含量远高于各种游离氨基酸，而且几乎完全以还原型（GSH）的形式存在。GSH 的主要功能是保护红细胞免受内、外源性氧化剂损害，并在此过程中被氧化为 GSSG。足够的 NADPH 可以使氧化型谷胱甘肽被还原，以保证红细胞免受损伤。

27．**答案**：E　　**考点**：血浆蛋白质的组成

解析：临床上常用醋酸纤维素薄膜电泳分离以 pH 8.6 的巴比妥溶液作缓冲液，可将血浆蛋白质分成 5 条区带：清蛋白、α_1 球蛋白、α_2 球蛋白、β 球蛋白和 γ 球蛋白。

28．**答案**：E　　**考点**：醋酸纤维素膜电泳分离血浆蛋白质

解析：血浆蛋白质电泳分离时，清蛋白分子量小，所带电荷相对较多，在电场中最先向阳极涌动；γ-球蛋白分子量大，泳动速度最慢；从阳极至阴极为：清蛋白→ α_1 球蛋白→ α_2 球蛋白→ β-球蛋白→ γ-球蛋白。

【B 型题】

1．**答案**：D　2．**答案**：B　　**考点**：血浆蛋白质的功能

解析：血红素生成后从线粒体转运到胞质，在骨髓的有核红细胞及网织红细胞中，与珠蛋白结合成为血红蛋白。正常情况下，血红素合成后迅速与珠蛋白结合成血红蛋白，不致有过多的血红素堆积，故可与血红蛋白结合，防止血红蛋白丢失的蛋白质是结合珠蛋白；Fe^{2+} 氧化为 Fe^{3+} 进入铁代谢池，可供机体再利用或以铁蛋白形式储存，因此体内铁的主要贮存形式是铁蛋白。

3．**答案**：A　4．**答案**：B　　**考点**：血浆蛋白质的功能

解析：C 反应蛋白是人类急性反应蛋白，出现于各类感染初期及炎症反应患者血清中，具有防御作用。脂蛋白是血浆中多种脂类物质及脂溶性分子的运输载体。血红蛋白负责携氧。

5．**答案**：A　　6．**答案**：C　7．**答案**：B　　**考点**：红细胞的代谢

解析：成熟的红细胞除质膜和胞质外，没有细胞核，也没有线粒体和核蛋白体等亚细胞结构，因此，成熟红细胞只保留对其生存和功能发挥至关重要的糖酵解和磷酸戊糖通路两条代谢途径。红细胞内利用的葡萄糖有 5% ~ 10% 通过磷酸戊糖通路进行代谢，通过磷酸戊糖通路所产生的 NADPH 对红细胞正常功能的发挥具有重要的意义。红细胞中的 2,3-BPG 是调节血红蛋白运氧功能的重要因素，它能够降低血红蛋白与氧的亲和力，促进氧的释放以满足组织的需要，这对人体在某些缺氧情况下的代偿具有重要意义。

8．**答案**：E　9．**答案**：B　10．**答案**：D　　**考点**：血红素的合成

解析：促红细胞生成素（EPO）主要在肾合成，缺氧时即释放入血，可同原始红细胞（如红系爆式集落形成单位和红系集落形成单位）相互作用，促使它们繁殖和分化，加速有核红细胞的成熟以及血红素和 Hb 的合成。因此，EPO 是红细胞生成的主要调节剂；血红素合成的关键酶是 ALA 合酶，其辅酶是磷酸吡哆醛；亚铁螯合酶对重金属的抑制非常敏感，因此血红素合成的抑制是铅中毒的重要体征。另外，亚铁螯合酶还需要还原剂（如谷胱甘肽），任何还原条件的中断也会抑制血红素的合成。

11．**答案**：D　12．**答案**：B　　**考点**：血浆蛋白的功能

解析：清蛋白能与脂肪酸和胆红素等物质结合，起运输作用。铜蓝蛋白是一种含铜的氧化酶，可以氧化酚类、胺类、Vit C，还可使 Fe^{2+} 氧化为 Fe^{3+}，以利于 Fe^{2+} 与转铁蛋白结合而运输。肌红蛋白的主要功能是储存 O_2，脂蛋白是血浆脂类物质的运输形式。免疫球蛋白在体液免疫中起重要作用。

【X 型题】

1．**答案**：BD　　**考点**：血清蛋白质的特征

解析：在 pH 8.6 的巴比妥缓冲液中，利用醋酸纤维素薄膜电泳可将血清蛋白质分成 5 条区带，从阳极到阴极的顺序为：清蛋白、α_1 球蛋白、α_2 球蛋白、β 球蛋白、γ 球蛋白。其中清蛋白的含量最多，约占血浆总蛋白质的 50%。α_1 球蛋白的含量最少。

2．**答案**：BD　　**考点**：补体的特性

解析：补体是血浆中一组能够协助抗体完成免疫功能的蛋白酶。免疫球蛋白识别特异性抗原并与之结合，形成的抗原抗体复合物能激活补体系统，产生溶菌和溶细胞现象；补体系统跟抗原抗体复合物无关，也不是血浆白蛋白与脂类形成的复合物。

3．**答案**：ABC　　**考点**：非蛋白氮升高的因素

解析：非蛋白氮是血浆中除蛋白质以外的含氮化合物中的氮素。包括尿素、尿酸、肌肝、肌酸、氨基酸、胆红素以及氨等，以尿素氮含量最高，占总量的 50% 左右；这些含氮化合物均为蛋白质和核酸的代谢产物，经肾排出体外；当组织蛋白质分解代谢增加，如高热、大面积烧伤等，或肾功能不全时均可引起非蛋白氮增高。

4．**答案**：ABCD　　**考点**：红细胞的代谢

解析：在红细胞中 NADPH 和 NADH 都可以作为高铁血红蛋白还原酶的辅基将高铁血红蛋白还原为血红蛋白，另外，还原型谷胱甘肽（GSH）和抗坏血酸可以直接将高铁血红蛋白还原成血红蛋白。四个选项均可使 Hb-Fe^{3+} 还原成 Hb-Fe^{2+}。

5．**答案**：ABD　　**考点**：血浆蛋白质的分离

解析：①分离蛋白质常用的方法包括电泳法和超速离心法。电泳法是根据在一定的电场力作用下，处于同一缓冲溶液中血清蛋白质带电荷不同而进行分离。超速离心是根据蛋白质的密度将其分类，如血浆脂蛋白的分离。②此外，还有盐析法也可作为粗分蛋白质的方法，通过控制盐的浓度，使蛋白质混合溶液中的组分在不同的盐浓度溶液中沉淀出来，达到分离目的蛋白质。③而紫外分光光度法只能作为一种粗略的蛋白质定量的方法，不能够分离蛋白质。

6．**答案**：BC　　**考点**：粒细胞的代谢

解析：①粒细胞的线粒体很少，故糖酵解是其主要的糖代谢途径。中性粒细胞能利用外源性的糖和内源性的糖原进行糖酵解，为细胞吞噬作用提供能量。中性粒细胞被趋化因子激活后细胞内磷酸戊糖途径被激活，可产生大量的 NADPH。②糖醛酸途径：从葡糖-6-磷酸或葡糖-1-磷酸开始，经 UDP- 葡萄糖醛酸生成葡萄糖醛酸和抗坏血酸的途径。但只有在植物和那些可以合成抗坏血酸的动物体内，才可以通过该途径合成维生素 C。所以 B、C 是正确答案。

7．**答案**：ABCD　　**考点**：嗜中性粒细胞的代谢

解析：嗜中性粒细胞在吞噬细菌时发生呼吸爆发，细胞内磷酸戊糖途径被激活，产生大量的 NADPH。经 NADPH 氧化酶递电子体系可使 O_2 接受单电子还原，产生大量的超氧阴离子（O_2^-）。超氧阴离子再进一步转变成 H_2O_2、OH^-、次氯酸根等自由基。

8．**答案**：ABC　　**考点**：血红素的合成。

解析：该题目考的是血红素合成过程的第三步反应，4 分子胆色素原脱氨缩合生成一分子线状四吡咯，后者再由 UPG Ⅲ同合酶催化生成 UPG Ⅲ。若无 UPG Ⅲ同合酶时，线状四吡咯化合物不稳定，可自然环化生成尿卟啉原Ⅰ（UPG Ⅰ）。UPG Ⅰ与 UPG Ⅲ的区别是第 7 位和第 8 位的侧链基团位置相反，所以它们是同分异构体。而胆汁酸是在肝内以胆固醇为原料经过一系列反应生成的。

9．**答案**：BCD　　**考点**：血红蛋白的功能

解析：① 除了运载氧，血红蛋白还可以与二氧化碳、一氧化碳、氰离子结合，结合的方式也与氧完全一样，所不同的只是结合的牢固程度。② pH 降低或 PCO_2 升高，Hb 对 O_2 的亲和力降低；反之，则升高。③ 2,3-BPG 是调节血红蛋白运氧功能的重要因素，它是一个电负性很高的分子，可与血红蛋白结合，稳定血红蛋白的 T 构象，降低血红蛋白与 O_2 的亲和力。

10．**答案**：ABCD　　**考点**：红细胞的代谢

解析：葡糖-6-磷酸脱氢酶（G6PD）是磷酸戊糖通路的限速酶。磷酸戊糖途径的重要意义在于提供磷酸戊糖和 NADPH。G6PD 缺乏时，会导致 NADPH 生成减少，从而影响需要 NADPH 作为供氢体的多种代谢反应，如不能维持细胞中还原型谷胱甘肽的含量，因而不能保护含巯基的蛋白质或酶免受氧化剂的损害。

二、名词解释（答案要点）

1．急性期蛋白：在急性炎症或某种类型组织损伤等情况下，某些血浆蛋白质的水平会增高，它们被称为急性期蛋白。

2．清蛋白：清蛋白又称白蛋白，其是人体血浆中最主要的蛋白质，浓度达 38 ~ 48 g/L，约占血浆总蛋白的 50%。清蛋白能与脂肪酸和胆红素等物质结合，起运输作用。

3．血清：血液凝固后析出淡黄色透明液体，称作血清。

4．2,3-二磷酸甘油酸旁路：红细胞内的糖酵解还存在一个特殊途径 2,3-BPG 支路。2,3-BPG 支路的分支点是 1,3-二磷酸甘油酸（1,3-BPG）。正常情况下，2,3-BPG 对二磷酸甘油酸变位酶的负反馈作用大于对 3-磷酸甘油酸激酶的抑制作用，所以 2,3-BPG 旁路占糖酵解的 15% ~ 50%。

三、问答题（答案要点）

1．血液发生凝固时，很快形成血凝块，血凝块收缩析出的淡黄色透明液体即为血清。如果向血液中加入抗凝剂，离心以后所得上清即为血浆。与血浆相比，血清中缺少纤维蛋白原等凝血因子，而含有凝血过程中产生的某些凝血因子降解产物。

2．①维持血浆胶体渗透压；②维持血浆正常 pH；③运输作用；④免疫作用；⑤催化作用；⑥营养作用；

⑦凝血、抗凝血和纤溶作用。

3．在线粒体内，由琥珀酰 CoA 与甘氨酸缩合生成δ-氨基-γ-酮戊酸；ALA 生成后从线粒体进入胞质，在 ALA 脱水酶催化下，2 分子 ALA 脱水缩合生成 1 分子胆色素原；在胞质中，由尿卟啉原Ⅰ同合酶催化，使 4 分子胆色素原脱氨缩合生成 1 分子线状四吡咯，后者再由 UPG Ⅲ同合酶催化生成尿卟啉原Ⅲ。UPG Ⅲ进一步经尿卟啉原Ⅲ脱羧酶催化，使其 4 个乙酸基（A）侧链脱羧基变为甲基（M），从而生成粪卟啉原Ⅲ；胞质中生成的粪卟啉原Ⅲ再进入线粒体，经粪卟啉原Ⅲ氧化脱羧酶作用，使其 2,4 位两个丙酸基（P）氧化脱羧变成乙烯基（V），从而生成原卟啉原Ⅸ，再由原卟啉原Ⅸ氧化酶催化，使其 4 个连接吡咯环的亚甲基氧化成次甲基，则成为原卟啉Ⅸ。通过亚铁螯合酶的催化，原卟啉Ⅸ和 Fe^{2+} 结合，生成血红素。

4．血红素的合成受多种因素的调节，其中最主要的调节步骤是 ALA 的生成。

（1）ALA 合酶：它是血红素合成体系的限速酶，受血红素的别构抑制调节。此外，血红素还可以阻抑 ALA 合酶的合成。如果血红素的合成速度大于珠蛋白的合成速度，过多的血红素可以氧化成高铁血红素，后者对 ALA 合酶也具有强烈抑制作用。

（2）某些类固醇激素及需要在肝中进行生物转化的物质如致癌剂、杀虫剂等：能诱导 ALA 合酶，从而促进血红素的生成。

（3）促红细胞生成素：EPO 主要在肾合成，缺氧时即释放入血。促红细胞生成素是红细胞生成的主要调节剂，可同原始红细胞的膜受体结合，加速有核红细胞的成熟，以及血红素和 Hb 的合成。

5．成熟红细胞除质膜和胞质外，无其他细胞器，其代谢比一般细胞单纯。

（1）糖酵解：血循环中的红细胞每天大约从血浆摄取约 30 g 葡萄糖。绝大部分经糖酵解通路和 2,3-二磷酸甘油酸旁路进行代谢。糖酵解是红细胞获得能量的惟一途径，每 1 mol 葡萄糖经酵解生成 2 mol 乳酸的过程中，产生 2 mol ATP 和 2 mol $NADH^{+}+H^{+}$。

（2）红细胞的糖酵解途径还存在侧支循环 2,3-二磷酸甘油酸旁路。2,3-二磷酸甘油酸旁路仅占糖酵解的 15% ~ 50%，由于 2,3-BPG 的生成大于分解，造成红细胞内 2,3-BPG 升高。红细胞内 2,3-BPG 虽然也能供能，但主要功能是调节血红蛋白的运氧功能。

（3）磷酸戊糖途径：红细胞内少量葡萄糖经由磷酸戊糖途径代谢。红细胞内磷酸戊糖途径的代谢过程与其他细胞相同，主要功能是产主 NADPH 和 H^{+}。

6．2,3-二磷酸甘油酸旁路仅占糖酵解的 15% ~ 50%，由于 2,3-BPG 的生成大于分解，造成红细胞内 2,3-BPG 升高。红细胞内 2,3-BPG 虽然也能供能，但主要功能是调节血红蛋白的运氧功能。

7．（1）ATP 的功能：维持红细胞膜上钠泵（Na^{+}-K^{+}-ATPase）的正常运转，以维持红细胞的离子平衡以及细胞容积和双凹盘状形态；维持红细胞膜上钙泵（Ca^{2+}-ATPase）的正常运行，维持红细胞内的低钙状态；维持红细胞膜上脂质与血浆脂蛋白中的脂质进行交换；用于谷胱甘肽、NAD^{+} 的生物合成；用于葡萄糖的活化，启动糖酵解过程。

（2）2,3-BPG 的功能：2,3-BPG 是调节 Hb 运氧功能的重要因素，可与血红蛋白结合。2,3-BPG 的负电基团与 β 亚基的带正电基团形成离子键从而使血红蛋白分子的 T 构象更趋稳定，降低血红蛋白与 O_2 亲和力，当血流经过 PO_2 较高的肺部时，2,3-BPG 的影响不大，而当血流经过 PO_2 较低的组织时，红细胞中 2,3-BPG 的存在则显著增加 O_2 释放，以供组织需要。在 PO_2 相同条件下，随 2,3-BPG 浓度增大，HbO_2 释放的 O_2 增多。人体能通过改变红细胞内 2,3-BPG 的浓度来调节对组织的供氧。

（3）NADH 和 NADPH 的功能：NADH 和 NADPH 是红细胞内重要的还原当量，它们可对抗氧化剂、保护细胞膜蛋白、血红蛋白和酶蛋白的巯基等不被氧化，从而维持红细胞的正常功能。

（杨　洋）

第十九章　肝的生物化学

第一节　学习要求

掌握：生物转化的概念及特点；生物转化反应类型；胆汁酸的种类及主要生理功能；胆汁酸的代谢；胆红素的生成过程及其在血中的转运；胆红素代谢的基本过程。

熟悉：参与肝生物转化的酶类并简述其反应过程；结合反应的类型及结合基团的直接供体；胆色素的来源；高胆红素血症。

了解：体内非营养物质的来源；生物转化的影响因素；胆汁酸代谢的调节及生理功能；黄疸。

第二节　内容精要

肝是人体最大的实质性器官，也是体内最大的腺体。成人肝组织约重 1500 g，约占体重的 2.5%。独特的结构特点，赋予肝复杂多样的生物化学功能。

一、肝在物质代谢中的作用

（一）肝是维持血糖水平相对稳定的重要器官

肝主要通过糖原的合成与分解、糖异生途径来维持血糖浓度的恒定，以确保全身各组织，特别是大脑与红细胞的能量供应。

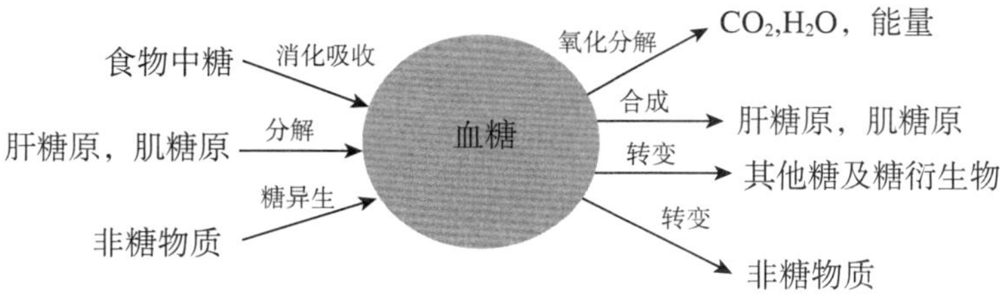

图 19-1　血糖的来源与去路

（二）肝在脂类代谢中占据中心地位

肝在脂类的消化、吸收、分解、合成以及运输等代谢过程中均起重要作用（表 19-1）。

表19-1　肝在脂类代谢中的作用

消化、吸收	肝分泌胆汁。胆汁中含有的胆汁酸盐可乳化脂类，促进脂类的消化；还可与脂肪酸结合，促进脂肪酸的吸收
分解	脂肪酸的 β 氧化
合成	酮体：肝是生成酮体的唯一器官，酮体可供肝外组织氧化分解供能 胆固醇：肝是人体内合成胆固醇最旺盛的器官 磷脂、甘油三酯：肝是人体内合成甘油三酯的重要器官 高密度脂蛋白（HDL）：肝也是合成高密度脂蛋白的主要器官
运输	肝内合成的甘油三酯、胆固醇以极低密度脂蛋白（VLDL）的形式分泌入血，供其他组织器官摄取、利用

（三）肝内蛋白质合成及分解代谢非常活跃（表 19-2）。

表19-2 肝在蛋白质代谢中的作用

合成和分泌血浆蛋白质	肝除合成自身所需蛋白质外，还合成多种分泌蛋白质 90% 以上的血浆蛋白质是由肝合成和分泌的 甲胎蛋白是原发性肝癌的重要肿瘤标志物
分解蛋白质	肝是体内除支链氨基酸外的氨基酸分解和转变的重要场所 肝可将氨通过鸟氨酸循环合成尿素，防止氨中毒 肝还是芳香族氨基酸和芳香胺类的清除器官

（四）肝参与多种维生素和辅酶的代谢

肝在维生素的吸收、储存、运输及转化等方面起重要作用（表 19-3）。

表19-3 肝在多种维生素和辅酶的代谢中的作用

吸收	肝所分泌的胆汁酸盐可协助脂溶性维生素的吸收
运输	肝合成维生素 D 结合球蛋白与视黄醇结合蛋白，通过血液循环运输维生素 D 和维生素 A
转化	多种维生素在肝内转变为辅酶的组成成分 泛酸转变为辅酶 A；胡萝卜素转变为维生素 A；使维生素 D_3 羟化为 25 羟维生素 D_3, 维生素 PP 转变为辅酶 Ⅰ 和辅酶 Ⅱ；维生素 B_1 转变为焦磷酸硫胺素
储存	人体内维生素 A、K、B_{12} 以肝为主要储存场所

（五）肝参与多种激素的灭活

多种激素如雌激素、醛固酮、抗利尿激素、甲状腺素、胰岛素等在发挥其调节作用后，主要在肝内被灭活。

二、肝的生物转化作用

（一）肝的生物转化作用是机体重要的保护机制

生物转化作用（biotransformation）：人体内有些物质既不能作为构建组织细胞的成分，又不能作为能源物质，其中一些还对人体有一定的生物学效应或潜在的毒性作用，长期蓄积则对人体有害。机体在排除这些物质之前，需对它们进行代谢转变，使其水溶性提高，极性增强，易于通过胆汁或尿液排出体外，这一过程称为生物转化作用。

生物转化器官：最重要器官是肝；皮肤、肺及肾等亦有一定的生物转化。需进行生物转化的物质按来源有内源性和外源性之分。生物转化的生理意义具有解毒与致毒的双重性（图 19-2）。

人体内某些物质
↓ 氧化、还原、水解
生物转化
↓ 结合
水溶性增强，毒物被解毒，
药物失去药性，激素灭活

图 19-2 肝的生物转化作用的意义

（二）肝的生物转化作用包括两相反应

生物转化过程所包括的许多化学反应可归纳为两相。第一相反应包括氧化、还原、水解反应；第二相反应为结合反应。少数物质如毒物或药物等在经过第一相反应后，常继以第二相反应才完成生物转化。

1．氧化反应是最多见的生物转化第一相反应　由肝细胞中多种氧化酶系催化，具体反应见表 19-4。

表19-4　氧化反应

酶系	细胞内定位	反应式及举例
加单氧酶系（混合功能氧化酶、羟化酶）	微粒体（滑面内质网）	$RH + O_2 + NADPH + H^+ \rightarrow ROH + NADP^+ + H_2O$（如烃类的氧化）
单胺氧化酶系	线粒体	$RCH_2NH_2 + O_2 + H_2O \rightarrow RCHO + NH_3 + H_2O_2$（如单胺氧化酶催化组胺的氧化）
脱氢酶系	胞液、线粒体	$RCH_2OH + NAD^+ \rightarrow RCHO + NADH + H^+ \rightarrow RCOOH$（如醇脱氢酶及醛脱氢酶催化的反应）

2．硝基还原酶和偶氮还原酶是第一相反应的主要还原酶　体内只有少数物质可在肝内被还原而转化。肝细胞中主要的还原酶有两类：偶氮还原酶类和硝基还原酶类。

3．酯酶、酰胺酶和糖苷酶是生物转化的主要水解酶，分布于胞液中。

4．结合反应是生物转化的第二相反应　结合反应是体内重要的生物转化方式。凡含有羟基、羧基或氨基的药物、毒物或激素均可与葡萄糖醛酸、硫酸等发生结合反应。其中，与葡糖醛酸、硫酸和乙酰基的结合反应较为常见。其中，葡糖醛酸结合是最重要和最普遍的结合反应（表 19-5）。

表19-5　结合反应

反应类型	结合基团直接供体	酶类	酶定位	底物类型
葡糖醛酸结合	尿苷二磷酸 α-葡糖醛酸（UDPGA）	葡糖醛酸基转移酶	微粒体	酚、吗啡、可卡因
硫酸结合	3'-磷酸腺苷-5'-磷酸硫酸（PAPS）	硫酸转移酶	胞液	醇、酚、芳香胺类、雌酮
乙酰基化	乙酰辅酶 A	乙酰基转移酶	胞液	芳香胺、胺、磺胺药
谷胱甘肽结合	谷胱甘肽（GSH）	谷胱甘肽 S-转移酶	胞液	环氧萘
甲基化	S-腺苷蛋氨酸（SAM）	甲基转移酶	胞液和微粒体	儿茶酚胺、尼克酰胺、组胺
甘氨酸结合	甘氨酸	酰基转移酶	线粒体	苯甲酸

（三）生物转化作用受许多因素的调节和影响

生物转化作用经常受年龄、性别、营养、疾病、遗传等各种因素的影响。许多异源物可诱导合成一些生物转化酶类，是临床上耐药性产生的重要因素之一。

三、胆汁与胆汁酸的代谢

（一）胆汁可分为肝胆汁和胆囊胆汁

胆汁（bile）由肝细胞分泌，通过胆道系统流入胆囊，循胆总管入十二指肠。胆汁的主要固体成分是胆汁酸盐，还包括多种酶类（如脂肪酶、磷脂酶等）。胆汁可分为肝胆汁和胆囊胆汁（表 19-6）。

表19-6　胆汁的分类及特点

肝胆汁（hepatic bile）	肝细胞初分泌的胆汁，清澈透明，呈橙黄色
胆囊胆汁（gallbladder bile）	肝胆汁进入胆囊后，浓缩成为胆囊胆汁，呈暗褐色或棕绿色

胆盐（bile salts）：胆汁中的初级胆汁酸与次级胆汁酸均以钠盐或钾盐的形式存在，形成相应的胆汁酸盐，简称胆盐。

（二）胆汁酸有游离型、结合型及初级、次级之分

胆汁酸（bile acid）按结构分类：

游离型胆汁酸	胆酸、脱氧胆酸、鹅脱氧胆酸、石胆酸
结合型胆汁酸	甘氨胆酸、牛磺胆酸、甘氨鹅脱氧胆酸、牛磺鹅脱氧胆酸

胆汁酸按来源分类：

初级胆汁酸	在肝内由胆固醇直接生成的胆汁酸，包括胆酸、鹅脱氧胆酸及其与甘氨酸或牛磺酸的结合物
次级胆汁酸	由初级胆汁酸在肠道细菌作用下转变而成，包括脱氧胆酸和石胆酸

（三）胆汁酸的主要生理功能

1．促进脂类物质的消化和吸收。

2．维持胆汁中胆固醇的溶解状态以抑制胆固醇的析出。

胆汁中的胆汁酸盐和卵磷脂可使胆固醇分散形成可溶性微团而阻止其沉淀下来形成结石。临床上常用鹅脱氧胆酸治疗胆固醇结石。

（四）胆汁酸的代谢及胆汁酸的肠肝循环

1．初级胆汁酸在肝内以胆固醇为原料生成　这是胆固醇在体内的主要代谢去路，此过程的限速酶是7α-羟化酶。其具体生成过程如图 19-3 所示。

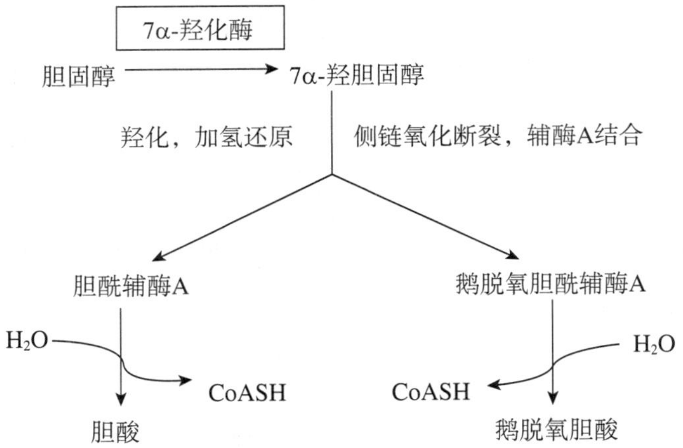

图 19-3　初级胆汁酸的生成

2．次级胆汁酸在肠道由肠菌作用生成　进入肠道的初级胆汁酸由肠道细菌酶催化胆汁酸的去结合反应和脱 7α-羟基作用，生成次级胆汁酸。

3．胆汁酸的肠肝循环使有限的胆汁酸库存循环利用　胆汁酸进入肠道后，约有 95% 被肠黏膜重吸收，其余的随粪便排出。由肠黏膜重吸收的胆汁酸（包括初级的和次级的，结合型的和游离型的），经门静脉重新回到肝，肝细胞将游离型胆汁酸再合成为结合型胆汁酸，并同重吸收的以及新合成的结合型胆汁酸一道再排入肠道，这一过程称为胆汁酸的肠肝循环（enterohepatic circulation of bile acid）（图 19-4）。

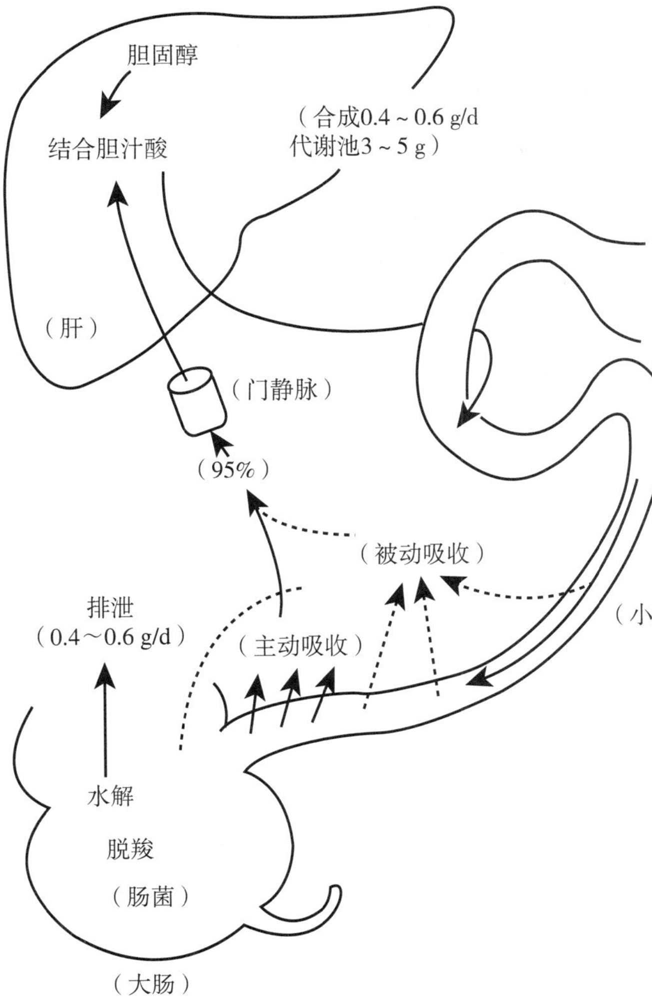

图 19-4　胆汁酸的肝肠循环

四、胆色素的代谢与黄疸

胆色素（bile pigment）是铁卟啉化合物在体内分解代谢时各种产物的总称，包括胆红素、胆绿素、胆素原和胆素。胆色素主要随胆汁排出体外。胆红素居于胆色素代谢的中心，是人体胆汁中的主要色素。

胆红素代谢的过程如图 19-5 所示。

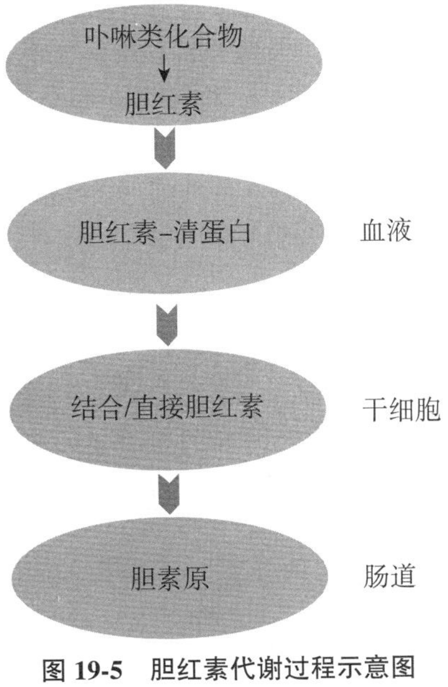

图 19-5　胆红素代谢过程示意图

（一）胆红素是铁卟啉类化合物的降解产物

1．胆红素来源于衰老红细胞的破坏

胆红素是人胆汁的主要色素，呈橙黄色，是铁卟啉化合物的降解产物。体内含铁卟啉的化合物主要有血红蛋白、肌红蛋白、细胞色素、过氧化物酶、过氧化氢酶等。人体内的胆红素 80% 以上来源于衰老红细胞破坏所释放的血红蛋白的分解。

血红蛋白首先分解为珠蛋白和血红素。珠蛋白进一步被分解为氨基酸，而被再利用。血红素则由单核吞噬系统细胞降解生成胆红素。

2．血红素加氧酶和胆绿素还原酶催化胆红素的生成

血红素是由 4 个吡咯环连接而成的环形化合物，并螯合 1 个二

价铁离子。血红素由单核吞噬系统细胞微粒体的血红素加氧酶催化下，转变为胆绿素。胆绿素在胆绿素还原酶催化下，还原成胆红素。此过程的限速酶是血红素加氧酶。血红素加氧酶同工酶有三种，分别是：HO-1、HO-2、HO-3。主要存在于肝、脾和骨髓等降解衰老红细胞的组织器官。近年来人们发现胆红素具有抗氧化作用，可抑制亚油酸和磷脂的氧化，其作用甚至优于维生素 E。

（二）血液中的胆红素主要与清蛋白结合而运输

胆红素在血液中主要与清蛋白结合而运输，此时的胆红素被称为未结合胆红素（unconjugated bilirubin）。胆红素对血浆清蛋白具有极高的亲和力，胆红素与清蛋白的紧密结合限制了胆红素自由通过各种生物膜，使其不致对组织细胞产生毒性作用。磺胺药等有机阴离子可与胆红素竞争性地结合清蛋白，使胆红素游离，进而发展成为胆红素脑病或核黄疸。未结合胆红素只有在加入乙醇后才能与重氮试剂起颜色反应，生成紫红色偶氮化合物，故未结合胆红素又被称为间接胆红素（indirect bilirubin）。

（三）胆红素在肝细胞中转变为结合胆红素并泌入胆小管

胆红素代谢主要在肝中进行，具体转变过程见图 19-6。

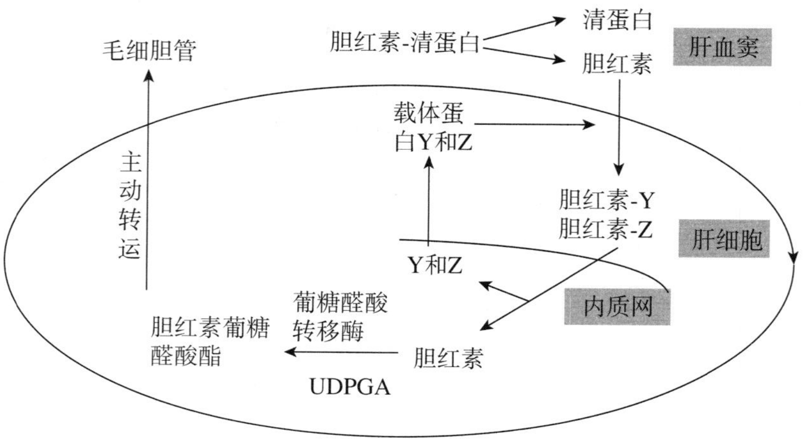

图 19-6　胆红素在肝中转变的示意图

1．游离胆红素可渗透肝细胞膜而被摄取

胆红素代谢主要在肝中进行。在肝血窦中胆红素与清蛋白分离，并迅速被肝细胞摄取。胆红素进入肝细胞后，与胞质中两种载体蛋白质——Y 蛋白和 Z 蛋白结合形成复合物，并以此形式进入滑面内质网。

2．胆红素在内质网结合葡糖醛酸生成水溶性结合胆红素

在葡糖醛酸基转移酶催化下，胆红素与载体蛋白质分离，进而与葡糖醛酸基以酯键结合，生成葡糖醛酸胆红素（bilirubin glucuronide）。这种胆红素因其能与重氮试剂直接迅速起颜色反应，所以被称为结合胆红素（conjugated bilirubin）或直接胆红素（direct bilirubin）。直接胆红素的脂溶性弱而水溶性强，所以可随尿排出体外；在肝细胞内，其可有效地排到胆汁中。

未结合胆红素与结合胆红素的区别如表 19-7 所示。

表19-7　两种胆红素理化性质的比较

	未结合胆红素	结合胆红素
是否与葡糖醛酸结合	未结合	结合
和重氮试剂起反应的速度	慢或间接反应	快、直接反应
在水中的溶解度	小	大
进入脑组织产生毒性	大	无
通过肾随尿排出	不能	能

3．肝细胞向胆小管分泌结合胆红素

结合胆红素水溶性强，被肝细胞分泌进入胆管系统，随胆汁排入小肠。肝细胞向胆小管分泌结合胆红素是肝处理胆红素的薄弱环节，是肝代谢胆红素的限速步骤。肝细胞向胆小管分泌结合胆红素是一个逆浓度梯度的主动转运过程。

（四）胆红素在肠道内转化为胆素原和胆素

1．胆素原是结合胆红素经肠菌作用的产物

直接胆红素随胆汁排出，进入十二指肠。在肠道细菌作用下，直接胆红素先脱去葡糖醛酸基，再逐步被还原成无色的胆素原族化合物。胆素原族化合物包括中胆素原、粪胆素原和尿胆素原等。大部分胆素原随粪便排出体外，在细菌作用下或经空气氧化，粪胆素原可氧化为相应的d-尿胆素、i-尿胆素和粪胆素，三者合称胆素。胆素呈黄褐色，是粪便的主要颜色。

2．少量胆素原可被肠黏膜重吸收，进入胆素原的肝肠循环

肠道中10%～20%的胆素原可被肠黏膜细胞重吸收，经门静脉入肝。其中大部分再随胆汁排入肠道，形成胆素原的肠肝循环。只有小部分（10%）胆素原可以进入体循环经肾小球滤出随尿排出，称为尿胆素原。尿胆素原氧化成尿胆素，是尿的主要色素。临床上将尿胆素原、尿胆素和尿胆红素合称为尿三胆，是黄疸类型鉴别诊断的常用指标。

（五）高胆红素血症及黄疸

正常人胆红素的生成与排泄维持动态的平衡。正常人血清胆红素总量为3.4～17.1 mmol/L，其中约80%是未结合胆红素，其余是结合胆红素。高胆红素血症（hyperbilirubinemia）：凡能引起胆红素生成过多，或使肝细胞对胆红素摄取、结合、排泄过程发生障碍的因素，均可使血中胆红素浓度增高，称高胆红素血症。胆红素为橙黄色物质，血清中胆红素含量过高，扩散进入组织，引起组织黄染，称为黄疸（jaundice）。

临床上将黄疸分为三类：溶血性黄疸、肝细胞性黄疸、阻塞性黄疸；三种黄疸具体区别见表19-8。

表19-8 三种黄疸的区别

黄疸类型	病因	常见疾病
溶血性黄疸（肝前性黄疸）	由于红细胞被大量破坏，在网状内皮细胞中生成的胆红素过多，超过肝摄取、结合及排泄的能力，造成血中未结合胆红素浓度异常增高	各种引起大量溶血的原因都可造成溶血性黄疸。如恶性疟疾、过敏、输血不当等
肝细胞性黄疸（肝原性黄疸）	由于肝细胞功能受损，造成其摄取、转化和排泄胆红素的能力降低所致。肝细胞性黄疸时，血中未结合胆红素浓度升高	肝实质性疾病，如各种肝炎、肝肿瘤和肝硬化等
阻塞性黄疸（肝后性黄疸）	各种原因引起的胆汁排泄通道受阻，使胆小管和毛细胆管内压力增大而破裂，致使结合胆红素逆流入血，造成血中结合胆红素浓度升高	胆管炎、肿瘤、胆结石或先天性胆管闭锁等疾病

第三节 应试习题

一、选择题（题目前*表示西医综合题目，题目前#表示执业医师题目）

【A1型题】

1．胆固醇在肝内代谢主要转变为

A．胆酰CoA

B．胆色素

C．胆汁酸

D．胆烷酸

E．CO_2和水

2．#机体可以降低外源性毒物毒性的反应是（2013）

A．肝生物转化

B．肌糖原磷酸化
C．三羧酸循环
D．乳酸循环
E．甘油三酯分解

3．下列物质中，属于游离型初级胆汁酸的是
A．甘氨胆酸
B．牛磺胆酸
C．甘氨鹅脱氧胆酸
D．胆酸
E．牛磺鹅脱氧胆酸

4．对胆汁酸肠肝循环的描述，错误的是
A．进入肠道的各种胆汁酸约有 95% 以上可被肠道重吸收
B．结合型胆汁酸的重吸收主要在回肠部
C．重吸收的胆汁酸被肝细胞摄取并可转化成为结合型胆汁酸
D．人体每天进行 6 ~ 12 次肠肝循环
E．肠肝循环障碍并不影响对脂类的消化吸收

5．肝合成最多的血浆蛋白是
A．球蛋白
B．载脂蛋白
C．清蛋白
D．血红蛋白
E．血小板

6．体内胆色素生成的主要原料来自
A．铁卟啉化合物
B．胆固醇
C．类固醇激素
D．胆酸
E．肌酸

7．抗结核病药物异烟肼在肝内代谢灭活时，需进行的化学反应类型是
A．氧化反应
B．还原反应
C．水解反应
D．乙酰化反应
E．硫酸化反应

8．生物转化后生成物普遍具有的性质是
A．毒性降低
B．毒性升高
C．极性降低
D．极性升高
E．极性不变

9．肝进行生物转化时，葡糖醛酸的活性供体是
A．GA
B．UDPG
C．UDPGA
D．UDPGB
E．UTP

10．加单氧酶系主要存在于肝的
A．线粒体
B．细胞液
C．微粒体
D．细胞核
E．高尔基体

11．下列参与生物转化的酶中，对第一相反应最为重要的是
A．加单氧酶系
B．线粒体单胺氧化酶
C．乙酰化酶
D．转硫酸酶
E．甲基化酶

12．发生在肝生物转化第二阶段的反应是
A．氧化反应
B．还原反应
C．水解反应
D．酯化反应
E．葡糖醛酸结合反应

13．下列不参与肝生物转化第二相反应的酶是
A．肽基转移酶
B．甲基转移酶
C．硫酸基转移酶
D．葡糖醛酸基转移酶
E．谷胱甘肽-S-转移酶

14．有关生物转化作用的描述，错误的是
A．肝是进行生物转化最重要的器官
B．使非极性物质的极性增强
C．使疏水性物质水溶性增加
D．有些物质经过生物转化毒性增强
E．作用的实质是裂解生物活性物质

15．关于磺胺类药物在肝内灭活的描述，正确的是
A．灭活后生成物溶解度升高，故而易随尿排出
B．通过硫酸结合反应而灭活
C．灭活生成物易于在碱性尿中析出
D．灭活反应为乙酰化反应

E. 服用磺胺类药物时尽量避免与碱性药物共用

16. 下列参与肝生物转化的主要水解酶是
A. 酯酶
B. 醇脱氢酶
C. 硝基还原酶
D. 乙酰辅酶 A
E. 偶氮还原酶

17. 下列属于次级胆汁酸的是
A. 胆酸
B. 鹅脱氧胆酸
C. 甘氨胆酸
D. 牛磺胆酸
E. 石胆酸

18. 结合胆红素的特点是
A. 水溶性小
B. 与清蛋白结合
C. 与重氮试剂起反应为间接阳性
D. 不能进入脑组织产生毒性
E. 不能通过肾由尿排出

19. 下列关于胆红素的描述正确的是
A. 不具有抗氧化功能
B. 可以有效地清除超氧化合物和过氧化物自由基
C. 对大脑的毒性作用可通过应用磺胺类药物而得以解除
D. 主要在肾代谢
E. 可还原为胆绿素

20. 肝性脑病时，患者血生化指标明显升高的是
A. 氨基酸
B. 血氨
C. 尿素
D. 胆红素
E. 血糖

21. 胆固醇转变为胆汁酸的限速酶是
A. 1α-羟化酶
B. 25α-羟化酶
C. 7α-羟化酶
D. HMG-CoA 还原酶
E. 裂解酶

22. 胆汁中含量最多的有机成分是
A. 磷脂
B. 胆汁酸
C. 胆固醇
D. 胆色素
E. 黏蛋白

23. 正常情况下，适度升高血胆汁酸浓度的结果是
A. 红细胞生成胆红素减少
B. 胆固醇 7α-羟化酶合成抑制
C. 血中磷脂含量升高
D. 脂酸生成酮体加快
E. 甘油三酯合成增加

24. 对血浆胆红素的描述，正确的是
A. 血浆中的胆红素多为间接胆红素
B. 血浆胆红素为有毒的水溶性物质
C. 有黄疸倾向的病人可服用水杨酸
D. 血浆中胆红素多为结合胆红素
E. 胆红素与清蛋白的结合是特异的、不可逆的

25. 下列化合物中，只能在肝合成的是
A. 酮体
B. 尿酸
C. 丙氨酸
D. 乳酸
E. 水

26. 溶血性黄疸时，胆红素代谢的主要特点是
A. 血清非结合胆红素增多
B. 血清结合胆红素增多
C. 粪便颜色无变化
D. 尿胆红素阳性
E. 尿（粪）胆素原减少

27. 阻塞性黄疸病人尿色变深的原因是
A. 尿胆素↑
B. 尿胆素原↑
C. 血直接胆红素↑，由尿中排出
D. 血间接胆红素↑，由尿中排出
E. 血胆素原↑，由尿中泌出

28. 下列关于胆色素的叙述，正确的是
A. 以血红素为主要成分
B. 在血中主要与球蛋白结合而运输
C. 为铁卟啉化合物的分解代谢产物
D. 可以转变成细胞色素 c
E. 胆汁酸为其代谢终产物

29. 属于血红蛋白直接分解产物的物质是
A. 血红素
B. 血栓素
C. 胆红素

D．胆素原
E．细胞色素 c
30．下列关于游离胆红素的叙述，正确的是
A．水溶性较大
B．易透过生物膜
C．胆红素与葡糖醛酸结合
D．可通过肾脏随尿排出
E．与重氮试剂呈直接反应
31．能够诱导 UDP-葡糖醛酸转移酶的合成从而减轻黄疸的药物是
A．苯巴比妥
B．磺胺嘧啶
C．青霉素
D．氢氯噻嗪
E．阿司匹林
32．有关肝细胞性黄疸患者血尿中胆红素变化的描述，错误的是
A．血清间接胆红素含量升高
B．血清总胆红素含量升高
C．血清直接胆红素含量升高
D．尿胆红素阴性
E．直接胆红素含量低于间接胆红素

【A2 型题】
1．某一肝生物转化所需酶系，位于肝细胞微粒体中，该酶系可以催化氧分子中的一个氧原子加到许多脂溶性底物中形成羟化物或环氧化物，另一氧原子则被 NADPH 还原成水，这种酶系是
A．单胺氧化酶类
B．单加氧酶系
C．水解酶类
D．还原酶类
E．脱氢酶类
2．与甘氨酸结合后生成某一胆汁酸，其可以在肝内由胆固醇直接生成，这种胆汁酸是
A．胆酸
B．脱氧胆酸
C．鹅脱氧胆酸
D．石胆酸
E．甘氨胆酸
3．某一胆汁酸在正常胆汁中含量甚微，其可由初级胆汁酸在肠道细菌作用下转变生成，这种胆汁酸是
A．脱氧胆酸
B．甘氨胆酸
C．牛磺鹅脱氧胆酸
D．石胆酸
E．胆酸
4．某一肝生物转化反应，属于生物转化第一相反应，该反应的相关酶类可以催化脂类、酰胺类及糖苷类化合物中的酯键、酰胺键和糖苷键的相应反应，该反应是
A．氧化反应
B．还原反应
C．水解反应
D．结合反应
E．联合反应
5．一名患者入院时出现巩膜及皮肤黄染，经检查诊断为肝细胞性黄疸。以下检查结果中，符合肝细胞性黄疸特点的是
A．直接胆红素升高
B．间接胆红素不变
C．尿胆红素降低
D．尿胆素原降低
E．粪便呈陶土色
6．男，52 岁，主诉：乏力、纳差、皮肤瘙痒伴进行性黄疸 1 个月入院。1 个月来患者劳累后逐渐出现乏力、纳差，皮肤瘙痒，黄疸进行性加深，伴有腹胀，无明显右上腹痛，无恶心、呕吐，无发热，无体重变化，小便茶红色，量无改变，大便颜色变浅，陶白土样。该患者正确的生化检验结果是
A．尿胆原（–）尿胆红素（–）
B．尿胆原（+）尿胆红素（–）
C．尿胆原（–）尿胆红素（+）
D．尿胆原（+）尿胆红素（+）
E．粪胆素（+）

【B 型题】
A．胆酸
B．石胆酸
C．牛磺酸
D．鹅脱氧胆酸
E．甘氨胆酸
1．属于结合型胆汁酸的是
2．属于次级胆汁酸的是

A．葡糖醛酸结合反应
B．甲基化反应
C．乙酰化反应
D．硫酸结合反应
E．谷胱甘肽结合反应

3．儿茶酚在肝可发生
4．雌酮在肝可发生
5．磺胺在肝可发生

A．胆固醇
B．辅酶 A
C．磷脂
D．胆色素
E．胆素原

6．胆汁酸的合成原料是
7．胆汁酸的合成过程中需要

A．清蛋白
B．球蛋白
C．Y 蛋白
D．Z 蛋白
E．珠蛋白

8．胆红素在血中运输的载体蛋白质是
9．肝细胞表面与胆红素有高亲和力的配体蛋白是

A．甘氨胆酸
B．牛磺脱氧胆酸
C．甘氨石胆酸
D．石胆酸
E．鹅脱氧胆酸

10．属于初级游离胆汁酸的是
11．属于初级结合胆汁酸的是
12．属于次级游离胆汁酸的是

A．雌激素水平升高
B．雌激素水平降低
C．醛固酮水平升高
D．雄激素水平升高
E．胆固醇水平降低

13．蜘蛛痣的生化机制是
14．肝掌的生化机制是

【X 型题】

1．关于肝内水解反应的描述，正确的有
A．肝细胞水解酶中常见的有酯酶、酰胺酶、糖苷酶
B．水解反应可致某些药物失效
C．普鲁卡因可被糖苷酶水解
D．氯霉素可被酰胺酶水解

2．参与生物转化结合反应的内源性结合物有
A．葡糖醛酸
B．谷胱甘肽
C．甲基
D．硫酸

3．可进行肠肝循环的物质有
A．胆固醇
B．胆红素
C．胆汁酸盐
D．胆素原

4．下列化合物中，属于胆色素的有
A．胆红素
B．胆绿素
C．胆素原
D．血红素

5．生成胆红素的原料包括
A．血红蛋白
B．肌红蛋白
C．铁蛋白
D．细胞色素

6．参与肝生物转化的主要氧化酶有
A．细胞色素氧化酶
B．加单氧酶
C．单胺氧化酶
D．过氧化物酶

7．可与胆红素竞争与清蛋白结合的物质有
A．胆汁酸
B．磺胺药
C．NH_4^+
D．水杨酸类药物

8．下列物质中，属于次级胆汁酸的有
A．甘氨脱氧胆酸
B．甘氨鹅脱氧胆酸
C．甘氨胆酸
D．甘氨石胆酸

9．肝胆汁与胆囊胆汁的主要区别有
A．肝胆汁不含色素

B．肝胆汁含胆汁酸盐较低
C．胆囊胆汁胆固醇含量低
D．胆囊胆汁无机盐含量较高

10．饥饿时，肝参与维持血糖恒定的代谢途径有
A．肝糖原分解
B．糖异生
C．糖酵解
D．糖原合成

11．*胆汁在消化和吸收营养物质中的作用有（2011）
A．酶解蛋白质
B．乳化脂肪
C．运载脂肪分解产物
D．促进脂溶性维生素的吸收

二、名词解释

1．肝的生物转化作用（biotransformation in liver）
2．初级胆汁酸（primary bile acids）
3．次级胆汁酸（secondary bile acids）
4．胆素原的肠肝循环（bilinogen enterohepatic cycle）
5．胆色素（bile pigment）
6．高胆红素血症（hyperbilirubinemia）
7．黄疸（jaundice）

三、问答题

1．试述肝生物转化的概念、反应类型、生理意义及影响因素。
2．试述胆汁酸的肠肝循环的定义及其生理意义。
3．试述胆红素的生成、运输及其在肝中转变的过程。
4．比较未结合胆红素与结合胆红素的主要区别。
5．解释黄疸概念并说明三种不同类型黄疸的形成原因及生化特点。

第四节　参考答案及解析

一、选择题

【A1 型题】

1．**答案**：C　　**考点**：胆固醇的代谢

解析：肝在脂类代谢中起着重要的作用，胆汁酸的生成是肝转化胆固醇的最重要途径，肝不断地将胆固醇转化为胆汁酸，以防止体内胆固醇的超负荷。

2．**答案**：A　　**考点**：肝生物转化的意义

解析：生物转化的意义：一则生物转化可对体内的某些物质进行代谢转化，使其生物活性降低或丧失（灭活），或使有毒物质的毒性降低或消除（解毒）；另则通过生物转化作用可增加这些非营养物质的水溶性和极性，从而易于从胆汁或尿液中排除。

3．**答案**：D　　**考点**：胆汁酸的分类

解析：初级胆汁酸是由肝细胞合成的胆汁酸，包括胆酸和鹅脱氧胆酸（游离型初级胆汁酸）及其与甘氨酸或牛磺酸的结合物（结合型初级胆汁酸）。

4．**答案**：E　　**考点**：胆汁酸的肠肝循环

解析：胆汁酸进入肠道后，约有 95% 被肠黏膜重吸收，其余的随粪便排出。由肠黏膜重吸收的胆汁酸，经门静脉重新回到肝，肝细胞将游离型胆汁酸再合成为结合型胆汁酸，并同重吸收的以及新合成的结合型胆汁酸一道再排入肠道，这一过程称为胆汁酸的肠肝循环。

5．**答案**：C

解析：肝细胞的一个重要功能是合成与分泌血浆蛋白质。成人肝每日约合成 12 g 清蛋白，几乎占肝合成蛋白质总量的 1/4。

6．**答案**：A　　**考点**：胆色素的生成

解析：胆色素是铁卟啉化合物在体内分解代谢时各种产物的总称，包括胆红素、胆绿素、胆素原和胆素。

7．**答案**：D　　**考点**：肝生物转化

解析：抗结核病药物异烟肼在肝内乙酰基转移酶催化下经乙酰化而失去活性，属乙酰化反应。

8．**答案**：D　　**考点**：生物转化作用的意义

解析：生物转化作用是使人体内非营养物质进行代谢转变，使其水溶性提高，极性增强，易于通过胆汁或尿液排出体外。无论何种非营养物质，经生物转化后其极性均升高，故具有普遍性质，答案选 D。生物转化作用可以使体内大多数营养物质生物活性降低或使有毒物质的毒性减低或者消除。

9．**答案**：C　　**考点**：肝生物转化

解析：葡糖醛酸的活性供体是尿苷二磷酸 α-葡糖醛酸（UDPGA），它是 UDPG 在 UDPG 脱氢酶催化下生成的。在肝细胞微粒体中的葡糖醛酸基转移酶催化下，UDPGA 上的葡糖醛酸基转移到药物、毒物等物质的羟基、氨基、羧基上，生成葡糖醛酸苷或酯。

10．**答案**：C　　**考点**：加单氧酶系的存在部位

解析：肝细胞中存在多种氧化酶系，其中最主要的是定位于肝细胞微粒体的加单氧酶系。

11．**答案**：A　　**考点**：肝生物转化第一相反应的相关酶类

解析：氧化反应是最多见的生物转化第一相反应。肝细胞中存在多种氧化酶系，其中最主要的是定位于肝细胞微粒体的加单氧酶系。

12．**答案**：E　　**考点**：生物转化过程

解析：生物转化过程所包括的许多化学反应可归纳为两相。第一相反应包括氧化、还原、水解反应；第二相反应为结合反应。其中以葡糖醛酸结合反应最重要和最常见。酯化反应是指长链脂肪酸生成甘油酯的反应，不属于肝的生物转化反应。

13．**答案**：A　　**考点**：参与生物转化的酶

解析：肝生物转化的第二相反应为结合反应，包括葡糖醛酸结合反应、硫酸结合反应、谷胱甘肽结合反应和甲基化反应等，分别由葡糖醛酸基转移酶、硫酸基转移酶、谷胱甘肽 -S- 转移酶和甲基转移酶催化完成。肽基转移酶主要参与肽链的生物合成反应，不参与生物转化反应。

14．**答案**：E　　**考点**：生物转化作用的意义

解析：生物转化作用是使人体内非营养物质进行代谢转变，使其水溶性提高，极性增强，易于通过胆汁或尿液排出体外。生物转化作用目的是使体内大多数营养物质生物活性降低或使有毒物质的毒性减低或者消除。有些物质如水合氯醛等只有经过生物转化才能转变为活性物质。肝是机体内进行生物转化的最重要的器官，皮肤、肺和肾等也有一定的生物转化作用。

15．**答案**：D　　**考点**：肝生物转化

解析：大部分磺胺类药物在肝内通过乙酰化反应灭活。

16．**答案**：A　　**考点**：肝生物转化的相关酶类

解析：催化水解反应的酶类主要包括酯酶、酰胺酶、糖苷酶等，分布于肝细胞微粒体和胞质中。

17．**答案**：E　　**考点**：胆汁酸的分类

解析：初级胆汁酸在肠菌作用下，第 7 位 α 羟基脱氧生成的胆汁酸称为次级胆汁酸，主要包括脱

氧胆酸和石胆酸及其在肝中分别与甘氨酸或牛磺酸结合生成的结合产物。

18．**答案：**D　　**考点：**结合胆红素的特点

解析：结合胆红素的脂溶性弱而水溶性强，可随尿排出体外，不能进入脑组织产生毒性。

19．**答案：**B　　**考点：**胆红素的特点

解析：过量胆红素对人体有害，但适宜水平的胆红素是人体内强有力的内源性抗氧化剂，可以有效地清除超氧化合物和过氧化物自由基。

20．**答案：**B

解析：肝是清除血氨的主要器官。严重的肝病患者，肝合成尿素的能力下降，导致血氨升高和氨中毒，是导致肝性脑病发生的重要生化机制之一。

21．**答案：**C　　**考点：**胆汁酸的合成。

解析：肝细胞以胆固醇为原料合成初级胆汁酸，这是胆固醇在体内的主要代谢去路，此过程的限速酶是 7α-羟化酶。

22．**答案：**B　　**考点：**胆汁组成

解析：胆汁的主要固体成分是胆汁酸盐，约占固体成分的 50%，其次是无机盐、黏蛋白、磷脂、胆固醇和胆色素等。

23．**答案：**B　　**考点：**胆汁酸的合成的关键酶和调节

解析：胆固醇转变为胆汁酸的限速酶是 7α-羟化酶，受终产物胆汁酸的负反馈调节，当胆汁酸浓度升高是，可负反馈抑制胆固醇 7α-羟化酶的合成。

24．**答案：**A　　**考点：**血浆胆红素的特点

解析：胆红素在血液中主要与清蛋白结合而运输，此时的胆红素被称为间接胆红素或未结合胆红素。

25．**答案：**A　　**考点：**肝的功能

解析：肝是人体的“物质代谢中枢”，它与糖、脂类、蛋白质、维生素和激素代谢有着密切的关系。肝内含有合成酮体所需要的酶，是酮体合成的主要场所。

26．**答案：**A　　**考点：**溶血性黄疸

解析：溶血性黄疸是由于红细胞的大量破坏，产生了过多的胆红素，超过了肝细胞摄取、转化和排泄胆红素的能力，造成血液中未结合胆红素浓度显著增高所致。此类黄疸凡登白试验呈间接反应，尿胆红素阴性。

27．**答案：**C　　**考点：**阻塞性黄疸

解析：阻塞性黄疸是由于各种原因引起的胆汁排泄障碍所致，可使结合胆红素反流入血，导致血清中结合胆红素明显升高，大量的结合胆红素可以从肾小球滤出，使得患者尿的颜色变深。

28．**答案：**C　　**考点：**胆色素概念、组成和来源

解析：胆色素是铁卟啉化合物在体内分解代谢时各种产物的总称，包括胆红素、胆绿素、胆素原和胆素。铁卟啉化合物包括血红蛋白、肌红蛋白、细胞色素等，血红蛋白分解为珠蛋白和血红素，血红素可降解为胆红素。胆红素居于胆色素代谢的中心，是人体胆汁中的主要色素。细胞色素 c 是以铁卟啉为辅基的电子传递蛋白，不是由胆色素转变而成。球蛋白主要参与免疫作用，不参与物质运输。胆汁酸是胆固醇的代谢终产物。

29．**答案：**A　　**考点：**血红蛋白的代谢

解析：衰老的红细胞经单核吞噬系统细胞识别并吞噬，释放出血红蛋白，血红蛋白分解为珠蛋白和血红素，血红素由单核吞噬系统细胞降解为胆红素。胆红素和胆素原是血红蛋白的分解代谢产

物，但不是直接代谢产物。血栓素是由血小板合成的不饱和脂肪酸衍生物。细胞色素 c 是含血红素样辅基的单电子传递体。

30. **答案**：C　　**考点**：游离胆红素的特点

解析：胆红素在血液中主要与清蛋白结合而运输，此时的胆红素被称为未结合胆红素，也称游离胆红素。游离胆红素为难溶于水的脂溶性物质，对细胞膜的通透性较大，不易随尿经肾排出。游离胆红素分子内有氢键存在，不能直接与重氮试剂反应，只有在加入乙醇或尿素等物质破坏氢键后才能与重氮试剂反应，故与重氮试剂呈间接反应。游离胆红素可与葡糖醛酸结合成直接胆红素，也称直接胆红素。

31. **答案**：A　　**考点**：血红蛋白的代谢

解析：苯巴比妥可诱导肝微粒体 UDP-葡糖醛酸转移酶（UGT）的合成，催化未结合胆红素生成水溶性的葡糖醛酸胆红素即结合胆红素，易于随尿排出，从而减轻新生儿黄疸。

32. **答案**：D　　**考点**：肝细胞性黄疸

解析：肝细胞黄疸患者由于肝细胞严重受损，导致肝细胞对胆红素的摄取和结合功能降低，因此血清间接胆红素增加。而未受损的肝细胞仍能将部分间接胆红素转变为直接胆红素，因此血清直接胆红素升高，故血清总胆红素也增高。肝细胞性黄疸患者血清直接胆红素占总胆红素的 20%～40%，故直接胆红素含量低于间接胆红素。肝细胞性黄疸患者尿胆红素定性试验阳性，尿胆原正常或轻度增加。

【A2 型题】

1. **答案**：B　　**考点**：肝生物转化相关酶类

解析：肝细胞中存在多种氧化酶系，其中最重要的是位于肝细胞微粒体的依赖细胞色素 P_{450} 的单加氧酶系。该酶系可以催化氧分子中的一个氧原子加到许多脂溶性底物中形成羟化物或环氧化物，另一氧原子则被 NADPH 还原成水，故该酶又称羟化酶或混合功能氧化氧。

2. **答案**：E　　**考点**：胆汁酸的分类

解析：初级胆汁酸是指在肝内由胆固醇直接生成的胆汁酸，包括胆酸、鹅脱氧胆酸及其与甘氨酸或牛磺酸的结合物。次级胆汁酸是由初级胆汁酸在肠道细菌作用下转变而成的，包括脱氧胆酸和石胆酸。

3. **答案**：D　　**考点**：胆汁酸的分类

解析：次级胆汁酸是由初级胆汁酸在肠道细菌作用下转变而成的，包括脱氧胆酸和石胆酸。正常胆汁中石胆酸的含量甚微。

4. **答案**：C　　**考点**：肝的生物转化

解析：水解反应属于生物转化第一相反应，该反应的相关酶类可以催化脂类、酰胺类及糖苷类化合物中的酯键、酰胺键和糖苷键的水解反应，以降低或消除其生物活性。

5. **答案**：A　　**考点**：黄疸的类型

解析：肝细胞性黄疸时直接胆红素升高、间接胆红素升高、尿胆红素升高或正常、尿胆素原升高或正常。

6. **答案**：C　　**考点**：黄疸的类型

解析：阻塞性黄疸时，由于胆汁排泄障碍，可使胆小管和毛细血管内压力增高而破裂，导致结合胆红素反流入血，大量结合胆红素可从肾小球滤出，尿胆红素呈阳性反应。阻塞性黄疸时，由于胆管排入肠道的胆红素减少，生成的胆素原减少，因此，胆素原进入体循环经肾排出的尿胆原减少，呈阴性反应。

【B 型题】

1．**答案：**E　2．**答案：**B　　**考点：**胆汁酸的分类

解析：胆汁酸按结构分为两类：游离型胆汁酸和结合型胆汁酸。结合型胆汁酸，主要有甘氨胆酸、牛磺胆酸、甘氨鹅脱氧胆酸、牛磺鹅脱氧胆酸；按来源不同又可将胆汁酸分为两类：初级胆汁酸和次级胆汁酸。初级胆汁酸在肠道中受细菌作用可转变成次级胆汁酸，其包括脱氧胆酸、石胆酸及其在肝中与甘氨酸或牛磺酸结合生成的结合产物。

3．**答案：**B　4．**答案：**D　5．**答案：**C　　**考点：**肝的生物转化

解析：结合反应是体内重要的生物转化方式。凡含有羟基、羧基或氨基的药物、毒物或激素均可与葡糖醛酸、硫酸等发生结合反应，或进行甲基化、乙酰化等反应。儿茶酚的羟基可以甲基化生成有活性的儿茶酚化合物；雌酮可以与硫酸发生结合反应而灭活；大部分磺胺类药物可以经过乙酰化而灭活。

6．**答案：**A　7．**答案：**B　　**考点：**肝生物转化的相关酶类

解析：肝细胞以胆固醇为原料合成初级胆汁酸，这是胆固醇在体内的主要代谢去路；胆汁酸的合成过程中需要辅酶 A 的参与。

8．**答案：**A　9．**答案：**C　　**考点：**胆红素的代谢

解析：血液中的胆红素主要与清蛋白结合而运输。胆红素进入肝细胞后，与胞质中两种载体蛋白质——Y 蛋白和 Z 蛋白结合形成复合物，以 Y 蛋白为主，并以此形式进入滑面内质网。

10．**答案：**E　11．**答案：**A　12．**答案：**D　　**考点：**胆汁酸的分类

解析：参见 B 型题第 1 ~ 2 题解析。

13．**答案：**A　14．**答案：**A　　**考点：**肝参与多种激素的灭活

解析：肝在激素代谢中的作用：多种激素如雌激素、醛固酮、抗利尿激素、甲状腺素、胰岛素等在发挥其调节作用后，主要在肝内被灭活。当肝细胞严重损伤时，激素的灭活功能降低，体内的雌激素、醛固酮、抗利尿激素等水平升高，可出现男性乳房女性化、蜘蛛痣、肝掌以及水、钠潴留等现象。

【X 型题】

1．**答案：**AB　　**考点：**肝的生物转化

解析：水解反应属于生物转化第一相反应，该反应的相关酶类可以催化脂类、酰胺类及糖苷类化合物中的酯键、酰胺键和糖苷键的水解反应，以降低或消除其生物活性。

2．**答案：**ABCD　　**考点：**肝的生物转化

解析：生物转化的第二相反应是结合反应，它是体内最重要的生物转化方式。某些类型的激素、药物或毒物均可与极性很强的小分子结合基团的供体如葡糖醛酸、硫酸、谷胱甘肽及甲基等物质发生结合反应，增加其水溶性，使其易于排出体外。

3．**答案：**CD　　**考点：**肝肠循环

解析：进入肠道的各种胆汁酸约有 95% 以上可被肠道重吸收，胆汁酸在肝和肠之间不断地进行着肝肠循环；同样，胆素原也存在着肝肠循环。

4．**答案：**ABC　　**考点：**胆色素

解析：胆色素是铁卟啉化合物在体内分解代谢时各种产物的总称，包括胆红素、胆绿素、胆素原和胆素。血红素不属于胆色素，其可转变为胆红素，是胆色素的主要来源。

5．**答案：**ABD　　**考点：**胆红素生成的原料

解析：体内含铁卟啉的化合物主要有血红蛋白、肌红蛋白、细胞色素、过氧化物酶、过氧化氢酶

等。人体内的胆红素主要来源于衰老红细胞的破坏所释放的血红蛋白。

6．**答案**：BC　　**考点**：肝的生物转化

解析：肝的生物转化作用是机体重要的保护机制，分为两相反应。氧化反应是最多见的生物转化第一相反应。主要的酶系包括了单加氧酶系、单胺氧化酶系和醇脱氢酶、醛脱氢酶系。

7．**答案**：BD　　**考点**：胆红素的运输

解析：有些有机阴离子（如磺胺药、水杨酸等）可与胆红素竞争性地结合清蛋白，使胆红素游离，通过血脑屏障，引起胆红素脑病。

8．**答案**：AD　　**考点**：胆汁酸的分类

解析：参见 B 型题第 1 ~ 2 题解析。

9．**答案**：BD　　**考点**：胆汁的性质

解析：胆汁由肝细胞分泌，分为肝胆汁和胆囊胆汁，胆汁的主要固体成分是胆汁酸盐。肝胆汁进入胆囊后，胆囊壁上皮细胞吸收其中的部分水和其他一些成分，进而浓缩成为胆囊胆汁。

10．**答案**：AB　　**考点**：肝在血糖代谢中的作用

解析：肝是维持血糖水平相对稳定的重要器官。在空腹状态下，可将肝糖原分解，以维持血糖的相对稳定。当长期饥饿时，肝通过糖异生作用将乳酸、甘油等非糖物质转变成葡萄糖，以维持血糖的相对恒定。

11．**答案**：BCD　　**考点**：胆汁的作用

解析：胆汁酸是较强的乳化剂，可以使脂类在水中乳化成 3 ~ 10 mm 的细小微团，增加了脂肪酶的吸附面积，有利于脂肪的消化。脂类的消化产物又与胆汁酸盐结合，起到运载的作用。胆汁酸形成的混合微团，利于通过小肠黏膜的表面水层，促进脂类物质的吸收。

二、名词解释（答案要点）

1．肝的生物转化作用：人体内某些物质既不能作为构建组织细胞的成分，又不能作为能源物质，其中一些还对人体有一定的生物学效应或潜在的毒性作用，长期蓄积则对人体有害。这些物质在肝内经过氧化、还原、水解和结合反应，使脂溶性较强的物质获得极性基团，增加水溶性，而易于随胆汁或尿液排出体外，这一过程称为肝的生物转化作用。

2．初级胆汁酸：在肝细胞以胆固醇为原料直接合成的胆汁酸称为初级胆汁酸，包括胆酸、鹅脱氧胆酸及其与甘氨酸或牛磺酸的结合产物。

3．次级胆汁酸：初级胆汁酸在肠菌作用下，第 7 位 α 羟基脱氧生成的胆汁酸称为次级胆汁酸，主要包括脱氧胆酸和石胆酸及其在肝中分别与甘氨酸或牛磺酸结合生成的结合产物。

4．胆素原的肠肝循环：肠道中 10% ~ 20% 的胆素原可被肠黏膜细胞重吸收，经门静脉入肝。其中大部分再随胆汁排入肠道，形成胆素原的肠肝循环。

5．胆色素：胆色素是铁卟啉化合物在体内分解代谢时各种产物的总称，包括胆红素、胆绿素、胆素原和胆素。胆色素主要随胆汁排出体外。

6．高胆红素血症：凡能引起胆红素生成过多，或使肝细胞对胆红素摄取、结合、排泄过程发生障碍的因素，均可使血中胆红素浓度增高，称高胆红素血症。

7．黄疸：血清中胆红素含量过高，扩散进入组织，引起组织黄染，称为黄疸。

三、问答题（答案要点）

1．人体内某些物质在肝内经过氧化、还原、水解和结合反应，使脂溶性较强的物质获得极性基团，增

加水溶性，而易于随胆汁或尿液排出体外，这一过程称为肝的生物转化作用。生物转化过程所包括的许多化学反应可归纳为两相。第一相反应包括氧化、还原、水解反应；第二相反应为结合反应。生物转化的生理意义：①解毒：经过生物转化作用，有毒物质的毒性减弱或消失；②致毒：经过生物转化作用，少数物质的毒性反而出现或增加。另外，有的药物如环磷酰胺、大黄等需经生物转化才能成为有活性的药物。生物转化作用经常受年龄、性别、营养、疾病、遗传及诱导物等各种因素的影响。

2．胆汁酸进入肠道后，约有 95% 被肠黏膜重吸收，其余的随粪便排出。由肠重吸收的胆汁酸（包括初级的和次级的、结合型的和游离型的），经门静脉重新回到肝，肝细胞将游离型胆汁酸再合成为结合型胆汁酸，并同重吸收的以及新合成的结合型胆汁酸一道再排入肠道，这一过程称为“胆汁酸的肠肝循环”。

生理意义：有效利用有限的胆汁酸，最大限度地发挥其乳化作用，保证脂类的消化吸收有利于胆汁分泌，并抑制胆固醇结石的形成。

3．胆红素的生成：人体内的胆红素主要来源于衰老红细胞的破坏所释放的血红蛋白。血红蛋白首先分解为珠蛋白和血红素。血红素在血红素加氧酶催化下，转变为胆绿素。胆绿素在胆绿素还原酶催化下，还原成胆红素。

胆红素在血中的转运：血液中的胆红素主要与清蛋白结合而运输。

胆红素在肝中的转变：胆红素代谢主要在肝中进行。在肝血窦中胆红素与清蛋白分离，并迅速被肝细胞摄取。胆红素进入肝细胞后，与胞质中两种载体蛋白质——Y 蛋白和 Z 蛋白结合形成复合物，并以此形式进入滑面内质网。在葡糖醛酸基转移酶催化下，胆红素与载体蛋白分离，进而与葡糖醛酸基以酯键结合，生成葡糖醛酸胆红素。

4．未结合胆红素与结合胆红素的区别

	未结合胆红素	结合胆红素
是否与葡糖醛酸结合	未结合	结合
和重氮试剂起反应的速度	慢或间接反应	快、直接反应
在水中的溶解度	小	大
进入脑组织产生毒性	大	无
通过肾随尿排出	不能	能

5．胆红素为橙黄色物质，过量的胆红素可扩散进入组织造成黄染现象，这一体征称为黄疸。临床上将黄疸分为三类：溶血性黄疸、肝细胞性黄疸、阻塞性黄疸。

（1）溶血性黄疸：又称为肝前性黄疸。此类黄疸是由于红细胞被大量破坏，在网状内皮细胞中生成的胆红素过多，超过肝摄取、结合及排泄的能力，造成血中未结合胆红素浓度异常增高。

（2）肝细胞性黄疸：又称为肝原性黄疸。此类黄疸是由于肝细胞功能受损，造成其摄取、转化和排泄胆红素的能力降低所致。肝细胞性黄疸时，血中未结合胆红素、结合胆红素浓度均升高。

（3）阻塞性黄疸：又称为肝后性黄疸。此类黄疸是各种原因引起的胆汁排泄通道受阻，使胆小管和毛细胆管内压力增大而破裂，致使结合胆红素逆流入血，造成血中结合胆红素浓度升高。

（杨　洋）

第二十章 维 生 素

第一节 学习要求

掌握： 维生素 A、D、B_1、B_2、维生素 PP、泛酸、维生素 B_6、叶酸、维生素 B_{12}、C 和硫辛酸的活性形式和生物学功能及缺乏症状。

熟悉： 维生素的概念；维生素的种类；维生素 E、K 的活性形式。

了解： 维生素缺乏的原因。

第二节 内容精要

维生素（vitamin）是机体维持正常功能（主要是调节物质代谢）所必需，但自身不能合成或合成量很少，必须由食物供给的一组低分子量有机物质。长期缺乏某种维生素会导致维生素缺乏症。

一、脂溶性维生素

（一）维生素 A

1．活性形式：视黄醇、视黄醛、视黄酸。

2．维生素 A 原：β-胡萝卜素。

3．生物学功能

（1）维持正常视力，预防夜盲症。

（2）视黄酸对基因表达和组织分化具有调节作用。

（3）维生素 A 和胡萝卜素是有效的抗氧化剂。

（4）维生素 A 及其衍生物可抑制肿瘤生长。

4．维生素 A 缺乏症及中毒

（1）维生素 A 缺乏症：夜盲症、干眼病、皮肤干燥和毛囊丘疹。

（2）维生素 A 摄入过量导致维生素 A 中毒，出现中枢神经系统和皮肤的表现。

（二）维生素 D

1．是类固醇衍生物。

2．活性形式：$1,25\text{-}(OH)_2\text{-Vit }D_3$。

3．生物学功能

（1）调节钙、磷代谢。

（2）影响细胞分化。

4．维生素 D 缺乏症及中毒

（1）缺乏症：佝偻症（儿童）、软骨症（成人）。

（2）维生素 D 摄入过量导致维生素 D 中毒。

（三）维生素 E

1．是生育酚类化合物，主要类型：α、β、γ 和 δ。

2．生物学功能

（1）是体内最重要的脂溶性抗氧化剂。

（2）具有调节基因表达的作用。

（3）促进血红素的合成。

3．缺乏可引起轻度溶血性贫血。

（四）维生素 K

1．主要类型：K_1（绿叶）、K_2（肠道）和 K_3（人工合成水溶性）。

2．生物学功能是促进凝血。

（1）是凝血酶原的主要成分，而且还能促使肝制造凝血酶原。

（2）对骨代谢具有重要作用。

3．缺乏可引起出血。

二、水溶性维生素

（一）维生素 B_1

1．维生素 B_1 的活性形式是焦磷酸硫胺素（TPP）。

2．生物学功能

（1）TPP 是 α 酮酸氧化脱羧多酶复合物的辅酶。

（2）TPP 作为转酮醇酶的辅酶参与磷酸戊糖途径。

（3）TPP 在神经传导中起一定作用，参与乙酰胆碱的代谢调控。

3．缺乏症：脚气病和慢性末梢神经炎。

（二）维生素 B_2

1．活性形式：黄素单核苷酸（FMN）和黄素腺嘌呤二核苷酸（FAD）。

2．生物学功能：FMN 和 FAD 是许多氧化还原酶的辅酶，起递氢体的作用。

3．缺乏症：口角炎、唇炎、阴囊皮炎、眼睑炎、畏光等症。

（三）维生素 PP（抗癞皮病维生素）

1．活性形式：烟酰胺腺嘌呤二核苷酸（NAD^+）和烟酰胺腺嘌呤二核苷酸磷酸（$NADP^+$）。

2．生物学功能：NAD^+ 和 $NADP^+$ 是多种不需氧脱氢酶的辅酶，起递氢体的作用。

3．缺乏症：糙皮病。

（四）泛酸

1．活性形式：酰基载体蛋白（ACP）和辅酶 A。

2．生物学功能：ACP 和辅酶 A 是酰基转移酶的辅酶，参与糖、脂肪、蛋白质代谢及肝的生物转化作用。

3．缺乏可引起胃肠功能障碍。

（五）生物素

1．活性形式：生物素。

2．生物学功能：生物素是体内多种羧化酶的辅酶，参与羧化反应。

3．缺乏症：一般不缺乏。

（六）维生素 B_6（抗皮炎维生素）

1．活性形式：磷酸吡哆醛和磷酸吡哆胺。

2．生物学功能

（1）磷酸吡哆醛是转氨酶和脱羧酶的辅酶，参与传递氨基和脱羧基。

(2) 磷酸吡哆醛也是δ氨基γ酮戊酸(ALA)合成酶的辅酶，参与血红素的合成。
(3) 磷酸吡哆醛是糖原磷酸化酶的重要组分。
(4) 磷酸吡哆醛可终止类固醇激素的作用。
3．维生素 B_6 过量引起中毒。

(七) 叶酸(蝶酰谷氨酸)
1．活性形式：四氢叶酸。
2．生物学功能：四氢叶酸是一碳单位转移酶的辅酶，作为一碳单位的载体。
3．缺乏症：巨幼细胞贫血。

(八) 维生素 B_{12}(钴胺素)
1．活性形式：甲钴胺素，5'-脱氧腺苷钴胺素，是唯一含有金属元素的维生素。
2．生物学功能：甲钴胺素是甲硫氨酸合成酶的辅酶，参与同型半胱氨酸的甲基化反应。
3．缺乏症：巨幼细胞贫血(恶性贫血)，同型半胱氨酸尿症。

(九) 维生素 C(*L*-抗坏血酸)
1．活性形式：*L*-抗坏血酸。
2．生物学功能：①参与多种羟化反应。②参与氧化还原反应。③增强机体免疫力。
3．缺乏症：坏血病。

第三节 应试习题

一、选择题(题目前*表示西医综合题目，题目前#表示执业医师题目)

【A1 型题】

1．下列关于维生素的叙述，正确的是
A．维生素是一类高分子有机化合物
B．维生素是构成机体组织细胞的原料之一
C．酶的辅酶或辅基都是维生素
D．引起维生素缺乏的唯一原因是摄入量不足
E．维生素在机体内不能合成或合成量不足

2．脂溶性维生素
A．是一类需要量很大的营养素
B．易被消化道吸收
C．体内不能储存，余者由尿排出
D．过少或过多都可能引起疾病
E．都是构成辅酶的成分

3．维生素 A 参与视紫红质的形式是
A．全反视黄醇
B．11-顺视黄醇
C．全反视黄醛
D．11-顺视黄醛
E．9-顺视黄醛

4．下列胡萝卜素类物质在动物体内转为维生素 A 的转变率最高的是
A．α-胡萝卜素
B．β-胡萝卜素
C．γ-胡萝卜素
D．玉米黄素
E．新玉米黄素

5．下列属于维生素 D_3 原的是
A．胆钙化醇
B．7-脱氢胆固醇
C．谷固醇
D．25-羟胆钙化醇
E．24,25-羟胆钙化醇

6．维生素 E 中生物活性最强的是
A．α-生育酚
B．β-生育酚
C．γ-生育酚
D．δ-生育酚
E．以上生育酚活性都强

7．儿童缺乏维生素 D 时易患
A．佝偻病
B．骨质软化症

C．坏血病
D．恶性贫血
E．癞皮病
8．是一种重要的天然抗氧化剂的维生素是
A．硫胺素
B．核黄素
C．维生素 E
D．维生素 K
E．维生素 D
9．肠道细菌作用，可给人体提供
A．维生素 A
B．维生素 K
C．维生素 C
D．泛酸
E．硫辛酸
10．与凝血酶原生成有关的维生素是
A．维生素 C
B．维生素 K
C．维生素 E
D．维生素 B_{12}
E．硫辛酸
11．长期服用广谱抗生素可导致缺乏的维生素是
A．维生素 K
B．维生素 D
C．维生素 A
D．维生素 B_2
E．维生素 PP
12．临床上常用辅助治疗婴儿惊厥和妊娠呕吐的维生素是
A．维生素 B_1
B．维生素 B_2
C．维生素 B_6
D．维生素 D
E．维生素 E
13．下列辅酶或辅基中含有硫胺素的是
A．FAD
B．FMN
C．TPP
D．NAD^+
E．CoASH
14．脚气病所缺乏的维生素是
A．维生素 B_1
B．维生素 PP
C．维生素 B_2
D．维生素 E
E．叶酸
15．体内可由色氨酸少量生成的维生素是
A．维生素 K
B．维生素 PP
C．维生素 D
D．维生素 E
E．维生素 B_1
16．在长期服用异烟肼时，易引起缺乏的维生素是
A．维生素 C
B．维生素 A
C．维生素 D
D．维生素 PP
E．维生素 K
17．能被甲氨蝶呤拮抗的维生素是
A．硫胺素
B．泛酸
C．叶酸
D．生物素
E．核黄素
18．坏血病缺乏的维生素是
A．核黄素
B．维生素 B_1
C．维生素 C
D．维生素 PP
E．硫辛酸
19．含金属元素的维生素是
A．维生素 B_1
B．维生素 B_2
C．维生素 B_6
D．维生素 C
E．维生素 B_{12}
20．由泛酸组成的辅酶参与
A．脱氨反应
B．羧化反应
C．脱氢反应
D．转酰基作用
E．羟化反应

【A2 型题】

1．患儿女，1 岁半，1 个月前出现面色蜡黄，表情呆滞，反应迟缓，头及四肢震颤等症

状，血常规检查显示白细胞和血小板减少，骨髓检查发现增生活跃且有明显巨幼样改变。进一步检查发现血中同型半胱氨酸水平升高。该患儿体内可能缺乏的物质是
A．维生素 B_{12}
B．甲硫氨酸
C．维生素 B_1
D．Fe^{2+}
E．Fe^{3+}

2．李女士，29 岁，怀孕期间妊娠呕吐情况十分严重，宝宝睡觉时经常惊醒，有时一下午总计睡不到 2 小时，而且平均睡眠时间不到 15 分钟，有时睡眠中两手会突然乱抓好像受到惊吓一样。请问辅助治疗妊娠呕吐和婴儿惊厥的维生素是
A．维生素 B_1
B．维生素 B_2
C．维生素 B_6
D．维生素 D
E．维生素 E

3．患者全身水肿，厌食，呕吐，多发性神经炎致手足及其他部位发生感觉和运动障碍。最有可能与患者相关的为维生素是
A．维生素 A
B．维生素 B_1
C．维生素 B_2
D．维生素 D
E．维生素 E

4．张女士，32 岁，近来感到舌体疼痛，食欲减退，腹胀腹泻，就去医院检查。医生见其舌头成“鲜牛肉状”，舌乳头萎缩而光滑，并伴有贫血现象，就给她做了血象检查，结果确诊为巨幼细胞贫血。她缺乏的维生素可能是
A．维生素 B_1
B．维生素 B_2
C．维生素 D
D．维生素 B_{12}
E．维生素 C

【B 型题】

A．维生素 B_1
B．维生素 B_{12}
C．维生素 C
D．维生素 D
E．维生素 E

1．# 缺乏可以引起坏血病的维生素是（2015）
2．# 缺乏可以引起脚气病的维生素是（2015）
3．缺乏可以引起恶性贫血的维生素是
4．# 缺乏可以引起佝偻病的维生素是（2015）
5．称为生育酚的维生素是

A．维生素 A
B．维生素 C
C．维生素 K
D．维生素 D
E．维生素 E

6．在体内可促进凝血酶原合成的是
7．含有 β-白芷酮环结构的是
8．类固醇衍生物是
9．在肝内参与胆固醇转变为胆汁酸的是
10．有抗不孕作用的是

A．维生素 B_6
B．维生素 K
C．维生素 C
D．维生素 B_1
E．生物素

11．γ-谷氨酰羧化酶的辅酶是
12．参与氨基转移的辅酶是
13．参与 α-酮酸氧化脱羧作用的是
14．参与胶原合成中脯氨酸残基羟化反应的是
15．由乙酰 CoA 生成丙二酰 CoA 需要

A．CoASH
B．生物素
C．磷酸吡哆醛
D．FAD
E．四氢叶酸

16．能够转移酰基的是
17．能够转移 CO_2 的是
18．能够转移一碳单位的是
19．能够转移氨基的是
20．能够转移氢原子的是

【X 型题】

1．维生素 A 缺乏可导致
A．暗适应能力降低

B．上皮组织不健全，易发生感染
C．幼儿易激惹，睡眠不安
D．牙龈出血
2．关于维生素 D 叙述正确的是
A．可在体内由胆固醇转变而来
B．可被肝中 25-羟化酶羟化
C．可被肾中 1-羟化酶羟化
D．活性维生素 D 可调节钙磷代谢
3．维生素 D_3
A．不能由人体合成，必须由食物供给
B．需要经肝及肾而变成为具有生物活性的形式
C．具有和胆固醇相同的环状结构
D．食物需要量冬季比夏季多
4．人体肠道细菌能合成的维生素是
A．维生素 K
B．维生素 C
C．生物素
D．维生素 PP
5．属于水溶性维生素的有
A．维生素 K
B．维生素 B 族
C．维生素 D
D．维生素 C
6．能促进红细胞发育和成熟的维生素是
A．维生素 B_6
B．维生素 B_{12}
C．维生素 PP
D．叶酸
7．有生物学活性的抗坏血酸是
A．D-抗坏血酸
B．L-抗坏血酸
C．D,L-抗坏血酸
D．L-脱氢抗坏血酸

二、名词解释

1．维生素（vitamin）
2．佝偻病（rickets）
3．脚气病（beriberi）

三、问答题

1．导致体内维生素缺乏的原因有哪些？
2．试列举维生素与辅酶的关系。
3．叶酸由哪些化合物缩合而成？又以哪种形式在体内起作用？
4．维生素 C 具有什么化学特征？缺乏会引起哪种疾病？

第四节　参考答案及解析

一、选择题

【A1 型题】

1．**答案**：E　　**考点**：维生素的概念

解析：维生素是人体内不能合成，或合成量甚少、不能满足机体的需要，必须由食物供给，以维持正常生命活动的一类低分子量有机化合物，是人体的重要营养素之一。维生素不是机体组织的组成成分，也不是供能物质，酶的辅酶或辅基还有金属离子等，摄入不足或吸收障碍均可引起维生素缺乏。

2．**答案**：D　　**考点**：脂溶性维生素的生物学功能

解析：人体对维生素的日需要量极少，不易吸收，在体内主要储存于肝，脂质吸收障碍和食物中长期缺乏此类维生素可引起相应的缺乏症，摄入过多则可发生中毒，维生素 K 是凝血因子合成的辅酶。

3．**答案**：D　　**考点**：维生素 A 的活性形式

解析：11- 顺视黄醛作为光敏感视蛋白的辅基与之结合生成视紫红质。

4．**答案**：B　　**考点**：植物中维生素 A 的转化

解析：称为维生素 A 原的多种胡萝卜素，其中以 β-胡萝卜素最为重要，β-胡萝卜素转化为维生素 A 的转化当量为 1/6。

5．**答案**：B　　**考点**：维生素 D 的种类

解析：人体皮肤储存有从胆固醇生成的 7-脱氢胆固醇（维生素 D_3 原），在紫外线的照射下，可转变成维生素 D_3。

6．**答案**：A　　**考点**：维生素 E 的种类

解析：天然维生素 E 主要存在于植物油、油性种子和麦芽等中，以 α-生育酚分布最广、活性最高。

7．**答案**：A　　**考点**：维生素 D 缺乏引起的疾病

解析：缺乏维生素 D 时，儿童可患佝偻病。

8．**答案**：C　　**考点**：维生素 E 的功能

解析：维生素 E 作为脂溶性抗氧化剂和自由基清除剂，主要对抗生物膜上脂质过氧化所产生的自由基，保护生物膜及其他蛋白质的结构与功能。

9．**答案**：B　　**考点**：维生素的来源

解析：维生素 K 广泛分布于动、植物组织，且体内肠菌也能合成，一般不易缺乏。

10．**答案**：B　　**考点**：维生素 K 的生物学功能

解析：维生素 K 是凝血因子合成所必需的。

11．**答案**：A　　**考点**：维生素 K 的来源

解析：体内肠菌能合成维生素 K，因此长期服用抗生素将抑制肠道细菌生长，有可能导致维生素 K 缺乏。

12．**答案**：C　　**考点**：维生素 B_6 的生物学功能

解析：维生素 B_6 包括吡哆醇、吡哆醛和吡哆胺，磷酸吡哆醛是谷氨酸脱羧酶的辅酶，可增进大脑抑制性神经递质 γ-氨基丁酸的生成，故临床上常用维生素 B_6 治疗小儿惊厥、妊娠呕吐和精神焦虑等。

13．**答案**：C　　**考点**：维生素 B_1 的结构

解析：维生素 B_1 由含氨基的嘧啶环和含硫的噻唑环通过亚甲基桥相连而成，因分子中含有“硫”和“氨”，又名硫胺素。硫胺素入血后主要在肝及脑组织中经硫胺素焦磷酸激酶的催化生成焦磷酸硫胺素（TPP）。TPP 是维生素 B_1 的活性形式。

14．**答案**：A　　**考点**：维生素 B_1 缺乏症

解析：维生素 B_1 缺乏时，糖代谢中间产物丙酮酸的氧化脱羧反应发生障碍，血中丙酮酸和乳酸堆积。由于以糖有氧分解供能为主的神经组织供能不足以及神经细胞膜髓鞘磷脂合成受阻，导致慢性末梢神经炎和其他神经肌肉变性病变，即脚气病。

15．**答案**：B　　**考点**：维生素 PP 的生成

解析：体内色氨酸代谢可生成维生素 PP，但效率较低。

16．**答案**：D　　**考点**：维生素 PP 的缺乏

解析：抗结核药物异烟肼的结构与维生素 PP 相似，两者有拮抗作用，长期服用异烟肼可能引起维生素 PP 缺乏。

17．**答案**：C　　**考点**：叶酸的生物学功能

解析：抗癌药物甲氨蝶呤和氨蝶呤因其结构与叶酸相似能抑制二氢叶酸还原酶的活性，使 FH_4 合成减少，进而抑制体内胸腺嘧啶核苷酸的合成，起到抗肿瘤的作用。

18．**答案**：C　　**考点**：维生素 C 缺乏症

解析：当维生素 C 严重缺乏时可引起维生素 C 缺乏病，又称坏血病。

19．**答案**：E　　**考点**：维生素 B_{12} 的性质

解析：维生素 B_{12} 含有金属元素钴，又称钴胺素，是唯一含金属元素的维生素。

20．**答案**：D　　**考点**：泛酸的生物学功能

解析：CoA 和 ACP 是泛酸在体内的活性形式，CoA 及 ACP 构成酰基转移酶的辅酶，广泛参与糖、脂质、蛋白质代谢及肝的生物转化作用；维生素 PP 和 B_2 参与脱氢反应；维生素 B_6 参与氨基酸转氨基作用；生物素参与羧化反应；维生素 C 参与羟化反应。

【A2 型题】

1．**答案**：A　　**考点**：维生素 B_{12} 缺乏导致的疾病

解析：当维生素 B_{12} 缺乏时，核酸合成障碍阻止细胞分裂而产生巨幼细胞贫血，即恶性贫血，故维生素 B_{12} 也称为抗恶性贫血维生素。维生素 B_{12} 是 N^5-CH_3-FH_4 转甲基酶（甲硫氨酸合成酶）的辅酶，催化同型半胱氨酸甲基化生成甲硫氨酸，维生素 B_{12} 缺乏导致同型半胱氨酸的堆积造成高同型半胱氨酸血症，维生素 B_{12} 缺乏可导致神经疾患。

2．**答案**：C　　**考点**：维生素 B_6 的生物学功能

解析：维生素 B_6 包括吡哆醇、吡哆醛和吡哆胺，磷酸吡哆醛是谷氨酸脱羧酶的辅酶，可增进大脑抑制性神经递质 γ- 氨基丁酸的生成，故临床上常用维生素 B_6 治疗小儿惊厥、妊娠呕吐和精神焦虑等。

3．**答案**：B　　**考点**：维生素 B_1 缺乏症

解析：维生素 B_1 缺乏时，糖代谢中间产物丙酮酸的氧化脱羧反应发生障碍，血中丙酮酸和乳酸堆积。由于以糖有氧分解供能为主的神经组织供能不足以及神经细胞膜髓鞘磷脂合成受阻，导致慢性末梢神经炎和其他神经肌肉变性病变，即脚气病（beriberi）。严重者可发生水肿、心力衰竭。维生素 B_1 缺乏，乙酰辅酶 A 的生成减少，影响乙酰胆碱的合成。同时，由于维生素 B_1 对胆碱酯酶的抑制减弱，乙酰胆碱分解加强，影响神经传导。主要表现为消化液分泌减少，胃蠕动变慢，食欲缺乏，消化不良等症状。

4．**答案**：D　　**考点**：维生素 B_{12} 缺乏症

解析：当维生素 B_{12} 缺乏时，核酸合成障碍阻止细胞分裂而产生巨幼细胞贫血，即恶性贫血，故维生素 B_{12} 也称为抗恶性贫血维生素。

【B 型题】

1．**答案**：C　2．**答案**：A　3．**答案**：B　4．**答案**：D　5．**答案**：E

考点：维生素 B_1、B_{12}、C、D 缺乏引起的疾病，维生素 E 的结构

解析：维生素 C 缺乏病又称坏血病；维生素 B_1 缺乏时，可发生脚气病；维生素 B_{12} 缺乏时，核酸合成障碍阻止细胞分裂而产生巨幼细胞贫血；缺乏维生素 D 时，儿童可患佝偻病；维生素 E 是苯骈二氢吡喃的衍生物，包括生育酚和三烯生育酚两类。

6．**答案**：C　7．**答案**：A　8．**答案**：D　9．**答案**：B　10．**答案**：E

考点：维生素 C、E、K 的生物学功能，维生素 A、D 的一般性质

解析：维生素 K 是凝血因子合成所必需的；维生素 A 是由 1 分子 β-白芷酮环和 2 分子异戊二烯构成的不饱和一元醇；维生素 D 是类固醇的衍生物；维生素 C 是胆汁酸合成的关键酶 7α-羟化酶的辅酶，参与将 40% 的胆固醇正常转变成胆汁酸；动物缺乏维生素 E 时其生殖器官发育受损，甚至不育。

11．**答案**：B 12．**答案**：A 13．**答案**：D 14．**答案**：C 15．**答案**：E

考点：维生素 B_1、B_6、K、C 及生物素的生物学功能

解析：γ- 谷氨酰羧化酶的辅酶是维生素 K；体内约 80% 的维生素 B_6 以磷酸吡哆醛的形式存在于肌组织中，磷酸吡哆醛是体内百余种酶的辅酶；维生素 B_1 是 α-酮酸氧化脱羧酶多酶复合体的辅酶，参与线粒体内丙酮酸、α-酮戊二酸和支链氨基酸的 α-酮酸的氧化脱羧反应；胶原脯氨酸羟化酶和赖氨酸羟化酶分别催化前胶原分子中脯氨酸和赖氨酸残基的羟化，促进成熟的胶原分子的生成。维生素 C 是维持这些酶活性所必需的辅因子；生物素是乙酰 CoA 羧化酶等的辅基。

16．**答案**：A 17．**答案**：B 18．**答案**：E 19．**答案**：C 20．**答案**：D

考点：泛酸，生物素，维生素 B_6、B_2，叶酸的生物学功能

解析：CoA 和 ACP 是泛酸在体内的活性形式，CoA 及 ACP 构成酰基转移酶的辅酶，广泛参与糖、脂质、蛋白质代谢及肝的生物转化作用；生物素作为丙酮酸羧化酶、乙酰 CoA 羧化酶等的辅基，参与 CO_2 固定过程；叶酸的活性型——5,6,7,8-四氢叶酸，FH_4 是体内一碳单位转移酶的辅酶；磷酸吡哆醛是体内百余种酶的辅酶，参与氨基酸脱氨基与转氨基作用；FMN 及 FAD 是维生素 B_2 的活性形式，FMN 及 FAD 是体内氧化还原酶（如脂酰 CoA 脱氢酶、琥珀酸脱氢酶、黄嘌呤氧化酶等）的辅基，主要起递氢体的作用。

【X 型题】

1．**答案**：AB **考点**：维生素 A 缺乏导致的疾病

解析：维生素 A 缺乏时，对弱光敏感性降低，暗适应时间延长，增加机体对感染性疾病的敏感性。

2．**答案**：ABCD **考点**：维生素 D 的来源和功能

解析：人体皮肤储存有从胆固醇生成的 7-脱氢胆固醇（维生素 D_3 原），在紫外线的照射下，可转变成维生素 D_3；在肝微粒体 25-羟化酶的催化下，维生素 D_3 被羟化生成 25-羟维生素 D_3($25\text{-OH-}D_3$)；$25\text{-OH-}D_3$ 在肾小管上皮细胞线粒体 1α- 羟化酶的作用下，生成维生素 D_3 的活性形式 1,25-二羟维生素 D_3；$1,25\text{-(OH)}_2\text{-}D_3$ 促进小肠对钙磷的吸收，影响骨组织的钙代谢，从而维持血钙和血磷的正常水平，促进骨和牙的钙化。

3．**答案**：BD **考点**：维生素 D_3 的营养学基础

解析：AB 详见第 2 题解释；维生素 D 是类固醇的衍生物，为环戊烷多氢菲类化合物；冬季日照时间比夏季少，故食物需要量增加。

4．**答案**：AC **考点**：维生素 K 和生物素的来源

解析：维生素 K_2 由大肠杆菌合成；人肠道细菌也能合成生物素；另外两种维生素由食物供给。

5．**答案**：BD **考点**：维生素的溶解特性

解析：脂溶性维生素包括维生素 A、维生素 D、维生素 E 和维生素 K，其他的都是水溶性维生素。

6．**答案**：BD **考点**：维生素 B_{12} 和叶酸的功能

解析：当维生素 B_{12} 缺乏时，核酸合成障碍阻止细胞分裂而产生巨幼细胞贫血，即恶性贫血；叶酸缺乏时，DNA 合成受到抑制，骨髓幼红细胞 DNA 合成减少，细胞分裂速度降低，细胞体积变大，造成巨幼细胞贫血。

7．**答案**：BD **考点**：维生素 C 不同形式的功能

解析：维生素 C 又称 *L*-抗坏血酸，可以氧化脱氢生成脱氢抗坏血酸，两者都是活性形式。

二、名词解释（答案要点）

1．维生素：是人体内不能合成，或合成量甚少、不能满足机体的需要，必须由食物供给，维持正常生命活动过程所必需的一组低分子量有机化合物。

2．佝偻病：维生素 D 缺乏导致的儿童骨骼病变为特征的营养性疾病。

3．脚气病：维生素 B_1 缺乏导致以糖有氧分解供能为主的神经组织供能不足以及神经细胞膜髓鞘磷脂合成受阻，导致慢性末梢神经炎和其他神经肌肉变性病变。

三、问答题（答案要点）

1．①膳食中含量不足；②体内吸收障碍；③肠道细菌生长抑制；④排出增加；⑤破坏加速。

2．（1）TPP：即焦磷酸硫胺素，由硫胺素（Vit B_1）焦磷酸化而生成，是脱羧酶的辅酶，在体内参与糖代谢过程中 α-酮酸的氧化脱羧反应。

（2）FMN 和 FAD：即黄素单核苷酸（FMN）和黄素腺嘌呤二核苷酸（FAD），是核黄素（Vit B_2）的衍生物。FMN 或 FAD 通常作为脱氢酶的辅基，在酶促反应中作为递氢体（双递氢体）。

（3）NAD^+ 和 $NADP^+$：即尼克酰胺腺嘌呤二核苷酸（NAD^+，辅酶Ⅰ）和尼克酰胺腺嘌呤二核苷酸磷酸（$NADP^+$，辅酶Ⅱ），是 Vit PP 的衍生物。NAD^+ 和 $NADP^+$ 主要作为脱氢酶的辅酶，在酶促反应中起递氢体的作用，为单递氢体。

（4）磷酸吡哆醛和磷酸吡哆胺：是 Vit B_6 的衍生物。磷酸吡哆醛和磷酸吡哆胺可作为氨基转移酶、氨基酸脱羧酶、半胱氨酸脱硫酶等的辅酶。

（5）CoA：泛酸（遍多酸）在体内参与构成辅酶 A（CoA）。CoA 中的巯基可与羧基以高能硫酯键结合，在糖、脂、蛋白质代谢中起传递酰基的作用，是酰化酶的辅酶。

（6）生物素：是羧化酶的辅基，在体内参与 CO_2 的固定和羧化反应。

（7）FH_4：由叶酸衍生而来．四氢叶酸是体内一碳单位基团转移酶系统中的辅酶。

（8）Vit B_{12} 衍生物：Vit B_{12} 分子中含金属元素钴，故又称为钴胺素。Vit B_{12} 在体内有多种活性形式，如 5'-脱氧腺苷钴胺素、甲基钴胺素等。其中，5'-脱氧腺苷钴胺素参与构成变位酶的辅酶，甲基钴胺素则是甲基转移酶的辅酶。

3．叶酸母体化合物是由喋啶、对氨基苯甲酸和谷氨酸 3 种成分结合而成。叶酸的生物活性形式为四氢叶酸。

4．维生素 C 是一种水溶性维生素，又叫做 *L*-抗坏血酸，严重缺乏时会引起坏血病。

（韩丽敏）

第二十一章　钙、磷及微量元素

第一节　学习要求

掌握：钙、磷代谢紊乱所致的疾病；微量元素的概念。
熟悉：钙、磷人体吸收的部位。
了解：正常人钙、磷的含量；钙、磷代谢的激素调节；微量元素的生理功能。

第二节　内容精要

一、钙、磷

（一）钙、磷在体内分布及其功能

1．钙既是骨的主要成分又具有重要的调节作用。

成人血浆（或血清）中钙含量：2.25 ~ 2.75 mmol/L

2．磷是体内许多重要生物分子的组成成分。

成人血浆中无机磷含量：1.1 ~ 1.3 mmol/L

3．钙、磷代谢紊乱可引起多种疾病

（1）维生素 D 缺乏引起钙吸收障碍，导致儿童佝偻病和成人骨软化症。

（2）高磷血症见于慢性肾病患者，与冠状动脉硬化等严重心血管并发症密切相关。

（二）钙和磷的吸收与排泄受多种因素影响

1．钙和磷的吸收与排泄的影响因素

（1）钙的吸收：

a）部位：十二指肠和空肠上段。

b）影响因素：①活性维生素 D[1,25-$(OH)_2$-D_3] 促进钙的吸收；②饮食；③年龄；④肠蠕动情况。

（2）钙的排泄：肾小球滤出：每天 9 g 钙，重吸收与血钙浓度相关。

（3）磷的吸收：

a）部位：小肠上段。

b）影响因素：①活性维生素 D[1,25-$(OH)_2$-D_3] 促进磷的吸收；② pH；③ Ca^{2+}、Mg^{2+}、Fe^{3+} 过多，抑制吸收。

（三）骨是人体内的钙、磷储库和代谢的主要场所

人体内钙、磷代谢与动态平衡见图 21-1。

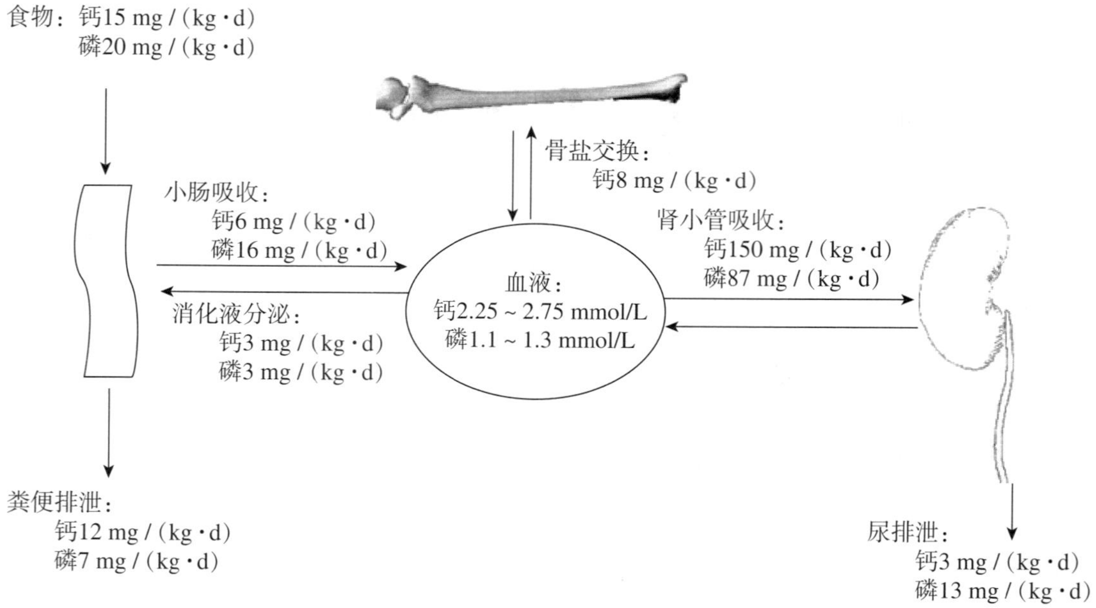

图 21-1　人体内钙、磷代谢与动态平衡

（四）钙和磷代谢受三种物质的调节

1．维生素 D 促进小肠钙的吸收和骨盐沉积。

2．甲状旁腺激素具有升高血钙和降低血磷的作用。

3．降钙素是唯一降低血钙浓度的激素。

（五）钙和磷代谢紊乱可引起多种疾病

1．维生素 D 缺乏引起钙吸收障碍，导致儿童佝偻病和成人骨软化症。

2．甲状旁腺功能亢进与维生素 D 中毒可引起高血钙症、尿路结石。

3．维生素 D 缺乏可引起低磷血症。

二、微量元素

1．微量元素绝大多数为金属元素，主要来自于食物。

2．现已确认的主要微量元素有：铁（Fe）、碘（I）、铜（Cu）、锌（Zn）、锰（Mn）、硒（Se）、氟（F）、钼（Mo）、铬（Cr）等。

3．体内微量元素的生理功能见表 21-1。

表21-1　某些微量元素的生理功能及缺乏症

元素名称	功能	缺乏病或症状	中毒或症状
铁（Fe）	组成血红蛋白、细胞色素氧化酶等血红素酶的辅酶	贫血（小红细胞低色素性贫血）	（肺）铁质沉着病（铁尘肺） 血色素沉着病
锌（Zn）	含锌金属酶如脱氢酶类、碳酸酐酶等和锌指蛋白的组成成分。具有抗氧化、抗细胞凋亡和抗炎症作用	生长发育滞后，消化功能紊乱，皮肤炎	锌烟雾热
铜（Cu）	细胞色素氧化酶、超氧化物歧化酶的辅基，组成铜蓝蛋白，参与铁的转运	贫血（小红细胞低血色素性贫血），Menkes 病	肝豆状核变性病（Wilson 病）
锰（Mn）	精氨酸酶等多种酶的辅因子和激活剂	骨骼异常，侏儒症，贫血	干扰多巴胺代谢，导致精神病和帕金森神经功能障碍（锰疯狂）

续表

元素名称	功能	缺乏病或症状	中毒或症状
硒（Se）	谷胱甘肽过氧化物酶的辅因子；加强维生素 E 的抗氧化作用	克山病，大骨节病	硒中毒
碘（I）	组成甲状腺素、三碘甲腺原氨酸	小孩：克汀病； 成人：地方性甲状腺肿	高碘性甲状腺肿 甲状腺功能亢进
钴（Co）	维生素 B_{12} 组成成分	巨幼细胞贫血	红细胞增多症，甲状腺肿等
氟（F）	增加骨、牙的硬度；抗龋齿	致骨质疏松	氟中毒；氟斑釉
铬（Cr）	是铬调素的组成成分，增强胰岛素的生物学效应	葡萄糖耐量受损，血清胆固醇和血糖上升	铬中毒，侵害皮肤和呼吸道

第三节　应试习题

一、选择题（题目前 * 表示西医综合题目，题目前 # 表示执业医师题目）

【A1 型题】

1．钙盐在骨中主要存在的形式是

A．$CaHPO_4 \cdot 2H_2O$

B．$Ca_3(PO_4)_2 \cdot 3H_2O$

C．$Ca_{10}(PO_4)_6(OH)_2$

D．$Ca_3(PO_4)_2$

E．$CaCO_3$

2．下面关于钙吸收和排泄的叙述错误是

A．只有解离状态的钙才能被吸收

B．肠道中氨基酸和乳酸促进钙的吸收

C．食物中钙的吸收率较低

D．钙主要自粪便和尿液排泄

E．大量游离脂肪酸有利于钙的吸收

3．关于激素对钙、磷代谢的调节，下面说法正确的是

A．PTH 总的效应是使血钙、血磷水平升高

B．1,25-$(OH)_2$-D_3 总的效应是使血钙浓度升高，血磷浓度下降

C．CT 总的效应是使血钙、血磷水平下降。

D．PTH 和 1,25-$(OH)_2$-D_3 可以使血钙上升，血磷下降

E．CT 和 PTH 可以使血钙上升，血磷下降

【A2 型题】

1．男性，43 岁。头晕、乏力、呕吐 3 个月，无法进水，但尿量偏多，便秘明显。入院检查血肌酐升高，双肾增大。血钙升高，血磷下降，血碱性磷酸酶升高。血甲状旁腺激素（PTH）100 ng/L（9~ 55 ng/L），且甲状旁腺存在肿物。经诊断为高血钙症，可能的病因是

A．维生素 D 缺乏

B．甲状腺功能亢进

C．甲状旁腺功能亢进

D．维生素 C 缺乏

E．甲状旁腺功能减退

【X 型题】

1．下面具有促进溶骨和成骨双重作用的激素是

A．PTH 和 CT

B．1,25-$(OH)_2$-D_3 和 CT

C．PTH

D．1,25-$(OH)_2$-D_3

2．血浆钙主要存在的形式

A．羟基磷灰石

B．游离 Ca^{2+}

C．草酸钙

D．蛋白结合钙

3．下面能引起血钙增高的疾病是

A．甲状旁腺功能亢进

B．软骨病

C．维生素 D 中毒

D．抗维生素 D 性佝偻病

4．影响 1,25-$(OH)_2$-D_3 的生物合成的因素包括

A．1,25-$(OH)_2$-D_3 的自身负反馈调节

B．受 PTH 的调节

C．受 CT 的调节

D．受血钙浓度的调节

5．促进磷从肾排泄的激素是

A．PTH

B．CT

C．1,25-$(OH)_2$-D_3

D．PTH 和 1,25-$(OH)_2$-D_3

二、名词解释

微量元素（microelement）

第四节　应试习题参考答案

一、选择题

【A1 型题】

1．**答案**：C　　**考点**：钙在体内的形式

解析：人体内 99% 的钙以羟基磷灰石［$Ca_{10}(PO_4)_6(OH)_2$］的形式存在，少量为无定形钙［$Ca_2(PO_4)_2$］，是羟基磷灰石的前体。羟基磷灰石是钙构成骨和牙的主要成分，起着支持和保护作用。

2．**答案**：E　　**考点**：钙的吸收与排泄

解析：钙盐在酸性溶液中易溶解，凡使消化道内 pH 下降和增加钙肠道溶解度的物质均有利于钙的吸收；凡能在肠道内与钙形成不溶性复合物的物质均干扰钙的吸收，如碱性磷酸盐、草酸盐和植酸盐可与钙形成不溶解的钙盐，不利于钙的吸收；钙、磷可由尿和粪便排出。

3．**答案**：C　　**考点**：钙、磷的代谢的激素调节

解析：维生素 D 促进小肠钙的吸收和骨盐沉积；甲状旁腺激素（PTH）具有升高血钙和降低血磷的作用；降钙素是唯一降低血钙浓度的激素。

【A2 型题】

1．**答案**：C　　**考点**：钙、磷的代谢的激素调节

解析：甲状旁腺激素（PTH）具有升高血钙和降低血磷的作用，它是甲状旁腺分泌的由 84 个氨基酸残基组成的蛋白质，总体作用是使血钙升高。

【X 型题】

1．**答案**：CD　　**考点**：钙、磷的代谢的激素调节

解析：1,25-$(OH)_2$-D_3 可促进骨盐沉积，同时还可刺激成骨细胞分泌胶原，促进骨基质的成熟，有利于成骨，也可刺激破骨细胞活性加速破骨细胞的生成，从而促进溶骨作用；PTH 刺激骨细胞分泌胰岛素样因子 I，促进骨胶原和基质的合成，利于成骨；也可刺激破骨细胞的活化，促进骨盐溶解，使血钙增高与血磷下降，利于溶骨。

2．**答案**：BD　　**考点**：钙在血浆中的存在形式

解析：钙在血浆中的存在形式是游离钙与蛋白质结合钙。

3．**答案**：AC　　**考点**：钙、磷的代谢紊乱导致的疾病

解析：甲状旁腺功能亢进与维生素 D 中毒可引起高钙血症。

4．**答案**：ABCD　　**考点**：钙、磷代谢的调节激素

解析：影响体内活性维生素 D_3 合成的因素受到作用物及作用物对它的反馈的影响，也与机体内钙、

磷代谢及影响钙、磷代谢的 PTH 和 CT 相关。

5．**答案**：AB　　**考点**：钙、磷代谢的调节激素

解析：PTH 和 CT 抑制肾小管对磷的重吸收，促进磷的排泄。

二、名词解释（答案要点）

微量元素：微量元素是指人体含量小于体重的万分之一，且每日需要量小于 100 mg 的化学元素。微量元素绝大多数为金属元素，主要包括铁、锌、铜、锰等。

（韩丽敏）

第二十二章　癌基因和抑癌基因

第一节　学习要求

掌握：癌基因、原癌基因、抑癌基因、生长因子的概念。
熟悉：癌基因活化机制；癌基因产物和功能；抑癌基因的作用机制。
了解：生长因子作用机制；生长因子异常引起的疾病。

第二节　内容精要

一、癌基因

名词	概念
癌基因（oncogene）	能导致细胞发生恶性转化和诱发癌症的基因，癌基因大多是原癌基因结构异常或者表达失调后转变而来的
原癌基因（proto-oncogene）	在正常的细胞内存在，其表达产物是细胞正常生理功能所需，参与细胞生长、增殖和分化过程

（一）原癌基因

癌基因家族	基因	作用
SRC	*SRC*、*ABL*、*LCK*	蛋白酪氨酸激酶活性
RAS	*H-RAS*、*K-RAS*、*N-RAS*	编码小分子 G 蛋白，*K-RAS* 的基因突变是最常见的突变之一，导致 GTP 酶活性丧失，细胞内增殖信号持续活化
MYC	*C-MYC*、*N-MYC*、*L-MYC*	编码核内转录因子，调节细胞增殖信号分子表达

（二）原癌基因活化的机制

不同癌基因有不同活化机制，同一种癌基因可以存在多种活化机制；两种或者更多的癌基因活化有协同作用。

种类	机制
基因突变	碱基替换、缺失或插入等。常见的是错义点突变
基因扩增	原癌基因多次扩增，导致编码产物增加
染色体易位	染色体易位时，原癌基因转位至强启动子或增强子附近，激活原癌基因表达；或者易位后形成新的融合基因
获得强启动子或增强子	病毒基因组的长末端重复序列（LTR）的强启动子和增强子插入到原癌基因的附近或内部，促使该原癌基因过度表达或由不表达变为表达

（三）原癌基因编码产物与生长因子密切相关

1．常见生长因子

名称	功能
表皮生长因子（EGF）	促进表皮与上皮细胞生长
肝细胞生长因子（HGF）	促进细胞分化与迁移
促红细胞生成素（EPO）	调节成红细胞发育
类胰岛素生长因子（IGF）	促进软骨细胞分裂，对多种细胞起胰岛素样作用
神经生长因子（NGF）	营养交感神经和部分感觉神经元，防止神经元退化
血小板源生长因子（PDGF）	促进间质及胶质细胞的生长，促进血管生成
转化生长因子 α（TGF-α）	作用类似 EGF，促进细胞恶性转化
转化生长因子 β（TGF-β）	促进成纤维细胞增殖，抑制其他细胞增殖
血管内皮生长因子（VEGF）	促进内皮细胞增殖，促进新生血管分化

2．生长因子作用机制

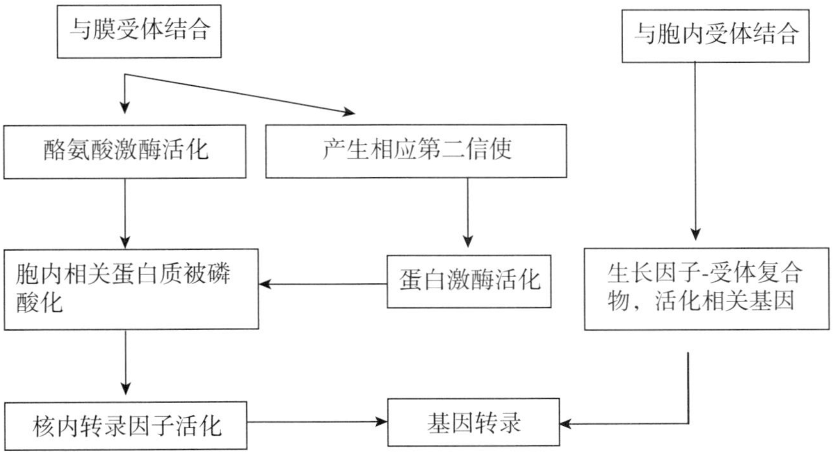

3．原癌基因编码的蛋白质参与到生长因子信号转导多个环节中

分类	作用机制	产物
细胞外生长因子	与膜受体结合，引起细胞增殖相关基因的激活	PDGF，EGF，TGF-β，FGF，IGF-1
跨膜生长因子受体	基因产物为跨膜受体，胞内结构域常具有酪氨酸激酶活性。加速增殖信号在胞内传递	EGFR
细胞内信号转导分子	将细胞接受到的生长信号传递入细胞核内	非受体酪氨酸激酶（Src、Abl）、丝氨酸/苏氨酸激酶（Raf）、小 G 蛋白（Ras）
核内转录因子	与靶基因顺式作用元件结合，增强细胞增殖基因的转录	Myc、Fos

分类	名称	功能
细胞外生长因子	SIS INT-2	PDGF-2 FGF 类似物，促进细胞增殖
跨膜生长因子受体	EGFR HER-2 FMS、KIT	EGF 受体，促细胞增殖 EGF 受体类似物，促细胞增殖 M-CSF 受体、SCF 受体，促细胞增殖
细胞内信号转导分子	SRC、ABL	结合受体，转导信号
	TRK	细胞内转导信号
	RAF	MAPK 通路分子
	RAS	MAPK 通路分子
细胞核内转录因子	MYC FOS、JUN	促进增殖相关基因表达 促进增殖相关基因表达

（四）癌基因表达产物引起细胞增殖

原癌基因	作用机制	肿瘤	靶向药物
BRAF	编码的蛋白质丝氨酸 / 苏氨酸激酶为 MAPK 信号通路分子。*BRAF* 的 V600E 突变导致 B-RAF 持续激活	黑色素瘤	威罗非尼（Vemurafenib）
HER2	编码表皮生长因子受体，具有酪氨酸激酶活性	乳腺癌	赫赛汀（Herceptin）
BCR-ABL	9 号染色体的 *ABL* 与 22 号染色体的 *BCR* 基因发生异位，产生融合基因，其编码的 BCR-ABL 融合蛋白为持续活化的蛋白酪氨酸激酶	慢性粒细胞性白血病、急性淋巴细胞性白血病	伊马替尼（Imatinib）

二、抑癌基因及功能

抑癌基因（tumor suppressor gene）：抑制细胞过度生长、增殖从而遏制肿瘤形成。抑癌基因的缺失或失活也能导致细胞癌变。

1．常见的抑癌基因

名称	相关肿瘤	编码产物及功能
TP53	多种肿瘤	p53（转录因子），DNA 损伤时时，p53 蛋白活化 *P21* 基因转录，细胞停滞于 G1 期；同时 p53 蛋白抑制解链酶活性；也可以与复制因子 A 作用，参与 DNA 的复制和修复。DNA 修复失败时，p53 蛋白启动细胞凋亡程序。*TP53* 基因突变后，影响 p53 蛋白转录活性作用及磷酸化过程后，失去 p53 抑制肿瘤增殖的作用，而且突变本身使 *TP53* 基因具备癌基因的功能
RB	视网膜母细胞瘤，骨肉瘤，小细胞肺癌，乳腺癌，膀胱癌，前列腺癌	P105-RB 蛋白（转录因子），在 G0、G1 期，低磷酸化（无活性）的 RB 蛋白和 E2F 结合，使 E2F 失活；在 S 期，高磷酸化（有活性）的 RB 释放 E2F，促使细胞进入细胞周期。当 *RB* 基因缺失或突变后，丧失结合、抑制 E2F 的能力，导致细胞增殖活跃
PTEN	胶质母细胞瘤，膀胱癌，前列腺癌，子宫内膜癌	PTEN 蛋白（磷酸酶），催化 PIP3 转变为 PIP2，抑制 PI-3K/Akt 信号通路；催化 FAK 和 Shc 去磷酸化，抑制细胞铺展和迁移
P16	肺癌，乳腺癌，胰腺癌，食管癌，黑素瘤	P16 蛋白，抑制细胞周期

续表

名称	相关肿瘤	编码产物及功能
P21	前列腺癌	P21 蛋白，抑制细胞周期
APC	结肠癌，胃癌	G 蛋白，细胞黏附与信号通路
DCC	结肠癌	表面糖蛋白，抑制细胞凋亡
NF1	神经纤维瘤	GTP 酶激活剂
NF2	神经鞘膜瘤，脑膜瘤	连结膜与细胞骨架
VHL	小细胞肺癌，宫颈癌，肾癌	转录调节蛋白质
WT1	肾母细胞瘤	锌指蛋白（转录因子）

2．抑癌基因失活机制

基因突变导致抑癌基因编码的蛋白质失去活性（如 *TP*53 基因突变）；杂合性突变导致抑癌基因失活（如 *RB* 基因失活）；启动子区甲基化致抑癌基因失活（如 *VHL* 基因失活）。

3．癌基因与肿瘤抑制基因在肿瘤发生中的作用

多基因突变的协同作用导致细胞癌变；原癌基因异常活化、肿瘤抑制基因的失活使细胞周期驱动强化，细胞失控性生长；原癌基因异常活化、肿瘤抑制基因的失活与凋亡相关基因的失调等多因素共同作用使细胞增殖大于凋亡。

第三节　应试习题

一、选择题（题目前 * 表示西医综合题目，题目前 # 表示执业医师题目）

【A1 型题】

1．关于原癌基因的叙述正确的是
　A．存在于正常生物基因组中
　B．正常细胞含有即可导致肿瘤的发生
　C．存在于 DNA 病毒中
　D．存在于逆转录病毒中
　E．又称为病毒癌基因

2．关于病毒内的癌基因的叙述错误的是
　A．主要存在于 RNA 病毒基因中
　B．在体外能引起细胞转化
　C．感染宿主细胞能随机整合于宿主细胞基因组
　D．又称为原癌基因
　E．感染宿主细胞能引起恶性转化

3．PDGF 的主要作用是
　A．引起表皮与上皮细胞的生长
　B．引起间质及胶质细胞的生长
　C．激活 ras/MAPK 通路
　D．激活 PKA 通路
　E．与 DNA 结合

4．*MYC* 家族编码产物的主要功能是
　A．生长因子
　B．生长因子受体
　C．蛋白酪氨酸激酶活性
　D．结合 GTP
　E．结合 DNA

5．*SIS* 家族基因编码产物主要是
　A．生长因子
　B．生长因子受体
　C．蛋白酪氨酸激酶活性
　D．结合 GTP
　E．丝氨酸蛋白激酶活性

6．关于抑癌基因的叙述错误的是
　A．促进细胞分化
　B．诱发细胞程序性死亡
　C．突变时可能导致肿瘤发生
　D．抑制细胞过度生长
　E．最早发现的是 *TP53* 基因

7．编码具有酪氨酸蛋白激酶活性的原癌基因是
　A．*MYC*

B．*SRC*
C．*MYB*
D．*SIS*
E．*RAS*

8．能编码具有 GTP 酶活性的原癌基因是
A．*MYC*
B．*RAS*
C．*SRC*
D．*MYB*
E．*SIS*

9．关于人 *TP53* 基因的叙述错误的是
A．基因定位于 17p13
B．是一种抑癌基因
C．p53 蛋白可以与 E2F 结合来调控细胞增殖
D．p53 蛋白 C 端具有转录活性
E．编码产物有转录因子作用

10．下列不是原癌基因产物的是
A．生长因子类似物
B．跨膜生长因子受体
C．结合 GTP 的蛋白质
D．结合 DNA 的蛋白质
E．化学致癌物质

11．关于抑癌基因的叙述，正确的是
A．具有抑制细胞增殖的作用
B．与癌基因的表达无关
C．缺失与细胞的增殖和分化无关
D．不存在于人类正常细胞中
E．在肿瘤细胞内表达

12．*RB* 基因属于
A．原癌基因
B．病毒内的癌基因
C．抑癌基因
D．基因编码产物是生长因子
E．基因编码产物是跨膜受体

13．下列有关 *PTEN* 基因的描述错误的是
A．是肿瘤抑制基因
B．具有双特异性磷酸酶活性，可以使 PIP_2 转变为 PIP_3，从而抑制 PI-3K/Akt 通路
C．主要有三个结构域，其中 N 端结构域可以和黏着斑激酶和酪氨酸激酶等结合
D．*PTEN* 的失活不仅与细胞增殖有关，也与细胞的迁移有关
E．*PTEN* 可以使 FAK 和 Shc 去磷酸化而发挥其作用

14．原癌基因的产物通常是
A．与细胞生长调控相关的一些蛋白质
B．cDNA
C．逆转录酶
D．逆转录病毒的外壳蛋白质
E．称为致癌基因的几种蛋白质

15．下列关于原癌基因的叙述错误的是
A．在正常细胞中，原癌基因处于静止状态或低表达状态
B．原癌基因突变后活化将转变为癌基因
C．原癌基因表达产物与细胞信息传递过程关系密切
D．没有原癌基因及其表达产物，细胞不能正常生长
E．生物的生存依赖于原癌基因的大量表达

16．*BRAF* 突变后可以引起肿瘤，下列叙述错误的是
A．常见于黑素瘤
B．*BRAF* 编码蛋白质属于蛋白丝 / 苏氨酸激酶
C．靶向药物伊马替尼是针对持续激活的 B-RAF
D．*BRAF* 常见是 V600E 突变
E．*BRAF* 是调节细胞增殖和分化的基因

17．关于 RB 蛋白的叙述，错误的是
A．RB 蛋白属于一种核内磷酸化蛋白质
B．低磷酸化的 RB 与 E2F 结合而使之失活，使细胞停止于 G_1 期
C．高度磷酸化的 RB 不与 E2F 结合，后者促使细胞从 G_1 进入 S 期
D．高度磷酸化的 RB 失去抑癌作用，使细胞增殖失控
E．低磷酸化的 RB 失去抑癌作用，使细胞增殖失控

18．前病毒是
A．RNA 病毒
B．逆转录 RNA 病毒
C．可以与宿主 DNA 整合的逆转录 DNA
D．整合到宿主 DNA 中的 DNA 病毒
E．DNA 病毒

19．[*]下列可以导致原癌基因激活的机制是（2013）
A．获得启动子

B．转录因子与 RNA 的结合
C．抑癌基因的过表达
D．P53 蛋白诱导细胞凋亡

20．* 下列关于 *PTEN* 的叙述，正确的是（2012）
A．细胞内受体
B．抑癌基因产物
C．作为第二信使
D．具有丝 / 苏氨酸激酶活性

21．* 下列关于 Ras 蛋白特点的叙述，正确的是（2010）
A．具有 GTP 酶活性
B．能使蛋白质酪氨酸磷酸化
C．具有 7 个跨膜螺旋结构
D．属于蛋白质丝 / 苏氨酸激酶

22．* 下列关于原癌基因的表述正确的是（2010）
A．只存在于哺乳动物中
B．进化过程中高度变异
C．维持正常细胞生理功能
D．*RB* 基因是最早发现的原癌基因

23．* 下列关于原癌基因的叙述正确的是（2007）
A．存在于 DNA 病毒中
B．存在于正常真核生物基因组中
C．存在于 RNA 病毒中
D．正常细胞含有即可导致肿瘤的发生

24．* 下列因素中，与 RAS 蛋白活性**无关**的是（2007）
A．GTP
B．GRB_2
C．鸟苷酸交换因子
D．鸟苷酸环化酶

25．# 属于抑癌基因的是（2004）
A．RB
B．ras
C．myc
D．c-erbB-2
E．sis

26．# 关于病毒癌基因论述，正确的是（2006）
A．主要存在于前病毒中
B．在体外不能引起细胞转化
C．又称原癌基因
D．可直接合成蛋白质
E．感染宿主细胞能随机整合于宿主细胞基因组

27．# 下列有关病毒癌基因概念的叙述，正确的是（2011）
A．表达产物可抑制细胞恶性变
B．亦称为原癌基因
C．存在于正常细胞
D．具有致宿主细胞恶变能力
E．表达产物为宿主活动所必需

28．# 下列关于细胞原癌基因的叙述，正确的是（2012）
A．存在于正常真核生物基因组中
B．存在于 DNA 病毒中
C．存在于 RNA 病毒中
D．也称病毒癌基因
E．正常细胞含有即可导致肿瘤的发生

【A2 型题】

1．对 28 例肝癌患者进行 *RB* 基因和 *TP53* 基因检测，发现其中 10 例患者 *RB* 基因内含子 1 出现杂合缺失，未发现基因重排，该 10 例患者均为晚期患者；16 例患者出现 *TP53* 基因的突变，其中 5 例为中期肝癌，11 例为晚期肝癌，根据上述信息，可以推测
A．*RB* 基因和 *TP53* 基因的突变与肝癌晚期相关
B．肝癌发生只与 *RB* 基因和 *TP53* 基因的缺失或者突变相关
C．肝癌发生可以是多基因异常所导致
D．肝癌患者中不存在因基因重排所导致的基因异常
E．肝癌早期不存在基因异常

【B 型题】

A．*RAF*
B．*EGFR*
C．*C-MYC*
D．*SRC*
E．*H-RAS*

1．编码产物是跨膜生长因子受体的是
2．编码产物是表面膜结合的酪氨酸蛋白激酶的是
3．编码产物是 GTP 结合蛋白的是

A．原癌基因获得启动子和增强子
B．原癌基因中单个碱基的替换
C．原癌基因数量增加

D．病毒内癌基因表达产物增加
E．无活性的原癌基因移至增强子附近
4．病毒基因组的长末端重复序列插入会导致
5．基因易位会导致
6．原癌基因扩增会导致

A．抑制细胞过度生长和增殖的基因
B．体外引起细胞转化的基因
C．存在于正常细胞基因组的基因
D．突变的 *TP53* 基因
E．携带有转导基因病毒的癌基因
7．原癌基因是
8．抑癌基因是

A．原癌基因
B．抑癌基因
C．病毒癌基因
D．操纵子调节基因
9．***p53* 基因是一种
10．* 正常细胞内可以编码生长因子的基因是（2007）

A．ras 基因产物
B．p53 基因产物
C．RB 基因产物
D．myc 基因产物
11．*HPV 的 E6 蛋白能灭活
12．*HPV 的 E7 蛋白能灭活（2007）

【X 型题】
1．与 *RAS* 家族表达产物有关的有
A．具有蛋白酪氨酸激酶活性
B．编码小分子量 G 蛋白
C．具有 GTP 酶的活性
D．具有丝 - 苏氨酸激酶活性
2．原癌基因活化的机制是
A．获得启动子与增强子
B．基因易位
C．原癌基因扩增
D．点突变
3．关于野生型 *TP53* 基因的描述正确的有
A．是原癌基因
B．是抑癌基因
C．一定情况下，产物能启动细胞死亡过程
D．产物能活化 *P21* 基因转录
4．原癌基因表达产物可以
A．是生长因子
B．是生长因子受体
C．具有酪氨酸蛋白激酶活性
D．是 DNA 结合蛋白
5．常见的抑癌基因包括
A．*EGFR*
B．*RB*
C．*P16*
D．*APC*
6．已知与肿瘤相关的生长因子包括
A．PDGF
B．FGF
C．VEGF
D．IGF-1
7．原癌基因表达异常可以引起的疾病包括
A．肿瘤
B．原发性高血压
C．动脉粥样硬化
D．心肌肥厚
8．原癌基因产物为核内转录因子的原癌基因家族有
A．*SRC* 家族
B．*MYC* 家族
C．*FOS* 家族
D．*JUN* 家族
9．导致细胞癌变的主要原因包括
A．抑癌基因的丢失、失活
B．理化致癌因素引起的基因损伤
C．病毒癌基因掺入细胞并表达
D．原癌基因启动子甲基化水平增强，导致基因表达增强
10．目前已有靶向药物治疗的肿瘤包括
A．肺癌
B．黑素瘤
C．乳腺癌
D．慢性粒细胞白血病
11．* 编码的产物属于生长因子受体的癌基因有（2015）
A．*ERB-B*
B．*HER-2*
C．*SIS*
D．*JUN*

12．*编码产物中，属于转录因子的癌基因有（2014）

A．*c-jun*

B．*c-fos*

C．*c-sis*

D．*c-myc*

13．*细胞癌基因的产物有（2010）

A．生长因子受体

B．转录因子

C．p53 蛋白

D．酪氨酸蛋白激酶

二、名词解释

1．癌基因（oncogene）

2．原癌基因（proto-oncogene，pro-onc）

3．抑癌基因（tumor suppressor gene）

4．生长因子（growth factor）

三、问答题

1．以 *TP53* 为例，说明肿瘤抑制基因的作用机制。

2．试述癌基因、肿瘤抑制基因及生长因子在肿瘤发生中的作用。

3．试述原癌基因激活的机制。

4．试从基因水平说明癌症的形成原因。

第四节　参考答案及解析

一、选择题

【A1 型题】

1．**答案**：A　　**考点**：原癌基因概念

解析：原癌基因是存在于生物正常细胞基因组中的基因，其编码的蛋白质在正常条件下不具有致癌活性。

2．**答案**：D　　**考点**：病毒内存在的癌基因

解析：存在于病毒基因组中，可以使细胞发生恶性转化的基因。

3．**答案**：B　　**考点**：原癌基因产物 PDGF

解析：PDGF 是血小板源生长因子，促进间质及胶质细胞的生长。与膜受体 PDGFR 结合后，激活 PLC-IP3/DAG-PKC 通路，作用于靶蛋白。PDGF 不能直接与 DNA 结合。

4．**答案**：E　　**考点**：*MYC* 编码产物

解析：*MYC* 编码为细胞核内转录因子，与 DNA 结合调节基因转录。

5．**答案**：A　　**考点**：*SIS* 家族基因编码产物

解析：*SIS* 家族基因编码产物为 PDGF-2，属于生长因子家族。

6．**答案**：E　　**考点**：抑癌基因

解析：最早被证实的抑癌基因是 *RB* 基因。

7．**答案**：B　　**考点**：原癌基因编码产物

解析：*SRC* 编码产物具有酪氨酸蛋白激酶活性。

8．**答案**：B　　**考点**：原癌基因编码产物

解析：*RAS* 编码产物具有 GTP 酶活性

9．答案：C　　考点：*TP53* 基因
解析：与 E2F 结合的是 *RB* 基因编码产物。

10．答案：E　　考点：原癌基因编码产物类型
解析：原癌基因编码产物主要为生长因子、膜受体、细胞内信号转导分子和转录因子等。

11．答案：A　　考点：抑癌基因作用
解析：抑癌基因编码产物抑制细胞增殖，当抑癌基因失活时，细胞将异常增殖。癌基因与抑癌基因表达相互制约。

12．答案：C　　考点：*RB* 基因
解析：*RB* 基因是抑癌基因，其编码产物为转录因子。

13．答案：B　　考点：PTEN 功能
解析：PTEN 具有双特异性磷酸酶活性，可以使 PIP_3 转变为 PIP_2

14．答案：A　　考点：原癌基因的产物类型
解析：参见 A1 型题第 10 题解析。

15．答案：E　　考点：原癌基因作用
解析：生物的生存需要原癌基因的适量表达，过度表达将引起细胞异常增殖。

16．答案：C　　考点：*BRAF* 基因及功能
解析：针对 *BRAF* 突变的靶向药物是维罗非尼，伊马替尼是针对 Bcr-Abl 融合蛋白的靶向药物。

17．答案：E　　考点：抑癌基因 RB 编码产物作用
解析：低磷酸化的 RB 对细胞周期是负调控作用，而高磷酸化 RB 推动细胞从 G_1 期进入 S 期。

18．答案：C　　考点：前病毒的形成
解析：逆转录病毒在宿主细胞内通过逆转录酶合成双链 DNA，形成前病毒，可以整合入宿主细胞基因组中。

19．答案：A　　考点：原癌基因激活的机制
解析：原癌基因激活包括获得强启动子或者增强子、染色体易位、基因扩增和点突变。

20．答案：B　　考点：*PTEN* 功能
解析：*PTEN* 是抑癌基因，具有双特异性磷酸酶活性，抑制 PI_3K/Akt 信号通路活性。

21．答案：A　　考点：癌基因编码产物作用
解析：*RAS* 编码产物具有 GTP 酶活性。

22．答案：C　　考点：原癌基因
解析：原癌基因是存在于生物正常细胞基因组中的基因，其编码的蛋白质对细胞增殖和分化具有重要作用。进化中高度保守，广泛存在于生物体中。

23．答案：B　　考点：原癌基因
解析：参见第 22 题解析。

24．答案：D　　考点：原癌基因编码产物作用
解析：RAS 编码产物是低分子量 G 蛋白，具有 GTP 酶活性，参与 RTK-RAS-MAPK 信号转导。PTK 与配体结合后被活化，与衔接蛋白 GRB_2 结合，募集鸟苷酸交换因子，将 RAS 磷酸化，促使 RAS 释放 GDP，结合 GTP。鸟苷酸环化酶参与另一条 PKG 信号通路，与 RAS-MAPK 通路无关。

25．答案：A　　考点：原癌基因与抑癌基因

解析：RB 是第一个被证实的抑癌基因。

26．**答案：**E　　**考点：**病毒癌基因

解析：病毒癌基因起源于宿主细胞，在病毒感染宿主细胞后，病毒基因组整合入宿主基因组，在子代病毒复制过程中，经过重组或重排从而将宿主基因组的原癌基因导入病毒基因组中，但是其结构有变化，致使恶性转化能力更强。

27．**答案：**D　　**考点：**病毒癌基因

解析：病毒癌基因为病毒所携带，具有较强的恶性转化能力。

28．**答案：**A　　**考点：**原癌基因

解析：此题考核原癌基因概念。原癌基因是存在于生物正常细胞基因组中的基因，其编码的蛋白质在正常条件下不具有致癌活性。

【A2 型题】

1．**答案：**C　　**考点：**肿瘤发生与多基因异常

解析：案例提供的信息可以看出肝癌患者出现 *RB* 基因杂合缺失和 *TP53* 基因的突变，而且是晚期肝癌患者具有，提示肝癌的早期阶段可能与其他基因异常相关，因此推测肝癌发生是多基因异常的渐进过程。只在 *RB* 基因中未检测到基因重排，不代表其他发生异常的基因没有基因重排。

【B 型题】

1．**答案：**B　2．**答案：**D　3．**答案：**E　　**考点：**原癌基因编码产物类型

解析：EGFR 为表皮生长因子受体，是跨膜受体。*RAF* 编码蛋白丝 - 苏氨酸激酶。*C-MYC* 编码转录因子。*SRC* 编码产物具有蛋白酪氨酸激酶活性。*H-RAS* 编码小 G 蛋白，具有 GTP 酶活性。

4．**答案：**A　5．**答案：**E　6．**答案：**C　　**考点：**癌基因活化机制

解析：病毒基因组的长末端重复序列内具有活性较强的启动子或者增强子，因此若其整合至宿主基因组癌基因附近或者内部时，使宿主原癌基因获得强启动子或增强子。基因染色体易位也可导致宿主原癌基因易位到强启动子或者增强子附近，而被异常活化。原癌基因扩增引起基因拷贝数量增强，其表达产物量增多。

7．**答案：**C　8．**答案：**A　　**考点：**原癌基因和抑癌基因定义

解析：原癌基因又称细胞癌基因，是存在于生物正常细胞基因组中的基因，对细胞增殖和分化具有作用，抑癌基因对细胞增殖具有抑制作用，二者协调控制生物体发育和分化过程。

9．**答案：**B　10．**答案：**A　　**考点：**原癌基因和抑癌基因

解析：*p53* 基因是抑癌基因，原癌基因编码产物主要为生长因子、膜受体、细胞内信号转导分子和转录因子等。

11．**答案：**B　12．**答案：**C　　**考点：**抑癌基因失活

解析：人乳头状瘤病毒（human papilloma virus, HPV）编码的 E6 蛋白可以与 P53 蛋白结合，促使 P53 蛋白降解。HPV 编码的 E7 蛋白与 RB 蛋白结合，使 RB 蛋白失活。

【X 型题】

1．**答案：**BC　　**考点：***RAS* 原癌基因产物作用

解析：*RAS* 编码产物为低分子量 G 蛋白，具有 GTP 酶活性。

2．**答案：**ABCD　　**考点：**原癌基因活化的机制

解析：参见 A1 型题第 19 题解析。

3．**答案**：BCD　　**考点**：*TP53* 基因功能

解析：*TP53* 基因是抑癌基因，其产物能够诱导细胞凋亡或者死亡，可作为转录因子促进 *P*21 基因转录。

4．**答案**：ABCD　　**考点**：原癌基因表达产物类型

解析：癌基因表达产物可以是生长因子、生长因子受体；有些膜受体具有酪氨酸蛋白激酶活性，有的具有丝 - 苏氨酸激酶活性或者 GTP 酶活性；或者是转录因子而与 DNA 结合，促进转录。

5．**答案**：BCD　　**考点**：抑癌基因种类

解析：EGFR 为表皮生长因子受体，属于癌基因，促进细胞增殖。

6．**答案**：ABCD　　**考点**：引起肿瘤的生长因子

解析：许多生长因子的过度表达或者活化可引起肿瘤，包括 PDGF、FGF、VEGF 和 IGF-1。

7．**答案**：ABCD　　**考点**：原癌基因引起疾病

解析：原癌基因异常除了与肿瘤相关，还可引起其他疾病，包括高血压、动脉粥样硬化和心肌肥厚等。

8．**答案**：BCD　　**考点**：癌基因产物类型

解析：*SRC* 编码产物为膜受体，其余选项的癌基因编码产物均为转录因子。

9．**答案**：ABC　　**考点**：细胞癌变机制

解析：细胞癌变机制由多种因素构成，包括原癌基因异常活化和抑癌基因失活；细胞凋亡基因和抑制凋亡基因的平衡失调；DNA 损伤修复功能下降等等。而原癌基因启动子甲基化增强导致癌基因沉默。

10．**答案**：ABCD　　**考点**：肿瘤靶向药物

解析：已有多种肿瘤有靶向药物，包括易瑞沙治疗肺癌，威罗菲尼治疗黑色素瘤，赫赛汀治疗乳腺癌，伊马替尼治疗慢性粒细胞白血病等。

11．**答案**：AB　　**考点**：癌基因编码产物类型

解析：*ERB-B* 又称 *HER-2*，*HER-2* 编码 EGF 受体。*SIS* 编码生长因子 PDGF-2，*JUN* 编码转录因子。

12．**答案**：ABD　　**考点**：癌基因编码产物类型

解析：*c-jun*、*c-fos* 和 *c-myc* 编码转录因子，*c-sis* 编码生长因子 PDGF-2。

13．**答案**：ABD　　**考点**：癌基因编码产物类型

解析：p53 蛋白是抑癌基因产物。

二、名词解释

1．癌基因：能导致细胞发生恶性转化和诱发癌症的基因，癌基因大多是原癌基因结构异常或者表达失调后转变而来的。

2．原癌基因：在正常的细胞内存在，其表达产物是细胞正常生理功能所需，参与细胞生长、增殖和分化过程。

3．抑癌基因：抗癌基因（anticancer gene）或肿瘤抑制基因，抑制细胞过度生长、增殖从而遏制肿瘤形成。抑癌基因的缺失或失活也能导致细胞癌变。

4．生长因子：原癌基因编码产物，由细胞分泌类似于激素的信号分子，调节细胞生长与分化。

三、问答题（答案要点）

1．以 *TP53* 为例，说明抑癌基因的作用机制：（1）激活 *P21* 基因，使细胞周期阻滞于 G_1 期；（2）抑制解链酶，与复制因子 A 作用，参与 DNA 复制和修复；（3）促进细胞凋亡和死亡。

2．原癌基因在正常细胞中处于关闭或者低水平，当原癌基因因各种因素发生改变而导致表达或者活性增强时，促进细胞增殖，许多生长因子是原癌基因的表达产物；抑癌基因在正常细胞中抑制细胞增殖，肿瘤发生常常是多种原癌基因与抑癌基因异常后的累积效应；原癌基因与抑癌基因共同调节细胞周期和细胞凋亡进程。

3．原癌基因激活包括获得强启动子或者增强子、染色体易位、基因扩增和点突变。

4．以结肠癌为例说明。癌症形成是多个原癌基因和抑癌基因异常后，导致细胞增殖失衡，而恶性转化。当正常结肠上皮细胞中 *FAP* 和 *MCC* 基因失活时，形成细胞增生；DNA 低甲基化导致基因表达增强，细胞增生增强；进一步发生 *K-RAS* 突变后，GTP 酶活性丧失，使 Ras 持续激活，细胞增殖加强；若再发生 *DCC* 基因缺失；细胞增殖增强；当 *TP53* 基因缺失后，增殖的结肠上皮细胞恶性转化为肿瘤细胞，若 *NM23* 基因突变，肿瘤具有较强的转移能力。

（贾竹青）

第五篇　医学分子生物学专题

第二十三章　DNA 重组与重组 DNA 技术

第一节　学习要求

掌握： 重组 DNA 技术的概念；质粒的概念；限制性核酸内切酶的概念；重组 DNA 技术的基本步骤；α-互补筛选的原理。

熟悉： 定向克隆的概念；载体 / 克隆载体 / 表达载体的概念；转化 / 转染 / 转导的概念；DNA 重组技术中常用的酶及功能；外源 DNA 导入宿主细胞的方法；质粒载体的特点及应用；目的 DNA 与载体在体外的连接方法。

了解： 原核表达系统；昆虫表达系统；酵母表达系统；重组 DNA 技术的应用。

第二节　内容精要

一、自然界的 DNA 重组和基因转移

DNA 重组：
- 同源重组：发生在同源序列间的重组，又称基本重组
- 特异位点重组：由整合酶催化，在两个 DNA 序列的特异位点间发生的整合
- 转座重组：基因的转移或重排由插入序列或转座子介导

（一）同源重组（homologous recombination）是最基本的 DNA 重组方式

1．特点：只发生在两个 DNA 分子的同源区，对序列的特异性没有要求。

2．Holliday 模型是最经典的同源重组模式。

（二）细菌的基因转移与重组有多种方式

1．接合作用（conjugation）：当细菌通过菌毛相互接触时，质粒 DNA 可从一个细菌转至另一个细菌，如 F 因子的转移。

2．转化作用（transformation）：通过自动获取或人为地供给外源 DNA，使细胞获得新的遗传表型

3．转导作用（transduction）：当病毒从被感染的细胞（供体）释放出来、再次感染另一细胞（受体）时，发生在供体与受体之间的 DNA 转移及基因重组。分为普遍性转导（generalized transduction）和特异性转导（specialized transformation）。

（三）位点特异性重组是发生在特异位点间的 DNA 整合

1．λ 噬菌体 DNA 的整合：噬菌体整合酶识别特异靶位点，而后选择性整合。

2．细菌特异位点重组：*Hin* 基因编码倒位酶，促使细菌 DNA 弯曲、断裂、再连接。

3．免疫球蛋白基因的重排：免疫球蛋白含 2 条重链和 2 条轻链，其编码基因均可发生重排。

（四）转座重组

1．插入序列转座：插入序列含 2 段反向重复序列和转座酶编码基因。插入序列转座包括保守性转座和复制性转座两种形式。

2．转座子转座：转座子指一段可发生转座的 DNA。美国遗传学家 McClintock 因发现转座子转座现象获 1983 年诺贝尔生理学与医学奖。

二、重组 DNA 技术

（一）重组 DNA 技术

1．重组 DNA 技术——1972 年，Paul Berg 研究小组发明。

2．目的：① 获取目的基因的 DNA 克隆，并扩增；② 表达有特殊意义的蛋白质。

3．基本概念

（1）克隆（clone）：指来自同一始祖的相同副本或拷贝的集合。

（2）克隆化（cloning）：获取同一拷贝的过程，即无性繁殖。

（3）DNA 克隆（DNA cloning）：应用酶学的方法，在体外将各种来源的 DNA 与载体 DNA 连接成具有自我复制能力的 DNA 分子，然后通过转化或转染宿主细胞，筛选出含有目的基因的转化子，再进行扩增、提取获得大量同一 DNA 分子（图 23-1）。

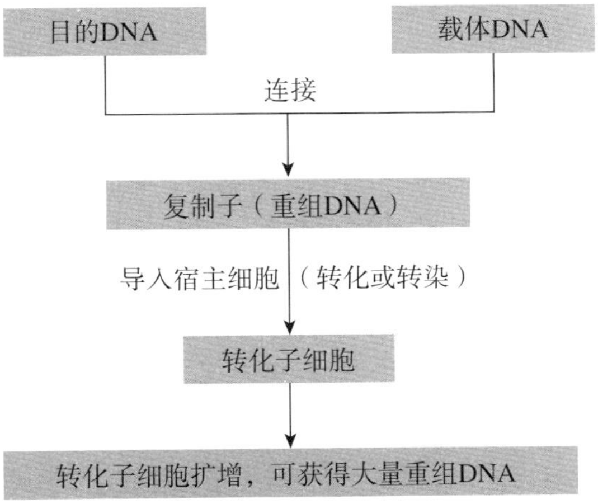

图 23-1　DNA 克隆的过程

重组 DNA 技术（基因工程，genetic engineering）：实现基因克隆所采用的方法及相关工作的统称。

（一）重组 DNA 技术相关的酶

表23-1　常用工具酶功能

工具酶	功能
限制性核酸内切酶	识别特异序列，切割 DNA
DNA 连接酶	催化 DNA 中相邻的 5'-磷酸基和 3'-羟基末端之间形成磷酸二酯键，使 DNA 切口封合或使两个 DNA 片段连接
DNA 聚合酶 I	1．合成双链 cDNA 分子或片段连接 2．缺口平移制作高比活探针 3．DNA 序列分析 4．填补 3'-末端

续表

工具酶	功能
Klenow 片段	又名 DNA 聚合酶 Ⅰ 大片段，具有完整 DNA 聚合酶 Ⅰ 的 5' → 3' 聚合、3' → 5' 外切活性，而无 5' → 3' 外切活性。常用于 cDNA 第二链合成，双链 DNA 3'-末端标记等
反转录酶	1．合成 cDNA 2．替代 DNA 聚合酶 Ⅰ 进行填补、标记或 DNA 序列分析
多聚核苷酸激酶	催化多聚核苷酸 5'-羟基末端（5'-P 末端）磷酸化，或标记探针
末端转移酶	在 3'-羟基末端（3'-OH 末端）进行同质多聚物加尾
碱性磷酸酶	切除末端磷酸基

（二）常用载体

1．克隆载体

（1）克隆载体（cloning vector）：携带外源 DNA 进入宿主细胞，实现外源 DNA 的无性繁殖。

（2）克隆载体特点：① 具有复制起始点，可以使载体 DNA 在宿主细胞内自主复制；② 具有筛选标志；③ 具有多克隆位点，该区域包含多个限制性内切酶的单一识别位点。

（3）常用载体：① 质粒 DNA：存在于细菌染色体外，能自主复制和遗传的环状双链 DNA 分子；② 噬菌体 DNA：λ 噬菌体和 M13 噬菌体；③ 其他：柯斯质粒、细菌人工染色体（BAC）、酵母人工染色体（YAC）。

2．表达载体

（1）表达载体（expression vector）：外源基因表达产生相应蛋白质。

（2）表达载体种类：① 原核表达载体：在大肠杆菌中表达外源基因。该载体除具备克隆载体的一般特点外，还具有转录和翻译的调控元件，包括调节序列、启动子、核糖体结合位点（S-D 序列）、起始密码子和终止密码子等；② 真核表达载体：在真核细胞（酵母、昆虫、哺乳类细胞）中表达外源基因。该载体具备克隆载体的特点，并具有真核表达调控元件、真核细胞复制起始序列和药物抗性基因等。

（三）重组 DNA 技术基本原理及操作步骤（表 23-2）

表23-2　重组DNA技术的基本步骤

简记	基本步骤	常用方法
分	分离目的基因	1．直接从基因组 DNA 获得目的 DNA 2．基因文库构建和筛选目的 DNA 3．PCR 方法制备目的 DNA 4．化学合成目的 DNA
切	对目的基因和载体进行适当切割	1．平末端 2．黏性末端 5'-端突出的黏性末端 3'-端突出的黏性末端
接	对目的基因与载体连接	1．黏性末端的连接 2．平端连接 3．同聚物加尾连接 4．人工接头连接
转	重组 DNA 转入受体菌的过程	1．物理方法（显微注射、电穿孔、DNA 直接注射法和基因枪技术等） 2．化学方法（磷酸钙沉淀法、DE-AE-葡聚糖方法、脂质体介导法等）
筛	筛选出含有重组体的受体菌	1．抗药性标志筛选 2．插入失活 3．蓝白斑筛选（又名 α 互补）

三、重组 DNA 技术在医学中的应用

1．疾病基因的发现与克隆
　☆ 脆性 X 综合征
　☆ Kallmann 综合征
　☆ 镰状细胞贫血。
2．生物制药　已有近 20 种投入市场。
3．基因诊断与治疗　前景远大，但任重道远。
4．遗传病的预防　包括产前诊断、携带者测试基因、症状前诊断和遗传病易感性测试等。

第三节　应试习题

一、选择题（题目前 * 表示西医综合题目，题目前 # 表示执业医师题目）

【A1 型题】

1．确切地讲，cDNA 文库包含
　A．一个物种的全部基因信息
　B．一个物种的全部 mRNA 信息
　C．一个生物体组织或细胞的全部基因信息
　D．一个生物体组织或细胞的全部 mRNA 信息
　E．一个生物体组织或细胞所表达 mRNA 信息
2．利用聚合酶链反应扩增特异 DNA 序列重要原因之一是
　A．反应体系内存在特异 DNA 模板
　B．反应体系内存在特异 RNA 模板
　C．反应体系内存在特异 DNA 引物
　D．反应体系内存在特异 RNA 引物
　E．反应体系内存在的 Taq DNA 聚合酶具有识别特异 DNA 序列的作用
3．表达人类蛋白质的最理想的细胞体系是
　A．*Ecoli* 表达体系
　B．原核表达体系
　C．酵母表达体系
　D．昆虫表达体系
　E．哺乳类细胞表达体系
4．限制性核酸内切酶切割 DNA 后产生
　A．3'-磷酸基末端和 5'-羟基末端
　B．5'-磷酸基末端和 3'-羟基末端
　C．3'-磷酸基末端和 5'-磷酸基末端
　D．5'-羟基末端和 3'-羟基末端
　E．3'-羟基末端、5'-羟基末端及磷酸
5．下列描述最能确切表达质粒 DNA 作为克隆载体特性的是
　A．小型环状双链 DNA 分子
　B．携带有某些药物抗性基因
　C．在细胞分裂时恒定地传给子代细胞
　D．具有自我复制功能
　E．获得目的基因
6．用于鉴定转化细菌是否含重组 DNA 的最常用方法是
　A．抗药性选择
　B．分子杂交选择
　C．RNA 反转录
　D．免疫学方法
　E．体外翻译
7．在分子生物学领域，分子克隆主要是指
　A．DNA 的大量复制
　B．DNA 的大量转录
　C．DNA 的大量剪切
　D．RNA 的大量反转录
　E．RNA 的大量剪切
8．在分子生物学领域，重组 DNA 又称
　A．酶工程
　B．蛋白质工程
　C．细胞工程
　D．基因工程
　E．DNA 工程
9．在重组 DNA 技术中，不常用到的酶是
　A．限制性核酸内切酶
　B．DNA 聚合酶

C．DNA 连接酶
D．反转录酶
E．DNA 解链酶

10．多数限制性核酸内切酶切割后的 DNA 末端为
A．平头末端
B．3'-突出末端
C．5'-突出末端
D．黏性末端
E．缺口末端

11．可识别 DNA 的特异序列，并在识别位点或其周围切割双链 DNA 的一类酶称为
A．限制性核酸外切酶
B．限制性核酸内切酶
C．非限制性核酸外切酶
D．非限制性核酸内切酶
E．DNA 内切酶

12．cDNA 是指
A．在体外经反转录合成的与 RNA 互补的 DNA
B．在体外经反转录合成的与 DNA 互补的 DNA
C．在体外经转录合成的与 DNA 互补的 RNA
D．在体内经反转录合成的与 RNA 互补的 DNA
E．在体内经转录合成的与 DNA 互补的 RNA

13．基因组代表一个细胞或生物体的
A．部分遗传信息
B．整套遗传信息
C．可转录基因
D．非转录基因
E．可表达基因

14．在基因工程中通常所使用的质粒存在于
A．细菌染色体
B．酵母染色体
C．细菌染色体外
D．酵母染色体外
E．噬菌体

15．就分子结构而论，质粒属于
A．环状双链 DNA 分子
B．环状单链 DNA 分子
C．环状单链 RNA 分子
D．线状双链 DNA 分子
E．线状单链 DNA 分子

【A2 型题】

1．用限制性内切酶 *Hind* Ⅲ，*Bam H* Ⅰ和二者的混合物分别降解一个 4 kb 大小的线性 DNA 分子，降解产物分别进行凝胶电泳，在电场的作用下，降解产物分开，如下图所示。

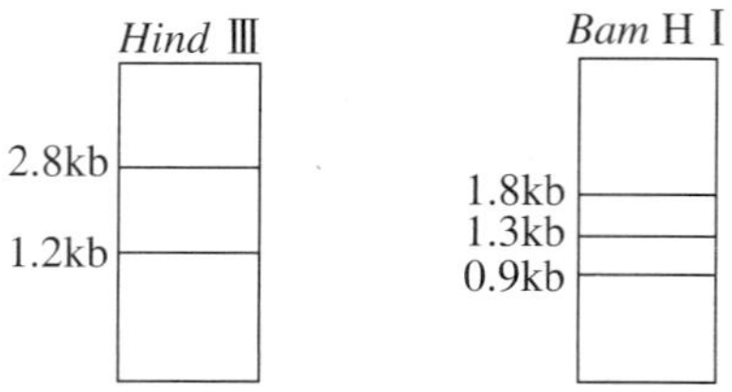

据此分析，这两种限制性内切核酸酶在该 DNA 分子上的限制位点数目是以下哪一组
A．*Hind* Ⅲ 1 个，*BamH* Ⅰ 2 个
B．*Hind* Ⅲ 2 个，*BamH* Ⅰ 3 个
C．*Hind* Ⅲ 2 个，*BamH* Ⅰ 1 个
D．*Hind* Ⅲ和 *BamH* Ⅰ各有 2 个
E．*Hind* Ⅲ和 *BamH* Ⅰ各有 1 个

2．两个核酸片段在适宜的条件下，经 X 酶的作用，发生下述变化，则 X 酶是

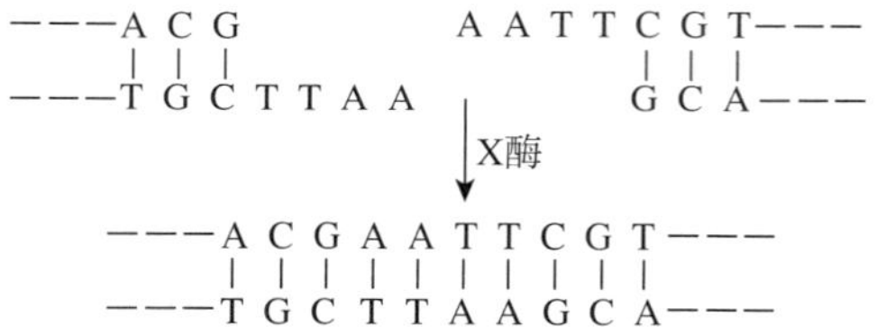

A．DNA 连接酶
B．RNA 聚合酶
C．DNA 聚合酶
D．限制性内切酶
E．反转录酶

【B 型题】

A．抗药性选择
B．分子杂交选择
C．RNA 反转录
D．免疫学方法
E．体外翻译

1．用于鉴定是否有质粒转入受体菌的一般方法为

2．用于鉴定转化子细胞是否含目的基因的常用方法为

3．利用目的基因表达产物的特异性抗体来筛选含目的基因的转化子细胞的方法称为

A．限制性核酸内切酶

B．DNA 连接酶

C．反转录酶

D．Taq DNA 聚合酶

E．碱性磷酸酶

4．识别 DNA 回文结构并对其双链进行切割的酶是

5．用于聚合酶链反应的酶是

6．将目的基因与载体 DNA 进行拼接的酶是

A．支原体

B．衣原体

C．噬菌体

D．大肠杆菌

E．酵母

7．常用作原核表达体系的是

8．常用作真核表达体系的是

A．基因组文库

B．cDNA 文库

C．mRNA 文库

D．tRNA 文库

E．rRNA 文库

9．分离细胞染色体 DNA 可制备

10．分离细胞总 mRNA 可制备

【X 型题】

1．可用作克隆载体的 DNA 分子有

A．染色体 DNA

B．病毒 DNA

C．细菌 DNA

D．质粒 DNA

2．重组 DNA 基本过程包括

A．目的基因的获取

B．克隆载体的构建

C．目的基因与载体的拼接

D．重组分子导入受体菌

3．基因克隆又称

A．重组 RNA 技术

B．重组 DNA 技术

C．DNA 克隆

D．RNA 克隆

4．限制性核酸内切酶切割 DNA 时，可产生

A．5'-突出黏端

B．平末端

C．缺口末端

D．3'-突出黏端

5．可作为重组 DNA 目的基因的有

A．mRNA

B．tRNA

C．cDNA

D．基因组 DNA

二、名词解释

1．同源重组（homologous recombination）

2．特异位点重组（site-specific recombination）

3．转座重组（transposition）

4．DNA 克隆（DNA cloning）

5．限制性核酸内切酶（restriction endonuclease）

6．基因组 DNA（genomic DNA）

7．cDNA（complementary DNA）

三、问答题

1．自然界的 DNA 重组主要有哪几种类型？它们各自的特点是什么？

2．何谓目的基因？其主要来源或途径是什么？

3．何谓 DNA 克隆？简述其基本过程。

4．简述原核和真核表达体系各自的优缺点。

5．重组 DNA 技术目前在医学上有哪些主要应用？

第四节　应试习题参考答案

一、选择题

【A1 型题】

1．**答案**：E　　**考点**：重组 DNA 技术相关概念

解析：cDNA 文库是包含某一组织细胞在一定条件下所表达的全部 mRNA 经反转录而合成的 cDNA 序列的克隆群体（mRNA 并不是都可表达），它以 cDNA 片段的形式贮存着该组织细胞的基因表达信息。

2．**答案**：C　　**考点**：重组 DNA 技术操作步骤

解析：PCR 以拟扩增的 DNA 分子为模板，设计并合成一对与模板相互补的寡核苷酸片段为引物，在 DNA 聚合酶的作用下，模拟体内 DNA 的合成过程，反复进行变性、退火和链延长过程。可在很短的时间里，使目的 DNA 片段由几个拷贝扩增至数百万个拷贝。引物决定了产物的特异性。

3．**答案**：E　　**考点**：重组 DNA 技术操作步骤

解析：人类属于哺乳动物，因此哺乳类细胞表达体系表达出的蛋白更接近于在人体内表达的人类蛋白质。

4．**答案**：B　　**考点**：重组 DNA 技术操作步骤

解析：限制性核酸内切酶可识别 DNA 的特异序列，并在识别位点或其周围切割双链 DNA，形成 5'-磷酸基末端、3'-羟基末端和平端。

5．**答案**：D　　**考点**：重组 DNA 技术相关概念

解析：DNA 克隆是应用酶学的方法，在体外将各种来源的 DNA 与载体 DNA 连接成具有自我复制能力的 DNA 分子，然后通过转化或转染宿主细胞，筛选出含有目的基因的转化子，再进行扩增、提取获得大量同一 DNA 分子。因此，质粒的自我复制能力对于克隆化非常重要。

6．**答案**：A　　**考点**：重组 DNA 技术操作步骤

解析：筛选含重组分子的受体细胞的直接选择法：抗药性标志、标志补救、分子杂交法等。

7．**答案**：A　　**考点**：重组 DNA 技术相关概念

解析：DNA 克隆是应用酶学的方法，在体外将各种来源的 DNA 与载体 DNA 连接成具有自我复制能力的 DNA 分子，然后通过转化或转染宿主细胞，筛选出含有目的基因的转化子，再进行扩增、提取获得大量同一 DNA 分子。

8．**答案**：D　　**考点**：重组 DNA 技术相关概念

解析：重组 DNA 技术即基因工程。

9．**答案**：E　　**考点**：重组 DNA 技术操作步骤

解析：重组 DNA 技术可归纳为 5 个字：分切接转筛，“切”要用到限制性核酸内切酶；“分”要用到 DNA 聚合酶和反转录酶去获得目的基因；“接”要用 DNA 连接酶。

10．**答案**：D　　**考点**：重组 DNA 技术操作步骤

解析：限制性核酸内切酶可识别 DNA 的特异序列，并在识别位点或其周围切割双链 DNA，大多数形成黏性末端。

11．**答案**：B　　**考点**：重组 DNA 技术操作步骤

解析：参见第 10 题解析。

12．**答案**：A　　**考点**：重组 DNA 技术相关概念

解析：cDNA（complementary DNA）是经反转录合成的、与 RNA（通常为 mRNA 或病毒 RNA）互补的单链 DNA。以单链 DNA 为模板，经聚合反应可合成双链 cDNA。

13．**答案**：B　　**考点**：重组 DNA 技术相关概念

解析：基因组代表一个细胞或生物体整套遗传信息（染色体及线粒体）的所有 DNA 序列。

14．**答案**：C　　**考点**：重组 DNA 技术相关概念

解析：质粒是天然存在于细菌染色体外的闭合环状双链 DNA 分子。

15．**答案**：A　　**考点**：重组 DNA 技术相关概念

解析：参见第 14 题解析。

【A2 型题】

1．**答案**：A　　**考点**：重组 DNA 技术操作步骤

解析：限制性内切酶 *Hind* Ⅲ切出 2 条条带，因此应该有 1 个 *Hind* Ⅲ酶切位点。*BamH* Ⅰ切出 3 条条带，因此应该有 2 个 *BamH* Ⅰ酶切位点。

2．**答案**：A　　**考点**：重组 DNA 技术操作步骤

解析：DNA 连接酶可以连接 DNA 链 3'-OH 末端和另一 DNA 链的 5'-P 末端，使二者生成磷酸二酯键，从而把两段相邻的 DNA 链连成完整的链。

【B 型题】

1．**答案**：A　2. **答案**：B　3. **答案**：D　　**考点**：重组 DNA 技术操作步骤

解析：抗药性选择用于鉴定是否有质粒转入受体菌，只有转入了质粒的受体菌才能在含有相应抗生素的培养基上生长；分子杂交法利用标记性探针与目的 DNA 片段杂交，可用于鉴定转化子细胞是否含目的基因；免疫学方法是利用目的基因表达产物的特异性抗体来筛选含目的基因的转化子细胞的方法。

4．**答案**：A　5. **答案**：D　6. **答案**：B　　**考点**：重组 DNA 技术操作步骤

解析：限制性核酸内切酶识别 DNA 的特异序列，并在识别位点或其周围切割双链 DNA；DNA 连接酶将目的 DNA 与载体相连接；反转录酶催化从 RNA 到 DNA 的逆转录反应；Taq DNA 聚合酶用于 PCR 反应；碱性磷酸酶用于帮助蛋白质去磷酸化。

7．**答案**：D　8. **答案**：E　　**考点**：重组 DNA 技术操作步骤

解析：表达克隆基因可用原核系统或真核系统表达。原核系统主要为大肠杆菌，真核系统包括酵母、昆虫和哺乳动物细胞表达体系等。

9．**答案**：A　10. **答案**：B　　**考点**：重组 DNA 技术相关概念

解析：基因组 DNA 文库是分离组织或细胞染色体 DNA，利用限制性核酸内切酶将染色体 DNA 切割成基因水平的许多片段，将它们与适当的克隆载体拼结成重组 DNA 分子，继而转入受体菌扩增，使每个细菌内都携带一种重组 DNA 分子的多个拷贝，全部细菌所携带的各种染色体片段就代表了整个基因组。cDNA 文库是以 mRNA 为模板，利用反转录酶合成与 mRNA 互补的 DNA，再复制成双链 cDNA 片段，与适当载体连接后转入受体菌，即获得 cDNA 文库。

【X 型题】

1．**答案**：BD　　**考点**：重组 DNA 技术基本原理

解析：重组 DNA 技术中常用载体包括质粒、噬菌体、病毒和人工染色体等。

2．**答案**：ABCD　　**考点**：重组 DNA 技术基本过程

解析：重组 DNA 过程归纳为 5 个字：分切接转筛。包括获取目的基因；选择、构建克隆载体；目的基因与载体连接；重组分子导入受体细胞；筛选、扩增含重组分子的受体细胞；表达克隆基因。

3．**答案**：BC　　**考点**：重组 DNA 技术概念

解析：重组 DNA 技术（基因工程）是实现基因克隆所采用的方法及相关工作的统称，又称分子克隆或 DNA 克隆。

4．**答案**：ABD　　**考点**：重组 DNA 技术基本过程

解析：限制性核酸内切酶可识别 DNA 的特异序列，并在识别位点或其周围切割双链 DNA，形成 5'-黏性末端、3'-黏性末端和平端。

5．**答案**：CD　　**考点**：重组 DNA 技术基本过程

解析：重组 DNA 的目的主要是获得足够量的特异基因，以对其结构、功能进行分析改造，或为了获得特异基因表达产物。这些人们所感兴趣的基因或 DNA 序列就是目的基因。因此目的基因只能是 DNA。

二、名词解释

1．同源重组：发生在同源序列间的重组，又称基本重组。

2．特异位点重组：由整合酶催化，在两个 DNA 序列的特异位点间发生的整合。

3．转座重组：基因的转移或重排由插入序列或转座子介导。

4．DNA 克隆：应用酶学的方法，在体外将各种来源的 DNA 与载体 DNA 连接成具有自我复制能力的 DNA 分子，然后通过转化或转染宿主细胞，筛选出含有目的基因的转化子，再进行扩增、提取获得大量同一 DNA 分子。

5．限制性核酸内切酶：识别 DNA 的特异序列，并在识别位点或其周围切割双链 DNA 的一类内切酶。

6．基因组 DNA：是代表一个细胞或生物体整套遗传信息（染色体及线粒体）的所有 DNA 序列。

7．cDNA：经反转录合成的、与 RNA（通常为 mRNA 或病毒 RNA）互补的单链 DNA。以单链 DNA 为模板，经聚合反应可合成双链 cDNA。

三、问答题

1．（1）同源重组：发生在同源序列间的重组，又称基本重组。只发生在两个 DNA 分子的同源区，对序列的特异性没有要求。

（2）特异位点重组：由整合酶催化，在两个 DNA 序列的特异位点间发生的整合。

（3）转座重组：基因的转移或重排由插入序列或转座子介导。

2．重组 DNA 的目的主要是获得足够量的特异基因，以对其结构、功能进行分析改造，或为了获得特异基因表达产物。这些人们所感兴趣的基因或 DNA 序列就是目的基因。获取目的基因主要来源或途径是：化学合成；从基因组 DNA 文库或 cDNA 文库获取；PCR 法。

3．克隆是来自同一始祖的相同副本或拷贝的集合。获取同一拷贝的过程称为克隆化。DNA 克隆是应用酶学的方法，在体外将各种来源的 DNA 与载体 DNA 连接成具有自我复制能力的 DNA 分子，然后通过转化或转染宿主细胞，筛选出含有目的基因的转化子，再进行扩增、提取获得大量同一 DNA 分子。

4．原核和真核表达体系各自的优缺点：

	优点	缺点
原核系统	■ 简单 ■ 迅速 ■ 经济	■ 缺乏转录后加工机制、只能表达 cDNA ■ 不能对翻译产物修饰 ■ 常形成难溶的包涵体 ■ 难以大量表达可溶性蛋白质
真核系统	■ 有转录后加工机制、能表达 cDNA 和基因组 DNA ■ 可对翻译产物修饰 ■ 不形成难溶的包涵体 ■ 可大量表达可溶性蛋白质	■ 操作技术难 ■ 费时 ■ 费钱

5．(1) 疾病基因的发现与克隆：如脆性 X 综合征、Kallmann 综合征、镰状细胞贫血。

(2) 生物制药；

(3) 基因诊断与治疗；

(4) 遗传病的预防：包括产前诊断、携带者测试基因、症状前诊断和遗传病易感性测试等。

（赵　颖）

第二十四章　常用分子生物学技术的原理及其应用

第一节　学习要求

掌握：分子杂交的基本原理；分子杂交的常用技术。

熟悉：PCR技术的基本原理；PCR技术主要用途；各种生物大分子相互作用研究技术的原理与应用。

了解：核酸序列分析的基本原理；克隆和鉴定疾病相关基因的常用分子生物学技术；基因一级结构解析技术（DNA测序）的方法及原理；转基因技术、核转移技术和基因剔除技术的基本含义；生物芯片的基本原理和应用。

第二节　内容精要

一、分子杂交和印迹技术

（一）分子杂交和印迹技术的原理

分子杂交是利用DNA变性与复性来进行DNA或RNA定性或定量分析的技术，包括印迹技术和探针技术等。

- 印迹技术：待检测分子经电泳分离后转移至固相支持物，与互补序列探针结合。
- 探针技术：带特殊标记的核酸片段为探针，检测互补序列。

（二）印迹技术的类别和应用（表24-1）

- DNA印迹技术（Southern blotting）：用于基因组DNA的定性定量分析。
- RNA印迹技术（Northern blotting）：用于检测组织或细胞中已知mRNA的表达水平。
- 蛋白质印迹技术（Western blotting）：用于蛋白质定性定量及相互作用研究。

表24-1　印迹技术的种类

种类	Southern blotting	Northern blotting	Western blotting
检测样品	变性的DNA	变性的RNA	变性的蛋白质
样品的电泳分离	琼脂糖凝胶电泳（水平电泳）	琼脂糖凝胶电泳（水平电泳）	聚丙烯酰胺凝胶电泳（垂直电泳）
样品向膜转移	硝酸纤维素膜（NC膜）、正电荷尼龙膜	硝酸纤维素膜（NC膜）、正电荷尼龙膜	硝酸纤维素膜（NC膜）、聚偏二氟乙烯膜（PVDF膜）
探针	标记的DNA片段、标记的RNA片段	标记的DNA片段、标记的RNA片段	偶联酶或荧光素的抗体
样品检测	根据探针标记的种类	根据探针标记的种类	检测与抗体偶联的酶或荧光素

二、PCR 技术的原理与应用

（一）PCR 技术的工作原理和主要用途（表 24-2）

表24-2　PCR的原理与应用

	PCR 是三步骤的不断重复（一般为 25 ~ 30 个循环）		
	变性	退火	延伸
温度	95℃	50 ~ 60℃	72℃
涉及的原料	DNA 模板	DNA 模板和一对引物（forward primer 和 reverse primer）	耐热性 DNA 聚合酶（Taq 酶等），dNTP
功能	DNA 模板的双链分离成单链	一对引物分别与 DNA 模板互补配对	按照 DNA 模板指令在引物后添加互补的核苷酸链，延伸子链
产物	扩增百万倍以上的双链子代 DNA		
优点	特异性强、灵敏度高		
缺点	存在平台效应（plateau effect），不适用于定量分析		
用途	体外扩增基因、设计突变位点、微量核酸分析、核酸序列测定、基因突变分析		

（二）几种重要的 PCR 衍生技术（表 24-3）

表24-3　PCR的衍生技术

中文名称	英文名称	特点
反转录 PCR	Reverse transcription PCR	以 mRNA 为模板，先反转录成 cDNA，再进行 PCR
原位 PCR	In situ PCR	不破坏细胞形态先进行 PCR，再做核酸分子杂交，可直接在细胞中定位观察
锚定 PCR	Anchored PCR	仅已知一端引物序列，另一端加上 polyG 后采用 polyC 通用引物，进行 PCR
巢式 PCR	Nested PCR	两次 PCR，第一次扩增较大区域的 DNA 片段，从中再选择较小区域的 DNA 片段进行第二次扩增
实时定量 PCR	Real time PCR	利用荧光染料实时记录 PCR 扩增中子链 DNA 的含量，检测结果是一条动态曲线（普通 PCR 的结果只是终点检测），用于定量分析

三、DNA 测序技术

DNA 测序（DNA sequencing）是确定 DNA 分子碱基的种类、数量和排列顺序。DNA 测序技术是阐明和理解基因结构、基因功能、基因变异、基因表达调控的基础。

1．双脱氧法和化学降解法是两种常规的 DNA 测序方法（表 24-4）。

表24-4　两种常规的DNA测序方法对比

测序方法	基本原理	放射性标记	反应原料
Sanger双脱氧法	设立4组独立的反应体系，加入DNA聚合酶，以待测单链DNA为模板，dNTP为底物，加入不同的双脱氧核苷三磷酸（ddNTP）作为链延伸终止剂。在测序引物引导下，每个反应体系合成一系列长短不一的引物延伸链，经电泳分离和放射自显影，由合成链的序列推出模板链的序列	标记引物5'-端磷酸基	DNA聚合酶，待测DNA模板，引物，放射性标记的dNTP，ddNTP
化学降解法	将DNA片段的5'-端磷酸基作放射性标记，再用不同的化学试剂修饰和裂解特定碱基，产生一系列长度不一而5'-端被标记的DNA片段。这些片段群经电泳分离和放射自显影，确定各片段末端碱基，从而得出目的DNA的碱基序列	标记待测DNA片段的5'-端	放射性标记的DNA，修饰和裂解特定碱基的化学试剂

2．第一代全自动激光荧光DNA测序仪器基于双脱氧法（表24-5）

表24-5　第一代DNA测序技术

方法	全自动激光荧光DNA测序技术	杂交测序技术
原理	用4种不同的荧光染料标记4种终止底物ddNTP，然后进行Sanger测序反应，使DNA片段带上4种不同的颜色，产物经毛细管电泳分离后，用激光激发使之发射出4种不同荧光，检测器采集荧光信号，经计算机分析读出DNA序列	利用DNA杂交原理，将一系列已知序列的单链寡核苷酸片段固定在基片上，把待测DNA样品片段变性后与其杂交，根据杂交情况排列出样品的DNA序列
代表平台	ABI 3730XL测序平台	
序列读长	1 kb	
电泳	毛细管电泳	
PCR	需	
检测方法	荧光	
优点	长的序列读长，准确率高	检测速度快，成本低，具有部分二代测序技术的特点
局限性	单序列检测，通量低，成本高，0.5 $/kb	误差较大，不能重复测定

3．高通量DNA测序技术使基因测序走向医学实用

第二代（Roche/454 GS FLX、Illumina/Solexa和ABI/SOLiD）（表24-6）、第三代（HeliScope单分子测序仪、SMRT单分子测序技术和纳米孔单分子测序技术）和第四代高通量DNA测序技术共同特点都是实现了微量化、高通量并行化和低成本。

表24-6　第二代DNA测序技术

测序技术平台	Roche/454 GS FLX	Illumina/Solexa	ABI/SOLiD
测序原理	焦磷酸测序法，在DNA聚合酶、ATP硫酸化酶、荧光素酶和三磷酸腺苷双磷酸酶作用下，将引物上每一个dNTP的聚合与一次荧光信号的释放偶联起来，通过检测荧光的释放和强度，达到实时测定DNA序列的目的	可逆链终止物和合成测序法，利用DNA聚合酶和带有4种荧光标记的dNTP，其3'-羟基末端带有可化学切割的保护基团，只容许每次加上一个碱基。用激光扫描反应板表面，读取每条模板序列第一轮反应聚合上去的核苷酸种类。之后，将保护基团化学切割，恢复3'-端黏性，继续聚合第二个核苷酸。以此类推，统计每轮收集到的荧光信号，就可得知每个模板DNA片段的序列	SOLiD通过连接反应进行测序。在连接酶的催化作用下以四色荧光标记的8碱基单链dNTP进行连续的连接合成，取代传统的聚合酶连接反应

续表

测序技术平台	Roche/454 GS FLX	Illumina/Solexa	ABI/SOLiD
序列读长	400 bp	100 bp	50 bp
电泳	不需	不需	不需
PCR	乳液 PCR	桥式 PCR	乳液 PCR
检测方法	荧光	荧光	荧光
单次反应数据量（Gb）	0.5	20	50
优点	长的读长	通量较高，低成本	高通量，高准确度
局限性	同聚物测量准确度低	读长较短	读长短，测序时间较长

四、生物芯片技术

生物芯片技术主要应用于基因表达检测、基因突变检测、基因诊断、功能基因组研究、基因组作图、杂交测序和新基因的发现等多个方面（表 24-7）。

表24-7　生物芯片的分类

种类	基因芯片（gene chip）	蛋白质芯片（protein chip）
原理	基因芯片是指将许多特定的 DNA 片段作为探针，有规律地紧密排列固定于单位面积的支持物上，然后与待测的荧光标记样品进行杂交，杂交后用激光共聚焦荧光检测系统等对芯片进行扫描，通过计算机系统对每一探针位点的荧光信号做出检测、比较和分析，从而迅速得出定性和定量的结果。该技术亦称 DNA 微阵列（DNA microarray）	蛋白质芯片是将高度密集排列的蛋白质分子作为探针点阵固定在固相支持物上，当与待测蛋白样品反应时，可捕获样品中的靶蛋白，再经检测系统对靶蛋白进行定性和定量分析。该技术具有快速和高通量等特点
应用	基因差异表达、基因诊断、司法鉴定等	蛋白质差异表达、信号通路分析、药物开发、疾病诊断等

五、蛋白质的分离、纯化与结构分析

（一）蛋白质的分离方法

1．有机溶剂沉淀、盐析及免疫沉淀是常用的蛋白质浓缩方法。

2．透析及超滤法可去除蛋白质溶液中的小分子化合物。

3．利用荷电性质可电泳分离蛋白质。

4．层析分离蛋白质。

5．利用蛋白质颗粒沉降行为不同可进行超速离心分离。

（二）蛋白质结构分析

分析已纯化蛋白质的氨基酸残基组成

↓

测定多肽链的氨基末端与羧基末端为何种氨基酸残基

↓

把肽链水解成片段，分别进行分析

↓

测定各肽段的氨基酸排列顺序，一般采用 Edman 降解法

↓

一般需用数种水解法，并分析出各肽段中的氨基酸顺序，
然后经过组合排列对比，最终得出完整肽链中氨基酸顺序的结果

六、生物大分子相互作用研究技术（表24-8、表24-9）

表24-8　蛋白质-蛋白质相互作用的常用研究方法

方法	酵母双杂交（yeast two-hybrid system）	标签蛋白沉淀（tagged protein precipitation）	免疫共沉淀（co-immunoprecipitation）	荧光共定位（fluorescence co-localization）
原理	分别把A蛋白、B蛋白与酵母转录因子GAL4的DNA结合区（BD）、转录激活区（AD）相融合，如果A、B蛋白相互作用则下游基因表达	给A蛋白加上标签（GST，His等），体外与B蛋白孵育，亲和纯化标签-A-B复合物，变性电泳后可见A、B蛋白出现在同一泳道	细胞在非变性条件下被裂解时，蛋白质-蛋白质相互作用被保留。用抗蛋白A的抗体把A-B复合物沉淀下来，变性电泳后可见A、B蛋白出现在同一泳道	用抗蛋白A、B的两种抗体（标有不同荧光素），对完整的细胞进行免疫荧光染色，将两种颜色的图像叠加观察双色是否重叠
优点	钓取大量未知的相互作用蛋白质	证明两种蛋白直接物理结合	体内结合实验	体内实验并且能亚细胞定位
缺点	酵母系统与高等生物差异性大，可能存在假阳性	体外结合实验	不能说明是直接结合还是间接结合	没有结合证据，只提示二者存在于细胞的同一部位

表24-9　DNA-蛋白质相互作用的常用研究方法

方法	电泳迁移率变动测定（EMSA）	染色质免疫沉淀（ChIP）
原理	非变性电泳时，寡核苷酸探针-蛋白质复合物的迁移速率慢于游离探针，表现为条带滞后，如果再加入蛋白质的抗体，则寡核苷酸探针-蛋白质-抗体复合物的条带将更加滞后	活细胞状态下用交联剂固定蛋白质-DNA复合物，随机切断染色质，用抗体将蛋白质-DNA复合物沉淀下来，再进行PCR扩增检测相应的DNA序列
优点	证明转录因子和顺式作用元件直接的物理结合，用竞争实验可明确结合位点	体内结合实验
缺点	体外结合实验	不能说明是直接结合还是间接结合

第三节　应试习题

一、选择题（题目前*表示西医综合题目，题目前#表示执业医师题目）

【A1型题】

1．Northern blotting的基本过程是
   A．将DNA转移到膜上，用DNA探针杂交
   B．将RNA转移到膜上，用DNA探针杂交
   C．将DNA转移到膜上，用蛋白质做探针杂交
   D．将RNA转移到膜上，用RNA探针杂交
   E．将DNA转移到膜上，用RNA探针杂交

2．Southern blotting的基本过程是
   A．将DNA转移到膜上，用DNA探针杂交
   B．将蛋白质转移到膜上，用抗体做探针杂交
   C．将RNA转移到膜上，用DNA探针杂交
   D．将DNA转移到膜上，用RNA探针杂交
   E．将RNA转移到膜上，用RNA探针杂交

3．Western blotting的基本过程包括
   A．将DNA转移到膜上，用DNA探针杂交
   B．将蛋白质转移到膜上，用抗体做探针杂交
   C．将RNA转移到膜上，用DNA探针杂交
   D．将DNA转移到膜上，用RNA探针杂交
   E．将RNA转移到膜上，用RNA探针杂交

4．下列**不能**用做探针的分子是
   A．人工合成的寡核苷酸片段

B．克隆的基因组 DNA
C．cDNA
D．RNA
E．酶

5．印迹技术的操作程序是
A．电泳→转移→杂交→显色
B．杂交→电泳→转移→显色
C．电泳→显色→转移→杂交
D．转移→电泳→杂交→显色
E．显色→电泳→转移→杂交

6．PCR 技术不能用于
A．目的基因的克隆
B．基因的体外突变
C．DNA 的微量分析
D．DNA 序列测定
E．蛋白质含量测定

7．RT-PCR 可以用于
A．DNA 序列测定
B．RNA 结构分析
C．蛋白质表达分析
D．基因表达分析
E．蛋白质氨基酸序列分析

8．关于基因文库的描述，正确的是
A．包括细胞内所有的蛋白质的信息
B．包括基因组 DNA 文库和 cDNA 文库
C．是指某一基因外显子数目
D．可以通过 DNA 末端合成终止法获得
E．不需要进行 DNA 片段重组载体就可获得

9．用于检测体外蛋白质 - 蛋白质相互作用的技术是
A．GST pull-down 实验
B．免疫沉淀（CoIP）
C．原位杂交
D．Western blotting
E．PCR 技术

10．用于检测体内蛋白质 - 蛋白质相互作用的技术是
A．GST pull-down 实验
B．免疫沉淀（CoIP）
C．原位杂交
D．Western blotting
E．PCR 技术

11．用于检测体内 DNA-蛋白质相互作用的技术是
A．染色质免疫沉淀（ChIP）
B．电泳迁移率变动测定（EMSA）
C．GST pull-down 实验
D．酵母双杂实验
E．免疫沉淀（CoIP）

12．用于检测体外 DNA-蛋白质相互作用的技术是
A．染色质免疫沉淀（ChIP）
B．电泳迁移率变动测定（EMSA）
C．GST pull-down 实验
D．酵母双杂实验
E．免疫沉淀（CoIP）

【A2 型题】

1．RFLP（Restriction Fragment Length Polymorphism，限制性内切酶片段长度多态性）作为第一代分子生物学标记自问世以来已广泛运用于多门生物学科研究中，该技术应用于遗传病的诊断始于 1981 年。RFLP 是指基因型之间限制性片段长度的差异，请问在分析 RFLP 时，下列哪种实验方法最有可能被用到
A．染色质免疫沉淀（ChIP）
B．电泳迁移率变动测定（EMSA）
C．Western blotting
D．Northern blotting
E．Southern blotting

2．王博士在实验中发现 X 蛋白可以激活 Y 基因的表达，因此推测 X 可以作为转录因子结合到 Y 基因的启动子区，请问他可以用下列哪种实验方法证明他的假设
A．染色质免疫沉淀（ChIP）
B．免疫沉淀（CoIP）
C．Western blotting
D．Northern blotting
E．Southern blotting

【B 型题】

A．将 DNA 转移到膜上，用 DNA 探针杂交
B．将 RNA 转移到膜上，用 DNA 探针杂交
C．将蛋白质转移到膜上，用抗体做探针杂交
D．将 RNA 转移到膜上，用 RNA 探针杂交
E．将 DNA 转移到膜上，用 RNA 探针杂交

1．Southern blotting 的基本过程包括
2．Northern blotting 的基本过程包括
3．Western blotting 的基本过程包括

A．GST pull-down
B．电泳迁移率变动测定（EMSA）
C．基因芯片
D．ChIP
E．PCR

4．用于研究体外蛋白质 - 蛋白质相互作用技术的是
5．用于研究体外 DNA-蛋白质相互作用技术的是
6．用于研究体内 DNA-蛋白质相互作用技术的是

【X 型题】

1．用于研究蛋白质 - 蛋白质相互作用的技术有
A．电泳迁移率变动测定
B．标签蛋白沉淀
C．酵母双杂交技术
D．免疫共沉淀

2．用于研究 DNA-蛋白质相互作用的技术有
A．标签蛋白沉淀
B．电泳迁移率变动测定
C．酵母双杂交技术
D．ChIP 技术

3．*PCR 及其衍生技术主要应用于 (2014)
A．基因的体外突变
B．目的基因克隆
C．DNA 序列分析
D．基因表达检测

4．常用于研究基因表达的分子生物学技术有
A．Northern blotting
B．Southern blotting
C．Western blotting
D．RT-PCR

二、名词解释

1．PCR（polymerase chain reaction）
2．电泳迁移率变动测定（electrophoretic mobility shift assay）
3．染色质免疫沉淀（chromatin immu-noprecipitation）
4．基因芯片（gene chip）

三、问答题

1．简述至少 3 种由 PCR 技术衍生出来的技术及其应用。
2．常用于研究 DNA 与蛋白质相互作用的方法有哪些？其原理分别是什么？
3．常用于研究蛋白质与蛋白质相互作用的方法有哪些？其原理分别是什么？
4．简述印迹技术的种类及应用。
5．生物芯片的原理是什么？有何主要用途？

第四节　参考答案及解析

一、选择题

【A1 型题】

1．**答案：**B　　**考点：**常用分子生物学技术原理和应用

解析：Northern blotting 从组织或细胞提取的 RNA 进行凝胶电泳，再将凝胶中的 RNA 分子转移到纤维素或尼龙膜上进行分子杂交反应。杂交反应可以用合成的寡核苷酸片段作为探针，也可以用 DNA 片段作为探针。

2．**答案：**A　　**考点：**常用分子生物学技术原理和应用

解析：Southern blotting 从组织或细胞提取的基因组 DNA 经限制性内切酶消化后进行凝胶电泳，

再将胶中的 DNA 分子转移到硝酸纤维素（nitrocellulose，NC）或尼龙膜上。固定后再进行分子杂交反应。

3．**答案：**B　　**考点：**常用分子生物学技术原理和应用
解析：Western blotting 从组织或细胞中提取的蛋白质进行聚丙烯酰胺凝胶电泳，再将胶中的蛋白质分子转移到硝酸纤维素（NC）膜上。先用特异性抗体（第一抗体）与膜上相应蛋白质反应，再用碱性磷酸酶、辣根过氧化物酶或放射性同位素标记的第二抗体与之结合。反应之后用底物显色、化学发光或放射自显影来检测蛋白质区带的信号。

4．**答案：**E　　**考点：**常用分子生物学技术原理和应用
解析：探针为可标记的核酸分子。

5．**答案：**A　　**考点：**常用分子生物学技术原理和应用
解析：印迹技术是待检测分子经电泳分离后转移至固相支持物，与互补序列探针结合。

6．**答案：**E　　**考点：**常用分子生物学技术原理和应用
解析：PCR 技术的主要用途：目的基因的克隆；基因的体外突变；DNA 和 RNA 的微量分析；DNA 序列测定；基因突变分析。

7．**答案：**D　　**考点：**常用分子生物学技术原理和应用
解析：反转录 PCR 是 RNA 的反转录和 PCR 相结合的一项技术。首先以 RNA 为模板，在反转录酶的作用下合成 cDNA，再以 cDNA 为模板通过 PCR 反应来扩增目的基因。该技术具有灵敏度高、特异性强和省时等优点，是对 RNA 进行半定量分析的常用技术。

8．**答案：**B　　**考点：**常用分子生物学技术原理和应用
解析：基因文库是指一个包含了某一生物体全部基因信息的克隆群体，可分为基因组 DNA 文库和 cDNA 文库

9．**答案：**A　　**考点：**常用分子生物学技术原理和应用
解析：标签蛋白沉淀（IP）和 GST pull-down 用于研究蛋白质与蛋白质相互作用，其中 IP 用于体内，GST pull-down 用于体外。

10．**答案：**B　　**考点：**常用分子生物学技术原理和应用
解析：见第 9 题解析。

11．**答案：**A　　**考点：**常用分子生物学技术原理和应用
解析：电泳迁移率变动测定（EMSA）和 ChIP 技术用于研究 DNA 与蛋白质相互作用，其中 EMSA 用于体外，ChIP 用于体内。

12．**答案：**B　　**考点：**常用分子生物学技术原理和应用
解析：参见第 11 题解析。

【A2 型题】

1．**答案：**E　　**考点：**常用分子生物学技术原理和应用
解析：RFLP 技术主要包括以下基本步骤：DNA 提取→用限制性内切酶酶切 DNA →用凝胶电泳分开 DNA 片段→把 DNA 片段转移到滤膜上→利用放射性标记的探针杂交显示特定的 DNA 片段和结果分析。而 Southern blotting 主要用于 DNA 的定性和定量的分析，因此利用放射性标记的探针杂交显示特定的 DNA 片段一步即 Southern blotting。

2．**答案：**A　　**考点：**常用分子生物学技术原理和应用
解析：电泳迁移率变动测定（EMSA）和 ChIP 技术用于研究 DNA 与蛋白质相互作用，其中 EMSA

用于体外，ChIP 用于体内。

【B 型题】

1．**答案**：A 2．**答案**：B 3．**答案**：C **考点**：常用分子生物学技术原理和应用

解析：Southern blotting 是从组织或细胞提取的基因组 DNA 经限制性内切酶消化后进行凝胶电泳，再将胶中的 DNA 分子转移到硝酸纤维素（NC）或尼龙膜上，固定后再进行分子杂交反应。Northern blotting 从组织或细胞提取的 RNA 进行凝胶电泳，再将凝胶中的 RNA 分子转移到纤维素或尼龙膜上进行分子杂交反应。Western blotting 从组织或细胞中提取的蛋白质进行聚丙烯酰胺凝胶电泳，再将胶中的蛋白质分子转移到硝酸纤维素（NC）膜上。先用特异性抗体（第一抗体）与膜上相应蛋白质反应，再用碱性磷酸酶、辣根过氧化物酶或放射性同位素标记的第二抗体与之结合。反应之后用底物显色、化学发光或放射自显影来检测蛋白质区带的信号。

4．**答案**：A 5．**答案**：B 6．**答案**：D **考点**：常用分子生物学技术原理和应用

解析：标签蛋白沉淀（IP）和 GST pull-down 用于研究蛋白质与蛋白质相互作用，其中 IP 用于体内，GST pull-down 用于体外；电泳迁移率变动测定（EMSA）和 ChIP 技术用于研究 DNA 与蛋白质相互作用，其中 EMSA 用于体外，ChIP 用于体内。

【X 型题】

1．**答案**：BCD **考点**：常用分子生物学技术原理和应用

解析：电泳迁移率变动测定用于研究 DNA 与蛋白质相互作用，其他三种技术用于研究蛋白质与蛋白质相互作用。

2．**答案**：BD **考点**：常用分子生物学技术原理和应用

解析：标签蛋白沉淀和酵母双杂交技术用于研究蛋白质与蛋白质相互作用，电泳迁移率变动测定和 ChIP 技术用于研究 DNA 与蛋白质相互作用。

3．**答案**：ABCD **考点**：常用分子生物学技术原理和应用

解析：PCR 技术主要应用于目的基因的克隆，目前该技术是快速获得已知序列目的基因片段的主要方法。另外利用 PCR 技术可以随意设计引物在体外对目的片段进行嵌合、缺失、点突变等改造，即基因的体外突变。其次将 PCR 技术引入 DNA 序列测定，使测定工作大为简化，并提高了测定的速度。基因表达产物的分析包括在 RNA 水平和蛋白质水平的检测。在 RNA 水平上对基因进行定性、定量分析的方法中最常用的是 RT-PCR（反转录 PCR），且实时 RT-PCR 是定量分析基因表达的最灵敏和准确的方法。

4．**答案**：ACD **考点**：常用分子生物学技术原理和应用

解析：研究基因表达需检测其表达产物即转录的 RNA 及翻译的蛋白质。Northern blotting 主要用于检测某一组织或细胞中特定的 mRNA 的表达水平，也可比较不同组织或细胞中同一基因的表达情况。RT-PCR 是从组织或细胞中获得目的基因及对已知序列的 RNA 进行定性、定量分析的最有效方法。Western blotting 即蛋白质印记技术，其用于检测样品中特定蛋白质的存在及进行半定量分析。而 Southern blotting 即 DNA 印记技术，主要用于基因组 DNA 的定性和定量的分析。

二、名词解释

1．PCR：即聚合酶链反应，是一种体外扩增 DNA 分子特异片段的分子生物学技术。

2．电泳迁移率变动测定：是一种检测蛋白质和 DNA 序列体外相互结合的技术，利用蛋白质的结合将增大特定寡核苷酸探针分子量，在凝胶中的电泳速度将慢于游离探针这一现象。

3．染色质免疫沉淀：是一种用于研究体内 DNA 与蛋白质相互作用的技术。在活细胞状态下固定蛋白

质-DNA复合物，并将其随机切断为一定长度范围内的染色质小片段，然后通过免疫学方法沉淀此复合体，再利用PCR技术特异性地富集目的蛋白结合的DNA片段，从而获得蛋白质与DNA相互作用的信息。

4．基因芯片：指将许多特定的DNA片段作为探针，有规律地紧密排列固定于单位面积的支持物上，然后与待测的荧光标记样品进行杂交，杂交后用激光共聚焦荧光检测系统等对芯片进行扫描，通过计算机系统对每一探针位点的荧光信号做出检测、比较和分析，从而迅速得出定性和定量的结果。该技术亦称DNA微阵列。

三、问答题（答题要点）

1．（1）反转录PCR：是RNA的反转录和PCR相结合的一项技术。首先以RNA为模板，在反转录酶的作用下合成cDNA，再以cDNA为模板通过PCR反应来扩增目的基因。该技术具有灵敏度高、特异性强和省时等优点，是对RNA进行半定量分析的常用技术。

（2）原位PCR：是将PCR与原位杂交相结合的一项技术。首先在福尔马林固定、石蜡包埋的组织切片或细胞涂片上的单个细胞内进行PCR反应，然后用特异性探针进行原位杂交，即可检出待测DNA或RNA是否在该组织或细胞中存在。原位PCR方法弥补了PCR技术和原位杂交技术的不足，是将目的基因的扩增与定位相结合的一种最佳方法。

（3）实时PCR技术：其基本原理是引入了荧光标记分子，使得在PCR反应中产生的荧光信号与PCR产物量成正比，对每一反应时刻的荧光信号进行实时分析，计算出PCR产物量。根据动态变化数据，可以精确计算出样品中最初的核酸含量差异。实时PCR技术实现了PCR反应从定性到定量的飞跃，目前已逐步得到广泛的应用。

2．（1）电泳迁移率变动测定（EMSA）：

基本原理：利用蛋白质的结合将增大特定寡核苷酸探针分子量，在凝胶中的电泳速度将慢于游离探针这一现象，即表现为条带相对滞后。

（2）染色质免疫沉淀法（ChIP）：

基本原理：在活细胞状态下固定蛋白质-DNA复合物，并将其随机切断为一定长度范围内的染色质小片段，然后通过免疫学方法沉淀此复合体，再利用PCR技术特异性地富集目的蛋白结合的DNA片段，从而获得蛋白质与DNA相互作用的信息。

3．（1）标签蛋白沉淀技术：

基本原理：利用一种带有特定标签（tag）的纯化融合蛋白作为钓饵，在体外与另一种待检测的纯化蛋白温育，然后用可以结合蛋白标签的琼脂糖珠将融合蛋白沉淀回收，蛋白电泳分析洗脱液即可知道两者是否存在相互作用。如果两种蛋白有直接的结合，待检测蛋白将与融合蛋白同时被琼脂糖珠沉淀（pull-down），在电泳胶中可以检测到相应条带。目前最常用的特定标签是GST和His标签。

（2）酵母双杂交技术：

基本原理：将编码蛋白X的DNA序列与GAL4分子的BD基因融合，形成诱饵基因；将编码蛋白Y的DNA序列与GAL4分子的AD基因融合，形成猎物基因。在GAL4调控启动子的下游融合有报告基因，报告基因的产物可以是一些特殊的酶（如β-半乳糖苷酶），用其底物β-半乳糖（β-Gal）反应可以进行颜色筛选。当用两个融合基因同时转化酵母细胞时，如果X蛋白和Y蛋白不存在相互作用，就不能激活报告基因的转录；如果X和Y可相互作用，便会使BD和AD靠近重新形成一个有效的转录激活因子，激活报告基因的转录。通过检测报告基因是否转录便可确定蛋白X与蛋白Y是否有相互作用。

4．（1）DNA印迹技术：用于基因组DNA的定性定量分析。

（2）RNA 印迹技术：用于检测组织或细胞中已知 mRNA 的表达水平。

（3）蛋白质印迹技术：用于蛋白质定性定量及相互作用研究。

5.（1）基因芯片：

基本原理：将许多特定的 DNA 片段作为探针，有规律地紧密排列固定于单位面积的支持物上，然后与待测的荧光标记样品进行杂交，杂交后用激光共聚焦荧光检测系统等对芯片进行扫描，通过计算机系统对每一探针位点的荧光信号做出检测、比较和分析，从而迅速得出定性和定量的结果。该技术亦称 DNA 微阵列。

应用：分析不同组织细胞或同一细胞不同状态下的基因差异表达情况。

（2）蛋白质芯片：

基本原理：将高度密集排列的蛋白质分子作为探针点阵固定在固相支持物上，当与待测蛋白样品反应时，可捕获样品中的靶蛋白，再经检测系统对靶蛋白进行定性和定量分析。该技术具有快速和高通量等特点。

应用：该技术可以对整个基因组水平的上千种蛋白质同时进行分析，是蛋白质组学研究的重要手段之一，已广泛应用于蛋白质表达谱、蛋白质功能、蛋白质间相互作用的研究。在临床疾病的诊断和新药开发的筛选上也有很大的应用潜力。

（赵　颖）

第二十五章　基因结构功能分析和疾病相关基因鉴定克隆

第一节　学习要求

掌握： 基因结构分析技术：基因转录起始位点、启动子、编码序列的分析技术；基因表达产物分析技术：RNA 水平、蛋白质水平的分析方法；基因功能鉴定技术：转基因、基因敲入、基因敲除、基因沉默（RNA 干涉、反义 RNA）。

熟悉： 利用数据库查找基因序列；cDNA 末端快速扩增技术鉴定转录起始位点（RACE）；通过序列比对预测基因功能。

了解： 基因一级结构解析技术（DNA 测序）的方法及原理；利用数据库分析转录起始点、预测启动子、分析基因编码序列；利用相应数据库分析基因功能及可能参与的信号转导通路；疾病相关基因鉴定和克隆原则及策略和方法。

第二节　内容精要

一、基因结构分析

（一）鉴定基因的顺式元件是了解基因表达的关键

1．通过生物信息学、cDNA 文库和 RNA 剪接分析法确定编码序列（表 25-1）

表25-1　基因编码序列分析技术

主要方法	原理	方法分类	适用范围
数据库分析基因编码序列	在基因数据库中，对 cDNA 片段的序列进行同源比对，通过染色体定位、内含子 / 外显子、ORF 及表达谱等分析	NCBI 的 ORF Finder 软件；EMBOSS 中的 getorf 软件	初步明确基因编码序列
cDNA 文库法分析基因编码序列	以细胞全部 mRNA 为模板构建全长 cDNA 文库，再用不同技术获得基因编码序列	5'-和 3'-RACE 技术	能高效钓取未知基因的编码序列
		核酸杂交法	能获得特定基因编码序列，为寻找同源编码序列提供可能
RNA 剪接分析法确定基因编码序列	选择性剪接的转录产物可通过基因表达序列标签（EST）的比较进行鉴定	DNA 芯片分析法	外显子 DNA 芯片
		交联免疫沉淀法	RNA-蛋白质交联
		体外报告基因测定法	将 RNA 剪接作为活化报告基因的因素

2．采用生物信息学、启动子克隆法和核酸 - 蛋白质相互作用法确定启动子（表 25-2）

表25-2　基因启动子结构分析技术

方法	原理	优点	缺点
生物信息学预测	用 EPD（eukaryotic promoter database）和 TRRD（transcription regulatory region database）数据库寻找启动子的特征结构	快速提供信息	需要实验进一步验证
PCR 结合测序技术	以 PCR 法扩增启动子，经测序分析启动子序列结构	简单、直接	只能鉴定已知基因的启动子序列
酶足迹法（enzymatic footprinting）	利用 DNA 酶Ⅰ（DNase Ⅰ）或核酸外切酶Ⅲ处理目的 DNA 与核抽提物或特异因子结合形成的 DNA-蛋白质复合物，受到蛋白质保护的 DNA-蛋白质结合区域不能被切割，在电泳上形成空白区域，对该区域 DNA 进行克隆和测序	可鉴定蛋白质结合区 DNA 的精确序列	是体外结合实验
化学足迹法（chemical footprinting）	利用能切断 DNA 骨架的化学试剂处理 DNA- 蛋白质复合物，由于化学试剂无法接近结合了蛋白质的 DNA 区域，因此在电泳上形成空白区域，对该区域 DNA 进行克隆和测序。最常用的是羟自由基足迹法	足迹更小，更有利于确定蛋白质在 DNA 上的结合位点	是体外结合实验
电泳迁移率变动分析（electrophoretic mobility shift assay，EMSA）	将标记的 DNA 与核抽提物或特异因子结合后，经非变性凝胶电泳和放射自显影显示出标记 DNA 的位置。标记 DNA-蛋白质复合物的电泳速度慢于游离的标记 DNA，因此条带位置滞后	鉴定蛋白质与 DNA 序列特异性结合的能力	是体外结合实验，只能确定 DNA 序列中含有核蛋白的结合位点，还需结合足迹实验和测序技术确定具体结合序列
染色质免疫沉淀（chromatin immunoprecipitation assay，ChIP）技术	用化学交联试剂固定 DNA- 蛋白质复合物，并将其随机切断为一定长度的染色质小片段，然后通过 IP，再经 PCR 富集目的蛋白结合的 DNA 片段	是细胞内的结合实验	只能确定 DNA 序列中含有核蛋白的结合位点，还需结合足迹实验和测序技术确定具体结合序列

3．采用生物信息学、直接克隆测序法和 5'-RACE 法确定转录起始点（表 25-3）

表25-3　基因转录起始点分析技术

方法	数据库搜索 TSS	cDNA 克隆直接测序法	5'-cDNA 末端快速扩增技术（5'-RACE）
原理	搜索 TSS 数据库（DBTSS）。对 TSS 的确切了解具有重要意义，可更准确预测翻译起始位点；可搜索决定 TSS 的核苷酸序列，可更精确分析上游调控区域（启动子）	对 mRNA 经逆转录合成的全长 cDNA 进行克隆，对克隆 cDNA 的 5'-末端进行测序分析即可确定基因的 TSS 序列	mRNA 的 5'-末端去除磷酸基和帽子结构，加 5'-RACE 接头后逆转录合成 cDNA，对其进行巢式 PCR，对产物 5'-末端进行测序分析即可确定 TSS 序列。常用技术包括 5'-末端基因表达系列分析（5'-SAGE）和帽分析基因表达（CAGE）技术
优点	可进行与已知转录因子结合位点相似部位的定位	操作简单，适于对特定基因 TSS 进行分析	可同时分析多个基因的 TSS 序列
缺点		需全长 cDNA，易出错	需 PCR 扩增基因片段

（二）检测基因的拷贝数是了解基因表达丰度的重要因素（表 25-4）

表25-4　基因拷贝数分析技术

方法	DNA 印迹（Southern 印迹）	实时定量 PCR 技术	DNA 测序
原理	根据探针信号出现的位置和次数判断基因的拷贝数	通过被扩增基因在数量上的差异推测模板基因拷贝数的异同	是最精确的鉴定基因拷贝数的方法

（三）分析基因表达产物可采用组学方法和特异性测定方法

1．通过检测 RNA 在转录水平分析基因表达（表 25-5）

表25-5　检测RNA表达水平的分析技术

主要技术		原理和特点
核酸杂交法	RNA 印迹分析	鉴定 RNA 转录本、分析其大小的标准方法。可用于确证通过差异显示 RT-PCR 或 DNA 芯片等技术获得的差异表达 RNA
	核糖核酸酶保护实验	将标记的 RNA 探针与总 RNA 样品杂交，未结合的单链 RNA 被 RNA 酶消化，而与 RNA 探针结合形成的双链 RNA 受到保护不被 RNA 酶消化，经电泳后得到待测 RNA 片段。可对 RNA 进行丰度分析和结构研究
	RNA 原位杂交	设计与目标 RNA 序列互补的寡核苷酸探针，利用杂交原理在组织原位检测 RNA 的技术，可对 RNA 进行定位和定量分析
PCR 技术	逆转录 PCR	可对 RNA 进行定性和半定量分析
	实时定量 PCR	可对 RNA 进行定量分析，简便快速，灵敏度和特异性高
芯片技术	基因芯片	cDNA 芯片可对不同状态下的基因表达谱进行高通量比较和分析，揭示转录组差异表达的规律，成本高
	循环芯片测序技术	应用二代测序技术可对 RNA 进行扫描、定量和鉴定，对全基因组进行广谱表达研究等，通量极高

2．通过检测蛋白质 / 多肽在翻译水平分析基因表达（表 25-6）

（1）用蛋白印迹技术检测蛋白质 / 多肽；

（2）用酶联免疫吸附实验分析蛋白质 / 多肽；

（3）用免疫组化实验原位检测组织 / 细胞表达的蛋白质 / 多肽；

（4）用流式细胞术分析表达特异蛋白质的阳性细胞；

（5）用蛋白质芯片分析蛋白质 / 多肽表达水平；

（6）双向电泳高通量分析蛋白质表达谱。

表25-6　检测蛋白质/多肽表达水平的分析技术

主要技术	英文名称	原理和特点
蛋白质免疫印迹技术	Western blotting	将蛋白质转移到固相支持物上后进行抗原 - 抗体反应，是体外结合实验
酶联免疫吸附实验	ELISA	建立在抗原 - 抗体反应基础上，用于测定可溶性抗原或抗体。是体外结合实验
免疫组化实验	Immunohistochemistry	用标记的抗体在组织 / 细胞原位对目标抗原进行定性、定量、定位检测。是体内结合实验
流式细胞术	Flow cytometry	用荧光标记的抗体与抗原结合，经流式细胞仪分析荧光信号，根据细胞表达特定蛋白质的水平对某种蛋白质阳性细胞做出判断。可对细胞进行分选，是细胞内结合实验
蛋白质芯片	Protein chip	蛋白质检测芯片可识别样品中的目标多肽；蛋白质功能芯片可用来研究蛋白质修饰和蛋白质相互作用。成本高，难操作。是体外结合实验
双向电泳	2D-gel	可同时分离成百上千的蛋白质，结合质谱技术可对差异表达的蛋白质进行鉴定

二、基因功能分析

（一）生物信息学全面了解基因已知的结构和功能

（二）基因发挥作用的本质是其编码产物的生物学功能

（三）利用工程细胞研究基因在细胞水平的功能

1．采用基因重组技术建立基因高表达工程细胞系

2．基因沉默技术抑制特异基因的表达

（四）利用基因修饰动物研究基因在体功能

1．用功能获得策略鉴定基因功能（表 25-7）

（1）用转基因技术获得基因功能；

（2）用基因敲入技术获得基因功能。

表25-7　基因功能获得的主要技术

主要技术		原理和概念	不同点	相同点
转基因技术		将外源基因导入受精卵或胚胎干细胞，通过随机重组使外源基因插入细胞染色体 DNA，随后将受精卵或 ES 细胞植入假孕受体动物的子宫，使外源基因能够随细胞分裂遗传给后代。用转基因技术培育出的动物称为转基因动物	随机重组，不能去除或替换固有基因	都是将目的基因直接导入某一细胞或个体中，使其获得新的或更高水平的表达，通过细胞或个体生物性状的变化来研究基因功能
基因敲入技术	基因敲入	通过同源重组的方法，用某一基因替换另一基因，或将一个设计好的基因片段插入到基因组的特定位点，使之表达并发挥作用。基因敲入是基因打靶技术的一种	同源重组，能去除和（或）替换生物体内的固有基因	
	基因打靶	是一种按预期方式准确改造生物遗传信息的实验手段。除基因敲入外，基因打靶还包括基因敲除、点突变、缺失突变、染色体大片段删除等		

2．用功能失活策略鉴定基因功能（表 25-8）

（1）用基因敲除技术使基因功能完全缺失；

（2）用基因沉默技术使基因功能部分缺失。

表25-8　基因功能失活的主要技术

主要技术		原理和概念	不同点	相同点
基因敲除技术	整体性基因敲除	属于基因打靶技术的一种，利用同源重组的原理，在 ES 细胞中定点破坏内源基因，获得带有预定基因缺陷的杂合子，通过遗传育种最终获得目的基因缺陷的纯合个体	利用同源重组的原理，将靶基因敲除	本质都是将细胞或个体的某一基因功能部分或全部失活后，通过观察细胞生物学行为或个体遗传性状表型的变化来鉴定基因的功能
	条件性基因敲除	可更精确地在时间和空间上操作基因靶位，理论上可达到对任何基因在不同发育阶段和不同器官、组织的选择性敲除。目前主要有 Cre/loxP、TALEN、ZFN 和 CRISPR/Cas9 等基因组编辑技术		
基因沉默技术	RNA 干扰技术	利用 RNAi 可在短时间内高效特异地抑制靶基因的表达，可以很方便地研究基因的功能	利用反义技术，在转录或翻译水平特异性阻断（或封闭）靶基因的表达，靶基因并没有被敲除	
	miRNA 技术	通过与 mRNA 不完全互补配对结合而抑制翻译，一种 miRNA 可沉默多个靶基因		
	反义 RNA 技术	通过反义 RNA 与细胞中的 mRNA 特异性结合，从而抑制相应 mRNA 的翻译		
	核酶技术	核酶通过剪切靶 RNA 分子而抑制基因的表达		

3．用随机突变筛选策略鉴定基因功能。

4．利用基因编辑技术鉴定基因功能。

三、疾病相关基因鉴定和克隆原则

1．鉴定克隆疾病相关基因的关键是确定疾病表型和基因间的实质联系。

2．鉴定克隆疾病相关基因需要多学科多途径的综合策略。

3．确定候选基因是多种克隆疾病相关基因方法的交汇。

四、疾病相关基因鉴定克隆的策略和方法

（一）疾病相关基因鉴定克隆可采用不依赖染色体定位的策略

1．从已知蛋白质的功能和结构出发克隆疾病相关基因

（1）依据蛋白质的氨基酸序列信息鉴定克隆疾病相关基因；

（2）用蛋白质的特异性抗体鉴定疾病基因。

2．从疾病的表型差异出发发现疾病相关基因

（1）代表性差异分析（representative difference analysis，RDA）技术是建立在核酸差异杂交基础上的PCR技术；

（2）mRNA差异显示（mRNA differential display，mRNA-DD）技术是RT-PCR技术和聚丙烯酰胺凝胶电泳技术的结合。

3．采用动物模型鉴定克隆疾病相关基因。

（二）定位克隆是鉴定疾病相关基因的经典方法

1．基因定位的方法

（1）体细胞杂交法通过融合细胞的筛查定位基因；

（2）染色体原位杂交是在细胞水平定位基因的常用方法；

（3）染色体异常有时可提供疾病基因定位的替代方法；

（4）连锁分析是定位疾病未知基因的常用方法。

2．定位克隆疾病相关基因的过程

（1）尽可能缩小染色体上的候选区域；

（2）构建目的区域的基因列表；

（3）候选区域优先考虑基因的选择及突变检测。

3．假肥大型肌营养不良基因的克隆是定位克隆的成功例证。

（三）确定常见病的基因需要全基因组关联分析（GWAS）和全外显子测序

1．GWAS（genome-wide association study）：是一种在无假说驱动的条件下，通过扫描整个基因组观察基因与疾病表型之间关联的研究手段。特点：简化常见疾病相关基因鉴定过程；提供发病机制和干预靶点的信息。缺点是成本高，对团队合作性和生物信息学水平要求高，只涉及常见等位基因的变异。

2．全外显子测序（whole exon sequencing）：对全基因组外显子DNA富集，进行高通量测序。特点：对蛋白质编码区测序；可实现定位克隆；对常见和罕见的基因变异都有较高灵敏度。

（四）生物信息数据库贮藏丰富的疾病相关基因信息

第三节　应试习题

一、选择题

【A1 型题】

1．有关 Sanger 测序描述正确的是
A．ddNTP 底物带来了 DNA 链的延伸终止
B．利用高温终止延伸反应
C．以 RNA 链合成反应为基础
D．反应底物为 dNTP 或 NTP
E．4 个延伸终止反应可合并进行

2．关于第一代全自动激光荧光 DNA 测序技术描述正确的是
A．电泳分离步骤可省略
B．4 个延伸终止反应必须独立进行
C．不需要 DNA 聚合酶
D．荧光染料标记在引物
E．ddNTP 分别采用了 4 种不同的荧光标记

3．有关化学降解法测序描述正确的是
A．借助于双脱氧末端终止法
B．进行了 DNA 的延伸
C．进行了碱基的特异修饰和化学降解
D．序列上每个碱基都须标记
E．电泳分离步骤可省略

4．DNA 双脱氧末端终止法中，DNA 链延伸 - 终止反应的关键是
A．DNA 模板变成单链
B．加入某一种带有标记的 dNTP
C．加入一对引物
D．有 ddNTP 底物的存在
E．加入 EDTA 终止酶活性

5．有关 DNA 序列自动化测定叙述不正确的是
A．用荧光代替了同位素标记
B．激光扫描分析代替人工读序
C．基本原理与手工测序相同
D．不再需要引物
E．需要与手工序列分析相同的模板

6．不能用于基因转录起始位点分析的技术是
A．cDNA 克隆直接测序
B．5'-cDNA 末端快速扩增技术（5'-RACE）
C．5'-SAGE
D．核酸酶足迹法
E．CAGE

7．可用于分析基因转录水平变化的是
A．Southern blotting 杂交
B．RT-PCR
C．PCR-SSCP
D．DNA 测序
E．Western blotting 杂交

8．当通过检测 mRNA 水平来比较多个样本某一基因转录活性差别时，以下哪种方法灵敏度较高
A．Southern blotting 杂交
B．RT-PCR
C．Northern blotting 杂交
D．实时定量 PCR
E．RNA 原位杂交

9．以下通过检测蛋白质在翻译水平分析基因表达的方法中叙述错误的是
A．Western blotting 可直接测定基因编码的蛋白质
B．酶联免疫吸附法（ELISA）主要用于测定可溶性蛋白质
C．免疫组织化学法主要用于在组织原位对蛋白质进行检测
D．流式细胞术主要用于分析表达特异蛋白质的阳性细胞
E．蛋白质芯片可对所有蛋白质进行高通量检测

10．下列关于基因的生物学功能鉴定叙述正确的是
A．只要通过转基因技术过表达目的基因，即可明确此基因的功能
B．外源基因以单拷贝形式整合进宿主基因组（转基因动物）获得基因的功能
C．只能通过基因敲入技术将目的基因插入基因组的特定位点使之表达，获得基因功能
D．可以通过基因功能获得和（或）基因功能缺失策略，鉴定基因功能

E．只能通过基因敲除技术和基因沉默技术获得基因功能

11．下列关于用基因功能获得策略鉴定基因功能叙述错误的是

A．转基因技术中外源基因是以随机重组的方式插入宿主基因组

B．转基因技术中外源基因并不总是以单拷贝形式整合进宿主基因组

C．转基因技术可能导致宿主基因组产生插入突变

D．转基因技术不会产生外源基因遗传丢失

E．基因敲入技术中外源基因是以同源重组的方式插入宿主基因组的特定位点

12．下列关于用基因功能失活策略鉴定基因功能叙述正确的是

A．基因敲除技术是研究基因功能缺失的首选方法

B．条件性基因敲除能控制在特定组织器官以及特定时间敲除目的基因

C．RNAi 技术中所使用的 siRNA 是内源单链 RNA

D．一种 siRNA 只能沉默单一基因，而一种 miRNA 可沉默多个靶基因

E．核酶技术不属于基因沉默技术

13．将一个动物的体细胞胞核导入另一个体的去除细胞核的卵细胞内，这种技术称为

A．转基因技术

B．核转移技术

C．基因敲除技术

D．基因重组技术

E．基因靶向灭活技术

14．转基因技术是指

A．将目的基因整合进受精卵细胞或胚胎干细胞，导入动物子宫使之发育成个体

B．将动物的一个体细胞核导入另一个体的去除了胞核的卵细胞内，使之发育成个体

C．采用同源重组技术有目的地去除动物体内某种基因

D．将目的基因导入动物体细胞内，使其表达

E．采用 RNA 干扰技术使细胞内的目的基因失活

15．基因敲除技术是指

A．将目的基因整合进受精卵细胞或胚胎干细胞，导入动物子宫使之发育成个体

B．将动物的一个体细胞核导入另一个体的去除了胞核的卵细胞内，使之发育成个体

C．采用同源重组技术有目的地去除动物体内某种基因

D．将目的基因导入动物体细胞内，使其表达

E．采用 RNA 干扰技术使细胞内的目的基因失活

16．下列技术中哪一个不属于基因敲除技术

A．Cre/loxP 技术

B．ZFN 技术

C．siRNA 干扰技术

D．TALEN 技术

E．CRISPR/Cas9 技术

17．确定常见病的基因需要

A．全基因组关联分析和全外显子测序

B．染色体原位杂交

C．连锁分析

D．体细胞杂交

E．细胞融合

18．鉴定克隆疾病相关基因的意义是

A．确定疾病的遗传因素

B．孪生子分析

C．同胞罹患率

D．正确的疾病诊断

E．领养分析

19．单基因病是

A．某基因结构或表达的异常是疾病发生的直接原因

B．遗传因素较小

C．疾病易感基因

D．多个基因的突变

E．糖尿病基因

20．多基因病是

A．环境因素影响较小

B．遗传因素影响较大

C．糖尿病基因

D．2 个以上基因的“微效作用”的相加

E．单一基因的变异

21．鉴定疾病相关基因的经典方法是

A．功能克隆

B．定位克隆
C．表型克隆
D．基因突变
E．随机克隆

22．电子克隆是指
A．功能克隆
B．定位克隆
C．表型克隆
D．通过数据库比对预测，进而通过实验从组织细胞中克隆基因
E．随机克隆

23．常用的序列比对工具是
A．BLAST
B．NCBI
C．GWAS
D．EST
E．STS

24．RNA 干扰技术是
A．蛋白质与蛋白质相互作用
B．细胞水平沉默感兴趣基因的表达
C．蛋白质与 DNA 相互作用
D．RNA 与蛋白质相互作用
E．RNA 与 DNA 杂交

25．高通量筛查蛋白质间相互作用的方法是
A．酵母双杂交技术
B．亲和层析技术
C．蛋白质与 DNA 相互作用
D．蛋白质与 RNA 相互作用
E．RNA 与 DNA 杂交

26．定位克隆策略应用成功的例子是
A．假肥大肌营养不良基因的克隆
B．糖尿病基因的克隆
C．骨质疏松基因的克隆
D．囊性纤维化基因的克隆
E．镰状细胞贫血基因的克隆

【A2 型题】

1．为了研究一个基因的功能，在细胞中将此基因沉默，然后提取对照组和沉默组细胞的总 RNA 进行基因芯片分析，结果显示有 179 种 mRNA 表达上调或下调。得到这些数据后，下一步研究应该怎么做
A．实验验证所有上调和下调的 mRNA
B．挑选一些改变的基因用 Northern blotting 验证
C．挑选一些改变的基因用 Western blotting 验证
D．挑选一些改变的基因用 qPCR 验证
E．可根据目的基因的功能，对差异表达的 mRNA 进行生物信息学的通路分析，然后有针对性地进行 qPCR 验证和之后的 Western blotting 验证

【B 型题】

A．全自动激光荧光法
B．Maxam-Gilbert 化学降解法测序
C．乌枪循环芯片测序法
D．Sanger 双脱氧末端终止法
E．SMRT 法

1．属于第一代测序技术的是
2．属于第二代测序技术的是
3．属于第三代测序技术的是

A．5′-RACE 技术
B．羟自由基足迹法
C．体外报告基因测定法
D．Southern blotting 印迹
E．Northern blotting 印迹

4．能用于分析基因转录起始位点的技术是
5．能用于分析基因启动子结构的技术是
6．能用于分析基因拷贝数的技术是

A．siRNA
B．miRNA
C．shRNA
D．反义 RNA
E．ribozyme

7．常用于在细胞中稳定干扰或沉默基因的是
8．常用于在细胞中瞬时干扰或沉默基因的是
9．可通过与 mRNA 不完全互补配对结合而沉默多个靶基因的是

A．BLAST 和 FASTA
B．定位克隆
C．GWAS 和全外显子测序
D．体外报告基因测定法
E．生物信息学分析

10．鉴定疾病相关基因的经典方法
11．确定常见病的基因需要

A．BLAST
B．定位克隆
C．GWAS 和全外显子测序
D．体外报告基因测定法
E．利用生物信息学同源比对预测新的全长基因
12．所谓电子克隆是指
13．常用的序列比对工具是

A．转基因或基因敲除动物
B．蛋白质与蛋白质或 DNA 的相互作用
C．基因过表达或沉默
D．体外报告基因测定
E．生物信息学序列比对
14．预测基因功能可以通过
15．观察细胞的功能改变可以通过
16．整体水平研究基因功能可以通过
17．基因产物发挥作用的分子机制研究可以通过研究
A．通过数据库比对预测，进而通过实验从组织细胞中克隆基因
B．掌握基因功能产物蛋白质的基础上，鉴定蛋白质编码基因的方法
C．确定基因在染色体的位置以及基因在染色体上的线性排列顺序和距离
D．根据疾病基因在染色体上的大致位置，鉴定克隆疾病相关基因
E．基于疾病表型和基因结构或基因表达的特征分离鉴定疾病相关基因
18．表型克隆
19．功能克隆
20．定位克隆
21．基因定位

A．具有正常的生物学功能
B．传统的遗传性疾病，环境因素的作用较小
C．一种疾病的表型和一个基因型呈直接对应的因果关系
D．2 个以上基因的“微效作用”的相加
E．基因变异增加对疾病的敏感性
22．致病基因
23．疾病易感基因
24．糖尿病基因

【X 型题】

1．可用于检测 RNA 表达水平的方法有
A．实时定量 PCR
B．Northern blotting 印迹
C．Southern blotting 印迹
D．核糖核酸酶保护实验
2．可用于检测蛋白质 / 多肽表达水平的方法有
A．Western blotting 印迹
B．Northern blotting 印迹
C．免疫组化实验
D．ELISA
3．常见的转基因动物的制备方法有
A．受精卵原核注射法
B．胚胎干细胞介导法
C．细胞核移植法
D．精子载体法
4．克隆羊多莉的产生属于
A．同种异体细胞转移技术
B．同种异体细胞核转移技术
C．试管内受精
D．无性繁殖
5．基因失活的常用技术包括
A．基因置换
B．核酶
C．小干扰 RNA
D．反义核酸
6．基于核酸 - 蛋白质相互作用分析基因启动子结构的技术有
A．足迹法（footprinting）
B．电泳迁移率变动实验（EMSA）
C．PCR 结合测序技术
D．染色质免疫共沉淀（ChIP）
7．可用于高通量基因表达分析的有
A．基因芯片进行基因表达谱分析
B．高通量测序技术
C．蛋白质芯片
D．双向电泳结合质谱分析
8．疾病相关基因分为
A．致病基因
B．突变基因
C．单基因病
D．疾病易感基因
9．鉴定疾病相关基因
A．了解疾病的病因和发病机制

B．利于了解基因的功能
C．开发新的诊断技术
D．开发新的干预技术

10．鉴定疾病相关基因的原则
A．确定疾病表型和基因间的实质联系
B．需要多学科多途径的综合策略
C．确定遗传因素在疾病发病中的作用
D．确定候选基因是多种克隆疾病相关基因方法的交汇

11．疾病相关基因鉴定克隆的策略
A．病例家系连锁分析定位疾病基因的染色体
B．疾病动物模型分析
C．确定疾病的遗传因素
D．生物信息数据库分析

12．不依赖于染色体定位的疾病相关基因克隆策略包括
A．功能克隆
B．表型克隆
C．采用位点非依赖的 DNA 序列信息和动物模型鉴定克隆疾病基因
D．基因突变

13．表型克隆中，针对未知基因的技术有
A．mRNA 差异显示（mRNA-DD）
B．抑制消减杂交（SSH）
C．基因表达系列分析（SAGE）
D．cDNA 微阵列

14．基因定位的方法包括
A．体细胞杂交法
B．染色体原位杂交
C．染色体异常定位
D．连锁分析

15．基因定位的层次包括
A．家系分析
B．细胞分析
C．染色体水平
D．分子水平

16．定位克隆的基本步骤
A．尽可能缩小染色体上的候选区域
B．构建目的区域的基因列表
C．候选区域优先考虑基因的选择及突变检测
D．生物信息学分析

17．可从以下哪种层次描述基因产物功能
A．生物化学水平
B．细胞水平
C．整体水平
D．时空水平

二、名词解释

1．酶足迹法（enzymatic footprinting）
2．化学足迹法（chemical footprinting）
3．转基因技术（transgenic technology）
4．转基因动物（transgenic animal）
5．基因打靶（gene targeting）
6．基因敲入（gene knock-in）
7．基因敲除（gene knock-out）
8．基因沉默（gene silencing）
9．疾病相关基因（disease related gene）
10．mRNA 差异显示（mRNA-DD）
11．全基因组关联研究（genome-wide association study，GWAS）

三、问答题

1．简述分析基因转录起始位点（TSS）的主要方法。
2．简述分析基因启动子的主要方法。
3．简述在转录水平分析基因表达的主要方法。
4．简述在翻译水平分析基因表达的主要方法。
5．简述基因沉默的主要方法。
6．请比较转基因技术和基因打靶技术的异同点。
7．简述鉴定基因功能的主要策略及其原理。
8．研究人员得到一个新基因，请设计一个研究方案来解析该基因的启动子结构和基因表达特征，并最终鉴定其功能。

9．对疾病相关基因的功能进行研究目前有哪些手段?

10．试述 GWAS 的具体操作步骤。

第四节　参考答案及解析

一、选择题

【A1 型题】

1．**答案：**A　　**考点：**Sanger 双脱氧法测序原理

解析：Sanger 双脱氧法测序是利用 DNA 聚合酶，以待测单链 DNA 为模板，以 dNTP 为底物，在 4 组独立的反应体系中加入不同的 ddNTP 作为链延伸终止剂。

2．**答案：**E　　**考点：**第一代全自动激光荧光 DNA 测序技术原理

解析：第一代全自动激光荧光 DNA 测序技术用 4 种不同的荧光染料标记 4 种不同的终止底物 ddNTP，然后进行 Sanger 测序反应，使 DNA 片段带上 4 种不同的颜色，需要 DNA 聚合酶，4 个延伸终止反应可以在一起进行，反应产物需经毛细管电泳分离。

3．**答案：**C　　**考点：**化学降解法测序原理

解析：化学降解法测序是将 DNA 片段的 5' 端磷酸基作放射性标记，再用不同的化学方法修饰和裂解特定碱基，产生一系列长度不一而 5' 端被标记的 DNA 片段，再经凝胶电泳分离。不需 DNA 聚合酶，不需 DNA 链的延伸。

4．**答案：**D　　**考点：**Sanger 双脱氧法测序原理

解析：由于 ddNTP 脱氧核糖的 3'-位碳原子上缺少羟基而不能与下一位核苷酸的 5'-位磷酸基之间形成 3',5'-磷酸二酯键，从而使得正在延伸的 DNA 链在此 ddNTP 处终止。

5．**答案：**D　　**考点：**第一代全自动激光荧光 DNA 测序技术原理

解析：第一代全自动激光荧光 DNA 测序技术是应用 Sanger 测序反应原理，需要 DNA 聚合酶，需要测序引物。

6．**答案：**D　　**考点：**基因转录起始位点分析技术

解析：核酸酶足迹法用于基因启动子结构分析，是分析核酸 - 蛋白质相互作用的技术之一。其余方法可用于分析基因转录起始位点。

7．**答案：**B　　**考点：**分析基因转录水平变化的技术

解析：A. Southern blotting 杂交用于分析 DNA 含量；C. PCR-SSCP 用于检测基因点突变和短序列的缺失和插入；D. DNA 测序用于测定 DNA 的碱基序列；E. Western blotting 杂交用于测定蛋白质的水平。

8．**答案：**D　　**考点：**基因转录水平变化分析技术的比较

解析：实时定量 PCR 是定量分析 RNA 最通用、最快速、最简便的方法，灵敏度和特异性高。Southern blotting 杂交用于分析 DNA；RT-PCR 可对 RNA 进行定性或半定量分析；Northern blotting 杂交鉴定 RNA 准确，但耗时长；RNA 原位杂交可对细胞或组织中原位表达的 RNA 进行定位。

9．**答案：**E　　**考点：**在翻译水平分析基因表达的方法

解析：根据蛋白质芯片性质不同，检测的蛋白质群体就不同，单张芯片不能检测所有的蛋白质表达。

10．**答案：**D　　**考点：**基因的生物学功能鉴定技术

解析：通过基因功能获得和功能缺失策略正反验证基因功能更准确。A. 转基因技术所转基因是随

机重组，有可能改变其他基因的表达，这样就不能真实反映目的基因的功能。B. 外源基因整合进宿主基因组的拷贝数不等。C. 通过转基因技术和基因敲除技术也能获得基因功能。E. 通过转基因技术或使用抑制剂等也能获得基因功能。

11. **答案：**D　　**考点：**基因功能获得技术
解析：转基因技术整合进的外源基因有可能发生遗传丢失而导致转基因动物性状的不稳定遗传。

12. **答案：**B　　**考点：**基因功能失活技术
解析：A. 基因敲除技术存在一些缺点，如费用高、周期较长，而且许多基因在敲除后可能因其他基因的代偿功能并未产生明显的表型改变。C. 外源双链 siRNA 也可被直接导入细胞起到基因沉默的作用。D. 通常一种 siRNA 只能沉默单一基因，但也有可能发生脱靶效应。E. 核酶也可通过剪切靶 RNA 分子而抑制基因的表达。

13. **答案：**B　　**考点：**无性繁殖技术和基因功能鉴定技术的比较
解析：核转移技术是将一个动物的全部遗传性状通过无性繁殖的方式发育成个体，而 A、C、D、E 都是研究特定基因功能的技术。

14. **答案：**A　　**考点：**转基因技术的概念
解析：转基因技术是随机重组。B. 是核转移技术，属于无性繁殖。C. 是基因敲除技术，采用同源重组。D. 是在体外细胞中进行基因的过表达，也可研究基因的功能。E. 是基因沉默技术中的一种。

15. **答案：**C　　**考点：**基因敲除技术的概念
解析：A. 是转基因技术。B. 是核转移技术。D. 是在体外细胞中进行基因的过表达。 E. 是基因沉默技术中的一种。

16. **答案：**C　　**考点：**基因敲除技术的主要方法
解析：siRNA 干扰技术是基因沉默技术中的一种。Cre/loxP 技术是第一代基因组编辑技术。ZFN 技术和 TALEN 技术是第二代基因组编辑技术。CRISPR/Cas9 技术是第三代基因组编辑技术。

17. **答案：**A　　**考点：**确定常见病的基因方法
解析：遗传性疾病基因的定位是基因连锁分析。常见病的基因确定是要全基因组关联分析和全外显子测序。

18. **答案：**D　　**考点：**疾病相关基因的鉴定和克隆原则
解析：疾病作为一种遗传性状，要确保专一性和同质性，所以正确的诊断非常重要。

19. **答案：**A　　**考点：**致病基因的分类
解析：单基因病即传统的遗传性疾病，环境因素影响较小，疾病相关基因可分为致病基因和疾病易感基因。

20. **答案：**D　　**考点：**致病基因的分类
解析：多基因病环境因素和遗传因素均起一定作用，表现为多基因的相互作用或“微效作用”的相加。

21. **答案：**B　　**考点：**鉴定疾病相关基因的经典方法
解析：仅根据疾病基因在染色体上的大体位置，鉴定克隆疾病相关基因称为定位克隆，它是鉴定疾病相关基因的经典方法。

22. **答案：**D　　**考点：**电子克隆的定义
解析：电子克隆就是通过已获得的序列与数据库中核酸序列及蛋白质序列进行同源性比较，或对数据库中不同物种间的序列比较、拼接，预测新的全长基因等，进而通过实验证实，从组织细胞中克隆该基因。

23．**答案：**A　　**考点：**序列比对工具

解析：常用的序列比对工具是 BLAST 和 FASTA。其他的都是数据库。

24．**答案：**B　　**考点：**常用的基因沉默技术

解析：利用 RNA 干扰技术能在短时间内高效特异地抑制靶基因表达的特点，可以很方便地研究基因的功能。

25．**答案：**A　　**考点：**蛋白质相互作用的方法

解析：高通量筛查蛋白质间相互作用的方法是酵母双杂交技术和噬菌体展示技术。

26．**答案：**A　　**考点：**定位克隆的应用

解析：假肥大型肌营养不良基因的成功克隆，彰显了基因定位克隆的优势。

【A2 型题】

1．**答案：**E　　**考点：**基因表达产物分析技术和基因沉默技术

解析：A. 应根据目的基因的功能，选择性验证差异改变的 mRNA。B. 无选择性地用 Northern blotting 验证 mRNA 的变化实验繁琐，时间冗长，工作量太大。C. 无选择性地用 Western blotting 来验证所需抗体花费巨大。D. 无选择性地用 qPCR 来验证 mRNA 的变化工作量大，花费也大。

【B 型题】

1．**答案：**A　2．**答案：**C　3．**答案：**E　　**考点：**第一、二、三代测序技术的代表方法

解析：以 Sanger 双脱氧法测序反应为基础的全自动激光荧光 DNA 测序技术称为第一代测序技术；对布满 DNA 样品的芯片重复进行基于 DNA 聚合酶的反应和荧光序列读取反应的乌枪循环芯片测序法称为第二代测序技术；第三代测序技术是单分子测序技术，包括 SMRT 法和纳米孔技术等。

4．**答案：**A　5．**答案：**B　6．**答案：**D　　**考点：**基因转录起始位点、基因启动子结构、基因拷贝数分析技术

解析：体外报告基因测定法是检测转录因子与目的基因启动子区 DNA 相互作用的一种检测方法。Northern 印迹检测 RNA 的表达。

7．**答案：**C　8．**答案：**A　9．**答案：**B　　**考点：**常用基因沉默技术的比较

解析：shRNA 可通过病毒转染系统转染进细胞，经筛选后得到稳定转染的细胞系；而 siRNA 只能通过瞬时转染的方式转染进细胞，对靶基因的沉默作用不能长时间维持，是瞬时的；miRNA 不需与靶 mRNA 完全互补配对，因而能沉默多个靶基因。反义 RNA 和 ribozyme 技术应用不普遍。

10．**答案：**B　11．**答案：**C　　**考点：**鉴定疾病相关基因的方法

解析：定位克隆是鉴定疾病相关基因的经典方法。常见病的基因确定是要全基因组关联分析和全外显子测序。

12．**答案：**E　13．**答案：**A　　**考点：**电子克隆的定义和常用序列比对工具

解析：电子克隆就是通过已获得的序列与数据库中核酸序列及蛋白质序列进行同源性比较，或对数据库中不同物种间的序列比较、拼接，预测新的全长基因等，进而通过实验证实，从组织细胞中克隆该基因。常用的序列比对工具是 BLAST。

14．**答案：**E　15．**答案：**C　16．**答案：**A　17．**答案：**B　　**考点：**基因功能研究

解析：根据分子进化的理论，核酸或氨基酸序列相似的基因，应表现出类似的功能，所以预测基因功能的基本方法就是序列比对。采用基因重组技术和基因沉默技术，在细胞水平通过基因过表达或沉默研究基因的功能。基因的功能必须在完整的生物个体及其生命过程中才能得到完整的体现，因此进一步可以利用基因修饰动物研究基因的在体功能。基因发挥作用的本质是其编码产物

的生物化学功能，通过研究未知蛋白与已知蛋白的相互作用，将有助于对该蛋白功能的了解。

18．**答案**：E　19．**答案**：B　20．**答案**：D　21．**答案**：C

考点：表型克隆、功能克隆、定位克隆和基因定位的原理

解析：表型克隆的原理是基于对疾病表型和基因结构或基因表达的特征联系已经有所认识的基础上来分离鉴定疾病相关基因。功能克隆是指在掌握或部分了解基因功能产物蛋白质的基础上鉴定蛋白质编码基因的方法。定位克隆是根据疾病基因在染色体上的大致位置，鉴定克隆疾病相关基因。基因定位的目的是确定基因在染色体的位置以及基因在染色体上的线性排列顺序和距离。

22．**答案**：C　23．**答案**：E　24．**答案**：A　　**考点**：致病基因和疾病易感基因的概念

解析：如果一种疾病的表型和一个基因型呈直接对应的因果关系，即该基因结构或表达的异常是导致该病发生的直接原因，那么该基因就属于致病基因。如果单一基因变异仅增加对疾病的易感性，那么该基因称为疾病易感基因。不要被囊性纤维化基因、糖尿病基因等基因名称所误导。许多人类基因首先是通过研究该基因突变导致的疾病时发现的，故以疾病来命名，实际上这些基因正常时，均具有重要的生物学功能。

【X 型题】

1．**答案**：ABD　　**考点**：检测 RNA 表达水平的方法

解析：ABD 均可用于检测 RNA 表达水平。Southern 印迹用于检测 DNA 表达水平。

2．**答案**：ACD　　**考点**：检测蛋白质 / 多肽表达水平的方法

解析：ACD 均可检测蛋白质 / 多肽表达水平。Northern 印迹用于检测 RNA 表达水平。

3．**答案**：ABCD　　**考点**：制备转基因动物的技术

解析：这些方法都可用于制备转基因动物。

4．**答案**：BD　　**考点**：无性繁殖的技术原理

解析：属于同种异体细胞核转移技术，是无性繁殖方式之一。试管内受精是精子和卵子在体外受精，属于有性繁殖。

5．**答案**：ABCD　　**考点**：基因失活的方法

解析：基因置换属于基因打靶技术中的一种，BCD 属于基因沉默技术，都可使基因失活。

6．**答案**：ABD　　**考点**：基因启动子结构的分析技术

解析：ABD 都基于核酸 - 蛋白质相互作用分析基因启动子结构。C 是根据基因启动子序列设计一对引物，以 PCR 法扩增后经测序分析启动子序列结构。

7．**答案**：ABCD　　**考点**：高通量基因表达产物分析技术

解析：AB：从核酸水平分析基因表达。CD：从蛋白质水平分析基因表达。

8．**答案**：AD　　**考点**：疾病相关基因的分类

解析：依据基因变异在疾病发生、发展中的作用，疾病相关基因可区分为致病基因和疾病易感基因。

9．**答案**：ABCD　　**考点**：疾病相关基因鉴定意义

解析：鉴定疾病相关基因，不但可以详尽地了解疾病的病因和发病机制，开发新的诊断和干预技术，而且有利于了解基因的功能，因而一直是生物医学工作者研究的重点。

10．**答案**：ABCD　　**考点**：疾病相关基因的鉴定原则

解析：首先，确定疾病表型和基因实质联系是关键；其次，采用多途径、多种方法鉴定克隆疾病相关基因是手段；最终，确定候选基因，明晰基因序列的改变和疾病表型的关系，以了解基因致病的本质，是鉴定和克隆疾病相关基因的核心。

11．**答案：**ABD　　**考点：**疾病相关基因鉴定克隆策略

解析：鉴定和克隆疾病相关基因的策略和方法主要包括，不依赖染色体定位的疾病相关基因克隆策略、定位克隆法、常见病的基因需要全基因组关联分析和全外显子测序法，以及生物信息数据库贮藏丰富的疾病相关基因信息检索法。

12．**答案：**ABC　　**考点：**依赖染色体定位的疾病相关基因克隆策略

解析：不依赖染色体定位的疾病相关基因克隆策略包括功能克隆、表型克隆及采用位点非依赖的DNA序列信息和动物模型来鉴定和克隆疾病基因。

13．**答案：**ABCD　　**考点：**表型克隆的第三种策略所用的方法

解析：常用的技术有mRNA差异显示（mRNA differential display，mRNA-DD）、抑制消减杂交（suppressive subtractive hybridization，SSH）、基因表达系列分析（SAGE）、cDNA微阵列（cDNA microarray）和基因鉴定集成法（integrated procedure for gene identification）。

14．**答案：**ABCD　　**考点：**基因定位的方法

解析：基因定位的方法包括：①体细胞杂交法通过融合细胞的筛查定位基因；②染色体原位杂交是在细胞水平定位基因；③染色体异常有时可提供疾病基因定位的替代方法；④连锁分析是定位疾病未知基因的常用方法。

15．**答案：**ABCD　　**考点：**基因定位的层次

解析：基因定位可从家系分析、细胞、染色体和分子水平等几个层次进行。

16．**答案：**ABCD　　**考点：**基因定位的步骤

解析：基因定位的步骤：利用生物信息学分析尽可能缩小染色体上的候选区域，构建目的区域的基因列表，通过候选区域优先考虑基因的选择及突变检测。

17．**答案：**ABC　　**考点：**基因产物的功能研究

解析：基因产物的功能研究可从三个层次来描述：①生物化学水平；②细胞水平；③整体水平。

二、名词解释（答案要点）

1．酶足迹法：利用DNA酶处理DNA-蛋白质复合物，然后通过电泳分析蛋白质结合序列。常用的酶有DNA酶Ⅰ（DNase Ⅰ）和核酸外切酶Ⅲ。是研究核酸-蛋白质相互作用的一种技术，可用于分析启动子结构。

2．化学足迹法：利用能切断DNA骨架的化学试剂处理DNA-蛋白质复合物，由于化学试剂无法接近结合了蛋白质的DNA区域，因此，在电泳上形成空白区域的位置就是DNA结合蛋白的结合位点。最常用的化学足迹法是羟自由基足迹法。是研究核酸-蛋白质相互作用的一种技术，可用于分析启动子结构。

3．转基因技术：是指将外源基因导入受精卵或胚胎干细胞，通过随机重组使外源基因插入细胞染色体DNA，随后将受精卵或ES细胞植入假孕受体动物的子宫，使得外源基因能够随细胞分裂遗传给后代。

4．转基因动物：是指应用转基因技术培育出的携带外源基因，并能稳定遗传的动物，其制备步骤主要包括转基因表达载体的构建、外源基因的导入和鉴定、转基因动物的获得和鉴定、转基因动物品系的繁育等。转基因小鼠最为常见。

5．基因打靶：是一种按预期方式准确改造生物遗传信息的实验手段。基因打靶包括基因敲入、基因敲除、点突变、缺失突变和染色体大片段删除等。基因打靶能去除和（或）替换生物体内的固有基因。

6．基因敲入：是通过同源重组的方法，用某一基因替换另一基因，或将一个设计好的基因片段插入到

基因组的特定位点，使之表达并发挥作用。

7．基因敲除：属于基因打靶技术的一种，是利用同源重组的原理，在 ES 细胞中定点破坏内源基因，然后利用 ES 细胞发育的全能性，获得带有预定基因缺陷的杂合子，通过遗传育种最终获得目的基因缺陷的纯合个体。

8．基因沉默：由外源基因导入引起的生物体内的特定基因不表达或表达受抑制的现象。

9．疾病相关基因：影响疾病发生发展的基因。

10．mRNA 差异显示：RT-PCR 技术和聚丙烯酰胺凝胶电泳技术的结合 mRNA-DD 又称为差异显示逆转录 PCR（mRNA differential display reverse transcription PCR，DDRT-PCR）方法。该法利用可以扩增所有哺乳类生物 mRNA 的几条 5'-端随机引物和几条 3'-端锚定引物组合，用 PCR 的方法扩增正常人和患病个体的相应组织的 cDNA。用聚丙烯酰胺凝胶电泳分离扩增产物，比较两组间产物的差异。

11．全基因组关联研究：GWAS 方法是一种在无假说驱动的条件下，通过扫描整个基因组观察基因与疾病表型之间关联的研究手段。具体操作中，通常收集成千上万个病人和对照的 DNA 标本，利用高通量芯片进行 SNP 的基因定型，进一步通过统计学分析，确定分子 SNP 位点和疾病表型的关系。

三、问答题（答案要点）

1．（1）用 cDNA 克隆直接测序法鉴定基因转录起点；（2）用 5'-cDNA 末端快速扩增技术（5'-RACE）鉴定 TSS，常用技术包括 5'-末端基因表达系列分析（5'-SAGE）和帽分析基因表达（CAGE）技术；（3）用数据库搜索 TSS。

2．（1）用 PCR 结合测序技术分析启动子结构；（2）用核酸 - 蛋白质相互作用技术分析启动子结构，主要有酶足迹法、化学足迹法、电泳迁移率变动分析和染色质免疫沉淀技术分析基因启动子结构；（3）用生物信息学预测启动子。

3．（1）用核酸杂交法检测 RNA 表达水平，主要包括：用 RNA 印迹分析 RNA 表达，用核糖核酸酶保护实验分析 RNA 水平及其剪接情况，用原位杂交进行 RNA 区域定位；（2）用 PCR 技术检测 RNA 表达水平，主要有：用逆转录 PCR 进行 RNA 的半定量分析，用实时定量 PCR 进行 RNA 的定量分析；（3）用基因芯片和高通量测序技术分析 RNA 表达水平。

4．（1）用蛋白质印迹技术检测蛋白质 / 多肽；（2）用酶联免疫吸附实验分析蛋白质 / 多肽，主要用于测定可溶性抗原或抗体；（3）用免疫组化实验原位检测组织 / 细胞表达的蛋白质 / 多肽；（4）用流式细胞术分析表达特异蛋白质的阳性细胞；（5）用蛋白质芯片和双向电泳高通量分析蛋白质 / 多肽表达水平。

5．（1）用 RNA 干扰技术研究基因功能，利用 RNAi 能在短时间内高效特异地抑制靶基因表达的特点研究基因的功能。（2）用 miRNA 技术研究基因功能，通过与 mRNA 不完全互补配对结合而抑制翻译，一种 miRNA 可沉默多个靶基因。（3）用反义 RNA 技术研究基因功能，通过反义 RNA 与细胞中的 mRNA 特异性结合，从而抑制相应 mRNA 的翻译。（4）核酶（ribozyme）技术，核酶通过剪切靶 RNA 分子而抑制基因的表达。

6．相同点：转基因技术和基因打靶技术都可以用于基因功能研究，本质都是将目的基因直接导入某一细胞或个体中，使其获得新的或更高水平的表达，通过细胞或个体生物性状的变化来研究基因功能。

不同点：转基因技术是通过随机重组的方式把外源基因导入受精卵或胚胎干细胞染色体 DNA，使得外源基因随细胞分裂遗传给后代。而基因打靶技术则是以同源重组的方式准确改造生物遗传信息的实验手段，包括基因敲入、基因敲除、点突变、缺失突变、染色体大片段删除等。其中基因敲入是通过同源重组的方法，用某一基因替换另一基因，或将一个设计好的基因片段插入到基因组的特定位点，使之表达并发挥作用。二者的最大区别是基因打靶能去除和（或）替换生物体内的固有基因，而转基因技术没有去除或替换固有基因。

7．（1）用功能获得策略鉴定基因功能。本质是将目的基因直接导入某一细胞或个体中，使其获得新的或更高水平的表达，通过细胞或个体生物性状的变化来研究基因功能。主要有随机重组方式的转基因技术和同源重组方式的基因敲入技术。（2）用功能失活策略鉴定基因功能。本质是将细胞或个体的某一基因功能部分或全部失活后，通过观察细胞生物学行为或个体遗传性状表型的变化来鉴定基因的功能。主要有同源重组方式的基因敲除技术（包括条件性基因敲除）和基因沉默技术。

8．二代测序寻找可能发生变化的基因→生物信息学分析→ RT-qPCR 分析验证→ Western blotting 验证→免疫组化定位分析→细胞中过表达分析验证→免疫共沉淀和 GST pull-down 等相互作用分析→细胞中 RNA 干扰等基因沉默失活分析→模式动物体内基因敲入或敲除研究功能。

9．（1）生物信息学全面了解基因已知的结构和功能；（2）利用工程细胞研究基因在细胞水平的功能；（3）利用基因修饰动物整体研究基因功能；（4）利用基因编辑技术鉴定基因功能。

10．（1）收集成千上万个病人和对照的 DNA 标本；（2）利用高通量芯片进行 SNP 的基因定型；（3）进行统计学分析，确定分子 SNP 位点和疾病表型的关系。

（陈　军　韩丽敏）

第二十六章　基因诊断和基因治疗

第一节　学习要求

掌握： 分子诊断和基因治疗的概念。
熟悉： 基因诊断的基本方法和流程；基因治疗的基本策略和程序。
了解： 基因诊断的医学应用；基因治疗的临床应用现状。

第二节　内容精要

一、基因诊断

（一）基因诊断的概念

基因诊断又称分子诊断，广义来讲，凡是用分子生物学技术对生物体的 DNA 序列及其产物（如 mRNA 和蛋白质）进行的定性、定量分析，都称为分子诊断。

基因诊断检测的目标分子：DNA、RNA 和蛋白质。

样品来源：血液、组织块、羊水和绒毛、精液、毛发、唾液和尿液等。

（二）基因诊断的基本技术

基因诊断技术可分为定性和定量分析两类技术。基因分型和检测基因突变属于定性分析，测定基因拷贝数及基因表达产物量则属于定量分析。见表 26-1。

基因诊断的基本方法：核酸分子杂交技术和 PCR 技术或者两种技术联合使用。主要有核酸分子杂交技术、PCR、DNA 测序和基因芯片技术等。其中，DNA 序列分析是基因诊断最直接的方法，基因芯片技术可用于大规模基因诊断。

核酸分子杂交技术包括：(1) DNA 印迹法（Southern blotting）：能区分正常和突变样品的基因型，并获得基因缺失或插入片段大小等信息。片段大小的信息是该项技术诊断基因缺陷的重要依据，是最为经典的基因分析方法；(2) Northern 印迹法；(3) 斑点杂交；(4) 原位杂交；(5) 荧光原位杂交。

以 PCR 技术为基础的多种基因诊断技术包括：(1) 直接采用 PCR 技术进行基因诊断；(2) PCR- 等位基因特异性寡核苷酸分子杂交；(3) PCR-限制性片段长度多态性；(4) PCR-单链构象多态性；(5) PCR- 变性高效液相色谱。

（三）基因诊断的优点

①特异性强；②灵敏度高；③可进行快速和早期诊断；④适用性强、诊断范围广。

表26-1　基因点突变的诊断方法

名称	英文	原理	应用
PCR-等位基因特异性寡核苷酸分子杂交	Allele Specific Oligonucleotide, ASO	设计合成包含突变位点在内的正常和突变的寡核苷酸探针，标记探针后，分别与待检 DNA 样品的 PCR 扩增产物进行杂交和检测	适用于由一种点突变引起且频率较集中的遗传病

续表

名称	英文	原理	应用
反向点突变	Reverse Dot Blot，RDB	RDB 技术是改进的 ASO 技术（将原来 ASO 杂交体系中固定在膜上的 PCR 产物改为液相进行杂交）	适用于由多种点突变引起且频率较分散的遗传病，可同时筛查多种突变，大大提高基因诊断效率
PCR-限制性片段长度多态性	Restriction Fragment Length Polymorphism，RFLP	基因突变导致的基因组成或序列改变使 DNA 分子中原有的某种限制性内切酶识别位点发生改变	遗传性疾病的研究及诊断
PCR-单链构象多态性	Single Strand Conformation Polymorphism，SSCP	基于单链 DNA 构象的差别来检测基因点突变	较小 DNA 片段突变分析
PCR-变性高效液相色谱	Denature High Performance Liquid Chromatography，DHPLC	PCR 扩增时待测样品 DNA 的单链产物可以随机与互补链相结合形成双链，因此，可以依据最终产物中的异源双链判断待测样品中的点突变	应用对象：突变类型不明确的遗传病
DNA 序列分析	DNA sequence analysis	分离患者的有关基因，测定其碱基排列顺序，找出变异所在	基因突变类型已经明确的遗传病的诊断及产前诊断，是最直接和确切的基因诊断法

（四）基因诊断的医学应用（表 26-2）

表26-2　基因诊断的医学应用

应用	解释及优点
遗传性疾病诊断和风险预测	遗传性疾病的诊断性检测和症状前检测预警是基因诊断的主要应用领域。可用于遗传筛查和产前诊断。我国的基因诊断目前主要针对一些常见单基因遗传病，如 α 地中海贫血、β 地中海贫血、甲型血友病的诊断性检测
多基因常见病的预测性诊断	基于 DNA 分析的预测性诊断可为被测者提供某些疾病发生风险的评估意见。在一些有明显遗传倾向的肿瘤中，肿瘤抑制基因和癌基因的突变分析是基因检测的重要靶点
传染病病原体检测	针对病原体自身特异性核酸（DNA 或 RNA）序列，通过分子杂交和基因扩增等手段，鉴定和发现这些外源性基因组、基因或基因片段在人体组织中的存在
疗效评价和用药指导	遗传诊断可用于临床药物疗效的评价及提供指导用药的信息，避免人类因个体差异而导致的药物不良反应，有利于个体化用药的真正实现
DNA 指纹鉴定	DNA 指纹的遗传学基础是 DNA 的多态性。人与人之间的某些 DNA 序列特征具有高度的个体特异性和终生稳定性，如同人的指纹一般，故称为 DNA 指纹（DNA fingerprinting）。基因诊断在法医学上的应用，主要是采用基于短串联重复序列（STR）的 DNA 指纹技术进行个体认定

二、基因治疗

（一）基因治疗的概念

基因治疗是以改变人遗传物质为基础的生物学治疗，即通过一定方式将人正常基因或有治疗作用的 DNA 片段导入人体靶细胞以矫正或置换致病基因的治疗方法。

（二）基因治疗的基本策略

1．缺陷基因精确的原位修复　包括：(1) 基因矫正（gene correction）：对致病基因的突变碱基进行纠正；(2) 基因置换（gene replacement）：用正常基因通过重组原位替换致病基因。

2．基因增补　不删除突变的致病基因，而在基因组的某一位点额外插入正常基因，在体内表达出功能正常的蛋白质，达到治疗疾病的目的的方法称为基因添加（gene augmentation）或基因增补，是目前临床上使用的主要基因治疗策略。

3．基因沉默或失活　有些疾病是由于某一或某些基因的过度表达引起的。如果向患者体内导入有抑制基因表达作用的核酸，如反义 RNA、核酶、干扰小 RNA 等，可降解相应的 mRNA 或抑制特定基因的翻译，进而阻断或减少致病基因的异常表达，从而达到治疗疾病的目的，这一策略称为基因失活（gene inactivation）或基因沉默（gene silencing）。

4．自杀基因　在肿瘤治疗中，将编码某些特殊酶类的基因导入肿瘤细胞，其编码的酶能够使无毒或低毒的药物前体转化为细胞毒性代谢物，诱导细胞产生“自杀”效应。

（三）基因治疗的基本过程

基因治疗的基本过程可分为 5 个步骤：(1) 选择治疗基因；(2) 选择携带治疗基因的载体；(3) 选择基因治疗的靶细胞；(4) 在细胞和整体水平导入治疗基因；(5) 治疗基因表达的检测。

基因治疗中常用的基因导入方法见表 26-3。

表26-3　基因治疗中常用的基因导入方法

名称	操作方法
直接注射法	将携带有治疗基因的非病毒真核表达载体（多为质粒）溶液直接注射入肌肉组织
基因枪法	用微粒加速装置，使携带治疗基因的微米级金或钨颗粒获得足够能量，直接进入靶细胞或组织
电穿孔法	在直流脉冲电场下细胞膜能出现并能维持几毫秒到几秒的微孔，利于质粒 DNA 通过通道进入细胞，之后胞膜结构自行恢复
脂质体	利用人工合成的兼性脂质膜包裹极性大分子 DNA 或 RNA 形成微囊泡，微囊泡可以穿透细胞膜进入细胞

（四）基因治疗的靶细胞

基因治疗所采用的靶细胞通常是体细胞，包括病变组织细胞或正常的免疫功能细胞。严格限制用人生殖细胞进行基因治疗实验。

（五）基因治疗的临床应用

单基因遗传病的基因治疗：通过一定的方法把正常的基因导入到病人体内，表达出正常的功能蛋白质，如血友病的治疗。

多基因病的基因治疗：

（1）针对恶性肿瘤的基因治疗有：①针对癌基因表达的基因沉默；②针对抑癌基因的基因增补；③针对肿瘤免疫反应的细胞因子基因导入；④针对肿瘤血管生成的基因失活。

（2）其他多基因遗传病的基因治疗有：①利用过表达血管内皮生长因子 VEGF 基因促进血管生成治疗冠心病；②针对病毒复制基因的基因沉默治疗艾滋病等。

第三节　应试习题

一、选择题（题目前 * 表示西医综合题目，题目前 # 表示执业医师题目）

【A1 型题】

1．国际上严格限制使用的基因治疗靶细胞是
A．淋巴细胞
B．卵细胞
C．造血细胞
D．上皮细胞
E．肌细胞

2．DNA 指纹的遗传学基础是

A．DNA 的多态性
B．连锁不平衡
C．MHC 的多样性
D．MHC 的限制性
E．串联重复序列

3．不符合基因诊断特点的是
A．诊断仅为自体基因
B．灵敏度高
C．特异性强
D．样本获取便利
E．便于疾病早期诊断

4．逆转录病毒属于
A．ssDNA 病毒
B．RNA 病毒
C．蛋白质病毒
D．dsDNA 病毒
E．目前尚不明确

5．检测血清中乙肝病毒 DNA 最敏感的方法是
A．Northern blotting
B．Southern blotting
C．PCR
D．反向点杂交
E．等位基因特异性核苷酸分子杂交

6．下列哪种方法不是目前基因治疗的常用策略
A．基因矫正
B．基因置换
C．基因增补
D．基因沉默或失活
E．基因缺失

7．下列哪类疾病目前的治疗效果最确切
A．多基因遗传病
B．恶性肿瘤
C．单基因遗传病
D．心血管疾病
E．艾滋病

8．目前法医学中应用最广泛的基因诊断方法是
A．Southern blotting
B．等位基因特异性寡核苷酸分子杂交
C．反向点杂交
D．基于 PCR 扩增的 DNA 指纹技术
E．变性高效液相色谱

9．将编码干扰素的基因导入恶性肿瘤患者体内，作为抗肿瘤治疗的辅助治疗，这种基因治疗方法属于
A．基因矫正
B．基因置换
C．基因沉默或失活
D．基因填补
E．基因替代

10．目前临床实践中最常用的基因治疗载体是
A．逆转录病毒载体
B．慢病毒载体
C．γ 噬菌体
D．YAC
E．pUC18

【A2 型题】

1．进行临床病例的基因诊断时，如果表型明确指向某种疾病，下列哪种技术可以发现和确定新的或未知突变类型
A．等位基因特异性核苷酸分子杂交
B．反向点杂交
C．变性高效液相色谱
D．PCR 法
E．STR 拷贝异常的诊断

2．将外源基因克隆到一个合适的载体，导入体外培养的自体或者异体细胞，筛选出接受了治疗基因的细胞，将能表达外源基因的细胞重新输回受试者体内的方法称为
A．直接体内疗法
B．间接体内疗法
C．导入
D．直接活体转移
E．自体转移

3．恶性肿瘤的基因治疗方案不包括
A．针对癌基因表达的各种基因沉默
B．针对抑癌基因的基因增补
C．针对癌基因的突变
D．针对肿瘤免疫反应的细胞因子基因导入
E．针对肿瘤血管生成的基因失活

4．在基因治疗中基因导入方法具有靶向性的是
A．直接注射法
B．基因枪法
C．电穿孔法
D．脂质体法
E．受体介导的基因转移

5．基因治疗的基本程序中不包括
A．选择载体

B．选择治疗基因
C．选择靶细胞
D．将载体直接注射体内
E．将治疗基因导入靶细胞

【B 型题】

A．基因灭活
B．基因矫正
C．基因置换
D．基因增补
E．自杀基因的应用

1．将正常基因经体内基因同源重组原位替换致病基因的基因治疗方法是
2．将变异基因进行修正的基因治疗方法是
3．利用特定的反义核酸阻断变异基因异常表达的基因治疗方法是

A．确定被检核酸在组织或细胞中的定位
B．同时对样品中多种类核酸进行检测和分析
C．检测组织样品中的 RNA 种类和含量
D．检测细胞基因拷贝数的变化
E．基因组 DNA 分析

4．Northern blotting 主要用于
5．Southern blotting 主要用于
6．原位杂交主要用于

【X 型题】

1．目前检测基因点突变的诊断方法有
A．等位基因特异性寡核苷酸分子杂交
B．反向点杂交
C．变性高效液相色谱
D．DNA 序列分析

2．在目前基因治疗中可选用的基因载体是
A．逆转录病毒
B．腺病毒
C．腺病毒相关病毒
D．单纯疱疹病毒

3．基因治疗中，将外源基因导入哺乳动物的物理方法有
A．直接注射法
B．基因枪法
C．电穿孔法
D．氯化钙法

4．可以抑制基因表达的技术有
A．细胞内抗体
B．反义 RNA
C．核酶
D．干扰小 RNA

二、名词解释

1．基因诊断（gene diagnosis）
2．基因治疗（gene therapy）
3．基因沉默（gene silencing）
4．基因增补（gene augmentation）
5．DNA 指纹（DNA fingerprinting）

三、问答题

1．简述基因诊断的基本方法及优点。
2．请简述基因诊断的医学应用，并举例说明。
3．请简述基因治疗的基本策略。
4．请简述基因治疗的基本过程。
5．请举例说明基因治疗在现代医学中的应用。

第四节　参考答案及解析

一、选择题

【A1 型题】

1．答案：B　　考点：基因治疗的应用限制

解析：基因治疗的原则是仅限于患病个体，不能涉及下一代，因此严禁用人生殖细胞进行基因治疗。

2．答案：A　　考点：DNA 的多态性

解析：DNA 指纹的本质是 DNA 的多态性。

3．答案：A　　考点：基因诊断的特点

解析：基因诊断不仅可以检测自体基因，通过检测母体羊水、绒毛、脐血制品可以检测胎儿的基因。

4．答案：B　　考点：逆转录病毒的特点

解析：逆转录病毒属于 RNA 病毒，感染细胞后，病毒基因组 RNA 被逆转录成 DNA，然后随机整合到宿主的染色体 DNA 上。

5．答案：C　　考点：感染性疾病的基因诊断

解析：目前，PCR 是检测乙肝病毒 DNA 的方法。

6．答案：E　　考点：基因治疗的基本策略

解析：基因治疗的基本策略包括基因矫正、基因置换、基因增补、基因沉默或失活。

7．答案：C　　考点：基因治疗的临床应用现状

解析：单基因缺陷引起的遗传病由于致病机制明确，基因治疗效果最为确切。

8．答案：D　　考点：基因诊断的医学应用

解析：基因诊断在法医上的应用主要是基于 PCR 扩增的 DNA 指纹技术进行个体认定。

9．答案：D　　考点：基因增补的目的

解析：将编码干扰素的基因导入恶性肿瘤患者体内，可以激活体内免疫细胞的活力，作为抗肿瘤治疗的辅助治疗。

10．答案：A　　考点：基因治疗的常用载体

解析：在目前的基因治疗中，70% 以上应用的是逆转录病毒。

【A2 型题】

1．答案：C　　考点：变性高效液相色谱的应用

解析：变性高效液相色谱技术的原理是利用待测样品 DNA 在扩增过程中的单链产物可以随机与互补链相结合而形成双链，依据最终产物中是否出现异源双链来判断样品中是否存在点突变。

2．答案：B　　考点：间接体内疗法的基本过程

解析：目前临床基因治疗的实施方案中，体内基因递送方式主要有两种：一是直接体内疗法，将外源基因直接注入体内有关的组织细胞，使外源基因进入相应的细胞并表达。二是间接体内疗法，是指将需要接受基因的靶细胞从体内取出后，将外源基因导入到体外培养的自体或者异体细胞，筛选出接受了治疗基因的细胞，将能表达外源基因的细胞重新输回受试者体内。

3．答案：C　　考点：恶性肿瘤的基因治疗手段。

解析：恶性肿瘤的基因治疗有：针对癌基因表达的各种基因沉默；针对抑癌基因的基因增补；针对肿瘤免疫反应的细胞因子基因导入；针对肿瘤血管生成的基因失活。

4．答案：E　　考点：具有细胞靶向性的基因导入方法

解析：受体介导的基因转移是通过利用细胞表面受体能特异性识别相应配体并将其内吞的机制，将外源基因与配体结合后转移至特定类型的细胞。

5．答案：D　　考点：基因治疗的基本过程

解析：基因治疗的基本过程包括：①选择治疗基因；②选择携带治疗基因的载体；③选择基因治疗

的靶细胞；④在细胞和整体水平导入治疗基因；⑤治疗基因表达的检测。

【B 型题】

1．C　2．B　3．A　　**考点：**基因治疗的基本策略

解析：基因治疗的基本策略包括：对致病基因的突变碱基进行纠正的基因矫正；用正常基因通过重组原位替换致病基因的基因替换。不删除突变的致病基因，而在基因组的某一位点额外插入正常基因，在体内表达出功能正常的蛋白质，达到治疗疾病的目的的方法称为基因添加或基因增补。用干扰小 RNA、反义 RNA 或核酶等，可靶向降解相应的 mRNA 或抑制特定基因的翻译，进而阻断或减少致病基因的异常表达，从而达到治疗疾病的目的，这一策略称为基因失活。自杀基因的表达产物可催化无毒性的药物前体转变为细胞毒物质，从而杀死靶细胞。

4．C　5．E　6．A　　**考点：**基因诊断技术的应用

解析：Northern blotting 是一种通过检测 RNA 的种类和表达水平来检测基因表达的检测方法。Southern blotting 又称为 DNA 印迹，对基因组 DNA 进行分析，既可以区分正常和突变样品的基因型，也可以获得基因缺失或插入片段大小等信息。组织原位杂交是指将特定标记的已知顺序核酸为探针与组织或细胞切片中核酸进行杂交，从而确定被检核酸在组织或细胞中的定位或精确定量。

【X 型题】

1．**答案：**ABCD　　**考点：**基因点突变的诊断方法

解析：针对基因缺失或插入的诊断方法有：(1) DNA 印迹法；(2) PCR 法。针对基因点突变的诊断方法有：(1) 等位基因特异性寡核苷酸分子杂交；(2) 反向点突变；(3) 变性高效液相色谱；(4) DNA 序列分析。

2．**答案：**ABCD　　**考点：**基因治疗中基因载体的选择

解析：目前，经常用做基因转移载体的病毒有逆转录病毒，腺病毒，腺病毒相关病毒和单纯疱疹病毒，不同类型的病毒载体在应用中有不同的优点和缺点。

3．**答案：**ABC　　**考点：**基因导入的物理方法

解析：氯化钙法属于基因导入的化学方法。

4．**答案：**BCD　　**考点：**基因沉默或失活

解析：反义 RNA、核酶、小干扰 RNA 均可降解相应的 mRNA 或抑制其翻译，阻止基因的异常表达，从而达到治疗疾病的目的。

二、名词解释（答案要点）

1．基因诊断：又称分子诊断，广义来讲，凡是用分子生物学技术对生物体的 DNA 序列及其产物（如 mRNA 和蛋白质）进行的定性、定量分析，都称为分子诊断。

2．基因治疗：是以改变人遗传物质为基础的生物学治疗，即通过一定方式将人正常基因或有治疗作用的 DNA 片段导入人体靶细胞以矫正或置换致病基因的治疗方法。

3．基因沉默：有些疾病是由于某一或某些基因的过度表达引起的。如果向患者体内导入有抑制基因表达作用的核酸，如干扰小 RNA、反义 RNA 或核酶等，可靶向降解相应的 mRNA 或抑制特定基因的翻译，进而阻断或减少致病基因的异常表达，从而达到治疗疾病的目的，这一策略称为基因失活或基因沉默。

4．基因增补：不删除突变的致病基因，而在基因组的某一位点额外插入正常基因，在体内表达出功能正常的蛋白质，达到治疗疾病的目的，这种方法称为基因添加或基因增补。

5．DNA 指纹：DNA 指纹的遗传学基础是 DNA 的多态性。人与人之间的某些 DNA 序列特征具有高度的个体特异性和终生稳定性，如同人的指纹一般，故称为 DNA 指纹。

三、问答题（答案要点）

1．基因诊断的基本方法：核酸分子杂交技术和 PCR 技术或者两种技术联合使用。主要有核酸分子杂交技术、PCR、DNA 测序和基因芯片技术等。基因诊断的优点：①特异性强；②灵敏度高；③可进行快速和早期诊断；④适用性强、诊断范围广。

2．（1）遗传性疾病诊断和风险预测。例：苯丙酮尿症的致病基因是苯丙氨酸羟化酶基因，突变类型为点突变，诊断方法有 PCR-STR 连锁分析、ASO 分子杂交。

（2）多基因常见病的预测性诊断。例：对于多基因常见病，基于 DNA 分析的预测性诊断可为被测者提供某些疾病发生风险的评估意见。如 *BRCA1* 和 *BRCA2* 基因突变可提高个体的乳腺癌发病风险。

（3）传染病病原体检测。例：利用 PCR 技术，可以快速检出样本中痕量的、基因序列已知的病原微生物，如血液中的肝炎病毒，分泌物中的 H7N9 病毒。

（4）疗效评价和用药指导。例：急性淋巴细胞性白血病患者治疗后易复发，主要根源在于患者体内少数残留的白血病细胞。PCR 等基因诊断技术已成为临床上检测和跟踪微小残留病灶的常规方法，是预测白血病的复发、判断化疗效果和制订治疗方案的很有价值的指标。例：研究药物代谢酶类（如细胞色素 P450）基因多态性，可以在基因水平深入解析药物代谢情况或疗效的反应性，指导临床个性化用药。

（5）DNA 指纹鉴定是法医学个体识别的核心技术。例：刑侦样品鉴定；排查犯罪嫌疑人；亲子鉴定；确定个体间亲缘关系。

3．（1）缺陷基因精确的原位修复。包括：对致病基因的突变碱基进行纠正的基因矫正和用正常基因通过重组原位替换致病基因的基因置换。

（2）基因增补。又称基因添加，是指不删除突变的致病基因，而在基因组的某一位点额外插入正常基因，在体内表达出功能正常的蛋白质，达到治疗疾病的目的的方法。

（3）基因沉默或失活。基因沉默或失活是指通过靶向降解相应的 mRNA 或抑制特定基因的翻译，进而阻断或减少致病基因的异常表达，从而达到治疗疾病的目的。有些疾病是由于某一或某些基因的过度表达引起的，因此可以向患者体内导入有抑制基因表达作用的核酸，如干扰小 RNA、反义 RNA 或核酶等，使过度表达的基因沉默或失活。

4．基因治疗的基本过程可分为 5 个步骤：①选择治疗基因；②选择携带治疗基因的载体；③选择基因治疗的靶细胞；④在细胞和整体水平导入治疗基因；⑤治疗基因表达的检测。

5．单基因遗传病的基因治疗：通过一定的方法把正常的基因导入病人体内，表达出正常的功能蛋白，如血友病的治疗。

多基因病的基因治疗：

（1）针对恶性肿瘤的基因治疗有：①针对癌基因表达的各种基因沉默；②针对抑癌基因的基因增补；③针对肿瘤免疫反应的细胞因子基因导入；④针对肿瘤血管生成的基因失活。

（2）其他多基因遗传病的基因治疗有：①利用过表达血管内皮生长因子 VEGF 基因促进血管生成治疗冠心病；②针对病毒复制基因的基因沉默治疗艾滋病等。

（司文喆）

第二十七章　组学与系统生物医学

第一节　学习要求

掌握： 基因组学、结构基因组学、功能基因组学的概念和研究内容；转录物组学的概念和研究内容；蛋白质组学的概念和研究内容；代谢组学的概念和研究内容。

熟悉： 结构基因组学研究的策略和工具；功能基因组学、转录物组学、蛋白质组学的研究方法和工具；代谢组学的主要分析工具。

了解： 糖组学、脂组学的概念和研究内容；各类组学在阐明疾病发生机制、药物开发、个体化治疗等医学方面的应用。

第二节　内容精要

一、基因组学

（一）基因组学包含结构基因组学、功能基因组学和比较基因组学

1．基因组学的分类

基因组学
- 结构基因组学
- 功能基因组学（遗传学分类）
  - 转录物组学
  - 蛋白质组学
  - 代谢组学
- 比较基因组学
- 组学信息的处理和整合（生物信息学）

2．基因组学的概念

（1）组学（-omics）：是一种基于组群或集合的认识论，这种认识论注重事物之间的相互联系，即事物的整体性。

（2）基因组（genome）：一个细胞（或病毒）所载的全部遗传信息，它代表了一种生物所具有的全部遗传信息。就真核生物体而言，基因组是指一套完整单倍体 DNA（染色体 DNA）及线粒体或叶绿体 DNA 的全部序列，包括所有编码和非编码序列。

（3）基因组学（genomics）：阐明整个基因组结构、结构与功能关系以及基因之间相互作用的科学。

（4）结构基因组学（structure genomics）：通过人类基因组作图和大规模 DNA 测序等，揭示人类基因组的全部 DNA 序列及其组成。

（5）功能基因组学（functional genomics）：利用结构基因组所提供的信息，分析和鉴定基因组中所有基因的功能。

（6）比较基因组学（comparative genomics）：通过模式生物基因组之间或模式生物基因组与人类基因组之间的比较和鉴定，为研究生物进化和预测新基因的功能提供依据。

（7）生物信息学（bioinformatics）：通过综合利用生物学、计算机科学和信息技术研究生物信息的收集、储存、整理、排列、分析和注释等各方面的学科。

（二）结构基因组学揭示基因组序列信息

结构基因组学（也简称为基因组学）通过人类基因组计划（HGP）的实施，解析人类基因组序列和结构。其研究内容为：通过基因作图、连续克隆系的构建、大规模测序等方法，利用模式生物已知基因组DNA序列，并结合生物信息学和计算生物学技术探索人类基因组DNA。

1．通过遗传作图和物理作图绘制人类基因组草图

（1）遗传图（genetic map）：又称连锁图（linkage map），就是确定连锁的遗传标记位点在一条染色体上的排列顺序以及它们之间的相对遗传距离，用厘摩尔根（centi-Morgan，cM）表示。遗传图图距1cM表征两个遗传标记间的重组率为1%。遗传图谱的分辨率低，大约只能达到100万碱基对（1Mb）的水平。用于遗传作图的DNA标志为：限制性片段长度多态性（restriction fragment length polymorphism，RFLP），可变数目串联重复序列（variable number of tandem repeat，VNTR）又称微卫星DNA（minisatellite DNA），以及单核苷酸多态性（single nucleotide polymorphism，SNP）。其中RFLP和VNTR以“长度”的差异作为不同个体的DNA标记而SNP直接以序列的变异作为标记。由于SNP在人类基因组中非常常见而且也是最稳定的变异，因此，它成为研究多基因疾病、药物遗传学及人类进化的重要遗传标记。

（2）物理图（physical mapping）：是在遗传图基础上制作更详细的人类基因组图谱。物理图包括：荧光原位杂交图（fluorescent in situ hybridization map，FISH map），即将荧光标记的探针与染色体杂交确定分子标记所在位置；限制性酶切图（restriction map）：将限制性酶切位点标定DNA分子的相对位置上；以及克隆重叠群图（clone contig map）。其中构建连续克隆系图是最重要的一种物理作图。这种作图法利用基因组序列标签位点（sequence tagged site，STS），通过构建酵母人工染色体（yeast artificial chromosome，YAC）或细菌人工染色体（bacterial artificial chromosome，BAC）为载体，获得能够覆盖每条染色体的大片段DNA连续克隆系，以此获知特异DNA大片段在特定染色体上定位的精细物理图谱。

2．通过EST文库绘制转录图谱

转录图谱又称cDNA图或表达谱，是一种以表达序列标签（expressed sequence tag，EST）为位标绘制的分子遗传图谱。通过从cDNA文库中随机挑取的克隆进行测序所获得的部分cDNA的5'-端序列成为EST，一般长300～500 bp。将mRNA逆转录合成的cDNA片段作为探针与基因组DNA进行分子杂交，标记转录基因，就可以绘制出可表达基因的转录图谱。

3．通过BAC克隆系和鸟枪法测序等构建序列图谱

（1）YAC载体载量偏大（1～2 Mb），稳定性不够。BAC载体具有插入片段较大（数kb～数百kb）、嵌合率低、遗传稳定性高、易于操作等优点。BAC因此较广泛地应用于人、动物和植物基因组文库的构建。

（2）鸟枪法（shotgun）是大规模DNA测序的重要方法。它包括基因组的打断、BAC文库的构建、大规模的克隆双向测序、序列组装、缺口填补等主要步骤。

（3）高通量测序（high-throughput sequencing）又称深度测序（deep sequencing），在一次实验中可读取40万～400万条序列，可以对一种生物、组织或细胞器进行基因组的全面分析，极大地加快了基因组DNA测序进度。

4．生物信息学是预测基因组结构和功能的重要手段

生物信息学通过建立包含大量DNA和蛋白质序列信息的生物信息数据库，发展相应的自动化程序，用以收集、存储、整理、排列、归纳、注释相关资料，并以此分析基因-基因、基因-产物、产物-产物之间的相互作用或联系，描述细胞或整体水平的基因表达谱，推测系统发生关系等。国际最大的3个生物信息中心为：美国国家生物技术信息中心（NCBI，http：//www.ncbi.nih.gov），其中包含GenBank数据库（http：//www.ncbi.nih.gov/Genbank）；欧洲生物信息研究所（EBI，http：//ebi.ac.uk）；日本DNA数据库（DDBJ，http：//www.ddbj.nig.ac.jp）。

（三）比较基因组学鉴别基因组的相似性和差异性

比较基因组学是在基因组序列的基础上，通过与已知生物基因组的比较，鉴别基因组的相似性和差异性，种间比较基因组学可以阐明物种间基因组结构的异同，种内比较基因组学阐明群体内基因组结构的变异和多态性。

（四）功能基因组学系统探讨基因的活动规律

功能基因组学的研究内容包括基因组的表达、基因组功能注释、基因组表达调控网络及机制的研究等。它使得生物学研究从单一基因或蛋白质研究转向多个基因或蛋白质的系统研究。具体包括：

1．全基因组扫描鉴定 DNA 序列中的基因。通过加工和注释人类基因组的序列，推测编码序列（基因）、非编码序列及其功能，用以进行新基因预测、蛋白质功能预测及疾病基因的发现。

2．通过 BLAST 等程序搜索同源基因。利用 NCBI 的序列局部相似性查询（BLAST）软件，比较核苷酸或氨基酸序列的同源性，推测基因组内相似基因的功能。

3．通过实验设计验证基因功能。为了验证特定基因的功能，可以在模式生物中进行转基因（transgene）、基因过表达（gene over-expression）、基因敲除（knock-out）、基因敲减（knock-down）或基因沉默（gene silencing）等实验，以检测该基因相关的表型变化。

4．通过转录组和蛋白质组描述基因表达模式。

（五）ENCODE 计划旨在识别人类基因组所有功能元件

二、转录物组学

（一）转录物组学全面分析基因表达谱

1．转录组（transcriptome）：生命单元（通常是一种细胞）所能转录出来的可直接参与蛋白质翻译的 mRNA（编码 RNA）总和，而其他所有非编码 RNA 均归为 RNA 组（RNome）。

2．转录物组学（transcriptomics）：是在整体水平上研究细胞编码基因转录情况及转录调控规律的科学。转录组受内外多种因素的调节，动态可变，转录物组学因而可用于揭示基因表达的时空特异性。

3．转录物组学利用微列阵（microarray，基因芯片）、基因表达系列分析（SAGE）和大规模平行信号测序系统（MPSS）等技术，侧重于研究基因转录区域、转录因子结合位点、染色质修饰点及 DNA 甲基化位点处相关基因的表达谱。

4．三大生物信息中心均包括基因表达或 RNA 的大量数据。其中 NCBI 的 GEO 数据库（http://www.ncbi.nlm.nih.gov/projects/geo/）提供了以微列阵（基因芯片）为基础的对 mRNA 丰度的测定数据，并包括 SAGE map，对于研究不同条件下的基因差异表达具有重要参考价值。

（二）转录物组研究采用整体性分析技术

微阵列是大规模基因组表达谱研究的主要技术，基因表达系列分析（serial analysis of gene expression，SAGE）在转录物水平研究细胞或组织基因表达模式。大规模平行信号测序系统（massively parallel signature sequencing，MPSS）是以序列测定为基础的高通量基因表达谱分析技术。

（三）转录物组测序和单细胞转录物组分析是转录物组学的核心任务

高通量转录物组测序是获得基因表达调控信息的基础，单细胞转录物组有助于解析单个细胞行为的分子基础。

（四）RNA 组学研究非编码 RNA 的集合

非编码 RNA 的组学研究对象包括 snRNA、snoRNA、scRNA、催化性小 RNA、siRNA、miRNA 等短链非编码（小）RNA 和长链非编码 RNA（long noncoding RNA，lncRNA，通常大于 200nt）。这类非编码 RNA 在细胞分化和个体发育、遗传和表观遗传相关的基因表达过程中发挥重要的组织和调控作用。

三、蛋白质组学

蛋白质组学（proteomics）：又称全景式蛋白质表达谱（global protein expression profile），是通过分析细胞内动态变化的蛋白质组成、表达水平与修饰状态，了解蛋白质之间相互作用与联系，在整体水平上研究蛋白质调控的活动规律的学科。蛋白质一级结构是空间结构和生物功能的基础，一级结构决定空间结构。空间结构是生物活性的直接体现。蛋白质的生物学活性依赖其表面功能区的正确形成。

常用蛋白质组学相关数据库如下：蛋白序列数据库 SWISS-PROT/TrEMBL（http://www.expasy.ch）；蛋白质模式数据库（Prosite，http://www.expasy.ch/sprot/prosite.html）；蛋白质三维结构数据库（PDB，http://www.pdb.bnl.gov；FSSP，http://www.embl-ebi.ac.uk）。

（一）蛋白质组学研究细胞内所有蛋白质的组成及其活动规律

1．蛋白质组学的研究内容主要包括两方面：蛋白质组表达模式的研究，即结构蛋白质组学（structural proteomics）；蛋白质组功能模式的研究，即功能蛋白质组学（functional proteomics）。

2．其具体内容包括

（1）利用一维、二维凝胶电泳（two-dimensional gel electrophoresis，2-DE）并结合生物质谱（mass spectroscopy，MS）、蛋白质印记（western blot）、蛋白质芯片等技术进行蛋白质鉴定。

（2）鉴定蛋白质翻译后修饰，如磷酸化、糖基化、酶原激活等。

（3）利用分子生物学技术方法对蛋白质功能加以确定。

（二）二维电泳、液相分离和质谱是蛋白质组学研究的常用技术

1．二维凝胶电泳（2-DE）、质谱（MS）技术及大规模数据处理是蛋白质组学的三大基本支撑技术。目前，蛋白质组学的研究采用以 2-DE 分离为核心或以色谱分离为核心的技术路线。其中质谱是研究路线中不可缺少的技术。

2．2-DE 是分离蛋白质组的有效方法，其原理是对混合蛋白质样品在高压电场下先进行等电聚焦（isoelectric focusing，IEF）电泳，利用蛋白质分子的等电点不同进行第一维的分离，而后将分离的蛋白质继续进行 SDS- 聚丙烯酰胺凝胶电泳（SDS-PAGE），进一步按蛋白质分子量的大小进行第二维的分离。

3．色谱法分离、鉴定蛋白质是通过对混合蛋白质的酶解得到肽段，再利用肽段与固定相和流动相之间的作用力（分配、吸附、离子交换等）差别进行色谱或多维色谱的分离，之后通过串联质谱分析实现蛋白质的鉴定。

4．质谱技术（mass spectroscopy，MS）按质荷比（m/z）对肽段或蛋白质进行定性和定量分析，是在 2-DE 或色谱法已分离蛋白质的基础上进行蛋白质组分析和鉴定的最重要工具，具有快速、准确、灵敏和高通量的特点。MS 鉴定蛋白质主要通过两种方法：

（1）获得蛋白质酶解所得所有肽段的分子质量，形成一个肽质量指纹图谱（PMF），而后利用数据库搜索比对的方法鉴定蛋白质。

（2）对不能用 PMF 法分析的蛋白质，可进行串联质谱（MS/MS）分析。

（三）蛋白质相互作用研究是认识蛋白质功能的重要内容

通过酵母双杂交、亲和层析、免疫共沉淀、蛋白质交联、荧光共振能量转移（FRET）等方法，研究酶 - 底物、受体 - 配体、信号转导分子间形成的蛋白相互作用及其机制。

四、代谢组学

代谢组学（metabonomics）：测定一个生物 / 细胞中所有的小分子（Mr ≤ 1000）组成，描绘其动态变化规律，建立系统代谢图谱，并确定这些变化与生物过程的联系。

（一）代谢组学的任务是分析生物 / 细胞代谢产物的全貌

代谢组学主要以生物体液为研究对象。它的研究可分为四个层次：

（1）代谢物靶标分析（metabolite target analysis）：对某个或某几个特定组分分析。

（2）代谢谱分析（metabolic profiling analysis）：对一系列预先设定的目标代谢物进行定量分析。

（3）代谢组分析（metabonimics analysis）：对某一生物或细胞所有代谢物进行定性和定量分析。

（4）代谢指纹分析（metabolic fingerprinting analysis）：不分离鉴定具体单一组分，而是对代谢物整体进行高通量的定性分析。

（二）核磁共振、色谱及质谱是代谢组学的主要分析工具

代谢组学常用分析工具包括：

（1）核磁共振（nuclear magnetic resonance，NMR）：常使用的 NMR 谱包括氢谱、碳谱和磷谱。

（2）质谱（MS）：按质荷比对代谢物进行定性和定量分析。

（3）色谱 - 质谱联用技术。包括气相（GC-MS）色谱 - 质谱联用和液相（LC-MS）色谱 - 质谱联用。

（三）代谢组学数据依赖模式识别技术进行分析

为了从海量的代谢组学数据中挖掘出更多的潜在信息，需要用化学计量学方法进行分析。通常可利用模式识别技术，包括无监督和有监督两大类方法。

（四）代谢组学技术在生物医学领域具有广阔的应用前景

较之于基因组学和蛋白质组学，代谢组学与临床的联系更为紧密，因此，开展疾病代谢组研究可以提供疾病诊断、预后和治疗的评判标准，并有助于加深对疾病发生、发展机制的了解。

五、其他组学

（一）糖组学研究生命体聚糖多样性及其生物学功能

糖组学（glycomics）研究的是生命体聚糖多样性及其生物学功能。糖组学的研究内容包括单个个体的全部糖蛋白结构分析，确定编码糖蛋白的基因和蛋白质糖基化的机制，可分为结构糖组学（structural glycomics）和功能糖组学（functional glycomics）。糖组学常用技术方法包括：色谱分离与质谱鉴定技术、糖微列阵技术，数据库包括 CFG、KEGG、CCSD 等。分析糖基化修饰改变对探索肿瘤的发生和发展具有重要意义。

（二）脂组学揭示生命体脂质多样性及其代谢调控

脂组学（lipidomics）是代谢组学的一个分支，它针对生物样本中的脂质进行全面系统的分析，以期揭示生命体脂质多样性及其代谢调控规律。脂组学研究的三大步骤为：脂质样品的分离，色谱 - 质谱联用对脂质进行鉴定，以及数据库检索（如：LIPID Maps）。脂组学促进了脂质生物标志物的发现和相关疾病的诊断。

六、系统生物医学及其应用

（一）系统生物医学是以整体性研究为特征的一种整合科学

医学应用系统生物学原理与方法研究人体生命活动的本质、规律以及疾病发生发展机制，其强调机体组成要素和表型的整体性，全方位、多层次地揭示了一个机体所有组成成分的构成，以及在特定条件下这些组分间的相互关系及其效应，有望极大地推动现代医学科学的发展。

（二）分子医学是发展现代医学科学的重要基础

1．疾病基因组学阐明疾病发病机制

（1）定位克隆（positional candidate cloning）可将疾病相关位点定位于染色体的特定区域，是发现和鉴定疾病基因的重要手段。

（2）通过比较正常和病人之间的 SNP 差异，可促进疾病相关 SNP 的鉴定，有利于阐明特定疾病易感人群的遗传学背景。

2．药物基因组学揭示遗传变异对药物效能和毒性的影响

药物基因组学（pharmacogenomics）有机地结合了分子药理学和功能基因组学，它以药物效应及安全

性为目标，研究各种基因突变与药效及安全性的关系。药物基因组学的重要研究内容是药学代谢酶、药物转运蛋白、药物作用靶点相关基因的基因多态性；而鉴定相关基因序列的变异是药物基因组学的主要研究策略。

3．疾病转录物组学阐明疾病发生机制并推动新诊疗方式的进步。

4．疾病蛋白质组学发现和鉴别药物新靶点。蛋白质组学研究可以用来探索疾病发生条件下异常表达的蛋白质，为药物的开发提供新的作用靶点。感染性疾病相关的蛋白质组学有助于发现新一代抗生素。

5．医学代谢组学提供新的疾病代谢物标志物。

（三）精准医学是实现个体化医学的重要手段

通过代谢产物的比较、分析有助于发现和筛选疾病相关的新生物标志物，促进疾病的早期诊断和预防。阐明药物在不同个体体内的代谢规律促进了个体化医学的发展。

（四）转化医学是加速基础研究实际应用的重要路径

转化医学强调以临床问题为导向，开展基础 - 临床联合攻关，将基因组学等各种分子生物学研究成果迅速有效地转化为可在临床实际应用的理论、方法、技术和药物。

第三节　应试习题

一、选择题（题目前 * 表示西医综合题目，题目前 # 表示执业医师题目）

【A1 型题】

1．* 基因组是指（2007）

A．以转录物组学为基础的研究领域

B．一种生物体具有的所有遗传信息的总和

C．研究基因的结构、功能及表达产物的学科领域

D．包括转录物组学和蛋白质组学等内容的学科领域

2．帮助构建 DNA 连续克隆系，在染色体定位明确的单拷贝长序列标志是

A．Shotgun 序列

B．EST 序列

C．SNP 序列

D．ORFs 序列

E．STS 序列

3．以下哪种遗传标记是最常见的变异并最大限度地代表了不同个体间的遗传差异

A．限制性片段多态性

B．单核苷酸多态性

C．DNA 扩增

D．DNA 片段缺失

E．碱基重排

4．物理作图的内容不包括

A．荧光原位杂交图

B．限制性酶切图

C．计算遗传标记之间的物理距离，用厘摩尔根表示

D．克隆相连重叠群图

E．知悉特异 DNA 大片段在特定染色体上的定位

5．鸟枪法测序过程不包括

A．反转录获得 cDNA

B．建立含有不同插入片段大小 DNA 的 BAC 文库

C．大规模测序

D．序列组装

E．缺口填补

6．以下描述高通量测序不正确的是

A．测序自动化

B．不需要进行 BAC 文库的构建

C．每一次实验可以读取 40 万 ~ 400 万条序列

D．可以对一种生物、组织或细胞器进行基因组的全面分析

E．仅可用于基因组 DNA 测序

7．不属于功能基因组学研究主要内容的是

A．鉴定 DNA 序列中的基因

B．测定特定基因的序列

C．基因组表达调控网络及机制
D．基因组功能注释
E．基因组的表达

8．要揭示不同生理条件下基因表达的差异，需要构建
A．基因组文库
B．cDNA 文库
C．BAC 文库
D．YAC 文库
E．cDNA 文库和 BAC 文库

9．通过计算 mRNA 拷贝数衡量基因表达水平的实验技术是
A．microarray
B．SAGE（serial analysis of gene expression）
C．MPSS（massively parallel signature sequencing）
D．PCR
E．RT-PCR

10．不属于调控型短链非编码（小）RNA 的是
A．siRNA
B．scRNA
C．snoRNA
D．lncRNA
E．miRNA

11．目前，蛋白质组学中分析与鉴定蛋白质最有效的方法是
A．SDS-PAGE
B．IEF
C．2-DE
D．MS
E．PMF

12．以下关于 2-DE 描述不正确的是
A．IEF 利用蛋白质分子的等电点差异分离蛋白质
B．SDS-PAGE 按蛋白质分子量的大小分离蛋白质
C．2-DE 一般用于分离小的肽段
D．2-DE 是蛋白质组学的基本工具之一
E．2-DE 分离的蛋白质可用于质谱鉴定

13．利用蛋白质样品在固定相和流动相之间的作用力（分配、吸附、离子交换等）差别而将蛋白质分离的技术是
A．免疫共沉淀
B．质谱
C．二维电泳
D．核磁共振
E．色谱

14．以下哪种组学研究采用核磁共振、色谱及质谱作为主要分析工具
A．基因组学
B．蛋白质组学
C．转录物组学
D．代谢组学
E．糖组学

15．对某一代谢途径中所有代谢物进行定量分析属于
A．代谢物靶标分析
B．代谢谱分析
C．代谢指纹分析
D．生物体液分析
E．糖组学分析

16．用凝集素进行的糖捕获法本质上属于
A．色谱分离
B．质谱
C．糖微阵列
D．核磁共振
E．免疫共沉淀

17．定位克隆与哪种组学的研究结果最密切
A．基因组学
B．蛋白质组学
C．转录物组学
D．代谢组学
E．药物基因组学

18．以下哪种序列是研究疾病易感性的重要遗传学基础
A．EST
B．STS
C．SNP
D．ORFs
E．CDS

19．关于生物信息学描述不正确的是
A．它的主要任务之一是建立和应用各类生物学数据库
B．研究生物信号通路和调节网络的规律
C．分析和预测基因功能
D．描述全基因组水平上的基因表达模式
E．关注于个别基因的研究就不需要生物信息学

20．以下描述 RNA 组学不正确的是

A．解释非编码 RNA 的功能
B．有利于丰富基因表达调控的研究
C．基因组的大部分序列用以编码蛋白质，因而研究非编码 RNA 是转录组研究的有效补充
D．在细胞分化和个体发育，遗传和表观遗传中发挥重要的组织和调节作用
E．有利于阐明细胞中高度复杂的 RNA 网络

【A2 型题】

1．2014 年 9 月 19 日，世界首例经 MALBAC 基因组扩增高通量测序进行单基因遗传病筛查所获得的试管婴儿在北京大学第三医院诞生。婴儿的父亲为一种单基因显性遗传病患者，而该疾病的发生以证明为相关基因序列上发生了单个碱基的缺失，并且后代所育孩子有 1/2 概率患同样的疾病。除了这种 MALBAC 方法，还可通过哪种下列方法鉴定其所育体外胚胎是否含有该疾病相关突变
A．制作荧光原位杂交图
B．制作限制性酶切图
C．构建克隆相连重叠群图
D．PCR+ 测序
E．通过生物信息学预测

2．某研究肺癌的课题组，找到了一种新颖的能促进肺癌发生的基因 X，但其功能未知。通过凝胶过滤层析实验，他们发现该基因所表达的蛋白质产物，在肺癌细胞系中并不是以单体形式存在，而是和很多未知蛋白质相互作用并形成了一个蛋白质复合体。为了鉴定该蛋白质复合体的成员，应该采取哪种组学实验方法
A．转录物组学
B．过表达 + 转录物组学
C．蛋白质芯片
D．基因敲除 + 色谱 + 质谱
E．过表达 + 色谱 + 质谱

3．microRNA 简写为 miRNA，是一种小的非编码 RNA。很多 miRNA 的成熟体通过和 RISC 相互作用，参与其靶基因 mRNA 的切割和降解。为了探索新发现的某 miRNA 的靶基因，应该采用何种实验方法
A．特异性针对 microRNA 的小 RNA 组学
B．转录物组学
C．RT-PCR
D．RNA FISH
E．质谱

4．通过比较肿瘤组织和癌旁对照组织的转录组差异，可以找出很多在肿瘤组织中特异性高表达的基因。为了验证这些基因是否参与该类肿瘤的发生，下述策略正确的是
A．针对该肿瘤行大规模基因组测序以检测这些基因拷贝数是否增加
B．通过蛋白质组学方法比较这些基因的蛋白表达是否有差异
C．构建肿瘤模型，通过敲低或敲除一些备选基因，检测其是否可以影响肿瘤的发生
D．生物信息学分析和预测
E．比较更多样本的转录组差异，获得更加充分的证据

5．现获得了某种罕见单基因遗传病的家系图谱，以及家系成员的基因组和转录组数据。通过定位克隆，研究人员已经把该病的潜在治病基因定位到某染色体上 1Mb 的区域内。为了充分利用生物信息学工具来确定该定位基因，下面哪项描述是**错误**的
A．确定或预测该区域内的编码基因
B．比较该区域内编码基因表达水平在发病组和未发病组的差异
C．为节省成本不用比较该区域内非编码基因的 DNA 序列在发病组和未发病组的异同
D．比较该区域内编码基因的 DNA 序列在发病组和未发病组的异同
E．构建预测模型，分析 DNA 变异、转录水平差异和疾病发生之间的相关性

【B 型题】

A．结构基因组学
B．比较基因组学
C．转录物组学
D．疾病基因组学
E．药物基因组学

1．分析与药物代谢和反应性相关的基因多态性属于
2．药物处理完分析基因组水平上该药相关下游

基因 mRNA 表达的差异属于
3．不同物种基因组与人类基因组的比较和鉴定属于
4．利用乌枪法进行大规模 DNA 测序属于
5．确定连锁的遗传标记位点在同一染色体上的排列顺序及相对遗传距离属于
6．利用大规模平行信号测序系统进行基因组表达谱研究属于

A．色谱
B．质谱
C．深度测序
D．核磁共振
E．microarray
7．按质荷比（m/z）分离样品并定量分析的技术是
8．利用溶质与固定相和流动相之间的作用力（分配、吸附、离子交换等）差别而将溶质分离是
9．利用不同原子的原子核自旋运动特性，形成特定的氢谱、碳谱及磷谱来分析被测物质的技术
10．一次实验可以读取 40 万～400 万条序列，可以进行基因组全面分析的技术是

【X 型题】
1．结构基因组学的主要任务包括
A．制作基因组遗传图谱
B．制作基因组物理图谱
C．制作模式生物基因组比较图谱
D．制作基因组序列图谱
2．下列属于遗传图的 DNA 标志是
A．FISH
B．RFLP
C．SNP
D．VNTR
3．属于调控型短链非编码（小）RNA 的是
A．miRNA
B．snoRNA
C．scRNA
D．siRNA
4．蛋白质组学研究常采用的技术方法包括
A．MS
B．2-DE
C．Protein microarray
D．NMR
5．可用于研究蛋白质 - 蛋白质相互作用的实验方法为
A．酵母双杂交
B．染色质免疫共沉淀
C．免疫共沉淀
D．亲和层析
6．在基因功能研究中得到较广泛应用的模式生物包括
A．青蛙
B．结核杆菌
C．果蝇
D．斑马鱼
7．属于代谢组学的研究范围包括
A．代谢物靶标分析
B．代谢谱分析
C．代谢指纹分析
D．生物体液分析
8．糖组学研究内容包含
A．聚糖结构信息
B．糖代谢信息
C．糖基化位点信息
D．糖蛋白结构和功能信息
9．糖组学研究的临床意义为
A．血糖代谢途径异常的检测
B．糖尿病的诊断依据及相应的治疗方法
C．多种血清糖蛋白可作为肿瘤标记物
D．利用糖基化改变检测肿瘤的发生和发展过程
10．对药物基因组学的描述正确的是
A．药物基因组学有机地结合了分子药理学和功能基因组学
B．药物基因组学以药物效应及安全性为目标，研究各种基因突变与药效及安全性的关系
C．药物基因组学的重要研究内容是药学代谢酶、药物转运蛋白、药物作用靶点相关基因的基因多态性
D．阐明药物在体内的一般代谢途径及其规律是药物基因组学的主要研究方向

二、名词解释

1．基因组（genome）
2．基因组学（genomics）
3．结构基因组学（structure genomics）
4．功能基因组学（functional genomics）
5．转录物组学（transcriptomics）
6．蛋白质组（proteomics）
7．代谢组学（metabonomics）

三、问答题

1．鸟枪法测序的原理是什么？
2．BAC 连续克隆系用于大规模测序的优点是什么？
3．研究人员通过前期实验分离得到一个可能与肿瘤 T 发生相关的编码转录因子的基因 G，如何研究该基因 G 在 T 发生中的作用？
4．请阐明蛋白质组学的主要研究内容和技术策略。
5．请举例说明组学研究在医学中的应用。

第四节　参考答案及解析

一、选择题

【**A1 型题**】

1．**答案**：B　　**考点**：基因组的定义
解析：基因组：一个细胞（或病毒）所载的全部遗传信息，它代表了一种生物所具有的全部遗传信息。

2．**答案**：E　　**考点**：物理作图
解析：STS 的染色体定位明确，每隔 100 kb 距离就有一个标志。在 STS 基础上构建能覆盖每条染色体的大片段 DNA 连续克隆系就可绘制精细物理图谱。

3．**答案**：B　　**考点**：遗传作图的方法
解析：SNP 是最常见的一种变异并最大限度地代表了不同个体间的遗传差异。

4．**答案**：C　　**考点**：物理作图的内容
解析：计算遗传标记之间的物理距离属于遗传作图。

5．**答案**：A　　**考点**：鸟枪法测序
解析：反转录获得 cDNA 一般用于转录组测序。

6．**答案**：E　　**考点**：深度测序
解析：高通量测序亦可用于转录组测序。

7．**答案**：B　　**考点**：功能基因组的定义
解析：基因序列的测定属于结构基因组研究范畴。

8．**答案**：B　　**考点**：转录物组学的研究内容
解析：基因表达的转录物组学研究探讨的是 mRNA 反转录得到的 cDNA 的水平高低。

9．**答案**：C　　**考点**：转录物组学的相关技术
解析：MPSS，大规模平行信号测序系统，通过测量一个包含 10 ~ 20 个碱基的标签序列，分析每一

标签的拷贝数来计算 mRNA 的表达水平。

10．**答案：**D　　**考点：**RNA 组学的研究对象
解析：lncRNA 是长链非编码 RNA。

11．**答案：**D　　**考点：**蛋白质组学的研究方法
解析：目前，质谱（MS）是蛋白质组学中分析与鉴定蛋白质的最有效方法。

12．**答案：**C　　**考点：**蛋白质组学的研究方法
解析：蛋白质组学研究中，2-DE 一般用于分离蛋白质。2-DE 分离后，再行回收、酶解成肽段等步骤。

13．**答案：**E　　**考点：**蛋白质组学的研究方法
解析：色谱法分离、鉴定蛋白质是通过对混合蛋白质的酶解得到肽段，再利用肽段与固定相和流动相之间的作用力（分配、吸附、离子交换等）差别进行色谱或多维色谱的分离，之后通过串联质谱分析实现蛋白质的鉴定。

14．**答案：**D　　**考点：**代谢组学的研究方法
解析：核磁共振是代谢组学的常用研究方法。

15．**答案：**B　　**考点：**代谢组学的研究层次
解析：代谢谱分析是对一系列预先设定的目标代谢物进行定量分析。比如对某一代谢途径中所有代谢物进行定量分析。

16．**答案：**A　　**考点：**糖组学的研究技术
解析：糖捕获法是用凝集素对糖蛋白进行的亲和层析，是一种色谱方法。

17．**答案：**A　　**考点：**定位克隆的内容
解析：定位克隆的目标是确定各种疾病的遗传学基础，即疾病基因的结构基因组定位。

18．**答案：**C　　**考点：**疾病基因组的研究内容
解析：SNP 是一种非常常见的遗传变异，在基因组中广泛存在。有些 SNP 和疾病的易感性密切相关。

19．**答案：**E　　**考点：**生物信息学的研究内容和意义
解析：个别基因的研究也需要放在组学研究的背景下，生物信息学必不可少。

20．**答案：**C　　**考点：**基因组的组成
解析：编码蛋白质的基因只占基因组很少一部分。

【A2 型题】

1．**答案：**D　　**考点：**结构基因组学的研究内容
解析：通过题干分析可见，该病是常染色体单基因显性遗传，且病患父亲为杂合子。同时该突变为单碱基缺失，且缺失位置已知。所以不能用分辨率较低的物理作图法，而利用 PCR 的方法，进一步测序则可以高效、低成本地获知体外受精得到的胚胎在该位点是否含有碱基缺失。

2．**答案：**E　　**考点：**蛋白质组学的研究内容和技术方法
解析：因为要确定未知蛋白质的成分，最好采用质谱实验。而要分析该蛋白质复合体，最好是先过表达这个基因，并通过亲和介质富集以及通过凝胶过滤层析（色谱法之一）分离。

3．**答案：**B　　**考点：**转录物组学和 RNA 组学的研究内容
解析：虽然探索的是 microRNA 的功能，但因为其作用于 mRNA，所以应该采用转录物组学的

方法。另外，因为靶基因的身份未知，就不能采用 RT-PCR 和 RNA FISH 这种针对已知基因的实验方法。

4．**答案**：C　　**考点**：功能基因组学的研究方法

解析：要探讨基因对肿瘤发生的作用，就是要判断该基因是否是该类肿瘤发生的原因而不是结果。只有通过在肿瘤发生模型中，改变该基因的表达水平，通过比较处理前后肿瘤生长的快慢，才能加以判断。

5．**答案**：C　　**考点**：功能基因组学

解析：发生在非编码蛋白质序列上的突变，也有可能引起相关基因表达水平的差异，从而引发疾病。

【**B 型题**】

1．**答案**：E　　**考点**：药物基因组学的研究内容

解析：药物基因组学的重要研究内容是药学代谢酶、药物转运蛋白、药物作用靶点相关基因的基因多态性；而鉴定相关基因序列的变异是药物基因组学的主要研究策略。

2．**答案**：C　　**考点**：转录物组学的研究内容

解析：鉴定药物刺激作用下基因组水平上 mRNA 的表达差异属转录物组学的研究范畴。

3．**答案**：B　　**考点**：比较基因组学的定义

解析：比较基因组学的定义：通过模式生物基因组之间或模式生物基因组与人类基因组之间的比较和鉴定，为研究生物进化和预测新基因的功能提供依据。

4．**答案**：A　　**考点**：结构基因组学的主要任务

解析：基因组的大规模测序是结构基因组学的主要任务之一。

5．**答案**：A　　**考点**：结构基因组学的研究内容

解析：遗传作图是结构基因组学的研究内容之一。

6．**答案**：C　　**考点**：转录物组学的研究内容

解析：针对基因 mRNA 表达水平的基因表达谱研究属于转录物组学的研究内容。

7．**答案**：B　　**考点**：质谱原理

解析：质谱是利用待测物质的质荷比来分离、鉴定的。

8．**答案**：A　　**考点**：色谱原理

解析：色谱法分离、鉴定蛋白质是通过对混合蛋白质的酶解得到肽段，再利用肽段与固定相和流动相之间的作用力（分配、吸附、离子交换等）差别进行色谱或多维色谱的分离，之后通过串联质谱分析实现蛋白质的鉴定。

9．**答案**：D　　**考点**：核磁共振技术

解析：代谢组学的研究中常用核磁共振技术。它利用的是特定原子如氢、碳、磷的自旋形成的 NMR 谱。

10．**答案**：C　　**考点**：深度测序的原理

解析：深度测序的特点是可以一次性读入、分析大量序列。

【**X 型题**】

1．**答案**：ABD　　**考点**：结构基因组学的主要任务

解析：结构基因组学通过人类基因组计划（HGP）的实施，解析人类基因组序列和结构。其研究内容为：通过基因作图、连续克隆系的构建、大规模测序等方法，探索人类基因组 DNA。模式生物

基因组比较图谱属于比较基因组学研究范畴。

2. **答案**：BCD　　**考点**：物理作图的研究内容

解析：RFLP、VNTR 和 SNP 均可用于遗传作图。FISH 用于物理作图。

3. **答案**：ABCD　　**考点**：RNA 组学的研究内容

解析：非编码 RNA 的组学研究对象包括 snRNA、snoRNA、scRNA、催化性小 RNA、siRNA、miRNA 等短链非编码（小）RNA 和长链非编码 RNA（lncRNA，通常大于 200 nt）。本题中 4 种 RNA 均为小 RNA。

4. **答案**：ABC　　**考点**：蛋白质组学的研究方法

解析：蛋白质组学的研究方法包括：质谱（MS）、二维电泳（2-DE）和蛋白质芯片（Protein microarray）。NMR 在代谢组学中应用较多。

5. **答案**：ACD　　**考点**：蛋白质组学的研究方法和内容

解析：染色质免疫共沉淀用于探索蛋白质和 DNA 的相互作用。

6. **答案**：CD　　**考点**：功能基因组学的研究内容

解析：大肠杆菌、酵母、果蝇和斑马鱼是较为常用的模式生物。

7. **答案**：ABCD　　**考点**：代谢组学的研究层次和内容

解析：见代谢组学研究的 4 个层次。

8. **答案**：ACD　　**考点**：糖组学研究内容

解析：糖组学的研究内容包括单个个体的全部糖蛋白结构分析，确定编码糖蛋白的基因和蛋白质糖基化的机制。糖代谢不属糖组学的研究范畴。

9. **答案**：CD　　**考点**：糖组学的应用

解析：参见 X 型题第 8 题解析。

10. **答案**：ABC　　**考点**：药物基因组学的研究内容

解析：药物基因组学的重要研究内容是药学代谢酶、药物转运蛋白、药物作用靶点相关基因的基因多态性；而鉴定相关基因序列的变异是药物基因组学的主要研究策略。但阐明药物在体内的一般代谢途径及其规律并不是药物基因组学的主要研究方向。

二、名词解释（答案要点）

1. 基因组：一个细胞（或病毒）所载的全部遗传信息，代表了一种生物所具有的全部遗传信息。

2. 基因组学：阐明整个基因组结构、结构与功能关系以及基因之间相互作用的科学。

3. 结构基因组学：通过人类基因组作图和大规模 DNA 测序等，揭示人类基因组的全部 DNA 序列及其组成。

4. 功能基因组学：利用结构基因组所提供的信息，分析和鉴定基因组中所有基因的功能。

5. 转录物组学：是在整体水平上研究细胞编码基因转录情况及转录调控规律的科学。

6. 蛋白质组：又称全景式蛋白质表达谱（global protein expression profile），是通过分析细胞内动态变化的蛋白质组成、表达水平与修饰状态，了解蛋白质之间相互作用与联系，在整体水平上研究蛋白质调控的活动规律的学科。

7. 代谢组学：测定一个生物 / 细胞中所有的小分子（$Mr \leq 1000$）组成，描绘其动态变化规律，建立系统代谢图谱，并确定这些变化与生物过程的联系。

三、问答题（答案要点）

1. 鸟枪法（shotgun）是大规模DNA测序的重要方法。该法包括：①基因组的打断、BAC文库的构建；②大规模的克隆双向测序；③序列组装；④缺口填补等主要步骤。

2. YAC载体载量偏大（1 ~ 2 Mb），稳定性不够。BAC载体具有插入片段较大（数kb ~数百kb）、嵌合率低、遗传稳定性高、易于操作等优点。BAC因此较广泛地应用于人、动物和植物基因组文库的构建。

3. 因为该基因是转录因子，所以要从功能基因组学和转录物组学的角度回答该问题。具体来说需要：①构建肿瘤模型（细胞系、模式动物）；②过表达、敲低或敲除该基因，检测肿瘤相关表型的变化；③检测转录组变化；④生物信息学分析已有表达谱数据库中，该基因及相关基因与该肿瘤发生的关系。

4. 蛋白质组学的研究内容主要包括两方面：蛋白质组表达模式的研究，即结构蛋白质组学；蛋白质组功能模式的研究，即功能蛋白质组学。具体内容包括：①蛋白质鉴定；②蛋白质翻译后修饰，如磷酸化、糖基化、酶原激活等的鉴定；③利用分子生物学技术方法对蛋白质功能加以确定。

　　二维凝胶电泳（2-DE）、质谱（MS）技术及大规模数据处理是蛋白质组学的三大基本支撑技术。目前，蛋白质组学的研究采用以2-DE分离为核心或以色谱分离为核心的技术路线。其中质谱是研究路线中不可缺少的技术。

5. 可从以下几方面举例：①定位克隆技术充分利用人类基因组计划的成果，它是用来发现和鉴定疾病基因的重要手段；②单核苷酸多态性是疾病易感性的重要遗传学基础；③药物基因组学预测药物反应性并指导个体化用药；④蛋白质组学在发现和鉴别药物新靶点上的应用；⑤代谢组学在个体化医学中的应用。

（张　宇）

模拟试卷

一、A 型题（每小题 1 分，共 30 分，在备选答案中只有一个是正确的）

1．测定某一蛋白质样品，该样品氮含量为 0.20g，则该样品约含蛋白质多少克

A．1.25 g

B．2.00 g

C．5.50 g

D．6.60 g

E．4.80 g

2．使蛋白质溶液保持稳定的主要因素是

A．蛋白质分子带有电荷

B．蛋白质溶液的黏度大

C．蛋白质在溶液中有布朗运动

D．蛋白质溶液有分子扩散现象

E．蛋白质分子表面有水化膜和同种电荷

3．按照 E. Chargaff 原则，DNA 碱基组成的规律是

A．[A]=[C]，[T]=[G]

B．[A]+[T]=[C]+[G]

C．[A]=[T]；[C]=[G]

D．（[A]+[T]）/（[C]+ [G]）=1

E．[A]=[G]=[T]=[C]

4．染色质的基本结构单位在真核生物表现为

A．组蛋白

B．核心颗粒

C．核小体

D．超螺旋

E．α-螺旋

5．酶的 active center 是指

A．整个酶分子的中心部位

B．酶蛋白与辅酶的结合部位

C．酶分子上有必需基团的部位

D．酶分子表面有解离基团的部位

E．能与底物结合并催化底物转变成产物的部位

6．氮杂丝氨酸干扰核苷酸合成是因为它的结构类似于

A．丝氨酸

B．甘氨酸

C．天冬氨酸

D．天冬酰胺

E．谷氨酰胺

7．进食后被吸收入血的单糖，最主要的去路是

A．经肾随尿排出

B．在体内转变为脂肪

C．在组织器官中氧化供能

D．在体内转变为部分氨基酸

E．在肝、肌肉等组织中合成糖原

8．糖酵解时下列哪一对代谢物提供~ P 使 ADP 生成 ATP

A．1,3-二磷酸甘油酸及磷酸烯醇式丙酮酸

B．3-磷酸甘油醛及果糖-6-磷酸

C．3-磷酸甘油酸及葡糖-6-磷酸

D．葡糖-1-磷酸及磷酸烯醇式丙酮酸

E．果糖-1,6-二磷酸及 1,3-二磷酸甘油酸

9．每克营养物质供能最高的是

A．糖类

B．脂肪

C．蛋白质

D．矿物质

E．膳食纤维

10．NH_3 生成尿素通过

A．嘌呤循环

B．柠檬酸循环

C．核苷酸循环

D．鸟氨酸循环

E．丙酮酸循环

11．一碳单位代谢的辅酶是

A．叶酸

B．四氢叶酸

C．二氢叶酸

D．NADPH

E．NADH

12．各种细胞色素在呼吸链中的排列顺序是

A．$aa_3 \to b_1 \to c \to c_1 \to O_2$
B．$c_1 \to c \to b_1 \to aa_3 \to O_2$
C．$b \to c_1 \to c \to aa_3 \to O_2$
D．$aa_3 \to b \to c_1 \to c \to O_2$
E．$c \to c_1 \to b \to aa_3 \to O_2$

13．合成嘌呤、嘧啶的共同原料是
A．甘氨酸
B．谷氨酸
C．天冬酰胺
D．天冬氨酸
E．氨基甲酰磷酸

14．在线粒体内所进行的代谢过程是
A．糖酵解
B．蛋白质的合成
C．软脂酸的合成
D．糖原的合成
E．脂肪酸β-氧化

15．DNA复制时，以5'-TAGA-3'为模板，合成产物的互补结构为
A．5'-TAGA-3'
B．5'-TCTA-3'
C．5'-ATCT-3'
D．5'-AUCU-3'
E．5'-UCUA-3'

16．冈崎片段是指
A．复制起始时，RNA聚合酶合成的片段
B．两个复制起始点之间的DNA片段
C．DNA半不连续复制时出现的DNA片段
D．DNA连续复制时出现的DNA片段
E．*E.coli*复制起始点oriC的跨度为245 bp的片段

17．镰状细胞贫血症患者血红蛋白基因突变类型是
A．插入
B．缺失
C．点突变
D．双链断裂
E．倒位或者转位

18．蛋白质合成的直接模板是
A．DNA
B．mRNA
C．tRNA
D．rRNA
E．hnRNA

19．tRNA中反密码子5'-UAG-3'识别的mRNA上的密码子是
A．GTC
B．ATC
C．AUC
D．CUA
E．CTA

20．直接影响基因转录的蛋白质是
A．白蛋白
B．脂蛋白
C．组蛋白
D．载脂蛋白
E．血红蛋白

21．基因表达调控的主要环节为
A．基因活化
B．转录起始
C．转录后加工
D．翻译起始
E．翻译后加工

22．DNA分子上能被RNA聚合酶特异性识别并结合的位置是
A．启动子
B．外显子
C．内含子
D．增强子
E．终止子

23．下列属于细胞内信号分子的是
A．胰岛素
B．肾上腺素
C．二酰甘油
D．类固醇激素
E．甲状腺激素

24．可作为第二信使的是
A．ATP
B．ADP
C．NMP
D．dATP
E．cAMP

25．70%酒精消毒是使细菌蛋白质
A．沉淀
B．变性
C．溶解
D．变构
E．凝固

26．下列有关病毒癌基因概念的叙述，正确的是
A．表达产物可抑制细胞恶性变
B．亦称为原癌基因
C．存在于正常细胞
D．具有致宿主细胞恶变能力
E．表达产物为宿主活动所必需

27．某同学入大学后沉浸在游戏中严重影响了学业，其母亲和他沟通不当，发生了激烈的争吵。此时该母亲肾上腺素水平上升，血糖水平也随之升高，请问肾上腺素升高对体内与血糖有关的酶的影响是
A．使其谷氨酸残基酰胺化
B．使其酪氨酸残基乙酰化
C．使其酪氨酸残基甲基化
D．使其天冬氨酸残基酰胺化
E．使其丝氨酸/苏氨酸残基磷酸化

28．男，40岁，全身皮肤、毛发缺乏黑色素，全身白化，视网膜无色素，虹膜和瞳孔呈淡红色，畏光，眼球震颤，但视力正常，智力和体格发育正常。根据其临床表现初步诊断为白化病。下列与该男性发病最相关的酶是
A．酪氨酸酶
B．酪氨酸羟化酶
C．丙氨酸转氨酶
D．苯丙氨酸脱羧酶
E．苯丙氨酸羟化酶

29．女，52岁，主诉：乏力、纳差、皮肤瘙痒伴进行性黄疸1个月入院。1个月来患者劳累后逐渐出现乏力、纳差，皮肤瘙痒，黄疸进行性加深，伴有腹胀，无明显右上腹痛，无恶心、呕吐，无发热，无体重变化，小便茶红色，量无改变，大便颜色变浅，陶白土样。该患者正确的生化检验结果是
A．尿胆原（–）尿胆红素（–）
B．尿胆原（+）尿胆红素（–）
C．尿胆原（–）尿胆红素（+）
D．尿胆原（+）尿胆红素（+）
E．粪胆素（+）

30．男孩，5岁。偏食，瘦小。门诊就医诊断为营养不良。医师建议纠正饮食习惯，并嘱增加蛋白质膳食，其主要原因是蛋白质在体内可
A．转变为糖，补充能量
B．转变为脂肪，维持能量平衡
C．直接氧化供能，维持能量平衡
D．执行多种特殊生理功能
E．补充多种氨基酸，维持互补作用，促进生长

二、B型题（每小题1分，共10分，在备选答案中只有一个是正确的）

A．溶酶体
B．内质网
C．线粒体
D．细胞质
E．高尔基体
1．糖异生和三羧酸循环共同的代谢场所是
2．胆固醇合成和脂肪合成的共同代谢场所是

A．6-巯基嘌呤
B．甲氨蝶呤
C．链霉素
D．别嘌呤醇
E．5-氟尿嘧啶
3．干扰dUMP转变生成dTMP的是
4．抑制黄嘌呤氧化酶的是

A．碱基排列顺序
B．超螺旋结构
C．三叶草形
D．倒L形
E．双螺旋结构
5．核酸的一级结构是
6．tRNA的二级结构是

A．血中直接胆红素明显升高
B．血中间接胆红素明显升高
C．血中直接胆红素和间接胆红素均升高
D．尿中胆红素降低
E．尿色正常
7．肝细胞性黄疸时
8．溶血性黄疸时

A．糖酵解
B．糖的有氧氧化
C．糖异生
D．磷酸戊糖途径
E．2,3-二磷酸甘油酸支路
9．供应成熟红细胞能量的主要代谢途径是
10．成熟红细胞中能产生调节血红蛋白运氧功能的代谢途径是

三、X 型题（每小题 1 分，共 10 分，在备选答案中有两个或两个以上是正确的，请将它们全部选出，错选或未选全均不能得分）

1．下列氨基酸中，属于必需氨基酸的是
A．亮氨酸
B．组氨酸
C．赖氨酸
D．甘氨酸
2．以下属于模体（motif）的是
A．结构域（domain）
B．锌指结构（zinc finger）
C．螺旋 - 环 - 螺旋（helix-loop-helix）
D．β-转角（β-turn）
3．下列关于 tRNA 的叙述，正确的有
A. 含有密码子环
B. 通常由 50 ~ 80 个核苷酸组成
C. 参与蛋白质生物合成
D. 三级结构呈倒 L 形
4．胰岛素的作用包括
A．糖氧化增加
B．糖原合成增加
C．糖转变脂肪增加
D．氨基酸转变成糖增加
5．作用于膜受体的激素有
A．肾上腺素
B．甲状腺素
C．生长因子
D．胰岛素
6．短期饥饿时体内的代谢可能发生下列变化
A．糖异生↑
B．脂肪分解↑
C．血酮体↑
D．血中游离脂肪酸↑
7．逆转录酶的生物学意义有
A．补充了中心法则
B．进行基因操作制备 cDNA
C．细菌 DNA 复制所必需的酶
D．加深了对 RNA 病毒致癌致病的认识
8．DNA 复制的特点
A．双向复制
B．半不连续复制
C．半保留复制
D．高保真性
9．经常饮酒者体内醇氧化酶的变化包括
A．活性升高
B．活性降低
C．基因表达被诱导
D．适应性表达
10．只能在肝中进行的物质合成过程是
A．糖原
B．尿素
C．血浆蛋白
D．酮体

四、名词解释题（每题 2 分，共 10 分）

1．genome
2．反密码子
3．变构调节
4．oncogene
5．等电点

五、简答题（每题 5 分，共 20 分）

1．请写出磷酸戊糖途径的生理意义。
2．简述真核基因表达调控的特点。
3．简述 PCR 的概念，并举例说明 PCR 在医学上的应用。

4．什么是蛋白质变性？变性后蛋白质发生哪些改变？

六、论述题（每题 10 分，共 20 分）

1．试从以下方面对蛋白质和 DNA 进行比较：
（1）一级结构
（2）空间结构
（3）主要的生理功能
（4）在基因表达中两者的相互关系
2．讨论下列代谢途径可否在体内进行，并简要说明其可能的途径或不可能的原因。
（1）葡萄糖→软脂酸
（2）软脂酸→葡萄糖
（3）丙氨酸→葡萄糖
（4）葡萄糖→亚油酸
（5）亮氨酸→葡萄糖

参考答案及解析

一、A 型题

1．**答案：**A　　**考点：**蛋白质的组成及定量
解析：测定某一样品中蛋白质的含氮量可推算出该样品中蛋白质的含量。常用的公式为：蛋白质含量（克 %）＝每克样品含氮克数 ×6.25×100。

2．**答案：**E　　**考点：**蛋白质的理化性质
解析：蛋白质具有胶体性质，蛋白质表面电荷和水化膜是维持蛋白质胶体稳定的重要因素，若去除蛋白质胶体颗粒表面电荷和水化膜两个稳定因素，蛋白质极易从溶液中析出。

3．**答案：**C　　**考点：**DNA 分子中碱基组成规律
解析：脱氧核糖基和磷酸基骨架位于双链的外侧，碱基位于内侧，两条链的碱基之间以氢键相连。腺嘌呤与胸腺嘧啶配对，形成两个氢键（A=T），鸟嘌呤与胞嘧啶配对，形成三个氢键（G≡C）。因此，在含量上，[A]=[T]；[C]=[G]。

4．**答案：**C　　**考点：**真核细胞染色质的基本结构单位
解析：真核生物 DNA 的三级结构是与蛋白质形成复合体以非常致密的形式存在于细胞核内，基本结构单位是核小体。

5．**答案：**E　　**考点：**酶的活性中心
解析：酶分子中必需基团相对集中，构成一定空间结构区域，与催化作用直接相关，称活性中心。活性中心内的必需基团包括结合基团（结合底物和辅酶）与催化基团（催化底物发生化学反应并将其转化为产物）。

6．**答案：**E　　**考点：**核苷酸的抗代谢物
解析：氮杂丝氨酸与谷氨酰胺结构相似，可干扰谷氨酰胺在嘌呤、嘧啶核苷酸合成中的作用，从而抑制嘌呤、嘧啶核苷酸的从头合成。

7．**答案：**C　　**考点：**血糖的去路和糖的主要功能
解析：血糖的去路有 4 个：有氧氧化分解供能；合成肝糖原和肌糖原储备；转变成其他糖；转变成脂肪或氨基酸。糖的主要生理功能是为生命活动提供能源和碳源，人体所需能量的 50% ~ 70% 来

源于糖，所以血糖最主要的去路是氧化分解。

8．**答案：**A　　**考点：**糖酵解的产能步骤

解析：糖酵解一共包括 10 步反应，前 5 步为耗能阶段，后 5 步为产能阶段。磷酸甘油酸激酶催化的 1,3-二磷酸甘油酸上的高能磷酸基直接转移给 ADP，生成 ATP 和 3-磷酸甘油酸。这是糖酵解产能过程中第一次产生 ATP 的反应。糖酵解的最后一步反应由丙酮酸激酶催化磷酸烯醇式丙酮酸将高能磷酸键转移给 ADP 生成 ATP 和丙酮酸，这是糖酵解过程中的第二次底物水平磷酸化。

9．**答案：**B　　**考点：**人体需要的主要营养物质

解析：机体能量主要来源于糖类、脂类和蛋白质。每克脂肪在人体内氧化分解产生约为 37.6 kJ 的热量，葡萄糖约为 16.4 kJ，蛋白质约为 16.7 kJ。所以三种营养物质中提供能量（同等重量）最多的是脂肪，但是糖类是最主要的供能物质。人体内除去碳、氢、氧、氮以外的元素称为矿物质，包括无机盐和微量元素。它们本身并不供能，主要在构成人体的物质和调节体内生理、生化功能方面发挥着重要作用。膳食纤维虽不参加供能，但在人体内发挥着重要的生理作用，可降低血清胆固醇及血脂，预防胆石症，保护心血管；可使餐后血糖上升幅度降低；可以预防结肠癌；利于排便等。

10．**答案：**D　　**考点：**鸟氨酸循环

解析：正常情况下，体内的氨主要在肝中通过鸟氨酸循环合成尿素。其过程是：①氨与 CO_2 在氨基甲酰磷酸合成酶 I 催化下，合成氨基甲酰磷酸。②氨基甲酰磷酸与鸟氨酸缩合生成瓜氨酸。③精氨酸的合成，其中天冬氨酸提供氨基，由此将鸟氨酸循环与三羧酸循环联系起来。④精氨酸受精氨酸酶催化，水解成尿素和鸟氨酸，完成鸟氨酸循环。

11．**答案：**B　　**考点：**一碳单位代谢

解析：一碳单位不能游离存在，其与四氢叶酸结合而转运并参加代谢。

12．**答案：**C　　**考点：**呼吸链中电子传递顺序

解析：细胞色素是一类含血红素样（铁卟啉）辅基的电子传递蛋白，血红素中的铁原子可进行 $Fe^{2+} \rightarrow Fe^{3+}+e^-$ 可逆反应传递电子，是单电子传递体，其中细胞色素 c 是呼吸链中唯一水溶性球状蛋白，与线粒体内膜外表面疏松结合，不包含在任何复合体中，其他细胞色素参与组成复合体，紧密结合在线粒体内膜上；各种细胞色素在呼吸链中的排列顺序是 $b \rightarrow c_1 \rightarrow c \rightarrow aa_3 \rightarrow O_2$。

13．**答案：**D　　**考点：**嘧啶核苷酸的合成原料

解析：合成嘌呤、嘧啶的共同原料有天冬氨酸、谷氨酰胺、CO_2

14．**答案：**A　　**考点：**代谢发生的亚细胞部位

解析：脂肪酸 β- 氧化在线粒体中进行。其余的过程都发生在胞质。

15．**答案：**B　　**考点：**DNA 复制的原料、方向及遵循的原则

解析：复制是以 DNA 为模板的 DNA 合成。在这个过程中，以 4 种脱氧核苷酸（dATP、dGTP、dCTP、dTTP）为原料，按照碱基配对原则（A-T，G-C），以亲代 DNA 作为模板，指引子链 DNA 合成。新合成的子链以 5' → 3' 的方向合成，且与母链方向相反。

16．**答案：**C　　**考点：**冈崎片段的概念

解析：DNA 复制过程呈半不连续复制，由半不连续复制中产生的不连续片段称为冈崎片段。复制起始时，RNA 聚合酶合成的片段是引物。两个相邻复制起点之间的 DNA 片段叫复制子。

17．**答案：**C　　**考点：**基因突变与疾病

解析：镰状细胞贫血（Sickle Cell Disease，SCD）是一种遗传病，其分子病理是患者体内编码 β 基因发生单一碱基突变，正常 β 基因第 6 个密码子 GAA 变为 GTA，正常编码的谷氨酸变为缬氨酸，正常的血红蛋白（HbA）变为镰状细胞的血红蛋白（HbS），红细胞由正常的圆饼状变为弯曲

的镰刀状，镰状红细胞存在输氧功能缺陷，且容易破裂而造成血管堵塞，诱发严重贫血，甚至引起病人死亡。

18．**答案：**B　　**考点：**蛋白质合成过程

解析：蛋白质合成是以 mRNA 为直接模板，以 tRNA 为搬运工具，在 rRNA 中进行装配的过程。DNA 是遗传信息的携带者。hnRNA（heterogeneous nuclear RNA），核内不均一 RNA，部分 hnRNA 是 mRNA 的前体。

19．**答案：**D　　**考点：**遗传密码

解析：反密码子与密码子通过碱基互补配对原则结合。为反向配对，即密码子的 5'-端对应反密码子的 3'-端。另外，mRNA 的组成是 U，不是 T，故选 D。

20．**答案：**C　　**考点：**基因转录调控

解析：处于转录激活状态的染色质结构会发生明显变化。组蛋白是存在于染色体内的与 DNA 结合的碱性蛋白质，组蛋白的修饰直接影响基因转录。如组蛋白甲基化修饰参与异染色质形成、基因印记、X 染色体失活和转录调控等多种主要生理功能。

21．**答案：**B　　**考点：**基因表达调控

解析：基因表达调控呈现多层次和复杂性，包括基因表达的多级调控，包括基因组 DNA 部分扩增、DNA 重排、DNA 甲基化；转录起始调控；转录后加工及转运调控；翻译、翻译后加工调控；蛋白质降解调控，其中转录起始调控是基因表达的基本控制点。

22．**答案：**A　　**考点：**启动子的概念

解析：启动子是 RNA 聚合酶结合的部位，是决定基因表达效率的关键元件。外显子（exon）是 mRNA 中用于编码蛋白质的序列。内含子（intron）是 mRNA 分子中无编码作用的序列，被转录在前体 RNA 中，经过剪接被去除，最终不存在于成熟 RNA 分子中。增强子是组织特异性转录因子的结合部位，当某些细胞或组织中存在能够与之相结合的特异转录因子时，激活基因的特异性表达。终止子（terminator）是给予 RNA 聚合酶转录终止信号的 DNA 序列。

23．**答案：**C　　**考点：**细胞内信号转导分子

解析：细胞外的信号经过受体转换进入细胞内，通过细胞内一些蛋白质分子和小分子活性物质进行传递，这些能够传递信号的分子即为细胞内信号转导分子，包括 Ca^{2+}、cAMP、cGMP、环腺苷二磷酸核糖、二酰甘油（diacylglycerol，DAG）、IP_3 和花生四烯酸等。

24．**答案：**E　　**考点：**细胞受体介导的细胞内信号转导

解析：配体与受体结合后并不进入细胞内，但能间接激活细胞内其他可扩散、并调节信号转导蛋白质活性的小分子或离子，这些在细胞内传递信号的分子称为第二信使。包括：cAMP、cGMP、DAG、IP_3 和 Ca^{2+} 等。

25．**答案：**B　　**考点：**蛋白质变性的应用

解析：造成蛋白质变性的因素有多种，常见的有加热、乙醇等有机溶剂、强酸、强碱、重金属离子及生物碱试剂等。在临床医学领域，变性因素常被应用来消毒及灭菌。

26．**答案：**D　　**考点：**病毒癌基因

解析：病毒癌基因起源于宿主细胞，在病毒感染宿主细胞后，病毒基因组整合入宿主基因组，在子代病毒复制过程中，经过重组或重排从而将宿主基因组的原癌基因导入病毒基因组中，但是其结构有变化，致使宿主细胞恶性转化能力更强。

27．**答案：**E　　**考点：**激素对血糖的调节

解析：肾上腺素可以和膜上受体结合刺激第二信使 cAMP 的合成，进而活化 PKA，PKA 可以使其

磷酸化糖原合酶和糖原磷酸化酶的丝氨酸/苏氨酸残基磷酸化，从而调节糖原的合成和分解，使血糖升高。

28．**答案：**A　　**考点：**酪氨酸酶异常与疾病的关系

解析：白化病是由于酪氨酸酶缺乏或功能减退引起的一种皮肤及附属器官黑色素缺乏或合成障碍所导致的遗传性白斑病。

29．**答案：**C　　**考点：**黄疸的类型

解析：阻塞性黄疸时，由于胆汁排泄障碍，可使胆小管和毛细血管内压力增高而破裂，导致结合胆红素反流入血，大量结合胆红素可从肾小球滤出，尿胆红素呈阳性反应。阻塞性黄疸时，由于胆管排入肠道的胆红素减少，生成的胆素原减少，因此，进入体循环经肾排出的尿胆原减少，呈阴性反应。

30．**答案：**E　　**考点：**蛋白质的功能

解析：人体内氨基酸主要来自食物蛋白质的消化吸收。各种食物蛋白质由于所含氨基酸的种类和数量不同，其营养价值不同。营养价值较低的蛋白质混合食用，必需氨基酸可以相互补充从而提高营养价值，称为食物蛋白质的互补作用。增加蛋白质膳食可以补充多种氨基酸，维持互补作用，促进儿童生长。

二、B 型题

1．**答案：**C　2．**答案：**D　　**考点：**代谢发生的场所

解析：糖异生和三羧酸循环发生在线粒体。胆固醇合成和脂肪合成发生在细胞质。

3．**答案：**E　4．**答案：**D　　**考点：**核苷酸的抗代谢物作用机制

解析：5-氟尿嘧啶可在体内转变为一磷酸脱氧氟尿嘧啶核苷（FdUMP），后者与dUMP相似，是胸苷酸酶的抑制剂，可抑制dUMP生成dTMP。别嘌呤醇与次黄嘌呤结构相似，可以竞争性抑制黄嘌呤氧化酶，从而抑制尿酸生成。

5．**答案：**A　6．**答案：**C　　**考点：**核酸的一级结构和空间结构

解析：核酸的一级结构是指核酸分子中核苷酸的排列顺序及连接方式，通常也指其碱基排列序列。核苷酸的排列顺序代表了遗传信息。tRNA的二级结构是呈三叶草形。

7．**答案：**C　8．**答案：**B　　**考点：**黄疸的类型

解析：肝细胞性黄疸患者由于肝细胞严重受损，导致肝细胞对胆红素的摄取和结合功能降低，因此血清间接胆红素增加。而未受损的肝细胞仍能将部分间接胆红素转变为直接胆红素，因此血清直接胆红素升高，故血清总胆红素也增高。尿胆红素升高或正常、尿胆素原升高或正常。溶血性黄疸是由于红细胞的大量破坏，产生了过多的胆红素，超过了肝细胞摄取、转化和排泄胆红素的能力，造成血液中间接胆红素浓度显著增高，尿胆红素阴性。

9．**答案：**A　10．**答案：**E　　**考点：**成熟红细胞代谢的特点

解析：成熟红细胞不仅无细胞核，而且也无线粒体、核蛋白体等细胞器，不能进行核酸和蛋白质的生物合成，也不能进行有氧氧化，不能利用脂肪酸。血糖是其唯一的能源。成熟红细胞保留的代谢通路主要是葡萄糖的酵解、磷酸戊糖通路和2,3-二磷酸甘油酸支路。糖酵解是红细胞获得能量的唯一途径。2,3-二磷酸甘油酸支路主要功能是调节血红蛋白运氧功能。

三、X 型题

1．**答案：**ABC　　**考点：**必需氨基酸

解析：机体需要而不能自身合成，必须由食物供给的氨基酸，称为必需氨基酸。人体的必需氨基酸

有9种：缬氨酸、异亮氨酸、亮氨酸、苏氨酸、甲硫氨酸、赖氨酸、苯丙氨酸、色氨酸和组氨酸。

2．**答案：**BC　　**考点：**模体定义

解析：结构模体是指蛋白质分子中具有特定空间构象和特定功能的结构成分，有α-螺旋-β-转角（或环）-α-螺旋模体、链-β-转角-链；链-β-转角-α-螺旋-β-转角-链模体、亮氨酸拉链和锌指结构等。

3．**答案：**CD　　**考点：**tRNA的结构特点

解析：tRNA由70～90个核苷酸构成，在三类RNA中分子量最小。作为各种氨基酸的转运载体，在蛋白质合成中起活化与转运氨基酸的作用。tRNA的二级结构呈三叶草形，含氨基酸臂、二氢尿嘧啶环和反密码环。tRNA三级结构呈倒L形。

4．**答案：**ABC　　**考点：**胰岛素的作用

解析：胰岛素主要通过以下作用降低血糖：①促进葡萄糖转运进入肝外细胞；②加速糖原合成，抑制糖原分解；③加快糖的有氧氧化；④抑制肝内糖异生；⑤减少脂肪动员。

5．**答案：**ACD　　**考点：**细胞信号转导

解析：按照其在细胞内的位置，受体分为细胞内受体和细胞表面受体。细胞内受体包括位于细胞质或胞核内的受体，其相应配体是脂溶性信号分子，如类固醇激素、甲状腺激素、维A酸等。细胞表面受体位于靶细胞的细胞质膜表面，水溶性信号分子和膜结合性信号分子（如生长因子、细胞因子、水溶性激素分子、黏附分子等）不能进入靶细胞，通过细胞间接触，其膜表面分子如蛋白质、糖蛋白和蛋白聚糖分子相互识别结合，将信号传入靶细胞内。包括肾上腺素、胰岛素、生长激素、表皮生长因子、白细胞介素、神经生长因子和乙酰胆碱等。

6．**答案：**ABCD　　**考点：**饥饿时体内的代谢变化

解析：短期饥饿（1～3天）时，蛋白质分解加强，氨基酸异生成糖；糖异生加强，组织对葡萄糖利用降低；脂肪动员加强，血中游离脂肪酸增多，酮体生成增多，机体主要利用脂肪酸和酮体功能。

7．**答案：**ABD　　**考点：**逆转录酶

解析：逆转录酶或逆转录现象的发现是分子生物学研究中的重大事件，补充了中心法则。逆转录现象说明，至少在某些生物，RNA同样兼有遗传信息传代与表达功能。对逆转录病毒的研究，拓宽了20世纪初已注意到的病毒致癌理论。在基因工程操作上，还可用逆转录酶制备cDNA。

8．**答案：**ABCD　　**考点：**DNA复制的特点

解析：DNA复制的特点包括半保留复制、半不连续复制、双向复制和高保真性。

9．**答案：**ACD　　**考点：**酶的调节

解析：酶的调节主要包括酶活性的调节及酶含量的调节，经常饮酒者体内醇氧化酶的活性和酶蛋白合成均可被诱导，这种诱导方式属于适应性表达。因而选择ACD。

10．**答案：**BD　　**考点：**肝的代谢

解析：尿素生成和酮体的生成是肝特有的代谢过程。糖原合成可以发生在肝也可以发生在肌肉中。血浆蛋白质绝大部分由肝合成（除γ球蛋白由浆细胞合成，内皮细胞合成少量血浆蛋白质外）。

四、名词解释题（答案要点）

1．genome：即基因组，一个细胞（或病毒）所载的全部遗传信息，它代表了一种生物所具有的全部遗传信息。

2．反密码子：tRNA分子反密码环中间的3个碱基，可与mRNA上相应的三联体密码子碱基互补，携

带特异氨基酸的 tRNA，依据特异的反密码子来识别结合 mRNA 上相应的密码子，引导氨基酸正确定位。

3．变构调节：有些小分子物质能与酶分子的调节部位或调节亚基结合，引起酶构象的改变，从而影响酶的活性，称变构调节或别构调节。

4．oncogene：即癌基因，能导致细胞发生恶性转化和诱发癌症的基因，癌基因大多是原癌基因结构异常或者表达失调后转变而来的。

5．等电点：当蛋白质溶液处于某一 pH 时，蛋白质解离成正、负离子的趋势相等，即成为兼性离子，净电荷为零，此时溶液的 pH 称为该蛋白质的等电点（pI）。

五、简答题（答案要点）

1．磷酸戊糖途径的生理意义：①生成磷酸核糖，为核酸合成提供原料；②生成 NADPH：供代谢合成所需还原当量，维持红细胞功能，供生物转化所需还原当量；③连接 3 碳、4 碳、5 碳、6 碳、7 碳糖的代谢。

2．真核生物的基因表达调控具有以下特点：①真核基因组比原核基因组大得多；②原核基因组的大部分序列都为编码基因，而哺乳类基因组中只有 10% 的序列属于编码序列；③真核生物编码蛋白质的基因是不连续的；④原核生物属于多顺反子基因自然协调控制；而真核生物则是单顺反子涉及多个基因的协调表达；⑤真核生物 DNA 构成染色质形式的复杂结构直接影响基因表达；⑥真核生物的遗传信息不仅存在于核 DNA 上，还存在线粒体 DNA 上，核内基因与线粒体基因的表达调控既相互独立而又需要协调。

3．PCR，Polymerase Chain Reaction 的缩写，聚合酶链式反应，是模拟体内的 DNA 复制过程，以 DNA 双链为模板，以 4 种 dNTP 为原料，在耐热 DNA 聚合酶的催化下，经变性（denaturation）、退火（annealing）和延伸（extension）三个步骤，经若干个循环后，体外大量扩增两引物之间特异 DNA 片段的技术。其应用包括：病原体诊断、肿瘤检测、基础研究和亲子鉴定等。

4．蛋白质变性是指在某些理化因素作用下，蛋白质的空间构象受到破坏，使其理化性质改变和生物活性丧失。蛋白质变性后，其理化性质及生物学性质发生改变，如溶解度降低、黏度增加、结晶能力消失、生物学活性丧失和易被蛋白酶水解等。

六、论述题（答案要点）

1．可从以下方面对蛋白质和 DNA 进行比较：

<table>
<tr><th></th><th>蛋白质</th><th>DNA</th></tr>
<tr><td>一级结构</td><td>多肽链中的氨基酸的排列顺序及连接方式</td><td>核苷酸的排列顺序及连接方式</td></tr>
<tr><td>空间结构</td><td>具有二、三和四级结构，称为高级结构或空间构象</td><td>二级结构是双螺旋结构；DNA 的高级结构在原核生物是环状超螺旋而在真核生物则表现为染色体的核小体形式</td></tr>
<tr><td>主要生理功能</td><td>构成细胞和生物体结构、物质运输、催化功能、信息交流、免疫功能、氧化供能、维持机体的酸碱平衡和维持正常的血浆渗透压等</td><td>DNA 是主要的遗传物质，是遗传信息的携带者</td></tr>
<tr><td>在基因表达中两者的相互关系</td><td colspan="2">DNA 是遗传信息的携带者，通过转录生成 mRNA，再经过翻译生成蛋白质，进而发挥相应的功能。蛋白质执行功能的主要方式有：①与小分子代谢物（如酶催化底物、抑制剂、代谢中间物和产物、副产物等）的相互作用；②蛋白质与核酸的相互作用，如蛋白质有几种模体，如锌指模体、亮氨酸拉链、螺旋 - 转角 - 螺旋等专门结合 DNA 并发挥生物学效应。③两个或两个以上的蛋白质分子通过非共价键相互作用并发挥功能的过程，这是蛋白质执行功能的主要方式</td></tr>
</table>

2. **答案：**

（1）葡萄糖→软脂酸

能。葡萄糖→乙酰 CoA、NADPH 和 ATP，在脂肪酸合成酶系作用下生成软脂酸。

（2）软脂酸→葡萄糖

不能。软脂酸经 β- 氧化生成乙酰 CoA，乙酰 CoA 不能转变为丙酮酸（丙酮酸脱氢酶复合体催化的反应不可逆），故软脂酸不能异生成糖。

（3）丙氨酸→葡萄糖

能。丙氨酸脱氨基生成丙酮酸，经糖异生可生成葡萄糖。

（4）葡萄糖→亚油酸

不能。亚油酸是必需脂肪酸。

（5）亮氨酸→葡萄糖

不能。亮氨酸是生酮氨基酸。

（易　霞）